国家出版基金项目
NATIONAL PUBLICATION FOUNDATION

有色金属理论与技术前沿丛书

FCC、BCC 和 HCP 金属材料 变形行为及组织结构演变

汪明朴　陈畅　张真　雷若姗　夏福中　雷前 ◇ 著

中南大学出版社
www.csupress.com.cn
·长沙·

内容简介

本书介绍了金属塑性变形的晶体学基础、常见晶体结构金属材料的塑性变形方式、形变组织特点以及它们的研究热点，重点介绍了体心立方金属、密排六方金属和面心立方金属的塑性变形机制、塑性变形组织特点以及它们的演变规律等。内容主要包括：体心立方金属 Ta、W 和 Mo 等的塑性变形组织(位错界面、微带和剪切带)特点以及它们的演变规律、形变织构的形成原因等；密排六方金属 AZ31 变形镁合金板材轧制过程和棒材室温挤压过程的微观组织(位错、形变孪晶和动态再结晶)及织构演变规律，工业纯钛板材轧制过程中的微观组织演变规律，工业纯钛箔的塑性变形机制及其尺寸效应；面心立方金属铜及铜合金的塑性变形组织特点及其演变规律，Cu – Nb 合金在大塑性变形过程中的组织结构演变规律等。本书可供高等院校本科生、硕士生、博士生及研究院所、企业从事金属材料塑性加工的技术研究人员参考。

作者简介 / About the Author

汪明朴 中南大学教授，博士生导师，中南大学材料物理与化学国家重点学科带头人，中国工程教育材料类专业认证委员会委员。曾任中南大学学术委员会委员，中南大学材料科学与工程学院教授委员会主任，教育部材料类专业教学指导委员会秘书长、国家铜加工工程实验室技术委员会委员。主要研究方向：高性能有色金属材料制备、电真空材料、金属材料中的相变及塑性变形。曾获国家科技进步二等奖1项，国家教学成果二等奖2项，省部级科技进步及自然科学二等奖5项，发表论文200余篇，获国家授权发明专利10余项，出版专著5部（篇），培养博士生30人。

陈畅 博士，中南大学博士后，合肥工业大学副研究员，德国于利希研究中心访问学者。主要研究方向：难熔金属材料及其箔材的制备、金属材料的塑性变形、材料微观结构表征。在国际著名期刊发表论文60余篇，获国家授权发明专利10余项。

张真 博士，中南大学博士后，合肥工业大学副研究员，先后留学澳大利亚迪肯大学和法国格勒诺布尔国立综合理工学院。主要研究方向：变形镁合金、金属材料特种制备及塑性加工。获安徽省科技进步二等奖1项，在国际著名期刊发表论文40余篇，获国家授权发明专利4项。

雷若姗 博士，中国计量大学副教授，曾留学新加坡南洋理工大学。主要研究方向：纳米铜合金、材料制备科学、功能材料。在国际著名期刊发表论文40余篇，出版教材1部，获国家授权发明专利10余项。

夏福中　博士，江西理工大学副教授。主要研究方向：体心立方金属的加工制备及织构控制。在国际著名期刊发表论文 10 余篇，获国家授权发明专利 4 项，获江西省教育厅青年项目、赣州市科技创新人才项目各 1 项。

雷前　博士，中南大学副教授，博士生导师，湖南省优秀博士学位论文获得者，先后留学德国亚琛工业大学和美国密西根大学－安娜堡分校。主要研究方向：高性能铜合金、铝合金、高温合金、增材制造等。在国际著名期刊发表论文 50 余篇，获国家授权发明专利 4 项。

学术委员会

Academic Committee

编辑出版委员会

Editorial and Publishing Committee

国家出版基金项目
有色金属理论与技术前沿丛书

主　任

周科朝

副主任

邱冠周　郭学益　柴立元

执行副主任

吴湘华

总序 / Preface

当今有色金属已成为决定一个国家经济、科学技术、国防建设等发展的重要物质基础，是提升国家综合实力和保障国家安全的关键性战略资源。作为有色金属生产第一大国，我国在有色金属研究领域，特别是在复杂低品位有色金属资源的开发与利用上取得了长足进展。

我国有色金属工业近 30 年来发展迅速，产量连年来居世界首位，有色金属科技在国民经济建设和现代化国防建设中发挥着越来越重要的作用。与此同时，有色金属资源短缺与国民经济发展需求之间的矛盾也日益突出，对国外资源的依赖程度逐年增加，这严重影响我国国民经济的健康发展。

随着经济的发展，已探明的优质矿产资源接近枯竭，不仅使我国面临有色金属材料总量供应严重短缺的危机，而且因为"难探、难采、难选、难冶"的复杂低品位矿石资源或二次资源逐步成为主体原料后，对传统的地质、采矿、选矿、冶金、材料、加工、环境等科学技术提出了巨大挑战。资源的低质化将会使我国有色金属工业及相关产业面临生存竞争的危机。我国有色金属工业的发展迫切需要适应我国资源特点的新理论、新技术。系统完整、水平领先和相互融合的有色金属科技图书的出版，对于提高我国有色金属工业的自主创新能力，促进高效、低耗、无污染、综合利用有色金属资源的新理论与新技术的应用，确保我国有色金属产业的可持续发展，具有重大的推动作用。

作为国家出版基金资助的国家重大出版项目，"有色金属理论与技术前沿丛书"计划出版 100 种图书，涵盖材料、冶金、矿业、地学和机电等学科。丛书的作者荟萃了有色金属研究领域的院士、国家重大科研计划项目的首席科学家、长江学者特聘教授、国家杰出青年科学基金获得者、全国优秀博士论文奖获得者、国家重大人才计划入选者、有色金属大型研究院所及骨干企业的顶尖专家。

国家出版基金由国家设立，用于鼓励和支持优秀公益性出版项目，代表我国学术出版的最高水平。"有色金属理论与技术前沿丛书"瞄准有色金属研究发展前沿，把握国内外有色金属学科的最新动态，全面、及时、准确地反映有色金属科学与工程技术方面的新理论、新技术和新应用，发掘与采集极富价值的研究成果，具有很高的学术价值。

中南大学出版社长期倾力服务有色金属的图书出版，在"有色金属理论与技术前沿丛书"的策划与出版过程中做了大量极富成效的工作，大力推动了我国有色金属行业优秀科技著作的出版，对高等院校、研究院所及大中型企业的有色金属学科人才培养具有直接而重大的促进作用。

前言 / Foreword

金属材料是人类社会发展的重要物质基础，是最重要、用量最大且应用最广的工程材料之一。其之所以能够得到如此广泛的应用，最重要的原因是因为它们拥有良好的塑性变形能力，即通过使用各种塑性加工方法，如轧制、锻造、挤压和拉拔等，把金属材料加工成各种需要的形状和尺寸，如板带箔材、棒材、型材和线材等，以满足不同领域各种产品和构件的生产需求。

金属材料之所以能够被加工成各种尺寸和形状，主要依赖于它们的金属键结构、特定的晶体结构和晶体缺陷。另外，塑性变形能够通过位错滑移、形变孪晶和形变诱导的相变等方式进行。不同晶体结构的金属材料，由于它们的位错和形变孪晶的结构和类型不同，导致它们的位错运动和孪生行为相差很大，从而使它们的塑性相差也较大。日常生活中，金属材料中常见的晶体结构主要有三种：面心立方（FCC）结构，其典型代表金属有 Cu、Al、Ni、Au、Ag、$\gamma-Fe$ 等；体心立方（BCC）结构，其典型代表金属有 $\alpha-Fe$ 和难熔金属（W、Mo、Ta、Nb）等；密排六方（HCP）结构，其典型代表金属有 Mg、$\alpha-Ti$、Be、Zr、Zn 等。本书主要研究了具有这三种晶体结构的金属材料的塑性变形行为及变形过程中组织结构演变。

对于金属材料来说，追求更高强度和更高韧性始终是材料学者研究的目标。为了追寻这一目标，近年来，各种新型金属材料不断被开发，特别是超细晶材料或纳米晶材料。为了制备出这类超细晶材料或纳米晶材料，一系列新型的大塑性变形加工方式被开发，如等径角挤压、累积叠轧和高压扭转等。同时，这些超细晶材料和纳米晶材料的塑性变形方式也成了研究热点，一系列先进研究技术与方法也先后被开发和采用，如 X 射线衍射技术、EBSD 技术、透射电镜分析技术、高分辨电镜分析技术、原位电镜技术和分子动力学模拟等。这些技术与方法的使用，帮助研究者们逐步揭开了这类材料的塑性变形方式的面纱。

本书是著者在国家"863"计划项目、国家自然科学基金项目和国家其他计划项目等的支持下，带领 10 位博士生和课题组成员共同努力 10 多年的科研结晶。全书共分为 8 章，第 1 章介绍了金属塑性变形的晶体学基础，主要包括晶体取向的表达方式和织构的表达方法及现代测试方法等。第 2 章概述了常见晶体结构金属材料的塑性变形方式、形变组织特点以及近期的金属塑性变形方面的研究热点。第 3 章和第 4 章介绍了体心立方金属，如 Ta、W 和 Mo 等的塑性变形组织（位错界面、微带和剪切带）特点以及它们的演变规律、形变织构的形成原因等，为难加工体心立方金属材料的精密塑性加工提供了技术基础。第 5 章和第 6 章主要介绍了密排六方金属的塑性变形组织特点及其演变规律，其中第 5 章介绍了最为广泛的 AZ31 变形镁合金板材轧制过程和棒材室温挤压过程的微观组织（位错、形变孪晶和动态再结晶）及织构演变规律，为 AZ31 镁合金的塑性加工提供了技术基础；第 6 章主要介绍了工业纯钛在塑性变形过程中的微观组织演变规律。由此发现，工业纯钛箔的塑性变形机制不仅有位错滑移、形变孪晶，还有形变诱导的 HCP – Ti 向 FCC – Ti 的同素异构结构转变，同时还解释了工业纯钛箔的力学性能的尺寸效应。第 7 章和第 8 章主要介绍了面心立方金属铜及铜合金的塑性变形组织特点及其演变规律，其中第 7 章主要介绍了 $Cu – Al_2O_3$ 纳米弥散强化铜合金、无氧铜和析出强化型 Cu – Ni – Si 系合金在高温、室温和低温下的塑性变形行为以及这类合金的加工硬化和加工软化现象；第 8 章主要介绍了 Cu – Nb 合金在大塑性变形过程中的组织结构演变规律，并对大塑性变形金属材料的纳米结构的形成机理、强度、超塑性和热稳定性等进行了分析与论述，以期为利用大塑性变形技术制备纳米晶材料提供参考。

本书系统地阐述了常见晶体结构金属的塑性变形机理、塑性变形组织特点及其表征方法，既注重基础理论的深度，又注重实用性，兼顾科研和生产两方面的需求，可为金属材料的塑性加工工艺的设计提供技术基础。

本书第1章由汪明朴、陈畅撰写；第2章由汪明朴、陈畅、雷若姗撰写；第3章由陈畅、王珊、汪明朴撰写；第4章由夏福中、魏海根、陈畅、汪明朴撰写；第5章由张真、汪明朴撰写；第6章由陈畅、王珊、李旭、汪明朴撰写；第7章由雷前、李灵、陈畅、李周撰写；第8章由雷若姗、李周、汪明朴撰写。

本书可供高等院校本科生、硕士生、博士生及研究院所、企业从事金属材料塑性加工的技术研究人员参考。期望读者对本书的不足和谬误之处提出批评与指正。

本书的研究工作得到了国家"863"计划项目和国家自然基金项目等的支持，写作时引用了许多知名学者的成果，出版中得到了中南大学出版社的大力支持，著者在此一并表示衷心的感谢！

作　者

目录 / Contents

第 1 章　金属塑性变形的晶体学基础

　　金属材料一般是指金属元素或以金属元素为主构成的具有金属特性的材料，包括纯金属、合金、金属间化合物和特种金属材料等。金属材料一般都是典型的晶体材料，它们都具有各自特定的晶体结构，且常见的晶体结构有：面心立方（face-centered cubic，简写为 FCC）结构，其典型代表金属有 Cu、Al、Ni、Au、Ag、γ-Fe 等；体心立方（body-centered cubic，简写为 BCC）结构，其典型代表金属有 α-Fe 和难熔金属（W、Mo、Ta、Nb）等；密排六方（hexagonal close-packed，简写为 HCP）结构，其典型代表金属有 Mg、α-Ti、Be、Zr、Zn 等。在目前已知的 80 多种金属元素中，具有这三种结构之一的金属就有 60 多种。金属材料的一个最大的特点是能够发生塑性变形（plastic deformation），它们的塑性变形主要为晶体在一定的晶面和晶向上产生的剪切应变。金属材料大多是包含大量晶粒的多晶体，多晶材料在塑性变形过程中，晶粒的取向（orientation）对塑性变形方式有重要的影响。因此，研究金属塑性变形过程中晶粒取向的表达很重要。此外，多晶体材料在塑性变形过程中，总是趋向于产生取向集中或者择优取向，也就是产生织构（texture），包括微观织构和宏观织构。

　　结合金属塑性变形的特点，本章首先介绍了常见金属晶体结构（FCC、BCC 和 HCP）的原子排列方式及其晶面和晶向指数的表达方式，着重介绍了晶体取向及其常用表达方式，包括密勒指数（Miller indices）、欧拉角（Euler angle）和旋转角/轴对等；晶体取向分布的主要表达方式，包括极图（pole figure，简写为 PF）、反极图（inverse pole figure，简写为 IPF）和取向分布函数（orientation distribution function，简写为 ODF）。在此基础上，介绍了微观织构和宏观织构的测试和分析方法。

1.1　晶体结构的基础知识

　　固体物质按照其内部原子或分子的聚集状态，可分为晶体和非晶体两大类。晶体与非晶体的根本区别在于其内部质点在三维空间内排列的规律不同。非晶体中的质点在三维空间内的排列是杂乱无章的，不具有周期重复性，一般是近程有序而长程无序的。自然界中的金属材料一般都是典型的晶体材料。所谓晶体，就是指它们内部的质点，包括原子、分子或离子，在三维空间按一定规律进行周期性重复排列而形成的固体。

1.1.1 晶体点阵与晶胞

假设晶体中的原子(离子或分子)都是固定不动的钢球(hard spheres),那么晶体就是由这些钢球堆垛而成的,称为钢球堆垛模型,如图 1 – 1 所示。钢球堆垛模型非常直观,但是根据此图难以清楚描述或了解晶体内部的质点排列规律,例如不同原子之间的距离、原子列与原子列之间的夹角、原子面与原子面之间的夹角等都不容易确定,不便于晶体的研究。

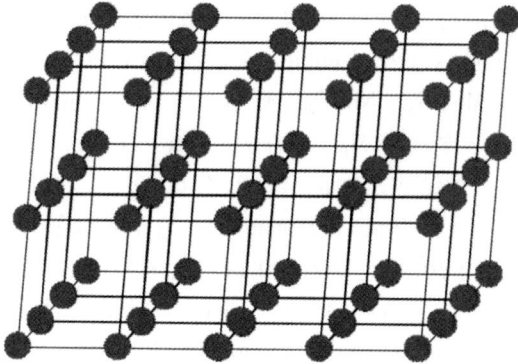

图 1 – 1 原子的钢球堆垛模型示意图

因此,为了便于晶体学的研究,可以采用几何点来代替钢球,也就是说把这些晶体内部的质点抽象成几何点,并把这些几何点由三组平行的直线连接起来,就可以得到由这些几何点和直线构成的三维网格,我们把这种空间结构称为晶体点阵或者晶格,如图 1 – 2(a)所示。用来代替质点的几何点称为阵点或结点。阵点可以是原子或离子本身,也可以是彼此相同的原子群或离子群的中心,其主要特征是每个阵点周围空间的环境是相同的。

由于晶体中的原子在三维空间中的排列具有周期性,因此,空间点阵可以看作由许许多多的基本单元堆砌而成,如图 1 – 2(b)所示。这种能完全反映点阵特征的平行六面体最小单元称为晶胞。因此,通过描述晶胞的结构就可以描述整个空间点阵的晶体结构。晶胞的大小和形状可以用三条棱边的长度 a、b 和 c 及棱边的夹角 α、β 和 γ 六个参数来表示。例如图 1 – 2(b)中,$OA = a$、$OB = b$、$OC = c$,它们的长度称为点阵常数或晶格常数。利用这些点阵常数和轴间夹角就可以确定出晶胞的大小和形状。根据点阵常数和轴间夹角的特征,如 a、b 和 c 是否相等,α、β 和 γ 是否相等,α、β 和 γ 是否为直角,而不涉及晶胞中阵点的具体排列,可将所有晶格归为 7 种晶系,即三斜、单斜、正交、正方、菱方、六方、立方。

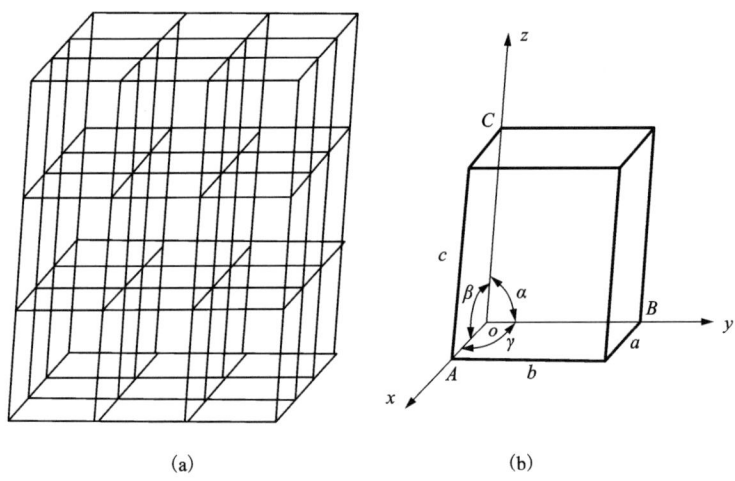

图 1 - 2　空间点阵及晶胞的表达参数

(a)空间点阵；(b)晶胞

若考虑同一晶系中阵点的排列方式的不同，又可将 7 种晶系分为 14 种空间点阵，即简单三斜点阵、简单单斜点阵、底心单斜点阵、简单正交点阵、底心正交点阵、体心正交点阵、面心正交点阵、简单正方点阵、体心正方点阵、简单菱方点阵、简单密排六方点阵、简单立方点阵、体心立方点阵和面心立方点阵。金属材料常见的晶体点阵主要包括简单密排六方点阵、体心立方点阵和面心立方点阵。

1.1.2　晶面指数和晶向指数

在研究晶体点阵的过程中，经常需要确定某些阵点组成的平面或列的相对位置。为了方便起见，通常将晶体点阵中由阵点构成的平面称为晶面，任意两个阵点之间的连线方向称为晶向。可以采用晶面指数和晶向指数作为标号来区分不同的晶面和晶向。空间点阵中的晶面、晶向及阵点的位置就可以利用晶胞及其参考坐标系的三个主轴 x、y 和 z 来表示，如图 1 - 2(b)所示。为了简单起见，下面以立方晶系为例来解释晶面指数和晶向指数。

在立方晶系中，$a = b = c$，$\alpha = \beta = \gamma = 90°$。立方晶系的晶面指数一般用 (hkl) 来表示，h、k、l 为密勒指数。确定晶面指数的具体步骤如下：

(1)建立空间坐标系。如图 1 - 3 所示，以晶胞中某一顶点为原点，以晶胞的三条棱边为坐标轴 x、y、z，以点阵常数 a 为单位长度。但注意不要把坐标原点取在待定的晶面上，否则会出现截距为零的情况，在取倒数时为 ∞。

(2)以点阵常数 a 为单位长度，求出待定晶面在三个坐标轴上的截距。

(3)求出三个截距的倒数，将其化为最小的简单整数，并用圆括号括起来，即为该晶面的晶面指数。如果晶面指数中有负数，则应把负数加到该指数的上方。为什么要取截距的倒数呢？因为晶面指数是按倒空间来定义的，这有利于晶体学表达与分析，如在晶体电子衍射中，衍射阵点可以很方便地用晶面指数表达。

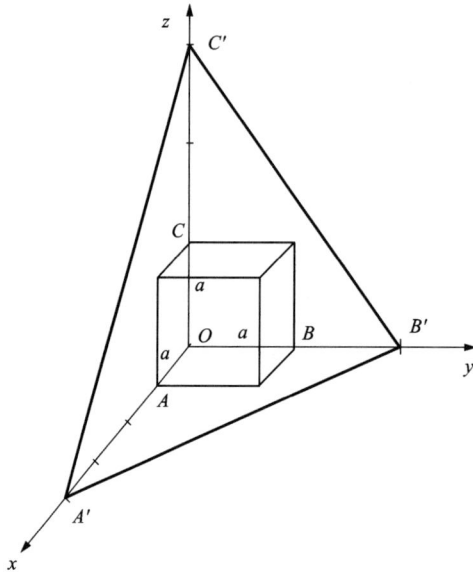

图1-3 立方晶系晶面指数的表达

图1-3中，立方晶系的点阵常数为 a，晶面 $A'B'C'$ 就可以通过与三主轴的截距 OA'、OB' 和 OC' 的倒数来表示，即

$$\left(\frac{OA}{OA'}, \ \frac{OB}{OB'}, \ \frac{OC}{OC'} \right) \tag{1-1}$$

由图1-3可以看出，$OA' = 4a$，$OB' = 2a$，$OC' = 3a$，因此晶面 $A'B'C'$ 的指数可以表示为

$$\left(\frac{a}{4a}, \ \frac{a}{2a}, \ \frac{a}{3a} \right) \tag{1-2}$$

然后将其化为最小整数。因此，晶面 $A'B'C'$ 的指数为(364)。

同理，晶面 ABC 的指数为

$$\left(\frac{a}{a}, \ \frac{a}{a}, \ \frac{a}{a} \right) \tag{1-3}$$

可以表示为(111)。

图 1-4 中晶面 *DFBA* 的指数为

$$\left(\frac{a}{a}, \frac{a}{a}, \frac{a}{\infty}\right) \qquad (1-4)$$

可以表示为 (110)。

根据晶面指数的表示方法可知，晶面指数 (*hkl*) 表示一组相互平行的晶面，相互平行的晶面的晶面指数相同或相差一个负号。晶体中原子排列方式相同而空间位向不同的所有晶面可归为一个晶面族，用 {*hkl*} 表示。例如在立方晶体结构中，{111} 晶面族包含有 (111)、(11$\bar{1}$)、(1$\bar{1}$1)、($\bar{1}$11) 四组晶面。

立方晶系的晶向指数一般用 [*uvw*] 来表示。立方晶系的晶向指数的具体确定步骤如下：

(1) 与晶面指数的标定一样，首选是建立空间坐标系。如图 1-4 所示，以晶胞中某一顶点为原点，以晶胞的三条棱边作为坐标轴 *x*、*y*、*z*，以点阵常数 *a* 为单位长度。

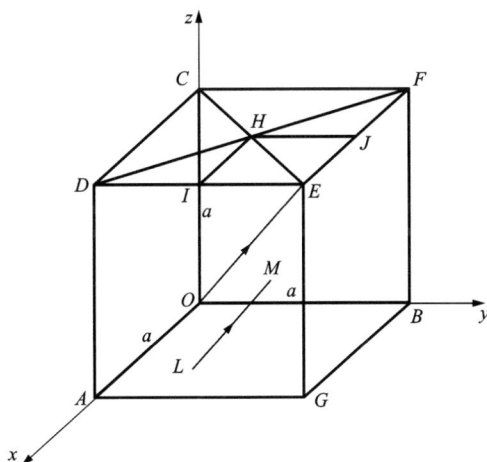

图 1-4　立方晶系晶向指数的表达

(2) 过原点引一平行于待定晶向 $\overrightarrow{LM}$ 的平行向量 $\overrightarrow{OE}$，在该线上任找一点，如 *E* 点，求出该点在三个坐标轴上的坐标值。假设 *E* 点在三个坐标轴上对应的坐标值为 *OA*、*OB* 和 *OC*。

(3) 将三个坐标值按比例化为最小简单整数，加上方括号，即为晶向指数 [*uvw*]。因此，$\overrightarrow{LM}$ 的晶向指数可以表示为：

$$\left[\frac{OA}{OA}, \frac{OB}{OB}, \frac{OC}{OC}\right] \text{或} \left[\frac{a}{a}, \frac{a}{a}, \frac{a}{a}\right] \qquad (1-5)$$

即为[111]。同样，晶向$\overrightarrow{CE}$的指数也可以通过晶向$\overrightarrow{OG}$来确定，为$\left[\dfrac{a}{a}, \dfrac{a}{a}, \dfrac{0}{a}\right]$，即[110]。

　　根据晶向指数的标定方法可知，晶向指数[uvw]也是表示所有相互平行、方向一致的晶向。相互平行、方向相反的两个晶向指数相差一个负号。如$\overrightarrow{LM}$的晶向指数为[111]，$\overrightarrow{ML}$的晶向指数为[$\overline{1}\overline{1}\overline{1}$]。晶体中原子排列方式相同而空间位向不同的所有晶向可以归为一个晶向族，用 < uvw > 表示。在立方晶系中，只要晶向指数的数字相同(正负符号与排列次序可以不同)，都属于同一个晶向族。例如[110]、[1$\overline{1}$0]、[101]、[10$\overline{1}$]、[011]、[0$\overline{1}$1]都属于 < 110 > 晶向族。在立方晶系中，晶面指数与该晶面的法向指数是一样的。如图1-4所示，晶面EFBG的晶面指数为(010)，该晶面的法向$\overrightarrow{AG}$的晶向指数为[010]，两者是一致的。同样，晶向$\overrightarrow{OE}$[111]是晶面ABC(111)的法向。

　　需要说明的是，晶体中任一点的坐标可以用该点相对于坐标系原点沿着三个主轴方向的分位移与晶格常数的比值来表示。图1-4中立方晶格的中心 M 点的坐标为$\left(\dfrac{1}{2}, \dfrac{1}{2}, \dfrac{1}{2}\right)$。

　　在一般晶系中，晶面和晶向指数都可以用矢量和来表达。假设晶胞的点阵常数为 a、b、c，那么一个晶向[uvw]可以利用这三个单位矢量$\vec{a}$、$\vec{b}$、$\vec{c}$来表达，如图1-5(a)所示。晶向矢量$\vec{r}$可以用式(1-6)的矢量和来表达：

$$\vec{r} = u\,\vec{a} + v\,\vec{b} + w\,\vec{c} \qquad (1-6)$$

晶面(hkl)可以用式(1-7)来表示：

$$h\,\frac{x}{\vec{a}} + k\,\frac{y}{\vec{b}} + l\,\frac{z}{\vec{c}} = 1 \qquad (1-7)$$

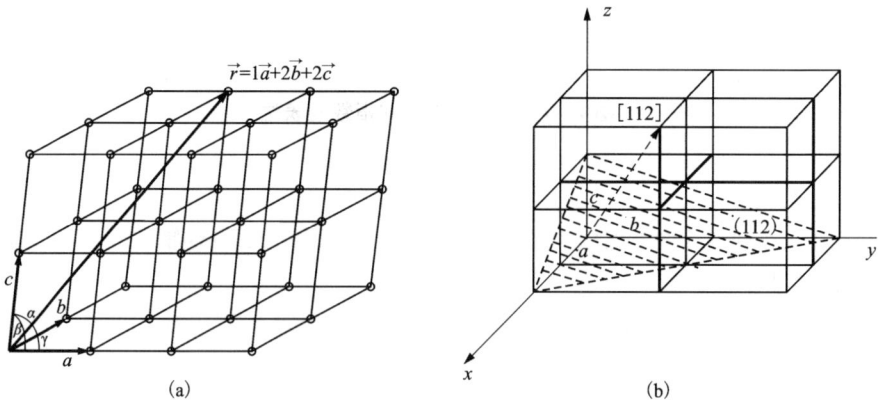

图1-5　不同晶系中晶向的表示方法

(a)一般晶系中晶向的矢量表达方法；(b)正交晶系的晶面和晶向指数的表达

x、y、z 为该晶面上任意一点的坐标指数。图 1-5(b)示出了正交晶体中的 (112)晶面和[112]晶向的位置。值得注意的是,晶向[112]并不垂直于晶面 (112),也就是说,晶面(112)的法向并不是[112]晶向。因此,这与立方晶系的 晶面与晶向指数关系是不一样的。

1.1.3　简单的晶体结构

晶体在三维空间里的排列问题一般采用钢球模型来处理。假设钢球的半径为 r,那么晶胞的点阵常数就可以用这个 r 来表示。在钢球模型中,通常用小球来反 映原子在三维空间中的排列情况,用大球来反映原子在二维空间中的排列情况, 如图 1-6 所示。晶体中不同晶面上的原子的排列分布都是不同的。实际上,晶 体结构可以用晶面的堆垛方式来表示。

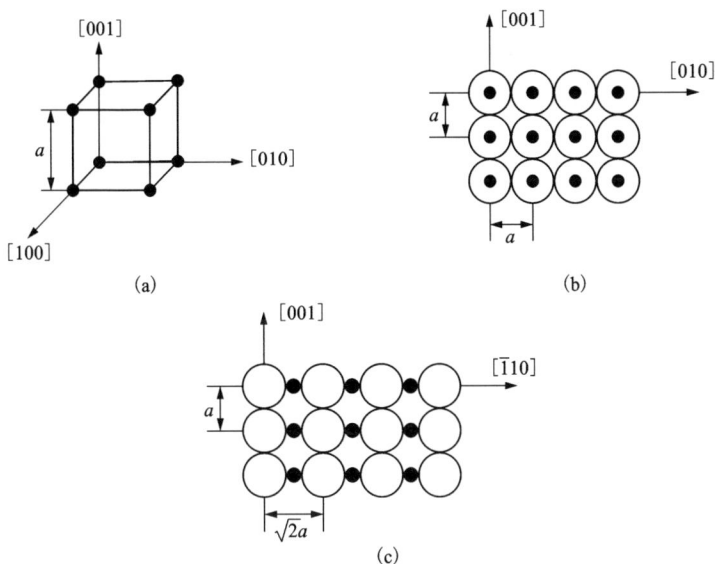

图 1-6　简单立方结构的原子排列

(a)晶胞;(b)原子在(100)面上的排列;(c)原子在(110)面上的排列

为了清晰显示原子在二维半面上的分布,通常纸面上的第一层原子用空心的 大圆圈来表示,其上一层或下一层的原子用实心的小圆圈来表示,如图 1-6(b) 和(c)所示。在原子层的堆垛中,通常第一层记为 A 层,所有与 A 层原子上分布 一致的层都记为 A 层。以此类推,如果是与 A 层原子分布不一样的原子层,依次 标记为 B 层、C 层……

以简单立方的原子排列为例,如图 1-6(a)所示,简单立方晶胞的每一个顶 点都被一个原子占据,点阵常数为 a。图 1-6(b)和(c)分别显示了原子在(100)

晶面和(110)晶面上的排布。由图 1-6(b)可以看出,相邻的原子在 <100> 方向上互相接触,因此,点阵常数 a 为原子半径的 2 倍($a=2r$)。并且,由(100)晶面在 <100> 晶向上的投影图可以看出,相邻的(100)晶面上的原子排列是一样的。因此,在简单立方结构中,(100)晶面的堆垛方式为 $AAA\cdots\cdots$由图 1-6(c)可以看出,相邻两层(110)晶面上的原子沿着 $[\bar{1}10]$ 方向产生了 $\dfrac{\sqrt{2}}{2}a$ 的位移(displacement),并且沿着[110]方向,相邻原子之间的间距为 $\sqrt{2}a$。沿着(110)晶面的法向($[110]$晶向),间隔的两层(110)晶面上的原子排列完全一致。因此,在简单立方结构中,(110)晶面的堆垛方式为 $ABABAB\cdots\cdots$相邻(110)晶面的间距为 $\dfrac{\sqrt{2}}{2}a$。需要注意的是,在实际晶体中,并没有发现哪一种晶体的结构是简单立方结构。

下面介绍常见金属的晶体结构。在体心立方晶体中,如图 1-7(a)所示,在其晶胞的每一个顶点上都有一个原子,并且在其体心位置$\left(\dfrac{1}{2}, \dfrac{1}{2}, \dfrac{1}{2}\right)$也有一个原子。由图 1-7(b)可以看出,原子沿着 <111> 方向相互接触。<111> 方向为体心立方的密排方向,也是体心立方金属中晶体的滑移方向。因此,体心立方晶体的晶格常数 $a=\dfrac{4}{\sqrt{3}}r$,沿着 <110> 方向相邻原子的间距为 $\sqrt{2}a$。由图 1-7(b)可以看出,体心立方晶体中$\{100\}$和$\{110\}$晶面的堆垛方式都是 $ABABAB\cdots\cdots$$\{110\}$晶面是体心立方晶体的密排面,其包含有密排方向 $<1\bar{1}1>$,是体心立方金属常见的位错滑移面之一。

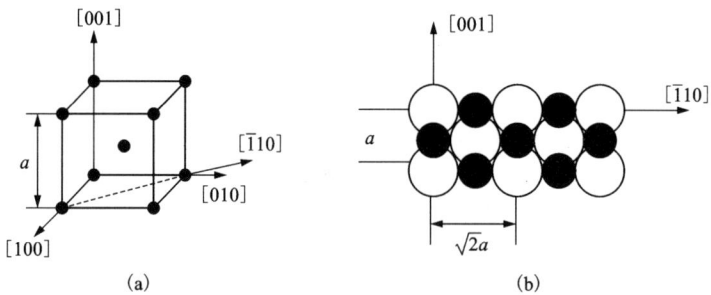

图 1-7 体心立方结构的原子排列

(a)晶胞;(b)原子在(110)面上的排列

体心立方晶体中另一个非常重要的晶面是$\{112\}$晶面,如图 1-8 所示,因为它也包含密排方向 <111>,所以也是体心立方金属的常见滑移面之一。此外,

它还是体心立方金属的孪晶面，其原子排布和堆垛方式如图 1-8 所示。由此可以看出，{112}晶面的堆垛方式为 $ABCDEFAB\cdots\cdots$相邻{112}晶面之间的间距为$\frac{\sqrt{6}}{6}a$。

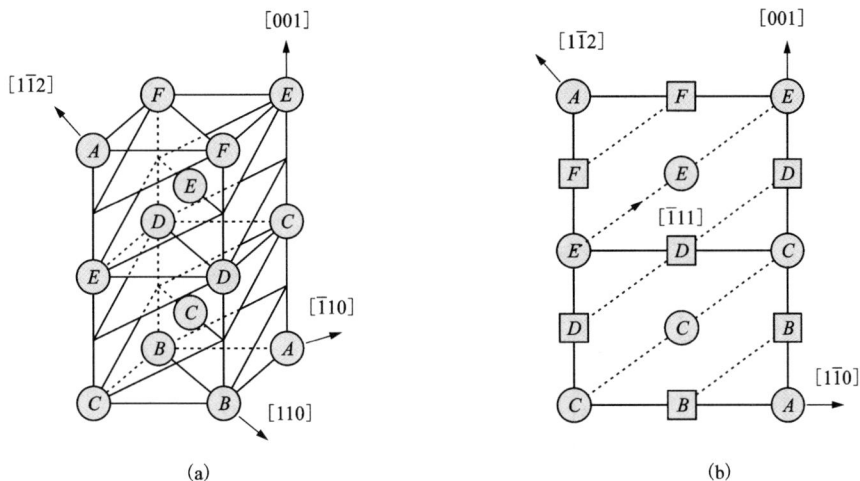

图 1-8　体心立方结构的原子在(112)面上的排列和堆垛

(a)利用两个晶胞显示了($1\bar{1}2$)晶面上的原子位置分布；(b)(110)投影面，虚线表示($1\bar{1}2$)晶面的投影迹线，圆圈表示原子位于纸面平面，正方形表示原子位于与平面间距$\frac{\sqrt{2}}{2}a$的上下平面上。

在面心立方晶体中，如图 1-9 所示，原子除了占据所有的立方晶格的顶点外，还占据了立方体各个面的中心位置，如$\left(0,\frac{1}{2},\frac{1}{2}\right)$、$\left(\frac{1}{2},0,\frac{1}{2}\right)$、$\left(\frac{1}{2},\frac{1}{2},0\right)$。原子沿着<011>方向接触，因此，<011>方向是面心立方晶体的密排方向，该方向也是面心立方金属的位错滑移方向，相邻原子之间的最小间距为$\frac{\sqrt{2}}{2}a$。根据$\frac{\sqrt{2}}{2}a=2r$，可得面心立方晶体的点阵常数 $a=\frac{4}{\sqrt{2}}r$。

面心立方晶体中{100}和{110}晶面的堆垛方式都是 $ABABAB\cdots\cdots$面心立方晶体中一个重要的晶面是{111}，为面心立方晶体的密排面，其堆垛方式都是 $ABCABCABC\cdots\cdots$如图 1-9 所示。由此可见，{111}晶面中的原子的排列方式是钢球模型中原子最密排的方式，所有相邻原子之间都相互接触。一个(111)晶面，其中包含 3 个<$1\bar{1}0$>密排晶向，它们相互之间的夹角为 60°。

密排六方结构也是金属中常见的晶体结构之一，如图 1-10 所示。密排六方结构比立方结构更加复杂。密排六方晶体的晶胞如图 1-10(a)所示，其晶格常

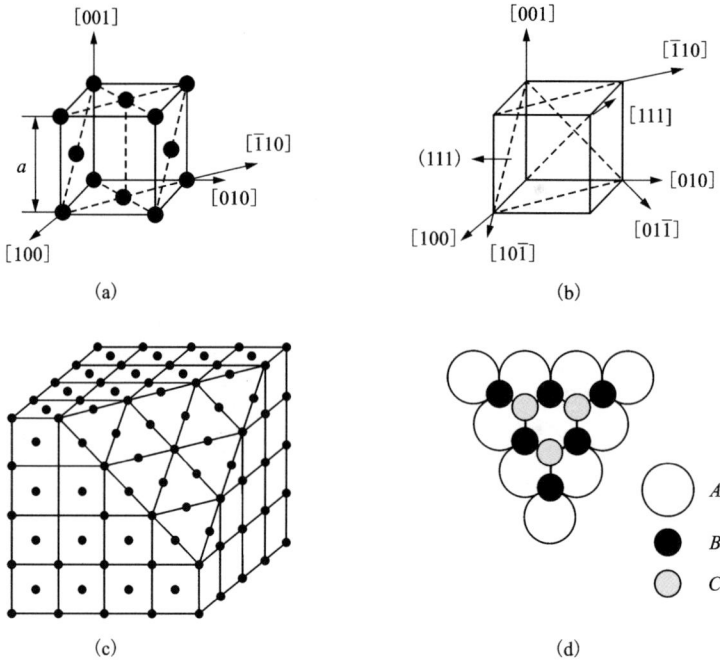

图 1 – 9　面心立方结构的原子排列

(a)晶胞;(b)主要的晶面和晶向;(c)原子在(111)面上的排列;(d)|111|晶面的堆垛方式

数为 a、a 和 c,两个 $\vec{a}$ 轴之间的夹角为 120°。在密排六方晶体中,1 个六方晶胞包含有 3 个晶胞,如图 1 – 10(b)所示。每一个密排六方晶胞包含有 2 个原子,其位置为 $(0, 0, 0)$ 和 $\left(\dfrac{2}{3}, \dfrac{1}{3}, \dfrac{1}{2}\right)$。密排六方晶体中的(001)晶面为原子的密排面,一般称为基面(basal plane),其原子排列方式与面心立方晶体的|111|晶面是一样的,但是它们的堆垛方式是不一样的。在基面(001)上,有 3 个密排方向,包括[100]、[110]和[010],它们都是密排六方金属的滑移方向。沿着 <001> 方向($\vec{c}$ 轴),|001|晶面的堆垛方式为 *ABABAB*……如图 1 – 10(c)所示。

根据钢球模型,理想密排六方晶体中的点阵常数轴比 $c/a = (8/3)^{1/2}$,约为 1.633。但是在实际晶体中,轴比 c/a 为 1.57 ~ 1.89,如表 1 – 1 所示。这主要是因为实际六方晶体中原子之间的间距是根据原子的电子结构来调整的。密排六方晶体的轴比值对其塑性变形机制有重要的影响,如表 1 – 1 所示,随着轴比值的增大,主要滑移系更优先于基面滑移。

在密排六方晶体中,晶面|hkl|和晶向 <uvw> 可以采用三指数(密勒指数)来表示,其参考坐标系为三轴坐标系,即 $\vec{a_1}$、$\vec{a_2}$ 和 $\vec{c}$。例如,在基面(001)晶面上,有

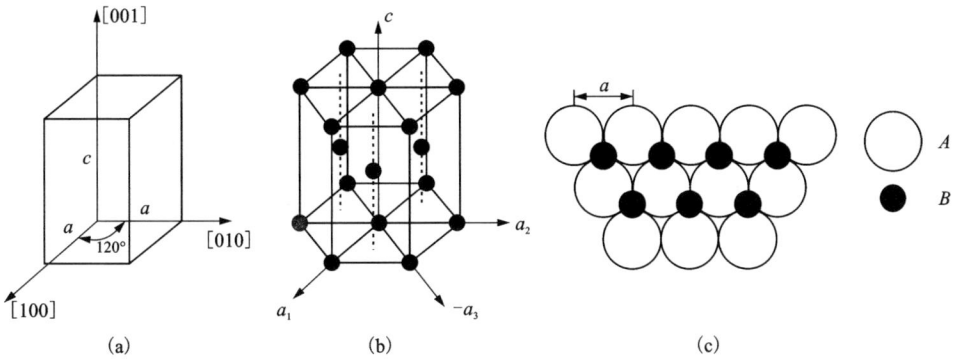

图 1 - 10　密排六方结构的原子排列

(a)晶胞的晶体点阵;(b)原子的排列;(c)(001)晶面沿着 $\vec{c}$ 轴的堆垛方式

三个密排方向,分别为[100]、[010]和[110],如图 1 - 10(a)所示。由此可以看出,虽然这三个晶向是等价的,但是它们的指数和对称性却不相同。因此,为了使晶体学上等价的晶面或晶向具有类似的指数,密排六方晶体的晶面和晶向指数通常采用四指数(Miller-Bravais 指数)来表示,其参考坐标系为四轴坐标系,即 $\vec{a_1}$、$\vec{a_2}$、$\vec{a_3}$ 和 $\vec{c}$,如图 1 - 10(b)所示。其中 $\vec{a_1}$、$\vec{a_2}$ 和 $\vec{c}$ 与三坐标系是一致的,$\vec{a_3} = -(\vec{a_1} + \vec{a_2})$,如图 1 - 11(a)所示,$\vec{a_1}$、$\vec{a_2}$、$\vec{a_3}$ 和 $\vec{c}$ 的四指数分别为 $[2\bar{1}\bar{1}0]$、$[\bar{1}2\bar{1}0]$、$[\bar{1}\bar{1}20]$ 和 $[0001]$。四坐标系统中晶面指数表示为 $(hkil)$,其中 $i = -(h+k)$。因此,在四坐标系中,等价晶面的指数可以通过前面三个指数的位置交换和符号改变而得到。四指数晶面指数的确定方法与前面三指数确定方法类似,如图 1 - 11(b)所示 $(11\bar{2}0)$、$(10\bar{1}0)$ 等晶面的确定方法。

表 1 - 1　某些密排六方结构金属的轴比(室温)

金属		Be	α-Ti	α-Zr	Mg	α-Co	Zn	Cd
点阵常数/nm	a	0.22856	0.29506	0.32312	0.32094	0.2506	0.26649	0.29788
	c	0.35832	0.46788	0.51477	0.52105	0.4069	0.49468	0.56167
轴比 c/a		1.5677	1.5857	1.5931	1.6235	1.624	1.8563	1.8858
优先滑移面		基面	柱面	柱面	基面	基面	基面	基面

在密排六方晶系中,有一些典型的晶面,如图 1 - 12 所示。例如,基面 (0001);一级柱面 $(1\bar{1}00)$、$(\bar{1}100)$ 等;二级柱面 $(11\bar{2}0)$、$(\bar{2}110)$ 等;一级锥面 $(10\bar{1}1)$、$(\bar{1}011)$ 等;二级锥面 $(11\bar{2}2)$、$(\bar{1}\bar{1}22)$ 等。

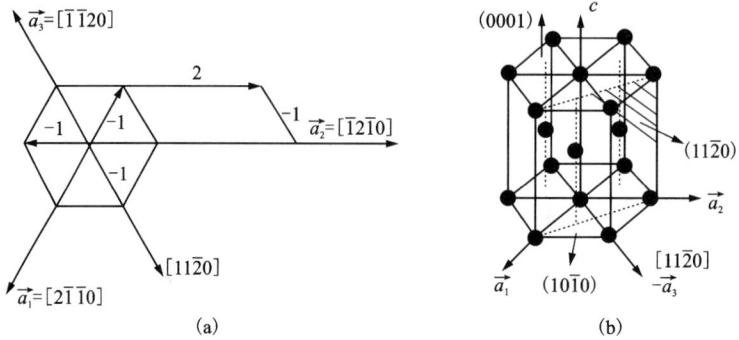

图 1 - 11 密排六方晶体中的晶向和晶面四指数标定方法

(a)典型晶向指数确定方法；(b)典型晶面指数确定方法

密排六方晶体中，四指数坐标系统中晶向指数表示为$[uvtw]$。其中$t = -(u+v)$。晶向指数的确定方法与前述立方晶系一样。可以通过与四主轴的平行线确定某一晶向上的点的坐标，并且坐标必须化为最小的整数。在密排六方晶系中，如果三轴中的晶向指数为$[UVW]$，那么三轴指数和四轴指数可以用式(1-8)和式(1-9)来进行转换：

$$U = u - t,\ V = v - t,\ W = w \tag{1-8}$$

$$u = \frac{1}{3}(2U - V),\ v = \frac{1}{3}(2V - U),\ t = -(u+v),\ W = w \tag{1-9}$$

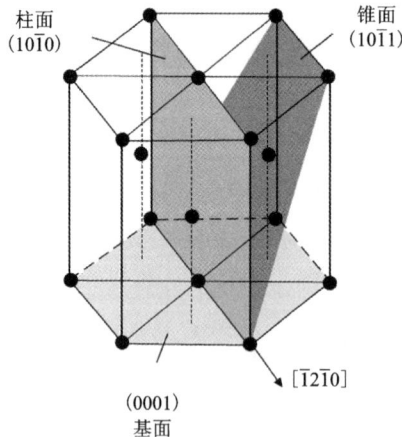

图 1 - 12 密排六方晶体中典型的晶面及其晶面四指数

1.2　晶体取向及其表达方法

1.2.1　晶体取向

在单相多晶体材料中，虽然每一个晶粒的晶体结构是一样的，但是它们具有不同的晶体学取向。在塑性加工过程中，不同取向的晶粒所受的应力的方向相对不同，它们将开动不同的滑移系或者孪生系统，发生不一样的塑性变形行为。因此，研究晶粒相对于外加应力的取向关系很重要。通常，表达一个晶粒的取向会用到两个坐标系。一个晶粒的取向可以通过其晶体学坐标系（crystal co-ordinate system）相对于一个外在参考坐标系（external co-ordinate system）的位置来表达，这个参考坐标系通常与材料所受的应力方向有关。也就是说，晶粒取向表达的意义实际上是晶粒的晶体学方向与所受应力方向之间的关系。因此，可以设空间有一由 X、Y、Z 三个互相垂直的坐标轴组成的直角参考坐标系 $E(O-XYZ)$，此坐标系可以表示晶体的受力方向或者应变方向，如图 1-13 所示。再设有一个立方晶体坐标系 $C(O-ABC)$，此坐标系表示晶体的晶体学取向，三个坐标轴可以用 $[100]-[010]-[001]$ 来表示。即 $[100]$ 方向平行于 A 轴，$[010]$ 方向平行于 B 轴，$[001]$ 方向平行于 C 轴。为了方便表达，规定两个坐标系的初始位置，晶体坐标系的三个坐标方向分别同与之平行的 X、Y、Z 坐标轴同向，即 $[100]$ 方向平行于 X 轴，$[010]$ 方向平行于 Y 轴，$[001]$ 方向平行于 Z 轴。人们把晶体坐标系中晶体方向在参考坐标系 $E(O-XYZ)$ 内的这种排布方式称为起始取向 $\vec{O}$，如图 1-13（a）所示。若把一多晶体或任一单晶体的晶体坐标系放在坐标系 $E(O-XYZ)$ 内，则每个晶粒的晶体学坐标系的 $[100]$、$[010]$ 和 $[001]$ 方向通常不具有上述的排列，也就是说，它们不具有起始取向 $\vec{O}$，而是具有一般的取向 $\vec{g}$，如图 1-13（b）所示。为了研究它们之间的取向关系，可以把一具有起始取向 $\vec{O}$ 的晶体坐标系作某种转动，使它与这一单晶体或多晶体内一晶粒的晶体坐标系重合，这样转动过的晶体坐标系就具有了与之重合的晶体坐标系的取向。通过数学方法描述这种坐标系的转动过程，就可以计算出实际的晶体相对于参考坐标系的取向关系。因此，一方面，晶体取向表达了材料中晶粒的晶体坐标系在外在参考坐标系内排布的方式。另一方面，晶体取向描述了晶体坐标系相对于参考坐标系的转动状态，可以用具有起始取向的晶体坐标系到达实际晶体坐标系时所转动的角度来表达该实际晶体的取向。

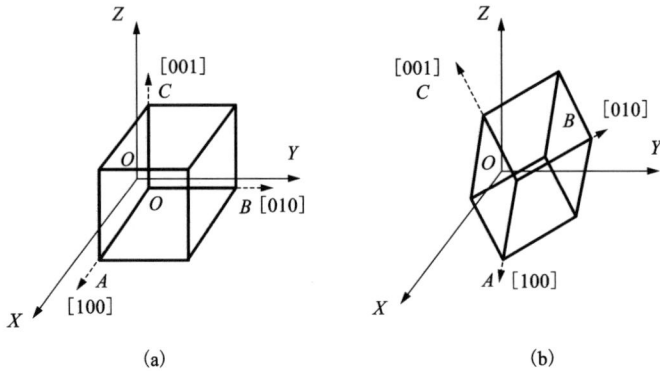

图 1 – 13 晶体取向的确定

(a)起始取向 $\vec{O}$；(b)任意取向 $\vec{g}$

1.2.2 晶体取向的表达方法

1.2.2.1 密勒指数

在轧制板带材过程中，样品通常沿着板的轧制方向受到拉应力，沿着板的表面法向受到压应力。因此，对于这种轧制板带样品，外在的参考坐标系通常可以设为样品坐标系(sample co-ordinate system)，即为相互垂直的轧向(rolling direction，简写为 RD)、表面法向(normal direction，简写为 ND)和横向(transverse direction，简写为 TD)，如图 1 – 14 所示。在立方晶体轧制样品坐标系中，通常可以用密勒指数 $(hkl)[uvw]$ 来表达某一晶粒的取向。$(hkl)[uvw]$ 这种晶粒取向表达的意思为，其 (hkl) 晶面平行于轧面(rolling plane)，$[uvw]$ 晶向平行于轧向。例如，在图 1 – 14 中，所示的晶粒取向可以表示为 $(001)[100]$，表示该晶粒 (001) 晶面平行于轧面，$[100]$ 晶向平行于轧向。在图 1 – 15(a)中，板中的这一晶粒取向就可以表示为 $(001)[\bar{1}10]$，意思就是表达这个晶粒的取向特征为其 (001) 晶面平行于轧面，$[\bar{1}10]$ 晶向平行于轧向。如果考虑晶体中所有的等价晶面和晶向，则晶粒的取向可以表示为 $\{hkl\}<uvw>$，即 $\{hkl\}$ 晶面族平行于轧面，$<uvw>$ 晶向族平行于轧向。

对于拉拔线材、旋锻或挤压棒材等这类样品而言，由于其一般沿着丝或棒的轴向伸长或缩短，在这种单轴对称的样品中，晶体的取向通常可以用密勒指数 $[uvw]$ 晶向或者 (hkl) 晶面来表示。如果一个晶粒的取向用晶向 $[uvw]$ 表示，表明该晶向平行于丝或棒的轴向。如果一个晶粒的取向用晶面 (hkl) 表示，表明该晶面平行于丝或棒的横截面。例如图 1 – 15(b)中，其中一晶粒的 $[111]$ 晶向平行于棒或丝的轴向，因此，这个晶粒的取向可以表示为 $[111]$。同样，$<uvw>$ 可以表

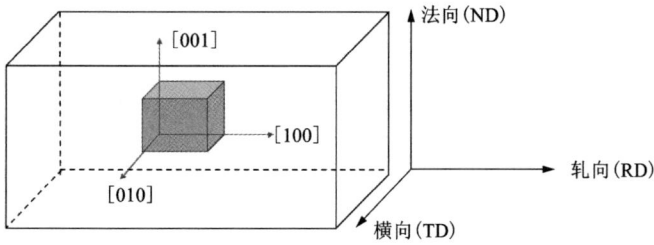

图 1 - 14　轧制板材中的晶体坐标系和外在参考样品坐标系

示 < *uvw* > 晶向族平行于棒或丝的轴向。

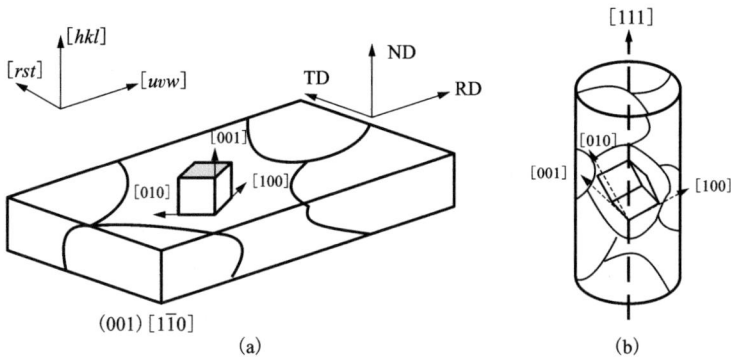

图 1 - 15　板材和线材中晶体取向的表达举例

(a)板材；(b)丝线材

1.2.2.2　取向矩阵与欧拉角

由于轧制板材中晶体取向的参考坐标系(样品坐标系)是正交坐标系,因此,轧制板材中晶粒取向也可以用正交矩阵来表达。其中 $[rst] = [hkl] \times [uvw]$ 表示平行于轧板横向的晶向指数, $[hkl]$ 表示平行于轧面法向的晶向指数, $[uvw]$ 表示平行于轧向的晶向指数,如图 1 - 15(a)所示。图 1 - 15(a)中所示晶粒取向表达的意思是:ND//[001],RD//[1$\bar{1}$0],TD//[110]。这样晶体取向的三个方向只需要一个正交矩阵就能表达,若在上述参考坐标系中用 $\vec{g}$ 代表一晶体取向,则有:

$$\vec{g} = \begin{bmatrix} g_{11} & g_{12} & g_{13} \\ g_{21} & g_{22} & g_{23} \\ g_{31} & g_{32} & g_{33} \end{bmatrix} = \begin{bmatrix} u & r & h \\ v & s & k \\ w & t & l \end{bmatrix} \qquad (1-10)$$

这样式(1-10)就可以表达立方晶体中任一晶粒在轧制样品坐标系中的取向,图1-15(a)所示的晶粒取向可以表示为:

$$\vec{g} = \begin{bmatrix} 1 & 1 & 0 \\ \bar{1} & 1 & 0 \\ 0 & 0 & 1 \end{bmatrix} \qquad (1-11)$$

那么,起始取向 $\vec{O}$ 可以用矩阵来表达,即

$$\vec{O} = \begin{bmatrix} 1 & 0 & 0 \\ 0 & 1 & 0 \\ 0 & 0 & 1 \end{bmatrix} \qquad (1-12)$$

如图1-13所示,从起始取向 $\vec{O}$ 出发经过某种转动可将晶体坐标系 $O-ABC$ 转到任意取向 $\vec{g}$ 的晶体坐标系 $O-XYZ$ 上,所以也可以用这种转动操作的转角来表示晶体取向。在晶体学上通常将这种转动操作称为欧拉(Euler)转动,转动的角度称为欧拉角(Euler angles)。根据晶体转动方式的不同,通常有两种不同的欧拉角表示方法:Roe定义的欧拉角(ψ, θ, φ)和邦厄(Bunge)定义的欧拉角(φ_1, Φ, φ_2)。

下面介绍邦厄定义的欧拉角(φ_1, Φ, φ_2)的操作方法。图1-16给出了从起始取向出发,按欧拉角(φ_1, Φ, φ_2)的顺序所做出的三个欧拉转动。如图1-16(a)所示,设样品坐标系中的RD-TD截面与晶体坐标系中的[100]-[010]截面的交线为s。如图1-16(b)所示,第一步,样品坐标系绕ND旋转角度 φ_1,使得样品的RD与s重合,此时样品坐标系的RD和TD将转到新的位置,即为RD'和TD'。第二步,样品坐标系再绕RD'旋转角度 Φ,使得样品的ND与晶体的[001]重合。此时,TD'将转到新的位置TD"。第三步,将样品坐标系再绕着ND(晶体的[001])旋转角度 φ_2,此时RD'与[100]重合,TD"与[010]重合。也就是说样品坐标系与晶体坐标系完全重合。

经过邦厄定义的欧拉角的这种转动可以实现任意的晶体取向。因此,任意取向 $\vec{g}$ 用欧拉角(φ_1, Φ, φ_2)可表示成:

$$\vec{g} = (\varphi_1, \Phi, \varphi_2) = \vec{g}_{\varphi_2} \cdot \vec{g}_{\Phi} \cdot \vec{g}_{\varphi_1} \qquad (1-13)$$

根据邦厄定义的欧拉角的转动操作,可以得到旋转矩阵:

$$\vec{g}_{\varphi_1} = \begin{bmatrix} \cos\varphi_1 & \sin\varphi_1 & 0 \\ -\sin\varphi_1 & \cos\varphi_1 & 0 \\ 0 & 0 & 1 \end{bmatrix} \qquad (1-14)$$

$$\vec{g}_{\Phi} = \begin{bmatrix} 1 & 0 & 0 \\ 0 & \cos\Phi & -\sin\Phi \\ 0 & -\sin\Phi & \cos\Phi \end{bmatrix} \qquad (1-15)$$

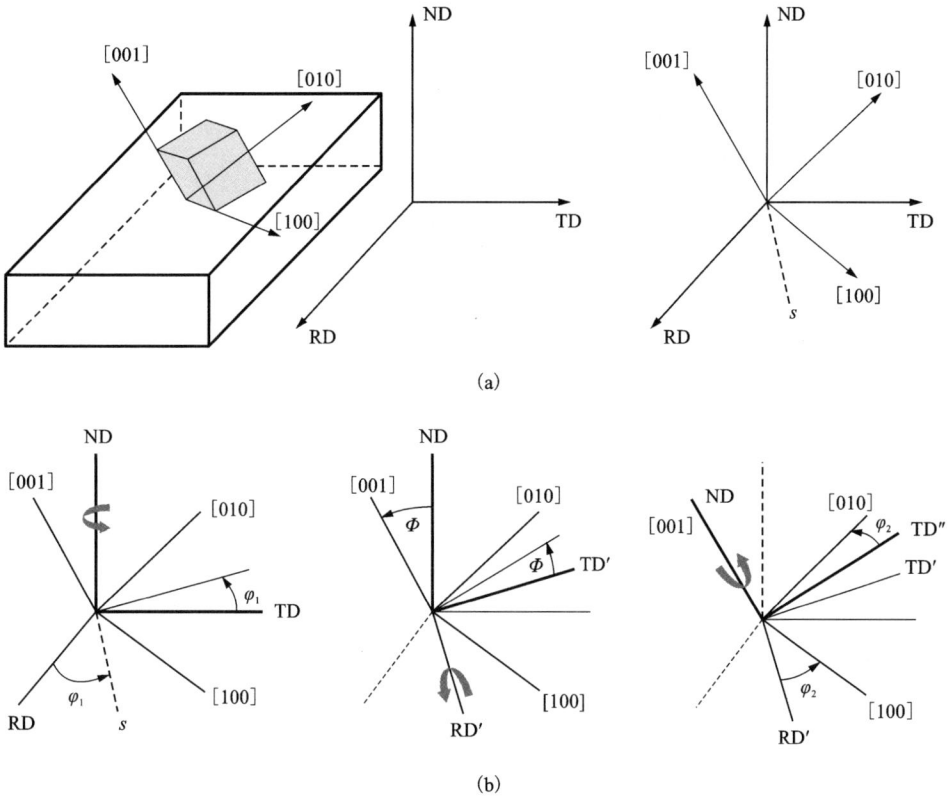

(a)

(b)

图 1 – 16　邦厄定义的欧拉角(φ_1, Φ, φ_2)的旋转操作方法

(a)晶体坐标系和样品坐标系板材；(b)邦厄定义的欧拉角(φ_1, Φ, φ_2)

$$\vec{g}_{\varphi_2} = \begin{bmatrix} \cos\varphi_2 & \sin\varphi_2 & 0 \\ -\sin\varphi_2 & \cos\varphi_2 & 0 \\ 0 & 0 & 1 \end{bmatrix} \tag{1 – 16}$$

显然，对于起始取向 $\vec{O}$，可用欧拉角表示为：

$$\vec{O} = (0, 0, 0) \tag{1 – 17}$$

任意取向 $\vec{g}$ 可以用欧拉角(φ_1, Φ, φ_2)表示为：

$$\vec{g} = \vec{g}_{\varphi_2} \cdot \vec{g}_{\Phi} \cdot \vec{g}_{\varphi_1}$$

$$= \begin{bmatrix} \cos\varphi_2 & \sin\varphi_2 & 0 \\ -\sin\varphi_2 & \cos\varphi_2 & 0 \\ 0 & 0 & 1 \end{bmatrix} \cdot \begin{bmatrix} 1 & 0 & 0 \\ 0 & \cos\Phi & -\sin\Phi \\ 0 & -\sin\Phi & \cos\Phi \end{bmatrix} \cdot \begin{bmatrix} \cos\varphi_1 & \sin\varphi_1 & 0 \\ -\sin\varphi_1 & \cos\varphi_1 & 0 \\ 0 & 0 & 1 \end{bmatrix} \tag{1 – 18}$$

根据式(1 - 18)可知，各矩阵相乘后，可得到总的旋转矩阵，如关系式(1 - 19)，即

$$\vec{g} = \begin{bmatrix} \cos\varphi_1\cos\varphi_2 - \sin\varphi_1\sin\varphi_2\cos\Phi & \sin\varphi_1\cos\varphi_2 + \cos\varphi_1\sin\varphi_2\cos\Phi & \sin\varphi_2\sin\Phi \\ -\cos\varphi_1\sin\varphi_2 - \sin\varphi_1\cos\varphi_2\cos\Phi & -\sin\varphi_1\sin\varphi_2 + \cos\varphi_1\cos\varphi_2\cos\Phi & \cos\varphi_2\sin\Phi \\ \sin\varphi_1\sin\Phi & -\cos\varphi_1\sin\Phi & \cos\Phi \end{bmatrix}$$

$$= \begin{bmatrix} u & r & h \\ v & s & k \\ w & t & l \end{bmatrix} \tag{1-19}$$

根据式(1 - 19)，就可以建立两种取向表达方式的换算关系，即密勒指数 $\{hkl\} <uvw>$ 和欧拉角(φ_1, Φ, φ_2)之间可以互换计算。对比式(1 - 19)左侧和右侧，可由左侧的欧拉角表达式算出右侧矩阵的各分量，如式(1 - 20)所示，从而求出(hkl)和[uvw]。

$$h = \sin\varphi_2\sin\Phi$$
$$k = \cos\varphi_2\sin\Phi$$
$$l = \cos\Phi \tag{1-20}$$
$$u = \cos\varphi_1\cos\varphi_2 - \sin\varphi_1\sin\varphi_2\cos\Phi$$
$$v = -\cos\varphi_1\sin\varphi_2 - \sin\varphi_1\cos\varphi_2\cos\Phi$$
$$w = \sin\varphi_1\sin\Phi$$

值得注意的是，这样计算的(hkl)和[uvw]是归一化的指数，还应将计算的数值换算成互质的整数(hkl)[uvw]，这才是常用的密勒指数。另外，3 个欧拉角(φ_1, Φ, φ_2)也可以根据式(1 - 19)的关系进行计算，如式(1 - 21)所示。

$$\Phi = \arccos(l)$$
$$\varphi_2 = \arccos\left(\frac{k}{\sqrt{h^2+k^2}}\right) = \arcsin\left(\frac{h}{\sqrt{h^2+k^2}}\right) \tag{1-21}$$
$$\varphi_1 = \arcsin\left(\frac{w}{\sqrt{h^2+k^2}}\right)$$

如果把欧拉角(φ_1, Φ, φ_2)表示在笛卡儿坐标系(Cartesian coordinates)中，就可以得到欧拉空间(Euler space)，如图 1 - 17 所示。在欧拉空间中，0° ≤ φ_1 ≤ 360°，0° ≤ Φ ≤ 180°，0° ≤ φ_2 ≤ 360°，任一晶体取向 $\vec{g}$ 都可以用欧拉空间中对应的某点来表达。

例如，图 1 - 17 中椭圆形对应的点

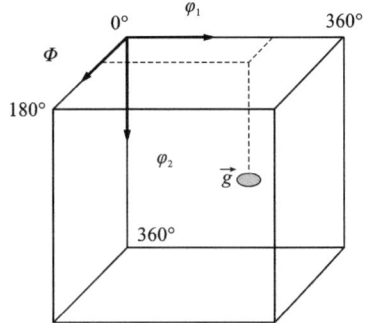

图 1 - 17　晶体取向 $\vec{g}$ 在欧拉空间中的表达

图中椭圆形所示位置的欧拉角

$\varphi_1 = 270°$，$\Phi = 60°$，$\varphi_2 = 180°$

的欧拉角为 $\varphi_1 = 270°$，$\Phi = 60°$，$\varphi_2 = 180°$，通过式（1 - 20），再经过互质整数换算，可计算得出其密勒指数为 $(0\bar{7}4)[0\bar{4}\,\bar{7}]$。

通常，由于晶体结构的对称性和样品的几何形状，只需要部分的欧拉空间就可以显示晶体的全部取向，如表 1 - 2 所示。例如，对于立方晶系的轧制板材（样品形状具有正交对称性）来说，所有晶体取向都可以在 90° - 90° - 90° 的欧拉空间中表示出来。

表 1 - 2　不同晶体结构和样品几何形状的欧拉空间尺寸

晶体结构	晶体对称		样品的几何形状		
			无规则	单斜	正交
	$\Phi/(°)$	$\varphi_2/(°)$	$\varphi_1/(°)$	$\varphi_1/(°)$	$\varphi_1/(°)$
三斜	180	360	360	180	90
单斜	90	360	360	180	90
三方	90	120	360	180	90
六方	90	60	360	180	90
正交	90	180	360	180	90
四方	90	90	360	180	90
立方	90	90	360	180	90

1.2.2.3　旋转角/轴对

如果从起始取向 $\vec{O}$ 出发，以参考坐标系的某一晶体学方向 $\vec{R} = [r_1 r_2 r_3]$ 作为旋转轴，旋转一个角度 θ，也可以实现任意的晶体取向 g，这说明晶体取向也可以用这种旋转角/轴对（angle/axis pair）的方法来表示。如图 1 - 18 所示，立方晶体 1 的坐标系为 $X_1 Y_1 Z_1$，立方晶体 2 的坐标系为 $X_2 Y_2 Z_2$。如果以立方晶体 1 的坐标系为参考坐标系，立方晶体 2 只需要以它们共同的晶向 $[001]$ 作为旋转轴，逆时针旋转 45°，就可以与立方晶体 1 重合。

假设图 1 - 18 中所示晶粒 1 为样品，其晶体坐标系 $X_1 - Y_1 - Z_1$ 用样品坐标系 RD - TD - ND 来表示，晶粒 2 坐标系 $X_2 - Y_2 - Z_2$ 用晶体坐标系 $[100] - [010] - [001]$ 来代替，如图 1 - 19 所示。

这样，晶体取向也可以用这个旋转轴及其对应的旋转角度来表达（角/轴对，angle/axis of rotation），即 $\theta/\vec{R}$。这就是晶体取向的旋转角/轴对的表示方法，图 1 - 18 中晶粒 2 的取向可以表示为 45°/$[001]$。此时，根据旋转矩阵，晶体取向

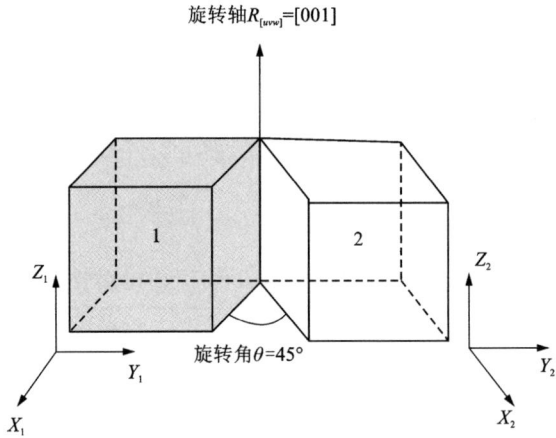

图 1 - 18   两个立方晶体之间的旋转角和旋转轴(角/轴对)

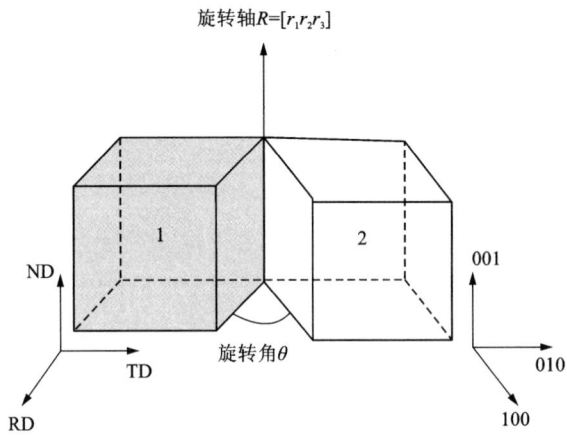

图 1 - 19   晶体取向以旋转轴和旋转角(角/轴对)的表达示意图

$\vec{g}$ 可用取向矩阵表示为:

$$
\vec{g} = \begin{bmatrix} (1-r_1^2)\cos\theta + r_1^2 & r_1 r_2 (1-\cos\theta) + r_3 \sin\theta & r_1 r_3 (1-\cos\theta) - r_2 \sin\theta \\ r_1 r_2 (1-\cos\theta) - r_3 \sin\theta & (1-r_2^2)\cos\theta + r_2^2 & r_2 r_3 (1-\cos\theta) + r_1 \sin\theta \\ r_1 r_3 (1-\cos\theta) + r_2 \sin\theta & r_2 r_3 (1-\cos\theta) - r_1 \sin\theta & (1-r_3^2)\cos\theta + r_3^2 \end{bmatrix}
$$
$$
= \begin{bmatrix} u & r & h \\ v & s & k \\ w & t & l \end{bmatrix} \tag{1-22}
$$

同样地，根据取向矩阵，也可以计算出旋转角/轴对 $(\theta/\vec{R})$ 的旋转角度 θ 和旋转轴 $\vec{R}$。

$$\cos\theta = \frac{u + s + l - 1}{2}$$

$$r_1 = \frac{k - t}{2\sin\theta}$$

$$r_2 = \frac{w - h}{2\sin\theta} \tag{1-23}$$

$$r_3 = \frac{r - v}{2\sin\theta}$$

由式(1-10)所示的取向表达方式可知，表达式中共有 9 个变量。但是，这 9 个变量并不都是独立的。由于该矩阵的标准正交特点，其中必有下列 6 个归一与正交的约束条件，即

$$r^2 + s^2 + t^2 = 1 , \ h^2 + k^2 + l^2 = 1 , \ u^2 + v^2 + w^2 = 1 \tag{1-24}$$

$$r \cdot h + s \cdot k + t \cdot l = 0, \ h \cdot u + k \cdot v + l \cdot w = 0, \ u \cdot r + v \cdot s + w \cdot t = 0 \tag{1-25}$$

由此可见，9 个变量中只可能有 3 个变量是独立的。因此，晶体取向的自由度是 3。用欧拉角表达取向时，$(\varphi_1, \Phi, \varphi_2)$ 刚好反映出晶体取向的三个独立变量。

值得注意的是，欧拉角是在正交坐标系中定义的。因此，式(1-19)不适用于密排六方晶体中的取向表达。如果要用欧拉角表达密排六方晶体的取向，必须首先将密排六方坐标系转化为正交坐标系。可以设密排六方晶体 $\vec{C}$ 轴与参考坐标系 $\vec{Z}$ 轴平行，$\vec{a}$ 轴与参考坐标系 $\vec{Y}$ 轴平行，$\vec{a}$ 与 $\vec{c}$ 的矢量积为 $\vec{X}$ 轴，则可用欧拉角 $(\varphi_1, \Phi, \varphi_2)$ 确定密排六方晶体的取向。该操作可以通过转换矩阵 A 来实现：

$$A = \begin{bmatrix} \cos30°a & 0 & 0 \\ -\cos60°a & a & 0 \\ 0 & 0 & c \end{bmatrix} \tag{1-26}$$

式中：a 和 c 为密排六方晶体的点阵常数。则，正交坐标系中的某一晶向 $[uvw]_{OR}$ 与密排六方晶体中的某一晶向 $[uvw]_{H}$ 之间换算关系可以表达为：

$$[uvw]_{OR} = A \cdot [uvw]_{H} \tag{1-27}$$

密排六方晶体中的某一晶向 $[uvw]_{H}$ 在经过欧拉角对应的旋转处理后，可以得到密排六方晶体中的任意取向。因此，结合式(1-19)，密排六方晶体中的晶向 $[uvw]_{H}$ 可以计算为：

$$[uvw]_{H} = A^{-1} \cdot \vec{g} \cdot [uvw]_{OR} \tag{1-28}$$

如果要用欧拉角表达密排六方晶体中的某一晶面 $(hkl)_H$，则可先求出其晶面法向，再通过上述操作来进行计算。这一部分在第 5 章还有比较详细的介绍。

1.2.3　晶粒间取向差与晶界特性

在多晶体中，不同晶粒的取向是不同的，它们之间存在着晶界 (grain boundary) 和取向差 (misorientation)。由图 1-18 可知，两个晶粒之间的取向关系可以用旋转角/轴对来表示。如果以晶粒 1 为参考取向，那么晶粒 2 绕旋转轴 <001> 旋转 45°，就可以与晶粒 1 的取向重合。因此，晶粒 1 和晶粒 2 之间的取向差可以表示为 45°/<001>。它们之间的晶界如图 1-20 所示，完整描述晶界的几何特征需要 5 个自由度，其中 3 个表示相邻晶粒间的取向差 (常用角/轴对形式表示)，另 2 个表示晶界面的取向。

在样品坐标系内，任一晶界法向的自由度为 2。如图 1-20 所示，讨论两个晶粒的取向时，在同一参考坐标系下，晶粒 1 的取向矩阵为 $\vec{g}_1$，晶粒 2 的取向矩阵为 $\vec{g}_2$。

$$\vec{g}_1 = \begin{bmatrix} u_1 & r_1 & h_1 \\ v_1 & s_1 & k_1 \\ w_1 & t_1 & l_1 \end{bmatrix}, \vec{g}_2 = \begin{bmatrix} u_2 & r_2 & h_2 \\ v_2 & s_2 & k_2 \\ w_2 & t_2 & l_2 \end{bmatrix} \tag{1-29}$$

则从晶粒 1 取向转换到晶粒 2 取向的变换矩阵为 $\vec{g} = \vec{g}_2 \cdot \vec{g}_1^{-1}$。如果把其中一个晶粒 1 的取向确定为初始取向，则可以用另一个晶粒的取向来表示这两个晶粒的取向差。由此可见，晶粒取向差的自由度为 3。如图 1-20 所示，从晶粒 1 的取向出发，绕该晶粒某一晶向，也就是旋转轴 $\vec{R}[uvw]$，转动 θ，从而可以达到晶粒 2 的取向。由此，两个晶粒之间的取向差 $\Delta\vec{g}$ 可以用旋转矩阵表达为：

$$\Delta\vec{g} = \Delta\vec{g}([uvw], \theta) = \begin{bmatrix} \Delta g_{11} & \Delta g_{12} & \Delta g_{13} \\ \Delta g_{21} & \Delta g_{22} & \Delta g_{23} \\ \Delta g_{31} & \Delta g_{32} & \Delta g_{33} \end{bmatrix}$$

$$= \begin{bmatrix} (1-u^2)\cos\theta + u^2 & uv(1-\cos\theta) + w\sin\theta & uw(1-\cos\theta) - v\sin\theta \\ uv(1-\cos\theta) - w\sin\theta & (1-v^2)\cos\theta + v^2 & vw(1-\cos\theta) + u\sin\theta \\ uw(1-\cos\theta) + v\sin\theta & vw(1-\cos\theta) - u\sin\theta & (1-w^2)\cos\theta + w^2 \end{bmatrix} \tag{1-30}$$

参照式 (1-30) 可求出表示取向差的 θ 角为：

$$\theta = \arccos\left(\frac{\Delta g_{11} + \Delta g_{22} + \Delta g_{33} - 1}{2}\right) \tag{1-31}$$

旋转轴 $\vec{R}[uvw]$ 的方向指数为：

$$u = \frac{\Delta g_{23} - \Delta g_{32}}{2\sin\theta}, \quad v = \frac{\Delta g_{31} - \Delta g_{13}}{2\sin\theta}, \quad w = \frac{\Delta g_{12} - \Delta g_{21}}{2\sin\theta} \tag{1-32}$$

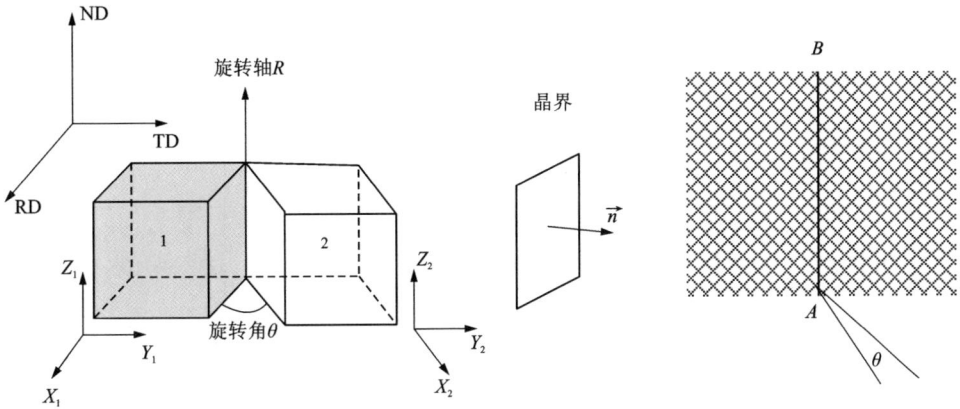

图 1 – 20　晶界变量的定义

晶粒 1 和晶粒 2 的晶体坐标系为 $x_1 - y_1 - z_1$，$x_2 - y_2 - z_2$，$\vec{R}$ 为旋转轴，θ 为取向差角度，$\vec{n}$ 为晶界的法向

　　因此，如果已知两个晶粒的取向，通过式(1 – 31)和式(1 – 32)就可以计算得到旋转角/轴对($\theta°/[uvw]$)。

　　这里需要注意的是，旋转轴 $\vec{R}[uvw]$ 必须是两晶粒所共有的晶向。对于具有 432 对称性的立方晶体，每一取向均有 24 种等价晶向，由此可以根据式(1 – 31)和式(1 – 32)求出 24 个 $[uvw]$ 轴和 24 个 θ 角。下面以面心立方金属中一种重要的晶体取向 $\{123\} <63\bar{4}>$ 举例，如表 1 – 3 所示。一般用 24 个 θ 角中最小的 θ 角来表达两取向的取向差(disorientation)。因此，要注意 misorientation 和 disorientation 是有区别的。

　　通过表 1 – 3 可以看出，假设有两个晶粒，其取向分别为(001)[001]和 $\{123\}$ $<63\bar{4}>$，那么它们之间的取向差(disorientation ）为 48. 6°/[0. 562 – 0. 520 – 0.644]。因此，晶界可以用旋转角/轴对($\theta/[uvw]$)来表示。例如面心立方金属中的孪晶界可以表示为 60°/ <111 >。为了简化对晶粒取向差的表达，可以简单地用 θ 角的大小来表示取向差的大小。根据晶界两侧晶粒的取向差大小，晶界可以分为小角度晶界和大角度晶界。一般，取向差小于 10°的晶界称为小角度晶界，取向差大于 15°的晶界称为大角度晶界。晶界的结构特点及其取向差分布对材料的塑性变形行为也有很大的影响，故这也是材料塑性变形方向的研究热点。

表 1 – 3 {123} <634> 晶体取向等价的 24 个取向表达

序号	Miller 指数 (hkl)[uvw]	取向矩阵			旋转角/轴对 (θ/[$r_1r_2r_3$])	欧拉角 (φ_1, Φ, φ_2)
1	(123)[$63\bar{4}$]	0.768	−0.582	0.267	48.6°/ [0.562 −0.520 −0.644]	307.0° 36.7° 26.6°
		0.384	0.753	0.535		
		−0.512	−0.308	0.802		
2	(32$\bar{1}$)[$43\bar{6}$]	−0.512	−0.308	0.802	120.9°/ [−0.028 0.915 −0.403]	232.9° 105.5° 56.3°
		0.384	0.753	0.535		
		−0.768	0.582	−0.267		
3	($\bar{1}$23)[$\bar{6}$34]	−0.768	0.582	−0.267	155.3°/ [0.271 0.933 0.237]	121.0° 143.3° 333.4°
		0.384	0.753	0.535		
		0.512	0.308	−0.802		
4	($\bar{3}$21)[436]	0.512	0.308	−0.802	74.6°/ [0.579 0.814 −0.039]	52.9° 74.5° 303.7°
		0.384	0.753	0.535		
		0.768	−0.582	0.267		
5	(13$\bar{2}$)[$6\bar{4}\bar{3}$]	−0.768	−0.582	0.267	122.5°/ [0.922 −0.386 −0.041]	333.0° 122.3° 18.4°
		−0.512	−0.308	0.802		
		−0.384	−0.753	−0.535		
6	(1$\bar{2}\bar{3}$)[$6\bar{3}4$]	0.768	−0.582	0.267	153.3°/ [−0.937 0.272 −0.220]	121.0° 143.3° 153.4°
		−0.384	−0.753	−0.535		
		0.512	0.308	−0.802		
7	(1$\bar{3}$2)[643]	0.768	−0.582	0.267	72.2°/ [−0.816 0.061 −0.574]	153.0° 57.7° 161.6°
		0.512	0.308	−0.802		
		0.384	0.753	0.535		
8	(2$\bar{1}$3)[$3\bar{6}\bar{4}$]	0.384	0.753	0.535	67.4°/ [0.022 −0.567 −0.824]	301.0° 36.7° 116.6°
		−0.768	0.582	−0.267		
		−0.512	−0.308	0.802		
9	($\bar{1}\bar{2}$3)[$\bar{6}3\bar{4}$]	−0.768	0.582	−0.267	149.3°/ [−0.222 −0.240 0.945]	301.0° 36.7° 206.6°
		−0.384	−0.753	−0.535		
		−0.512	−0.308	0.802		
10	($\bar{2}$13)[$\bar{3}64$]	−0.384	−0.753	−0.535	125.6°/ [0.354 0.014 −0.935]	301.0° 36.7° 296.6°
		0.768	−0.582	0.267		
		−0.512	−0.308	0.802		
11	(231)[$34\bar{6}$]	0.384	0.753	0.535	109.2°/ [0.732 0.124 0.670]	52.9° 74.5° 33.7°
		−0.512	−0.308	0.802		
		0.768	−0.582	0.267		

续表 1 - 3

序号	Miller 指数 (hkl)[uvw]	取向矩阵			旋转角/轴对 (θ/[r₁r₂r₃])	欧拉角 (φ₁, Φ, φ₂)
12	$(31\bar{2})[\bar{4}63]$	-0.512	-0.308	0.802	141.2°/ [-0.388 -0.334 -0.859]	153.0° 57.7° 71.6°
		0.768	-0.582	0.267		
		0.384	0.753	0.535		
13	$(\bar{2}31)[\bar{3}4\bar{6}]$	-0.384	-0.753	-0.535	168.4°/ [0.548 -0.582 -0.600]	239.2° 105.5° 326.3°
		-0.512	-0.308	0.802		
		-0.768	0.582	-0.267		
14	$(\bar{3}\,\bar{1}2)[4\bar{6}3]$	0.512	0.308	-0.802	71.7°/ [-0.537 0.625 0.567]	153.0° 57.7° 251.6°
		-0.768	0.582	-0.267		
		0.384	0.753	0.535		
15	$(\bar{3}1\,\bar{2})[46\bar{3}]$	0.512	0.308	-0.802	143.3°/ [0.854 0.350 -0.385]	333.0° 122.3° 288.4°
		0.768	-0.582	-0.267		
		-0.384	-0.753	-0.535		
16	$(23\bar{1})[346\bar{}]$	0.384	0.753	0.535	106.7°/ [-0.722 -0.680 0.126]	232.9° 105.5° 146.3°
		0.512	-0.308	-0.802		
		-0.768	0.582	-0.267		
17	$(\bar{2}\,\bar{3}1)[\bar{3}46]$	-0.384	-0.753	-0.535	113.9°/ [-0.120 -0.712 -0.692]	52.9° 74.5° 213.7°
		0.512	0.308	-0.802		
		0.768	-0.582	0.267		
18	$(31\bar{2})[\bar{4}\,\bar{6}3]$	-0.512	-0.308	0.802	137.1°/ [0.357 -0.871 0.338]	333.0° 122.3° 108.4°
		-0.768	0.582	-0.267		
		-0.384	-0.753	-0.535		
19	$(21\bar{3})[364]$	0.384	0.753	0.535	178.6°/ [-0.832 -0.457 -0.315]	121.0° 143.3° 63.4°
		0.768	-0.582	0.267		
		0.512	0.308	-0.802		
20	$(\bar{1}32)[\bar{6}\,4\bar{3}]$	-0.768	0.582	-0.267	140.4°/ [0.038 0.511 0.859]	153.0° 57.7° 341.6°
		-0.512	-0.308	0.802		
		0.384	0.753	0.535		
21	$(321\bar{})[\bar{4}36]$	-0.512	-0.308	0.802	177.3°/ [0.493 -0.351 0.796]	52.9° 74.5° 123.7°
		-0.384	-0.753	-0.535		
		0.768	-0.582	0.267		
22	$(21\bar{3})[\bar{3}\,\bar{6}4]$	-0.384	-0.753	-0.535	143.3°/ [-0.482 0.876 0.013]	121.0° 143.3° 243.4°
		-0.768	0.582	-0.267		
		0.512	0.308	-0.802		

续表 1 – 3

序号	Miller 指数 $(hkl)[uvw]$	取向矩阵			旋转角/轴对 $(\theta/[r_1r_2r_3])$	欧拉角 $(\varphi_1, \Phi, \varphi_2)$
23	$(\bar{1}\,3\,2)[\bar{6}\bar{4}3]$	-0.768	0.582	-0.267	175.9°/ $[-0.339 \quad -0.808\ 0.481]$	333.0° 122.3° 198.4°
		0.512	0.308	-0.802		
		-0.384	-0.753	-0.535		
24	$(\bar{3}\,2\,1)[\overline{43}\,\bar{6}]$	0.512	0.308	-0.802	138.9°/ $[-0.850\ 0.026\ 0.527]$	232.9° 105.5° 236.3°
		-0.384	-0.753	-0.535		
		-0.768	0.582	-0.267		

1.3 晶体取向的投影

前面介绍的晶体取向实际上都是晶体坐标系相对于样品坐标系的位置。从晶体取向的各种表达方式，可以知道晶体中的哪些晶向与轧向平行，哪些晶向与轧面法向平行，哪些方向与横向平行。但是，当需要研究晶体中其他的一些晶向与参考坐标系之间的关系，或者在研究晶体中其他晶面法向与参考坐标系之间的关系，或者不同晶面或晶向之间的夹角时，仅仅用前面介绍的晶体取向来表达是不够的。这时，便需要借助一些其他的表达方式来描述它们之间的取向关系。这些晶面或晶向之间的关系都是三维空间的立体关系，虽用立体图形表示比较直观，但是很不方便，这时可以采用投影的办法把这些关系用平面图形表示出来。通常广泛采用的是极射赤面投影图(stereographic projection)来描述晶体的不同晶面或晶向取向以及这些取向之间的关系。

1.3.1 球面投影

取一个半径极大(相对于晶体大小而言)的球作为参考球，让晶体处在参考球心，再把晶体中的平面(晶面)或方向(晶向)之间的角关系表示到参考球的球面上，这就是晶体的球面投影。这样，晶体中的平面就可以用面痕或极点表示。所谓面痕，是指晶体的某晶面从参考球的球心延展开后，与参考球球面相交得到的大圆(圆心在球心的圆)。所谓极点，是指某晶面法线穿过参考球球心，与参考球面的交点，这个交点称为此晶面的极点。晶体中某个晶向与参考球的交点称为此晶向的迹点。因此，某个晶面的极点实际上也是这个晶面法向的迹点。如图 1 –21所示，晶面 A 的面痕为 $EFNS$，极点为 P。晶面 A 的法向 $\overrightarrow{OB}$ 的迹点也是 P。

因此，两晶面之间的夹角可用两面痕或两极点之间的夹角表示。如图 1 –22所示，有晶面 1 和晶面 2 两个晶面，它们之间的夹角为 α。P_1 和 P_2 分别为晶面 1

和晶面 2 的极点。大圆 *ABCD* 和 *BEDF* 分别为晶面 1 和晶面 2 的面痕,可以看出,两面痕之间的夹角也为 α,两极点 P_1 和 P_2 之间的夹角同样也为 α。为测量极点之间的角度,需要先作一个能在球面上自由转动的大圆,并把此大圆周均分成 360 份,画上刻度,每一份表示 1°。测量 P_1 和 P_2 两极点之间的夹角时,在球面上转动此带刻度的大圆,让它同时通过极点 P_1 和 P_2,如图 1 – 22 中的 *LMNK* 位置,P_1 和 P_2 两极点之间的刻度数就是这两个极点之间夹角 α 的大小。同理,两晶向之间的夹角也可以根据两晶向的迹点之间的夹角来确定。

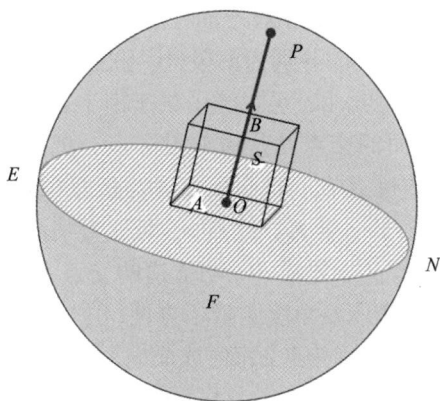

图 1 – 21　晶体的球面投影以及晶面面痕、
极点和晶向迹点的表示方法

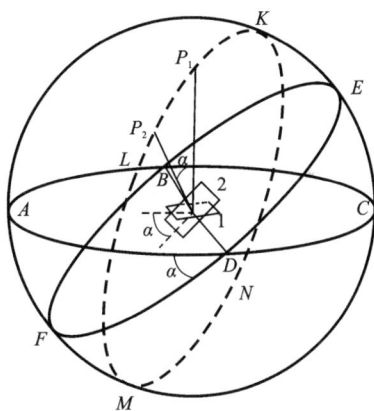

图 1 – 22　两个晶面之间的夹角在
球面投影上的表示方法

为了测量球面上极点的夹角,还可以作一个类似地球仪的球面经纬线网,它与参考球半径相同,如图 1 – 23 所示。经线是过北极(N)和南极(S)的大圆,它们把赤道分成 360 等分,其中赤道是与 NS 轴垂直的大圆。纬线是与赤道平行的一系列小圆,它们将经线均分成 180 份。假设球面经纬线网是带有刻度的极薄的透明塑料球,那么测量球面投影上两极点 P_1 和 P_2 之间的夹角时,可以先把球面经纬线网紧贴在投影球面的表面,再让 P_1 和 P_2 两极点转到经纬线

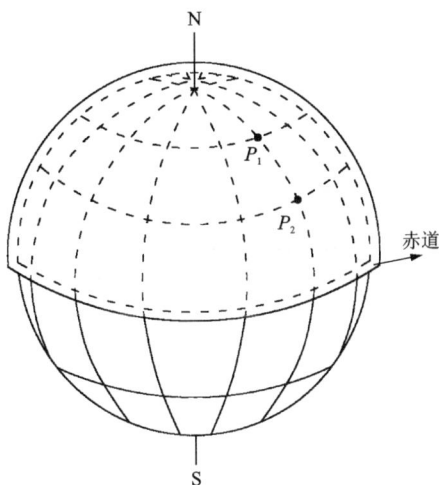

图 1 – 23　球面投影上测量极点之间的角度,
N 和 S 分别表示北极和南极

网的同一条经线上,如图 1-23 所示。此时,读出两极点之间的纬度差,即可得到两极点间的夹角。由此,图 1-23 中极点 P_1 与 P_2 之间的夹角可以确定为 30°。

1.3.2 极射赤面投影

球面投影虽然已把晶体几何图形的角关系变换到球面上,但它是一个三维图形,利用它来分析晶体各晶面在空间的配置关系不方便。所以,往往把球面转化为一种平面关系。较普遍使用的方法是极射赤面投影。如图 1-24 所示,取半径极大的球为参考球,过参考球球心作一平面,以它为投影面,投影面和参考球相交的大圆为基圆(basic circle),又称为赤道平面。垂直于投影面并过球心的轴 NS 为投影轴,投影轴在参考球上的 2 个交点为 S 和 N,分别为南极(S)和北极(N)。这 2 个点是目测点。处于北半球面上的极点(迹点)和 S 点相连,处于南半球上的极点(迹点)和 N 点相连,它们的连线和投影面的交点就是极射投影点。把晶体放在球心上,作某晶面的极点 P_1,或某晶向的迹点 P_1,将南极点 S 与极点(或迹点)P_1 连线 SP_1,与赤道大圆(投影基圆内)交于一点 S_1,此点 S_1 则称为某晶面(或晶向)的极射赤面投影。若极点在南半球 P_2 点,连线 SP_2 与赤道的交点 S_2 位于赤道大圆(投影基圆)之外,这种情况对投影作图及角度测量不方便,这时可从北极点 N 连线 NP_2,将 NP_2 与赤道大圆的交点 S_2' 称为此晶面(或晶向)的极射赤面投影。这样所有的投影点都可以在投影基圆内,如图 1-24(b)所示。为区别起见,将北半球的极点 P_1 对应的极射赤面投影点 S_1 用空心圆圈"○"表示;将南半球的极点 P_2 对应的极射赤面投影点 S_2 用实心圆圈"●"表示。

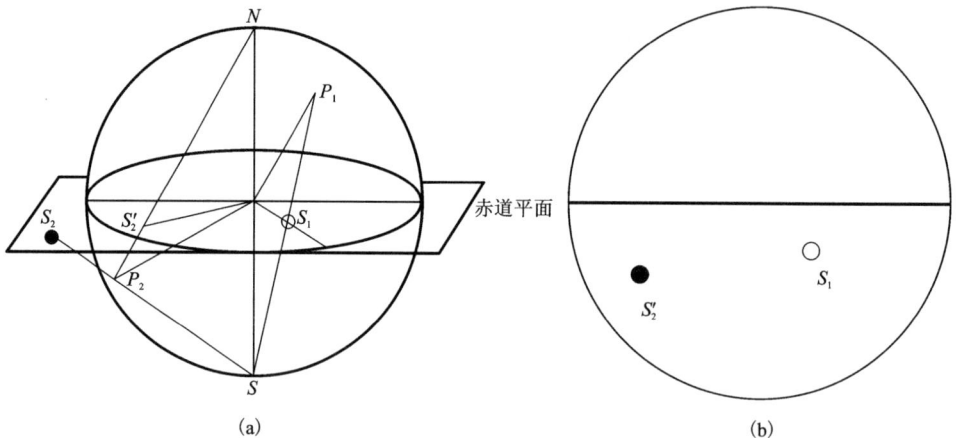

图 1-24 由球面投影转化为极射赤面投影

(a)北半球上的 P_1 极点与 S 极相连,南半球上的 P_2 点与 N 极相连,它们与赤道平面的交点 S_1 和 S_2' 分别为 P_1 和 P_2 点的投影点。N 和 S 分别表示北极和南极上的点;(b)P_1 和 P_2 的极射赤面投影

极射投影有时也可选取和视点另一侧(另一视点)相切的面作为投影面,投影时将视点和球面上极点的连线延长至投影面,所得交点就是投影点。这样得到的极射投影图则会和选择赤道面作投影面时完全一样,只是投影图尺寸大小被改变了。晶面的极射赤面投影图有如下特点:和赤道面平行的晶面,其极射投影点必在基圆中心;垂直于赤道面的晶面,其极射投影点必在基圆的圆周上;倾斜晶面极点的极射投影点必在基圆内。晶面法线与投影轴的夹角越小,则投影点距基圆中心越近;反之,就越趋向于基圆圆周。

投影球上的任意圆,不论是大圆还是小圆,它们的极射投影一般都是圆或圆弧。投影面在投影球上的面痕就是基圆,它的极射赤面投影也是基圆。在投影球上和投影面平行的小圆,它们的极射赤面投影是以基圆中心为圆心的小圆。在投影球上和投影面倾斜的小圆的极射赤面投影仍是小圆,但是,它的圆心并不是投影球上的圆心的投影。与投影面倾斜的大圆的极射赤面投影是圆弧。和投影圆垂直的大圆的极射赤面投影是过基圆圆心的直线,而与投影面垂直的小圆的极射赤面投影是圆弧。

1.3.3　乌氏网

为确定极射赤面投影图上极点的位置以及测量极点间的夹角关系,需建立一个坐标网,这就是乌氏网(Wulff net)。乌氏网就像地球仪的经纬线一样,由刻画在参考球上的网格投影而来,如图 1 - 25(a)所示。取参考球一直径,NS 为南北极,通过球心 O' 并垂直于 NS 的大圆为赤道,平行于赤道大圆的一系列等角距离的平面与参考球相交形成纬线,通过 NS 轴的等角距离平面形成经线。若以赤道平面上一点为投射点,投影面平行于 NS 轴,就得到如图 1 - 25(b)所示的乌氏网;若以 N 或 S 为投射点,而投影面平行于赤道平面,则得如图 1 - 25(c)所示的极网。乌氏网和极网的基圆直径可做成任意尺寸,其网格的角间距多为 2°。

乌氏网是确定晶体方位和测量晶向晶面间夹角的工具,在应用中要注意一些基本原则和方法:

(1)被测量的晶体投影图的基圆直径应与乌氏网相同,投影图画在透明纸上,将其与乌氏网叠放并使中心重合。

(2)某极点 M 的位置可用它的经度(β)和纬度(α)表示,如图 1 - 25(a)所示。

两极点间夹角的测定方法:转动投影图,使两极点处于同一经线大圆(包括基圆)或赤道上,两极点间纬度差或赤道上经度差即为极点间夹角,如图 1 - 26 所示,每格角度为 10°,可以求出极点 A 和 B、极点 C 和 D、极点 E 和 F 之间的夹角分别为 120°、20° 和 20°。

(3)求与已知极点成等夹角点的轨迹。

如图 1 - 27 所示,转动投影图以使已知极点 P 位于乌氏网的赤道线 WE 上,

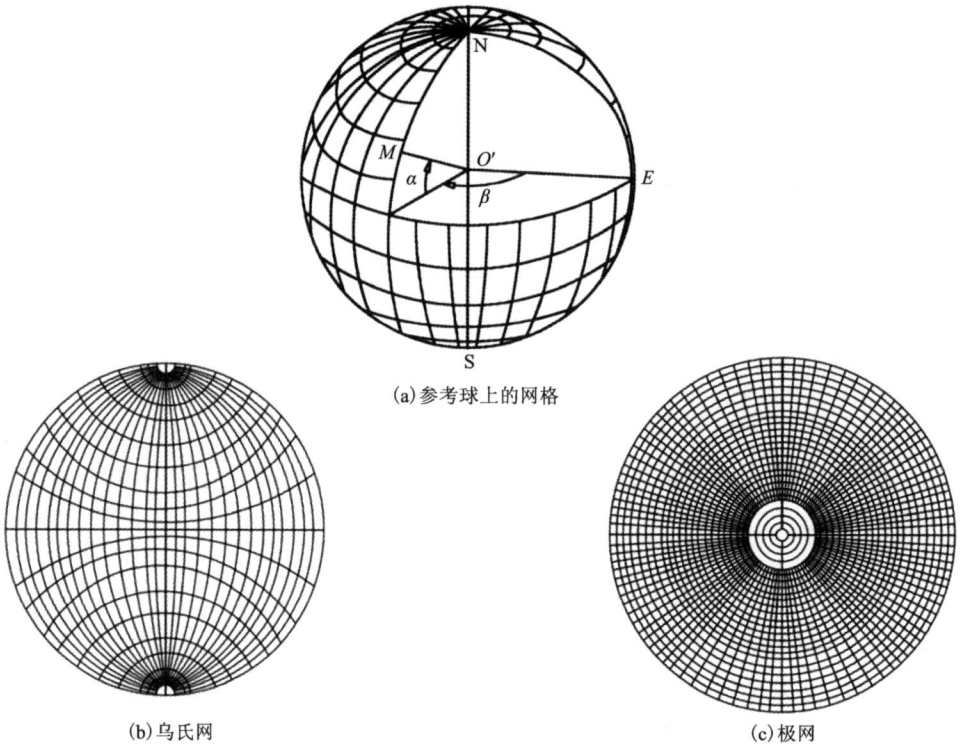

(a)参考球上的网格

(b)乌氏网

(c)极网

图 1 - 25　参考球上的网格、乌氏网和极网

在 P 点两侧求出两个等角距离点 Q、R，使 $\overset{\frown}{PQ} = \overset{\frown}{PR} =$ 某确定角度，如 $30°$，以 QR 为直径作圆(圆心 P')，此小圆即为与 P 点成 $30°$ 角的点的轨迹。若夹角较大，如 $50°$，这时使 Q'、R' 中一点落于基圆之外，如图 1 - 27 所示，R' 落在基圆之外。此时，可过 P 点作一经线大圆，在 P 点两侧的大圆上求出与其夹角为 $50°$ 的两点 M、T，过赤道上的一点 Q'，经 M、T 和 Q' 三点求圆 P''，此圆即为所求的轨迹。若夹角为 $90°$，由于南极 S 和北极 N 与 P 点的夹角为 $90°$，则过赤道上与 P 点相距 $90°$ 的点 F 的经线大圆 NFS 即为此轨迹，如图 1 - 27 所示。NFS 还可视为一平面的迹线，P 点即为其法线的投影点。因此，若 P 点为某晶面的法向的投影点，则位于该晶面上的晶向的投影点都在大圆 NFS 上。

(4)极点的转动：通过在乌氏网上的运作，可将极点绕旋转轴转动到新的位置。

如果旋转轴垂直于投影面，旋转轴的投影为基圆圆心。此时，只需将极点 P 在它所在的圆周上向指定方向转过预定的角度 φ，即可到达 P'，如图 1 - 28 所示。

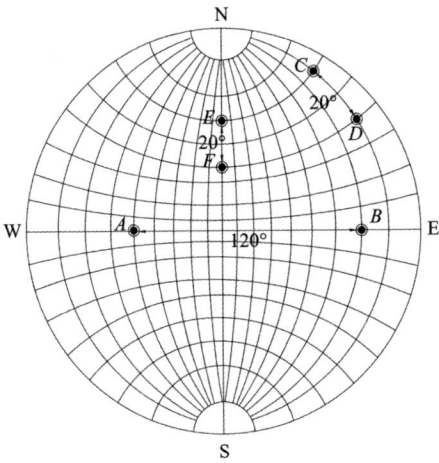

图 1 - 26　极点间夹角的测量

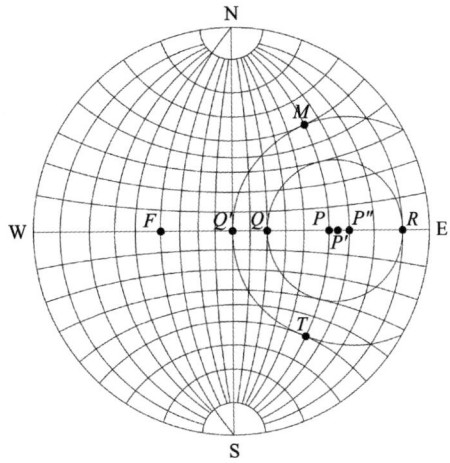

图 1 - 27　求与极点成等夹角点的轨迹

如果旋转轴平行于投影面，轴的投影为基圆直径。此时，转动投影图，使转动轴与乌氏网的 NS 轴重合，待转动的点沿它所在的纬线向指定方向转动预定的角度。如图 1 - 29 所示，A_1 绕 NS 轴逆时针转动 60°，此时将 A_1 沿着它所在的纬线，到达了 A_2。若 B_1 绕 NS 轴逆时针转动 60°，如 $B_1 \rightarrow B_2$，则需将 B_1 转至投影图背面，反向延长到基圆圆心另一侧的等半径处。

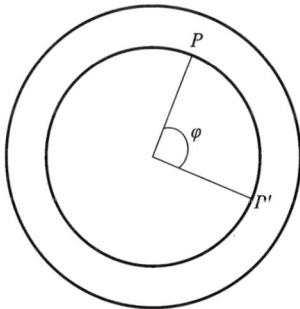

图 1 - 28　极点绕垂直于投影面的轴转动

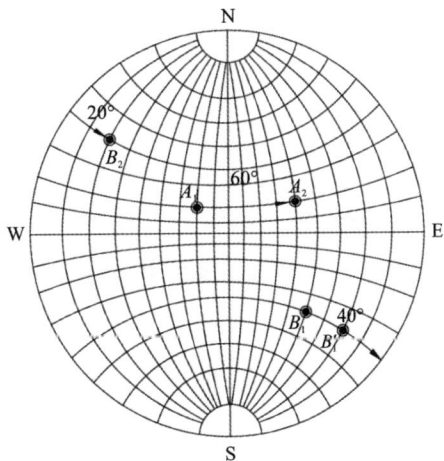

图 1 - 29　极点绕平行于投影面的轴转动

如果旋转轴与投影面呈任意倾角，如轴的投影为 B_1 点，如图 1 - 30 所示。如

果欲使 A_1 绕 B_1 顺时针转动 40°，其转动步骤如下：

①将 B_1 点置于乌氏网的赤道线上；

②将 A_1、B_1 两点同时绕 NS 轴转动，直至 B_1 点到达投影基圆的圆心，称其为 B_2，图 1 - 30 所示为 B_1 逆时针方向转动 48°到达 B_2。那么，A_1 点也沿自身所在的纬线逆时针方向转动 48°到达 A_2；

③然后，将 A_2 绕 B_2（即基圆圆心）按预定的顺时针方向转动 40°角到达 A_3；

④B_2 按步骤②中的逆向转回到其原投影位置 B_1，A_3 沿其所在纬线绕 NS 转过与 B_2 相同的角度到达 A_4，A_4 即为 A_1 绕 B_1 顺时针转动 40°角后的新位置。

（5）投影面的转换。

利用极点转动的方法可将晶面或晶向向新的投影面投影。如图 1 - 31 所示，P、Q、K 投影在以 O 为投影面极点的平面上，现欲将 P、Q 两点投影在以 K 为极点的投影面上，其做法是将 K 通过乌氏网的运作转到投影基圆的中心，P、Q 随之作相同的旋转达到新位置 P_1、Q_1。P_1、Q_1 就是以 K 为投影面时，P、Q 点的极点位置。

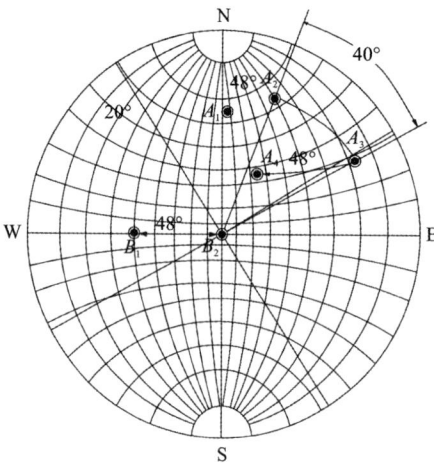

图 1 - 30　极点绕倾斜轴转动　　　　图 1 - 31　投影面的转换

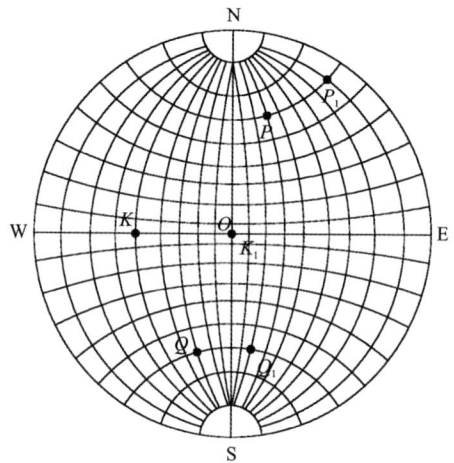

1.3.4　单晶体的标准投影图

如果作出晶体的标准投影图或标准极射赤面投影图，投影图中的某一点就可以表示一组晶面或晶向，这样就可以通过标准投影图清楚地看出晶体中晶向或晶面的相对取向。对于单晶体而言，选择一个低指数晶面作为投影面，并将所有晶面向此晶面投影，就可以得到单晶体标准投影图。如果所选的投影面是 (hkl)，那么此投影图就称作(hkl)标准投影图。图 1 - 32 示出了立方晶体的(001)、(011)、(111)标准投影图,分别以(001)、(011)、(111)面作为投影面。各极点在投影面上的位置可以通过各晶面之间的相互关系来确定。

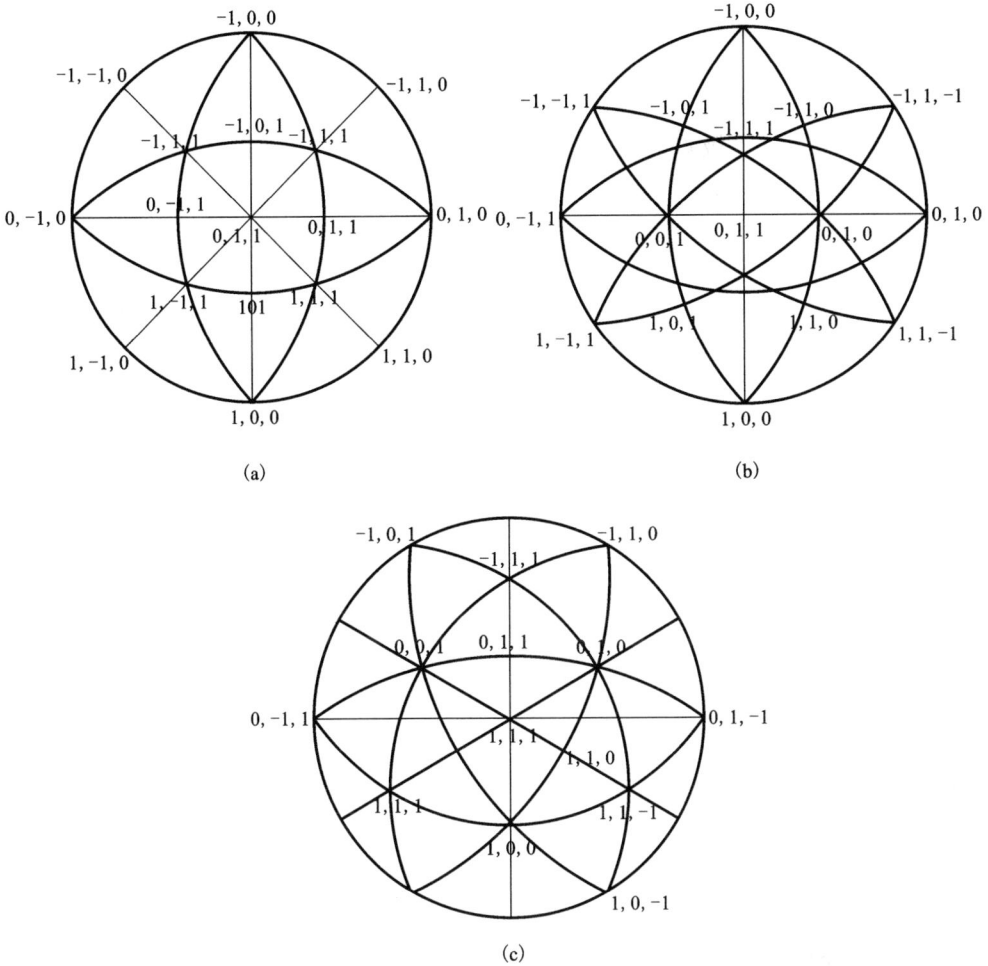

(a)

(b)

(c)

图 1 - 32　立方晶体的低指数晶面标准投影图

(a)(001);(b)(011);(c)(111)

以(001)的标准投影图为例,(001)极点在投影图基圆中心,如图 1 - 33 所示。(001)极点所对应的面痕是基圆圆周,所以[001]晶带轴的晶带的极点都在基圆圆周上,与(001)极点夹角为 90°。如果在圆周上任意确定一点为(100),因(010)和(100)垂直,所以从(100)极点出发在大圆周上逆时针数 90°就可以得到(010)极点。(110)与[001]也垂直,所以(110)极点也在大圆上,计算它与(100)

和(010)的夹角,就可以确定它的位置。(110)与(100)和(010)的夹角均为45°,所以它的极点在基圆圆周上(100)和(010)极点的中间位置。任意一个晶面在空间的取向都可以由它的法线与3个晶轴[100]、[010]和[001]的夹角确定。所以,制作标准投影图时,首先确定3个晶轴的迹点,然后计算任意晶面法线与3个晶轴的夹角,在投影图上用乌氏网量出这些角度就可以确定这个晶面的迹点的位置。这是制作标准极图的一般方法。反过来,在投影图上任一点对应的 Miller 指数也可通过度量它与投影图上(100)、(010)和(001)3个极点的夹角来确定。例如图1-34中,A极点对应的晶面指数为(hkl),用乌氏网量出它与(100)、(010)和(001)极点的夹角分别为α、β和γ,则可以根据式(1-33)计算得到(hkl):

$$h:k:l = (a \cdot n):(b \cdot n):(c \cdot n) = a\cos\alpha:b\cos\beta:c\cos\gamma = \cos\alpha:\cos\beta:\cos\gamma$$

$$(1-33)$$

式中:a、b 和 c 为点阵常数。

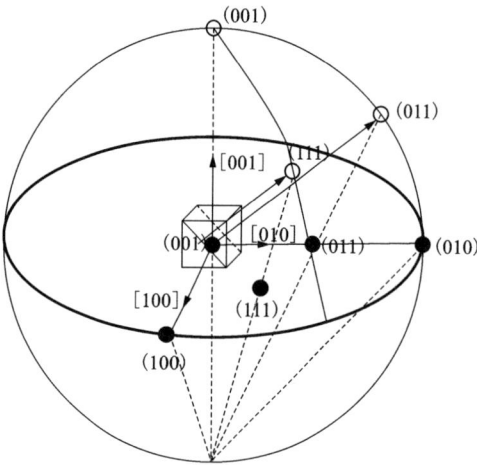

图1-33 立方晶系(001)极射赤面投影
其中空心点表示球面上的极点,
实心黑点表示极射赤面投影点

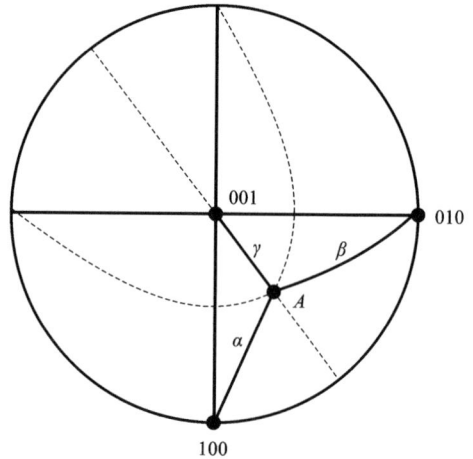

图1-34 任意极点 A 的晶面指数(hkl)的确定

在投影图中,圆弧和直线连接了一系列晶面的极点,表明这些晶面的法线在同一平面上,这个平面的法线就是这些晶面的交线。这些相交于一条直线的晶面属于同一晶带,称为晶带面或共带面,其交线为晶带轴,如图1-35(a)所示。晶带轴[uvw]与该晶带的晶面(hkl)之间存在以下关系:

$$hu + kv + lw = 0 \qquad (1-34)$$

如图1-35(b)所示,大圆弧$\overparen{AB}$上的极点都属于同一晶带轴,它们的晶带轴迹点是与这些极点都相差 90° 对应的 P 点。由于在立方晶体中晶面与同指数晶向垂直，所以其标准投影图也是晶向标准投影图。因此，通过图 1-34 所示的类似方法，也可以确定 P 点的晶向指数 $[uvw]$。

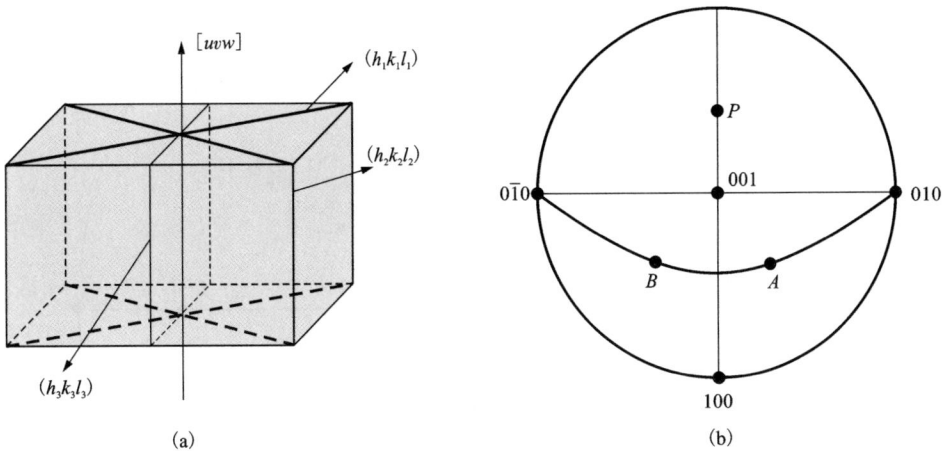

图 1-35　晶带轴示意图及其确定方法

(a) 晶带轴示意图；(b) 晶带轴 P 及其对应的大圆弧

通过极射赤面投影的方法，可以作出任意晶面的标准投影图。现在很多计算机软件，如 CaRIne、Matlab 等，都可以绘制出任意晶面的标准投影图。图 1-36 为 CaRIne 软件绘制的密排六方金属 Ti 的 (000$\bar{1}$) 晶面的标准极射赤面投影图。通过这些软件，也可以快速地确定出不同极点或迹点的位置和不同晶面或晶向之间的夹角大小。

1.4　取向分布的描述及织构

极图 (PF) 或者反极图 (IPF) 就是用晶体投影的办法把晶体取向与宏观样品取向之间的关系用平面图形来表示的方法。极图或者反极图不仅可以方便地在二维平面上表达三维晶体中晶面、晶向的方位以及它们之间的位向关系，还能同时表达很多不同晶粒的取向，这对于开展多晶体材料塑性变形的研究是十分有利的。这主要是因为实际的材料多数是多晶体，多晶体材料的塑性变形是这些不同取向的晶粒协同作用的结果，所以在研究塑性变形时需关注很多不同取向的晶粒。极图和反极图恰好可以同时提供很多晶粒的取向，这就是极图和反极图的重要意义。此外，多晶材料在塑性加工过程中，其塑性变形机制主要是位错滑移或者孪生，而位错滑移或者孪生都是在特定的晶面和晶向上进行的，这会导致塑性变形后，多数晶粒趋向于某些择优取向，即形成织构。极图和反极图也可以方便地表

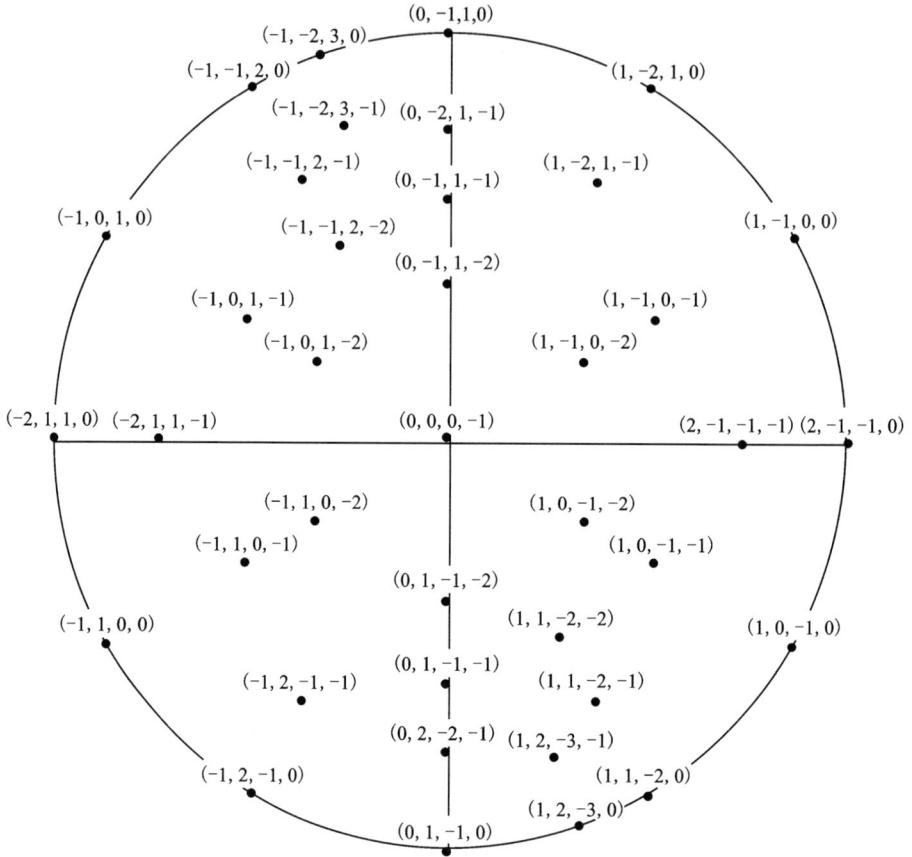

图 1-36　密排六方金属 Ti 的 (0001) 的标准极射赤面投影图

示出多晶材料中的这些择优取向和晶粒的取向分布情况，即描述材料中形成的织构。因此，极图和反极图对于材料的塑性变形研究十分重要。

1.4.1　极图表达原理

极图是常用的描述晶体取向分布的方法。极图是用来描述多晶体中各个晶粒的 {hkl} 晶面族的极点 (或晶面法向 < uvw > 的迹点) 在极射赤面投影图中分布的图形。为了便于测定和表示晶体的取向，这里的参考球或者投影平面必须与材料的外观几何相联系。以轧制样品为例，可以将轧制样品中的不同取向的晶粒放到标有轧向、轧面法向和横向的球心上，以轧面为极射投影面。把这些晶粒的所有 {hkl} 晶面的极点都投影到轧面上，就可以获得这个轧制样品的 {hkl} 极图。以立方晶体为例，图 1-37(a) 给出了一晶体 A 的 {100} 面的法线投影而成的极点。由于立方晶体有 3 个等价的 {100} 晶面，所以在参考球上可以获得 3 个 {100} 的极点。然后,以轧面为投影面,以 S 极为观察点,对这 3 个{100}极点再作极射赤面投影,如图 1 – 37(b)所示。这样就可以获得晶体 A 的{100}极图,如图 1 – 37(c)所示。同理,该晶体的其他晶面的极图均可通过与此相同的过程得到。根据图 1 – 37 所示的原理,实际上通过这些极点的位置,就可以计算得到该晶体的取向。通常,极图上各点的位置可用 (α, β) 两角表示,如图 1 – 37(c)所示。其中,α 角表示{hkl}晶面法向与样品轧面法向的夹角,β 角表示轧向转到该{hkl}晶面法向绕轧面法向转动的角度。通过前面的晶体取向表达可以知道,晶体取向需要 3 个独立变量来表达,而极图是一个二维平面图,所以在极图上需要 3 个或 3 个以上的点来表示一个取向。对于立方晶系的{100}极图,如图 1 – 37(c)所示,只需要 3 个点就可以确定该晶体的取向。同样地,可以把多个晶粒的{hkl}晶面极点都投影到轧面上,这样就可以获得多个晶粒的取向以及这些晶粒之间的取向关系。如图 1 – 38 所示,假设轧板里有晶粒 B 和晶粒 C 两个晶粒,可以把它们的晶体取向都在同一个{100}极图中表达,以获得它们的晶体取向和取向关系。

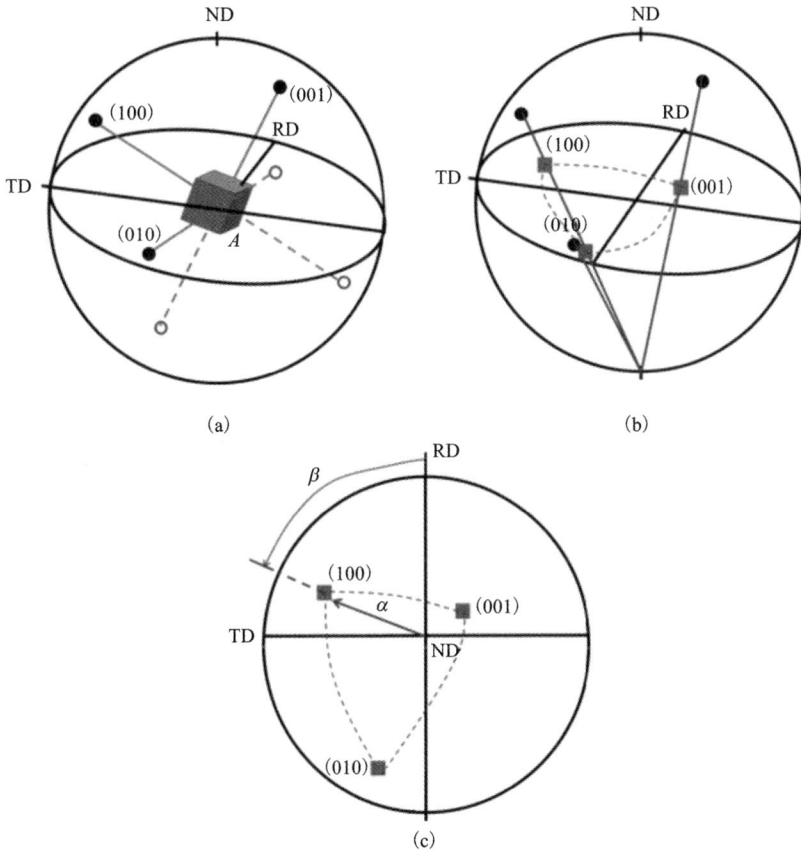

图 1 – 37　立方晶体 A 的{100}极图投影原理

(a){100}面的极点;(b){100}面极点的极射赤面投影;(c)晶体 A 的{100}极图

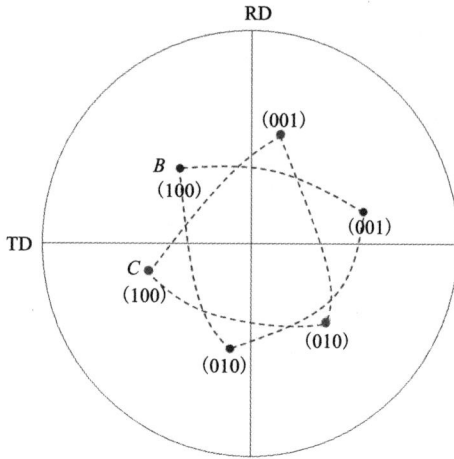

图 1-38 立方晶体中晶粒 *B* 和晶粒 *C* 在同一个 {100} 极图中的表达

如果是立方晶体的 {111} 极图，由于一个晶体中有 4 个等价的 {111} 晶面，所以在 {111} 极图中有 4 个 {111} 极点的投影点，如图 1-39 所示。那么应如何通过这个极图来确定晶体的取向(*hkl*)[*uvw*]呢？以图 1-39 为例，首先通过极图和乌氏网，确定 3 个 {111} 极点与样品轧向和轧面法向之间的夹角，如图 1-39(b)所示。

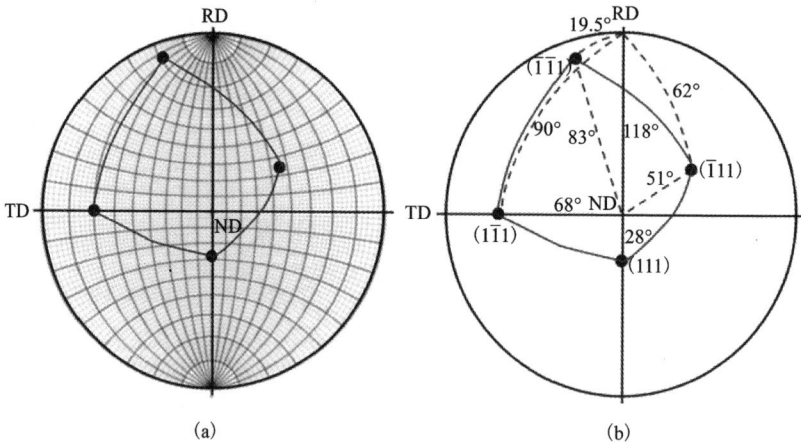

(a)   (b)

图 1-39 立方晶体 *S* 的 {111} 极图及其晶体取向的确定
(a)立方晶体 *S* 的 {111} 极图与乌氏网；(b){111} 极点与样品轧向和轧面法向之间的夹角

根据 {111} 极点与轧向之间的夹角，可以得到以下的关系：

$$\cos\angle((111),[uvw]) = \cos118° = \frac{\begin{pmatrix} 1 \\ 1 \\ 1 \end{pmatrix} \cdot \begin{pmatrix} u \\ v \\ w \end{pmatrix}}{\sqrt{3}} = \frac{u+v+w}{\sqrt{3}}$$

$$\cos\angle((1\bar{1}1),[uvw]) = \cos90° = \frac{\begin{pmatrix} 1 \\ \bar{1} \\ 1 \end{pmatrix} \cdot \begin{pmatrix} u \\ v \\ w \end{pmatrix}}{\sqrt{3}} = \frac{u-v+w}{\sqrt{3}} \qquad (1-35)$$

$$\cos\angle((\bar{1}\bar{1}1),[uvw]) = \cos19.5° = \frac{\begin{pmatrix} \bar{1} \\ \bar{1} \\ 1 \end{pmatrix} \cdot \begin{pmatrix} u \\ v \\ w \end{pmatrix}}{\sqrt{3}} = \frac{-u-v+w}{\sqrt{3}}$$

式(1-35)中除以$\sqrt{3}$是对(111)矢量的归一化处理,通过式(1-35)就可以确定轧向的取向$[uvw] = [-0.816, -0.407, 0.440] \approx [\bar{2}\,\bar{1}1]$。

同样,根据$\{111\}$极点与轧面法向之间的夹角,也可以确定(hkl):

$$\cos\angle((111),(hkl)) = \cos28° = \frac{\begin{pmatrix} 1 \\ 1 \\ 1 \end{pmatrix} \cdot \begin{pmatrix} h \\ k \\ l \end{pmatrix}}{\sqrt{3}} = \frac{h+k+l}{\sqrt{3}}$$

$$\cos\angle((1\bar{1}1),(hkl)) = \cos68° = \frac{\begin{pmatrix} 1 \\ \bar{1} \\ 1 \end{pmatrix} \cdot \begin{pmatrix} h \\ k \\ l \end{pmatrix}}{\sqrt{3}} = \frac{h-k+l}{\sqrt{3}} \qquad (1-36)$$

$$\cos\angle((\bar{1}\bar{1}1),(hkl)) = \cos83° = \frac{\begin{pmatrix} \bar{1} \\ \bar{1} \\ 1 \end{pmatrix} \cdot \begin{pmatrix} h \\ k \\ l \end{pmatrix}}{\sqrt{3}} = \frac{-h-k+l}{\sqrt{3}}$$

计算可得$(hkl) = (0.219, 0.440, 0.870) \approx (124)$。因此,图1-39中立方晶系$\{111\}$极图所示的晶体取向为$(124)[\bar{2}\,\bar{1}1]$。

如果把一多晶体内所有晶粒都做上述的投影,则会在极射赤面(轧面)上获得许多投影点,如图1-40所示。通过这种极图就可以看出多晶体内不同晶粒取向分布的情况。如果材料是无织构样品,如图1-40(a)所示,那么这些晶粒的$\{100\}$晶面极点的投影在极图上就是均匀分布的,如图1-40(c)所示。如果材料是织构样品,具有择优取向,那么这些晶粒的$\{100\}$晶面极点的投影就趋向于在某些区域集中，如图 1 - 40(d) 所示。通过图 1 - 40(d) 中所示的 3 个极点投影集中的区域与轧面法向和轧向之间的关系，就可以确定材料中形成的择优晶体取向，其接近为 {001} <110>。这就是板织构的确定方法。

(a)

(b)

(c)

(d)

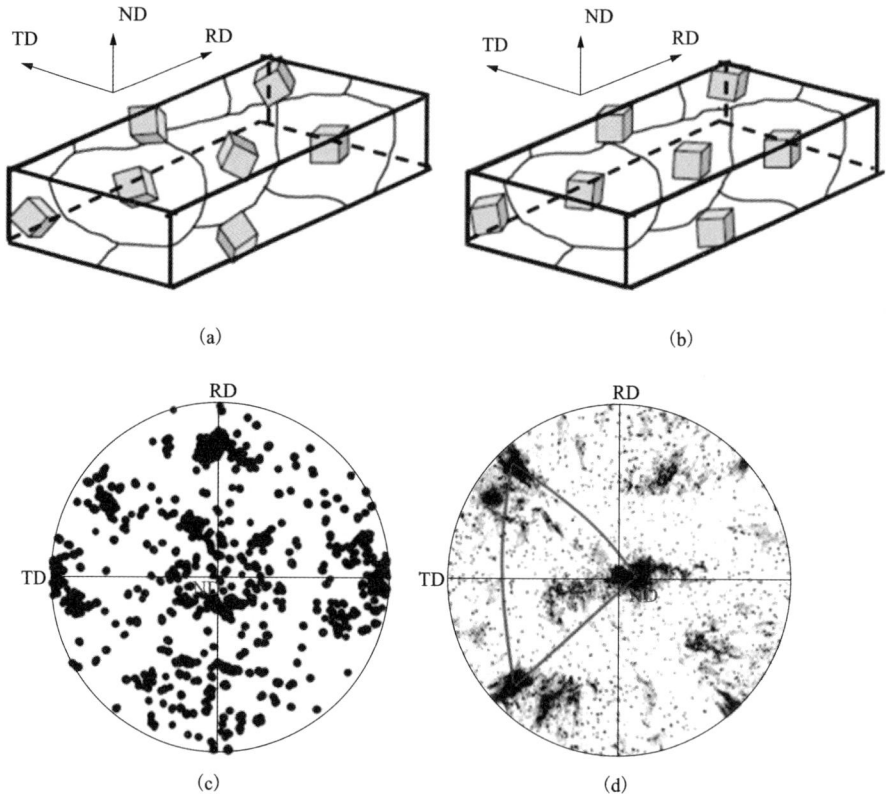

图 1 - 40　无织构和有织构立方晶体样品及它们的 {100} 极图示意图

(a) 无织构样品；(b) 有织构样品；(c) 无织构样品 {100} 极图；(d) 有织构样品 {100} 极图

为了更加清楚地表达出多晶体晶体取向在极图上的分布情况，或者定量地确定某种晶体取向晶粒的体积含量，可以利用极密度来进行分析。把每个极点所代表的晶粒体积作为这个点的权重，这些极点在球面上的加权密度分布称为极密度分布，可以用极密度分布函数来表示。通常球面上极密度分布在赤面上的投影分布图称为多晶体的极图。假如多晶体内无织构，极密度在整个球面的分布将是均匀的。反之，极密度在极图上分布不均匀，有些地方极密度值会比较高。通常把取向完全随机分布时的极密度定义为 1。根据极密度的高低，可算出赤面投影后的极图密度分布。再根据具体情况画出等密度线，即可制成通常分析织构所用的极图。

图 1 - 41 所示为体心立方 Ta-7.5W 合金冷轧 60% 板材的 {200} 和 {110} 极

图。图中不同等高线表示不同极密度的等密度线，它们的极密度大小如图中的密度水平标尺所示。某个区域的极密度越高，那么这个区域的极密度线密度也越大。同样，其中择优的晶体取向，可以通过其中的 3 个极密度比较大的点与轧向和轧面法向之间的夹角计算出来，也可以通过与标准极射投影图的比较获得。从图 1 –41 可以看出，通过对比｛200｝极［图 1 –41(a)］和｛001｝标准投影［图 1 –41(c)］，如图中箭头处取向完全对应，可以确定该样品的择优取向有｛001｝<110>。同理，对比图 1 –41(b)和图 1 –41(d)，可以确定择优取向有｛112｝<110>。如果是轴对称的拉拔棒材或者丝材，可以选择的极射赤面投影面一般为棒或者丝的横截面，如图 1 –42 所示。图 1 –42 为 Mo – La$_2$O$_3$ 合金棒镦粗变形80%后测得的｛200｝和｛222｝极图，图中 LD 表示钼棒的纵向(longitudinal direction，简写为 LD)，可以看出极密度等高线都是在极图中心区域集中。通过这种极图，可比较轻松地分析出此时 Mo 合金棒中形成了 <100> 和 <111> 择优取向。

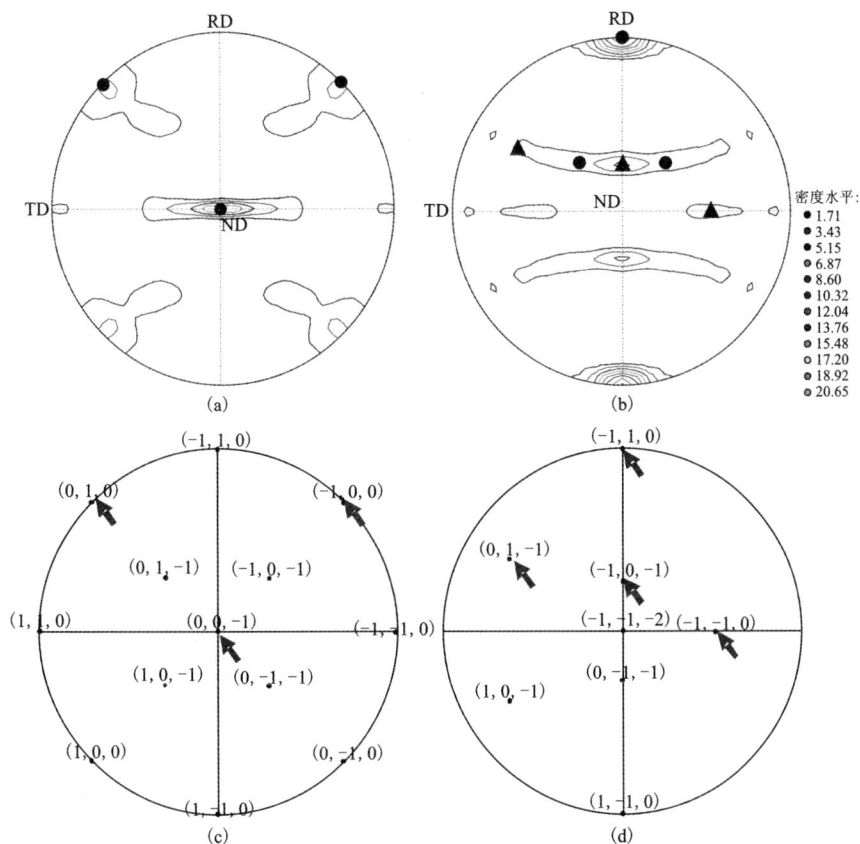

图 1 –41　Ta –7.5W 合金冷轧 60% 后的极图分析(彩图版见附录)

(a)｛200｝极图；(b)｛110｝极图，极图中圆点表示｛001｝<1 $\bar{1}$ 0>取向，三角形黑点表示｛112｝<1 $\bar{1}$ 0>取向；

(c)立方系｛001｝标准极射投影图；(d)立方系｛112｝标准极射投影图

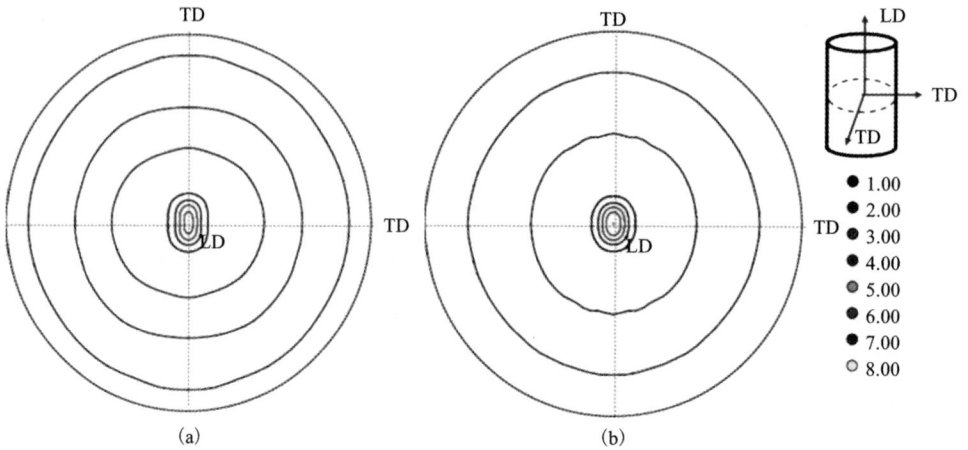

图 1-42　Mo-La₂O₃ 合金棒镦粗变形 80％后的极图分析（彩图版见附录）

（a）｛200｝极图；（b）｛222｝极图

1.4.2　反极图

反极图同样是一种常用的用来分析晶体取向分布和表达晶体择优取向（织构）的方式。反极图和极图的投影方式相反，如图 1-43 所示，极图是将晶体的晶面极点或晶向迹点投影到参考样品坐标系轧向、轧面法向和横向的一个平面中，而反极图是将样品的轧向、轧面法向和横向的迹点投影到晶体学参考坐标系的一个平面上。

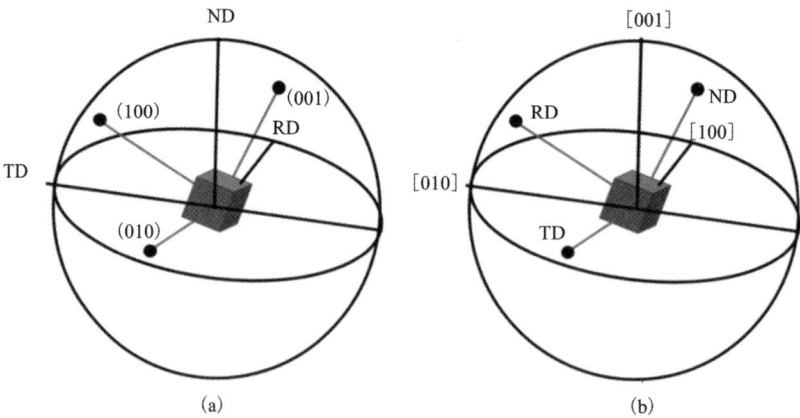

图 1-43　极图和反极图的投影方法示意图

（a）极图投影示意图；（b）反极图投影示意图

　　所以，反极图可用来描述多晶体材料中平行于材料的某一外观的特征方向，例如轧面法向或轧向等的晶向在晶体坐标系的空间分布的图形，参考坐标系的 3 个轴通常是晶体的 3 个低指数的晶向。为了利用反极图分析晶体取向分布的情况，由于轧制样品有 3 个宏观的特征方向，轧制样品理论上需要结合轧向反极图、轧面法向反极图和横向反极图 3 张反极图来分析。而对于轴对称的棒材或者丝材，通常只需要分析一张轴向(axial direction)反极图就可以了。

　　反极图是以单晶体的标准投影图为基础坐标的，由于晶体的对称性，实际上只需选取单位投影三角形，如立方晶体可以取由[001]、[011]、[111]构成的标准投影三角形，如图 1-44 所示。由此可以看出，立方晶系有 24 个单位投影三角形，六方晶系有 12 个单位投影三角形，而正交晶系有 4 个单位投影三角形。图 1-45 所示为体心立方金属 Ta-2.5W 合金轧制变形 60% 板材的反极图分析结果。

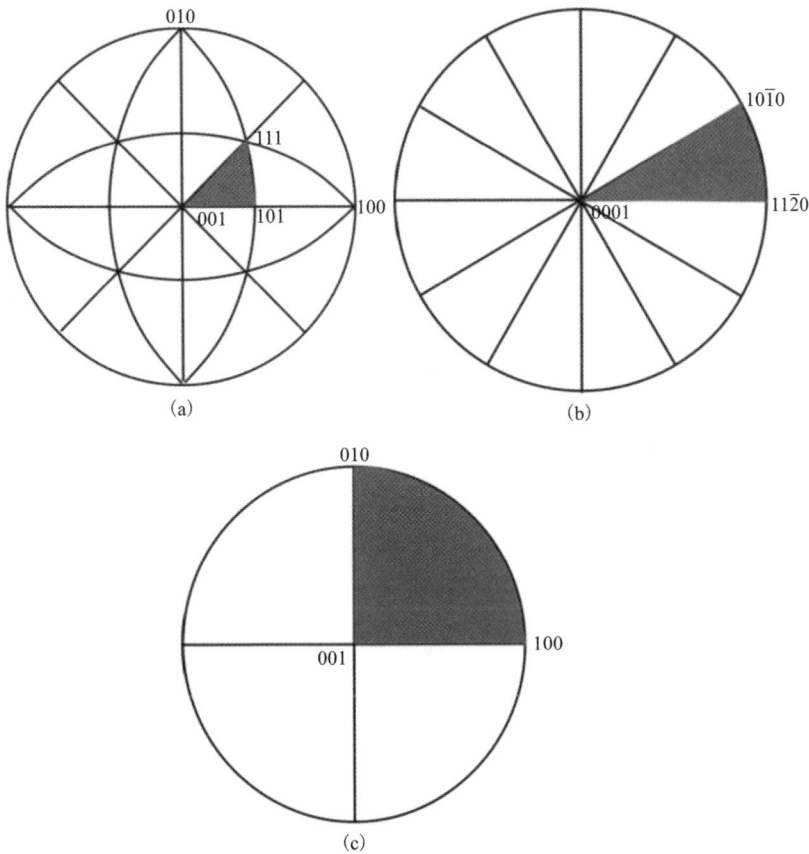

图 1-44　不同晶系反极图的极射投影平面和它们的单位投影三角形

(a)立方晶系；(b)六方晶系；(c)正交晶系

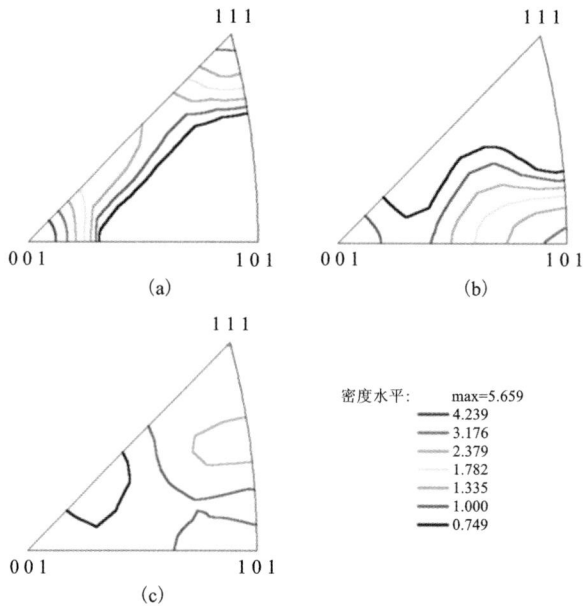

图 1 – 45 Ta – 2.5W 合金冷轧 60％后的反极图分析(彩图版见附录)

(a)轧面法向极图；(b)轧向反极图；(c)横向反极图

同样，反极图中也包含不同极密度的等高线。通过轧面法向的反极图可以看出，大量晶粒的 ＜100＞和＜111＞晶向平行于轧面法向；通过轧向的反极图可以看出，轧向出现的择优取向为＜110＞。而横向基本没有观察到择优取向。结合这三张反极图，再根据坐标系的正交关系，可以确定轧板的择优取向主要为｛001｝＜110＞和｛111｝＜110＞。

由此可见，用反极图来分析轧板的晶体取向分布还是相对麻烦的。但是，如果是分析轴对称的棒或者丝的取向分布时，或者丝织构时，反极图就比较简单。图 1 – 42 所示的 Mo-La₂O₃ 钼棒的极图分析结果同样可以用反极图来表达，如图 1 – 46 所示，择优轴向为 ＜100＞和＜111＞。沿着柱状晶的

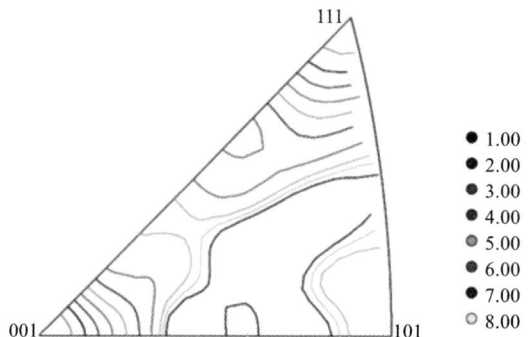

图 1 – 46 Mo – La₂O₃ 合金棒镦粗变形 80％后的轴向反极图(彩图版见附录)

生长方向测量反极图,就可以方便地分析晶体的择优生长方向,如表 1 - 4 所示。

表 1 - 4　常见金属或合金的铸造织构

金属或合金	晶体结构	柱状晶的生长方向
Al、Cu、Ag、Au、Ni、Pb Cu - Al、Cu - Mn、Cu - P、Cu - Sn 等低合金 α - 黄铜 Ni - 20Cr Ni 基高温合金 $Cr_{18}Ni_8$ 不锈钢	面心立方结构	[100]
Cr、Mo、α-Fe Fe - Si 低合金 Fe - Ni - Al 永磁合金 铁素体不锈钢 β - 黄铜 低碳钢(连续铸造)	体心立方结构	[100] [110]
Cd($c/a = 1.885$) Zn($c/a = 1.856$) Mg($c/a = 1.624$)	密排六方结构	[10$\bar{1}$0] [2$\bar{1}$$\bar{1}$0]

1.4.3　三维取向分布函数

极图和反极图都将三维晶体取向分布用二维的平面图来显示,由于晶体取向有 3 个自由度,因此,一个晶体取向需要用极图上的若干点,或者 3 张反极图联合才能表示出来,这就造成了标定取向时的不足。有时,不同取向的投影点会重合,导致难以对织构进行定量分析。特别地,对于塑性加工的样品形成的织构,它们的取向会在三维空间里连续分布,通过极图或者反极图很难表达或者显示出来。为了弥补极图和反极图的不足,需要建立三维空间来描述多晶体取向分布的取向分布函数(orientation distribution function,简写为 ODF)分析法。

1.4.3.1　取向分布函数计算原理

ODF 是根据极图的极密度分布计算出来的,计算的方法是把极密度分布函数展开成球函数级数,相应地把空间取向分布函数展开成广义球函数的线性组合,建立极密度球函数展开系数与取向分布函数的广义球函数展开系数的关系,测量若干个(一般需要 3 个或者 3 个以上)极图(极密度分布),就可以计算出 ODF。

极密度分布函数 $P_{hkl}(\alpha, \beta)$ 表达了多晶体内各晶粒内的 {HKL} 晶面法线落在

(α, β) 处的分布强度。如图 1-47 所示,α 角表示 $\{hkl\}$ 晶面法向与样品轧面法向的夹角,β 角表示轧向到该 $\{hkl\}$ 晶面法向绕轧面法向转动的角度。这里定义取向完全随机分布时的极密度分布函数 $P_{hkl}(\alpha, \beta)$ 为 1。

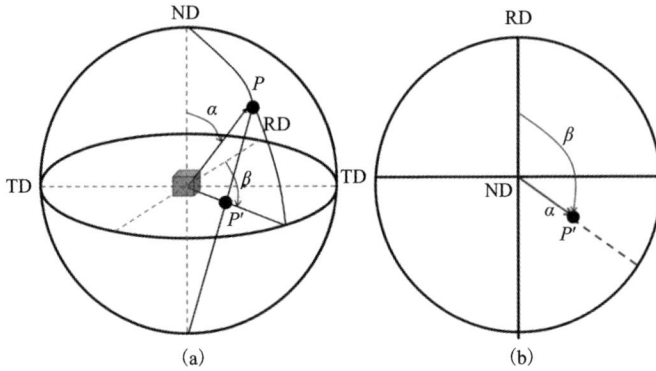

图 1-47 极密度分布函数中 α 和 β 的定义,其中 P' 为 P 极点的极射赤面投影

(a) 球面投影;(b) 极射赤面投影

根据极密度分布函数的性质,可以将它转换成球函数级数展开式:

$$P_{hkl}(\alpha, \beta) = \sum_{l=0}^{\infty} \sum_{n=-l}^{l} F_{l(hkl)}^{n} K_{l}^{n}(\alpha, \beta) \quad (0 \leqslant \alpha \leqslant \pi, 0 \leqslant \beta \leqslant 2\pi)$$

$$(1-37)$$

式中:$K_{l}^{n}(\alpha, \beta)$ 是已知的球函数;$F_{l(hkl)}^{n}$ 是二维线性展开系数组,它们是一组常数。

取向分布函数 $f(g)$ 表达了三维取向空间中任意取向 $\vec{g}(\varphi_1, \Phi, \varphi_2)$ 上的极密度分布。如图 1-48 所示,其中欧拉角是根据邦厄旋转法定义的。根据类似的数学原理,可以把取向分布函数 $f(g)$ 转换成广义球函数级数展开式:

$$f(g) = f(\varphi_1, \Phi, \varphi_2) = \sum_{l=0}^{\infty} \sum_{m=-l}^{l} \sum_{n=-l}^{l} C_{l}^{mn} T_{l}^{mn}(\varphi_1, \Phi, \varphi_2)$$

$$(0 \leqslant \varphi_1 \leqslant 2\pi, 0 \leqslant \Phi \leqslant \pi, 0 \leqslant \varphi_2 \leqslant 2\pi)$$

$$(1-38)$$

式中:C_{l}^{mn} 是三维线性展开系数,它们是一组常数;$T_{l}^{mn}(\varphi_1, \Phi, \varphi_2)$ 是广义球函数。

对相应的无织构粉末多晶体,有:

$$f_{粉}(\varphi_1, \Phi, \varphi_2) \equiv 1 \qquad (1-39)$$

式中:$T_{l}^{mn}(\varphi_1, \Phi, \varphi_2)$ 是已知的广义球函数;C_{l}^{mn} 是级数展开式常系数组。

根据极密度分布函数和取向分布函数的数学关系,可以推导出两个级数展开式的数学关系为：

$$F_{l(hkl)}^n = \frac{4\pi}{2l+1} \sum_{m=-l}^{l} C_l^{mn} K_l^{*m}(\sigma_{hkl}, \omega_{hkl}) \qquad (1-40)$$

式中：$(\sigma_{hkl}, \omega_{hkl})$ 是晶向 $[hkl]$ 在晶体坐标系中的方位角；$K_l^{*m}(\sigma_{hkl}, \omega_{hkl})$ 是球函数 $K_l^m(\sigma_{hkl}, \omega_{hkl})$ 的共轭复函数，它也是已知的球函数。这样就建立了极密度分布函数 $P_{hkl}(\alpha, \beta)$ 的球函数展开系数 $F_{l(hkl)}^n$ 与取向分布函数 $f(g)$ 的广义球函数展开系数 C_l^{mn} 的关系。由于这两套常系数组分别包含了不同的极密度分布函数和取向分布函数的全部信息，所以它们的关系实际上也反映了两种函数之间的换算关系。

通过实际测量若干极密度分布并归一处理可获得 $P_{hkl}(\alpha, \beta)$ 数据，根据已知的 $K_l^n(\alpha, \beta)$，借助式（1-37）可求出各 $F_{l(hkl)}^n$ 值。根据测量的极密度指数 $[hkl]$ 确定 $(\sigma_{hkl}, \omega_{hkl})$，进而可计算出 $K_l^{*m}(\sigma_{hkl}, \omega_{hkl})$，然后根据式（1-38）算出取向分布函数的展开系数 C_l^{mn}。最后根据式（1-40）就可以算出取向分布函数。

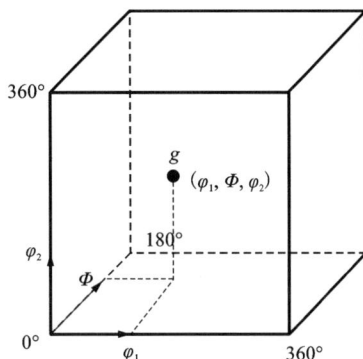

图 1-48 取向 $\vec{g}(\varphi_1, \Phi, \varphi_2)$
在欧拉空间中的表达

1.4.3.2 多晶体的取向空间

由式（1-38）可知，取向分布函数是描述取向极密度在欧拉空间的分布情况。如在 1.2.2 节中所述，欧拉空间范围与晶体结构和样品对称性都密切相关。以立方晶系板材织构分析为例，板材内的织构相对于轧板坐标系（RD、TD 和 ND）具有正交对称性 222。再考虑到立方晶系自身通常具有的对称性 432，一个晶体取向在欧拉空间内会多次出现。这种多重性或重复性通常用 Z（重复次数）表示。

分析表明，对于一般的取向，其 Z 值为 96；对高对称性的取向，其 Z 值可能会是 48 或 24。由此可见，分析立方晶系取向分有函数时，可以大大缩小取向空间的范围。通常所取的空间范围是 $0 \le \varphi_1 \le \pi/2$，$0 \le \Phi \le \pi/2$，$0 \le \varphi_2 \le \pi/2$，而且在这个范围内仍可将取向空间划分成一个小的子空间，它对应着立方晶系 <111> 方向的三次对称性，如图 1-49 所示。由于三次对称性不能将取向

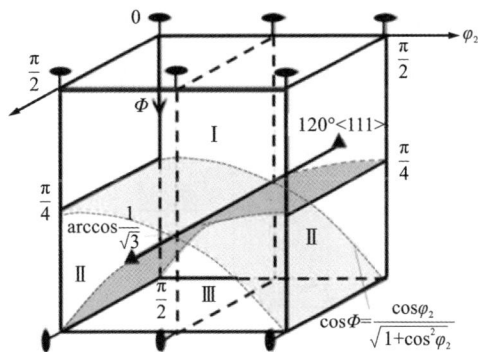

图 1-49 正交对称的立方晶系样品的
欧拉空间的子空间及其对称元素

空间做进一步的线性分割，因此在 $0 \leqslant \varphi_1$，Φ，$\varphi_2 \leqslant \pi/2$ 所包含的范围内没有排除三次对称性的影响。在每一个子空间内，任一取向只可能出现一次，或在 $0 \leqslant \varphi_1$，Φ，$\varphi_2 \leqslant \pi/2$ 范围内出现三次。

许多六方多晶体试样具有正交对称性 222，一般六方金属晶体都具有对称性 622，因此在整个取向空间内一个一般的取向会出现 48 次，即 Z 值为 48。在取向空间中，φ_2 的取值可限制为 $0 \sim \pi/3$，Φ 和 φ_1 的取值范围为 $0 \sim \pi/3$。在这个缩小了的取向空间内，每种取向只出现一次。许多四方多晶体试样也具有正交对称性 222，多数四方金属晶体具有对称性 422，因此在整个取向空间内一个一般的取向会出现 32 次，即 Z 值为 32。取向空间 φ_1、Φ 和 φ_2 的取值范围应为 $0 \sim \pi/2$。在这个缩小到原取向空间 1/32 的小空间内，每种取向只出现一次。具体的不同晶系和不同几何形状样品的欧拉空间大小见表 1 - 2。

1.4.3.3 取向分布函数分析

根据测得的极密度函数就可以在如图 1 - 49 所示的空间内计算出 ODF。为了便于分析和了解多晶体取向分布的情况，常常把取向分布函数值绘在平面图上。绘制方法是垂直于取向空间的某一欧拉角坐标轴方向，从取向空间中截取若干个等间距取向面(例如间隔 5°)，然后在各取向面上绘出取向分布函数(即取向密度)的等密度线，这样就获得了取向分布函数的图像表达。通常采用的是恒 φ_2 截面图，如图 1 - 50 所示，其中 0°$\leqslant \varphi_1$，Φ，$\varphi_2 \leqslant$90°，每间隔 5°一个截面，在图中绘出了等高密度线，不同等高密度线代表的极密度值，如图中密度水平标尺所示。

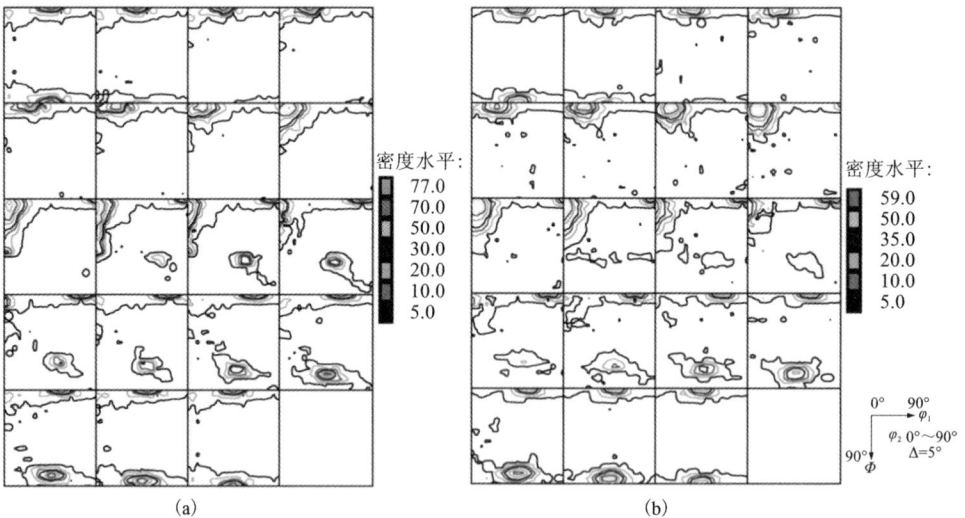

密度水平:
77.0
70.0
50.0
30.0
20.0
10.0
5.0

密度水平:
59.0
50.0
35.0
20.0
10.0
5.0

0°   90°
φ_1
φ_2:0°~90°
Δ=5°
90°
Φ

(a)   (b)

图 1 - 50   Ta - W 合金经退火后形成的织构在恒 φ_2 截面图上的表达(彩图版见附录)

(a)Ta - 2.5W 合金；(b)Ta - 10W 合金

图 1-50 为钽钨合金板材退火后经测算而得到的取向分布函数在恒 φ_2 方向的一系列截面图。通过该截面图，可以清晰地看出样品在整个取向空间中形成的择优取向，也就是织构组分，并可以通过这些织构组分对应的欧拉角计算出它们对应的密勒指数。这种能快速准确地确定织构组分的晶体学取向指数是极图和反极图无法比拟的。同时，对确定的织构组分，还可以定量地计算出这些织构组分的体积分数。这对于分析材料加工过程中织构的演变规律是十分重要的。

金属或合金在加工过程中总会形成一些典型的织构组分。密排六方金属中形成的织构比较简单：对于 c/a 的值接近 1.633 的密排立方金属，由于主要是基面滑移，所以会形成强的 $\{0001\}<1\bar{1}00>$ 织构。随着 c/a 值的变化，密排六方金属中的织构会产生一些变化，主要是基面 $\{0001\}$ 会绕着横向旋转 20° ~ 30°。立方晶系的织构组分相对比较复杂，由于面心立方金属和体心立方金属的塑性变形机制存在差别，它们形成的织构类型也不一样，分别如表 1-5 和表 1-6 所示。面心立方金属中形成的典型织构包括立方(cube)织构、铜型(copper，简写为 C)织构、黄铜型(brass，简写为 B)织构、高斯(goss，简写为 G)织构、D 织构(dillamore，简写为 D)、S 织构、R 织构和黄铜 R 织构等。体心立方金属中形成的典型织构包括立方织构、旋转立方(rotated cube)织构等。

表 1-5　面心立方金属的典型织构

织构名称	Miller 指数 $\{hkl\}<uvw>$	欧拉角		
		φ_1	Φ	φ_2
立方	$\{001\}<100>$	0°	0°	0°
铜型	$\{112\}<11\bar{1}>$	90°	35°	45°
黄铜型	$\{011\}<21\bar{1}>$	35°	45°	90°
高斯	$\{01\bar{1}\}<100>$	0°	45°	90°
D	$\{4\,4\,\overline{11}\}<11118>$	90°	27°	45°
S	$\{123\}<63\bar{4}>$	59°	37°	63°
R	$\{124\}<21\bar{1}>$	57°	29°	63°
黄铜 R	$\{236\}<38\bar{5}>$	79°	31°	33°
	$\{025\}<100>$	0°	22°	0°
	$\{111\}<11\bar{2}>$	90°	55°	45°
	$\{111\}<1\bar{1}0>$	0°	55°	45°

表 1-6 体心立方金属的典型织构

织构名称	Miller 指数 {hkl} <uvw>	欧拉角		
		φ_1	Φ	φ_2
立方	{001} <100>	0°	0°	0°
旋转立方	{001} <1$\bar{1}$0>	45°	0°	0°
	{112} <1$\bar{1}$0>	51°	66°	63°
	{111} <1$\bar{1}$0>	60°	55°	45°
	{111} <21$\bar{1}$>	90°	55°	45°
高斯	{01$\bar{1}$} <100>	0°	45°	0°
	{11 11 8} <4 4 $\bar{1}\bar{1}$>	90°	63°	45°
	{110} <1$\bar{1}$0>	0°	90°	45°

对比表 1-5 和表 1-6 中的织构取向的晶面指数和晶向指数，可以看出面心立方金属和体心立方金属的晶面指数和晶向指数都是相反的，存在这种"倒易关系"。

通过前面所述的晶体取向和织构表达方式，以体心立方金属中的一种典型织构组分——旋转立方织构(001)[$\bar{1}$10]举例，给出不同的表达方式，如图 1-51 所示。

很多金属材料在塑性加工和处理过程中，其晶体取向分布会逐渐聚集到取向空间的一些取向线附近变化，因此需要分析取向空间内一些特定取向线上取向分布数值的变化过程，即做简化而精练的取向线分析。例如，图 1-52(a)示出了面心立方金属多晶体冷轧变形时晶粒取向汇集的取向线，即 α 和 β 取向线。α 线上的重要取向有 G 取向{011} <100> 和 B 取向{011} <21$\bar{1}$> 等。β 线上的重要取向有 S 取向{123} <634> 、C 取向{112} <11$\bar{1}$> 及 B 取向{011} <21$\bar{1}$> 等。通过分析这些取向线上极密度的变化就可以大体了解到冷轧变形时晶粒取向的变化过程。

在很多情况下，一取向线上所有取向往往会具备某种共同的晶向或者晶面的特征。如由各取向的某晶面{hkl}平行于样品坐标系的一特定平面，因而构成{hkl}面织构，或各取向的某晶向 <uvw> 平行于样品坐标系的一特定方向，称为 <uvw> 丝织构。这两类织构可统称为纤维织构(fiber texture)。表 1-7 示出了面心立方金属中的这些纤维织构的取向特征，如 α-fiber、γ-fiber、τ-fiber 和 β-fiber 取向线。

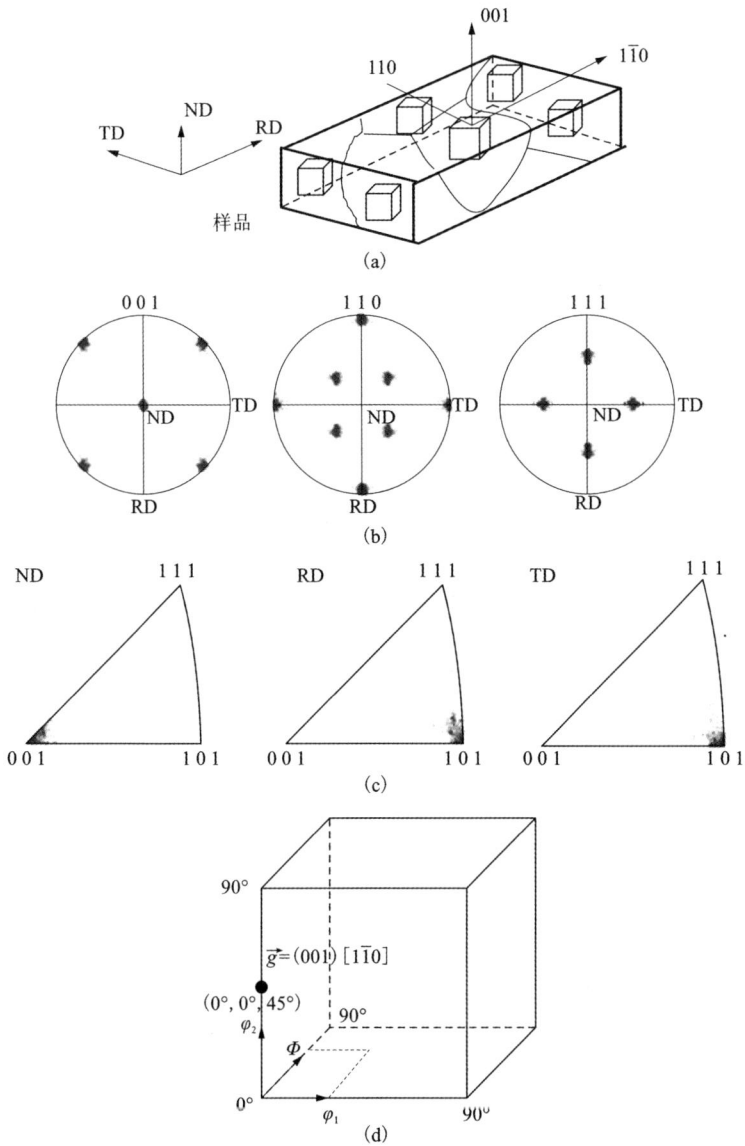

图 1 - 51　立方晶系中的旋转立方织构(001)[1̄10]的不同表达方式

(a)晶体取向与样品坐标系之间的关系；(b)极图中的表达；
(c)反极图中的表达；(d)取向空间中的位置

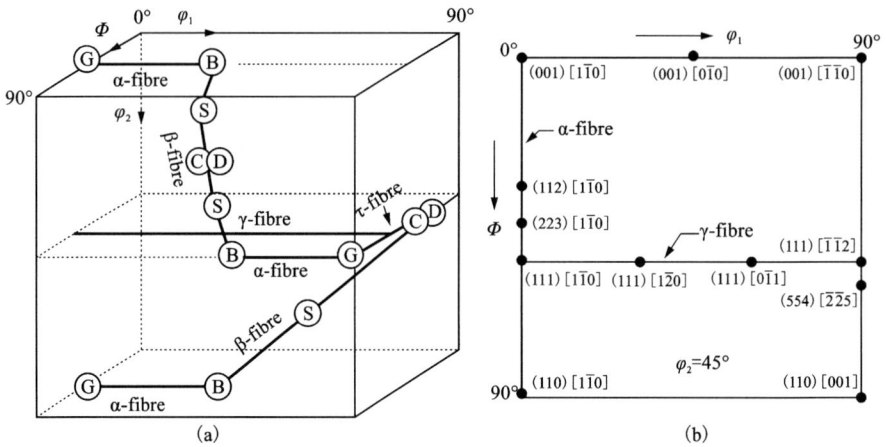

图 1 – 52　立方结构金属中典型的取向线在欧拉空间中的分布位置

(a)面心立方金属；(b)体心立方金属

表 1 – 7　面心立方金属中的典型纤维织构

纤维织构名称	纤维轴	欧拉角(φ_1, Φ, φ_2)范围
α	<011 >//轧面法向	$(0°, 45°, 0°) \sim (90°, 0°, 0°)$
γ	<111 >//轧面法向	$(60°, 54.7°, 45°) \sim (90°, 54.7°, 45°)$
τ	<011 >//横向	$(90°, 0°, 45°) \sim (90°, 90°, 45°)$
β	—	$(90°, 35°, 45°) \sim (35°, 45°, 90°)$

同样，在体心立方金属中也可以观察到这些类似的取向线，如图 1 – 52(b)所示。在体心立方金属中经常可以看到形成的 α 取向线、γ 取向线、η 取向线、ε 取向线、ζ 取向线、β 取向线等。这些取向线的取向特征如表 1 – 8 所示。值得注意的是，体心立方金属中的取向线基本都集中在 $\varphi_2 = 45°$ 的截面图上。对比表 1 – 7 和表 1 – 8 可以发现，虽然面心立方金属和体心立方金属的一些取向线的名称是一样的，但是它们的取向特征是不一样的。例如，在面心立方金属和体心立方金属中都会形成 α 取向线，在面心立方金属中，α 取向线的晶体取向特征是 <011 >//轧面法向，而在体心立方金属中是 <011 >//RD(RD 表示轧向)。

表 1 - 8　体心立方金属中的典型纤维织构

纤维织构名称	纤维轴	欧拉角(φ_1, Φ, φ_2)范围
α	<011>//轧向	(0°, 0°, 45°) ~ (0°, 90°, 45°)
γ	<111>//轧面法向	(60°, 54.7°, 45°) ~ (90°, 54.7°, 45°)
η	<001>//轧向	(0°, 0°, 0°) ~ (0°, 45°, 0°)
ε	<011>//轧面法向	(0°, 45°, 0°) ~ (90°, 45°, 0°)
ζ	<110>//横向	(90°, 0°, 45°) ~ (90°, 90°, 45°)
β	—	(0°, 35°, 45°) ~ (90°, 54.7°, 45°)

取向线可以方便地用来分析取向线中的择优取向和对比分析不同样品里的取向线极密度变化。例如：图 1 - 53 示出了不同冷轧变形量下黄铜中的 α 取向线、β 取向线和 τ 取向线的极密度变化。由此可以看出，黄铜冷轧后形成的最强织构为 $\{011\}$ <$\overline{2}11$>（黄铜型织构）。随着变形量的增加，黄铜型织构极密度急剧增强，而其他的织构组分增强比较缓慢。通过这种对比分析，就可以获得材料中织构组分的变化规律，从而为材料的加工工艺选择提供依据。比如，对于黄铜材料，如果不想要黄铜型织构太强，那么冷轧变形量不能超过 90%。

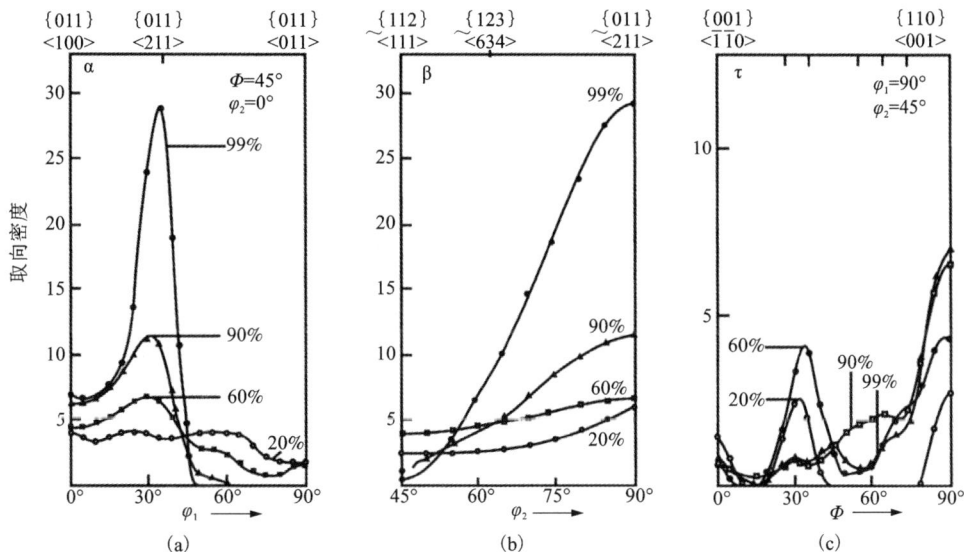

图 1 - 53　H70 黄铜在不同冷轧变形量下的取向线极密度分析

(a) α 取向线；(b) β 取向线；(c) τ 取向线

1.5 织构测试分析方法简介

织构对材料的性能有重要的影响，因此，对材料中织构的分析十分重要。下面简单介绍一下织构的测试分析方法。随着科技的发展，织构的测试技术越来越成熟，也越来越多，如图 1-54 所示。

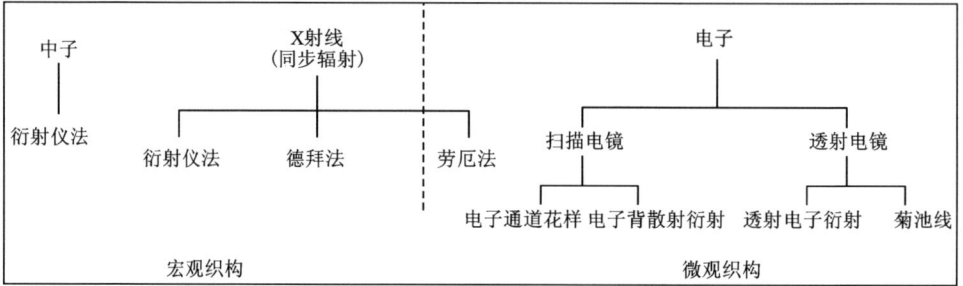

图 1-54　各种不同的织构测试分析技术

织构测试原理主要是利用点阵晶面对射线的衍射，从而获得晶体结构和晶体取向的信息。因此，射线要被晶面衍射，其波长必须要比点阵常数小。晶体的点阵常数一般小于 1 nm，所以用于织构分析的射线源主要有 X 射线（X－ray）、中子（neutrons）和电子（electrons），这些不同射线的衍射性能如表 1-9 所示。这些射线最大的区别是它们的穿透深度，中子和 X 射线的穿透深度是毫米级的，电子的穿透深度是微米级的。所以，按照射线的穿透深度的范围，织构可以分为宏观织构和微观织构，如图 1-54 所示。测试宏观织构的主要设备有衍射仪，测量微观织构的设备有扫描电子显微镜（scanning electron microscope，简写为 SEM）和透射电子显微镜（transmission electron microscope，简写为 TEM）。因此，为了比较准确地反映材料里各种织构的体积含量，最好采用中子或者 X 射线衍射测试材料的宏观织构。同时，不同的织构测试方法，其取向分辨率也是不一样的，如表 1-10 所示。

表 1-9　衍射测试织构的射线的衍射性能

	光	中子	X 射线	电子
波长/nm	400～700	0.05～0.3	0.05～0.3	0.001～0.01
能量/eV	1	10^{-2}	10^4	10^5
电荷量/C	0	0	0	-1.602×10^{-19}

续表 1 – 9

	光	中子	X 射线	电子
静质量/g	0	1.67×10^{-24}	0	9.11×10^{-28}
穿透深度/mm	—	10 ~ 100	0.01 ~ 0.1	10^{-3}

注：光源是用来对比的。

表 1 – 10　各种常见取向测试技术的分辨率

测试技术	分析方法	空间分辨率	取向差分辨率
透射电镜	会聚束电子衍射	1 nm	0.1°
	微束衍射	10 nm	0.2°
	选区电子衍射	1 μm	5°
扫描电镜	电子背散射衍射	<0.1 μm	0.5°
	选区电子通道花样	10 μm	0.5°
	科塞尔衍射(高速电子束激发 X 射线)花样	10 μm	0.5°
X 射线衍射	常规的劳厄衍射法	100 μm	2°
	同步辐射	0.1 ~ 100 μm	0.1°
光学技术	选择腐蚀	1 μm	5 ~ 10°
	腐蚀坑	20 ~ 100 μm	>10°

所以，在选择测试晶粒或亚晶之间取向差方法的时候，需要注意材料中晶粒的尺寸或者亚晶的尺寸。一般而言，为准确分析或测定大范围的亚晶的取向分布或者亚晶之间取向差，可以选择扫描电镜的背散射电子衍射技术（scanning electron microscope – electron back scattering diffraction，简写为 SEM – EBSD）。如果要小范围分析剧烈塑性变形后或者纳米晶变形后形成的亚晶取向，最好选择用透射电镜结合菊池线花样（transmission electron microscope-electron back scattering diffraction，简写为 TEM – EBSD）或者会聚束衍射（convergent beam electron diffraction，简写为 CBED）的方法。

1.5.1　X 射线宏观织构测试原理

1895 年德国物理学家伦琴（Wilhelm Röntgen）在研究阴极射线时发现了 X 射线。至今，人们对 X 射线的性质、与物质相互作用的基本原理进行了大量研究。X 射线在科学研究、工程和医疗上得到了广泛应用。多年来，X 射线衍射是检测和分析材料宏观织构特征的主要方法,下面将介绍材料 X 射线宏观织构检测原理。

1.5.1.1　X 射线衍射基本原理

X 射线能作为科学研究工具,是因为 X 射线与物质相遇时会产生一系列效应。经过研究,这些相互作用的本质得到了逐渐深入的认识,入射到某物质的 X 射线分为吸收、穿透和散射三部分。吸收指 X 射线光子与物质相遇被俘获,造成原方向强度减弱,穿透指 X 射线原方向穿过物质,散射指 X 射线与物质相遇而使传播方向改变,造成原方向强度减弱,图 1 – 55 描述了这种相互作用。

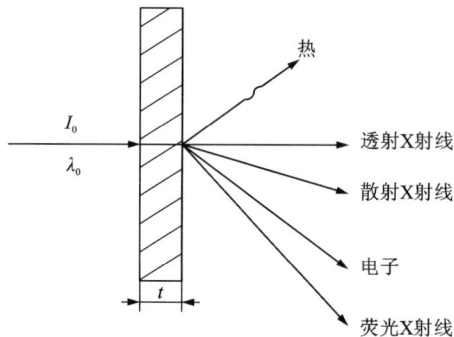

图 1 – 55　X 射线(强度为 I_0,波长为 λ_0)与物质的相互作用

X 射线的散射现象是其能够检测晶体取向的基础。X 射线在穿过物质后强度减弱,除了主要部分是由于吸收而消耗于热效应和光电效应外,还有一部分是偏离原入射方向发生散射。发生散射后的射线会产生两种不同波长的射线,一种是与原波长相同,称为相干散射,另一种是与原波长不同,称为不相干散射。X 射线的相干散射并不损失入射 X 射线的能量,只会改变传播方向,是 X 射线衍射技术的基础。

当入射 X 射线与物质原子中受约束电子相遇时,光量子能量不足以使原子电离,但是电子在 X 射线交变电场作用下产生振动,这时电子就成为电磁波发射源,向周围辐射与原 X 射线波长相同的射线,并且因为各电子所散射的射线波长相同,有可能相互干涉,故称相干散射。J. J. Thomson 用经典方法研究了此现象,推导出可以反映相干散射强度的散射公式。

当入射 X 射线为偏振时,电子在空间一点 P 的相干散射强度为:

$$I_e = \frac{I_0}{R^2}\left(\frac{u_0}{4\pi}\right)^2\left(\frac{e^2}{m}\right)^2\sin^2\Phi \qquad (1-41)$$

当入射 X 射线为非偏振时,在 P 点的相干散射强度为

$$I_e = \frac{I_0}{R^2}\left(\frac{u_0}{4\pi}\right)^2\left(\frac{e^2}{m}\right)^2\frac{1+\cos^2 2\theta}{2} \qquad (1-42)$$

式中：I_0 为入射 X 射线强度；I_e 为单个电子的相干散射强度；$\mu_0 = 4\pi \times 10^{-7}$ m·kg·C^{-2}；e 的单位为 C(库伦)；m 为电子质量；Φ 为入射射线电场振幅 A_0 方向与散射方向 OP 间夹角；R 为散射电子到空间一点 P 的距离；2θ 为散射方向与入射方向的夹角，如图 1 –56 所示。

若将式(1 –42)用于质子或原子核，由于质子的质量是电子的 1840 倍，则散射强度只有电子的 $1/1840^2$，故质子的散射强度可以忽略不计，所以物质对 X 射线的散射就可以认为只是电子的散射。

X 射线在与束缚较紧电子相遇时发生经典散射，而晶体是由大量原子组成，每个原子又有大量电子。各电子所产生的经典散射线会相互干涉，在某些方向会被加强，另一些方向则被减弱。这种散射线干涉的总结果称为衍射。德国物理学家劳厄(Laue)在 1912 年指出：当 X 射线照射晶体时，若要在某些方向上使衍射加强，必须同时满足三个劳厄方程，即在晶体中三个相互垂直的方向上相邻原子散射线的波程差为波长的整数倍。劳厄方程解决了 X 射线在晶体中的衍射方向问题，但是理论复杂，在实际使用中不便，所以该理论有简化的必要。

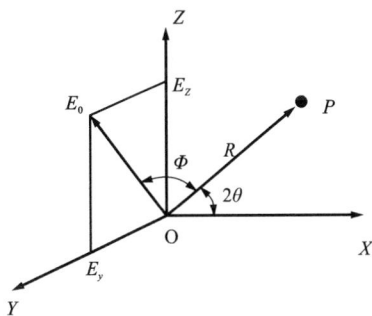

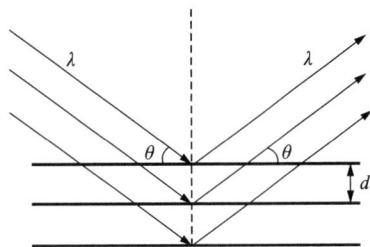

图 1 –56　单个电子对 X 射线的散射　　图 1 –57　波长为 λ 的 X 射线布拉格衍射的示意图

将衍射看成反射是导出布拉格方程的基础。布拉格方程首先由英国物理学家布拉格(Bragg)在 1912 年导出。设图 1 –57 所标识原子面的面间距为 d，入射线波长为 λ，入射线与原子面夹角为 θ，则 θ 为特定值时，在与入射线夹角为 2θ 的方向上可以获得衍射 X 射线。此时 θ 角与波长 λ 及面间距 d 的关系符合布拉格方程，即有

$$2d\sin\theta = n\lambda \qquad (1-43)$$

式中：n 为整数，称为反射级数。

分析图 1 –57 可知，式(1 –43)中 $2d\sin\theta$ 所表达的是 X 射线照射到互相平行

的不同原子面时在衍射方向同一位置获得衍射线时各衍射线的光程差；而只有在光程差是入射波长的整数倍时才会在 2θ 方向上发生衍射，即各原子的相干散射始终保持相位相同，且均可增强 2θ 方向上的衍射强度。此时入射 X 射线方向与衍射方向刚好相对于所观察的原子面呈镜面对称，即似乎原子面在反射入射 X 射线，但这是由衍射造成的反射，不符合布拉格方程时不会造成反射。因此布拉格方程及相应的照射几何条件是发生 X 射线衍射的必要条件。

1.5.1.2 X 射线衍射强度

一束波长为 λ、强度为 I_0 的 X 射线照射到单位晶胞体积为 v_0 的多晶体试样上，多晶体参与衍射的体积为 $V(g)$，在与入射线夹角为 2θ 的方向上产生指数为 (HKL) 晶面的衍射，衍射线强度可表达成：

$$I = \frac{I_0}{32\pi R m^2 c^4 v_0^2} \frac{e^4 \lambda^3}{V(g) F_{HKL}^2 P} \frac{1+\cos^2\theta}{\sin^2\theta\cos\theta} \exp[-2M(\theta)] A(\theta) \qquad (1-44)$$

式中：P 为 (HKL) 晶面的多重因子；e 为电子电荷；c 为光速；R 为试样到衍射线强度记录处的距离；$A(\theta)$ 为吸收因子；$\exp[-2M(\theta)]$ 为温度因子；F_{HKL} 为结构因子。其中 I_0、R、e、m、c、v_0、V 和 λ 对各衍射线均相等。

令

$$K = \frac{I_0}{32\pi R} \frac{e^4}{m^2 c^4} \frac{\lambda^3}{v_0^2} \qquad (1-45)$$

把与 θ 角有关的各项归纳在一起，

令

$$S(\theta) = \frac{1+\cos^2\theta}{\sin^2\theta\cos\theta} \exp[-2M(\theta)] A(\theta) \qquad (1-46)$$

这样有：

$$I(g) = KV(g) F_{HKL}^2 P S(\theta) \qquad (1-47)$$

其中，被 X 射线照射的试样区域内参与衍射的体积 $V(g)$ 是取向 $\vec{g}$ 的函数，因而衍射线强度也是 $\vec{g}$ 的函数。

1.5.1.3 多晶体极图 X 射线测量原理

X 射线测试极图可以采用反射法和透射法。图 1-58 给出了利用 X 射线测量极图装置的示意图。衍射仪上面有 4 个轴，分别命名为 2θ、ω、χ 和 ϕ。其中 2θ 轴对着接收器，该装置可在某晶面 $\{HKL\}$、2θ 衍射位置记录衍射强度。也就是说，如果要测试某晶面 $\{HKL\}$ 的极图，接收器与 X 射线的夹角始终保持为 2θ。ω 轴、χ 轴和 ϕ 轴是衍射仪的 3 个旋转轴，它们互相垂直，组成一个正交坐标系。采用透射法时，如图 1-58(a) 所示，ω 轴、χ 轴和 ϕ 轴分别对着样品的轧向、轧面法向和横向。采用反射法时，如图 1-58(b) 所示，ω 轴、χ 轴和 ϕ 轴分别对着样品的轧向(RD)、横向(TD)和轧面法向(ND)。以反射法为例，测量过程中，ω

一般设为 $0°$，这样衍射角 2θ 可以保持不变。如图 1-58(b)所示，首先，将样品绕 ϕ 轴(ND)作 β 转动，实际上是 RD 方向绕 ND 方向转动 β 角，旋转一周 $(0\leqslant\beta\leqslant360°)$，然后将样品绕 χ 轴(TD)转动 χ 角，实际上是 ND 方向绕 TD 方向转动 χ 角$(0\leqslant\chi<90°)$，然后固定 χ 角，再让样品绕 ϕ 轴(ND)作 β 转动一周，以此种方式(χ 角是步进式的)，就可以测到样品不同方位(α,β)处$\{HKL\}$晶面的衍射强度，也就是极密度 $P_{hkl}(\alpha,\beta)$。这里要注意的是，根据极密度分布函数中 α 和 β 的定义(图 1-47)可知，$\alpha=90°-\chi$。实际应用的 X 射线极密度测量装置可以自动完成上面所述的操作。选定不同的 2θ 角就可以测得不同的$\{HKL\}$极图数据。这里要注意的是，利用反射法测试极图时，由于随着样品表面的倾转，辐照斑(irradiated spot)在样品表面会发生变化，所以 α 角不能太大。一般，反射法测试的极图中 α 角最大为 $70°$，如图 1-59 所示。

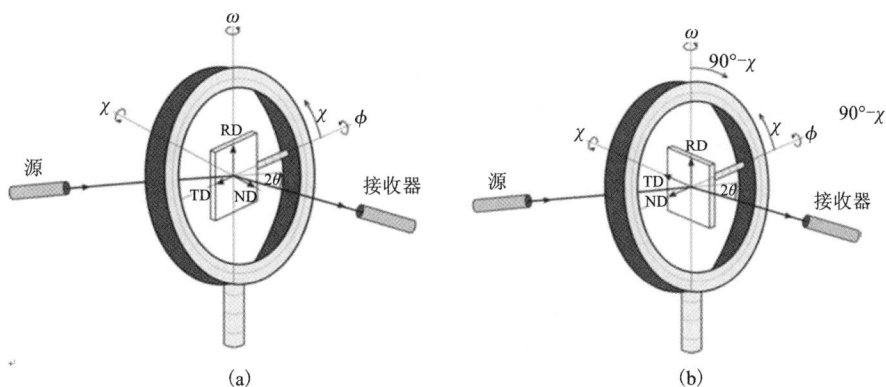

图 1-58　X 射线极密度自动测量装置示意图

(a)透射法；(b)反射法

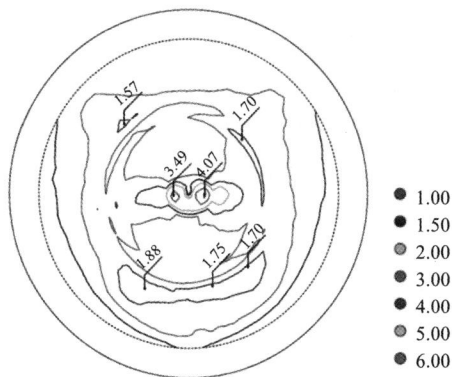

图 1-59　利用 X 射线反射法测得的 Ta-2.5W 合金轧制变形 80% 的$\{200\}$极图(彩图版见附录)

中子等其他射线源也可以用来测量极图数据，原理跟 X 射线的一样，不过中子辐射测试极图一般采用的是透射法。

1.5.2 材料微观织构及扫描电镜电子背散射衍射技术

材料微观区域内晶体取向分布的规律称为微观织构，实际上是根据电子的穿透深度只有亚微米级来定义的。广义上来讲，微观织构还包括各类晶界的取向分布以及晶粒间的取向差分布，后两者信息是 X 射线衍射测出的宏观织构信息中所没有的。而材料宏观织构的形成必然是由微观织构变化决定和完成的，只有了解和揭示微观织构的演变过程、特征及规律，才能更好地认识材料的宏观织构。扫描电镜电子背散射衍射(electron back scattering diffraction，简写为 EBSD)技术是目前测定微观织构最常用的方法之一。扫描电镜电子背散射衍射技术是基于扫描电镜中电子束在倾斜样品表面激发出并形成的衍射菊池带的分析从而确定晶体结构、取向及相关信息的方法。

扫描电镜 EBSD 技术主要有以下几个特点：

(1)可以同时展现材料微观形貌、结构和取向信息。

(2)高的分辨率(亚微米级)，特别是与场发射枪扫描电子显微镜(field emission gun scanning electron microscope，简写为 FEG - SEM)配合使用时。

(3)统计性差的不足可以通过计算机运行速度的不断加快来弥补。

(4)与透射电子显微镜相比，其样品制备简单，可直接分析大块样品。

1.5.2.1 EBSD 装置的基本布局

扫描电镜 EBSD 分析系统的基本布局如图 1 - 60 所示。扫描电镜进行 EBSD 时，需要两个计算机系统，一个控制扫描电镜，一个控制 EBSD 分析。

样品放入扫描电镜样品室内后需经过 70°旋转(新的 EBSD 系统装置样品台已经设置成倾斜状，无须旋转)，使入射电子束与样品表面成 20°。之所以需要 70°样品台是因为此时电子束与样品作用产生的高角菊池花样(kikuchi diffraction pattern)信号最好。入射电子束与样品表面作用，发生衍射，产生菊池带，由衍射锥体组成的三维花样投影到磷屏幕上，在二维屏幕上被截出相互交叉的菊池带花样，花样被后面的电荷耦合器件(charge coupled device，简写为 CCD)相机接收，经相机控制系统处理(如信号放大、加和平均、背底扣除等)，由抓取图像卡采集到计算机中，计算机自动确定菊池带的位置、宽度、强度和带间夹角，与对应的晶体学库中的理论值比较，标出对应的晶面指数与晶带轴，并算出所测晶粒晶体坐标系相对于样品坐标系的取向，并把这些取向分布信息以各种不同的图像表示出来。

1.5.2.2 EBSD 数据获取的主要原理

不论是在 TEM 下还是在 SEM 下，获取晶体结构、取向信息的基本过程都是

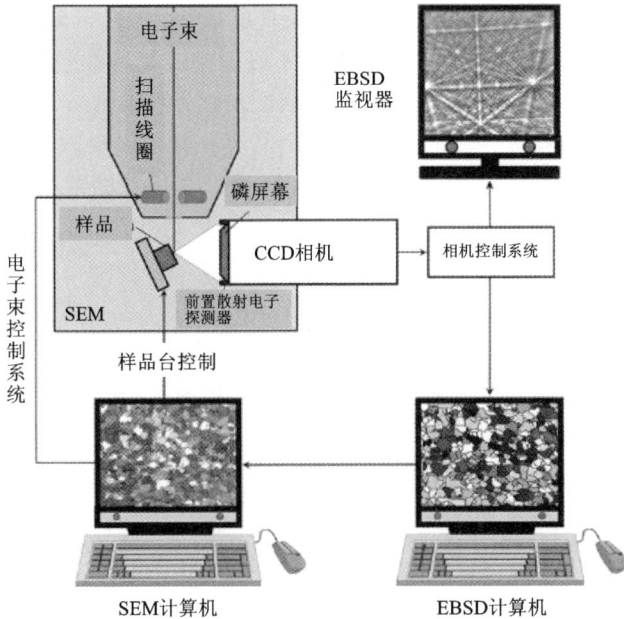

图 1 - 60　EBSD 分析系统布局示意图

通过电子衍射得到与不同晶面直接对应的菊池带衍射花样(或衍射斑花样)。确定晶体取向包括两个步骤,一是确定菊池带或晶带轴的晶体学指数,二是确定这些菊池带或晶带轴相对于样品坐标系的相对取向。在 SEM 下,电子束与倾斜的样品表面作用,衍射发生在一次背散射电子与点阵面的相互作用中。将样品表面旋转后,背散射电子传出的路径变短,更多的衍射电子可从表面逃逸并被磷屏吸收,如图 1 - 61 所示。

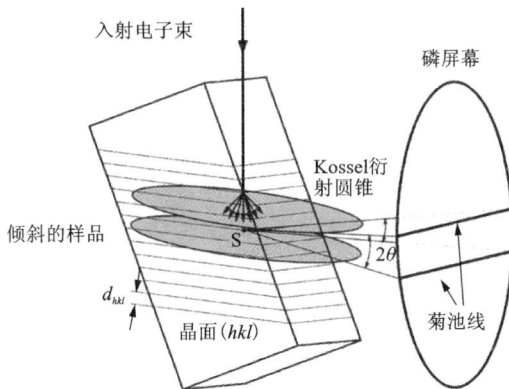

图 1 - 61　SEM 下产生背散射菊池带的示意图

菊池花样还有其他方面的信息，如 EBSD 的成像质量(image quality，简写为 IQ)图，成像质量好的地方显示白色，成像不好的地方呈现黑色或者灰色。因此，EBSD 中的成像质量图可以反映很多信息，比如在成像质量图中，晶界显示黑色衬度，晶内显示白色衬度，从而可以显示出晶界；也可以反映点阵应变的情况，若点阵弯曲，菊池带会变模糊，再结晶晶粒会比形变晶粒的菊池带清晰很多，这也是软件自动鉴别再结晶区域和形变区域的依据。此外，根据菊池花样的变化，可以分析取向的变化，从而判断与寻找晶界。

1.5.2.3 取向标定原理

SEM 下晶粒取向的标定要比 TEM 下晶粒取向的标定麻烦，其原因是样品是倾斜的，样品表面与投影屏不平行，如图 1-62 和图 1-63 所示，这就需要坐标变换。如图 1-62 所示，所涉及的三个坐标系分别为：

(1)SEM 样品台的坐标系 CS_m(或电子束坐标，它是三维的，一般与操作者观察的二维屏幕对应)；

(2)倾斜 70° 后的样品坐标系 CS_1(也是三维的)；

(3)EBSD 探头磷屏坐标系 CS_3。探头屏幕与样品表面分析点有个屏幕间距，也称探头距离 DD。屏幕上有一(菊池)花样中心坐标 PC(pattern center，X_0，Y_0)，它不是屏幕本身的中心。倾斜样品表面菊池花样激发点(也是分析点)到屏幕上的最近点，它的特点是 EBSD 探头伸向或离开样品方向时，该点的位置不变，而其他屏幕上的点都呈放射状且逐渐被放大或缩小。

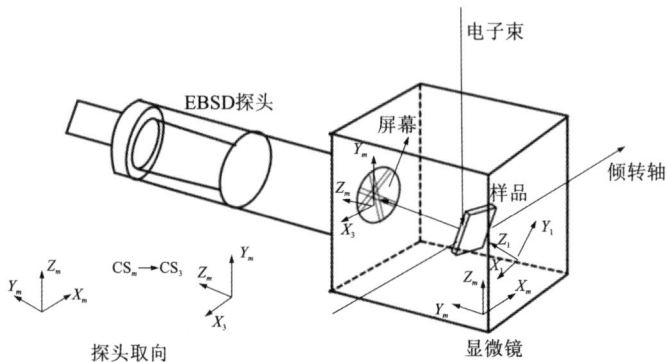

图 1-62 EBSD 取向测定时涉及的 3 个坐标系

图 1-63 所示的倾斜的样品坐标系 CS_{sa} 与电子束坐标系 CS_{be}(可看出是倾斜前的样品台坐标系)的关系是：

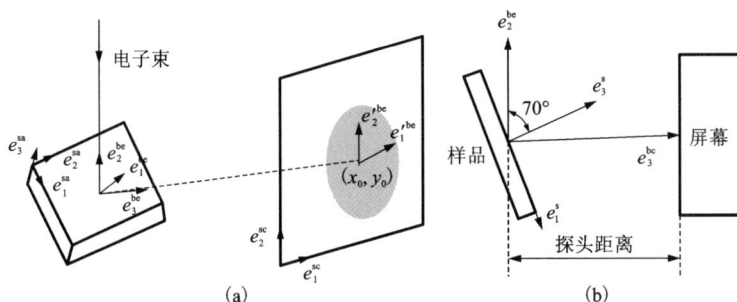

图 1-63　各坐标系间的几何关系

(a)三维示意图；(b)侧面(二维)示意图

$$\begin{pmatrix} e_1^{sa} \\ e_2^{sa} \\ e_3^{sa} \end{pmatrix} = \begin{pmatrix} 0 & -\sin70° & \cos70° \\ 1 & 0 & 0 \\ 0 & \cos70° & \sin70° \end{pmatrix} \cdot \begin{pmatrix} e_1^{be} \\ e_2^{be} \\ e_3^{be} \end{pmatrix} \qquad (1-48)$$

即：

$$e_1^{sa} = -\sin70° e_2^{be} + \cos70° e_3^{be}$$

$$e_2^{sa} = e_1^{be} \qquad (1-49)$$

$$e_3^{sa} = \cos70° e_2^{be} + \sin70° e_3^{be}$$

电子束坐标系下的一个矢量转变为样品坐标系下矢量的关系为：$\vec{r}^{sa} = M^{be \to sa} \vec{r}^{be}$，$M^{be \to sa}$ 是上面对应的旋转矩阵。电子束坐标系原点到 EBSD 探头屏幕上任何一点的矢量可表达成：$\vec{R} = (x - x_0, y - y_0, D)$，$(x_0, y_0)$ 是屏幕中心坐标，$\vec{R}$ 是反射电子束与屏幕的交点。屏幕上任一晶带轴在晶体学坐标系下可表示为 $[hkl]$，在电子束坐标系下经衍射放大后存在关系：

$$\left[(x-x_0)^2 + (y-y_0)^2 + D^2 \right]^{-1/2} \begin{bmatrix} (x-x_0) \\ (y-y_0) \\ D \end{bmatrix} = M^{cr \to be} \left[h^2 + k^2 + l^2 \right]^{-1/2} \begin{bmatrix} h \\ k \\ l \end{bmatrix}$$

$$(1-50)$$

式中：$M^{cr \to be}$ 是衍射放大矩阵，$-1/2$ 项是对长度的归一化处理。可通过屏幕上 3 个已知的晶带轴晶向指数和它们在屏幕上的 3 组坐标求出 $M^{cr \to be}$。最终取向矩阵是上两个的乘积：

$$g = M^{be \to sa} \cdot M^{cr \to be} \qquad (1-51)$$

1.5.2.4　EBSD 的分辨率

如表 1-10 中所示，EBSD 的空间分辨率远低于扫描电镜的图像分辨率，一般为 200 ~ 500 nm。角分辨精度为 0.5°左右。影响 EBSD 分辨率的因素主要有：样品材料、样品在电镜试样室中的几何位置、加速电压、灯丝电流和花样的清晰度。

因为背散射电子信号数目随原子序数的增加而增加，高原子序数样品的电子穿透区小，背散射信号强，因此，高原子序数样品衍射细节更多，花样清晰度更高。

样品在试样室中的几何位置包括样品到侧面 EBSD 探头的距离、倾转角度；样品高度（即工作距离）一般不变，倾转角度降低，分辨率提高，但衍射信号降低。样品倾转 45°以上就可看到 EBSD 花样，但电子穿透深度随倾角的增大而减小，超过 80°后，就不太现实，此时花样畸形，70°倾转角比较理想。对于一般的图像分析，小的工作距离有高的分辨率和小的聚焦畸变，但容易出现样品碰撞到电子枪的极靴、过度偏离 EBSD 探头屏幕中心的情况。综合考虑，工作距离为 10 ~ 20 mm 比较合适。

加速电压与电子束在样品表面上的作用区大小是线性关系，如图 1 – 64 所示，若要求高的分辨率，可用小的加速电压。加速电压的提高使菊池带宽度变细，但面间距及区轴间角度不变。束流的影响不如加速电压显著，以 5 nA 为最佳值。最佳分辨率并不对应最小的束流，电子束越细，其在样品中的作用区越小，分辨率越高，但衍射花样的清晰度也降低，标定困难。

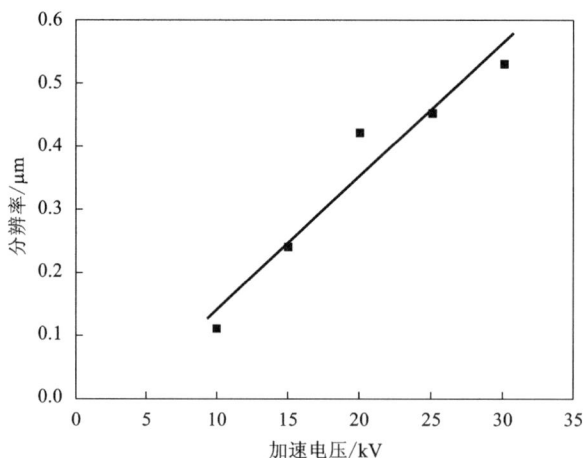

图 1 – 64　Ni 的 EBSD 空间分辨率与测试加速电压之间的关系

EBSD 的准确度是通过测单晶中相邻两点的取向差而得出的，与系统标定的好坏有关，与花样质量有关，也与相机位置不同造成的花样放大程度有关。衍射花样的清晰度提高，标定菊池带的准确度会提高，但精度降低。高度放大的花样会提高精度,可以通过移动 EBSD 探头来实现。另外,用慢的扫描,延长图像处理时间,可提高花样清晰度。

1.5.2.5　EBSD 的实验数据分析

关于 EBSD 的数据分析,目前市场上主要有两种分析数据的软件,TSL OIM Analysis 软件和 Channel 5 HKL 软件,两种软件的数据处理存在差异,但是功能都差不多。利用 EBSD 分析软件可以获得的晶体取向信息包括取向成像(orientation map)、取向差分析(misorientation)、界面信息(大角度晶界、小角度晶界、孪晶界、重合点阵晶界等)、织构分析等;晶体结构信息包括晶粒大小、变形组织与再结晶组织、不同取向晶粒的分布、物相鉴定、相分布、相含量测定等。因此,通过 EBSD 分析技术,可以方便地得到晶体的取向及其对应的组织之间的关系(组织对晶体取向的依赖性),从而为分析材料的塑性变形机制和织构形成微观机制提供重要的数据信息。这些分析技术在后面几章中都会以典型的例子详细地呈现出来。

参考文献

[1] Hull D, Bacon D J. Introduction to dislocations[M]. 5nd ed. Oxford: Elsevier, 2011.

[2] Kocks U F, Tomé C N, Wenk H R. Texture and anisotropy: preferred orientations in polycrystals and their effect on materials properties[M]. Cambridge: Cambridge university press, 1998.

[3] Verlinden B, Driver J, Samajdar I, et al. Thermo - mechanical processing of metallic materials [M]. Oxford: Elsevier, 2007.

[4] Randle V, Engler O. Introduction to texture analysis: macrotexture, microtexture and orientation mapping[M]. Boca Raton: CRC press, 2014.

[5] Hansen J, Pospiech J, Lücke K. Tables for Texture Analysis of Cubic Crystals[M]. Berlin: Springer - Verlag, 1978.

[6] 毛卫民. 金属材料的晶体学织构与各向异性[M]. 北京: 科学出版社, 2002.

[7] Randle V. The measurement of grain boundary geometry[M]. London: Routledge, 2017.

[8] 毛卫民. 材料织构分析原理与检测技术[M]. 北京: 冶金工业出版社, 2008.

[9] 余永宁. 金属学原理[M]. 第 2 版. 北京: 冶金工业出版社, 2013.

[10] 杨平. 电子背散射衍射技术及其应用[M]. 北京: 冶金工业出版社, 2007.

[11] Chen C, Wang S, Jia Y L, et al. The microstructure and texture of Mo - La$_2$O$_3$ alloys with high transverse ductility[J]. Journal of Alloys and Compounds, 2014, 589: 531 - 538.

[12] Hu H. Texture of metals[J]. Texture, 1974, 1: 233 - 258.

[13] Wang S, Wu Z H, Xie M Y, et al. The effect of tungsten content on the rolling texture and microstructure of Ta - W alloys[J]. Materials Characterization, 2020, 159: 110067.

[14] Humphreys F J, Hatherly M. Recrystallization and related annealing phenomena[M]. 2nd ed. Oxford: Elsevier, 2004.

[15] Wang S, Chen C, Jia Y L, et al. The reciprocal relationship of orientation dependence of the dislocation boundaries in body – centered cubic metals and face – centered cubic metals[J]. Materials Science and Engineering A, 2014, 619: 107 – 111.

[16] Hirsch J, Lücke K. Overview no. 76: Mechanism of deformation and development of rolling textures in polycrystalline f. c. c. metals – I. Description of rolling texture development in homogeneous CuZn alloys[J]. Acta Metallurgica, 1988, 36(11): 2863 – 2882.

[17] 李树棠. 晶体 X 射线衍射学基础[M]. 北京: 冶金工业出版社, 1990.

[18] Waseda Y, Matsubara E, Shinoda K. X – ray diffraction crystallography introduction, examples and solved problems[M]. Berlin: Springer, 2011.

第 2 章 金属塑性变形研究概述

金属材料是日常生活中最常见的结构材料之一，也是工业应用材料中最重要的基础材料之一。金属材料之所以得到如此广泛的应用，最主要的原因之一是它们拥有很好的塑性变形能力。通过不同的塑性加工工艺，可以改变金属材料的形状、尺寸以及组织结构，从而满足最终产品的使用要求。随着社会的发展，为了进一步提升材料的性能，新的塑性加工工艺层出不穷，如各种大塑性变形方法。同时，新型的金属材料也不断涌现，最典型的是金属纳米材料(晶粒尺寸在 100 nm 以下)，它们具有与普通晶粒尺寸金属材料不一样的塑性变形方式和性能。目前，金属纳米材料的塑性变形机制也是材料研究的一个热点。

本章首先介绍了常见晶体结构，体心立方(BCC)、面心立方(FCC)和密排六方(HCP)结构的金属材料的塑性变形方式，包括位错滑移(dislocation slip)、形变孪晶(deformation twinning)以及其他一些特殊的塑性变形方式。同时，还总结了金属中的典型宏观和微观变形组织结构及其观察方法、形变织构等。最后，还介绍了近期关于金属塑性变形的研究进展。

2.1 金属的塑性加工

在人类文明发展的漫长岁月里，金属材料新产品总是在不断地涌现，随之发展的是金属的制造和加工工艺。对于同一金属或合金材料，由于它的制造方法和加工工艺的不同，最终的产品在性能上就会表现出很大的差异。因此，金属材料研究的一个重要的方向就是金属的塑性加工。在外力的作用下使金属发生塑性变形，从而使金属获得所需的形状、尺寸、特定组织和性能的加工技术，称为塑性加工，由于在这一过程中所施加的外力经常是压力，所以通常塑性加工也可称为压力加工。

金属塑性加工的方法和种类很多，根据加工时工件的受力和变形方式划分，基本的塑性加工方法主要有拉拔、锻造、轧制、挤压和冲压等几类。常见的塑性加工方式如表 2 - 1 所示。

表 2 - 1 常见的塑性加工方式的特点

加工方式	道次应变量	应变速率/s^{-1}	应力状态
锻造	0.1 ~ 0.5	1 ~ 10^3	压缩
轧制	0.1 ~ 0.5	1 ~ 10^3	轧面压缩和轧向拉伸
拉拔	0.0 ~ 0.5	1 ~ 10^4	拉伸
挤压	2 ~ 5	10^{-1} ~ 10^2	压缩

近年来，为了在材料中引入更大的应变，使材料中获得超细晶甚至纳米晶结构，从而提高材料的强度和塑性，一系列新型的大塑性变形加工方式被开发，这些方法也被称为剧烈塑性变形法(severe plastic deformation，简写为 SPD)。这些大塑性变形技术有等径角挤压(equal-channel angular pressing，简写为 ECAP)、累积叠轧(accumulative roll bonding，简写为 ARB)、高压扭转(high pressure torsion，简写为 HPT)、多向压缩变形(multi-axial compression，简写为 MAC)、扭挤(twist extrusion，简写为 TE)、往复挤压技术(cyclic extrusion compression，简写为 CEC)、反复折皱压直法(repetitive corrugation and straightening，简写为 RCS)等。

根据塑性加工时的温度，可把金属塑性加工分为热加工和冷加工。热加工时的加工温度一般高于材料的再结晶温度，加工工艺一般包括热锻、热轧和热挤压等。热加工可以使材料的形状发生改变、材料中的空洞和孔隙等缺陷减少、材料发生动态再结晶、溶质发生回溶等，其在细化组织的同时也会产生一定的形变织构。冷加工的加工温度要低于再结晶温度，加工方式一般有冷锻、冷轧、冷拉、深冲等。冷加工过程会使材料中产生形变组织和织构，并产生加工硬化现象。

一般情况下，要将金属材料经过多道次的冷、热变形和退火处理，才能把金属材料最终做成产品。在这个过程中，材料的组织和结构都会不断地发生变化，最终形成的微观组织结构也决定了材料的使用性能。不同的加工变形方式，可以使金属材料具有不同的微观组织结构，从而使金属材料获得不同的性能。金属材料变形研究致力于以组织结构演变角度阐明影响金属材料在变形中性能的变化规律及其基本机制，从而为金属工业生产提供理论依据和参考工艺方法，建立可预测的模型，指导金属工业在生产产品过程中的加工工艺优化和产品性能控制，节约成本和资源。

2.2 金属的塑性变形方式

金属塑性加工是如此的重要，一直以来都受到了广大材料学者和生产者的关注和重视。金属在塑性加工过程中的形状和组织结构改变是通过塑性变形来实现的。塑性变形主要是材料发生剪切变形，而剪切变形的微观过程主要是位错滑移和形变孪晶，也可能通过剪切型相变来实现，如 FCC 金属中的马氏体相变（FCC - HCP 同素异构转变）、HCP 金属中的 HCP - FCC 的同素异构转变等。金属材料发生塑性变形的方式与晶体结构、晶粒大小、层错能、变形温度和变形速率等都密切相关。如 BCC 金属和中、高层错能 FCC 金属主要以位错滑移为主，而 HCP 金属和低层错能 FCC 金属主要以形变孪晶为主。

2.2.1　位错滑移

位错是晶体中的线缺陷，根据位错线方向与其柏格斯矢量（也称柏氏矢量或 Burgers vector）$\vec{b}$ 方向之间的关系，位错可分为刃位错（edge dislocation）、螺位错（screw dislocation）和混合型位错（mixed dislocation）。位错对材料的塑性变形和力学性能有重要的影响。通常，金属的塑性主要源于位错的增殖和可动位错的滑移。材料屈服强度的提高可以利用提高位错运动的阻力来实现。材料的屈服强度与位错密度密切相关。一般在经过充分退火的多晶体金属中，位错密度为 $10^8 \sim 10^{12}$ m^{-2}，而经过剧烈冷塑性变形的金属，其位错密度可高达 $10^{15} \sim 10^{16}$ m^{-2}，此时材料的屈服强度得到了大幅度提高。通常，金属材料中存在的位错使得它们在较小的作用力下就能发生塑性变形，这也是我们测得的材料剪切强度远低于理论剪切强度的原因（理论剪切强度的千分之一）。根据 1926 年 Frenkel 提出的剪切模型，完美晶体的理论剪切强度（theoretical critical shear stress）为：

$$\tau_{\text{theory}} = \frac{b}{a} \cdot \frac{G}{2\pi} \tag{2-1}$$

式中：G 为剪切模量；b 为沿着剪切方向的原子之间的间距；a 为剪切面之间的面间距。2015 年，这个理论剪切强度得到了西安交通大学金属材料强度国家重点实验室单智伟教授团队的证实。他们通过对球形样品展开相关实验，测定了纯铁 (101)[11$\bar{1}$] 方向的剪切强度约为 9.4 GPa，这与通过 Frenkel 理论计算的纯铁理论强度基本一致。

2.2.1.1　位错运动的特点

位错的滑移是在切应力作用下，在晶体的滑移面（slip plane）和滑移方向（slip direction）上进行的，如图 2-1 所示。如果一圆柱晶体，横截面积为 A，在拉伸力 F 作用下，那么圆柱晶体所受拉应力 σ 为 F/A。因此，滑移系受到的分切应力 τ 为 $\sigma\cos\phi\cos\lambda$，其中 ϕ 为拉应力 σ 与滑移面法向的夹角，λ 为拉应力 σ 与滑移方向的夹角。这个滑移面一般是金属材料的密排面，滑移方向也为金属的密排方向，滑移面和滑移方向一起组成一个滑移系统。$m = \cos\varphi\cos\lambda$ 称为这个滑移系统的取向因子或 Schmid 因子（m）。因此，Schmid 因子大的滑移系，优先启动；Schmid 因子小的滑移系后启动。

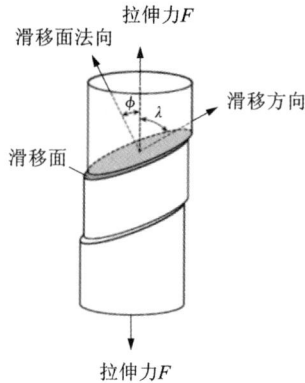

图 2 - 1　位错在拉伸力 F 作用下所受的分切应力示意图

不论是刃位错还是螺位错，或者是混合位错，每根位错在切应力 τ 的作用下滑出晶体表面或晶界，都会产生一个柏氏矢量 $\vec{b}$ 的滑移量，如图 2 - 2 所示。大量的位错滑移出晶体，会在晶体表面留下滑移迹线，并形成滑移带和滑移台阶，如图 2 - 3 所示。滑移带在晶体表面并不是均匀分布的，如图 2 - 3（c）和（d）所示，并且每个滑移带在微观上都是由很多互相平行的滑移台阶和滑移迹线组成，滑移台阶的高度约 100 个原子直径，其宽度约 1000 个原子直径，如图 2 - 3（e）~（f）所示。滑移台阶的高度与 F - R 位错源有关。

这里要注意的是，刃位错和螺位错的位错芯结构是不一样的。刃位错具有多余的半原子面，它的位错芯是平面结构；而螺位错具有立体的螺旋面，它的位错芯不是平面结构。这导致了刃位错和螺位错具有不同的运动性：

（1）刃位错可攀移（climb），不能交滑移（cross - slip）；螺位错可交滑移，但是不能攀移。

刃位错的攀移是指刃位错垂直于滑移面的移动，示意图如图 2 - 4 所示。刃位错的攀移是在正应力作用下，依靠空位或者间隙原子的扩散，多余的半原子面在垂直于滑移面的上下运动。因此，刃位错的攀移是很困难的，通常只能在高温下进行。交滑移是指当螺位错在原滑移面上运动受阻时，从原滑移面转移到与之相交的另一滑移面上继续滑移的过程。Friedel 和 Escaig 提出的螺位错的交滑移模型如图 2 - 5 所示。螺位错的交滑移包括螺位错的束集（constriction）、在交滑移面上的扩展（dissociation）和在交滑移面上滑移的过程。所以，螺位错交滑移的难易程度取决于层错能。层错能越高，螺位错扩展越窄，其束集越容易，交滑移越容易产生。交滑移的结果会使材料的表面形成弯折的或者波浪状的滑移迹线，如图 2 - 3（a）所示。

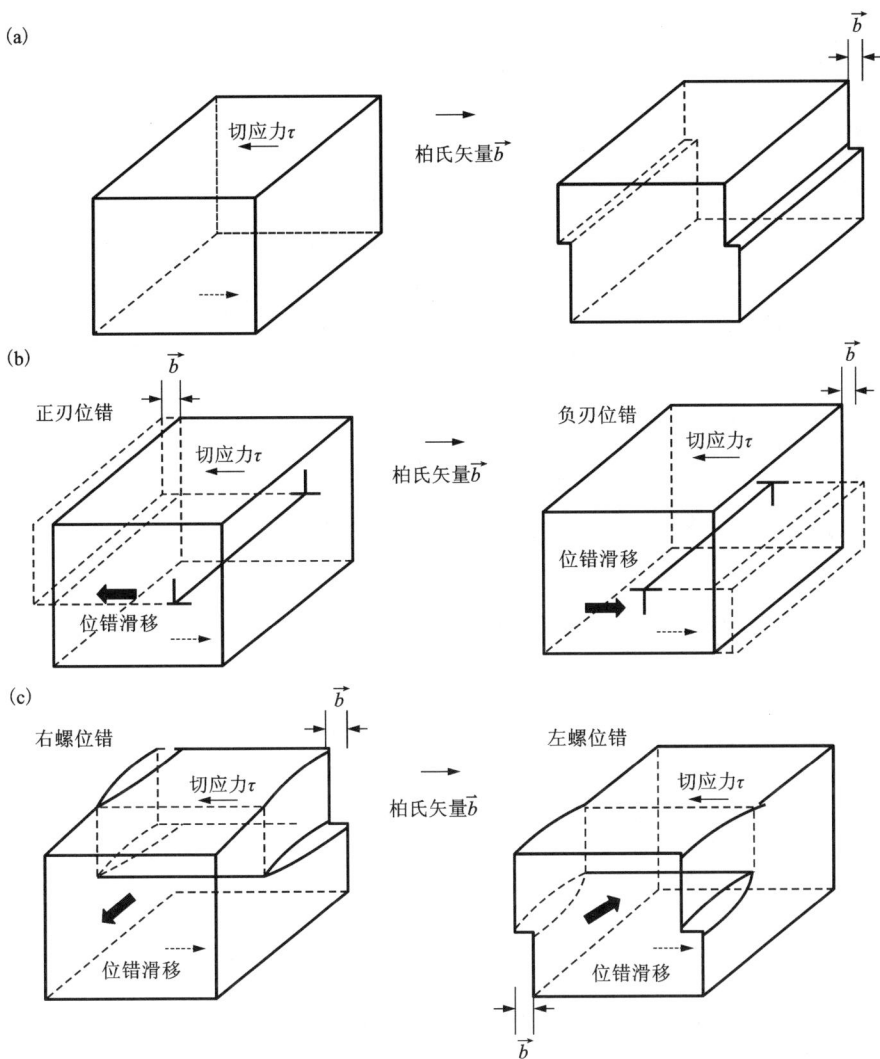

图 2 - 2　位错在剪切应力作用下产生塑性变形的示意图

(a)柏氏矢量为 $\vec{b}$ 的位错滑移出晶体产生一个柏氏矢量的滑移台阶；(b)正刃位错和负刃位错的滑移；
(c)左螺位错和右螺位错的滑移

(2)通常，具有平面型位错芯的刃位错的位错线更宽，运动时所受的点阵阻力更小，运动速率更快。

位错运动的点阵阻力，也称派纳力(Peirls-Nabarro stress)，实际上是 0K 时位错运动的点阵阻力 τ_P。派纳力 τ_P 可以通过式(2 - 2)来计算：

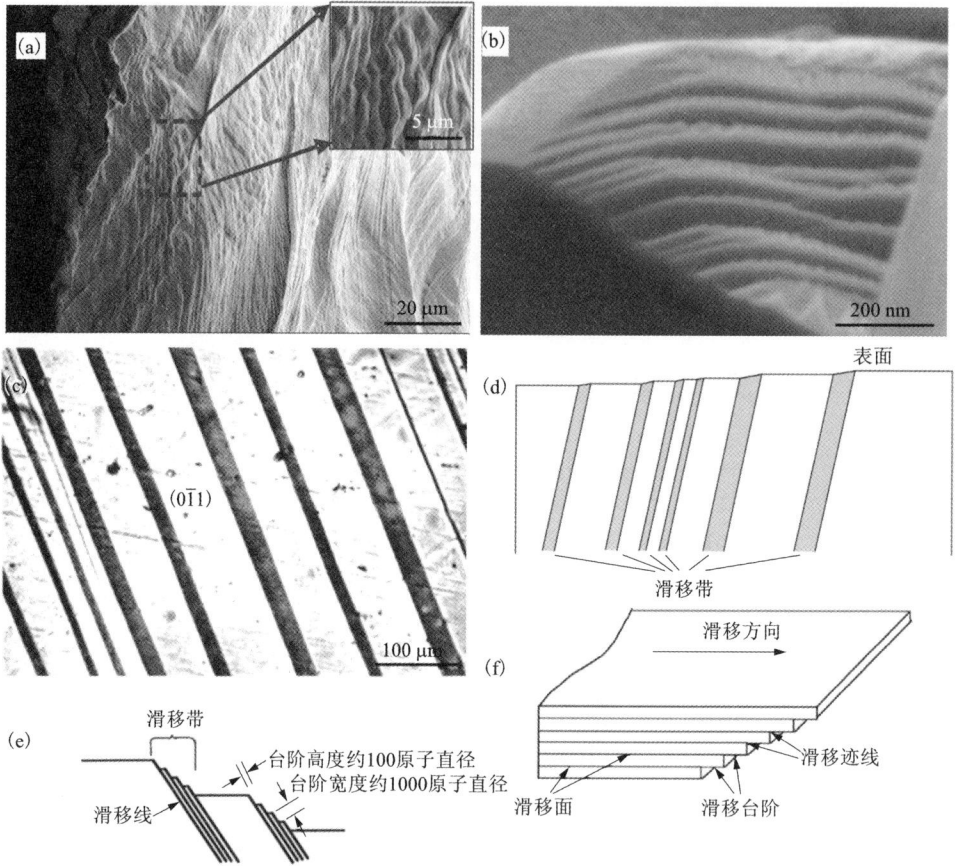

图 2 - 3　不同金属表面的滑移线及滑移带

(a)钽箔拉伸后表面形成的滑移线；(b)金属 Mo 断口处的滑移台阶；(c)Fe - 3.25Si 单晶中的滑移带；
(d)滑移带的示意图；(e)~(f)滑移带中的滑移迹线和滑移台阶示意图

$$\tau_P = \frac{2G}{(1-v)}\exp\left(-\frac{2\pi w}{b}\right) \tag{2-2}$$

式中：G 为剪切模量，反映了原子之间作用力的大小；v 为材料的柏松比；w 为位错线的宽度；b 为位错的柏氏矢量的大小，也是位错滑移时晶体移动的距离。

一般来说，对于刃位错，位错线宽度可以计算为 $\frac{a}{1-v}$；对于螺位错，位错线宽度为 a，a 为滑移面之间的距离。因此，螺位错线的宽度一般比刃位错窄。根据式(2-2)可知，螺位错所受到的点阵阻力也大。所以，刃位错的运动性比螺位错的更好。这种现象在非密排结构的体心立方金属中更加明显，例如，在室温条

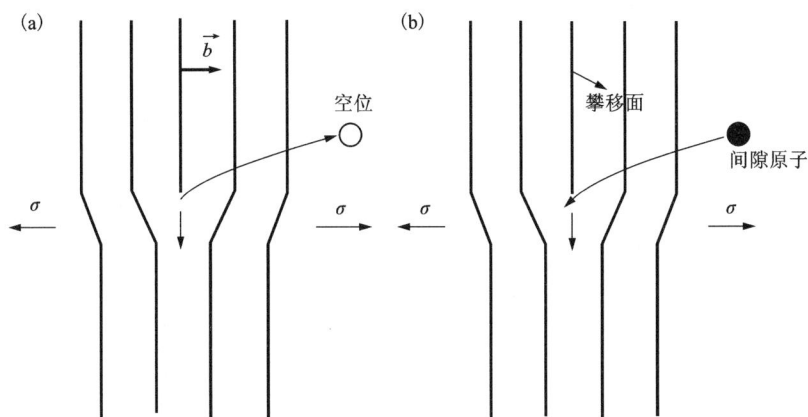

图 2 - 4　刃位错攀移的示意图

(a)空位的迁移；(b)间隙原子的迁移

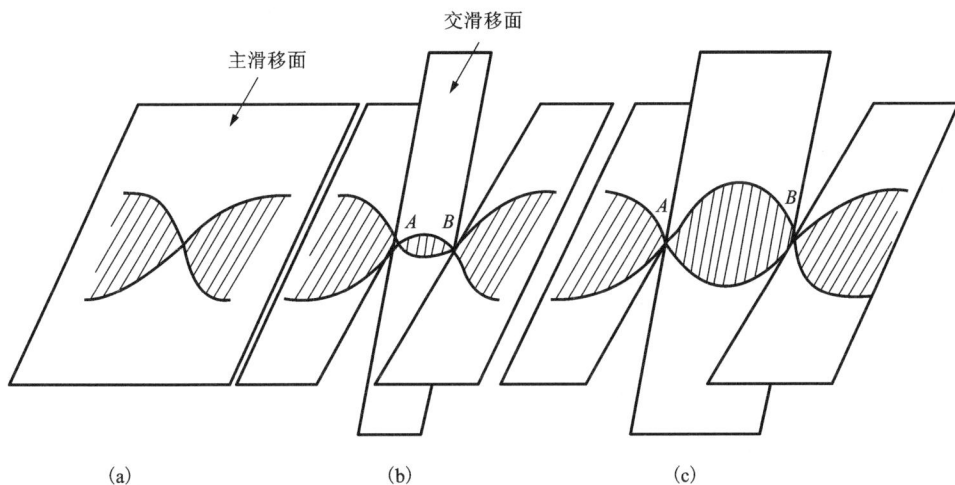

图 2 - 5　Friedel 和 Escaig 提出的螺位错交滑移模型的示意图

(a)螺位错在主滑移面上的束集；(b)螺位错 *AB* 段在交滑移面上的扩展；(c)螺位错在交滑移面上的滑移

件下，纯 Mo 中的螺位错的速度要比刃位错慢 40 倍。因此，一般螺位错的可动性对材料的塑性变形行为影响更大。

通过式(2 - 2)同样可以看出，位错在密排面和密排方向上滑移时所受到的点阵阻力最小。因此，位错的滑移必然在密排方向和包含此密排方向的密排面上进行。如果位错的滑移系要启动，或者说位错开始滑移，必须使作用在这个滑移系上的切应力达到位错开始滑移时所需的最小切应力，这时的切应力称为位错滑移的临界分切应力(critical resolved shear stress，简写为 CRSS)。位错滑移的临界分切应力只与材料本身有关，而与取向因子无关。位错滑移临界分切应力是位错开始运动所遇到的阻力，包括外界阻力，如林位错(forest dislocation)阻力、晶格畸变阻力、纳米粒子的阻力以及本身的点阵阻力(Peierls 势垒)等。

由第 1 章知道，由于晶体结构的对称性，金属晶体一般具有多个等同的密排面以及包含在密排面中的密排方向，这些密排面和密排方向都可以组合成多个等价的滑移系。例如：在面心立方金属中，有 4 个等价的密排面 {111} 晶面，并且每个 {111} 晶面上有 3 个等价的密排 $<1\bar{1}0>$ 晶向。因此，面心立方金属一共有 12 个独立的等价滑移系。对于这 12 个等价的滑移系，它们所受到的点阵阻力是一样的。但是，由于这些不同的滑移系的取向因子不一样，它们获得的分切应力不一样，导致它们的可动性是不一样的。并且，对于体心立方金属或者密排六方金属，它们还有不同类型的滑移系，也就是说不同的滑移面和滑移方向，所以它们的派纳力也不一样。这些滑移系的可动性除了与取向因子相关外，还与它们的点阵阻力密切相关，关于这一部分后面将会进一步详细介绍。

此外，对于多晶体材料，不同取向的晶粒，由于各滑移系受到的分切应力不一样，所以满足启动条件的滑移系数量也会不一样。有利取向的晶粒，多数滑移系所获的分切应力大，此晶粒塑性变形时可以开启的滑移系也多，它们的塑性变形也比较容易，通常称为"软取向"晶粒；反之，一些取向不利的晶粒，多数滑移系所获的分切应力小，开启的滑移系也少，塑性变形就比较困难，通常称为"硬取向"晶粒。

2.2.1.2 不同晶体结构金属中的位错

不同晶体结构金属，例如面心立方金属、体心立方金属和密排六方金属，由于它们的密排面和密排方向存在差异，故它们的位错结构和滑移系不一样。同时，不同金属晶体的剪切模量相差也较大，根据式(2-2)可知，它们的位错的派纳力差异也会很大，这导致了这些不同晶体结构的金属的塑性变形行为差异。下面将分别介绍面心立方金属、体心立方金属和密排六方金属中的位错特征。

(1)面心立方金属

面心立方结构为密排结构，密排面为 {111} 晶面，密排方向为 $<110>$ 方向。面心立方金属中的全位错(perfect dislocations)，又称为"单位位错"，柏氏矢量 $\vec{b}$ 为 $1/2<110>$。面心立方金属中滑移系相对简单，为 {111} $<110>$，如表 2-2 所示。面心立方金属中的刃位错模型如图 2-6 所示，如第 1 章所述，面心立方金属 {110} 晶面沿着 $<110>$ 晶向是按照 ABAB…… 堆垛的，刃位错存在两个多余的半原子面。实际上，面心立方金属中的全位错经常会扩展分解成不全位错(partial dislocations)，也有称为"部分位错"或者"半位错"的。所谓不全位错是指柏氏矢

量 $\vec{b}$ 不是单位点阵矢量的整数倍的位错。

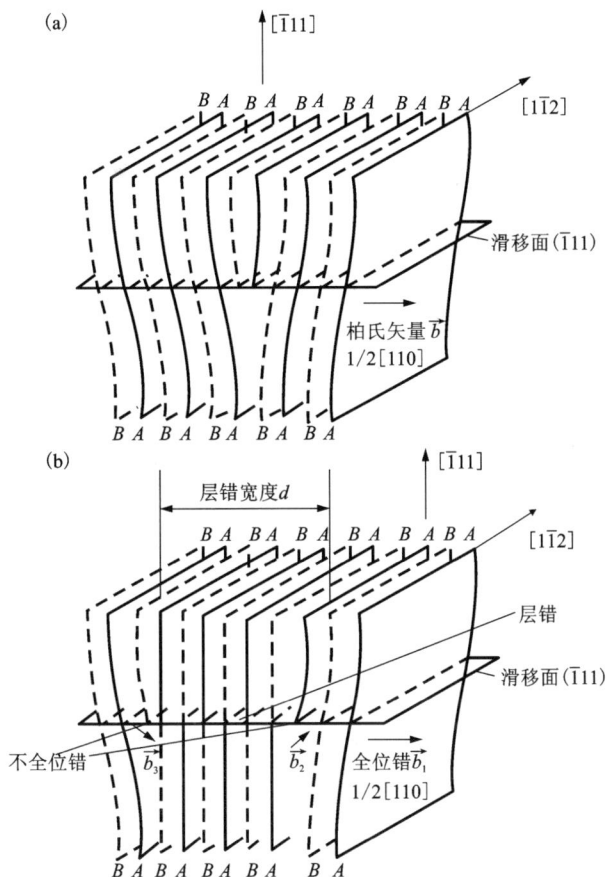

图 2 - 6　面心立方金属中的刃型全位错及其分解为两个不全位错(Shockley 不全位错)的示意图

(a)面心立方金属中刃位错示意图;(b)面心立方金属刃位错分解为两个 Shockley 不全位错示意图

表 2 - 2　常见面心立方金属和体心立方金属的滑移系

金属及其晶体结构	滑移面	滑移方向	滑移系数目
面心：Cu、Ni、Al、Au、Ag、Pb、γ-Fe	{111}	<1$\bar{1}$0>	12
体心：W、Mo、Ta、α-Fe、β-黄铜	{110}	<1$\bar{1}$1>	12
体心：W、Mo、Ta、α-Fe、Na	{112}	<1$\bar{1}$1>	12
体心：α-Fe、K	{132}	<1 $\bar{1}$1>	12

　　如图 2 - 6(a)所示，在刃型全位错芯部有两个靠在一起的多余半原子面

（110），此时柏氏矢量 $\vec{b}_1$ 为 1/2[110]。如果这两个多余的原子面扩展分开，如图
2-6(b)所示，这时晶体里就会形成两个位错，它们的柏氏矢量为 $\vec{b}_2$ 和 $\vec{b}_3$。这两
种位错的柏氏矢量都小于全位错的柏氏矢量。面心立方金属中两种典型的不全位
错为 Shockley 不全位错（Shockley partial）和 Frank 不全位错（Frank partial），如
图 2-7 所示。图 2-7 中所示为面心立方金属中原子在(10$\bar{1}$)晶面(纸面)上的排
列，根据第 1 章所述，面心立方金属｛111｝上的原子是按照 ABCABC……堆垛的。
当这种原子层堆垛发生错误的时候，比如少堆垛一层 A[图 2-7(a)]，或者缺了
一部分 C 时[图 2-7(b)]，这时就会在晶体内形成堆垛层错（stacking fault，简写
为 SF）和不全位错。

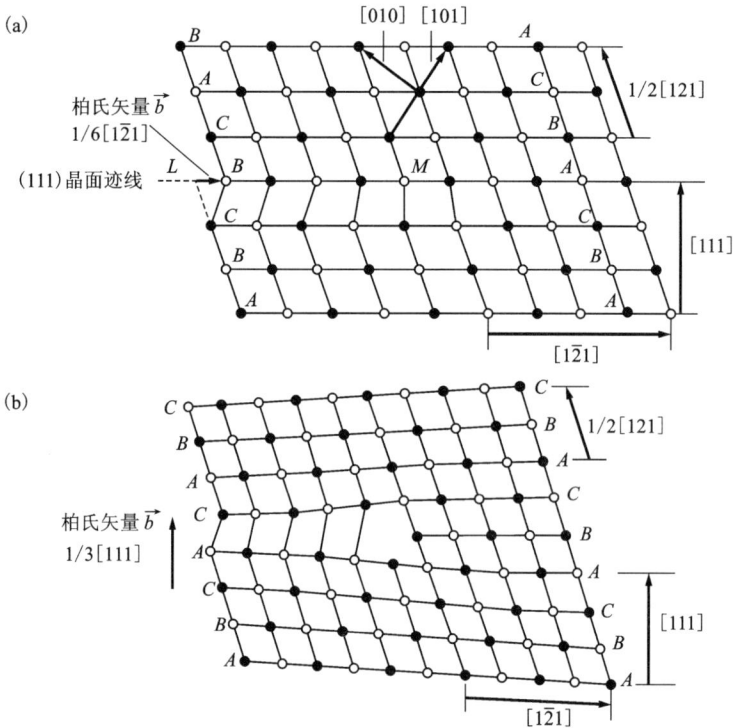

图 2-7　面心立方金属中的不全位错的示意图

（a）Shockley 不全位错；（b）Frank 不全位错；图中空心圆圈为纸面(10$\bar{1}$)晶面上原子的位置，
黑色圆点为上一层或下一层(10$\bar{1}$)晶面上原子的位置

由图 2-7 可以看出，Shockley 不全位错和 Frank 不全位错的柏氏矢量 $\vec{b}$ 分别
为 1/6 <1$\bar{2}$1> 和 1/3 <111>。其中 Shockley 不全位错是在密排面｛111｝上的，是
可以滑移的（glissile），对面心立方金属的塑性变形起到重要作用。而 Frank 不全

位错不可能在密排面{111}上，是不可以滑移的(sessile)，只能发生攀移。

如图 2-6(b)所示，面心立方金属里的全位错 $\vec{b}_1$ 容易分解形成两个 Shockley 不全位错 $\vec{b}_2$ 和 $\vec{b}_3$，即

$$\vec{b}_1 \rightarrow \vec{b}_2 + \vec{b}_3$$

$$\frac{1}{2}<110> \rightarrow \frac{1}{6}<211> + \frac{1}{6}<12\bar{1}> \qquad (2-3)$$

位错的能量是与 $\vec{b}^2$ 成正比的。计算可知，式(2-3)左边的能量高于右边的能量，所以这个位错反应是可以自发发生的。因此，面心立方金属中的一个全位错总是趋向于分解为两个 Shockley 不全位错，并且中间夹着一片层错(stacking fault ribbon)，如图 2-6(b)所示。层错的宽度 d 可由下式来计算：

$$d = \frac{Gb^2}{4\pi\gamma} \qquad (2-4)$$

式中：G 为剪切模量；b 为位错柏氏矢量的大小；γ 为层错能(stacking fault energy，简写为 SFE)。可以看出，层错的宽度与层错能是成反比的。因此，在高层错能的金属中层错的宽度较窄，比较难以观察到。例如，铝的层错能为 140 mJ/m^2。通过式(2-4)的计算，可得它的层错宽度与它的点阵常数差不多，所以在铝中很难观察到层错。图 2-8 所示为奥氏体不锈钢 Fe-18Cr-9Ni 中的层错和不全位错的 TEM 照片，可见到两组相互交叉的扩展位错。有的不全位错之间未看到层错条纹，如图中白色箭头所示，这是由于它们正好达到消光条件。两个不全位错和中间夹着的一片层错一起称为扩展位错(extended dislocations)。扩展位错在交滑移过程中起到了重要作用。

面心立方金属的每个密排面{111}上，有 3 个等价的 <110> 和 <112> 晶向，如图 2-9(a)所示。在(111)面上，有 3 种等价的全位错柏氏矢量：1/2[$\bar{1}$10]、1/2[10$\bar{1}$]和 1/2[0$\bar{1}$1]。它们都能分解为对应的两种 Shockley 不全位错：

$$\frac{1}{2}[\bar{1}10] \rightarrow \frac{1}{6}[\bar{2}11] + \frac{1}{6}[\bar{1}2\bar{1}]$$

$$\frac{1}{2}[0\bar{1}1] \rightarrow \frac{1}{6}[1\bar{2}1] + \frac{1}{6}[\bar{1}\bar{1}2] \qquad (2-5)$$

$$\frac{1}{2}[10\bar{1}] \rightarrow \frac{1}{6}[2\bar{1}\bar{1}] + \frac{1}{6}[11\bar{2}]$$

这样，位错在(111)晶面上要滑移 1/2[1$\bar{1}$0]时($B \rightarrow B$)，就可以通过能量更低的方式来进行，如图 2-9(b)所示，利用两个 Shockley 不全位错分别滑移 $\frac{1}{6}$[$\bar{2}$11]和 $\frac{1}{6}$[$\bar{1}$2$\bar{1}$]即可($B \rightarrow C \rightarrow B$)。

Shockley 不全位错在交滑移过程中也起到了重要作用。如前所述，螺位错要

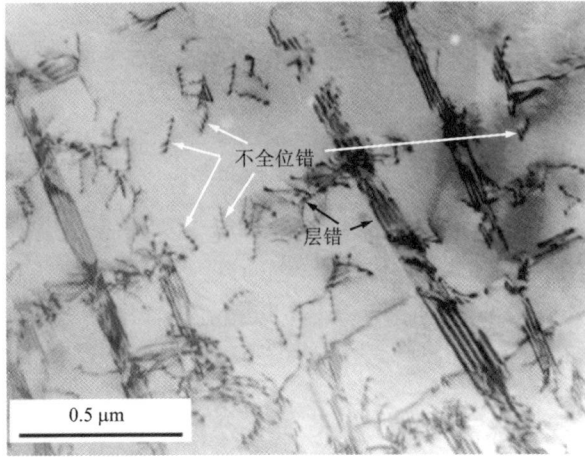

图 2 - 8   奥氏体不锈钢 Fe - 18Cr - 9Ni 淬火后形成的层错

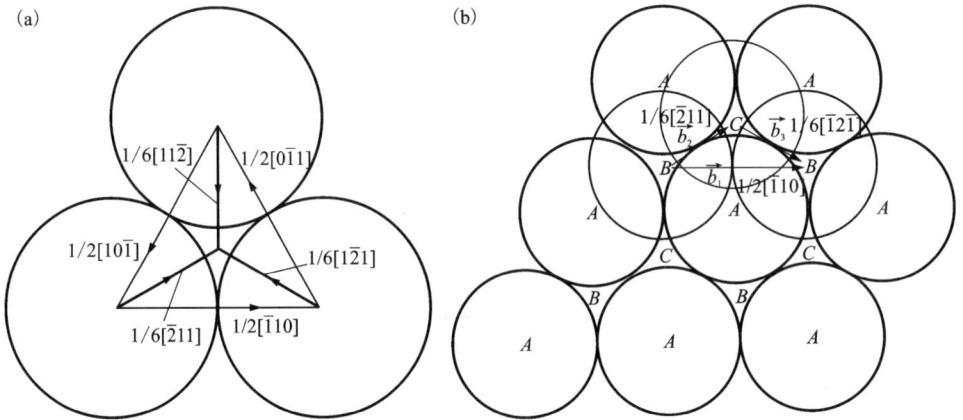

图 2 - 9   面心立方金属(111)晶面上的全位错和不全位错

(a)面心立方金属(111)晶面上的全位错和不全位错的柏氏矢量；(b)位错在(111)面上的滑移

发生交滑移，扩展位错必须首先束集，如图 2 - 10 所示。两个 Shockley 不全位错束集形成全位错，根据式(2 - 5)可知，这个束集过程是需要能量的，是一个热激活的过程。因此，扩展位错的束集通常发生在其运动受阻时，如碰到林位错或者第二相粒子。高温时，螺位错交滑移更容易发生。

根据 Friedel - Escaig 交滑移模型，面心立方金属中的螺位错交滑移过程如图 2 - 11 所示。

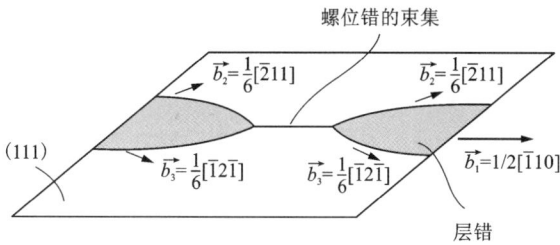

图 2 - 10　面心立方金属(111)晶面上的扩展位错的束集

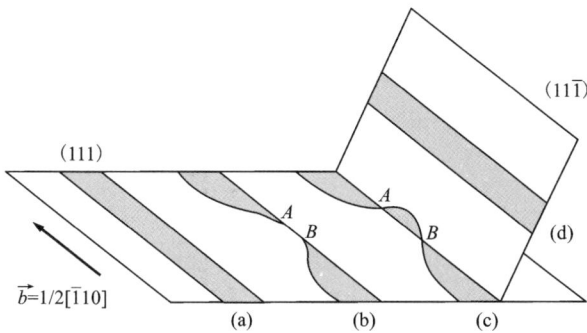

图 2 - 11　面心立方金属(111)晶面上的螺位错的交滑移过程

(a)扩展位错；(b)AB 段束集；(c)AB 段在交滑移面上扩展；(d)扩展位错在交滑移面上滑移

首先，扩展位错 1/2[$\bar{1}$10]在(111)面上滑移受阻时，施加在位错上的切应力会促进扩展位错束集，形成一段全位错 AB，这段全位错随后在(11$\bar{1}$)面上重新扩展，形成扩展位错。(11$\bar{1}$)交滑移面同样是 1/2[$\bar{1}$10]螺位错的滑移面，所以扩展位错可以在(11$\bar{1}$)面上滑移。这样扩展位错 1/2[$\bar{1}$10]就发生了交滑移，使塑性变形可以继续进行。

此外，Shockley 不全位错在{111}面上的滑移，还会促进面心立方金属中{111}<112>孪晶的形成，如图 2 - 12 所示。在孪晶面上，Shockley 不全位错(称为孪晶位错)首先在孪晶面相邻的(111)面上滑移 1/6[11$\bar{2}$]，形成一个一层的层错，实际上也是一层孪晶，如果 Shockley 不全位错接着在相邻的第 2 个(111)晶面上滑移 1/6[11$\bar{2}$]，这样就可以形成两层孪晶，如图 2 - 12(c)所示。孪晶作为一种重要的塑性变形机制，在下一节还会详细介绍。综上可知，Shockley 不全位错对于面心立方金属的塑性变形是至关重要的。

除了上述几种位错，面心立方金属中还有一类很重要的位错，就是 Lomer 位错锁(lomer sessile dislocation，lomer lock)和梯杆位错或面角位错(lomer-cottrell

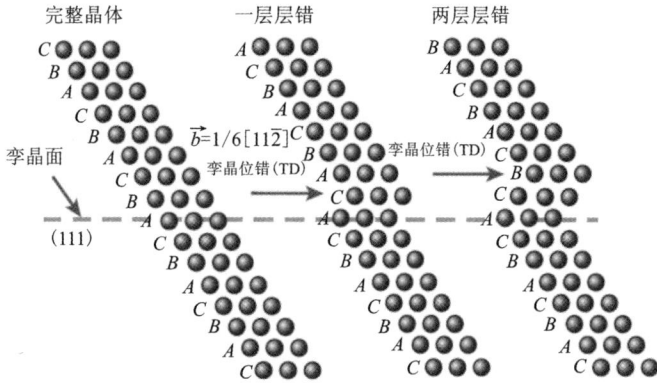

图 2 – 12 **面心立方金属中 Shockley 不全位错接连在连续的两个 (111)**
晶面上滑移 1/6 [11 $\overline{2}$] 形成两层孪晶

sessile dislocation，lomer-cottrell lock）。这两种不动位错对面心立方金属的加工硬化起到了重要作用。

如图 2 – 13 所示，面心立方金属中 (111) 晶面与 ($\overline{1}$ 11) 晶面交于 [0 $\overline{1}$ 1]，分别有柏氏矢量 $\vec{b}$ 为 1/2 [$\overline{1}$ 10] 和 1/2 [101] 刃位错，当这两种位错都滑移到交线时，就会发生位错反应，形成 1/2 [011] 刃位错。这个反应可以用下式来表示：

$$\frac{1}{2}[\overline{1}10] + \frac{1}{2}[101] \rightarrow \frac{1}{2}[011] \qquad (2-6)$$

可以看出，这种位错反应也是能量降低的反应，可以自发发生。但是，这个 1/2 [011] 刃位错是在 (100) 面上的，所以它是不动位错。

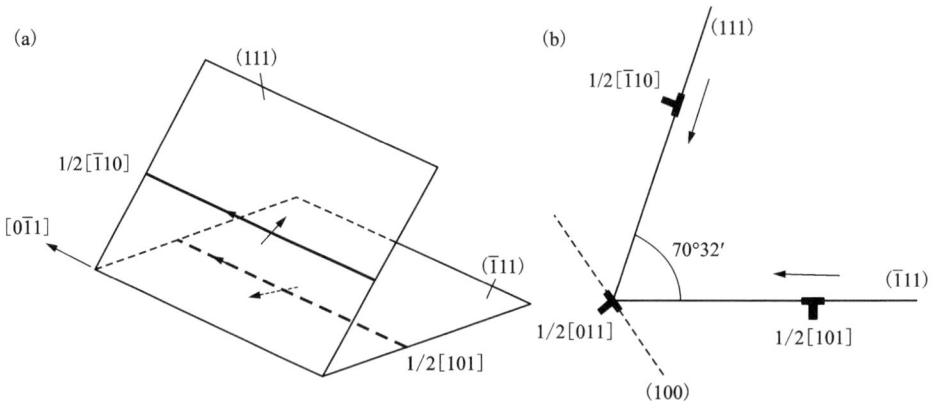

图 2 – 13 **面心立方金属中形成 Lomer 位错锁的示意图**

(a) (111) 和 ($\overline{1}$ 11) 平面上的两种 1/2 < 110 > | 111 | 位错；

(b) 两位错反应形成 1/2 < 011 > | 100 | Lomer 不动位错

前面讲过(图 2 - 6),在很多金属中,图 2 - 13 中所示的柏氏矢量 $\vec{b}$ 分别为 $1/2[\bar{1}10]$ 和 $1/2[101]$ 的两种刃位错经常会扩展,形成 Shockley 不全位错和层错,如图 2 - 14 所示。如果这种扩展位错滑移到交线的位置时,也会发生位错反应,形成了柏氏矢量 $\vec{b}$ 为 $1/6<011>$ 型的刃位错:

$$\frac{1}{2}[\bar{1}10] \rightarrow \frac{1}{6}[\bar{2}11] + \frac{1}{6}[\bar{1}2\bar{1}]$$

$$\frac{1}{2}[101] \rightarrow \frac{1}{6}[211] + \frac{1}{6}[1\bar{1}2]$$

$$\frac{1}{6}[\bar{2}11] + \frac{1}{6}[\bar{1}2\bar{1}] + \frac{1}{6}[211] + \frac{1}{6}[1\bar{1}2] \rightarrow \frac{1}{6}[\bar{2}11] + \frac{1}{6}[211] + \frac{1}{6}[011]$$

$$(2 - 7)$$

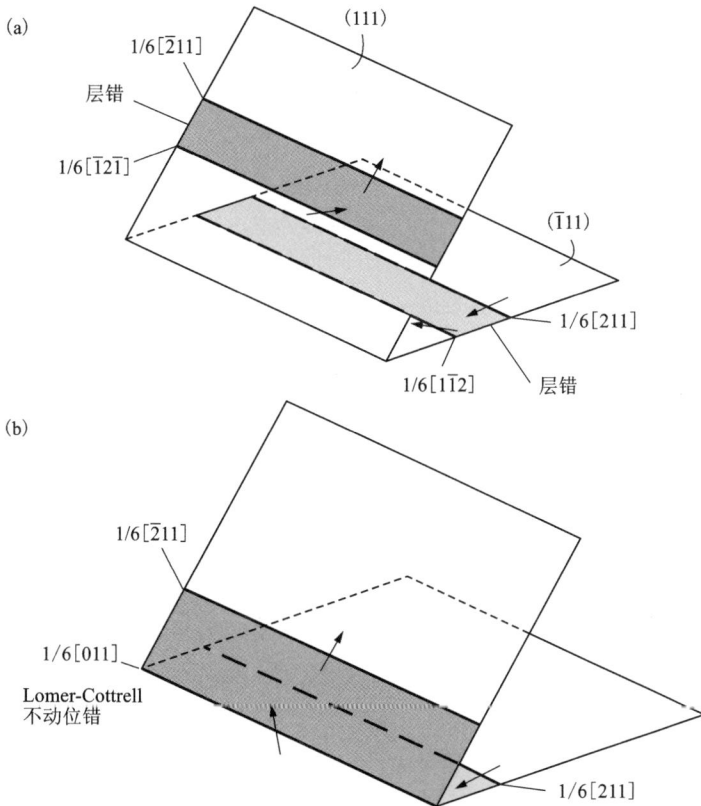

图 2 - 14　面心立方金属中形成 Lomer - Cottrell 不动位错的示意图

(a)(111)和($\bar{1}$11)平面上的两种扩展位错;(b)两位错反应形成 $1/2<011>$┆100┆ Lomer 不动位错

式(2 -7)所示的位错反应也是能量降低的反应,形成的 $1/6<011>$ 位错也为刃型的不全位错，夹在两片层错之间，如图 2-14(b) 所示，类似于在梯角的位置，是不动位错，所以也称梯杆位错(stair-rod dislocation)。梯杆位错不仅在应变强化时起到了重要作用，还在面心立方金属的形变孪晶和 FCC-HCP 的切变型马氏体相变中起到重要作用。

（2）体心立方金属

与面心立方金属相比，体心立方金属的滑移系相对复杂，这主要是因为体心立方结构不是一种密排结构。体心立方结构的最密排方向为 <111>，原子之间最短距离为 1/2 <111>，如图 2-15 所示。所以，体心立方金属的全位错的柏氏矢量 $\vec{b}$ 为 1/2 <111>。

体心立方晶体金属塑性变形时通常会表现出以下特性：

①体心立方晶体的位错滑移行为违反 Schmid 定律，即位错滑移的临界分切应力会随着形变轴取向发生变化。例如，在体心立方金属中经常可以看到取向因子较小的滑移系优先于取向因子较大滑移系启动。

②滑移可以在 <111> 晶带内任一晶体学面上进行，如图 2-15 所示。体心立方金属沿着 <111> 方向的原子排列可以组成一个三元序列的六边形，如图 2-15(c) 所示，六边形的边长为 $a\sqrt{2/3}$，a 为体心立方晶体的晶格常数。沿着 <111> 方向排列的原子列，其第一近邻的 3 个原子的排列高度实际上是不一样的，分布在 3 个相邻的 (111) 面上，不同层的原子在图中用不同的颜色来表示了。这个原子的排列高度周期是 b，三个不同层的原子的位置分别是 0、$b/3$ 和 $2b/3$。<111> 晶向是一个三次对称轴，一个 <111> 晶带包含有 3 个等价的 {110} 晶面和 3 个 {112} 晶面，{110} 晶面和 {112} 晶面绕着 <111> 晶向交替出现，它们之间的夹角为 30°。因此，体心立方金属的滑移系除了包含 {110} <111> 外，还包含其他的，如 {112} <111> 和 {123} <111>。常见体心立方金属滑移系如表 2-2 所示。因此，体心立方金属的滑移经常呈现出"铅笔滑移"(pencil glide)，在表面留下波浪状滑移(wavy-slip)迹线，如图 2-3(a) 所示。

③BCC 金属的派纳力为 $10^{-3} \sim 10^{-2}\mu$（μ 为剪切模量），比面心立方和密排六方金属高 2~3 个数量级。

④BCC 金属的流变应力或屈服强度随温度的降低急剧增加。对滑移激活体积开展实验测定发现，随温度升高，其激活过程的机理可能发生变化，激活体积由低温变形时的小于 $10b^3$（b 为 1/2 <111> 位错柏氏矢量 $\vec{b}$ 的模），增加到高温变形时的 $100b^3$。因此，BCC 金属通常表现出明显的韧脆转变温度特征。

体心立方金属之所以表现出这样的塑性变形特点，主要是它的 1/2 <111> 螺位错的芯结构呈非平面(non-planar)分布，如图 2-16 所示。这种非平面分布与沿位错线方向 <111> 体心立方晶体的对称性有关，例如 {101} 和 {112} 晶面在 <111> 方向上都是三次旋转对称，这样螺位错芯就能沿着这些晶面发生扩展或

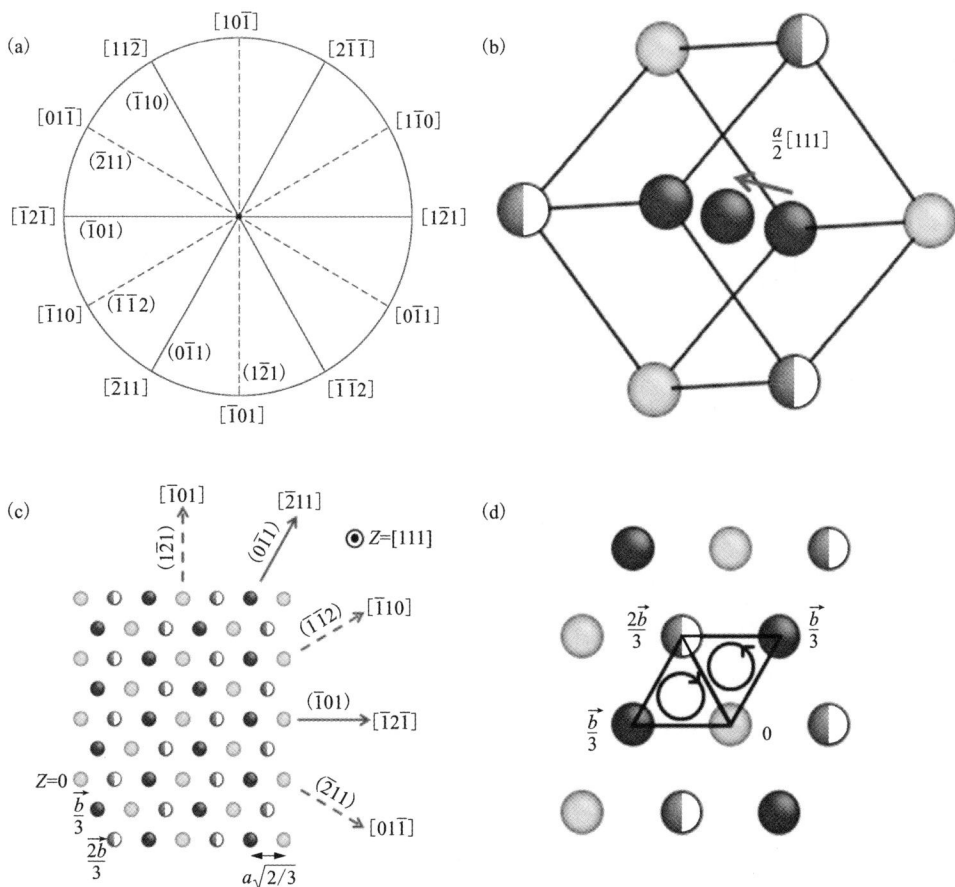

图 2 – 15　体心立方金属 <111> 晶带轴的特点

(a)体心立方金属中[111]极射赤面投影图显示｛110｝晶面(迹线为实线)和｛112｝晶面取向(迹线为虚线);
(b)体心立方单胞;(c)体心立方金属原子沿着[111]方向的排列,其中不同层的原子用不同符号来表示,
如图中 $z=0$、$\dfrac{\vec{b}}{3}$、$\dfrac{2\vec{b}}{3}$ 所示,<112> 和 <110> 晶向分别用实线和虚线表示;(d)由相邻[111]原子列组成的
三角形会形成不同的螺旋方向

分解(dissociation),在每个晶面上形成小的层错,如图 2 – 16(b)所示,最终形成三重分解的芯结构。因此,如前所述,面心立方金属中的位错是平面扩展的,而体心立方金属中的位错是非平面扩展的,因此面心立方金属的塑性通常优于体心立方的。

计算模拟发现,过渡族 BCC 金属中位错芯结构主要有两种:VB 族金属,如V、Nb 和 Ta 的螺位错芯具有六重分解结构,位错芯沿着所有的｛110｝和｛112｝面

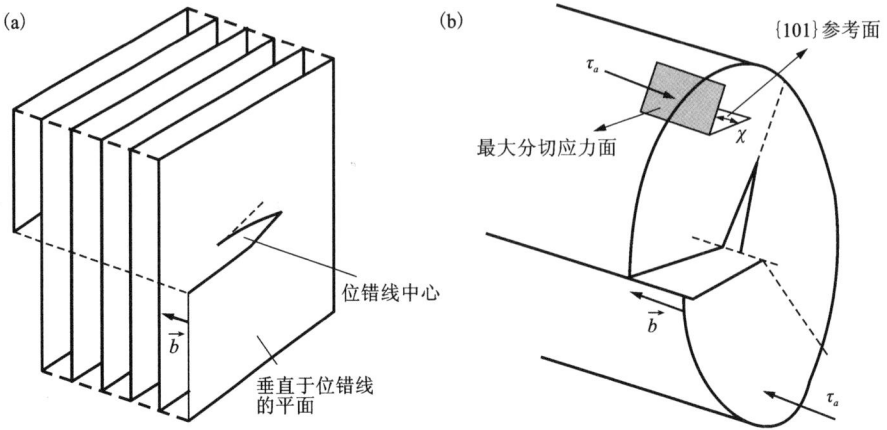

图 2 – 16   Peierls – Nabarro 模型描述的螺位错结构

(a)平面型螺位错芯结构;(b)泛化的 Peierls-Nabarro 模型描述的螺位错芯的三重分解结构

分解,在每个晶面上形成的位移为 $\vec{b}/6$;而 VIB 族金属,如 Cr、Mo 和 W 的螺位错具有三重分解结构,位错芯只沿着 {110} 面分解,在每个晶面上形成的位移为 $\vec{b}/3$。由于这两族金属的位错芯结构不一样,导致了它们塑性变形能力相差很大。VB 族金属的塑性一般要比 VIB 族金属好。非平面的位错芯结构通常可以用差异位移图(differential displacement map)来表示,如图 2 – 17 所示,图中的空心、灰色和黑色圆圈分别表示位于相邻的 3 层(111)面上的原子在(111)面(纸面)上的投影,面间距为 $b/3$。图中的箭头表示相邻原子沿 <111> 方向(柏氏矢量 $\vec{b}$ 方向)的相对位移 Δs,如果原子之间的相对位移 Δs 为 $b/3$,则箭头直接连接着两个原子,如图中位错芯部的 3 个相邻的原子;如果原子之间的相对位移 Δs 为 $b/2 \sim b$,则箭头长度为 $(b - \Delta s)$。

这种多重分解结构的螺位错的弹性能可以近似由下式计算:

$$E = \frac{\mu b^2}{4\pi}\ln\left(\frac{2\pi R_0}{nb}\right) \qquad (2-8)$$

式中:n 为螺位错芯的分解重数;R_0 为螺位错芯半径;μ 为剪切模量;b 为位错柏氏矢量的大小。

因此,对于这种多重分解的非平面螺位错芯,分解的重数越多,位错芯越稳定。由式(2-8)可知,平面芯($n=2$)比三重芯($n=3$)的能量高出 $\Delta E \approx 0.03\mu b^2$。如果这种三重芯结构的螺位错要运动,首先需要将两个滑移面上的扩展位错芯束集或者收缩,只在其中的一个滑移面上扩展而变成可动的平面芯结构,如图 2 – 18 所示。

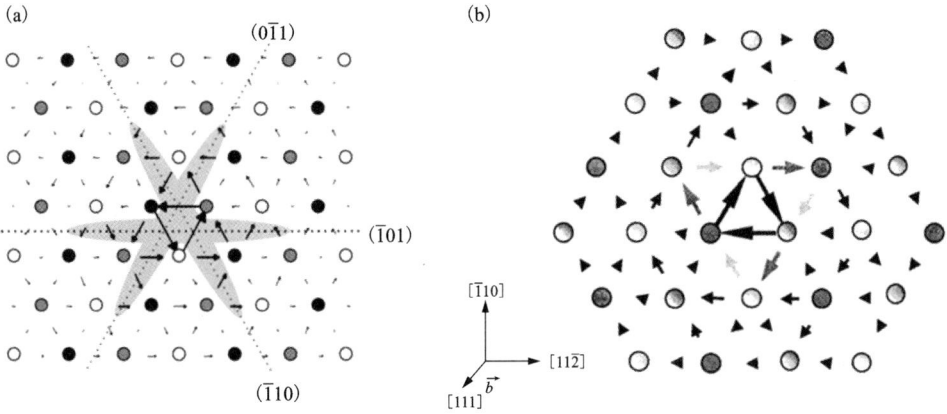

图 2 – 17　钼和钽的螺位错芯结构的差异位移图

(a) 利用 Bond Order Potential(BOP) 模拟的钼的螺位错芯结构，不同颜色的圆圈表示相邻 3 层(111)面上的原子排列；(b) 利用 model generalized pseudopotential theory(MGPT) 模拟的钽的螺位错芯结构

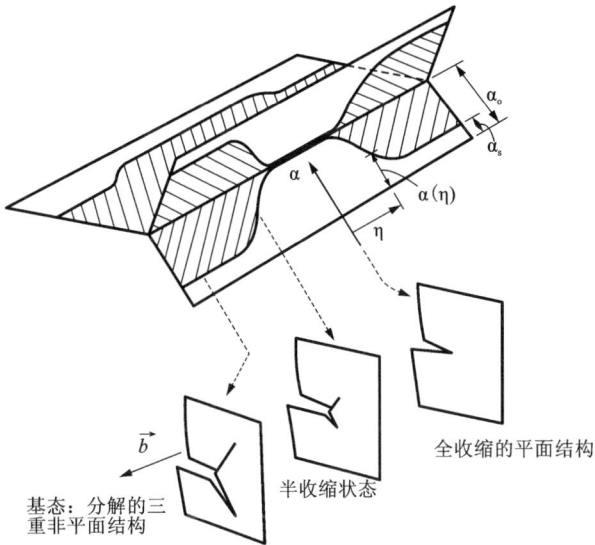

图 2 – 18　体心立方金属中的三重分解非平面螺位错的滑移过程

　　在螺位错收缩或束集的过程中，位错的能量升高了 ΔE，这就导致了这种非平面位错芯的本征高派纳力。这一芯结构的变化需要克服的派纳力 τ_P 可以由下式来计算：

$$\tau_{\mathrm{P}} = \begin{cases} \dfrac{2\Delta E}{A^{*}\cos\chi^{2}} & \text{完全在}\{101\}\text{面上滑移} \\[4mm] \dfrac{2\Delta E}{A^{*}\cos(\,|\chi|-30°)^{2}} & \text{完全在}\{112\}\text{面上滑移} \end{cases} \qquad (2-9)$$

式中：A^{*} 是外力的有效激活面积，具有几个 b^{2} 的数量级；$\chi \in (-30°, +30°)$ 是最大分切应力所在晶体学和与其最近的 $\{101\}$ 的夹角（如图 2-16 所示）。因此，体心立方金属在不同晶面上滑移时所受到的点阵阻力是不一样的，其与施加的应力的方向有关，如图 2-19 所示。这也是为什么体心立方晶体的螺位错激活行为违反 Schmid 定律的原因。

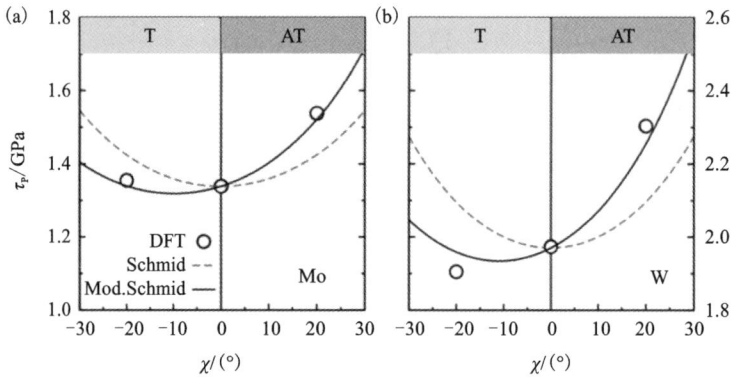

图 2-19 体心立方金属 Mo 和 W 的 Peierls 点阵阻力 τ_{P} 随晶体取向的变化

(a) Mo；(b) W

由于体心立方金属中的非平面结构的螺位错运动时受到的派纳力较大，它们通常都呆在势谷，因此，通过 TEM 经常可以观察到这种长直螺位错，如图 2-20 所示。

那么，这种长直螺位错是怎么运动的呢？目前，通常是采用扭折对（kink pairs）机制来解释的，如图 2-21 所示，一个扭折对包含一个左扭折和一个右扭折。长直螺位错的运动过

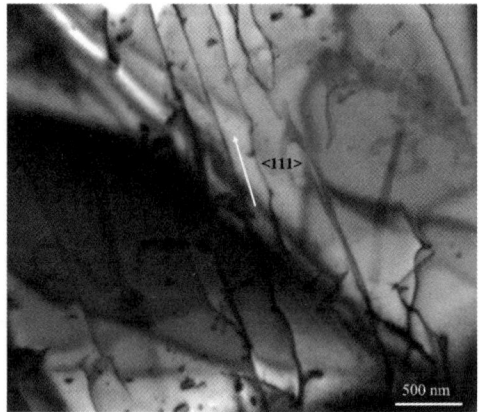

图 2-20 体心立方金属 Ta 室温拉伸变形 2%后形成的长直螺位错

程包括扭折对的形核和扭折对的扩展。扭折对的形核过程依靠原子的热振动,是热激活过程,形核速率主要取决于扭折对的形成能、扭折的迁移势垒、扭折对之间的相互作用以及施加的应力。

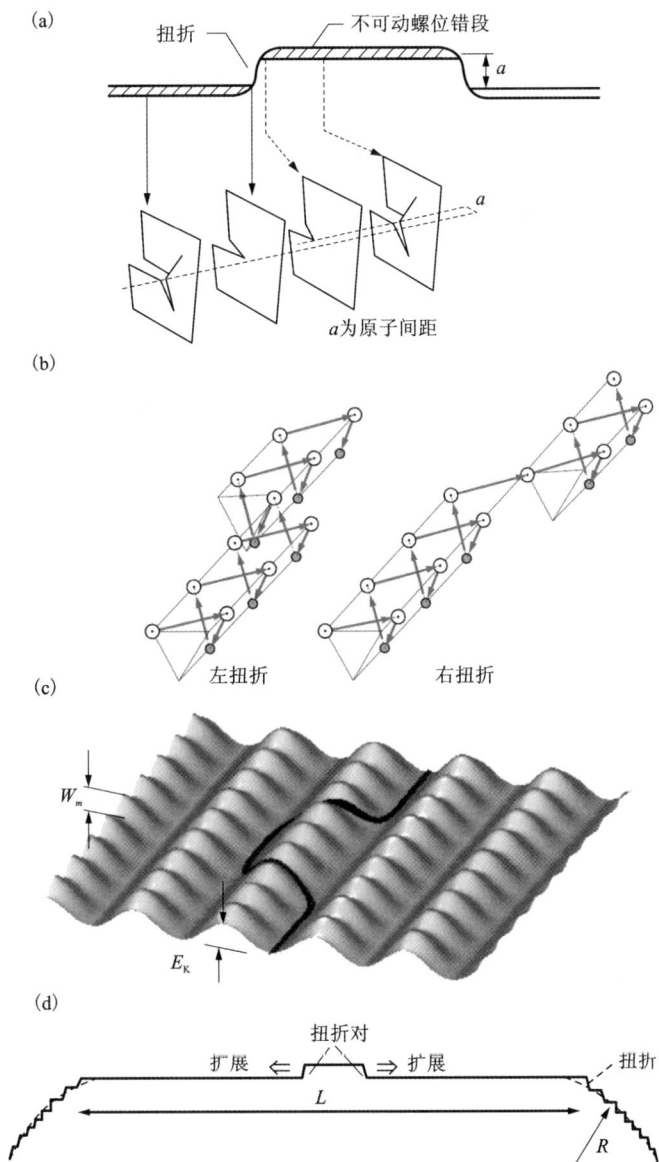

图 2 - 21　非平面螺位错芯的扭折对组态及势垒示意图

(a)螺位错芯的扭折对组态;(b)体心立方晶体中螺位错上左扭折(LK)和右扭折(RK)芯部的原子排列;

(c)位错运动时的势垒(peierls barrier)和扭折对示意图,黑线表示螺位错;(d)扭折对的形核和扩展

当扭折对形核以后，扭折对就会沿着位错线扩展，此时需要克服的运动阻力较小。扭折对扩展后要么与其他的扭折汇合，要么堆积在位错线的两边，如图 2 - 21(d)所示。根据扭折对的扩散机制，位错的运动速率 v_d 可以计算为：

$$v_{d} = \frac{v_{D}\sigma ab^{3}}{kT} e^{-\left(\frac{E_{K}}{2} + W_{m}\right)/k_{B}T} \tag{2-10}$$

式中：T 是温度；σ 是施加的应力；E_K 为扭折对的形成能；W_m 是扭折的移动势垒，如图 2 - 21(c)所示；v_D 是 Debye 频率；b 是柏氏矢量的模；a 是扭折的高度。低温时，位错的运动速率主要取决于扭折对的形核速率，受热激活控制；高温时，位错的运动速率主要取决于扭折对的扩展速率。所以，高温时，螺位错运动需要克服的阻力较小，运动的速度更快。

由此可见，变形温度对体心立方金属的塑性变形机制有着重要的影响。体心立方金属常表现出明显的韧脆转变温度也就是这个原因。例如，纯 α-Fe 单晶的 $1/2 <111> \{1\bar{1}0\}$ 位错的临界分切应力（CRSS）在 77K 时为 250 MPa，当温度为 295 K 时，其 CRSS 降到了 20 MPa。所以，在不同温度条件下，由于不同滑移系的 CRSS 的变化，体心立方金属中会开启不同的滑移系，如表 2 - 3 所示。扭折对机制在实验中也得到了大量的观察，图 2 - 22 所示为 Ta - 2.5W 合金冷轧变形 5% 后的位错结构，可以看到位错上大量的扭折，如图中箭头处所示。

表 2 - 3　Butt 理论计算的体心立方金属在不同温度下的滑移系

金属	温度/K	滑移面
W	60 ~ 220	$\{110\}$
W	220 ~ 600	$\{112\}$
α-Fe	77 ~ 125	$\{110\}$
α-Fe	125 ~ 298	$\{112\}$
Cr	120 ~ 276	$\{112\}$
V	77 ~ 195	$\{110\}/\{112\}$
V	195 ~ 293	$\{112\}$
Ta	78 ~ 320	$\{112\}$
Mo	77 ~ 330	$\{110\}$
Nb	10 ~ 195	$\{110\}$
Nb	195 ~ 295	$\{112\}$

体心立方金属中除了柏氏矢量 $\vec{b}$ 为 1/2 <111> 的螺位错，还有柏氏矢量 $\vec{b}$ 为 <100> 的位错，它对体心立方金属的塑性变形有重要的影响。柏氏矢量 $\vec{b}$ 为 <100> 的刃位错的形成过程类似于面心立方金属的 Lomer 位错锁。例如图 2 - 23 中，在 (101) 晶面和 $(10\bar{1})$ 晶面上分别有 $1/2[11\bar{1}]$ 和 $1/2[1\bar{1}\bar{1}]$ 的刃位错，两位错在两晶面交线处相遇，会发生位错反应：

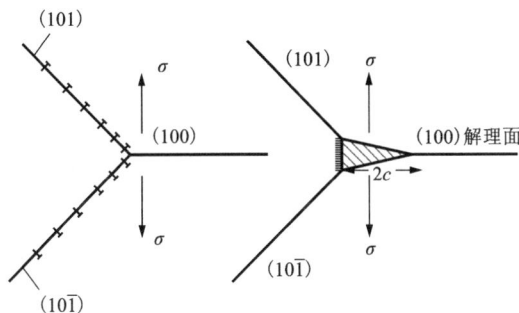

图 2 - 22　Ta - 2.5W 合金冷轧变形 5% 后形成的位错的透射电镜照片

$$\frac{1}{2}[11\bar{1}] + \frac{1}{2}[1\bar{1}\bar{1}] \rightarrow [100] \tag{2-11}$$

图 2 - 23　体心立方金属中形成 [001] 位错及 (100) 解理面的示意图

这种位错反应也是能量降低的反应。所以，在体心立方金属中经常可以观察到柏氏矢量 $\vec{b}$ 为 <001> 的刃位错。该位错在 (100) 晶面上，是不动位错，成为滑移位错的障碍。当滑移位错塞积在 {100} 晶面时，会形成应力集中，最终导致材料沿 {100} 晶面解理断裂。这就是著名的 Cotrell 位错反应形成解理裂纹的模型。

(3) 密排六方金属

第 1 章介绍了密排六方金属的晶体结构，如图 1 - 12 所示，其密排面为基面 {0001}，法向为 $\vec{c} = [0001]$。在基面上，有 3 个等价的密排方向，为 $<11\bar{2}0>$；最小的原子间距为 $1/3 <11\bar{2}0>$。所以，密排六方金属中的全位错柏氏矢量 $\vec{b} = 1/3 <11\bar{2}0>$，通常称为 $\vec{a}$ 位错。理想的密排六方结构，点阵常数比 $c/a = (8/3)^{1/2} \approx 1.633$，密排六方金属中只有 Mg 和 Co 的点阵常数比 c/a 接近于 1.633。

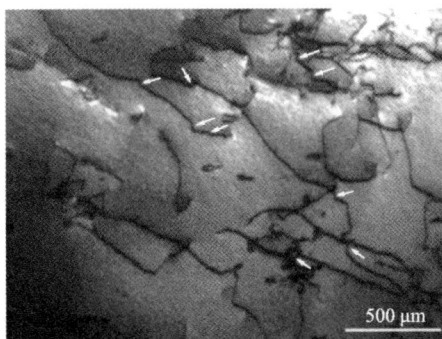

因此，密排六方金属的原子键也是有方向性的，滑移系与 a 和 c 的比值有关。常见密排六方金属的滑移系如表 2-4 所示。密排六方金属常见的主要滑移面有基面 $\{0001\}$、柱面 $\{10\bar{1}0\}$ 和锥面 $\{10\bar{1}1\}$ 和 $\{11\bar{2}2\}$，滑移方向有 $<11\bar{2}0>$、$<1\bar{1}00>$ 和 $<\bar{2}113>$。常见的主要滑移系有基面滑移 $\{0001\}$ $<11\bar{2}0>$、柱面滑移 $\{10\bar{1}0\}$ $<11\bar{2}0>$ 和锥面滑移 $\{11\bar{2}2\}$ $<11\bar{2}\bar{3}>$，也就是柏氏矢量 $\vec{b}$ 为 $\vec{c}+\vec{a}=1/3<11\bar{2}\bar{3}>$ 位错的滑移。根据密排六方金属的晶体结构特点，其基面螺位错芯为平面结构，只在基面上扩展；而柱面螺位错芯为非平面结构，既可以在基面上扩展，又可以在柱面上扩展，如图 2-24 所示。所以，$\vec{a}$ 位错是在基面上滑移还是在柱面上滑移，主要取决于基面和柱面上的层错能以及它们的稳定性。

表 2-4 常见密排六方金属的滑移系

密排六方金属	c/a 值	主滑移系	次滑移系	其他滑移系	基面滑移 CRSS/MPa	柱面滑移 CRSS/MPa
Cd	1.886	基面滑移	锥面滑移	柱面滑移	0.2	—
Zn	1.856	基面滑移	锥面滑移	柱面滑移	0.2	—
Mg	1.624	基面滑移	柱面滑移	锥面滑移	0.8	—
Co	1.623	基面滑移	—			
Zr	1.593	柱面滑移	基面滑移	锥面滑移	>24	6.4
Ti	1.588	柱面滑移	基面滑移	锥面滑移	92	23.5
Hf	1.581	柱面滑移	基面滑移	—	—	20
Be	1.568	基面滑移	柱面滑移	锥面滑移	2.3	14.7

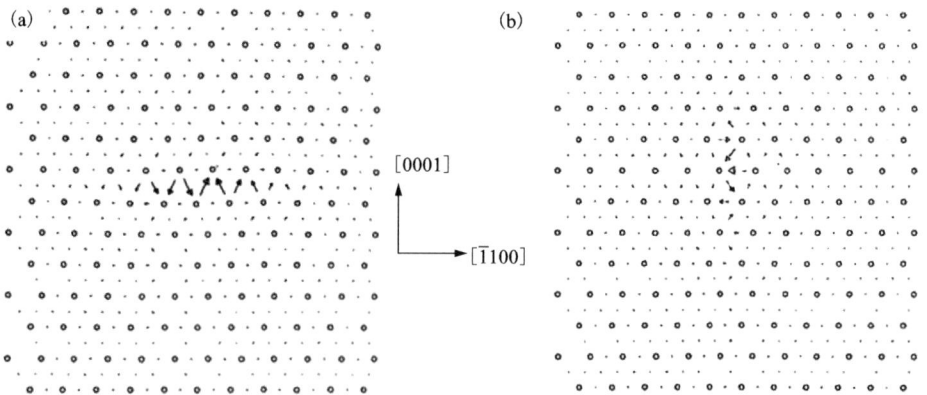

图 2-24 密排六方金属中 $\frac{1}{3}[11\bar{2}0]$ 螺位错芯结构的差异位移图

(a) Be 中 $1/3[11\bar{2}0]$ 螺位错芯在基面 (0001) 上的分解；(b) Mg 中 $1/3[11\bar{2}0]$ 螺位错芯在柱面 $(10\bar{1}0)$ 上的分解

对比前面讲的面心立方结构和体心立方结构中的螺位错结构特点，可以想象到密排六方金属的螺位错在基面上的滑移类似于面心立方金属的螺位错滑移，在柱面和锥面上的滑移类似于体心立方金属中的螺位错的滑移。因此，这两种位错滑移的 CRSS 也差别较大。例如，如表 2-4 所示，Mg、Cd 和 Zn 等，它们的基面滑移的 CRSS ≤ 1 MPa，而 Ti、Hf 和 Be 的柱面滑移的 CRSS ≥ 10 MPa。例如，图 2-25 所示为一些典型的密排六方金属的不同位错滑移的临界分切应力随温度的变化。图 2-25(a) 示出了 Mg 的基面滑移和柱面滑移的弹性极限（屈服强度）随温度的变化曲线。可见 Mg 的基面滑移的弹性极限远远小于柱面滑移的，并且几乎不受温度的影响。而柱面滑移的弹性极限比较大，随着温度的升高，弹性极限急剧下降。所以，Mg 中最容易开启的滑移系是基面滑移系。同样的现象也能在其他的密排六方金属中观察到，如图 2-25(b) 所示。由此可见，柱面滑移是一个热激活的过程，受变形温度的影响大。

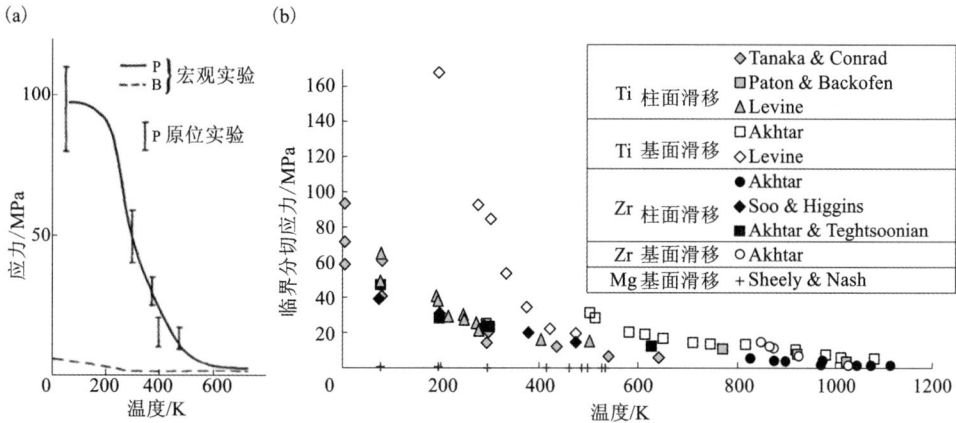

图 2-25　一些典型的密排六方金属的不同滑移系的临界分切应力随温度的变化

(a) 宏观实验和原位实验测得的 Mg 的基面滑移(B)和柱面滑移(P)的弹性极限；(b)Ti、Zr 和 Mg 的基面和柱面滑移的临界分切应力随温度的变化

同面心立方金属 $1/2 < 1\bar{1}0 > \{111\}$ 位错一样，密排六方金属的基面 $\vec{a}$ 位错 $1/3[11\bar{2}0]\{0001\}$ 也会扩展形成层错，分解形成 2 个 Shockley 不全位错，反应如下：

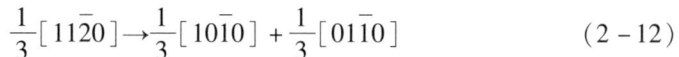

$$\frac{1}{3}[11\bar{2}0] \rightarrow \frac{1}{3}[10\bar{1}0] + \frac{1}{3}[01\bar{1}0] \qquad (2-12)$$

这种位错反应同样是能量降低的反应。Shockley 不全位错在密排六方金属中也是一种可动位错，是非常重要的位错。基面滑移通过 Shockley 不全位错滑移可以降低滑移时的点阵阻力。同时，Shockley 不全位错对密排六方金属中的形变孪

晶以及 HCP - FCC 的结构转变也起到了重要作用。

密排六方金属中有比较多种类的不全位错和层错,这些不全位错的柏氏矢量 $\vec{b}$ 可以通过如图 2 - 26 所示的双锥体来表示,具体的柏氏矢量 $\vec{b}$ 如表 2 - 5 所示。

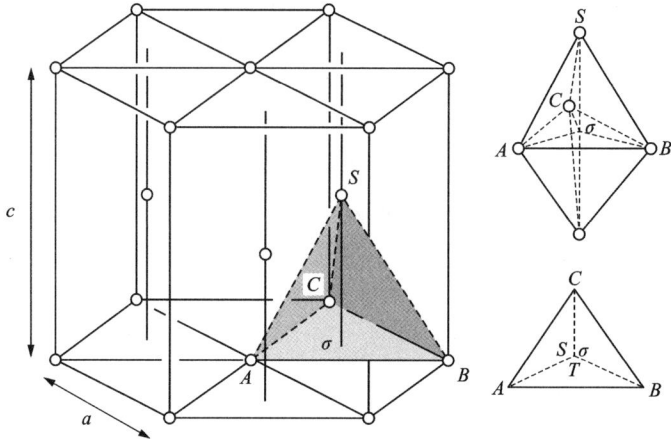

图 2 - 26   密排六方金属中的柏氏矢量组成的双锥体

表 2 - 5   密排六方金属的位错及其柏氏矢量 $(c^2 = 8/3a^2)$

位错类型	AB	TS	SA/TB	$A\sigma$	σS	AS
$\vec{b}$	$1/3 < 11\bar{2}0 >$	$[0001]$	$1/3 < 11\bar{2}3 >$	$1/3 < \bar{1}100 >$	$1/2[0001]$	$1/6 < \bar{2}203 >$
b	a	c	$(c^2 + a^2)^{1/2}$	$a/\sqrt{3}$	$c/2$	$(a^2/3 + c^2/4)^{1/2}$
b^2	a^2	$8/3a^2$	$11/3a^2$	$1/3a^2$	$2/3a^2$	a^2

密排六方金属中,完整晶体(0001)面的堆垛方式是 $ABABAB$……实际上,(0001)面上有 3 种不影响最近邻原子排列关系的堆垛层错。其中两种为内禀层错或本征层错(intrinsic stacking fault),通常称为 I_1 和 I_2。其中 I_1 层错的形成方式是:抽出一层基面原子层,这样使得 2 层相同位置的面(例如 AA 或 BB)相连接,这样的层错的能量很高,为了降低系统的能量,此层错上部的晶体滑动 $1/3 < 10\bar{1}0 >$,这样得到的层错可以表示为:

$$ABABABABA……\rightarrow ABABBBABA\rightarrow ABABCBCB……(I_1) \qquad (2 - 13)$$

I_2 层错是在完整晶体中滑移 $1/3 < 10\bar{1}0 >$:

$$ABABABABA……\rightarrow ABABCACA……(I_2) \qquad (2 - 14)$$

还有一种层错是外禀层错或非本征层错(extrinsic fault),用 E 来表示,其可以通过插入一层额外的 C 原子层来形成:

$$ABABABABA……\rightarrow ABABCABAB……(E) \qquad (2 - 15)$$

2.2.1.3　位错的增殖

金属材料在塑性变形过程中，除了位错的滑移，位错增殖同样重要。目前，位错增殖模型主要有四种：Frank – Read(F – R)位错源，双交滑移模型(double – cross glide)、攀移位错增殖模型(Bardeen – Herring 位错源)和晶界位错源(grain boundary source)。

Frank – Read 位错源一般形成在晶粒的内部，其示意图如图 2 – 27 所示。长度为 L 的位错 AB 的柏氏矢量为 $\vec{b}$，它的两端被钉扎。假设施加在此滑移面上的分切应力为 τ，则作用在单位长度位错线上的力为 τb。这个力会使位错线弓出变弯曲，位错曲线的曲率半径 R 为：

$$R = \alpha Gb/\tau \qquad (2-16)$$

式中：α 为材料的常数，一般为 $0.5 \sim 1.0$。随着应力的增大，曲率半径会逐渐减小。弓出位错的曲率半径 R 的最小值为 $L/2$，如图 2 – 27(c)所示，此时，位错线的张力达到最大。假设 α 以 0.5 计算，则最大位错线张力为 $\tau_{\max}$：

$$\tau_{\max} = \frac{Gb}{L} \qquad (2-17)$$

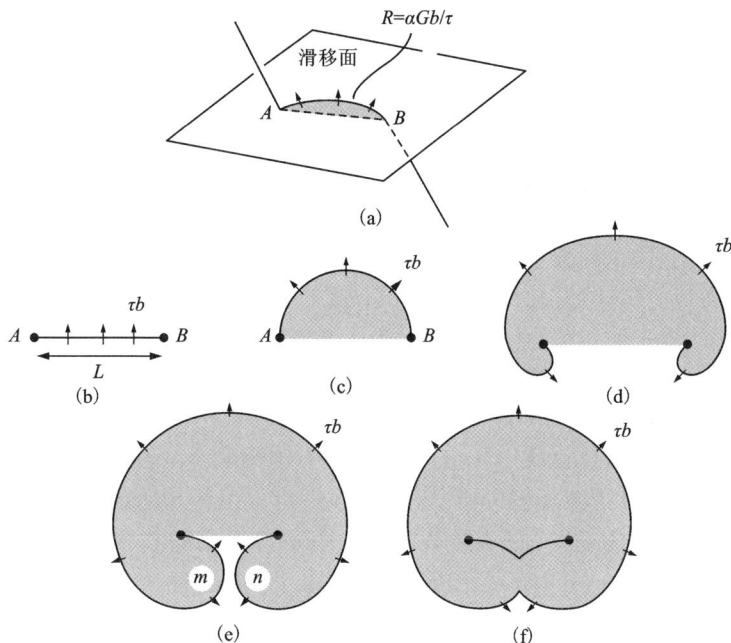

图 2 – 27　Frank – Read 位错源位错增殖的示意图

(a)位错在滑移过程中 A 和 B 两点被钉扎；(b)A、B 两点之间的距离为 L；(c)位错在切应力作用下弓出形成半圆弧；(d)位错线继续增长；(e)形成 m、n 两段靠近的异号位错；(e)m、n 位错偶相互作用而湮灭，形成位错环

如图 2 – 27(d)所示，随着位错曲线的进一步变长，位错曲线的曲率半径增大，则位错的线张力减小，位错曲线会不断伸长。当位错线的 m、n 两段接触时，由于它们是异号的，所以它们会抵消，这时就会形成一个大的位错环，如图 2 – 27(f)所示。因此，当施加的切应力超过 τ_{max} 时，这个 F – R 位错源就会被激活，不断形成新的位错环，使位错增殖。F – R 源能在大量材料中观察到，图 2 – 28 所示为镦粗钼棒中观察到的 Frank – Read 位错源，由图可见一系列不同直径的位错环。

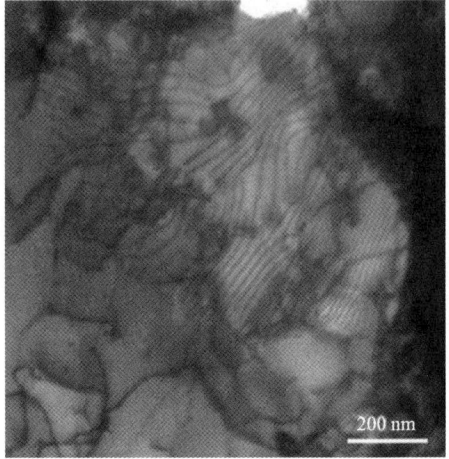

图 2 – 28　镦粗钼棒中观察到的 Frank – Read 位错源

Koehler 和 Orowan 提出的双交滑移位错增殖模型如图 2 – 29 所示。以面心立方金属中的位错为例，(111)晶面和 $(1\bar{1}1)$ 晶面交于 $[\bar{1}01]$，柏氏矢量 $\vec{b}$ 为 $1/2[\bar{1}01]$ 的螺位错可以经过两次交滑移重新回到滑到(111)晶面上，这个时候可以在(111)面上形成一对刃型割阶，如图 2 – 29(d)中 AC 和 BD 所示。这对割阶是不能滑动的，对位错 CD 起到了钉扎作用。这样位错 CD 段就跟图 2 – 27 所示的 F – R 源一样，可以增殖位错。但是，为了防止两个(111)滑移面上的异号位错相互吸引而湮灭，这个时候割阶的高度必须大于：

$$h_c = \frac{\mu b}{8\pi(1-v)\tau} \tag{2 – 18}$$

双交滑移位错源在层错能比较高、交滑移比较容易的金属中容易被观察到。

多晶体材料在塑性变形过程中，晶界可以与位错相互作用。晶界既可以成为位错源，也可以成为位错阱。Murr 等在 304 不锈钢和 Ni 等金属中观察到了界面台阶(ledge)作为位错源发射位错，认为在这些存在晶界台阶的金属中，主要靠晶界发射产生位错，几乎没有 F – R 位错源。Murr 等提出的晶界台阶形成的简单模型如图 2 – 30(a)~(d)所示。Price 和 Hirth 提出的晶界台阶(grain-boundary ledge)上产生螺位错的机制如图 2 – 30(e)所示。

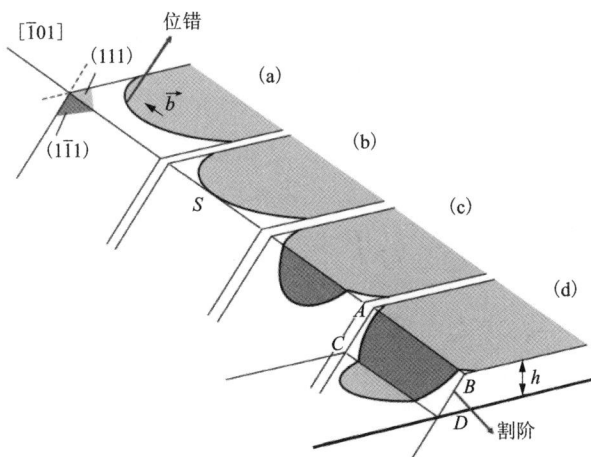

图 2 - 29　双交滑移位错源模型

(a)螺位错滑移；(b) ~ (c)螺位错交滑移；(d)再次交滑移回到初始滑移面上

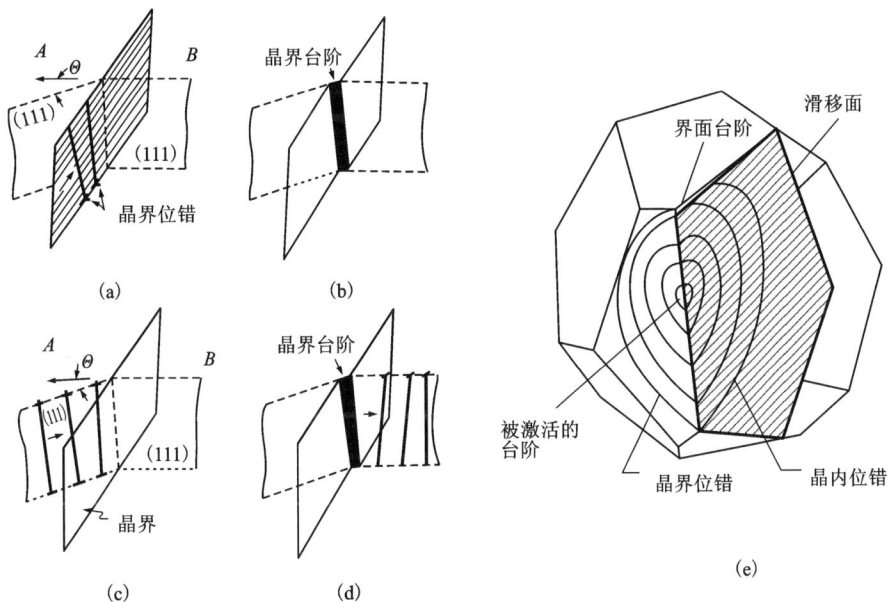

图 2 - 30　晶界台阶位错源示意图

(a) ~ (d)晶界台阶的形成模型；(e)晶界台阶作为位错源产生螺位错的模型

2.2.2 形变孪晶

2.2.2.1 形变孪晶的特点

除了位错滑移，金属材料中另外一种重要的塑性变形方式是形变孪晶（deformation twinning，简写为 DT）。形变孪晶是指晶体在剪切应力作用下，局部区域的特定晶面（孪晶面）上的原子沿一定方向（孪生方向）协同发生均匀切变的结果，如图 2-12 和图 2-31(a)所示。

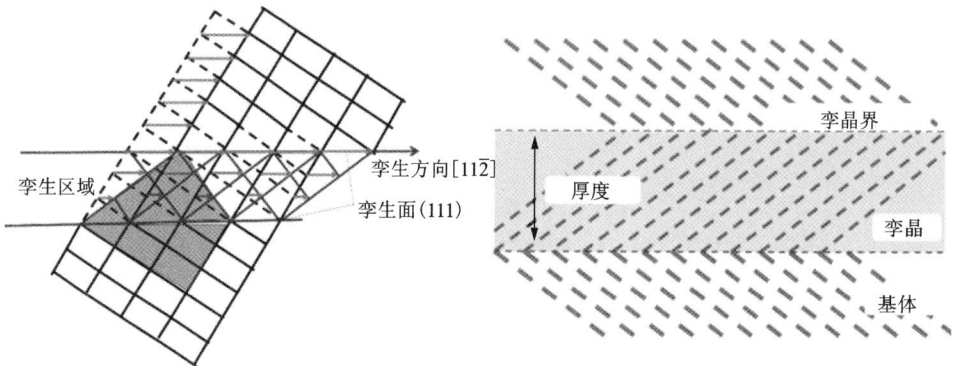

图 2-31　孪晶结构示意图

(a)面心立方金属孪晶示意图；(b)孪晶与基体在孪晶界两侧呈镜面对称关系

虽然位错滑移和形变孪晶产生的都是剪切变形，但是孪生产生剪切变形的方式与位错滑移不同。形变孪晶切变过程中主要靠晶体中不全位错的滑移，并且与孪生面距离不同的原子面上的原子的滑移距离不一样，如图 2-12 和图 2-31(a)所示。这样的切变过程没有使晶体的点阵结构类型发生变化，只是使发生均匀切变的晶体的取向与未切变的基体部分晶体呈镜面对称，如图 2-31(b)所示，它们之间的界面为孪晶界（twin boundary，简写为 TB）。可见，位错滑移产生的是不均匀的切变，而形变孪晶形成的是一种均匀的切变。

与位错滑移是在一定的滑移系上进行的一样，形变孪晶也是在特定的孪晶系上进行的，包括孪生面和孪生方向。所以，一般认为形变孪晶也有临界分切应力，通常产生形变孪晶的临界切应力比位错滑移的要大，它们常产生在材料中的高应力集中或者缺陷的区域，比如晶界、位错塞积群、表面缺陷、滑移带、扭折带、裂纹等区域。因此，形变孪晶一般发生在材料中位错不容易滑移时，如低温、高应变速率等条件下。并且，形变孪晶的形成也与晶粒取向密切相关。

孪晶系一般可以用(hkl)[uvw]来表示，其中(hkl)表示孪生面，[uvw]表示孪生方向。图 2-32 示出了孪晶系的四要素。在晶体切变形成孪晶的过程中，孪晶面是一个不变的平面,也就是说孪晶面上的原子的位置没有发生变化,通常用 K_1 来表示;孪晶面上的切变方向为孪生方向,用 η_1 来表示,如图 2 - 32 所示。另外还有一个没有应变的平面,或者说是共轭孪晶面,用 K_2 来表示。把包含切变方向 η_1、K_1 和 K_2 平面法线的面定为 P,为形变孪晶的切变面。共轭孪晶面 K_2 和切变面 P 的交线为 η_2,为共轭孪生方向,可以看出孪晶的四要素都处于切变面 P 中。这里要注意的一点是,与位错滑移不同,孪生切变方向是具有极化性的 (polarized),或者说是有方向性的。位错可以在滑移面正反两个滑移方向上滑移,而形变孪晶不会在与 η_1 相反的方向产生切变。

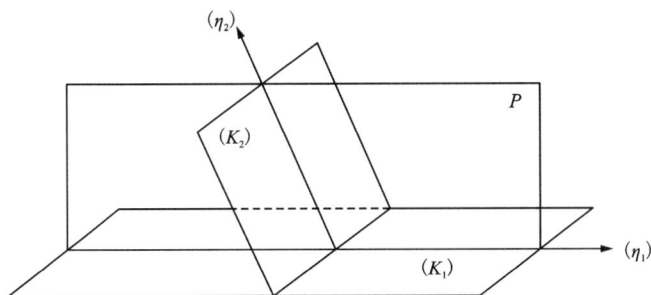

图 2 - 32　形变孪晶的四要素

一般认为孪晶的形成过程包括 3 个基本的步骤:形核、扩展和变厚,如图 2 - 33所示。形变孪晶的形核包括均匀形核和非均匀形核。孪晶形核过程会形成一个孪晶胚(embryo),在这个晶胚内,晶体取向为孪晶取向。当晶胚的尺寸达到一个临界尺寸,孪晶就会生长,包括孪晶的伸长和孪晶变厚。形变孪晶具体的形核和长大机制与晶体的结构密切相关,如面心立方结构、体心立方结构和密排六方结构中形变孪晶的形成过程差异都很大。Christian 和 Mahajan 等对不同晶体结构中的形变孪晶都进行了详细的分析和评述。

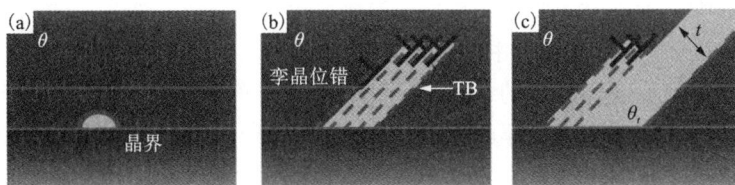

图 2 - 33　孪晶的形成过程

(a)孪晶的形核;(b)孪晶的扩展;(c)孪晶的厚化;t 表示孪晶的厚度,TB 表示孪晶界,θ 表示基体的取向,θ_t 表示孪晶的取向,虚线表示孪晶位错滑移面

虽然关于形变孪晶形核的模型很多，但是通常认为形变孪晶的形核过程与位错的分解反应和不全位错的滑移相关。如图 2-34 所示，滑移面 n 上的位错的柏氏矢量为 $\vec{b}$，该位错可以分解形成孪晶面（n_T）上的孪晶位错（twinning dislocation）$\vec{b}_1$ 和残余位错（residual dislocation）$\vec{b}_R$。该反应可以用下式来表示：

$$\vec{b} \rightarrow \vec{b}_1 + \vec{b}_R \qquad (2-19)$$

这个反应的条件是：①位错 $\vec{b}$ 的位错线方向要与滑移面和孪晶面的交线方向一致；②位错反应前后的柏氏矢量要守恒；③孪晶位错与残余位错之间的作用力为斥力。例如，面心立方金属中的 {111} 晶面上的 Shockley 不全位错 1/6 <112> 就是孪晶位错，如图 2-12 所示。

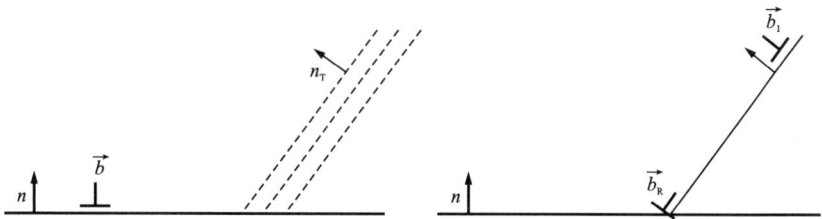

图 2-34 孪晶形核过程的位错分解

(a) 全位错 $\vec{b}$ 分解之前；(b) 全位错 $\vec{b}$ 非平面分解形成残余位错 $\vec{b}_R$ 和孪晶位错 $\vec{b}_1$

因此，形变孪晶的形成与晶体中全位错扩展或分解形成不全位错的难易程度密切相关。层错能越低，全位错越容易扩展形成孪晶位错，此时越容易形成孪晶。所以，形变孪晶的形成与晶体的层错能是密切相关的。

形变孪晶对金属材料的塑性变形的一个重要影响是使晶粒的取向发生了变化和产生了孪晶界。随着应变量的增加，形变孪晶可以变长或者变短，也可以变宽或者收缩，还可以分开或者合并。晶体取向的改变和孪晶界都会对位错的滑移产生影响。所以，形变孪晶的产生会对材料的屈服强度、加工硬化速率和织构等产生重要的影响。

2.2.2.2 不同晶体结构中的形变孪晶

形变孪晶的形成与晶体的结构密切相关。对于面心立方金属，高层错能的面心立方金属一般不产生形变孪晶，而层错能低于 25 mJ/m^2 的面心立方金属的塑性变形机制以形变孪晶为主。面心立方金属的孪晶位错为 Shockley 不全位错 1/6 <112>，面心立方金属中包含 12 个等价的孪生系统 {111} <11$\bar{2}$>。其孪晶四要素如表 2-6 所示。研究发现，面心立方金属中的孪晶不仅与层错能、晶体取向有关，还与晶粒尺寸有关。一般，晶粒尺寸越小，越不容易形成孪晶。但是，当晶粒尺寸降到纳米尺度的时候，形变孪晶就变得非常的普遍。如在高层错能面心立方金属 Cu、Ni、Pd 和 Al 中，当晶粒尺寸降到纳米尺寸范围时，在塑性变形过程中都观察到了层错和孪晶的存在。在纳米晶材料中能够观察到形变孪晶的主要原因是孪生机制发生了变化，它们的晶界可以发射不全位错，从而形成形变孪晶。

对于体心立方金属，由于它们的层错能一般都比较高，难以形成层错和不全位错，所以通常很难形成孪晶，只有在低温或高应变速率变形时才形成形变孪晶。体心立方金属的孪晶位错位于 $\{112\}$ 孪晶面上，柏氏矢量 $\vec{b}$ 为 $1/6<111>$。因此，一般体心立方金属的孪晶系统为 $\{112\}<11\bar{1}>$，如表 2-6 所示。除此之外，根据孪生切变过程中有没有原子迁移(shuffle)，体心立方金属中还会出现一些其他的孪晶系统，如表 2-6 所示。在这些形变孪晶的形成过程中，除了不全位错的滑移，还需要一部分原子的迁移。

表 2-6　面心立方金属和体心立方金属的孪生系统

晶体结构	K_1	K_2	η_1	η_2	P
面心立方	$\{111\}$	$\{1\bar{1}\bar{1}\}$	$<11\bar{2}>$	$<112>$	$\{1\bar{1}0\}$
体心立方	$\{112\}$	$\{\bar{1}12\}$	$<\bar{1}11>$	$<111>$	$\{1\bar{1}0\}$
没有原子迁移	$\{147\}$	$\{\bar{1}01\}$	$<\bar{3}11>$	$<111>$	$\{1\bar{2}\bar{1}\}$
	$\{112\}$	$\{\bar{1}10\}$	$<11\bar{1}>$	$<001>$	$\{1\bar{1}0\}$
	$\{013\}$	$\{\bar{4}15\}$	$<531>$	$<\bar{1}11>$	$\{\bar{2}31\}$
体心立方(一半原子迁移)	$\{112\}$	$\{33\bar{2}\}$	$<11\bar{1}>$	$<113>$	$\{1\bar{1}0\}$
	$\{5811\}$	$\{\bar{1}01\}$	$<5\bar{1}3>$	$<111>$	$\{1\bar{2}\bar{1}\}$
	$\{145\}$	$\{\bar{3}41\}$	$<11\bar{1}>$	$<\bar{1}39>$	$\{32\bar{1}\}$
	$\{013\}$	$\{0\bar{1}1\}$	$<031>$	$<011>$	$\{\bar{1}00\}$

对于密排六方金属来说，如 Zn、Cd、Mg、Ti、Be、Zr 和 Co 等，这类材料中普遍都比较容易形成形变孪晶。这主要是由于它们独立的滑移系较少，并且全位错也容易扩展形成不全位错，所以它们的孪晶系统较多。目前，在密排六方金属中至少已经观察到 7 种孪晶系统，并且由于等价晶面和等价晶向，每种孪晶系统都有 6 种变体(variants)。这 7 种孪晶的孪晶面 K_1 分别为 $(\bar{2}111)$、$(\bar{2}112)$、$(\bar{2}113)$、$(\bar{2}114)$、$(\bar{1}011)$、$(\bar{1}012)$ 和 $(\bar{1}013)$，其对应的孪生方向 η_1 分别为 $[\bar{2}116]$、$[\bar{2}113]$、$[\bar{2}11\bar{2}]$、$[4\bar{2}23]$、$[\bar{1}012]$、$[\bar{1}011]$ 和 $[\bar{3}032]$。

不同的密排六方金属中形成的形变孪晶种类不同，与其轴比值 c/a 密切相关，如图 2-35 所示。这些形变孪晶根据其在 $\vec{c}$ 轴方向上产生的应变，可分为两种：压缩孪晶和拉伸孪晶，分别对应着图 2-35 中的直线的正斜率和负斜率。所谓压缩孪晶，是指孪晶切变过程会产生沿 $\vec{c}$ 轴方向压缩的应变，反之，如果沿 $\vec{c}$ 轴方向产生拉伸的应变，为拉伸孪晶。

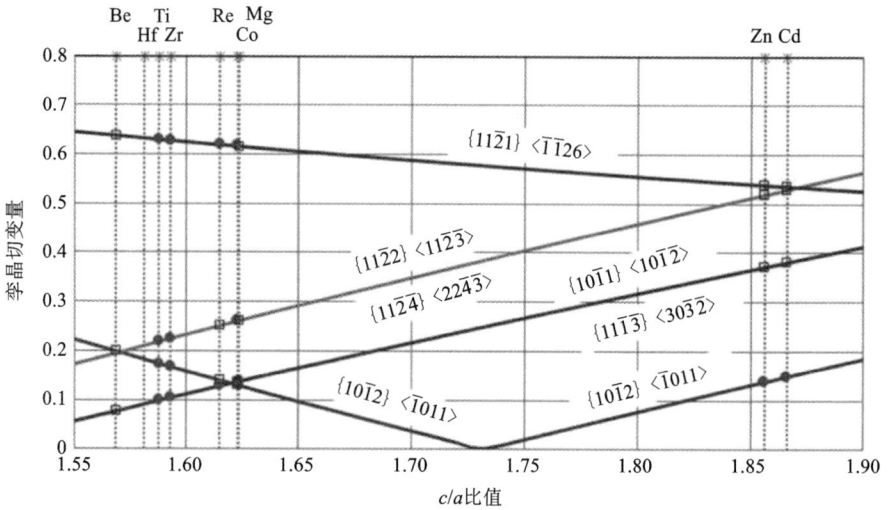

图 2 - 35　不同轴比下的密排六方结构的孪晶系统

因此，镁合金中产生压缩孪晶的条件是，如果受到的是外压力作用，受力方向应与 $\vec{c}$ 轴相互平行，或者如果是受到外界拉力作用，受力方向应与 $\vec{c}$ 轴相互垂直，而产生拉伸孪晶的受力情况应与压缩孪晶的相反。根据最小切变准则可知，切变量小的形变孪晶优先发生。在镁合金中的 $\{10\bar{1}2\}$ 拉伸孪晶的切变量最小，并且其临界剪切应力仅为 2 MPa 左右，使得 $\{10\bar{1}2\}$ < $\bar{1}011$ > 拉伸孪晶是镁合金中最常见的形变孪晶之一。而在密排六方结构钛合金中，切变量最小的是 $\{10\bar{1}1\}$ < $10\bar{1}\,\bar{2}$ > 孪晶。常见密排六方金属的孪生系统及其四要素如表 2 -7 所示。

表 2 -7　常见密排六方金属的孪生系统及其四要素

金属	K_1	K_2	η_1	η_2	P
Cd	$\{10\bar{1}2\}$	$\{10\bar{1}\,\bar{2}\}$	± < $10\bar{1}\,\bar{1}$ >	± < $10\bar{1}\,\bar{1}$ >	$\{1\bar{2}10\}$
Zn	$\{10\bar{1}2\}$	$\{10\bar{1}\,\bar{2}\}$	± < $10\bar{1}\,\bar{1}$ >	± < $10\bar{1}\,\bar{1}$ >	$\{1\bar{2}10\}$
Mg	$\{10\bar{1}2\}$	$\{10\bar{1}\,\bar{2}\}$	± < $10\bar{1}\,\bar{1}$ >	± < $10\bar{1}\,\bar{1}$ >	$\{1\bar{2}10\}$

续表 2 - 7

金属	K_1	K_2	η_1	η_2	P
Zr	$\{10\bar{1}1\}$	$\{10\bar{1}\bar{3}\}$	$\pm <10\bar{1}\bar{2}>$	$\pm <30\bar{3}2>$	$\{\bar{1}210\}$
	$\{11\bar{2}2\}$	$\{11\bar{2}\bar{4}\}$	$1/3<11\bar{2}\bar{3}>$	$1/3<22\bar{4}3>$	$\{\bar{1}100\}$
	$\{11\bar{2}1\}$	(0002)	$1/3<\bar{1}\bar{1}26>$	$1/3<11\bar{2}0>$	$\{\bar{1}100\}$
	$\{10\bar{1}2\}$	$\{10\bar{1}\bar{2}\}$	$\pm <10\bar{1}\bar{1}>$	$\pm <10\bar{1}\bar{1}>$	$\{\bar{1}210\}$
Ti	$\{10\bar{1}1\}$	$\{10\bar{1}3\}$	$\pm <10\bar{1}\bar{2}>$	$\pm <30\bar{3}2>$	$\{\bar{1}210\}$
	$\{11\bar{2}2\}$	$\{11\bar{2}\bar{4}\}$	$1/3<11\bar{2}\bar{3}>$	$1/3<22\bar{4}3>$	$\{\bar{1}100\}$
	$\{11\bar{2}1\}$	(0002)	$1/3<\bar{1}\bar{1}26>$	$1/3<11\bar{2}0>$	$\{\bar{1}100\}$
	$\{10\bar{1}2\}$	$\{10\bar{1}\bar{2}\}$	$\pm <10\bar{1}\bar{1}>$	$\pm <10\bar{1}\bar{1}>$	$\{\bar{1}210\}$
Be	$\{10\bar{1}2\}$	$\{10\bar{1}\bar{2}\}$	$\pm <10\bar{1}\bar{1}>$	$\pm <10\bar{1}\bar{1}>$	$\{\bar{1}210\}$

2.2.3　其他塑性变形方式

近年来，学者们经常会在变形的金属中观察到一种应变诱导的切变型相变，该相变也是一种新的塑性变形方式（transformation-induced plasticity，简写为 TRIP）。这种塑性变形方式在密排六方金属、体心立方金属和面心立方金属中都得到了观察。

在密排六方金属中，如 α-Ti、Zr、Hf 等，发现它们的主要塑性变形机制除了位错滑移和形变孪晶外，还存在着 HCP 向 FCC 的同素异构切变型相变，如图 2 - 36 所示。图 2 - 36(a) 和 (b) 显示了拉伸工业纯钛箔中的显微组织的高分辨透射电镜（high - resolution transmission electron microscopy，简写为 HRTEM）照片及相应的 FFT 花样。由此可以看出，在拉伸工业纯钛箔的密排六方结构钛（HCP - Ti）基体中形成了相互交叉的纳米级层片状面心立方结构钛（FCC - Ti）相。分析可以确定 HCP - Ti 和 FCC - Ti 两相之间的取向关系为：

$$<0001>_{HCP} // <001>_{FCC}, \quad <11\bar{2}3>_{HCP} // <11\bar{2}>_{FCC} \text{ 和 } \{01\bar{1}0\}_{HCP} // \{110\}_{FCC}$$

$$(2-20)$$

由 HCP - Ti 向 FCC - Ti 的结构转变为工业纯钛提供了一种额外的塑性变形机制。在这种晶体结构转变过程中，HCP - Ti 中全位错扩展形成 Shockley 不全位错和层错至关重要。关于纯钛的塑性变形机制在第 6 章还会有更加系统详细的研究和分析。同样的结构转变方式还可以在密排六方结构的 Zr 中观察到，如图 2 - 36(c) 和 (d) 所示，并且 HCP - Zr 与 FCC - Zr 之间具有与 HCP - Ti 和 FCC - Ti 之间同样的取向关系。

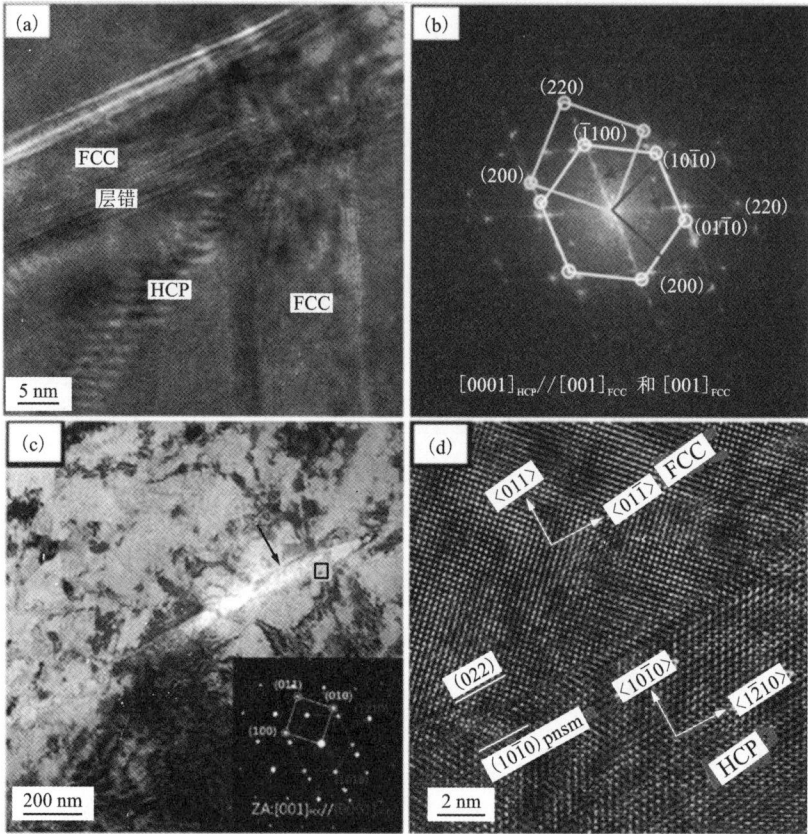

图 2-36　密排六方金属变形过程中观察到的 HCP-FCC 结构转变

(a) HCP-Ti 中形成 FCC-Ti 的 HRTEM 照片；(b) 图 (a) 对应的傅立叶变换 (FFT) 衍射花样；(c) HCP-Zr 中观察到 FCC-Zr 的 TEM 照片；(d) HCP-Zr 中观察到 FCC-Zr 的 HRTEM 照片

　　此外，单智伟教授团队发现，在特定加载方向下，亚微米尺度密排六方结构镁的塑性变形可通过类似于孪晶一样的局部晶体旋转变向来实现。研究发现，在 Mg 塑性变形的过程中，局部晶体旋转形成的新晶体和母体之间没有孪晶所必需的晶体学对称面，而且没有观察到期望中的位错或孪晶所产生的切变。超高分辨的透射电镜观察发现，新晶体与母体之间的界面主要是基面-柱面界面，如图 2-37 所示。由此可见，该塑性变形机制既不是位错滑移，也不是形变孪晶，而是与之并列的第三种机制。

　　在体心立方金属中，也观察到了这种同素异构转变的新型塑性变形机制。Wang 等通过对体心立方金属纳米 Mo 进行原位拉伸时，发现在 Mo 中出现了 BCC→FCC→BCC 这样的结构转变过程，为体心立方金属中的新型塑性变形方式，

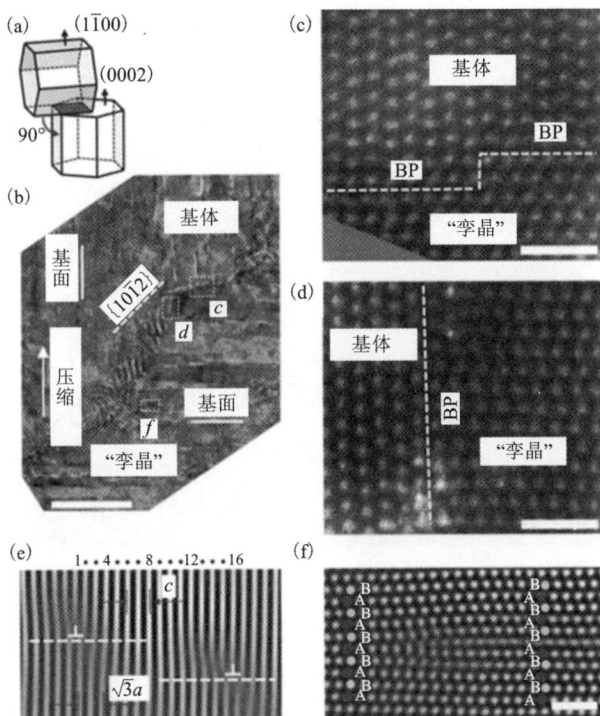

图 2 - 37　金属 Mg 中变形晶界的原子结构

(a)模型显示"孪晶"与基体之间的取向关系；(b)透射电镜照片显示崎岖不平的晶界结构，晶界两侧都有层错，标尺：50 nm；(c)和(d)超高分辨电镜照片显示基面与棱柱面之间的界面；(e)基面与棱柱面之间界面上的两个错配位错；(f)变形部分中的层错，标尺：1 nm。电子束方向为 $[11\bar{2}0]$

如图 2 - 38 所示。并且，相变过程中，BCC - Mo 与 FCC - Mo 存在这种著名的西山关系(Nishiyama - Wassermann)和 Kurdjumov - Sachs 取向关系。但是，目前还没有在普通的体心立方块体材料中观察到这种塑性变形方式。

在面心立方金属中，特别是奥氏体钢中，经常会观察到马氏体相变(martensitic transformation)。这里讲的面心立方金属中的 FCC - HCP 型的马氏体相变，如图 2 - 39 所示，与密排六方金属中 HCP - FCC 的结构转变类似，它也是面心立方金属的一种重要的塑性变形方式。并且，在这种 FCC - HCP 型的马氏体相变过程中，面心立方金属中的螺位错扩展形成 Frank 和 Shockley 不全位错至关重要。

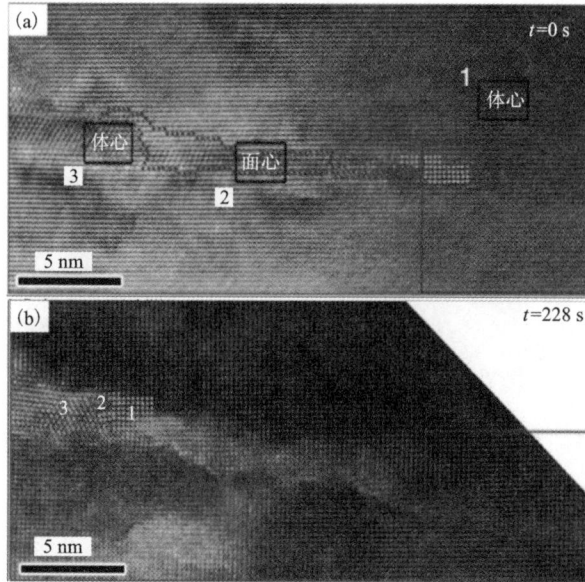

图 2 - 38　高分辨电镜照片显示原位拉伸的体心金属 Mo 中的 BCC - FCC 的相变

(a)$t=0$ s；(b)$t=228$ s。2 区域中为 FCC - Mo，1 和 3 中为不同取向的 BCC - Mo

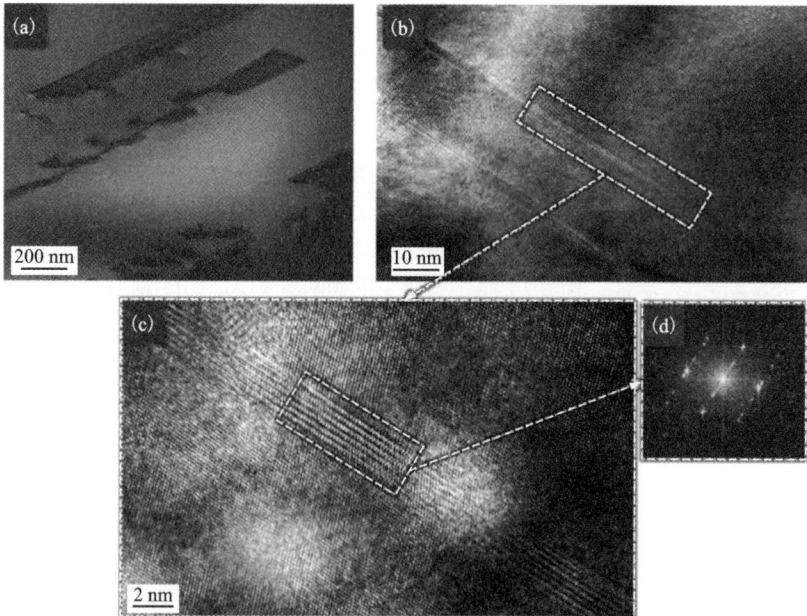

图 2 - 39　透射电镜照片显示奥氏体钢中的塑性变形组织

(a)全位错扩展形成层错和不全位错；(b)奥氏体钢中形成的 HCP 马氏体相(martensite)；(c)高分辨电镜照片显示 HCP 马氏体相中的结构；(d)图(c)中虚线区域的傅立叶变换(FFT)显示 FCC 基体与 HCP 相之间的 Shoji - Nishiyama 取向关系

2.2.4　金属塑性变形的影响因素

2.2.4.1　晶体结构的影响

如前所述,不同晶体结构的金属塑性变形方式差异是很大的。多晶体材料在发生塑性变形时,如果要维持连续均匀塑性变形,至少需要开启 5 个独立的滑移系,即理论上满足 Von – Mises 准则。面心立方金属中有 12 个独立的滑移系 {111} <110>,所以它们的塑性通常比较好。虽然体心立方金属和密排六方金属中的滑移系很多,但是由于不同滑移面上的滑移系临界分切应力相差较大,可同时开启的独立滑移系实际很少,要想实现较大的塑性变形量是比较困难的。因此,在这些金属中经常会出现一些其他的塑性变形方式,如孪生或者剪切型相变。

面心立方金属中的塑性变形方式如图 2 – 40 所示,其塑性变形方式包括位错滑移、孪晶和马氏体相变。面心立方金属材料的塑性变形方式随着层错能的改变而发生变化:当层错能比较低的时候,位错可以扩展形成 Frank 和 Shockley 不全位错,此时的塑性变形方式以马氏体相变为主;当层错能增加到中等层错能时,位错扩展形成两个 Shockley 不全位错,此时材料的塑性变形方式以孪生为主;当层错能增加到比较高的时候,位错不能扩展,此时材料的塑性变形方式以位错滑移为主。同样,在体心立方和密排六方金属中也观察到了这样的三种塑性变形方式,并且这几种塑性变形方式随着层错能变化,其激活的难易程度也会变化,变化的趋势与面心立方金属类似。

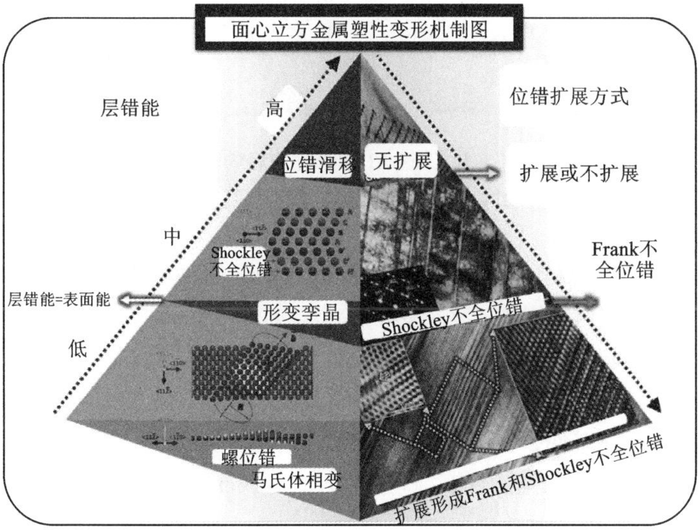

图 2 – 40　面心立方金属的塑性变形机制

体心立方金属的滑移系比较丰富，可能的滑移系有 12 个 $\{110\}<111>$、12 个 $\{112\}<11\bar{1}>$ 和 24 个 $\{123\}<11\bar{1}>$。并且，体心立方金属一般层错能比较高，所以一般以位错滑移为主，只有在高应变速率或者低温等极端条件下才产生其他的塑性变形方式。密排六方金属的位错滑移主要是基面滑移、柱面滑移和锥面滑移。其中基面滑移一般比较容易，但是只有 2 个独立的基面滑移系统，并且柱面滑移也不能提供 $\vec{c}$ 轴方向上的应变。所以，密排六方金属需要其他的塑性变形方式来进行补充和协调，例如形变孪晶，它在密排六方金属中极易出现。

2.2.4.2 层错能的影响

由于层错能决定了位错扩展形成层错和不全位错的能力，所以它对金属的塑性变形机制有重要的影响。一般，金属的层错能越高，层错扩展得越窄，螺位错越容易束集，越容易发生交滑移。所以，在高层错能金属 Cu 中，螺位错容易交滑移或者波浪状滑移（wavy-slip），从而在材料中更容易形成位错胞组织，如图 2 - 41(a) 所示。在 Cu 中添加 Al 后，合金的层错能降低，此时层错扩展得宽，螺位错不容易束集。并且，随着 Al 含量的增加，Cu - Al 合金的层错能逐渐降低。所以，在低 Al 含量的 Cu - Al 合金中，更容易形成层错和孪晶，如图 2 - 41(b) 所示。在高 Al 含量的 Cu - Al 合金中，位错以平面滑移（planar-slip）为主，形成高密度位错墙和层错，如图 2 - 41(c) 所示，而不容易形成位错胞。

图 2 - 41　Cu 和 Cu - Al 合金拉伸后的典型变形组织
(a)纯 Cu 中位错波浪滑移形成位错胞；(b)形变孪晶(DTs)；(c)位错平面滑移、形变孪晶和层错(SFs)

随着材料中塑性变形方式由交滑移转变为平面滑移或形变孪晶，特别是形变孪晶，更容易提高材料的均匀塑性变形能力，如图 2 - 42 所示，使材料的强度和塑性同时得到提高。这种现象在其他金属，如钢、Ni 基高温合金中都能观察到。相反，在 Fe - 12Mn - 0.5C 钢中，添加铝后，可以提高钢的层错能，从而抑制形变孪晶的产生，降低材料的均匀塑性变形能力。由此可见，通过添加合金元素改变材料的层错能，可以改变材料的塑性变形方式，从而优化材料的力学性能。

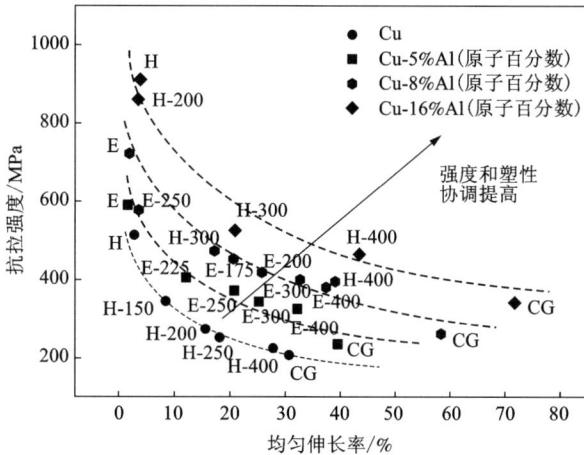

图 2 – 42　Cu 和 Cu – Al 合金的典型力学性能

2.2.4.3　尺寸效应的影响

伴随着微电子元器件与微机电系统等技术的进步,产品的微型化使得所用材料外形特征尺寸的下限也逐渐减小至亚微米级甚至纳米量级,而该尺度正是材料塑性变形基本物理机制作用的空间范畴。也就是说,微纳尺度材料中,材料变形载体的特征尺度,如位错线与孪晶缺陷的特征尺度与作用空间,开始和材料的外部几何尺寸处于相似量级。此时,材料的力学行为和宏观尺度下的存在显著不同,呈现出很多力学新现象。即随着材料尺寸的减小,其应力应变关系、塑性成形性能和摩擦系数等成形工艺参数都呈现出与常规尺寸块体材料塑性变形不同的特点。例如,对不同厚度的工业纯钛箔进行拉伸试验发现,随着厚度的变化,其塑性变形机制也发生了变化,如孪晶密度减小,还观察到了 HCP – Ti 转变为 FCC – Ti 的切变型结构转变。

2.2.4.4　晶体取向的影响

不同取向的晶粒由于所受到的分切应力大小不一样,会导致它们不同的塑性变形行为,并形成不同形貌的变形组织,这种现象在不同晶体结构的金属中都能观察到。如图 2 – 43 所示,根据拉伸到中等应变量的多晶纯铝中形成的位错界面形貌及晶体学取向特点,可将变形组织分为三类。

第 1 类变形组织由位错胞块组成,位错胞块界面为长直的位错界面(geometrically necessary boundaries,简写为 GNBs),并且长直位错界面接近平行于 {111} 滑移面(一般夹角 <10°),称为"Type 1"型组织。第 2 类主要是由等轴的位错胞组成的,此类结构中位错胞之间由位错胞界面(incidental dislocation

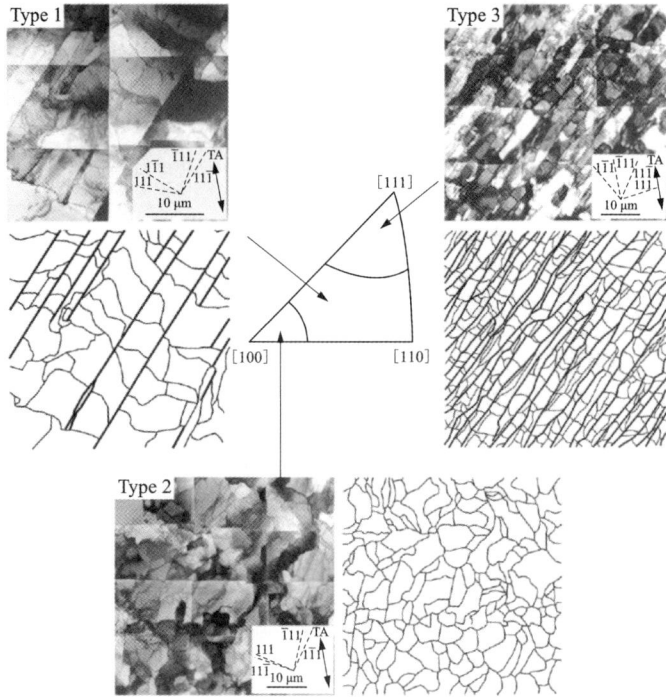

图 2 - 43　纯铝拉伸后形成的变形组织与取向之间的关系

boundaries，简写为 IDBs）分割，一般没有长直的 GNBs 形成，仅可能在某些区域中出现少量零散的 GNBs，称为"Type 2"型组织。第 3 类也为由包含长直 GNBs 的位错胞块组成，但与第 1 类不同的是，其胞块界面更为曲折，GNBs 不平行于｛111｝滑移面，称为"Type 3"型组织。在相同应变的条件下，第 3 类组织中的 GNBs 的平均间距要大于第 1 类界面的。将形成不同位错组织的晶粒的拉伸轴方向分别标记在反极图的取向三角形 [101] - [111] - [001] 上，如图 2 - 43 所示，可见形成第 1 类位错结构的晶粒拉伸方向分布在取向三角形的中部，形成第 2 类位错结构的晶粒拉伸方向集中在 [100] 晶向附近，而形成第 3 类结构的晶粒的拉伸方向分布在取向三角形上部 [111] 晶向周围。

　　在体心立方金属 α-Fe 中，对于块体的 α-Fe 单晶来说，在室温高应变速率条件下，如图 2 - 44 所示，当拉伸方向接近 <001> 晶向时，材料中容易形成形变孪晶；而在拉伸方向靠近 <110> 和 <111> 时，材料中不容易出现孪晶，以位错滑移为主。在对 α-Fe 纳米线进行拉伸时，具有同样的孪生取向依赖性。

2.2.4.5　晶粒尺寸的影响

　　晶粒尺寸对金属材料的力学性能有重要的影响，如著名的 Hall - Petch 关系：

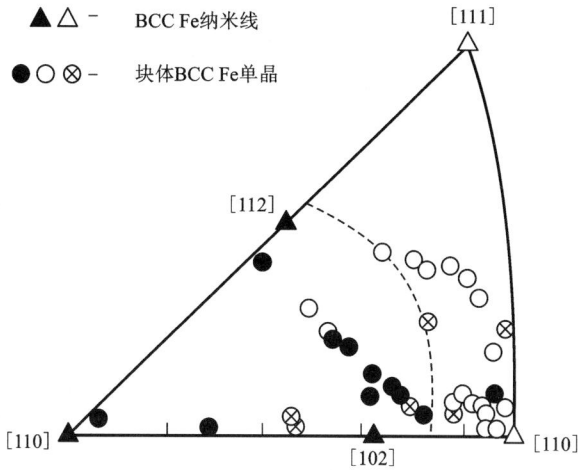

图 2 - 44　体心立方金属 Fe 中孪生行为与取向之间的关系

$$\sigma_s = \sigma_0 + k_y d^{-n} \qquad (2-21)$$

式中：σ_s 为材料的屈服强度；σ_0 是一个常数，表示材料的初始强度；k_y 是一个跟材料有关的常数，指数 n 也是常数，大约为 0.5。

　　晶粒尺寸同样对金属材料的塑性变形机制有重要影响。晶粒大小的影响主要在于对位错形核和孪晶形核力的影响，如图 2 - 45 所示。根据位错增殖一节所讲，激活 F - R 位错源所需要的切应力 τ_{DS} 可以用下式表示：

$$\tau_{DS} = \frac{Gb}{2R} \qquad (2-22)$$

式中：G 为剪切模量；b 为位错柏氏矢量大小；R 为 F - R 位错源两点之间距离的一半。激活孪晶位错所需的剪切应力 τ_{TD} 可以通过下式来计算：

$$\tau_{TD} = \frac{Gb_{TD}}{Dm} \qquad (2-23)$$

式中：b_{TD} 为孪晶位错柏氏矢量的大小；D 为晶粒尺寸；m 是剪切因子。

　　如果考虑层错能的影响，孪生应力 τ_T 可以表达为：

$$\tau_T \geqslant \tau_{TD} + \tau_{SF} \geqslant \frac{Gb_{TD}}{Dm} + \frac{\gamma}{mb_{TD}} = \frac{1}{m}\left(\frac{Gb_{TD}}{D} + \frac{\gamma}{b_{TD}}\right) \qquad (2-24)$$

式中：γ 为层错能。由此可见，晶粒尺寸、晶粒取向和层错能都对激活孪晶的临界切应力有重要的影响。由图 2 - 45 可见，在普通的粗晶材料中（非纳米晶材料），晶粒细化使得孪生变得困难。例如，在 Cu - 15Al 合金中，如图 2 - 46 所示，晶粒尺寸为 0.6 μm 的材料的孪生应力为 600 MPa 左右，而晶粒尺寸为 7 μm 和 47 μm 的材料的孪生应力为 400 MPa 左右，晶粒尺寸越大，越容易出现孪晶。同

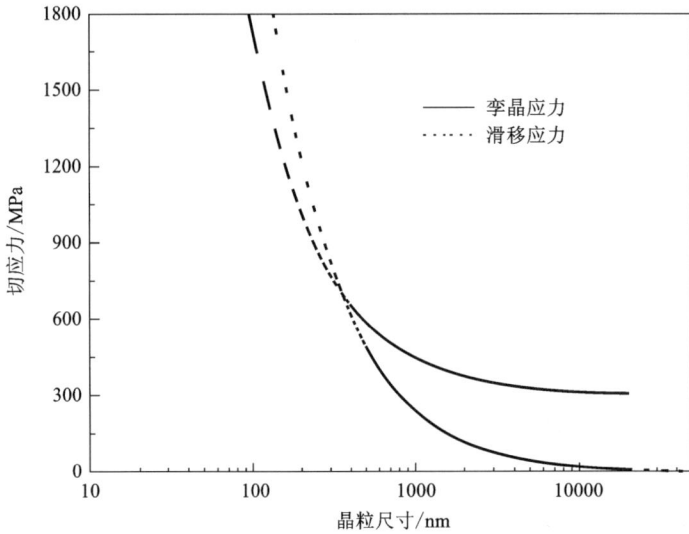

图 2-45　不同晶粒尺寸的孪生应力和位错增殖应力

样的现象在 Ti 中也观察到，晶粒尺寸越大，越容易形成形变孪晶。但是，当晶粒尺寸细化到纳米尺度时，由图 2-45 可知，由于此时位错滑移的临界切应力远大于孪生应力，所以随着晶粒尺寸的减小，材料的形变孪晶更容易出现。

2.2.4.6　固溶原子的影响

固溶原子的添加不仅可以影响材料的剪切模量，还会影响材料中的电子结构，从而对层错能和键能产生影响。因此，固溶原子的添加，包括置换原子和间隙原子，都会对位错的运动产生重要影响。前面已经介绍过置换固溶原子的添加改变了层错能，如 Cu-Al 合金，从而改变了塑性变形机制。置换固溶原子的一个重要影响是在相同的应变量下，可以提高位错密度，从而细化组织，提高材料的强度。这里主要介绍间隙原子 C、N 和 O 等的影响。这些间隙原子可以形成各种气团，从而阻碍位错的运动，影响位错的运动方式。例如，北京科技大学的吕昭平教授团队报道了在合金中掺氧或掺氮可以影响位错的滑移方式，从而改变材料的性能，如图 2-47 所示。

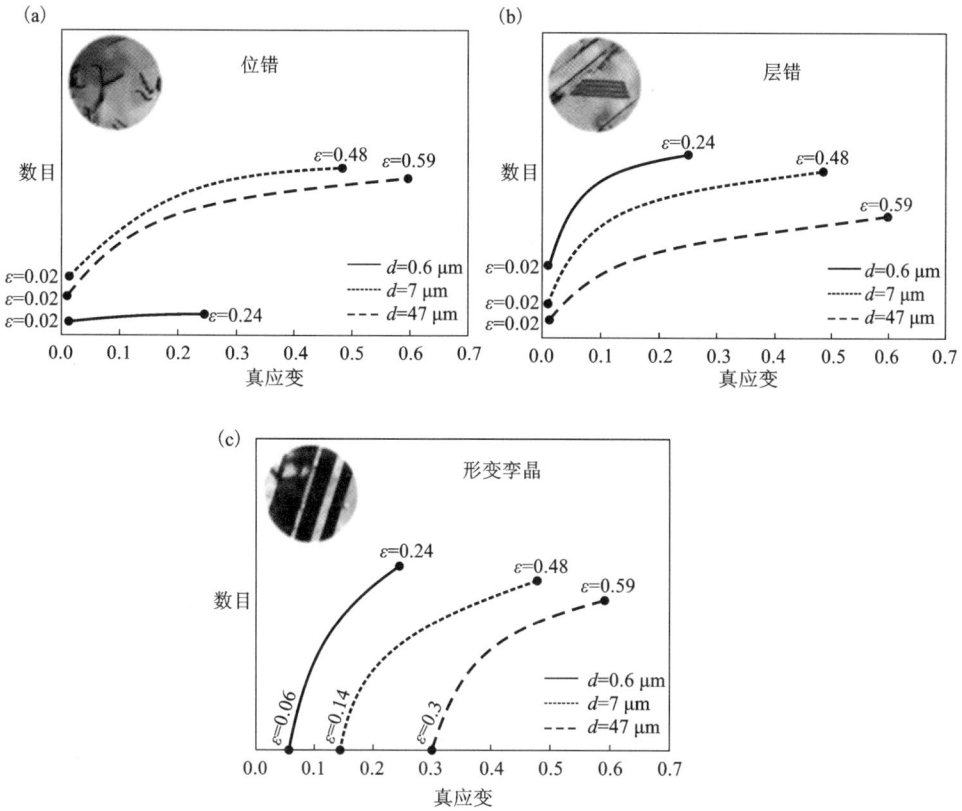

图 2 – 46　不同晶粒尺寸的 Cu – 15Al 合金的在不同应变量下的典型变形组织分布

（a）位错；（b）层错；（c）形变孪晶

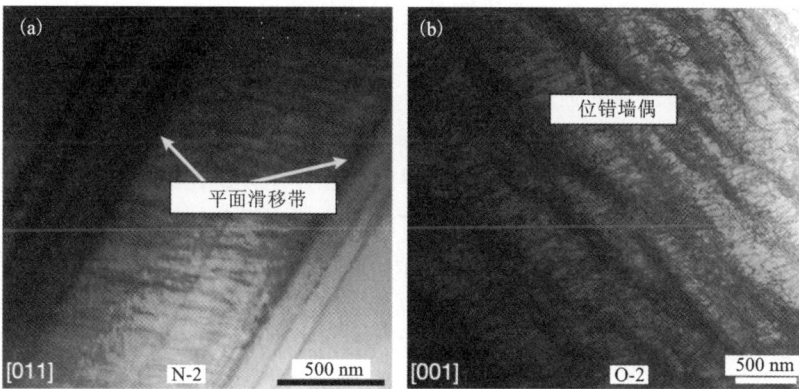

图 2 – 47　掺杂的 TiZrHfNb 高熵合金的变形机制

（a）掺氮；（b）掺氧

该团队以 Ti – Zr – Hf – Nb 高熵合金（high – entropy alloys，简写为 HEAs）作为模型材料，对其进行有限的氧掺杂，发现形成了一种新型的有序氧复合物。该复合物的状态介于氧化物颗粒和常规随机间质之间，使合金的位错滑移由平面滑移变成了交滑移模式，如图 2 – 47 所示，从而提高了合金的强度和塑性。相较于未掺杂氧的合金，存在新型有序氧复合物的 Ti – Zr – Hf – Nb 高熵合金的拉伸强度提高了 48.5% 左右，同时延展性也增加了 95.2%。

2.2.5 纳米晶金属的塑性变形

纳米结构材料金属的变形机制是国际纳米结构材料研究领域的重要前沿之一。纳米晶金属材料与普通块体金属材料相比，具有优异的力学性能，如纳米晶金属材料的屈服强度比其对应的常规晶粒尺寸金属材料提高 5～10 倍，这源于其特殊的塑性变形机制。在纳米晶材料中，由于晶粒细小，晶界所占体积分数很大（30%～50%），晶界的特性可能是高屈服强度产生的原因。目前，大家较认可的纳米晶的主要塑性变形机制有：位错运动主导的晶界滑移、无位错的晶界滑移、扩散蠕变和晶粒转动。分子动力学（molecular dynamics，简写为 MD）模拟表明，纳米金属的塑性变形机制具有尺度效应：在纳米晶粒尺度的下限范围（10～15 nm），塑性变形机制为晶粒旋转/晶界滑动；纳米晶粒尺度在上限范围（50～100 nm），其塑性变形机制则是与常规晶体一致的位错滑移；而当晶粒尺度在 15～50 nm 时，塑性变形机制则表现出特殊的复杂性，有三种涉及从晶界依次发射不全位错的塑性变形过程，即孪生以及形成层错和全位错（由柏氏矢量不同的两个不全位错合并而成）。

近 10 年来，低能态共格孪晶界由于其明显优于传统非共格界面的特殊强韧化效应而受到材料学界的广泛关注。尤其是纳米尺度共格孪晶界面不仅能够有效阻碍位错的运动，表现出类似于传统晶界强化的效果；同时，孪晶界附近可提供丰富的位错存储空间（不同于晶界强化），从而保证材料足够的加工硬化与稳定的塑性变形能力。除优异的强塑性匹配外，在单调或循环加载过程中，纳米孪晶金属还表现出较好的结构稳定性、高疲劳寿命和疲劳持久极限以及低疲劳裂纹扩展速率。大量研究结果显示，位错－孪晶界的交互作用是决定纳米孪晶金属性能的本征原因，而这本质上不同于常规晶体材料中位错以及位错－晶界之间的交互作用。位错与孪晶界面的交互作用十分复杂，这种复杂性不仅取决于孪晶界面的特殊性，还与启动位错类型密切相关。卢磊等认为，纳米孪晶金属塑性变形存在 3 类典型位错运动机制：位错塞积并穿过孪晶界机制、不全位错平行孪晶界滑移机制和贯穿位错受限滑移机制。

2.3　金属变形的典型组织结构

本节主要介绍以位错滑移为塑性变形机制的金属材料在其塑性加工过程中形成的不同尺度的典型变形组织的特点。在金属晶体材料中，特别是高层错能金属，如 Al、Ni、Cu 和体心立方金属等，它们的主要塑性变形方式是位错滑移，并且位错容易发生交滑移，一般很少会产生形变孪晶。为了后面描述的方便，根据 N. Hansen 等的命名，常见的塑性变形组织的名字以及它们的含义如表 2 - 8 所示。

表 2 - 8　典型变形组织结构及其定义

名称	定义
剪切带	局部集中剪切变形的区域，可能穿过几个晶粒甚至整个样品
形变带	由不同胞块组成，形变带之间由平行的过渡带分开
过渡带	两个形变带之间的过渡区域，由扁平的位错胞组成，并且位错胞的取向差是累积变化的
竹节结构	由两组平行的 GNBs 和它们之间的 IDBs 组成
位错胞	位错互相缠结形成的几乎等轴的三维组织，位错胞内位错密度小
位错胞块	由相同位错滑移系开启形成的一组连在一起的位错胞构成
胞壁	小角度位错界面构成的位错胞壁，属于 IDB
高密度位错墙	中低应变条件下胞块之间的界面，一般为长直的平面型位错界面，属于 GNB
几何必须界面	由于不同区域的位错滑移不同，导致相邻区域向不同方向旋转，它们之间会形成需要协调取向差的几何必须位错界面
附生位错界面	由于林位错与其他滑移位错之间的相互缠结形成的位错界面
竹节附生位错界面	在高应变时连接层片界面之间附生位错界面
层片界面	高应变时形成的胞块之间的界面，此时胞块很窄，该界面也属于 GNB
微带	一种片状位错结构，由两组靠近的平行高密度位错墙组成
S - 带	由于剪切带穿过另外的位错界面，使这些位错界面弯曲形成的 S 形状带状组织
亚晶	较高角度的位错界面以及由此界面包围的几乎无位错的区域
Taylor 晶格结构	由均匀分布的刃位错组成的一组或多组符号交替变换的位错列

位错的滑移使得金属材料的形状发生改变，由于在边界条件的束缚和限制下，位错的滑移通常都会伴随着晶体的旋转，晶体点阵的旋转导致了晶体取向的改变，这种晶体点阵的旋转保证了晶体在塑性变形过程中的连续性。也就是说，在塑性变形过程中，材料外形的改变没有导致晶体内部产生破坏，主要原因是位错滑移和晶体点阵的旋转使得材料内部形成了大量的位错界面，形成的位错界面可以起到连接晶粒内部各个区域的作用。位错界面的存在协调了晶粒中各个部分的应变，满足了晶粒内部各部分取向变化的需求，或者说几何形状变化的需求，所以，位错界面的存在是几何必须的(geometrically necessary)。

总而言之，高层错能金属的塑性变形微观过程主要就是产生位错、位错滑移、位错增殖、位错之间相互作用和形成位错界面。金属材料中的位错界面可以以不同的组态存在，使得材料产生从宏观(0.1~10 mm)尺度到微观(1~10 nm)尺度上的分裂。在微观尺度上，位错界面主要包括两类：位错胞(dislocation cells)界面和长直位错界面(dislocation boundaries)，它们可以组成胞块(cell blocks)、微带(microbands)和微剪切带等；在宏观尺度上，塑性变形组织主要有形变带(deformation bands)、过渡带(transition bands)和剪切带(shear bands)等组织，它们的尺度层次如图 2-48 所示。

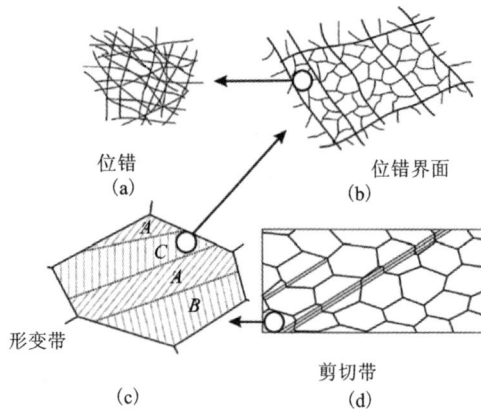

图 2-48　以位错滑移为塑性变形机制的材料中形成的不同层次的变形组织

(a)单根位错或者位错网格(dislocation mesh)；(b)位错界面，包括位错胞和位错胞块；(c)晶粒尺度范围内的形变带和过渡带；(d)样品尺度或晶粒尺度的剪切带

2.3.1　晶体的宏观变形组织

塑性变形过程中形成的变形组织可以在不同的尺度下进行观察。例如：在宏观上，可以采用金相显微镜和扫描电镜进行观察，尺寸在几十微米到十毫米之

间；在微观上，一般是采用扫描电镜和透射电镜观察，尺寸在微纳米范围。通过不同尺度的观察，就可以从宏观和微观上全面了解它们的组织结构特点，从而获得它们的形成机理。在塑性变形金属中均可以观察到样品的宏观分裂，从金相和扫描电镜条件下可以观察到宏观的形变带和剪切带，如图 2 - 49 所示，它们在样品或晶粒尺度上将晶粒破碎。形变带一般形成在多晶的面心立方金属和体心立方金属中，其尺寸范围是在晶粒内部区域。多晶体塑性变形时，每个晶粒中的不同区域由于受周围晶粒的影响不一样，导致了这些不同区域开启的滑移系不一样，或者是相同的滑移系但是滑移量不同，这样就会导致这些不同区域转向不同的取向，形成不同取向的胞块。这些不同的胞块组成了不同的形变带(DB)，如图 2 - 48 所示。形变带与形变带之间的过渡区域称为过渡带(TB)，如图 2 - 50(a) 所示。

与形变带不同，剪切带是指材料中剪切变形的集中区域(shear localization)，如图 2 - 49(c) 和(d) 所示。因此，一般在剪切带区域，当剪切带穿过晶界时，可以看到晶界上有明显的台阶。从尺寸范围上来说，剪切带可以从单个晶粒内部一直延伸到整个宏观样品。因此，剪切带可以分为两种：微观的晶内剪切带和宏观的穿晶剪切带。另外，根据剪切带穿过的组织(微带或者孪晶)，可分为铜型剪切带和黄铜型剪切带。剪切带与材料塑性加工过程中的加工软化、晶粒细化、织构转变和开裂失效等密切相关，对材料的性能有着重要影响。

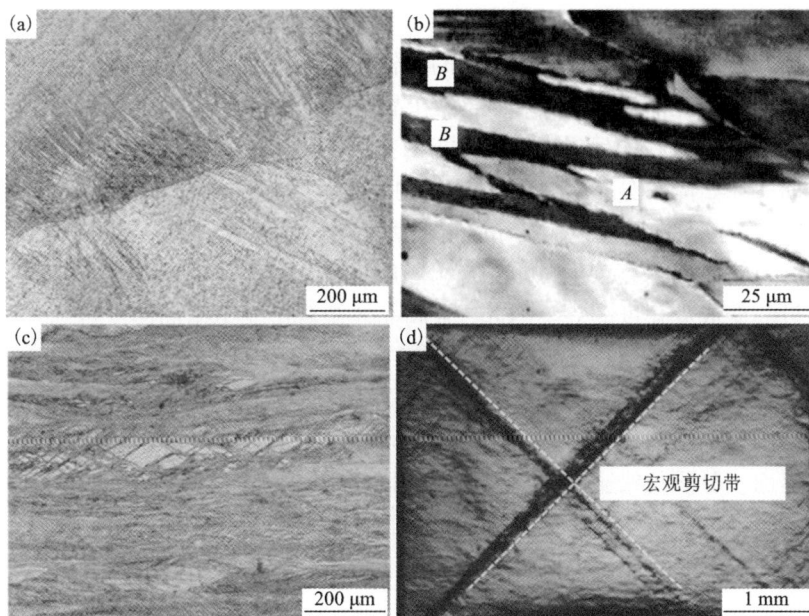

图 2 - 49　金属中典型的宏观变形组织

(a) 钽钨合金的形变带；(b) Al - 1% Mg 合金的形变带；(c) 铜合金的剪切带；(d) 黄铜宏观剪切带

综上可见，形变带和剪切带都是典型的塑性变形组织，但是它们所反映的本质是不一样的。晶粒内不同形变带变形情况不一样，即不同形变带内所开启的滑移系或各滑移系产生的滑移量不一样，所以形变带主要是反映晶粒各区域塑性变形的不均匀性。剪切带主要反映的是局部集中的塑性变形区域。剪切带的出现一方面可以使材料的剪切应变趋于区域或集中化，使塑性变形持续进行，也可导致材料沿着剪切带发生剪切型开裂。另外，由于剪切带区域集中了大量的剪切应变，使晶粒发生旋转，形成了大量的大角度晶界，可以细化晶粒。因此，剪切带区域经退火后通常会形成特定取向的再结晶晶粒，可以改变材料的织构，从而影响材料的性能。例如，在硅钢的轧制过程中，通过控制材料中剪切带的形成，可以获得特定织构的晶粒，从而改善材料的磁性。正是由于剪切带对材料的塑性变形和组织结构演变都有着重要的影响，多年来一直受到了学者们的关注。但是到目前为止，关于剪切带的形核和扩展机理还没有定论，存在着争议，需要做进一步的系统深入研究。本书的第 3 章还有关于剪切带形成机理的进一步介绍。

2.3.2 晶体的微观变形组织

对于材料在微观尺度上的分裂，它主要表现为形成了大量的由位错组成的界面，这些位错界面会组成不同形态的组织。例如：采用扫描电镜和透射电镜可以观察到晶粒内部的形变带和微剪切带等，如图 2 - 50 所示，这些组织在微观上实际上是由不同形态的位错界面组成的。

金属塑性变形过程中，会有大量的位错滑移和位错增殖，一部分位错会滑出晶体的表面或者在晶界处湮灭，但是，在晶体内部还会残留大量的位错。这些位错并不是随机分布的，而是趋于形成能量更低的二维或者三维的位错界面。这些位错界面将原始晶粒分裂成具有较小取向差（一般小于 1°）的位错胞。在某些金属中，具有相似取向的位错胞构成位错胞块。不同胞块由胞块位错界面分开，胞块之间的位错界面具有较大的取向差（一般大于 1°）。随着应变量的增大，位错界面还可演变成大角度晶界。因此，金属晶体微观形变组织的演变可通过晶粒内部的位错胞和胞块等体积元素的旋转而产生的分裂来表示。

对具有中高层错能的面心立方金属的研究表明，在中低应变范围内，位错界面可分为两种不同的形态：分隔原始位错胞的较短界面和分隔胞块的长而直的平面扩展界面。分隔位错胞的较短界面具有随机取向，是由塑性变形过程中激活的滑移位错与林位错发生局部交互作用而形成的，通常被称为位错胞界面或附生位错界面，位错胞中的位错可以称为统计存储位错（statistically stored dislocations）。分隔胞块的位错界面一般表现为高密度位错墙（dense dislocation walls，简写为DDWs）或微带，这些界面为三维平面结构，在二维图像上的迹线表现为互相平行的直线，因此，也可称为平面扩展界面（extended plane boundaries）。平面扩展位

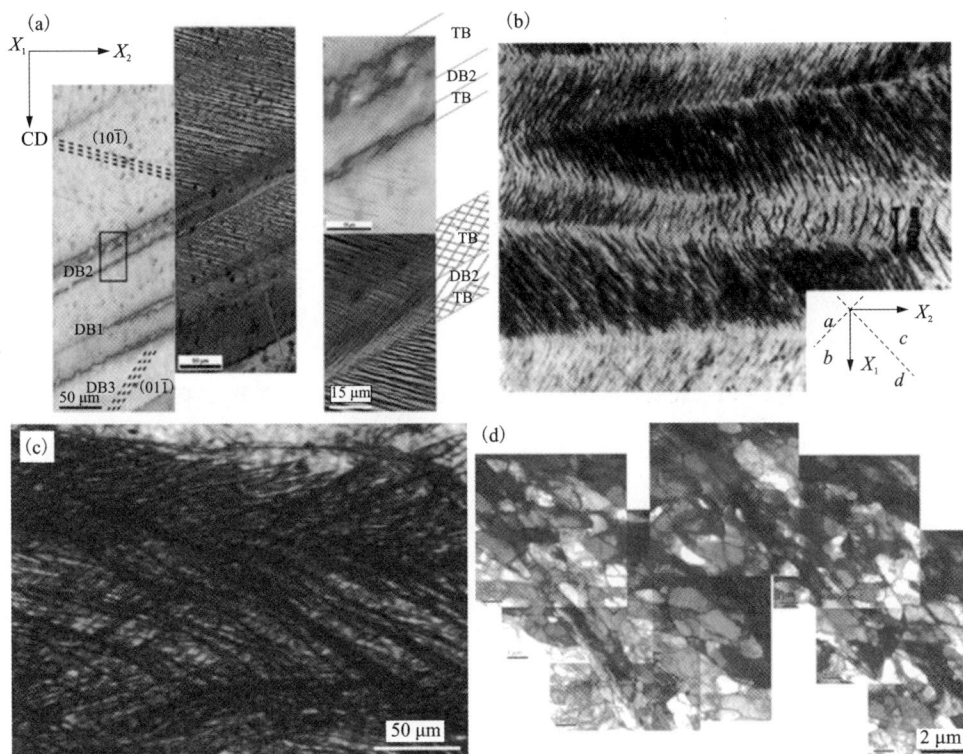

图 2 - 50　金属中的形变带和微剪切带

(a)Nb 压缩时形成的形变带(DB)和过渡带(TB)；(b)Al 压缩时形成的形变带组织；

(c)Ta - W 合金的剪切带；(d)Mo 中的剪切带

错界面由于位错密度比较大，可形成比较大的取向差，协调了相邻胞块间的应变，满足了晶粒内部各微观区域变形的晶体几何需求(几何连续性)，因此，它们被称为几何必须位错界面。这种几何必须位错界面中的位错可称为几何必须位错(geometrically necessary dislocations)。

通常情况下，GNBs 和 IDBs 经常共存在一个晶粒中，如图 2 - 51 所示。一般，随着应变量增大，位错胞尺寸减小，相邻 GNBs 之间的平均距离也越小。在金属塑性变形过程中，位错趋于聚集形成位错界面结构的驱动力是形成这种位错界面会使系统的能量最小，因而这种结构的位错组态称为低能位错结构(low energy dislocation structure，简写为 LEDS)。附生位错界面和几何必须界面除了在形貌上不一样，在塑性变形过程中呈现的演变特点也不一样：附生位错界面表现出瞬时性(transient)，几何必须界面表现出持久性或者驻留性(persistent)，形成后就会保留在晶体内。

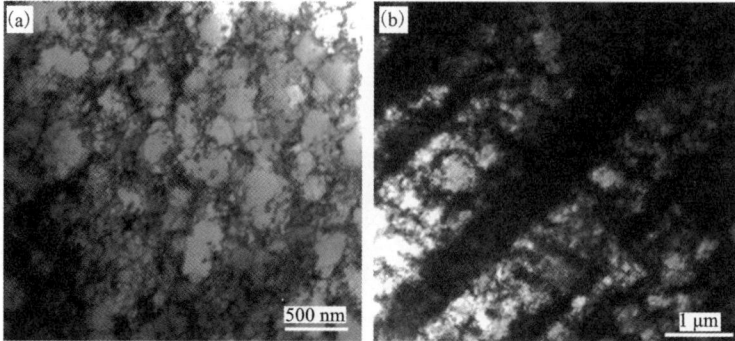

图 2 - 51　轧制多晶钽钨合金中的位错胞、GNBs 和 IDBs 结构
(a)位错胞；(b)GNBs 及它们之间的 IDBs

位错界面中的位错并不总是随机杂乱无章的位错缠结(dislocation tangles)，而是趋于形成位错列(dislocation array)和位错网络(dislocation network)。如图 2 - 52 所示，在轧制的铝的几何必须位错界面中，观察到了六边形和四边形的位错网络。这种位错网络结构是比较稳定的，通过对这些位错网络中的位错柏氏矢量 $\vec{b}$ 的分析，就可以确定出材料中激活的滑移系。

2.3.3　形变织构

金属材料在塑性变形过程中，晶粒取向的演变并不是随机的，这是因为晶粒取向的改变都是由于晶粒中有利的滑移系统或孪生系统的开启而导致的晶体旋转，并且滑移系统和孪生系统都是由特定的晶面和晶向组成的。因此，金属材料中的晶粒总会趋于转向某些特定取向，产生择优取向，即形成形变织构(deformation textures)。形变织构按其所加载的应力类型通常可分为丝织构、面织构和轧制织构。织构按其分析方法可以分为宏观织构和微观织构，宏观织构一般可以通过 XRD 测定，微观织构可以通过 SEM 和 TEM 的 EBSD 系统进行测定。织构一般可以由极图、反极图和取向分布函数三种方式进行表达。这一部分内容在第 1 章里有详细的介绍。这里主要介绍金属材料中织构的形成理论和应用方面的研究进展。织构的研究之所以很重要，是因为它与材料的组织和性能控制密切相关。

2.3.3.1　织构与变形组织之间的关系

如第 2.2.4.4 节所述，晶体的塑性变形机制与其取向密切相关。如图 2 - 53 所示，不同取向的晶粒中开启的滑移系数量不同，导致了它们形成了不同的位错组织。因此，晶体中形成的变形组织也与其织构密切相关。

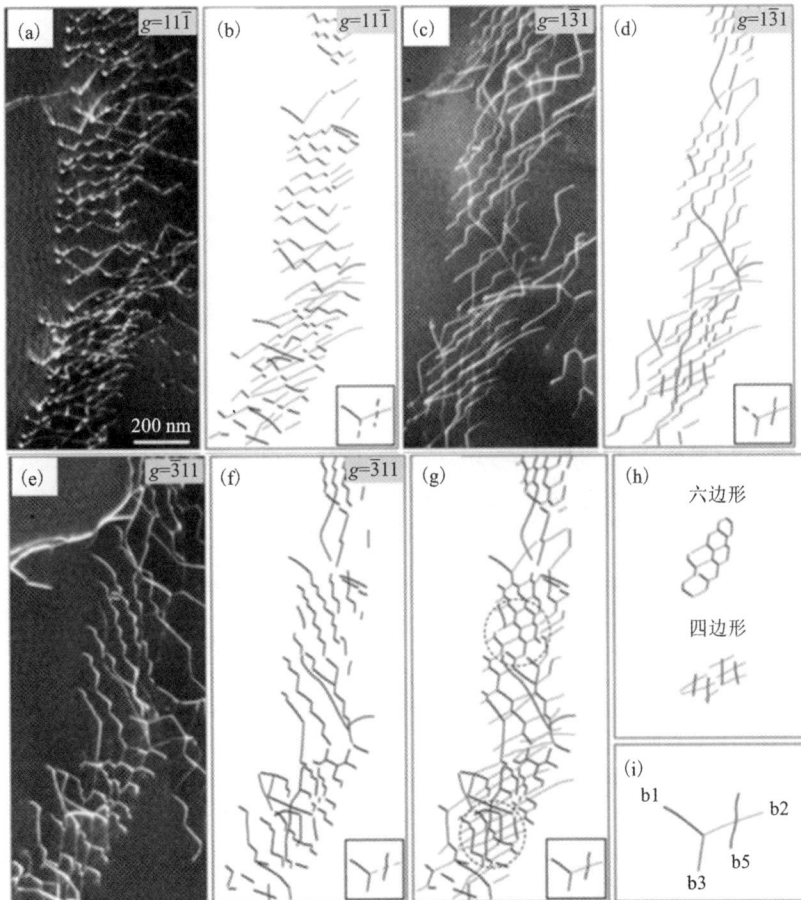

图 2 - 52　轧制 Al 中的几何必须位错界面中的位错网络及位错柏氏矢量分析

(a)$\vec{g} = \lfloor 11\bar{1} \rfloor$；(b)图(a)对应的位错示意图；(c)$\vec{g} = \lfloor 1\bar{3}1 \rfloor$；(d)图(c)对应的位错示意图；(e)$\vec{g} = \lfloor \bar{3}11 \rfloor$；
(f)图(e)对应的位错示意图；(g)位错界面中的位错组成示意图；(h)两种位错网络；(i)位错的柏氏矢量

　　Hansen 等根据位错界面的形貌特点，把它们分为了三类，典型的组织如图 2 - 43 和图 2 - 53 所示。在轧制铜中，在靠近高斯取向、黄铜取向和旋转立方取向中，容易形成"Type 1"型位错界面；在立方取向晶粒中，容易形成"Type 2"型位错界面；在 β 纤维取向(β fiber)中，容易形成"Type 3"型位错界面。这种位错界面特点及其取向的依赖性在体心立方金属中也被观察到。

　　第 1 章介绍过，体心立方金属轧制变形后经常形成 α 纤维织构(< 110 >//RD)和 γ 纤维织构(< 111 >//ND)。如图 2 - 54 所示，体心立方金属 Ta - 2.5W 合金经轧制变形 40% 后就形成了这种典型的形变织构：α 纤维织构和 γ 纤维织

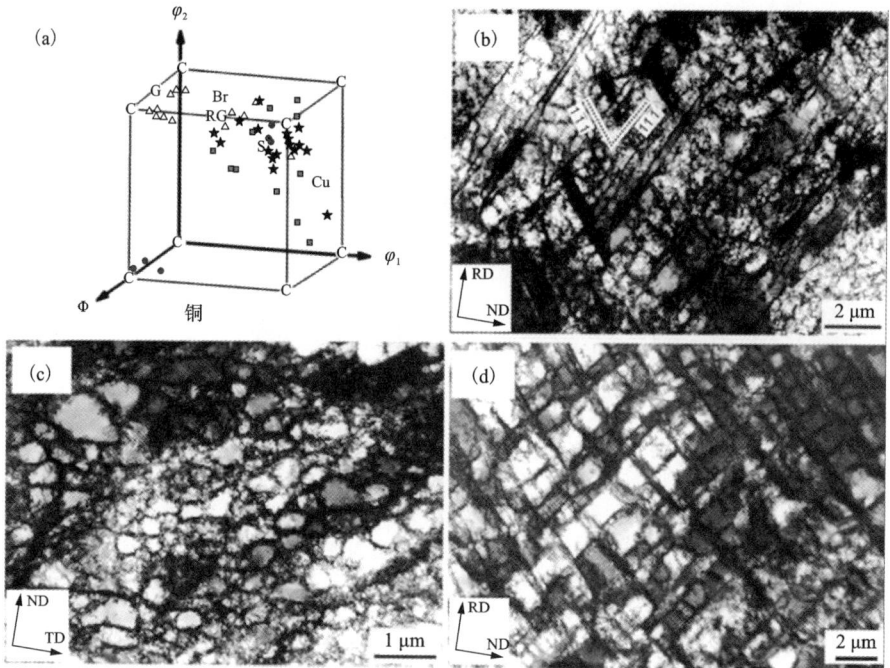

图 2-53　轧制铜(晶粒尺寸为 90 μm)中的变形组织与晶粒取向之间的关系

(a)测试的晶粒的取向在欧拉空间中的表达,其中三角形、圆圈和正方形分别表示形成的是"Type 1"、"Type 2"和"Type 3"组织的晶粒取向;星形符号表示形成了 2 组 GNBs,其中一种是"Type 1"型,另外一组为"Type 3"型;G 表示高斯取向(110)[001],Br 表示黄铜取向(011)[2$\bar{1}$1],RC 表示旋转立方取向(001)[$\bar{1}$10],S 表示 S 取向(213)[$\bar{3}$ $\bar{6}$4],Cu 表示铜型取向(112)[$\bar{1}$ $\bar{1}$1],C 表示立方织构(001)[100];(b)"Type 1"型组织;(c)"Type 2"型组织;(d)"Type 3"型组织

构。在这两种不同织构里,形成的变形组织差异较大:在 α 纤维织构里通常形成位错胞组织,而在 γ 纤维织构中容易形成微带和 GNBs,如图 2-54 所示。正是因为它们形成的变形组织差异较大,导致它们的力学性能和腐蚀性能等差异也较大。

2.3.3.2　织构与性能之间的关系

由于织构与材料的组织密切相关,所以它与材料的性能也密切关联。下面将举几个金属材料中的织构与其性能之间关系的实例。

(1)硅钢的磁性能

如图 2-55 所示,铁的不同晶向上磁性能差异较大,其中最软磁化方向为<001>。所以,铁磁材料需要对其织构进行控制。以硅钢材料为例,硅钢通常分为取向硅钢和无取向硅钢。冷轧取向硅钢也称冷轧变压器钢,是一种应用于变

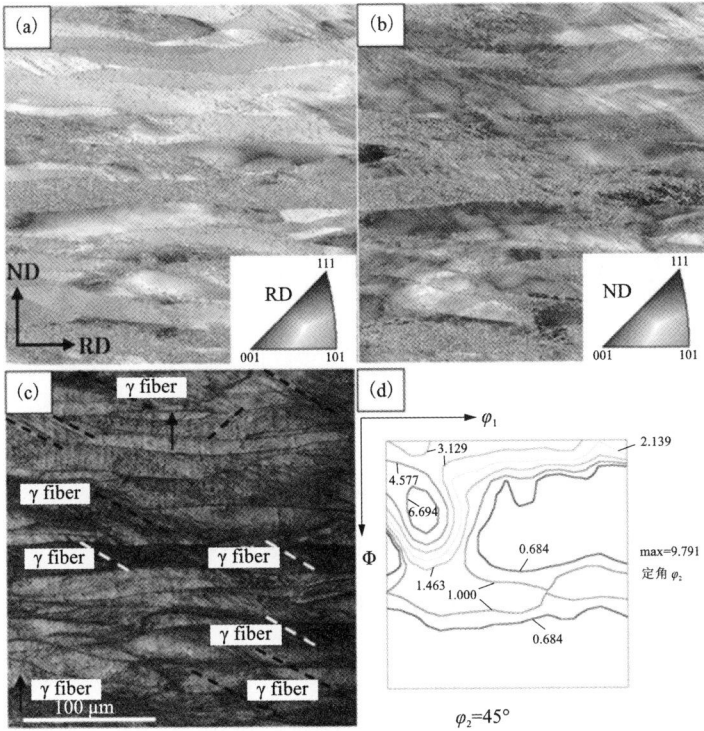

图 2 - 54　EBSD 图显示轧制变形 40％的 Ta - 2.5W 合金的变形组织

(a)RD 取向分布图；(b)ND 取向分布图；(c)成像质量图；(d)$\varphi_2 = 45°$ODF 截面图

压器(铁芯) 制造行业的重要硅铁合金。取向硅钢片在加工过程中，希望形成高斯织构，即(110)[001]取向。此时，晶体的(110)晶面与钢带平面平行，易磁化的 <001> 晶向与轧制方向平行。

无取向硅钢广泛应用于电动机和发电机的铁芯，其关键性能是磁感和铁损。对于无取向硅钢，希望形成立方织构，即(001)[100]，这种取向有两个易磁化的 <100> 方向。张腾通过热轧工艺和退火方式的控制，在 2.1％Si 无取向硅钢薄板中获得了强的立方再结晶织构。

(2)板材的深冲(deep drawing)性能

汽车车身用钢板和饮料罐用铝合金等都需要材料具有很好的深冲性能，如图 2 - 56 所示。

对于体心立方结构汽车车身钢板来说，如无间隙原子钢又称 IF 钢，需要具有强的 γ 织构。这是因为 γ 织构中容易形成微带和 GNBs 等组织，这种由高密度位错墙组成的位错亚结构的加工硬化率比较大，因此具有很好的均匀塑性变形能力

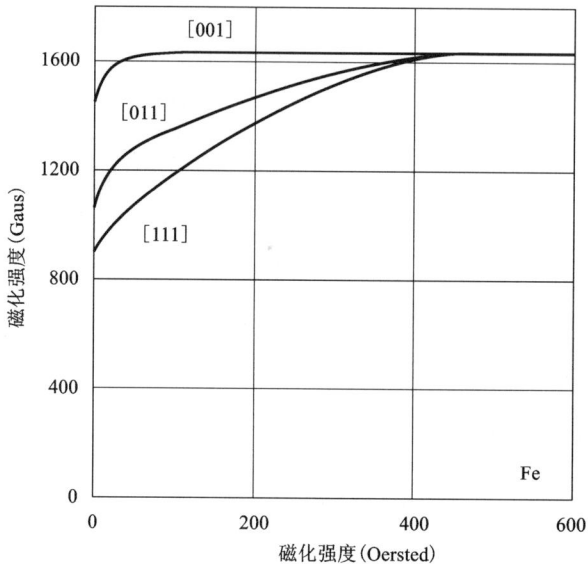

图 2 - 55　铁不同晶向的磁化各向异性

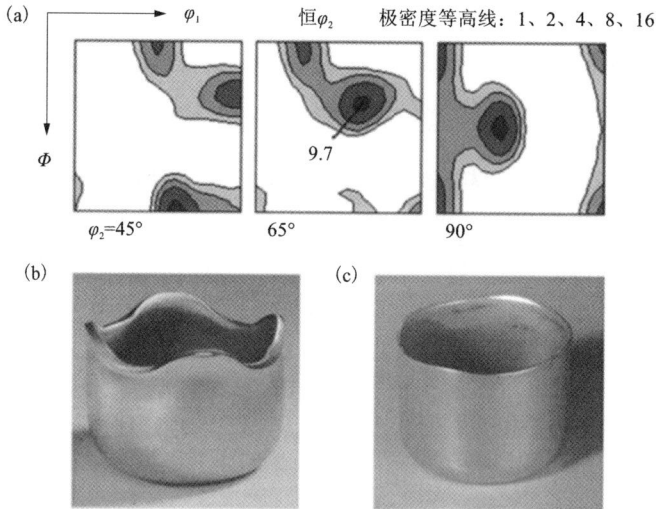

图 2 - 56　AA3104 铝合金的织构与制耳之间的关系

（a）ODF 截面图显示轧制铝板中形成的再结晶立方织构和轧制 β 织构；（b）冲压后在 0°/90°形成的 4 个制耳；（c）冲压后在 0°/90°和 45°形成的 8 个制耳

和深冲性能。

对于饮料罐用铝合金,如果轧制铝板中形成的是强的再结晶立方织构或轧制
β 织构中的一种织构时,都会形成 4 个制耳,如图 2 – 56(b)所示。理想情况下是
在铝合金中同时形成强的再结晶立方织构和轧制 β 织构,如图 2 – 56(a)所示。
这时,铝合金冲压后会形成 8 个制耳,如图 2 – 56(c)所示,从而可以提高铝合金
冲压时的成材率。

2.3.3.3　形变织构的影响因素

材料中形成的形变织构类型与材料的晶体结构、材料本身的性质,如塑性变
形机制密切相关。所以,影响材料塑性变形机制的因素都能影响材料的织构。因
此,织构与轧制条件、变形量、变形温度、材料的层错能、晶粒尺寸、剪切带和第
二相粒子密切相关。

在轧制过程中,特别是对于厚板轧制而言,由于不同厚度处所受到的应力和
应变条件是不一样的,如图 2 – 57 所示,所以在不同的厚度层上产生的织构是不
一样的,在厚度方向上形成织构梯度。

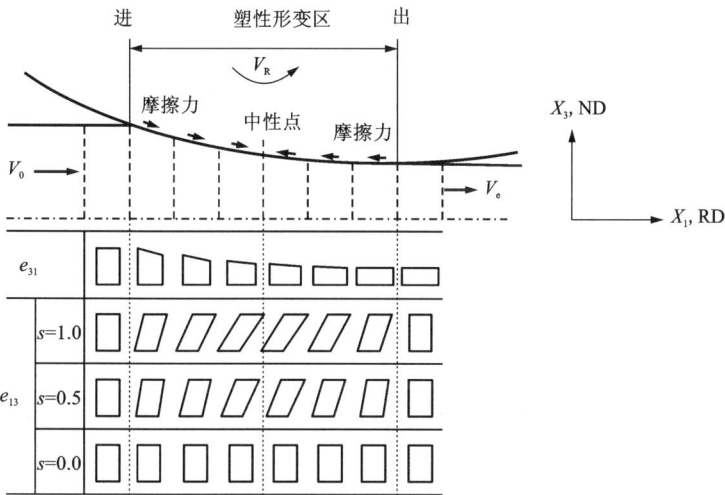

图 2 – 57　轧制条件与板材中不同厚度层的应变示意图

如图 2 – 58 所示,在轧制的 1.6 mm 厚的 Al – Li 合金板材中,不同厚度层形
成的织构组分差异还是挺大的。板的表面织构强度比较弱,板的心部形成了比较
强的黄铜型织构,这会导致轧板在不同厚度层上性能的差异。如果表面润滑不
好,表面受到的摩擦力比较大,这时在表面容易形成剪切型织构,如面心立方金
属中 $\{001\} <110>$ 和 $\{111\} <110>$ 取向。如果润滑很好,表面形成的织构就类
似于轧制织构(平面应变压缩条件)。

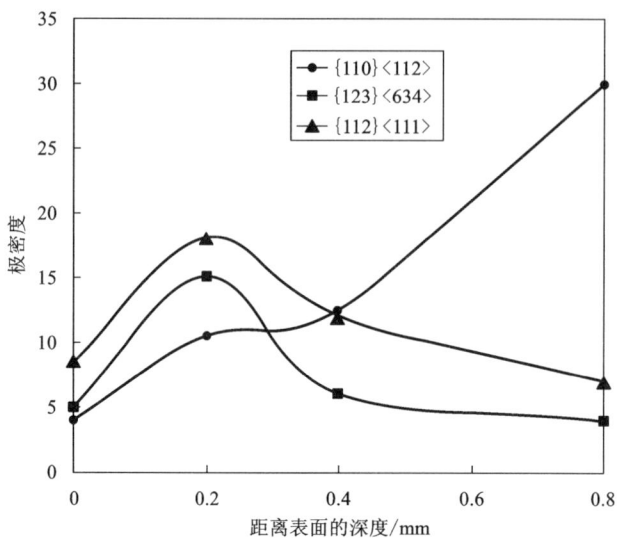

图 2-58　Al-Li 合金轧制板材中不同厚度层形成的织构的变化

由于层错能、变形温度和晶粒尺寸对金属材料的塑性变形机制产生影响，所以其会对材料的形变织构类型产生影响。在面心立方金属中，典型的高层错能和低层错能材料轧制后形成的形变织构如图 2-59 所示。在高层错能铝中，轧制变

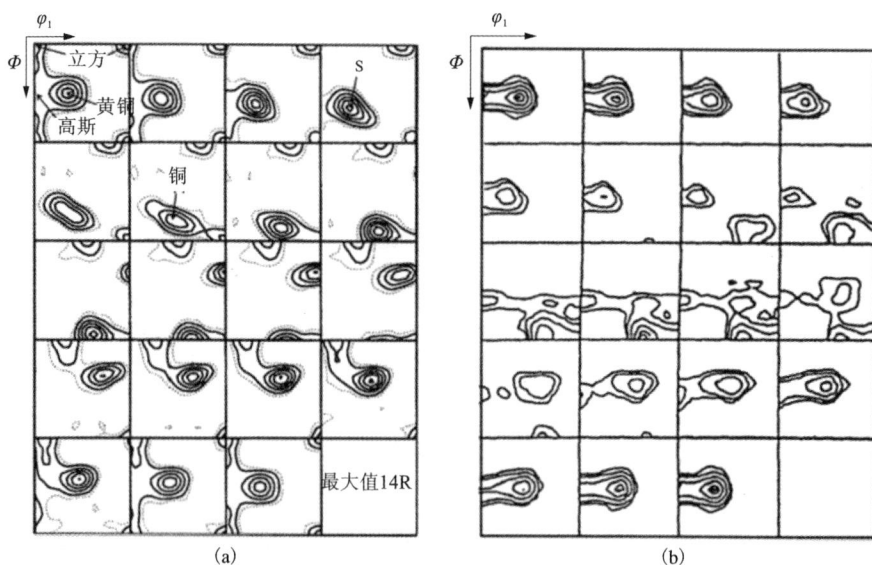

图 2-59　典型的高层错能和低层错能面心立方金属轧制变形后形成的织构
(a) Al 冷轧变形 90% 的 ODF；(b) H70 黄铜冷轧变形 95% 的 ODF

形 90% 后，会形成高斯、立方、黄铜、S 织构和铜型织构组分，有比较完整的强 α 纤维织构和 β 纤维织构，如图 2-59(a)所示。而在低层错能的 H70 黄铜中，轧制变形 95% 后，形成的最强的织构是黄铜织构，还有比较强的 α 纤维织构，如图 2-59(b)所示。此外，在中层错能（约 40 mJ/m^2）面心立方金属中，一般形成典型的 τ 纤维织构。

2.4　金属的大塑性变形

由于金属和合金在外界机械强制驱动力的作用下发生大塑性变形时，晶内会产生大量空位、位错、晶界和剪切带等缺陷或组织，这使得一些传统工艺条件下难以实现的结构转变和反应都能得以完成，因而近年来国际上发展出多种促使材料发生大塑性变形（或者剧烈塑性变形）的新工艺，用于制备纳米晶材料、过饱和固溶体、非晶材料和难溶化合物等。

通常，这些大塑性变形技术包括等径角挤压、累积叠轧、高压扭转、多向压缩变形、扭挤、往复挤压技术、反复折皱压直法等，它们可以直接用于塑性加工制备出块体超细晶或者纳米晶金属材料。这类方法的优点在于可有效解决粉末冶金法中材料容易被污染，块体材料致密度不高、易脆化开裂等问题，能制备出大尺寸、低污染的无空隙块体材料。但缺点是所制备的材料通常具有织构强、内应变大的缺点，且主要适用于塑性较好的金属材料。对于粉末材料而言，主要选用的办法是机械球磨法（mechanical balling 或 mechanical alloying，简写为 MA）。机械合金化法通过粉末原料与磨球之间的碰撞和研磨制备出亚微米或纳米晶合金粉末，并能进一步根据需要，通过一定的压制工艺制备出块体材料，具有可实现原子级水平合金化、促进固态相变、工艺简单经济等优点，但存在着杂质污染、块体材料致密度不高等问题。

近年来，大塑形变形方法被广泛应用于高强高导铜合金的制备。在大塑性变形的过程中，铜合金体系除了会发生晶粒细化外，通常还伴随着第二相组元的固溶。特别是，许多在固态下混合焓为正值，甚至在液态下也几乎不互溶的体系，如 Cu-W、Cu-Co、Cu-Fe 等通过大塑性变形工艺都能实现固溶度的扩展，从而形成亚稳态过饱和固溶体。在后续热加工过程，第二相元素通常以纳米颗粒的形式重新析出，使基体得以净化而不恶化材料的电导率；同时，第二相纳米颗粒在基体中的弥散分布可以大幅度提高材料的强度和热稳定性，使材料的综合性能得到提高。如，机械合金化法制备的纳米晶 Cu-5% Cr 合金粉末在热压烧结后，合金晶粒尺寸约为 100 nm，其抗拉强度可达 800～1000 MPa，相对导电率为 53～70% IACS，伸长率约为 5%，表现出优异的综合性能。

以往认为，大塑性变形过程中纳米晶的形成主要与位错的增殖、运动和交互作用有关。即，在外界机械强制驱动力的作用下，粗晶材料在塑性变形过程中形成大量位错，位错间相互缠结和反应形成位错胞组织；随着变形的进行，位错胞之间的位相差增大，粗晶分解为尺寸更小的亚晶；进一步的变形促使亚晶不断细化并最终发展为取向随机分布的纳米晶粒。

上述理论虽然得到了广泛的认同，但无法解释材料在晶粒细化过程中的一些重要转变。首先，近年来的研究表明，当晶粒尺寸减小至 50 nm 以下时，许多金属材料内全位错的形核应力大于不全位错的，这导致全位错增殖与运动受到抑制，形变孪生开始成为协调塑性形变的重要方式，此时继续用位错理论来解释晶粒细化是不合理的。如 Liao 等在室温下采用高压扭转法制备了 Cu 纳米晶，结果发现当 Cu 晶粒尺寸小于 50 nm 后，晶粒内部产生了大量的纳米孪晶(图 2 - 60)。由此可见，当材料晶粒尺寸小于一定尺度后(如 50 nm)，由于滑移困难，单纯靠位错运动难以细化晶粒。此时，形变孪生将促进晶粒的进一步分割细化。另外，亚稳态的纳米孪晶也可能发生动态再结晶而形成新的纳米晶。

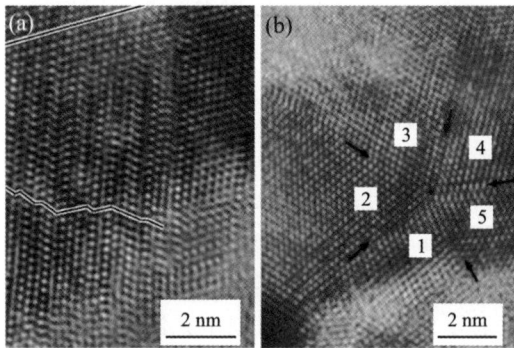

图 2 - 60   采用高压扭转法制备的纳米铜晶粒的高分辨透射电镜照片
(a)纳米孪晶和层错结构；(b)纳米多重孪晶结构

另外，实验和分子动力学模拟表明，当纳米晶尺寸小于 10 nm 以后，金属塑性变形的主要方式是晶界滑移与晶粒旋转，显然这两种形变方式无法促进晶粒细化至 10 nm 以下。研究发现，当 Fe 晶粒尺寸约为 10 nm 时，纳米晶粒中形成了不全向错结构。本书作者在机械合金化法制备的 Cu - Nb 纳米晶合金中也发现了不全楔形向错结构，如图 2 - 61 所示。由此可见，当位错和孪生受到抑制后，在外界应力的作用下，不全向错的形成和迁移可导致晶粒在纳米尺寸内发生晶格旋转、重排和分裂，促使纳米晶分裂细化至超细纳米晶。

综上所述，在大塑性变形工艺条件下，材料的塑性变形行为与其晶粒尺寸密切相关，微观结构演变是一个非常复杂的过程。如，本书作者研究发现 Cu - Nb 合金在机械合金化初期以位错滑移为主，晶内形成了大量位错胞组织；当 Cu 晶

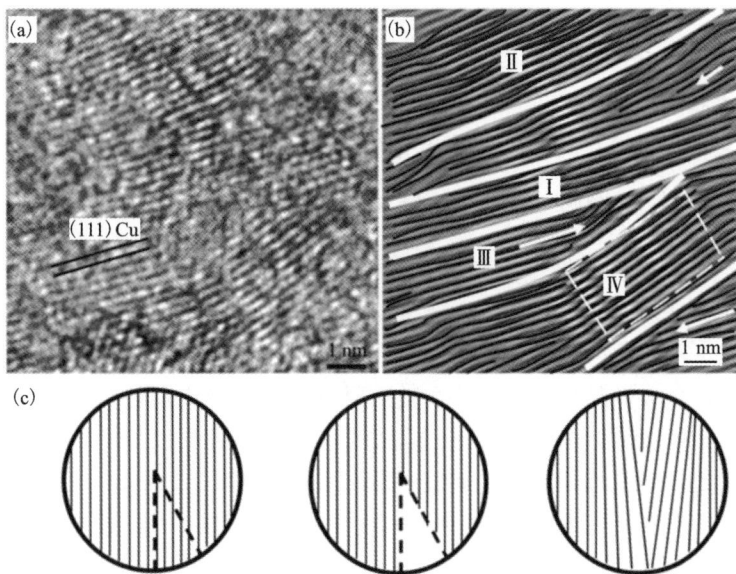

图 2 - 61　机械合金化 Cu - Nb 纳米晶合金的高分辨透射电镜照片

（a）原始实验照片；（b）在原始照片上，用黑线添加在所有｛111｝面以显示出其位置，用白线
描绘出｛111｝面的周期性以突出｛111｝面的畸变情况；（c）不全楔形向错的形成示意图

粒尺寸细化至 50 nm 以后，纳米孪晶数量逐渐增多，促进了晶粒的进一步细化；
在机械合金化后期，滑移与孪生均受到抑制，此时不全向错的形成与运动可使得
纳米晶发生晶格旋转和分裂，致使晶粒尺寸减小至 10 nm 以下。因此，在研究纳
米晶的形成机制时，单纯用位错机制解释并不完善，应根据材料在不同阶段时的
具体变形行为来进行综合分析。

目前，人们对于大塑形变形过程中金属材料的变形行为进行了较深入研究，
但关于纳米尺度大变形机制的研究尚不成熟，对于合金相变过程与纳米晶、非晶
等亚稳态结构形成的关联机制的研究还不够。现代显微分析技术和计算机模拟技
术的进一步发展，可以帮助人们更深入地理解和预测大塑形变形过程中材料的变
形机制。关于金属材料大塑性变形的相关研究，本书第 8 章还有比较深入系统的
介绍。

2.5　金属塑性变形研究新进展

目前，传统块体金属材料的塑性变形机制研究已经日趋成熟。超细晶或者纳
米结构金属材料的塑性变形机制是国内外金属结构材料研究领域的重要前沿方向

之一。通过对它们塑性变形机制的研究可以解释这种尺度的金属材料不同于普通块体材料的强韧化机制、尺寸效应等现象。随着 TEM 分辨率的提高，特别是球差矫正电镜的出现和原位透射电镜（In‑situ TEM）技术日趋成熟，纳米结构金属的塑性变形机制的研究取得了一系列进展，这对材料的设计和性能的提升具有重要的指导意义，下面将对此做一些简单介绍。

2.5.1 纳米金属塑性变形机制的尺寸效应

金属纳米材料的塑性变形机制的尺寸效应已成为纳米力学中的热点研究问题。余倩等基于密排六方结构金属孪晶和位错滑移变形的特异性，利用原位压缩试验，研究了不同尺寸 Ti‑5% Al 合金（原子百分数，下同）的塑性变形机制。随着 Ti‑5% Al 合金样品尺寸的减小，激活形变孪晶的应力急剧增大。当样品的尺寸小于 1 μm 时，形变孪晶被抑制，样品的塑性变形机制以位错滑移为主。也就是说，该合金塑性变形机制发生转变的临界特征晶体尺寸为 1 μm 左右。当样品的尺寸小于该临界尺寸后，Hall‑Petch 幂律关系将不再适用，而材料所能承受的最大流变应力亦呈现出一种接近于材料理论强度水平的"应力饱和"平台现象，如图 2‑62 所示。

对大部分传统金属而言，缩小晶粒尺寸时，会实现一定的强化，即所谓的细晶强化机制，满足经典的 Hall‑Petch 方程。然而，这样的规律对一些合金而言，在晶粒尺寸达到纳米级后却会出现失效，随着晶粒尺寸的减小，样品反而发生软化现象。这种软化现象主要与晶界的迁移、晶界的滑动和晶粒旋转有关。中国科学院金属研究所的卢柯院士等利用电沉积获得的纳米晶 Ni‑Mo 合金样品，经研究发现，当晶粒尺寸在 10 nm 以下时，由于晶界主导的变形导致样品晶粒粗化，使得样品产生软化现象，如图 2‑63 所示。同时，他们还观察到了纳米晶的"退火硬化"现象。通过对样品进行退火后，Ni‑Mo 合金中的纳米晶界的弛豫和 Mo 偏析使得晶界变得稳定，纳米晶样品实现了超高硬度。显微硬度测试过程中，样品的塑性变形机制主要是产生了扩展不全位错。由此可见，除了晶粒尺寸，纳米晶的晶界稳定性也决定了材料的强化和软化。

2.5.2 纳米金属塑性变形机制与其性能关系

2.5.2.1 锥面滑移调节镁合金的大塑性

作为最轻质的金属结构材料之一，镁在航空航天、汽车、高铁、电子产品和医疗等领域具有广阔的应用前景。然而，相比于传统的金属材料，密排六方结构镁的塑性较差，型材和零件塑性加工困难，这严重制约了镁作为结构材料的广泛应用。对于镁及其合金而言，要实现塑性加工所必需的稳态塑性流变，需要材料中的基面位错和锥面位错的协同作用。目前有观点认为，锥面位错因其本质上的

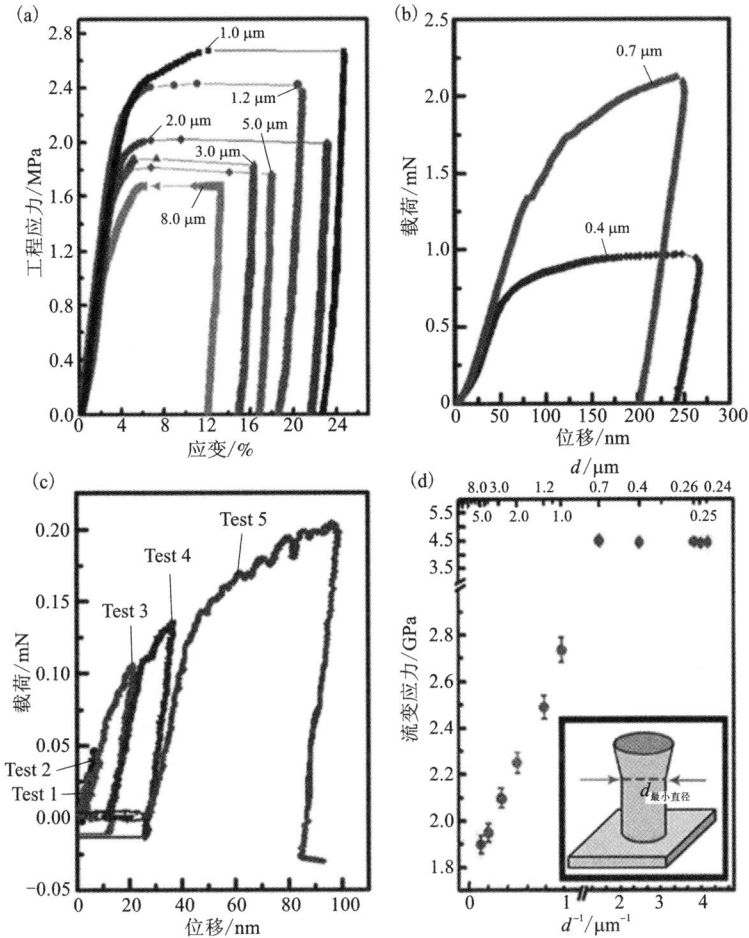

图 2 - 62　Ti - 5% Al 合金的力学性能测试数据

(a)微米尺寸的微柱压缩的应力 - 应变曲线；(b)亚微米尺寸的微柱的压缩载荷 - 位移曲线；
(c)0.25 μm 直径的微柱的压缩载荷 - 位移曲线；(d)流变应力与微柱直径之间的关系

不稳定，会自发地分解为不可滑移的位错结构，因而不是有效的塑性载体，因此，塑性差是镁的本征属性，提高塑性需要通过添加某些特定的元素来调节锥面位错的行为。但也有一些学者持截然不同的观点，他们认为锥面位错可以成为有效的塑性变形载体，因而只要能促进锥面位错的形成和滑移，镁的塑性就可以提高。

为此，单志伟团队利用原位透射技术发现亚微米级的镁合金沿着 $\vec{c}$ 轴压缩时，如图 2 - 64 所示，可以在 $\{10\bar{1}1\}$ 和 $\{11\bar{2}\bar{2}\}$ 晶面上启动 $\vec{c} + \vec{a}$ 滑移，从而在镁合金中获得较大的塑性。因为较小的晶粒可以承受大的应变，使得晶粒中大量的

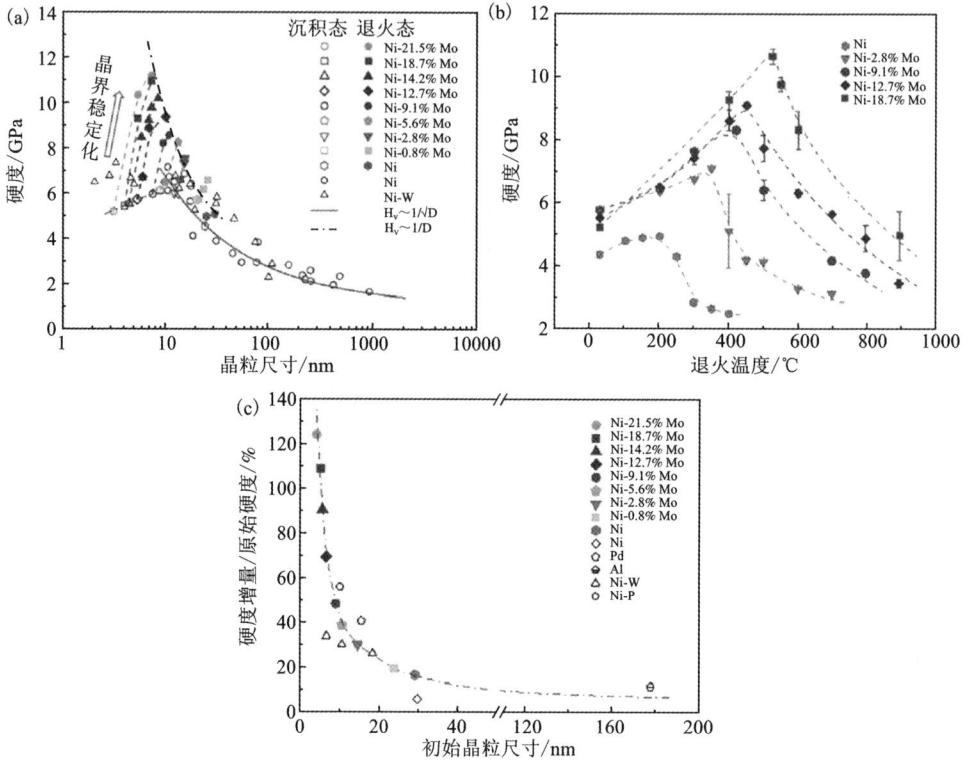

图 2 – 63 纳米 Ni – Mo 合金的软化和硬化

（a）不同晶粒尺寸的沉积态和退火态 Ni 和 Ni – Mo 合金的硬度；（b）纳米 Ni 和 Ni – Mo 合金的硬度随退火温度的变化；（c）不同晶粒尺寸的纳米 Ni 和 Ni – Mo 合金在退火过程中硬度的最大增殖

启动 $\vec{c} + \vec{a}$ 滑移，这些位错中不仅有刃型位错和螺型位错，而且还有混合型位错、位错环等，位错通过交滑移又可以形成对称的位错偶极子，如图 2 – 65 所示。$\vec{c} + \vec{a}$ 位错的运动不仅能提升材料的塑性，而且这些位错之间的交互作用同时还增加了镁合金的强度。研究结果表明，塑性差并不是镁的固有属性，提高镁及其合金的塑性，可以通过细化晶粒（将晶粒尺寸缩小至微纳米级别）或提高应变速率来实现。关于镁及镁合金的塑性变形机制，本书第 5 章还有更加详细的介绍。

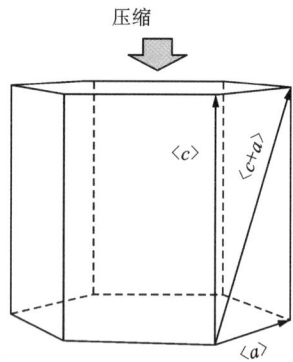

图 2 – 64 原位 TEM 观察镁合金样品的压缩加载方向

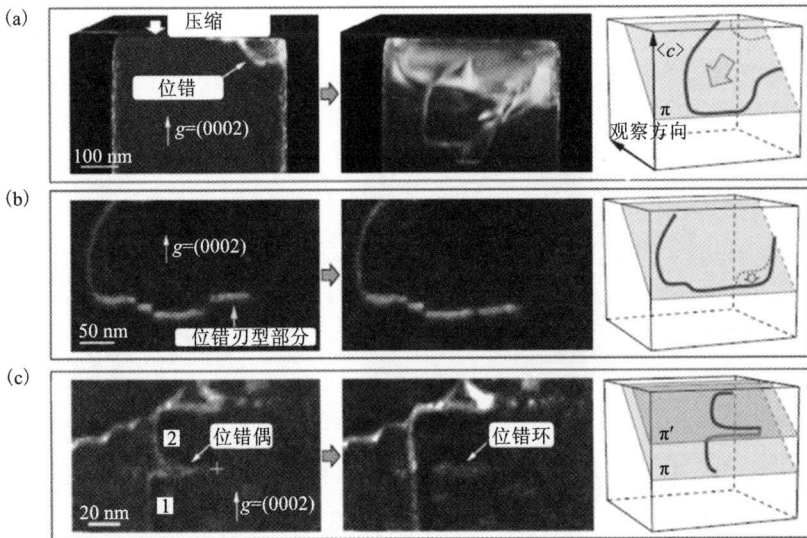

图 2 - 65　利用原位透射在不同样品中观测到的 $\vec{c} + \vec{a}$ 滑移

（a）位错环的扩展；（b）刃位错部分的移动；（c）位错偶极子的形成和小位错圈；电子束方向接近 $[\bar{2}110]$

2.5.2.2　变形及配分钢的高位错密度诱发高塑性机理

汽车、航空航天及国防工业等领域对金属结构材料要求有超高屈服强度，同时也要有良好的延展性和韧性，以便零部件能够精准成型，防止材料和部件在服役过程中的意外失效。

然而，材料的屈服强度和延展性之间常常是鱼和熊掌不可兼得的关系，一般的强化方式都是使材料的屈服强度升高，而塑性下降。尤其是屈服强度进入 2 GPa 的超高强范围时，进一步改善材料塑性具有非常大的难度。

香港大学黄明欣等研发了一种新的变形及配分（deformed & partitioned）锰钢，通过在高位错密度的马氏体基体中形成亚稳的奥氏体晶粒，如图 2 - 66 所示，可使该超级钢获得 2.2 GPa 的屈服强度和 16% 的均匀伸长率。同时，为了解释这种超级钢的高强度和高塑性，他们提出了一个全新的"位错机制"，即位错密度的提高不仅可以增加金属材料的强度，还可以提高其伸长率。在高位错密度情况下，位错相互作用非常大，互相制约难于开动产生塑性变形，导致超高的屈服强度。但当应力达到 2.2 GPa 这样一个高水平时，大量的位错突然同时开动，从而产生了高的塑性。位错的这种不动和动看似矛盾的两方面被这种超级钢完美地统一了起来，从而使这种超级钢同时获得了高屈服强度和高塑性。该研究也为其他的塑性变形诱导的马氏体相变的合金材料提供了一种同时提高强度和塑性的思路和方法。

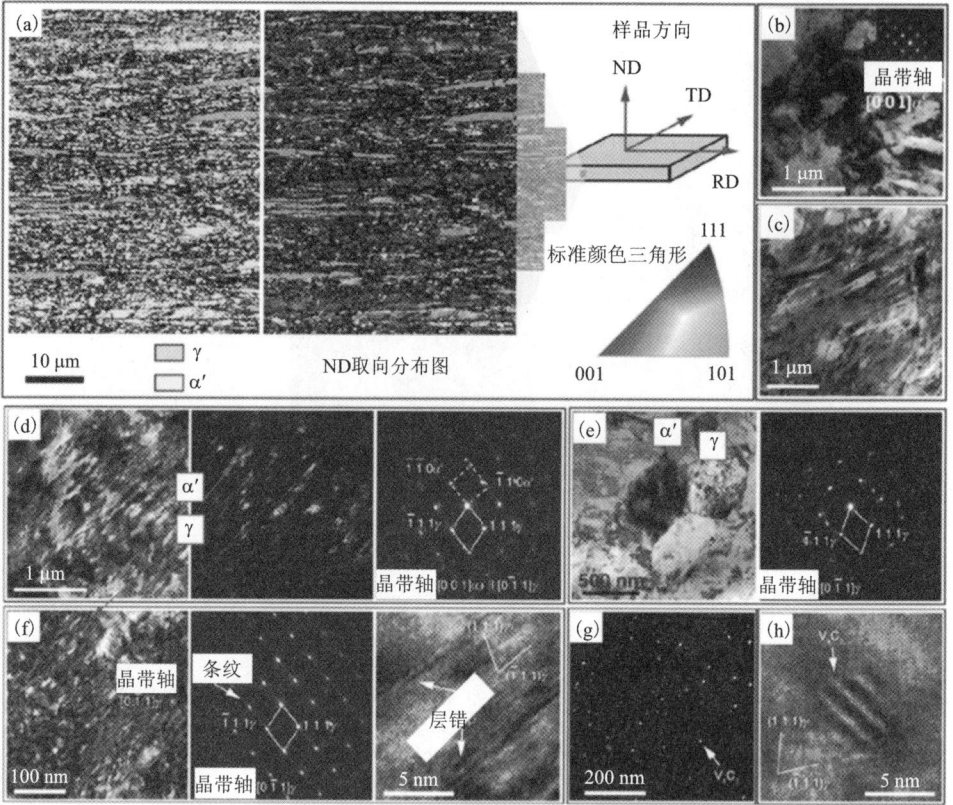

图 2 - 66　变形及配分钢的微观组织(彩图版见附录)

(a)EBSD 照片显示在回火马氏体中形成的条状奥氏体晶粒;(b)马氏体中的位错结构;(c)凸透镜状马氏体中的位错和孪晶;(d)板条状马氏体和层状奥氏体的透射电镜照片;(e)亚微米级奥氏体晶粒中的位错;(f)奥氏体中的位错和层错;(g)回火马氏体中的纳米钒化碳粒子的暗场像;(h)纳米钒化碳粒子的高分辨电镜图像

2.5.2.3　具有双相纳米结构的高强镁合金

在实际生产中,制造出具有理论强度的材料是很难实现的。目前,大多数提高材料强度的方法都是基于控制材料之中的缺陷来阻碍位错的运动,然而这些方法存在一些局限性。例如,工业单相纳米晶合金和单相金属玻璃可以具有非常高的强度,但由于在材料制备过程中反 Hall - Petch 效应(reverse Hall - Petch effect)和剪切带的形成,它们通常会在相对较低的应变(小于2%)下发生软化。

针对这一问题,香港城市大学吕坚教授团队研制了双相纳米晶结构的镁合金材料,通过磁控溅射法将直径约6 nm 的 $MgCu_2$ 晶粒均匀地嵌入约2 nm 厚的富含镁的非晶壳中，生产获得了具有非晶/纳米晶双相结构的镁基超纳尺寸双相玻璃晶（supra – nanometre – sized dual – phase glass – crystal，简写为 SNDP – GC），所谓的超纳尺度就是每种相的尺寸都是小于 10 nm 的，如图 2 – 67 所示。所得的双纳米相 Mg 材料的强度是近乎理想的 3.3 GPa，这也是迄今为止强度最大的镁合金薄膜。同时，研究者提出了一种由本构模型组成的强度增强机制。由于在材料制备过程中形成了一个由直径约 6 nm 且几乎无位错的晶粒组成的结晶 $MgCu_2$ 相晶粒，当应变发生时，该结晶相阻止了局部剪切带的扩展传播，如图 2 – 67 所示。在任何已出现的剪切带内，嵌入的纳米晶粒发生分裂和旋转，也有利于材料强化和抵抗剪切带的软化效果。

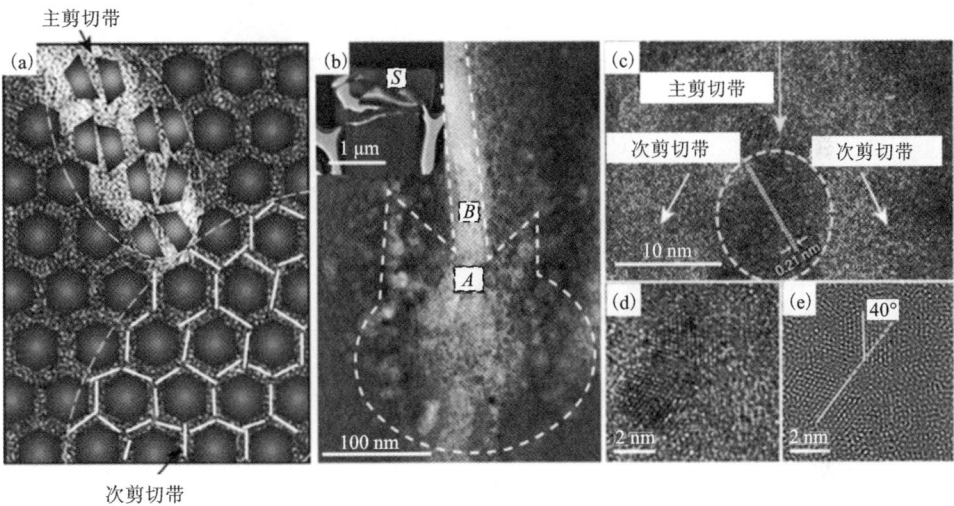

图 2 – 67　双纳米结构镁合金的变形机制

(a)主剪切带被纳米晶阻止，剪切带中的纳米晶被碎化和旋转；合金中形成的纳米晶用正六边形表示，分裂的纳米晶用分开的六边形表示；(b)初始剪切带的尖端区域；(c) A 区域显示剪切带被 $MgCu_2$ 纳米晶阻止；(d) B 区域显示一个 $MgCu_2$ 纳米晶被剪切带分裂；(e)被分裂的 $MgCu_2$ 纳米晶两部分相互旋转了 40°

2.5.2.4　高熵合金的高强度和高韧性

高屈服强度和高韧性始终是结构材料追求的目标，但通常材料的高屈服强度和高韧性很难同时获得，它们是一对矛盾的双体。这是因为一般材料的高屈服强度要求位错不容易动，而高韧性又希望位错容易运动，这样可以释放裂纹尖端的应力集中，延缓裂纹的扩展，同时，还能提高裂纹扩展过程中的塑性功。2014年，Robert Ritchie 等发现了一种由铁、锰、镍、钴、铬组成的高熵合金（CrMnFeCoNi）。该材料具有非常高的屈服强度的同时，还具有非常高的韧性，如图 2 – 68 所示，实现了这一矛盾体的统一。同时，该材料在零下 200℃的液氮温度附近反而展现出更好的塑性，这一神奇的性能同样是普通材料中难以想象的。因为一般材料在低温时由于位错运动性的下降，塑性是降低的。这一反常的现象激发了许多学者去寻找这种高熵合金天赋异禀的"基因"。

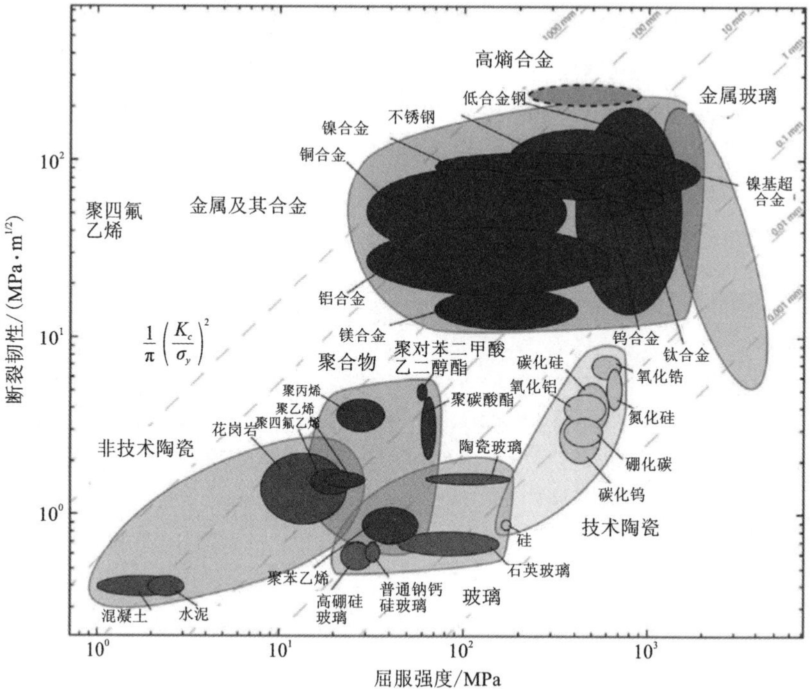

图 2-68 各种典型材料的屈服强度和断裂韧性之间关系的 Ashby 图

余倩等设计制备了拥有较大浓度波起伏的 CrFeCoNiPd 合金，并通过透射电镜解析了该高熵合金中的元素分布规律。研究认为，调控浓度波将成为一种普适性的方法，可高效地寻找到更优秀的合金材料。与 CrMnFeCoNi 相比，CrFeCoNiPd 合金在保证相当水平的塑性变形能力的情况下，屈服强度提高了50%。他们通过原位电镜观察到，材料中位错发生了塞积，许多个位错在某处"停滞"不前，但是，在较大的内部应力下，导致了材料中高频率的交滑移、二次交滑移，如图 2-69 所示。他们认为，正是元素分布呈剧烈的浓度波动，让材料内部产生了大量的交滑移，位错可以保持持续的、微小的运动，较大应力化解为位错运动的微小作用力，从而赋予材料又强又韧的综合优异性能。

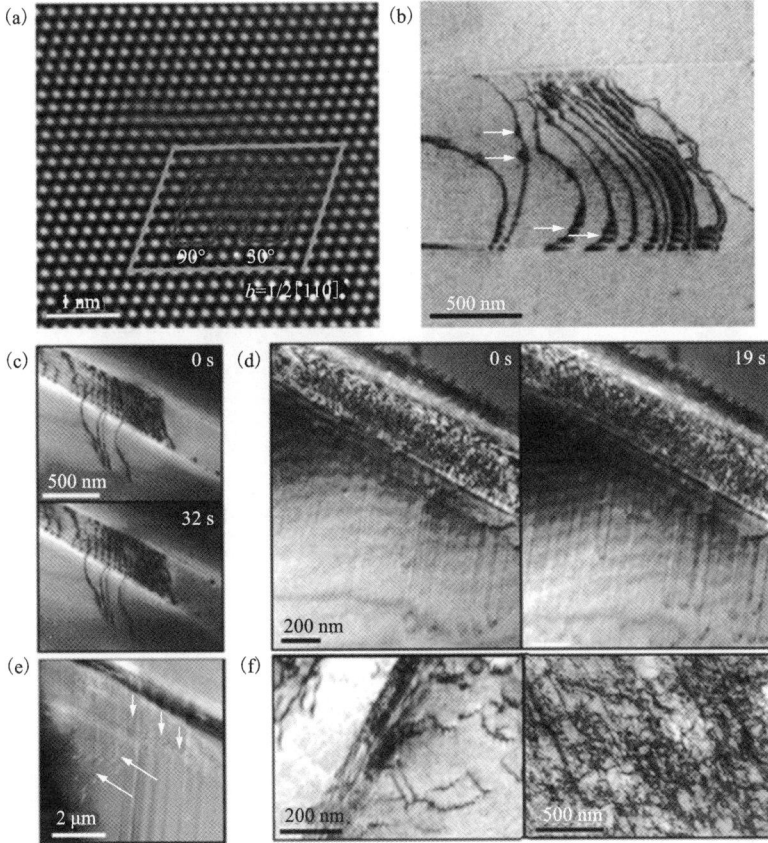

图 2 – 69　CrFeCoNiPd 合金中的位错

（a）通过高角环形暗场像（high – angle annular dark – field，简化为 HAADF）在 ＜110＞ 带轴下观察到的 60°柏氏矢量 $\vec{b}$ 为 1/2［110］全位错；（b）原位变形时形成的位错列；（c）位错在塞积群里的缓慢移动；（d）塞积群中的位错的大量交滑移；（e）相交滑移带的交互作用导致了新滑移系统的产生，短箭头和长箭头示出了不同的滑移带；（f）在大尺寸样品中观察到的不同应变条件下的位错组织

2.5.3　纳米金属的新型塑性变形机制

2.5.3.1　共格孪晶界的滑移

共格孪晶界（coherent twin boundary，简写为 CTB）两侧晶体的取向相对于孪晶界呈镜面对称，界面上的原子完全坐落在两侧晶体的共同点阵位置上，这使得共格孪晶界是所有晶界中界面能最低、结构最稳定的界面。因此，共格孪晶界一直被认为是不可能发生滑移的晶界。但是，共格孪晶界为什么不能发生滑移呢？带着这一问题，单智伟教授团队与合作者们从理论上进行了深度分析和系统的实验研究，沿基体和孪晶（matrix and twin，简写为 M&T）共同晶向 $[\overline{1}20]_{M\&T}$ 进行压

缩含孪晶的单晶铜纳米柱，结果发现共格孪晶界应该能够发生滑移，其先决条件是加载方向要能使得先导不全位错(leading partial dislocation，简写为 LP)与拖曳不全位错(trialing partial dislocation，简写为 TP)的施密特因子的大小相当，并交替形核和运动，如图 2 – 70 所示。图 2 – 70 中 ZA 为晶带轴(zone axis，简写为 ZA)，M 表示基体(matrix)，T 表示孪晶。

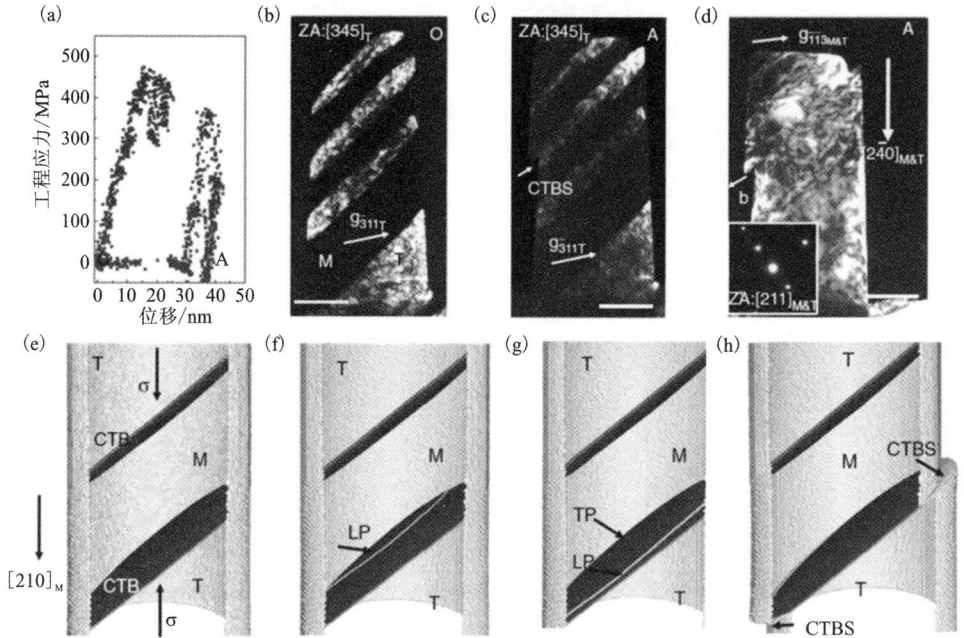

图 2 – 70　铜中共格孪晶界滑移的典型例子

(a)沿[1̄20]_{M&T}晶向压缩含孪晶的单晶铜纳米柱的应力 – 位移曲线；(b) ~ (d)为原位压缩纳米孪晶铜时拍的暗场电镜照片；(e) ~ (h)为利用分子动力学模拟的共格孪晶界移动时的形貌变化

他们绘制出了共格孪晶界滑移变形与加载方向之间的关系图，图 2 – 70 可完全预测给定加载方向时共格孪晶界的变形行为。为了验证上述理论的正确性，他们选取纳米孪晶铜为研究对象，借助于聚焦离子束精细加工技术，选取了几组典型位向，制备出能满足共格孪晶界滑移条件的样品，并在透射电子显微镜下通过原位力学测试平台对这些样品进行原位压缩变形。试验结果证明，共格孪晶界在合适加载条件下的确可以发生滑移变形，从而更新了人们对共格孪晶界变形的认知。

2.5.3.2　体心立方金属中的形变孪晶

前面介绍过，形变孪晶是一种与位错滑移相竞争的塑性变形方式。这种塑性变形方式在密排六方金属中比较常见，而在高层错能的面心立方金属和体心立方金属中不常见。特别是在体心立方金属中，由于它们的层错能一般都很高，位错不容易扩展，通常只有在高应变速率或低温条件下才能观察到孪晶。这主要是由于在这种变形条件下，可以产生比较高的应力，从而诱发孪生。层错和形变孪晶在高层错能面心立方纳米金属中得到了广泛的观察和证实，如 Al 纳米晶、Cu 纳米线和 Au 纳米晶须等。

　　然而，在体心立方金属中，由于其高层错能不容易扩展形成不全位错，极少观察到形变孪晶。Wang 等通过对钨纳米线的原位压缩实验结合高分辨电镜观察，

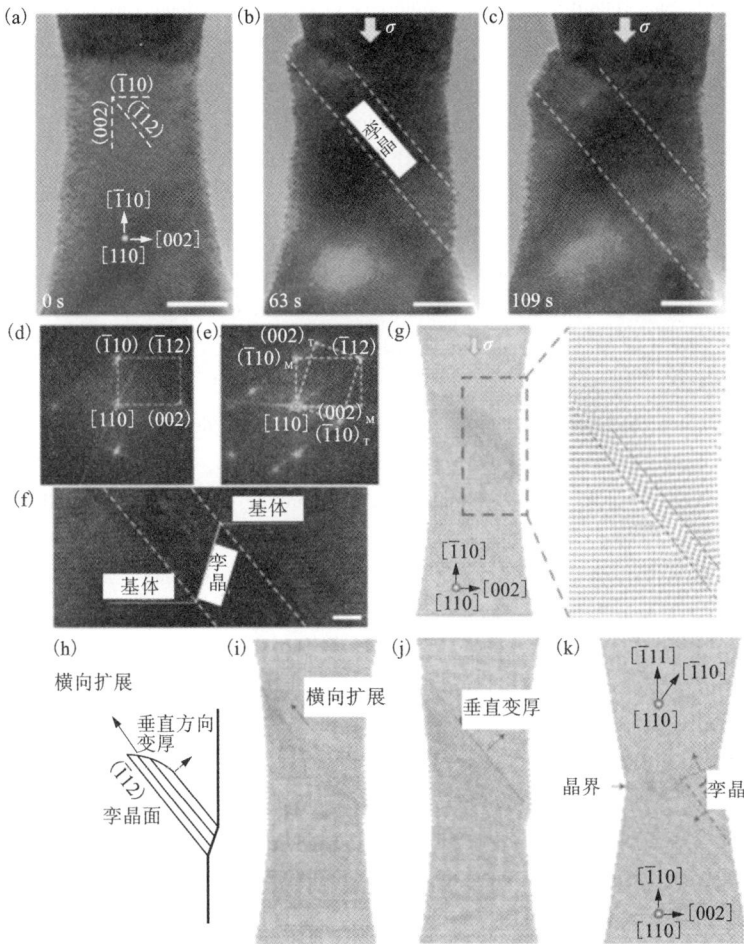

图 2 - 71　钨纳米线沿着 [1̄10] 方向压缩产生的形变孪晶

（a）~（c）在室温以 10^{-3} s^{-1} 应变速率拉伸直径为 15 nm 的 W 双晶纳米线中形成的形变孪晶的一系列不同时间拍摄的 TEM 照片，标尺长度为 5 nm；（d）~（e）双晶钨和形变孪晶的傅立叶转换（fast fourier transform，简写为 FFT）花样；（f）放大的形变孪晶的 TEM 照片，标尺为 1 nm；（g）MD 模拟的钨单晶纳米线中孪晶的形核；（h）孪晶沿着平行于孪晶面横向生长（lateral expansion）和垂直于孪晶面方向变厚（vertical thickening）的示意图；（i）~（j）MD 模拟的形变孪晶的长大；（k）MD 模拟的钨双晶纳米线中孪晶的生长

发现了纳米钨的塑性变形是以形变孪晶塑性变形机制为主，如图 2 - 71 所示。他们认为这种形变孪晶的产生是一种伪弹性现象，因为卸载后这些形变孪晶会消失。该研究体现了纳米体心立方金属与块体体心立方金属塑性变形的差异性。

参考文献

[1] Groza, J R, Shackelford J F, et al. Materials Processing Handbook [M]. Boca Raton: CRC Press, 2007.

[2] Cao Y, Ni S, Liao X, et al. Structural evolutions of metallic materials processed by severe plastic deformation [J]. Materials Science and Engineering R, 2018, 133: 1 – 59.

[3] Tsuji N, Saito Y, Lee S H, et al. ARB (Accumulative Roll – Bonding) and other new techniques to produce bulk ultrafine grained materials [J]. Advanced Engineering Materials, 2003, 5(5): 338 – 344.

[4] Hull D, Bacon D J. Introduction to dislocations [M]. 5nd ed. Oxford: Elsevier, 2011.

[5] Han W Z, Huang L, Ogata S, et al. From "Smaller is Stronger" to "Size – Independent Strength Plateau": Towards Measuring the Ideal Strength of Iron [J]. Adv. Mater., 2015, 27(22): 3385 – 3390.

[6] Hull D. Orientation and temperature dependence of plastic deformation processes in 3.25% silicon iron [J]. Proceedings of the Royal Society of London A, 1963, 274: 5 – 20.

[7] Laughlin D E, Hono K. Physical Metallurgy [M]. 5nd ed. Oxford: Elsevier, 2014.

[8] Vitek V, Paidar V. Non – planar dislocation cores: a ubiquitous phenomenon affecting mechanical properties of crystalline materials [J]. Dislocations in solids, 2008, 14: 439 – 514.

[9] Caillard D, Martin J L. Thermally activated mechanisms in crystal plasticity [M]. Oxford: Elsevier, 2003.

[10] Cai W, Bulatov V V, Chang J, et al. Dislocation core effects on mobility [J]. Dislocations in solids, 2004, 12: 1 – 80.

[11] 余永宁. 金属学原理 [M]. 第 2 版. 北京: 冶金工业出版社, 2013.

[12] Zlateva G, Martinova, Z. Microstructure of metals and alloys: an atlas of transmission electron microscopy images [M]. Oxford: CRC press, 2008.

[13] Beyerlein I J, Zhang X, Misra A, et al. Growth Twins and Deformation Twins in Metals [J]. Annual Review of Materials Research, 2014, 44(1): 329 – 363.

[14] Cottrell A H. LX. The formation of immobile dislocations during slip [J]. The London, Edinburgh, and Publin Philosophical Magazine and Journal of Science, 1952, 43(341): 645 – 647.

[15] Mills M J, Stadelmann P. A study of the structure of Lomer and 60 dislocations in aluminium using high – resolution transmission electron microscopy [J]. Philosophical Magazine A, 1989, 60(3): 355 – 384.

[16] Mori T, Fujita H. Dislocation reactions during deformation twinning in Cu – 11at.% Al single

crystals[J]. Acta Metallurgica, 1980, 28(6): 771 – 776.

[17] Fujita H, Ueda S. Stacking faults and f. c. c. (γ)→h. c. p. (∈) transformation in 188 – type stainless steel[J]. Acta Metallurgica, 1972, 20(5): 759 – 767.

[18] 颜庆云. 体心立方晶体中螺型位错的可动性 – 模拟方法评述[J]. 自然科学进展, 2000, 10(9): 669 – 776.

[19] Hsiung L L. On the mechanism of anomalous slip in BCC metals[J]. Materials Science and Engineering A, 2010, 528(1): 329 – 337.

[20] Ngan A H W. A generalized Peierls – Nabarro model for nonplanar screw dislocation cores[J]. Journal of The Mechanics and Physics of Solids, 1997, 45(6): 903 – 921.

[21] Duesbery M S, Vitek V. Plastic anisotropy in b. c. c. transition metals[J]. Acta Materialia, 1998, 46(5): 1481 – 1492.

[22] Vitek V. Core structure of screw dislocations in body – centred cubic metals: relation to symmetry and interatomic bonding[J]. Philosophical Magazine, 2004, 84(3 – 5): 415 – 428.

[23] Gröger R, Bailey A G, Vitek V. Multiscale modeling of plastic deformation of molybdenum and tungsten: I. Atomistic studies of the core structureand glide of 1/2 <111> screw dislocations at 0 K[J]. Acta Materialia, 2008, 56: 5401 – 5411.

[24] Yang L H, Moriarty J A. Kink – pair mechanisms for a/2 <111> screw dislocation motion in bcc tantalum[J]. Materials Science and Engineering A, 2001, 319 – 321: 124 – 129.

[25] Ngan A H W. A new model for dislocation kink – pair activation at low temperatures based on the Peierls – Nabarro concept[J]. Philosophical Magazine A, 1999, 79(7): 1697 – 1720.

[26] Dezerald L, Rodney D, Clouet E, et al. Plastic anisotropy and dislocation trajectory in BCC metals[J]. Nature communications, 2016, 7(1): 1 – 7.

[27] Weinberger C R, Boyce B L, Battaile C C. Slip planes in bcc transition metals[J]. International materials reviews, 2013, 58(5): 296 – 314.

[28] Bulatov V V, Justo J F, Cai W, et al. Kink asymmetry and multiplicity in dislocation cores[J]. Physical review letters, 1997, 79(25): 5042.

[29] Butler B G, Paramore J D, Ligda J P, et al. Mechanisms of deformation and ductility in tungsten——A review[J]. International Journal of Refractory Metals and Hard Materials, 2018, 75: 248 – 261.

[30] Britton T B, Dunne F P E, Wilkinson A J. On the mechanistic basis of deformation at the microscale in hexagonal close – packed metals[J]. Proceedings of the Royal Society of London A, 2015, 471: 20140881.

[31] Vitek V, Igarashi M. Core structure of 1/3 <$1\bar{1}20$> screw dislocations on basal and prismatic planes in h. c. p. metals: An atomistic study[J]. Philosophical Magazine A, 1991, 63(5): 1059 – 1075.

[32] Couret A, Caillard D. An in situ study of prismatic glide in magnesium – I. The rate controlling mechanism[J]. 1985, 33(8): 1447 – 1454.

[33] Messerschmidt U, Bartsch M. Generation of dislocations during plastic deformation [J].

Materials Chemistry and Physics, 2003, 81: 518 – 523.

[34] Fujita H, Yamada H. Multiplication of Dislocations in Aluminum[J]. Journal of the Physical Society of Japan, 1970, 29(1): 132 – 139.

[35] Wang S, Chen C, Jia Y L, et al. Evolution of texture and deformation microstructure in Ta – 2.5W alloy during cold rolling[J]. Journal of Materials Research, 2015, 30: 2792 – 2803.

[36] Murr L E. Some observations of grain boundary ledges and ledges as dislocation sources in metals and alloys[J]. Metallurgical and Materials Transactions A – physical Metallurgy and Materials Science, 1975, 6(3): 505 – 513.

[37] Kacher J, Eftink B P, Cui B, et al. Dislocation interactions with grain boundaries[J]. Current Opinion in Solid State and Materials Science, 2014, 18: 227 – 243.

[38] Price C W, Hirth J P. A mechanism for the generation of screw dislocations from grain – boundary ledges[J]. Materials Science and Engineering, 1972, 9: 15 – 18.

[39] Murr L E. Dislocation ledge sources: dispelling the myth of Frank – Read source importance [J]. Metallurgical and Materials Transactions A, 2016, 47(12): 5811 – 5826.

[40] Christian J W, Mahajan S. Deformation twinning[J]. Progress in Materials Science, 1995, 39: 1 – 157.

[41] Yoo M H, Morris J R, Ho K M, et al. Nonbasal deformation modes of HCP metals and alloys: role of dislocation source and mobility[J]. Metallurgical and Materials Transactions A, 2002, 33: 813 – 822.

[42] Zhu Y T, Liao X Z, Wu X, et al. Deformation twinning in nanocrystalline materials [J]. Progress in Materials Science, 2012, 57(1): 1 – 62.

[43] Mahajan S. Critique of mechanisms of formation of deformation, annealing and growth twins: Face – centered cubic metals and alloys[J]. Scripta Materialia, 2013, 68(2): 95 – 99.

[44] Meyers M A, Vohringer O, Lubarda V A, et al. The onset of twinning in metals: a constitutive description[J]. Acta Materialia, 2001, 49(19): 4025 – 4039.

[45] Xu F, Zhang X, Ni H, et al. Effect of twinning on microstructure and texture evolutions of pureTi during dynamic plastic deformation[J]. Materials Science and Engineering A, 2013, 564: 22 – 33.

[46] Mills M J, Neeraj T. Dislocations in metals and metallic alloys[M]. 2nd ed. Oxford: Elsevier, 2001.

[47] Wu H, Kumar A, Wang J, et al. Rolling – induced face centered cubic titanium in hexagonal close packed titanium at room temperature[J]. Scientific Reports, 2016, 6(1): 24370.

[48] Niu L, Wang S, Chen C, et al. Mechanical behavior and deformation mechanism of commercial pure titanium foils[J]. Materials Science and Engineering A, 2017, 707: 435 – 442.

[49] Hu X, Zhao H, Ni S, et al. Grain refinement and phase transition of commercial pure zirconium processed by cold rolling[J]. Materials Characterization, 2017, 129: 149 – 155.

[50] Zhao H L, Hu X Y, Song M, et al. Mechanisms for deformation induced hexagonal close – packed structure to face – centered cubic structure transformation in zirconium [J]. Scripta

Materialia, 2017, 132: 63 - 67.

［51］Zhao H L, Song M, Ni S, et al. Atomic - scale understanding of stress - induced phase transformation in cold - rolled Hf[J]. Acta Materialia, 2017, 131: 271 - 279.

［52］Chen C, Qian S, Wang S, et al. The microstructure and formation mechanism of face - centered cubic Ti in commercial pure Ti foils during tensile deformation at room temperature [J]. Materials Characterization, 2018, 136: 257 - 263.

［53］Liu B Y, Wang J, Li B, et al. Twinning - like lattice reorientation without a crystallographic twinning plane[J]. Nature communications, 2014, 5: 3297.

［54］Wang S J, Wang H, Du K, et al. Deformation - induced structural transition in body - centred cubic molybdenum[J]. Nature Communications, 2014, 5: 3433.

［55］Lee T H, Kim S D, Ha H Y, et al. Screw dislocation driven martensitic nucleation: A step toward consilience of deformation scenario in fcc materials[J]. Acta Materialia, 2019, 174: 342 - 350.

［56］Liu R, Zhang Z J, Li L L, et al. Microscopic mechanisms contributing to the synchronous improvement of strength and plasticity (SISP) for TWIP copper alloys[J]. Scientific Reports, 2015, 5: 9550.

［57］Kalsar R, Khandal P, Suwas S. Effects of Stacking Fault Energy on Deformation Mechanisms in Al - Added Medium Mn TWIP Steel[J]. Metallurgical and Materials Transactions A, 2019, 50: 3683 - 3696.

［58］Xu H, Zhang Z J, Zhang P, et al. The synchronous improvement of strength and plasticity (SISP) in new Ni - Co based disc superalloys by controling stacking fault energy[J]. Scientific Reports, 2017, 7: 8046.

［59］Wang S, L Niu, Chen C, et al. Size effects on the tensile properties and deformation mechanism of commercial pure titanium foils[J]. Materials Science and Engineering A, 2018, 730: 244 - 261.

［60］Dini G, Ueji R. Effect of grain size and grain orientation on dislocations structure in tensile strained TWIP steel during initial stages of deformation[J]. Steel Research International, 2012, 83(4): 374 - 378.

［61］Wang S, Wang M P, Chen C, et al. Orientation dependence of the dislocation microstructure in compressed body - centered cubic molybdenum[J]. Materials Characterization, 2014, 91(2): 10 - 18.

［62］Hansen N, Huang X, Pantleon W, et al. Grain orientation and dislocation patterns [J]. Philosophical Magazine, 2006, 86: 3981 - 3994.

［63］Liu Q, Jensen D J, Hansen N, et al. Effect of grain orientation on deformation structure in cold - rolled polycrystalline aluminium[J]. Acta Materialia, 1998, 46(16): 5819 - 5838.

［64］Sainath G, Choudhary B K. Orientation dependent deformation behaviour of BCC iron nanowires [J]. Computational Materials Science, 2016, 111: 406 - 415.

［65］Harding J. The yield and fracture behaviour of high - purity iron single crystals at high rates of strain[J]. Proceedings of The Royal Society of London. Series A, Mathematical and Physical Sciences, 1967, 299(1459): 464 – 490.

[66] Han W Z, Zhang Z F, Wu S D, et al. Combined effects of crystallographic orientation, stacking fault energy and grain size on deformation twinning in fcc crystals[J]. Philosophical Magazine, 2008, 88: 3011 – 3029.

[67] Tian Y Z, Zhao L J, Chen S, et al. Significant contribution of stacking faults to the strain hardening behavior of Cu-15% Al alloy with different grain sizes[J]. Scientific Reports, 5: 16707.

[68] Huang Z W, Yong P L, Zhou H, et al. Grain size effect on deformation mechanisms and mechanical properties of titanium[J]. Materials Science and Engineering A, 2020, 773: 138721.

[69] Hansen N, Barlow C Y. Plastic deformation of metals and alloys[M]. Oxford: Elsevier, 2014.

[70] Lei Z, Liu X, Wu Y, et al. Enhanced strength and ductility in a high – entropy alloy via ordered oxygen complexes[J]. Nature, 2018, 563: 546 – 550.

[71] 卢磊, 尤泽升. 纳米孪晶金属塑性变形机制[J]. 金属学报, 2014, 50(2): 129 – 136.

[72] Humphreys, F J, Hatherly M. Recrystallization and related annealing phenomena[M]. 2nd ed. Oxford: Elsevier, 2004.

[73] Nourbakhsh S, Song Q. Shear band formation in heavily cold rolled 70 – 30 brass [J]. Metallurgical Transactions A, 1989, 20(7): 1267 – 1275.

[74] Li H Z, Liu H T, Liu Z Y, et al. Characterization of microstructure, texture and magnetic properties in twin – roll casting high siliconnon – oriented electrical steel [J]. Materials Characterization, 2014, 88: 1 – 6.

[75] Zhu L, Seefeldt M, Verlinden B. Deformation banding in a Nb polycrystal deformed by successive compression tests[J]. Acta Materialia, 2012, 60: 4349 – 4358.

[76] Kuhlmann – wilsdorf D, Kulkarni S S, Moore J T, et al. Deformation bands, the LEDS theory, and their importance in texture development: Part I. Previous evidence and new observations [J]. Metallurgical and Materials Transactions A – physical Metallurgy and Materials Science, 1999, 30(9): 2491 – 2501.

[77] Kuhlmann – wilsdorf D. Energy minimization of dislocationsin low – energy dislocation structures [J]. Physica Status Solidi (a), 1987, 104(1): 121 – 144.

[78] Landau P, Makov G, Shneck R Z, et al. Universal strain – temperature dependence of dislocation structure evolution in face – centered – cubic metals[J]. Acta Materialia, 2011, 59: 5342 – 5350.

[79] Hong C, Huang X, Winther G. Dislocation content of geometrically necessary boundaries aligned with slip planes in rolled aluminium [J]. Philosophical Magazine, 2013, 93 (23): 3118 – 3141.

[80] Hansen N, Huang X, Winther G. Effect of Grain Boundaries and Grain Orientation on Structure and Properties[J]. Metallurgical and Materials Transactions A, 2010, 42(3): 613 – 625.

[81] Wang S, Niu L, Chen C, et al. The orientation spreading in γ – fiber of electron beam melted Ta – 2.5W alloy during cold rolling[J]. Journal of Alloys and Compounds, 2017, 699: 57 – 67.

[82] Chen Q Z, Duggan B J. On cells and microbands formed in an interstitial – free steel during cold rolling at low to medium reductions[J]. Metallurgical and Materials Transactions A – physical Metallurgy and Materials Science, 2004, 35(11): 3423 – 3430.

[83] Tung L K, Quadir M Z, Duggan B J, et al. Anovel rolling – annealing cycle for enhanced deep drawing properties in IF steels[J]. Key Engineering Materials, 2003, 233 – 236: 437 – 442.

[84] Randle V, Engler O. Introduction to texture analysis: macrotexture, microtexture and orientation mapping[M]. Boca Raton: CRC press, 2014.

[85] 张腾. 2.1% Si 无取向硅钢 Cube 再结晶织构的控制研究[D]. 沈阳: 东北大学, 2014.

[86] Engler O, Hirsch J. Polycrystal – plasticity simulation of six and eight ears in deep – drawn aluminum cups[J]. Materials Science and Engineering A, 2007, 452 – 453: 640 – 651.

[87] Humphreys J, Rohrer G S, Rollett A. Recrystallization and related annealing phenomena[M]. 3rd ed. Oxford: Elsevier, 2017.

[88] Clark J B, Garrett R K, Jungling T L, et al. Effect of processing variables on texture and texture gradients in tantalum[J]. Metallurgical and Materials Transactions A, 1991, 22(9): 2039 – 2048.

[89] Wang S, Wu Z H, Xie M Y, et al. The effect of tungsten content on the rolling texture and microstructure of Ta – W alloys[J]. Materials Characterization, 2020, 159: 110067.

[90] Tsurui T, Tsai A P, Inoue A, et al. Mechanical alloying of aluminium and Al13Co4 to an amorphous phase[J]. Journal of Alloys and Compounds, 1995, 218(1): 7 – 10.

[91] D Davis R M, Koch C C. Mechanical alloying of brittle components: silicon and germanium [J]. Scripta Metallurgica, 1987, 21(3): 305 – 310.

[92] Davis R M, Mcdermott B, Koch C C, et al. Mechanical alloying of brittle materials[J]. Metallurgical and Materials Transactions A, 1988, 19(12): 2867 – 2874.

[93] Hu L, Wang X, Wang E. Fabrication of high strength conductivity submicron crystalline Cu – 25% Cr alloy by mechanical alloying[J]. Trans Nonferrous Met Soc China, 2000, 10(2): 209 – 212.

[94] Liao X Z, Zhao Y H, Srinivasan S G, et al. Deformation twinning in nanocrystalline copper at room temperature and low strain rate[J]. Applied Physics Letters, 2004, 84(4): 592 – 594.

[95] Yu Q, Shan Z W, Li J, et al. Strong crystal size effect on deformation twinning[J]. Nature, 2010, 463(7279): 335 – 338.

[96] Hu J, Shi Y N, Sauvage X, et al. Grain boundary stability governs hardening and softening in extremely fine nanograined metals[J]. Science, 2017, 355(6331): 1292 – 1296.

[97] Liu B Y, Liu F, Yang N, et al. Large plasticity in magnesium mediated by pyramidal dislocations[J]. Science, 2019, 365(6448): 73 – 75.

[98] He B B, Hu B, Yen H W, et al. High dislocation density – induced large ductility in deformed

and partitioned steels[J]. Science, 2017, 357(6355): 1029 – 1032.

[99] Wu G, Chan K C, Zhu L, et al. Dual – phase nanostructuring as a route to high – strength magnesium alloys[J]. Nature, 2017, 545: 80 – 83.

[100] Gludovatz B, Hohenwarter A, Catoor D, et al. A fracture – resistant high – entropy alloy for cryogenic applications[J]. Science, 2014, 345(6201): 1153 – 1158.

[101] Ding Q Q, Zhang Y, Chen X, et al. Tuning element distribution, structure and properties by composition in high – entropy alloys[J]. Nature, 2019, 574: 223 – 227.

[102] Wang Z J, Li Q J, Li Y, et al. Sliding of coherent twin boundaries[J]. Nature communications, 2017, 8(1): 1108.

[103] Chen M, Ma E, Hemker K J, et al. Deformation Twinning in Nanocrystalline Aluminum[J]. Science, 2003, 300(5623): 1275 – 1277.

[104] Wang J, Zeng Z, Weinberger C R, et al. In situ atomic – scale observation of twinning – dominated deformation in nanoscale body – centred cubic tungsten[J]. Nature materials, 2015, 14(6): 594.

第 3 章　体心立方结构钽钨合金的变形及组织结构演变

体心立方（BCC）金属，如 α-Fe、Mo、Ta、V、Cr、W 和 Nb 等，由于它们具有高的层错能，通常它们的塑性变形机制都以位错滑移为主，只有在低温或者高应变速率等特殊条件下才会形成形变孪晶。体心立方金属的位错柏氏矢量 $\vec{b}$ 为 $1/2 <111>$，晶体滑移的方向为其密排方向 $<111>$。体心立方金属的位错滑移面比较多，$<111>$ 晶带轴的晶面都可能成为其滑移面，常见的滑移面有 $\{110\}$、$\{112\}$ 和 $\{123\}$ 晶面。每一个 $<111>$ 滑移方向包含 3 个 $\{110\}$、3 个 $\{112\}$ 和 6 个 $\{123\}$ 滑移面，所以体心立方金属的螺位错容易发生交滑移或者铅笔滑移（pencil glide），这种滑移的结果使得它们表面的滑移线呈现出波浪形。但是，这些不同滑移面上位错运动的派纳力是不一样的，受温度的影响比较大。一般，当变形温度低于 $T_m/4$ 时，$\{110\}$ 面滑移更容易激活；当变形温度为 $T_m/4 \sim T_m/2$ 时，$\{110\}$ 和 $\{112\}$ 滑移面都能开启。当变形温度高于 $T_m/2$ 时，$\{110\}$、$\{112\}$ 和 $\{123\}$ 滑移面都能启动，其中 T_m 为熔点。体心立方金属的塑性受螺位错的影响较大，这主要是由于螺位错芯可以向等价的 $\{110\}$ 或 $\{112\}$ 滑移晶面上扩展成非平面结构，导致它们滑移的派纳力比较大，运动性较差。根据体心立方金属中螺位错芯的特点，可以将它们分为两类：一类是以钽（Ta）、铌（Nb）等金属为代表，它们没有明显的韧脆转变温度，低温变形时也有很好的塑性；另一类是以钨（W）、钼（Mo）等金属为代表，这类金属有明显的塑脆转变温度，在低温变形时表现出极大的脆性。

本章以体心立方金属 Ta – 2.5W 合金为例，通过对 Ta – 2.5W 合金箔材的塑性加工过程的研究，从微观到宏观上全面系统分析这类体心立方金属的典型塑性变形组织（位错界面、微带和剪切带）特点、演变规律及其微观形成机理，并在此基础上介绍钽及钽钨合金板带材的塑性加工技术。

3.1　Ta 及 Ta – W 合金的塑性变形特点

难熔金属 Ta 是一种典型的高层错能体心立方金属，具有高密度、较好的高温强度和优异的耐蚀性能等，广泛应用于电子、高温、化工、医疗设备等各种高科技工业领域中。Ta 的塑性变形以位错滑移为主，并且在温度和压力变化的条件下不会发生相变。同时，Ta 具有非常好的低温塑性，室温时拉伸断面收缩率可达80%，并且它的塑性几乎不受变形温度的影响，如图 3-1 所示。同时，Ta 的屈服强度也不像 W 和 Mo 一样随温度的降低急剧升高，因此，它没有明显的韧脆转变温度（ductile-brittle transition temperature，简写为 DBTT）。在 Ta 中添加少量 W 形成的固溶强化型 Ta-W 合金，不仅可以提高 Ta 的强度，而且还具有很好的加工性能，是航空航天、化学、核工业、高温技术等领域不可缺少的重要材料。完全再结晶的 Ta-2.5W 合金在室温轧制时，其压下应变量可以达到 95% 以上，并且它的塑性变形机制也是位错滑移。

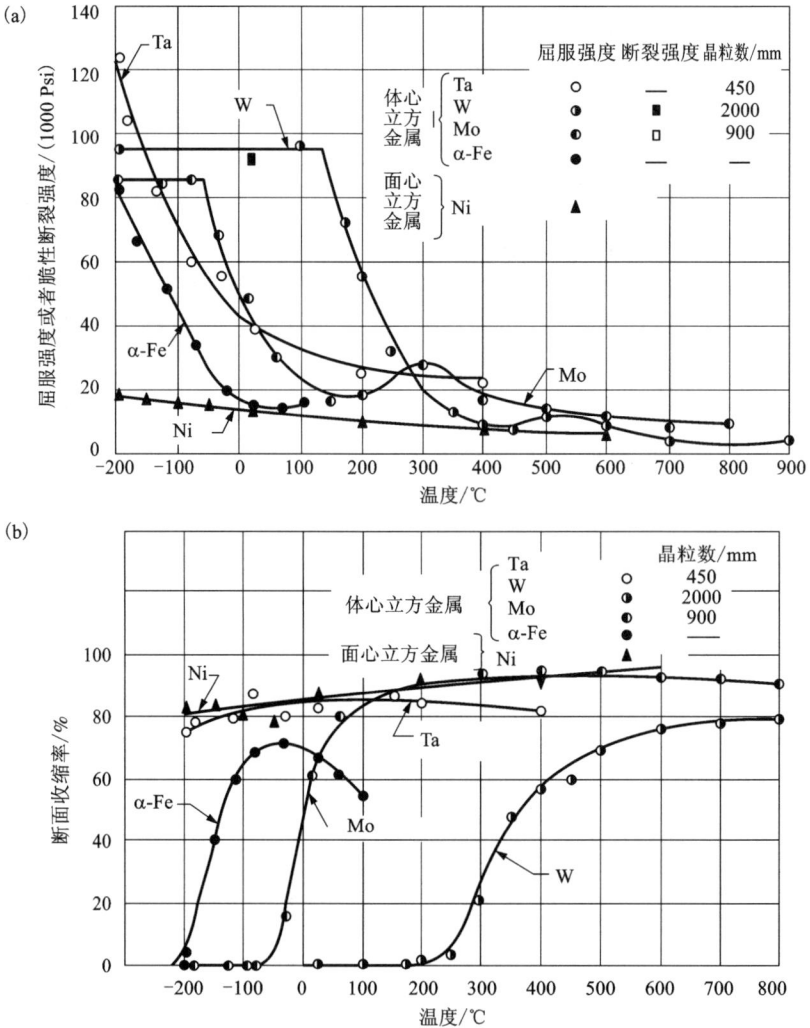

图 3-1　温度对钽的拉伸力学性能的影响

(a)屈服强度或断裂强度；(b)断面收缩率

3.2　Ta−2.5W 合金轧制变形过程中的位错界面演变

3.2.1　原始退火态组织

本章选用粉末冶金法制备的 Ta−2.5W 合金为研究对象，将完全再结晶态的 Ta−2.5W 合金板材作为初始样品，然后对其在室温进行冷轧变形，分别对不同变形量的轧制样品的塑性变形微观组织进行分析，特别是针对其位错界面结构开展系统研究，以了解体心立方金属在轧制变形过程中的位错界面演变规律。

对于粉末冶金法制备 Ta−2.5W 合金板材、带材或者箔材，其制备过程一般经历了粉末压制、两次烧结、垂熔、热锻开坯、冷轧加工和中间退火等工艺环节。为了减少材料中初始残留位错的影响，对冷轧后的材料进行了充分的再结晶退火。

图 3−2 示出了 Ta−2.5W 合金原始退火态显微组织的金相照片及其晶粒尺寸分布图。由图 3−2(a)可以看出，退火态样品中形成的晶粒呈等轴状。通过对不少于 1000 个晶粒尺寸的统计，得到此时材料中晶粒尺寸的分布图[图 3−2(b)]，可以看出，晶粒的平均尺寸约为 20 μm，其中小的晶粒尺寸只有 2 μm，晶粒比较细小。

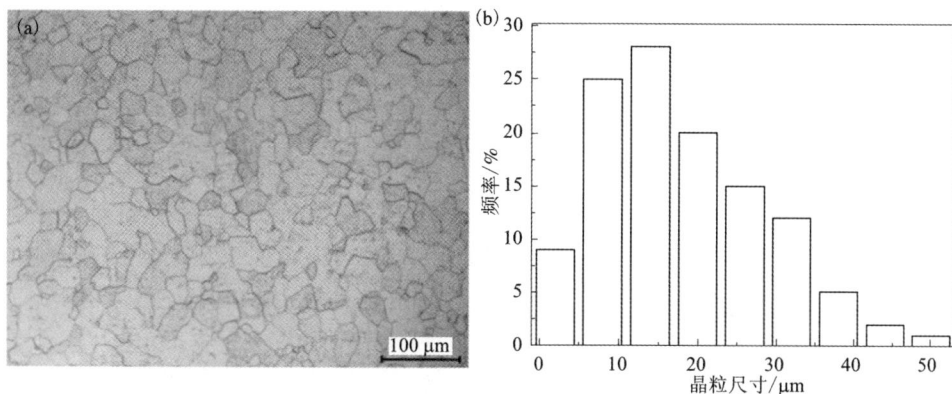

图 3−2　Ta−2.5W 合金完全再结晶退火态显微组织的金相照片及其晶粒尺寸分布

(a)金相照片；(b)晶粒尺寸分布图

图 3−3 示出了原始退火态 Ta−2.5W 合金中的显微组织的 TEM 照片。此时材料的晶粒内部和晶界上只能观察到少量的位错，位错密度极低，晶界平直，三叉晶界处相邻晶界之间的夹角接近 120°，可见，此时材料为完全再结晶状态。

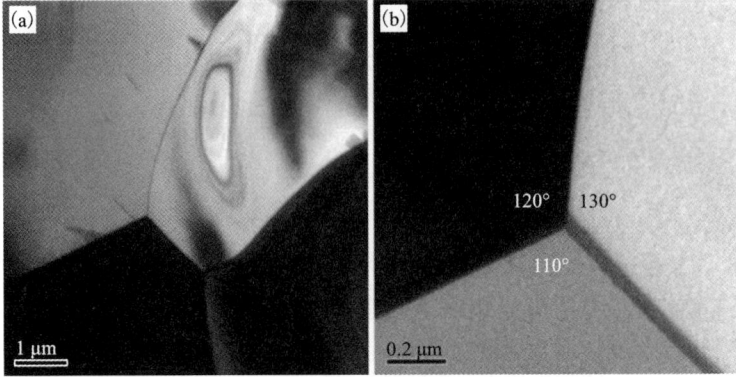

图 3 – 3　Ta – 2.5W 合金完全再结晶退火态显微组织的 TEM 照片

(a)再结晶晶粒；(b)三叉晶界以及它们之间的夹角

3.2.2　冷轧变形的位错组织

图 3 – 4 示出了 Ta – 2.5W 合金经 2% 冷轧变形后的显微组织的 TEM 照片，两图都是在双束条件下拍摄的。由此可见，对材料进行 2% 这样小的应变量塑性变形后，材料中的位错密度都会急剧增加。无论是在图 3 – 4(a)还是在图 3 – 4(b)中，都可以观察到由至少两组相互平行的位错组成的位错网格，平行位错之间的距离为 50 ~ 200 nm。这些位错多为螺位错，位错线方向与 <111> 晶向平行。这种长直的螺位错是体心立方金属变形后形成的位错的典型形貌，这主要是由于体心立方金属的螺位错运动派纳力(点阵阻力)比较大，位错线一般处于势谷中的低能状态，可动性较差。另外，此时材料中位错均匀分布，并没有形成任何位错界面。由图 3 – 4(a)箭头处所示，还可以观察到一组弧形的位错，这说明位错正在进行滑移和增殖，它们在同一个滑移面上，来源于同一个位错源。

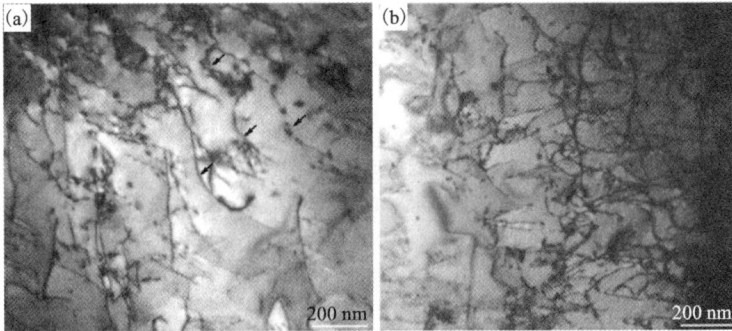

图 3 – 4　Ta – 2.5W 合金冷轧变形 2% 后显微组织的 TEM 照片

(a)均匀分布的位错，操作矢量 $\vec{g} = [112]$；(b)另一取向晶粒中的交叉位错网格，$\vec{g} = [002]$

图 3 – 5 示出了 Ta – 2.5W 合金冷轧变形 2% 的另一晶粒中位错组织的 TEM 照片。由图 3 – 5(a)可以看出，此晶粒中开启了一种比较优先的滑移系，在这个滑移系上，形成了比较多的相互平行的螺位错，而在其他方向上，位错比较少。并且，产生了大量的位错偶极子(dislocation dipole)、位错环(dislocation loops)或者位错碎片(dislocation debries)，如图中箭头处所示。这些位错偶极子和位错环都是材料中的位错交滑移和增殖的表现。从图中放大处可以看到，此位错偶极子正在分裂形成位错环，位错偶极子之间的距离约为 15 nm。此时，材料中形成的位错环都很细小，直径为 10 ~ 20 nm。位错碎片，也称棱柱位错环(prismatic dislocation loops)，和位错偶极子是体心立方金属中常见的位错形态，这是由于体心立方金属非常容易发生双交滑移。当螺位错发生双交滑移时，可以形成位错源，也可以形成位错偶极子。图 3 – 5(b)是这种由位错双交滑移形成的位错偶极子的示意图。位错双交滑移形成两个割阶(jog，简化为 J)，它们之间的距离为 L，高度为 h。当 h 比较大时，位错偶极子之间就不会发生作用，这样它们就可以作为位错源进行位错增殖，如图 2 – 29 所示。当位错双交滑移形成的割阶的高度比较小时，位错偶极子之间就会相互吸引，形成长条的位错环，进一步分裂形成细小的位错环，如图 3 – 5(c)所示。另外，在此晶粒中也未观察到位错界面。

图 3 – 6 示出了 Ta – 2.5W 合金冷轧变形 5% 后的不同取向晶粒中的典型位错组织。同样，在图中可以看到大量的位错、位错环和位错偶极子。但是，不同取向晶粒中形成的位错组织差异较大。在图 3 – 6(a)中可以看到位错缠结(dislocation tangles)，缠结在一起的位错发生相互作用，有形成位错界面的趋势；而在图 3 – 6(b)中，观察到的是两组接近相互垂直的位错列。可见，轧制变形过程中，图 3 – 6(a)所示晶粒开启的滑移系更多，产生的位错更多，更容易形成缠结。

对图 3 – 6(b)放大观察(图 3 – 7)，可以明显看到位错交滑移后形成的这种弯折形位错线，如图中虚线所示。另外，在图中可以观察到大量的位错环(图中细箭头处)，还可以观察到位错偶极子(圆圈处)以及箭头状位错形貌(椭圆处)。图中粗箭头所示为 F – R 位错源，此处的位错呈圆弧状。在此取向的晶粒中，虽然有大量的位错和位错增殖，但是并没有形成位错缠结和位错界面。由前面的分析可以看出，Ta – 2.5W 合金的变形组织中总可以观察到大量的位错偶极子和位错环组织，可见 Ta – 2.5W 合金是非常容易发生交滑移的。这是这类高层错能金属塑性变形的特征变形组织。层错能越高，位错扩展越窄，位错越容易束集产生交滑移。

图 3 – 8 示出了 Ta – 2.5W 合金冷轧变形 10% 后形成的位错缠结的 TEM 照片。由此可以看出，此时在晶粒内部形成了位错界面，位错界面处有大量的弯曲的位错缠结在一起。通过对双束的明、暗场像进行对比可以看出，界面中缠结的

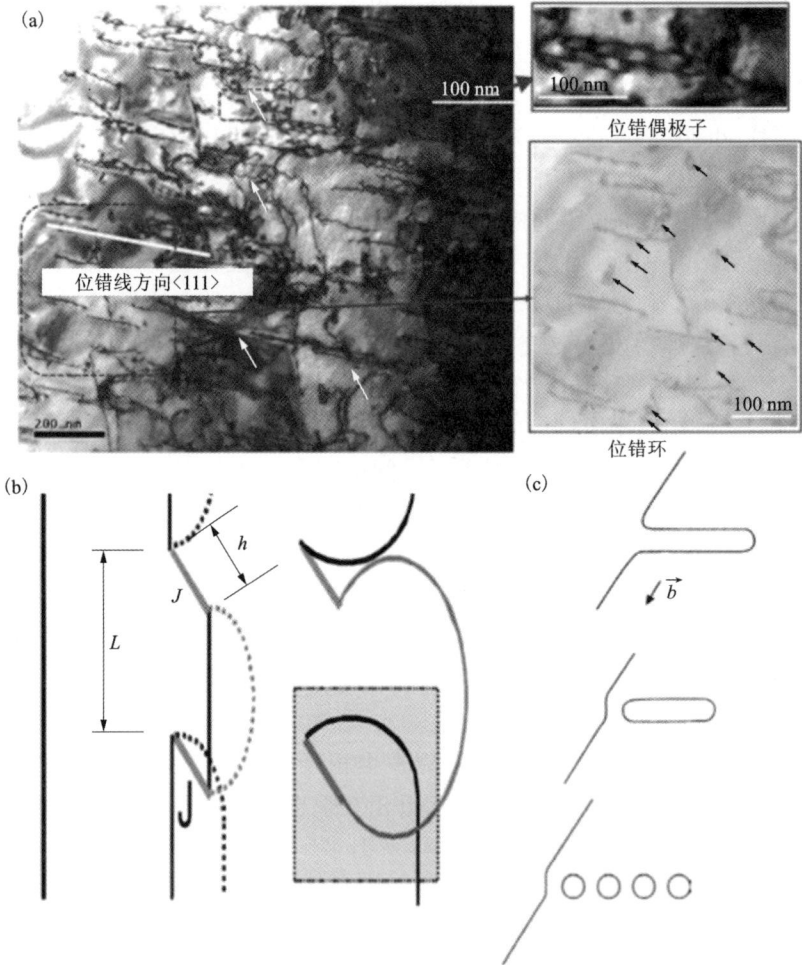

图 3-5　Ta-2.5W 合金冷轧变形 2% 的位错增殖形成的位错的偶极子及位错环

(a)位错组织的 TEM 照片；(b)双交滑移形成位错偶极子的示意图；(c)位错偶极子形成位错环示意图

位错密度很高，并且包含有不同的柏氏矢量 $\vec{b}$ 的位错。

　　图 3-9 示出了 Ta-2.5W 合金冷轧变形 20% 后的位错组织的 TEM 照片。由此可以看到一个三叉晶界和三个不同取向的晶粒，分别标记为晶粒 A、B 和 C。可以清晰地看出，这个不同晶粒中形成的位错组态差异很大。下面将对这三个晶粒中形成的位错组织进行进一步对比分析。

　　图 3-10 示出的是晶粒 A 中形成的位错组织。可以看出，晶粒 A 中的位错分布相对均匀。在晶粒中可以看见一些相互平行的长位错线，但是这些位错线与前

图 3 - 6 冷轧变形 5% 的 Ta - 2.5W 合金的不同取向晶粒中的典型位错组织 TEM 照片

(a)位错缠结;(b)另一取向晶粒中的交叉位错网络图

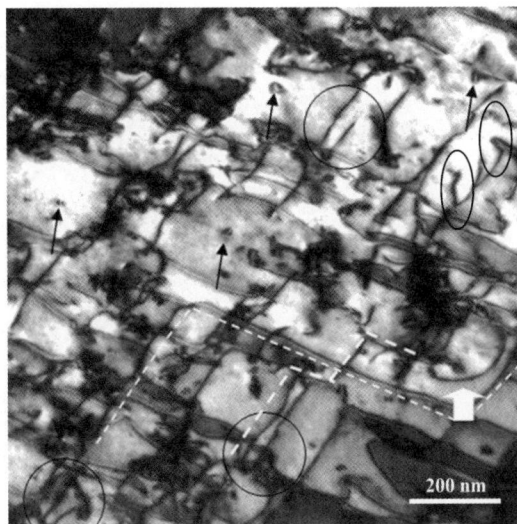

图 3 - 7 图 3 - 6(b)的放大图,箭头所示为位错环,圆圈中所示为位错偶, $\vec{g}$ = [112]

面更小变形量时产生的位错线的形貌差异较大,其显著特点是位错线没那么长直,在位错线上可见很多弯折和尖点(cusp)。另外,可以看到大的位错环,其直径可达 50 nm 左右,如图 3 - 10(d)中椭圆处所示。图 3 - 10 所示位错最大的特点是此时形成的不再是位错交叉网络,而是大量的位错缠结。在某些区域开始形成位错胞,如图 3 - 10(a)中的椭圆处所示。在这个椭圆内部,基本看不到位错的存

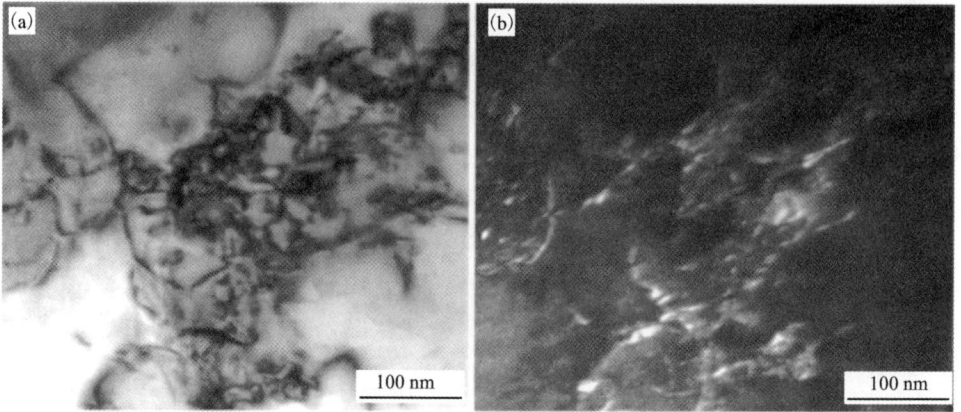

图 3 – 8　Ta – 2.5W 合金冷轧变形 10% 后形成的位错缠结的 TEM 照片，$\vec{g}$ = [112]

(a)明场像；(b)暗场像

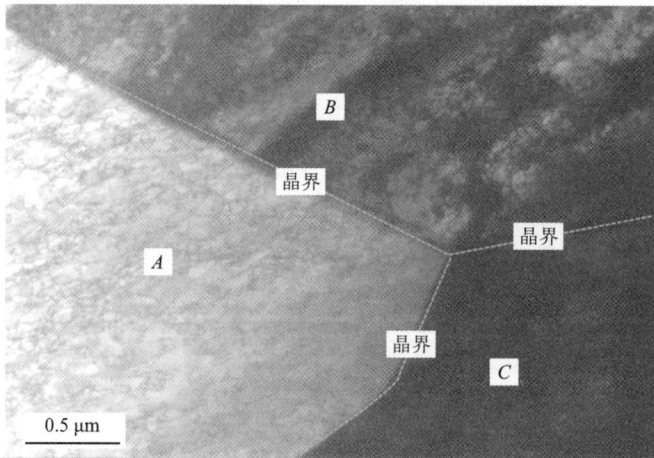

图 3 – 9　Ta – 2.5W 合金冷轧变形 20% 后的显微组织的 TEM 照片

在，在椭圆的周围，形成的是位错缠结。

在有些取向的晶粒中，如图 3 – 11 所示，该晶粒取向为旋转立方取向{001}<110>，形成的位错胞(dislocation cells)结构已非常典型，呈现等轴状，胞壁(cell wall)是高密度的位错缠结，胞内的位错密度则很低或者说几乎没有位错。此外，在此晶粒内仍然可以观察到位错环的存在。对于图 3 – 11 所示的这种取向晶粒来说，在轧制过程中是最软的取向，Taylor 因子最低，塑性变形时具有很多

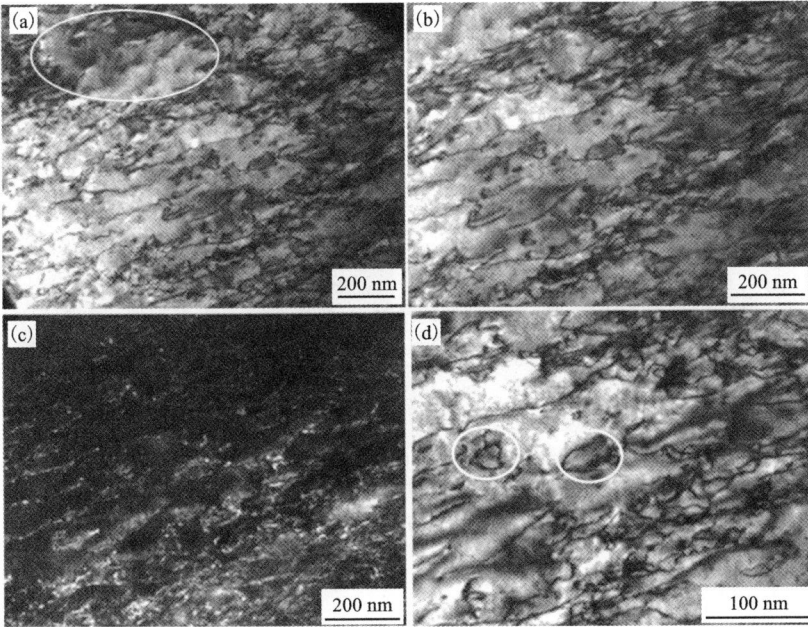

图 3 - 10　图 3 - 9 晶粒 A 中的位错组织的 TEM 照片，$\vec{g} = [110]$

(a)晶粒 A 的位错组织；(b)局部的长直位错及位错缠结；(c)图(b)的暗场相；(d)位错环

同时开启的滑移系，这些不同滑移系开启的位错容易发生缠结，极易形成这种典型的位错胞结构，因此，这种取向的晶粒的塑性变形相对均匀。对比可见，晶粒 A 的取向相对较硬，开启了比较少的滑移系，位错密度比较小，这些位错虽然在局部相互缠结，但是并没有形成明显的位错界面或者位错胞组织。

图 3 - 12 示出了图 3 - 9 中晶粒 B 中形成的位错组织形貌，箭头处所示为晶粒 A 与晶粒 B 之间的晶界。晶粒 B 中从晶界处向晶内生长形成了一系列长直的高密度位错墙(high dense dislocation wall)。这些位错界面终止在晶粒内部，与{110}滑移面接近平

图 3 - 11　冷轧变形 20% 的 Ta - 2.5W 合金中接近 {100} <110> 取向中形成的等轴位错胞，$\vec{g} = [200]$

行，界面之间的距离为 $0.2 \sim 0.5~\mu m$。仔细观察可以发现，这些长直位错界面的局部其实是弯曲的，呈现波动状。相邻长直位错界面之间区域的位错密度较低。这些长直位错界面内的位错组态示于图 3-12(b)，可见，位错界面内的位错密度很大，为杂乱的位错缠结。

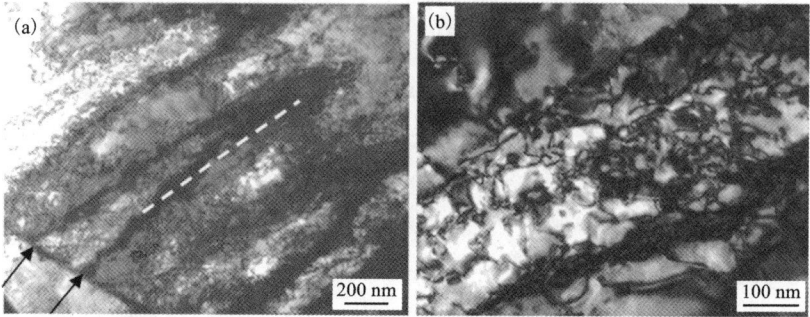

图 3-12 图 3-9 中晶粒 B 中的位错组织的 TEM 照片

(a)晶界和晶内的长直位错界面；(b)位错界面组织

图 3-13 所示为图 3-9 中的晶粒 C 中形成的典型位错组态。在这个晶粒内部形成的也是一组长直高密度位错墙，但是，这些位错界面不是平行于{110}晶面，而是平行于{112}晶面。可见，在室温轧制的 Ta-2.5W 合金中，{110}和{112}滑移面都被激活了。并且，与晶粒 B 中位错界面内的位错缠结不同的是，晶粒 C 中的位错界面内主要为一组规则的位错列(dislocation array)，组成这个位错列的位错大都为直螺位错，同时可见螺位错上的弯折，如图中箭头处所示，这种弯折微观上是由螺位错的扭折对运动形成的，第 2 章里有比较详细的介绍。

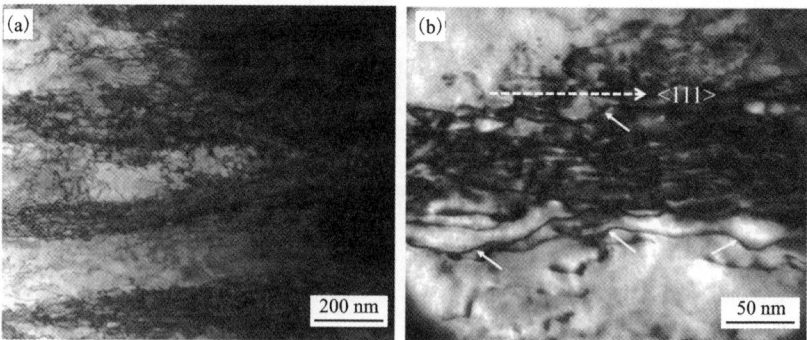

图 3-13 图 3-9 中晶粒 C 的典型位错组织的 TEM 照片

(a)晶内的长直位错界面；(b)界面内的位错组织

由上述的 TEM 观察结果(图 3 – 9 ~ 图 3 – 13)可以看出,室温轧制变形 20%
的 Ta – 2.5W 合金中,晶粒中形成的变形组织与其取向密切相关。在一些塑性变
形相对均匀的晶粒中,有的晶粒中形成了均匀分布的单根位错(individual
dislocations)和少量的位错缠结,而有些晶粒中已经形成了完整的位错胞;另外一
些晶粒的塑性变形相对不均匀,在这些晶粒中形成了一组由杂乱位错缠结或者规
则位错列组成的长直位错界面。

图 3 – 14 ~ 图 3 – 17 给出了轧制变形 40% Ta – 2.5W 合金中的一些不同取向
晶粒中的显微组织的 TEM 照片。由图 3 – 14 可以看出,在 ND∥ < 111 > 晶向的 γ
纤维取向的晶粒 D 中形成了一组相互平行的高密度位错墙和微带。与轧制变形
20% 的 Ta – 2.5W 合金中的长直位错界面相比,此时的位错界面更长,可以从晶
界处一直延伸到晶粒中心,甚至贯穿整个晶粒。长直位错界面之间的距离为
0.2 ~ 0.5 μm,这些区域中的位错密度较低。晶粒 D 中的长直位错界面几乎平行
于{110}滑移面。而在相邻的晶粒 E 内,没有观察到长直位错界面,由图 3 –14(b)
可以看出,形成的是弯曲的位错界面和位错胞。

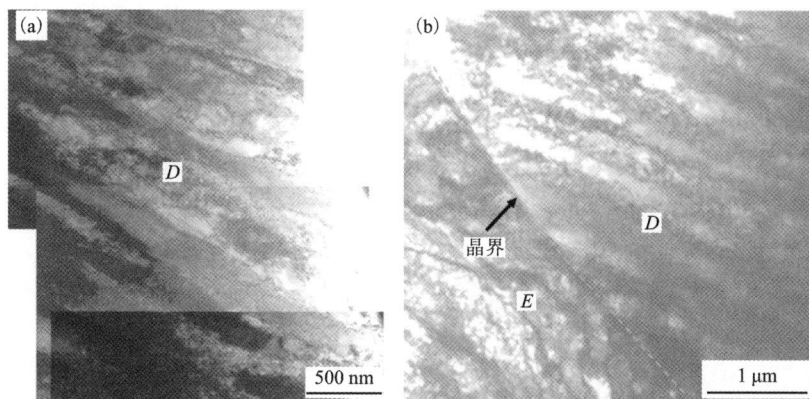

图 3 –14　Ta –2.5W 合金冷轧变形 40% 后的{111}//ND 取向晶粒中显微组织的 TEM 照片
(a)晶内;(b)晶界处

图 3 –15 给出了图 3 –14 晶粒 D 中形成的长直位错界面中的位错组态的
TEM 照片。可见,这些长直位错界面的局部也是弯曲的,并且界面的厚度也是变
化的,有的区域比较厚,有的区域比较窄。这种局部不规则变化的高密度位错墙
表明它们在塑性变形过程中是可以发生弛豫和分裂的,从而降低系统的能量。由
图 3 –15(b)可看出,长直位错界面内的位错密度极大。这些界面内的位错组成
了四边形的位错网络(regular dislocation network),位错网络主要是由两种柏氏矢
量 $\vec{b}$ 为 1/2 < 111 > 组成的,位错之间的距离约 10 nm。同时,在位错界面之间的

区域，也能观察到由这两种位错组成的间距比较大的位错网络。

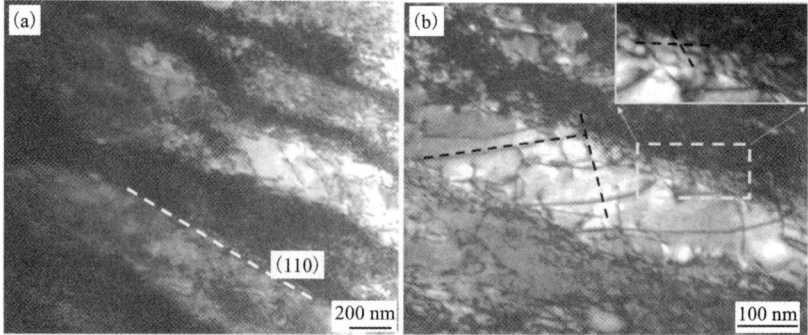

图 3 – 15 Ta – 2.5W 合金冷轧变形 40% 后的 {111} // ND 取向晶粒中位错界面的 TEM 照片
(a) 长直位错界面；(b) 位错界面内的位错网络

另外，对 ND // < 100 > 取向的晶粒中的位错组态进行分析（图 3 – 16），可以看出这种显微组织与图 3 – 9 中晶粒 A 比较类似，晶粒中没有形成长直的位错界面，而是形成了短的形状不规则的位错胞界面和位错胞组织。图 3 – 17 示出了该晶粒中位错胞壁内的位错组态。由此可以看出，虽然位错胞界面内有大量的位错缠结，但是主要组态还是由两组位错列构成的位错网络，图 3 – 17(a) 和图 3 – 17(c) 中各显示了一组相互平行的位错。与图 3 – 15 中所示的位错网络相比，位错胞界面中的位错间距更大。可见，位错胞界面的取向差更小。

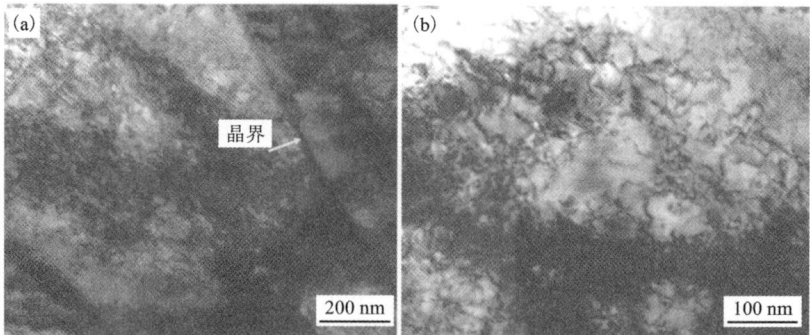

图 3 – 16 Ta – 2.5W 合金冷轧变形 40% 后的 {001} // ND 取向的晶粒中位错组织的 TEM 照片
(a) 晶界附近组织；(b) 晶粒内部组织

对位错胞界面中的位错线方向与位错柏氏矢量 $\vec{b}$ 进行分析可知，当操作矢量 $\vec{g}_1$ 与位错 $\vec{b}_2$ 垂直时，位错 $\vec{b}_2$ 完全消光，当操作矢量 $\vec{g}_3$ 与位错 $\vec{b}_1$ 垂直时，位错

$\vec{b}_1$ 完全消光,两组位错在图 3 – 17(b)中可以同时观察到。由此可见,这两组平行的直位错为螺位错,位错柏氏矢量 $\vec{b}$ 分别为 $\vec{b}_1 = \frac{1}{2}[\bar{1}11]$ 和 $\vec{b}_2 = \frac{1}{2}[1\bar{1}1]$。这两组位错都为(110)晶面上的位错,它们相遇会发生反应形成 $\vec{b} = [001]$ 型的位错,如图 3 – 17(d)中箭头处所示。[001]型位错是不动位错,它会起到钉扎位错的作用,促进位错缠结和位错界面的形成。

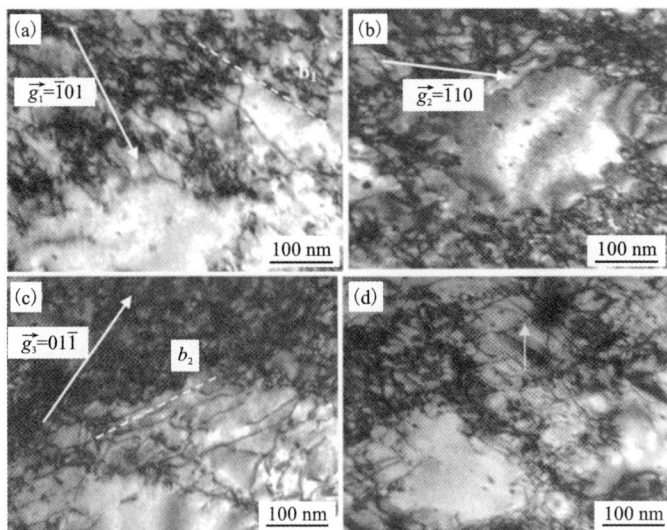

图 3 – 17　不同操作矢量下位错胞界面的 TEM 照片
(a)$\vec{g} = [\bar{1}01]$;(b)$\vec{g} = [\bar{1}10]$;(c)$\vec{g} = [01\bar{1}]$;(d)位错胞界面中的位错反应

综上可见,Ta – 2.5W 合金冷轧变形过程中,当变形量小于 5% 时,有大量的位错增殖,此时材料中主要形成的是一组或几组相互平行的长直位错列。当变形量大于 10% 时,材料中就开始形成了明显的位错缠结和位错界面。随着应变量的继续增加,位错界面也逐渐增多。长直位错界面由晶界处萌生,向晶内生长,并逐渐充满整个晶粒。同时,变形组织具有取向依赖性。不同取向晶粒的塑性变形行为是不一样的,主要可以分为两种:有的晶粒变形较均匀,变形初期启动多个滑移系,最终形成了等轴的位错胞组织;有的晶粒变形不均匀,变形初期只启动少量的滑移系,最终形成大量长直的位错界面组织。晶粒中形成的是等轴位错胞还是长直位错界面主要取决于晶粒中激活的滑移系数量。形成等轴位错胞的晶粒中开启的独立滑移系数量一般需要 5 个或者更多,形成长直位错界面的晶粒中开启的独立滑移系一般为 3 ~ 4 个。

另外,对于 Ta – 2.5W 合金中位错界面内的位错组态的演变规律可以总结如下：首先是杂乱无序的位错缠结，再演变为平行的位错列，最后发展为位错网络。P. Landau 等对 Ni、Au 和 Cu 的位错界面内的位错组态的研究发现，面心立方金属中位错界面内的位错组态的演变过程可做如下描述：首先是位错缠结，位错缠结进一步演变为位错胞（胞界面为位错缠结），然后位错胞界面内的位错弯曲成波浪形，并排成位错列，接着位错界面内的位错演变成规则的网络，如图 3 – 18 所示。这与 Ta – 2.5W 合金中位错界面的位错组态的研究结果类似，结果总结于图 3 – 19 中。由此可见，就这一点上，体心立方金属在塑性变形过程中的位错组织演变规律与面心立方金属是类似的。

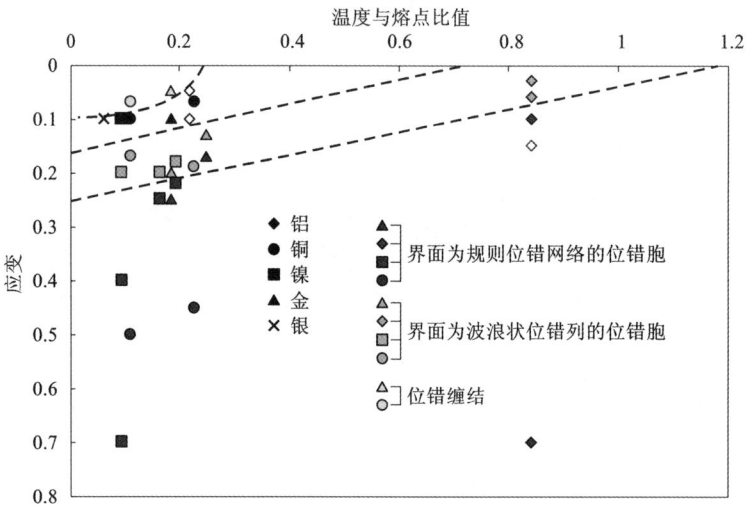

图 3 – 18　面心立方金属中形成的纳米尺度的位错结构

　　一般在塑性变形过程中，体心立方金属中可开动的滑移系包括 {110} < 111 >、{112} < 111 > 以及 {123} < 111 >，其中 12 个独立滑移系共一个滑移方向 < 111 >。并且，螺位错经常能在绕着一个 < 111 > 方向上的 3 个等价的 {110} 或 {112} 晶面上发生交滑移，因此，有所谓的铅笔滑移。由上述的 TEM 组织分析可知，Ta – 2.5W 合金室温轧制主要开动的是 {110} < 111 > 滑移系，形成的位错界面基本都平行于滑移面 {110}，其次是 {112} < 111 > 滑移系。

　　根据经典位错理论，位错运动时所受的点阵阻力 τ_{p} 为：

$$\tau_{\mathrm{p}} = \frac{2G}{(1-v)} \exp\left(\frac{-2\pi w}{b}\right) \tag{3-1}$$

式中：G 为剪切模量；v 为材料泊松比；ω 为位错宽度；b 为位错柏氏矢量的大小。可见，位错运动的点阵阻力的大小与其宽度 ω 密切相关。由于体心立方金属中的

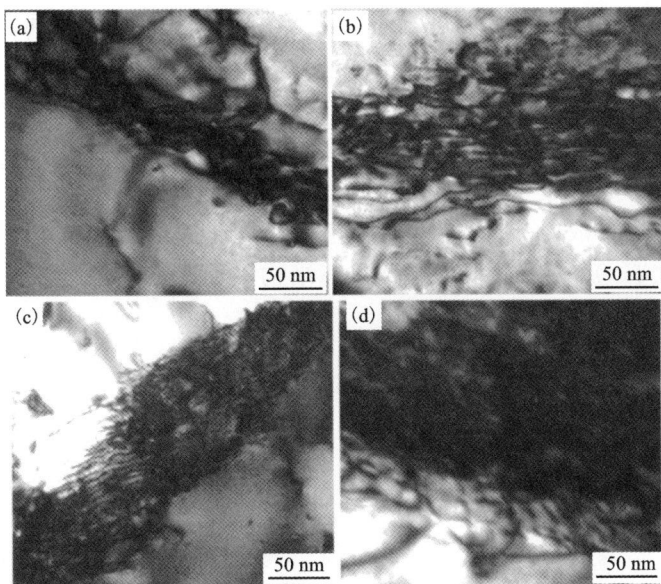

图 3 - 19　Ta - 2.5W 合金中位错界面中的不同位错组态的 TEM 照片

（a）位错缠结；（b）波浪形位错列；（c）平行位错列；（d）规则位错网

螺位错比刃位错的宽度要小得多，其所受的派纳力 τ_p 就要大得多。因此，在体心立方金属中，螺位错的运动速率要远远慢于刃位错和混合型位错，例如，在室温条件下，纯 Mo 中的螺位错的速度要比刃位错慢 40 倍。

因此，在体心立方金属塑性变形后，通过透射电镜观察到的晶体内残存位错几乎都是螺型位错或者混合位错。根据经典位错理论，单位长度螺位错的能量 $E_{el(screw)}$ 为：

$$E_{el(screw)} = \frac{Gb^2}{4\pi}\ln\left(\frac{R}{r_0}\right) \tag{3-2}$$

式中：R 为位错线的外半径；r_0 为位错核芯半径（非线弹性区）。由 Kuhlmann - Wilsdorf 的低能位错组态理论，单位体积位错网络的弹性能 E_m 为：

$$E_m = \bar{\rho}_m \frac{Gb^2}{4\pi}\ln\left(\frac{\bar{\rho}_m^{-1/2}}{b}\right) \tag{3-3}$$

式中：$\bar{\rho}_m$ 为形成位错网格（dislocation mesh）时的平均位错密度。这里的位错网格是指在三维空间里均匀分布的位错，如图 3 - 9 中晶粒 A 所示。对于金属来说，位错网格中的位错线外半径 $R = \bar{\rho}_m^{-1/2}$，位错内半径 $r_0 = b$。这是因为组成位错网格的位错之间距离相对均匀，平均起来，外半径就可计算为 $\bar{\rho}_m^{-1/2}$，并且位错网格不产生长程应力场（long-range stresses field），内半径 $r_0 = b$。对于位错胞中的位错来说，位错外半径并不是位错胞的半径。在塑性变形过程中，位错胞的尺寸会随着应变变化而改变，位错胞壁中的位错平均密度也会随着应变改变而改变，也就是说此时的外半径 R 取决于样品的应变程度，与样品中位错胞壁中的位错密度 ρ_b 有关，位错胞的能量 E_c 可以表示为：

$$E_c = \bar{\rho}_c \frac{Gb^2}{4\pi} \ln\left(\frac{\bar{\rho}_b^{-1/2}}{b}\right) \qquad (3-4)$$

$\bar{\rho}_c$ 为样品中形成位错胞时的平均位错密度。随着轧制变形的进行，通过比较 E_c 和 E_m 的大小，就可以显示出哪种位错结构更加稳定或者更容易形成。假定 $\bar{\rho}_c = \bar{\rho}_m = \rho$，则

$$E_c - E_m = \bar{\rho}_c \frac{Gb^2}{4\pi} \ln\left(\frac{\bar{\rho}_b^{-\frac{1}{2}}}{b} - \frac{\bar{\rho}^{-\frac{1}{2}}}{b}\right) \qquad (3-5)$$

由于 $\rho_b = \dfrac{\bar{\rho}_c}{f} = \dfrac{\bar{\rho}_m}{f} = \dfrac{\rho}{f}$，因此

$$E_c - E_m = \rho \frac{Gb^2}{4\pi} \ln\left(f^{1/2}\right) \qquad (3-6)$$

式 (3-6) 中的 f 为位错胞胞壁所占的体积分数，$\bar{\rho}_c = (1-f)\rho_i + f\rho_b \approx f\rho_b$，$\rho_i$ 为位错胞内的位错密度。由式 (3-6) 可以看出，位错胞结构的储能总是低于均匀分布的位错网格的储能，因为 f 是小于 1 的。因此，以位错网格形式分布的位错总是趋于重排，聚集到一起形成位错胞或位错界面组织，以降低能量，如图 3-10 所示。也就是说，只要位错能克服点阵阻力而运动，位错网格就能弛豫形成位错胞。因此，在塑性变形过程中，随着位错密度的增加，只要位错能够滑移，它们最终必然会形成位错胞或者各种位错界面。在形成位错界面的初始阶段，位错界面内缠结的位错密度会越来越大，位错界面的能量会越来越高。但是，由于位错应力场的影响，位错界面中的位错密度不可能一直无限地增加下去。随着应变量的增加，位错界面中的位错相互作用，异号位错相互湮灭，会逐渐形成规则的位错列或者位错网络，如图 3-19 所示。这种位错缠结演变为位错列或者位错网络的过程类似于材料回复过程的多边化，也是一个能量降低的过程。并且，随着应变量的增加，位错网络中的位错间距减小，位错密度增加，界面的取向差增大，如图 3-20 所示。

3.3 Ta-2.5W 合金轧制变形过程中的微带组织

从前面一节了解到体心立方 Ta-2.5W 合金冷轧变形过程中的微纳尺度的位错组态的演变规律，主要介绍了位错胞界面和长直位错界面及其位错组成的特点。对于 Ta-2.5W 合金这种以位错滑移为主的材料来说，其典型的亚微观组织

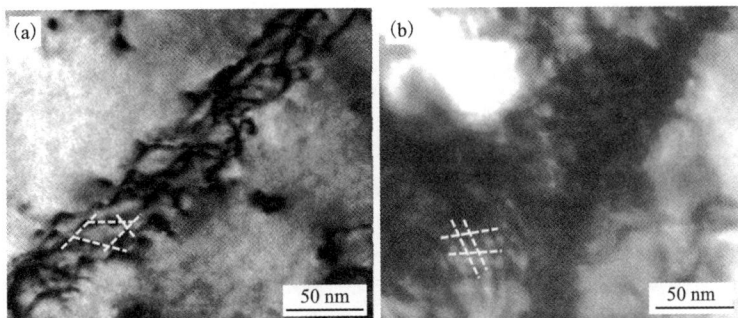

图 3 – 20　Ta – 2.5W 合金中的长直位错界面中的位错网

(a)冷轧 30% ；(b)冷轧 60%

就是微带组织（microband）。微带主要是由长直位错界面组成的，对材料的性能
影响较大。因此，微带的结构及其形成机理也是金属塑性变形方面的一个研究热
点，本节就专门对 Ta – 2.5W 合金中的这种组织在轧制变形过程中的演变规律进
行详细叙述。

3.3.1　Ta – 2.5W 合金中微带组织的结构特点

　　微带是一种典型的微观变形组织，一般可以通过 EBSD 和 TEM 来表征。通过
3.2 节可以知道，当轧制变形量超过 20% 时，Ta – 2.5W 合金中就形成了大量长
直位错界面和微带。因此，对于微带，可以从 30% 的轧制变形量的样品开始研
究。图 3 – 21 示出了 Ta – 2.5W 合金在轧制应变量从 30% 到 90% 的典型变形组
织的 EBSD 分析结果。图中的黑白衬度图片为 EBSD 分析的成像质量图（image
quality mapping）。成像质量图反映的是 EBSD 的衍射花样的质量，其衬度主要来
源于相结构、应变、表面形貌（topography）和晶界等。从图 3 – 21 中可以观察到不
同晶粒的衬度是不一样的，这说明各个晶粒变形产生的应变是不一样的。在那些
显示较深衬度的晶粒里，都可以观察到大量的平行的层片状微带组织，这说明形
成微带的晶粒点阵畸变较大，储存的位错密度较高。微带组织虽然从形貌上看类
似于孪晶的层片状结构，但是与孪晶不同的是，它们与基体之间不具有特定的取
向关系，界面也不具有特定的取向差角度。

　　由图 3 – 21 还可以看出，当 Ta – 2.5W 合金的轧制变形量为 30% 时，材料中
的一些晶粒中就形成了大量的微带组织。同一晶粒中形成的微带是互相平行的，
它们与轧向之间呈一定的夹角。随着应变量的增大，微带的密度也越来越大，微
带的宽度越来越小，并且微带与轧制方向之间的夹角也越来越小。当轧制应变量
达到 90% 时，大部分微带都几乎与轧向平行（夹角小于 10°），此时的微带也称为

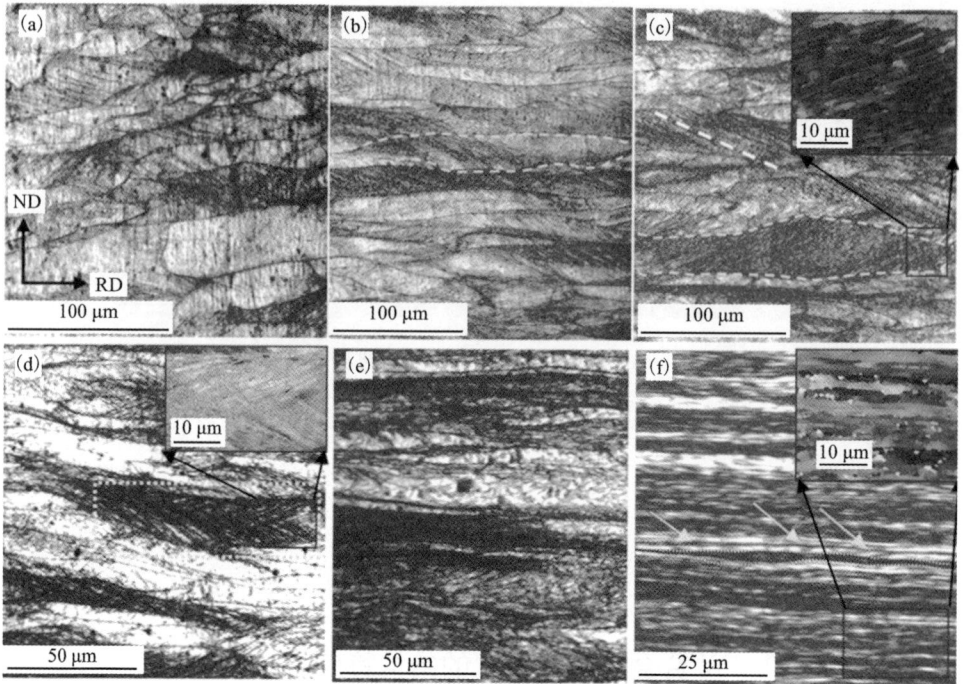

图 3 – 21   不同冷轧应变量条件下 Ta – 2.5W 合金中的微带组织的 EBSD 分析图
(a)30% ; (b)40% ; (c)60% ; (d)70% ; (e)80% ; (f)90%

层状带(lamellar bands)。同时,微带的形成也与晶粒取向密切相关,由图可以明显看出,无论轧制变形量多大,有些晶粒始终都没有微带组织出现。

图 3 – 22 示出了冷轧变形 30% 的 Ta – 2.5W 合金板材 ND – RD 截面的 EBSD 分析结果。图 3 – 22(a)是 ND 反极图取向分布图,简称 ND 取向图。图中不同的颜色反映的是晶粒 ND 的取向,晶粒的 ND 取向与颜色之间的对应关系可以通过图中插入的标准三角形进行对照,因此其颜色的变化反映了晶粒取向的变化。通过这种图可以清楚地观察到不同晶粒的 ND 取向以及晶粒分裂后取向变化的大小。当然,通过计算机采集的 EBSD 数据,也可以利用分析软件做出 RD 反极图取向分布图和 TD 反极图取向分布图。结合 ND 取向图和成像质量图,如图 3 – 22(a)和(b)所示,可以清楚地观察到不同 ND 取向的晶粒的变形组织情况。对于体心立方金属,分析得比较多的是 ND 取向分布图和 RD 取向分布图,这主要是因为轧制的体心立方金属通常会形成 γ 纤维织构(ND// <111 >)、θ 纤维织构(ND// <100 >)和 α 纤维织构(RD// <110 >)。γ 纤维织构和 θ 纤维织构的晶粒在 ND 取向分布图中分别对应着蓝色和红色,因此,通过 ND 取向分布图

就可以方便地观察到这两种织构所占的比例，以及它们各自形成的微观组织形貌。同理，α 纤维织构在 RD 取向分布图中呈现绿色，通过 RD 取向分布图和对应的成像质量图，就可以观察到 α 纤维织构所占的比例以及它们对应的微观组织形貌。因此，针对不同的织构组分，需要选择合适的取向分布图进行分析。由图 3-22 可以看出，此时材料中没有形成强的 γ 纤维织构和 θ 纤维织构。图 3-22(a) 中可以观察到大量 ND//<110> 取向的晶粒中形成了带状组织。当然，在其他取向的一些晶粒中也可以观察到这种带状组织。但是，不同取向晶粒中形成的带状组织的形貌有所不同，它们与轧向之间的夹角以及带间的宽度也不一样。

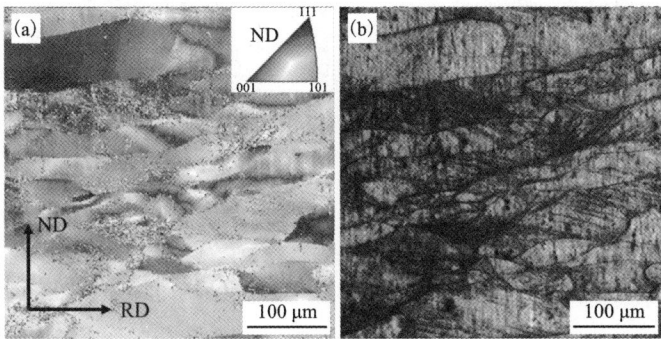

图 3-22 冷轧变形 30% 的 Ta-2.5W 合金 EBSD 分析图（彩图版见附录）
(a) ND 取向分布图；(b) 成像质量图

因此，进一步对不同典型取向的晶粒中形成的微带组织的形貌特点进行分析。由图 3-23 和表 3-1 可以看出，不同晶粒中的微带组织形貌差别主要在于：与轧向之间的夹角、宽度、密度及与 {110} 滑移面之间的夹角等的不同。为了方便表达，微带与轧向之间的夹角示意图如图 3-24 所示，定义由轧向逆时针旋转锐角与微带方向重合的角度为正角，反之，由轧向顺时针旋转锐角与微带方向重合的角度为负角。

由图 3-23 可以看出，在 Ta-2.5W 合金中形成了与轧向夹角方向不一致的两种微带，即微带与轧向的夹角有正也有负，9 个晶粒中的微带与轧向之间的夹角示于表 3-1。可以看出，这两种微带与轧向之间的夹角并不是对称分布的，它们与轧向之间的夹角差异较大。同样，晶界两侧的微带之间也是不对称的，如图 3-23(c) 所示，在晶界两侧的微带与晶界的夹角差异很大。同时，还对这 9 个晶粒中形成的微带的界面取向差进行了分析，如图 3-23(d) 所示。取向差分布图如图 3-25 所示，可以看出，不同取向晶粒的分裂程度有很大差异，它们所形成的微带的界面取向差也有很大差异。例如，在晶粒 2 中所形成的位错界面的取

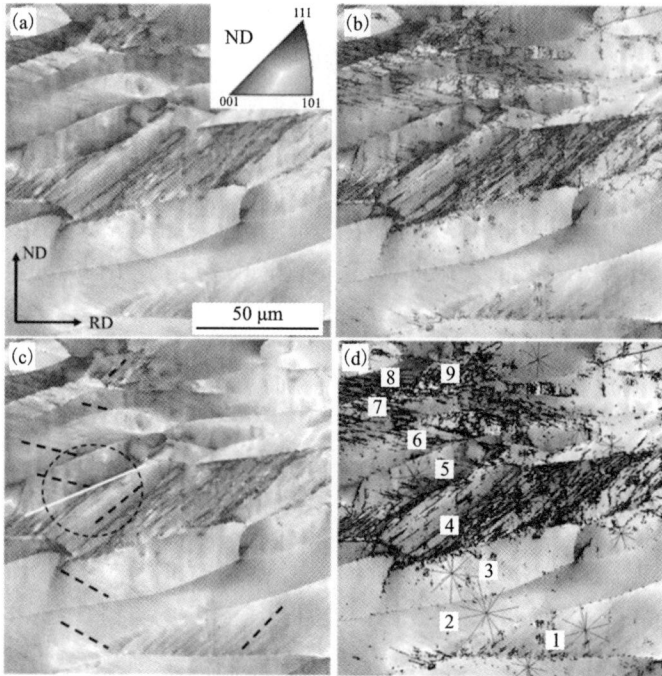

图 3 – 23   冷轧变形 30% 的 Ta – 2.5W 合金 EBSD 分析图

（a）ND 取向分布图；（b）图中黑线所示为 2 ~ 15° 小角度界面；（c）图中虚线所示为微带界面迹
线；（d）图中交叉线所示为 $\{110\}$ 面迹线位置

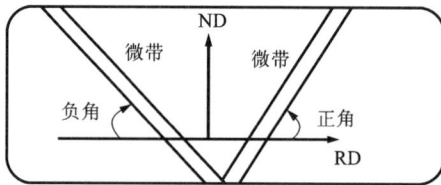

图 3 – 24   微带与轧向的夹角示意图

向差只有 $1° \sim 2°$，而在晶粒 4 中所形成的位错界面已经达到了 10 多度，最大达到
了 30 多度。可见此时在晶粒中已经形成了因变形而产生的大角度界面。此外，
由相邻点之间的取向差分布曲线，还可以看到组成微带的两个位错界面的取向差
特点：两个位错界面中的位错是异号位错，它们导致的晶体旋转方向相反。也就
是说，虽然长直位错界面的两边基体的取向差较大，但是微带两边的基体取向差
很小。

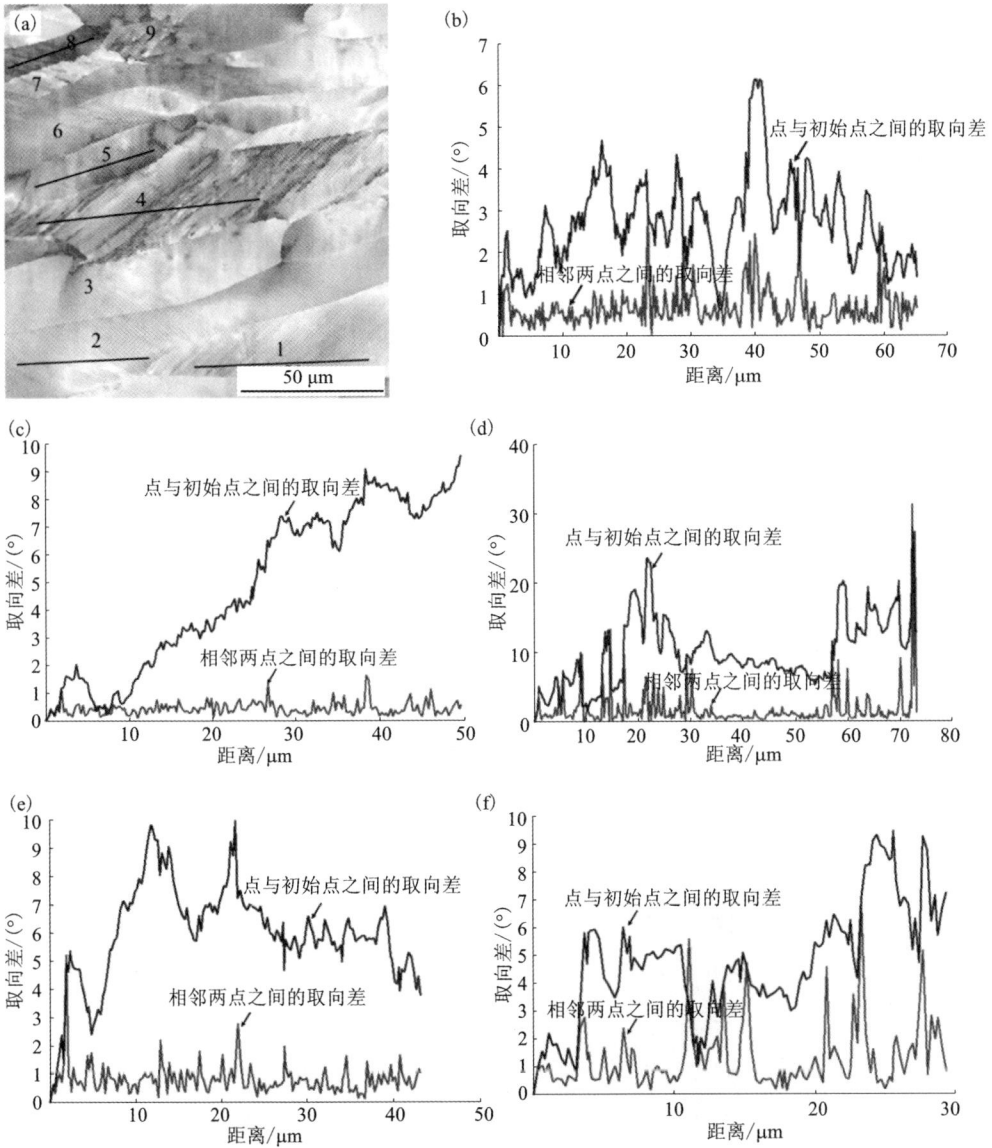

图 3-25　不同晶粒中的取向差分析图

(a)不同晶粒中分析取向差分布的线位置；(b)晶粒 1 中取向差分析结果；(c)晶粒 2 中取向差分析结果；
(d)晶粒 4 中取向差分析结果；(e)晶粒 5 中取向差分析结果；(f)晶粒 8 中取向差分析结果

表 3 – 1　图 3 – 23 中不同晶粒中微带的分析结果

	所测位置精确	与轧向之间的夹角/(°)	与{110}面情况
晶粒 1	$(5\ 12\bar{3})[3\ 0\ 5]$	39.5	接近平行
晶粒 2	$(2\ 15\bar{7})[178\ 22]$	−27.1	接近平行
晶粒 3	$(0\ 3\bar{1})[11\ 3\ 9]$	−26.4	接近平行
晶粒 4	$(5\ 23\bar{7})[1\ 1\ 4]$	35.9	接近平行
晶粒 5	$(4\ 9\bar{8})[3\ 4\ 6]$	−20	不平行
晶粒 6	$(\overline{14}\ 18\bar{7})[15\ \overline{14}\ 6]$	−13.5	接近平行
晶粒 7	$(\overline{13}\ 9\ 5)[5\ 5\ 4]$	−16.5	不平行
晶粒 8	$(6\ 3\bar{4})[13\ \overline{10}\ 12]$	−17.2	不平行
晶粒 9	$(11\ 23\bar{9})[1\ 5\ 14]$	40.9	接近平行

　　图 3 – 26 示出了透射电镜下观察到的某晶粒中形成的一组平行的长直位错界面和微带组织的照片，该晶粒中形成的组织类似于图 3 – 23 中晶粒 3 的组织。由此可以看出，该取向晶粒中的位错密度大，虽然这些长直位错界面都互相平行，并且都处在{110}滑移面上，但是这些位错界面是断断续续，一截一截的。界面之间的间距也不均匀。在这些长直位错界面之间，可以观察到一些无方向特征的位错胞组织。这种由两条长直位错界面及其界面之间的位错胞界面组成的组织是TEM 条件下观察到的微带组织。这种断断续续的长直位错界面形成的原因可能是：随着变形的持续进行，位错密度增大到某种程度，位错就会在某些特定晶体学面上发生偏聚，以减小晶粒中的内应力或保持晶粒的连续性，从而形成位错界面。这有点类似于析出相的析出过程。

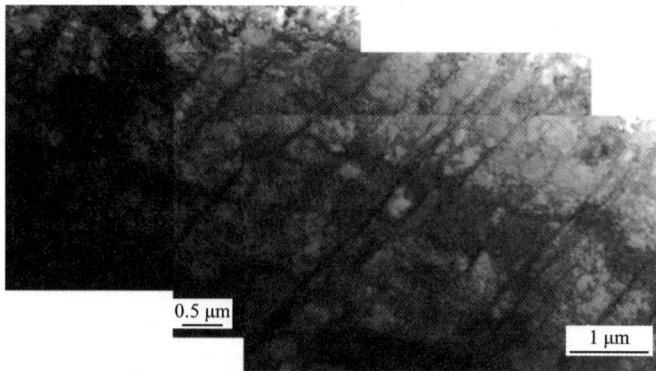

0.5 μm

1 μm

图 3 – 26　冷轧变形 30% 的 Ta – 2.5W 合金 α 纤维织构形成的典型长直位错界面和微带组织

图 3 - 27 示出了 γ 纤维取向的晶粒形成的长直位错界面和微带组织，取向类似于图 3 - 23 中晶粒 7。由此可以看出，在此晶粒中形成了两组长直的位错界面，把它们分别定为界面 1 和界面 2。两组长直界面之间的夹角为 50°。相邻界面 1 之间的间距较大，但是相邻界面 2 之间的间距较小，且之间的间距较均匀，为 0.2 ~ 0.5 μm。界面 1 有一个特点是隔 3 ~ 4 μm 的距离就会形成一组间距较小的过渡区域(微带)，这种过渡区域的微带之间的间距为 0.5 μm 左右。这种观察到的界面特征与 EBSD 观察到的结果是一致的，相邻宽带之间夹着一个窄带。对位错界面的迹线进行分析发现，界面 1 与{110}面接近平行，而界面 2 与{112}面接近平行。

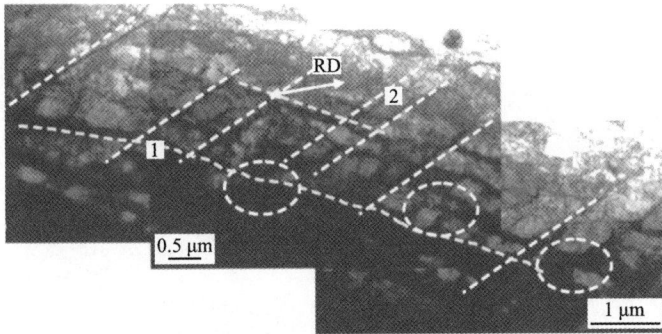

图 3 - 27　冷轧变形 30% 的 Ta - 2.5W 合金形成的典型长直位错界面组织和微带组织

图 3 - 28 示出了冷轧变形 40% 的 Ta - 2.5W 合金 EBSD 分析结果。由图可以看出，同样大量晶粒中都形成了带状组织，而{001} <110> 取向的晶粒中未观察到带状组织。不同晶粒中形成的微带组织有所不同，如与轧向的夹角不一样，取向差也不一样。大量晶粒中还形成了相互交叉的两组微带。分别对图中 14 个晶粒中的微带与轧向的夹角进行了测试，结果示于表 3 - 2。可以看出，这些微带与轧向的夹角范围为 18° ~ 40°。

表 3 - 2　图 3 - 28 中不同晶粒中的微带与轧向的夹角

晶粒序号	1	2	3	4	5	6	7
与轧向夹角/(°)	- 24.3	- 21.9	36.9	40.1	- 25.4	- 21.7	- 26.6
晶粒序号	8	9	10	11	12	13	14
与轧向夹角/(°)	29	18.2	29.2	- 24.1	- 30.7	18.9	29.4

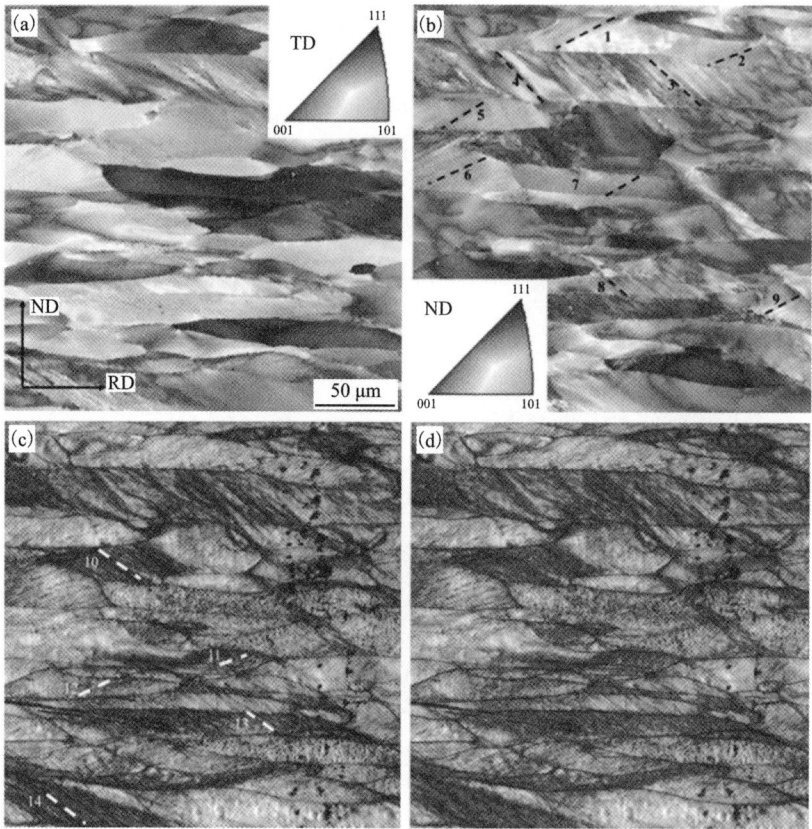

图 3 - 28　冷轧变形 40% 的 Ta - 2.5W 合金 EBSD 分析图（彩图版见附录）

（a）TD 取向分布图；（b）ND 取向分布图；（c）成像质量图；（d）晶界分布图，其中红线代表 2°～5° 小角度晶界，绿线代表 5°～15° 晶界；蓝线代表大角度晶界。

　　为了对比不同取向晶粒中形成的变形组织的差异及其形成机理，对不同取向的晶粒的变形组织进行了更细致的 EBSD 分析。图 3 - 29 示出了一典型组织的 EBSD 分析结果。由此可以看出，在两个晶粒中沿着晶界形成了与晶界成一定角度的微带组织，看起来类似于孪晶组织，但是这两组微带与晶界并不是对称生长的，与界面的夹角也不一样大。分析显示，晶粒 1 取向为 {253} <213>，晶粒 2 取向为 {112} <021>，两晶粒之间的取向差为 45°/<013>，两晶粒中的微带界面都与 {110} 面接近平行。

　　图 3 - 30 示出了冷轧变形 40% 后 Ta - 2.5W 合金的 ND - RD 截面的 EBSD 分析结果。由此可以看出，该取向晶粒中形成了两组微带组织，如图 3 - 30（a）中虚线 1 和 2 所示，从成像质量图 [图 3 - 30（b）] 中可以更清晰地观察到这两组界面。

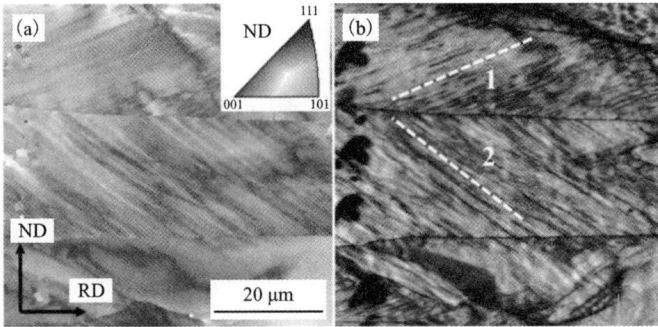

图 3 - 29　冷轧变形 40% 的 Ta - 2.5W 合金 EBSD 分析图(彩图版见附录)

(a)ND 取向分布图;(b)成像质量图

通过 EBSD 分析软件的界面迹线分析发现,两种微带的界面都近似与{110}滑移面平行。微带 1 被微带 2 穿过后形成了新的晶粒。

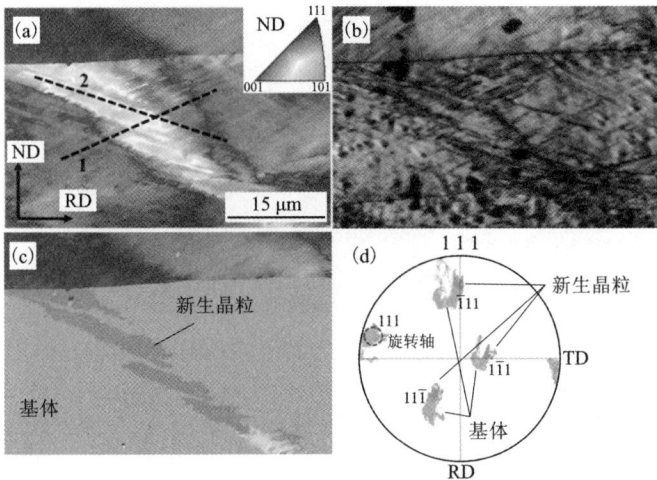

图 3 - 30　冷轧变形 40% 的 Ta - 2.5W 合金 EBSD 分析图(彩图版见附录)

(a)ND 取向分布图;(b)成像质量图;(c)基体和新生晶粒的取向分别用浅色和深色表示;(d)基体和新生晶粒的取向在{111}极图中的分析,浅色点表示基体{111}晶面的投影,深色点表示新生晶粒{111}晶面的投影

金属在轧制变形过程中,压应力会使晶体中的滑移面向着轧面方向转动,滑移面的旋转轴为[hkl]×[uvw],其中[hkl]为滑移面的晶面法向,[uvw]为滑移方向。另外,从轧制变形几何上分析,晶粒还会绕着板的横向、轧向和法向发生刚性旋转。将这些新生晶粒和基体晶粒的取向均示于{111}极图中,并对其进行取

向分析，结果如图 3 – 30(d)所示。由图 3 – 30(d)可以看出，新生晶粒的取向与基体原来的晶粒具有绕着某一旋转轴旋转一定角度的关系，旋转轴位置如极图中所示。微带 2 穿过微带 1，迹线分析表明微带 2 的滑移系为(110)[$\overline{1}11$]，那么通过计算可知位错滑移造成基体旋转的旋转轴为[$\overline{1}\overline{1}2$]。由{111}极图分析可知，新生晶粒的[111]晶向和基体的[111]晶向几乎重合，如图 3 – 30(d)圆圈处所示，说明两个晶粒之间实际旋转轴的方向为[111]方向。由此可见，这些新生晶粒不仅在位错滑移的作用下发生了旋转，而且由于受到外界力的束缚，发生了刚性旋转。正是这种位错滑移旋转和晶体刚性旋转的共同作用才导致了最终的新取向晶粒的形成。

图 3 – 31 示出了冷轧变形 60% 的 Ta – 2.5W 合金 EBSD 分析结果。从宏观形貌上来看，此时晶粒拉长更加明显，还形成了大量的微带组织，这些微带大部分与轧向之间夹角为 20°~35°。由图 3 – 31(c)和(d)可以看出，此时材料中不仅形成了大量的小角度位错界面，而且位错界面的取向差非常大，可以达到 14°左右。

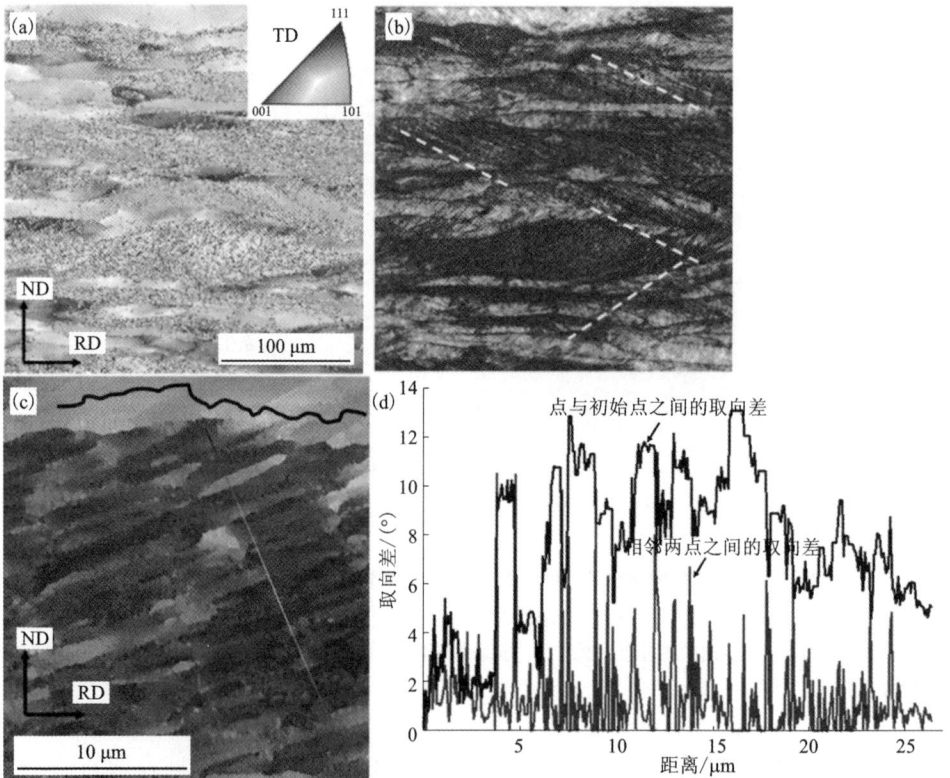

图 3 – 31　冷轧变形 60% 的 Ta – 2.5W 合金 EBSD 分析图(彩图版见附录)

(a)TD 取向分布图；(b)成像质量图；(c)沿着垂直于微带界面方向的取向差分布图；

(d)点与初始点或相邻两点之间的取向差

关于这种大角度位错界面的形成机理，Hughes 和 Hansen 等研究认为变形过程中形成大角度晶界的机制有两种：微观结构机制和织构机制。

（1）关于微观结构机制的机理有以下几种：

①晶粒在分裂过程中会形成胞块，胞块与胞块之间会形成长的位错界面（包括微带和高密度位错墙），随着应变的增加，这些界面的取向差会逐步增大；

②在晶界处和三叉晶界处的胞块之间的界面取向差变化更快；

③剪切带和微剪切带的形成，导致基体发生相对旋转，如图 3 – 30 所示；

④大变形时位错界面的合并。通过第①种和第②种机制形成的大角度晶界的取向差可达到 15° ~ 30°。

（2）关于织构机制的机理可分为两种机制：

①材料在变形时，分裂的晶粒转向不同的择优晶体取向；

②对于不稳定的取向晶粒，由于滑移系的不确定性，可以导致晶粒的不同部分转向不同取向。通常，材料在变形过程中，不同晶粒只会转向几个择优的晶体取向，即会形成几种织构组分，也会形成连续的取向线。织构机制对材料中的大角度晶界（ >30°）的形成起到了重要的作用。正是由于在变形过程中形成了大量的大角度晶界，导致了晶粒的细化，从而改变了材料的性能。

图 3 – 32 是冷轧变形 70% 的 Ta – 2.5W 合金的 EBSD 分析结果，此时，在材料中不仅形成了大量的微带组织，而且在大量晶粒中都形成了两组相互交叉的微带组织。此时的微带与轧向之间的夹角很小，基本上都在 10°以内。

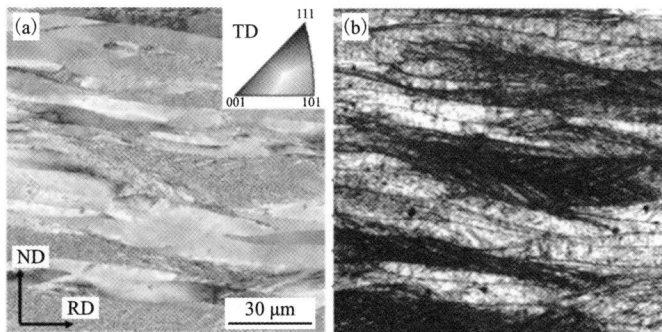

图 3 – 32　冷轧变形 70% 的 Ta – 2.5W 合金 EBSD 分析图（彩图版见附录）

(a)TD 取向分布图；(b)图(a)对应的成像质量图

图 3 – 33 示出了对变形 90% 的 Ta – 2.5W 合金的典型 EBSD 分析结果。可以看出，在大部分晶粒中都形成了细窄而且很长的微带，这些微带与轧向几乎平行，因此也可以把这些带称为层状带。层状带是典型的大应变时的变形组织，其 TEM 照片如图 3 – 34 所示。可见，层状带由一对平行的高密度位错墙组成，宽度

在 100 nm 左右,在这一对平行的高密度位错墙之间一般只有 1～2 个位错胞。一般认为,层状带的形成与微带或者微剪切带(micro-shear bands)的旋转有关。微带的旋转主要受两个方面的影响:微剪切带的作用和轧制外力引起的刚性旋转的作用。一方面,微带的长直位错界面取向差比较大,这种界面形成后是可以稳定存在的,在随后的塑性变形过程中会在轧制外力作用下发生刚性旋转。另一方面,当剪切带穿过微带时,会使微带局部发生集中剪切变形,从而使微带发生旋转。

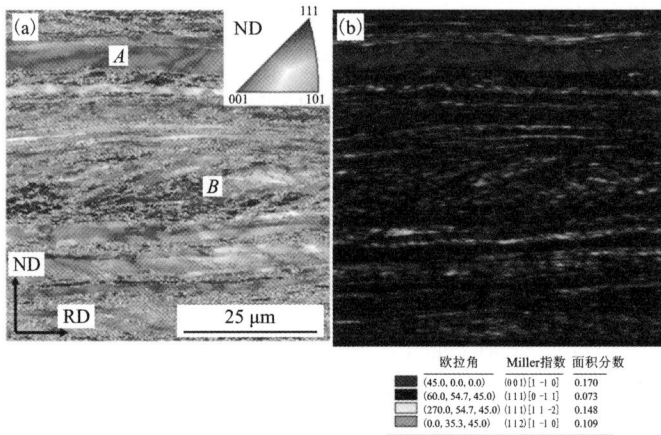

欧拉角	Miller指数	面积分数
(45.0, 0.0, 0.0)	(001)[1 -1 0]	0.170
(60.0, 54.7, 45.0)	(111)[0 -1 1]	0.073
(270.0, 54.7, 45.0)	(111)[1 1 -2]	0.148
(0.0, 35.3, 45.0)	(112)[1 -1 0]	0.109

图 3 - 33　冷轧变形 90% 的 Ta - 2.5W 合金 EBSD 分析图(彩图版见附录)

(a)ND 取向分布图;(b)图(a)对应的特定取向分布图(角度偏差范围为 15°)

但是仔细观察可以发现,在 {001} <110> 取向的晶粒中并没有观察到这种层状带或微带组织,如图 3 - 33(a) 中晶粒 A 所示,此时晶粒 A 的宽度约为 5 μm。图 3 - 33(b) 中不同的颜色代表不同的特定晶体取向,如图中方框中所示。通过将成像质量图中叠加晶体的取向信息,就可以方便地观察出不同特定取向晶粒中的微观组织。如图中晶粒 B,可以看出其取向为 (111)[112̄],在此晶粒中,不仅形成了层状带,还可以观察到剪切带,如箭头所示。关于 Ta -

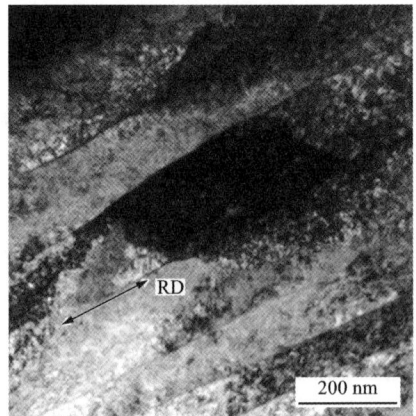

图 3 - 34　冷轧变形 90% 的 Ta - 2.5W 合金层状带组织的 TEM 照片

2.5W 中的剪切带组织的特点,在 3.4 节中还会详细介绍。

综合前面章节的分析可知,在轧制变形过程中,变形最均匀的取向是{001}<110>。不管变形量多大,这个取向中的变形组织总是等轴的位错胞结构。而在其他取向的晶粒中,基本都会形成长直位错界面或微带组织,最终形成层状带组织。

3.3.2　Ta – 2.5W 合金中微带组织的形成机理

由前面一节可以看出,Ta – 2.5W 合金在轧制变形 30% 时,材料中就形成了大量的微带。为了对这些微带的形貌特点进行分析,主要对不同应变量下的微带的两个结构参数,包括微带的平均宽度 d 和微带中长直位错界面取向差 θ 进行了分析,示于图 3 – 35 中。由此可以看出,微带的平均宽度随着应变量的增加而逐渐减小,而界面取向差随着应变量的增加而增大。

通过拟合,微带的平均宽度 $d(\mu m)$ 与应变 ε 之间的关系可以用下式来表示:

$$d = \frac{0.317}{\varepsilon} - 0.277 \qquad (3-7)$$

微带中长直位错界面的取向差 $\theta/(°)$ 与应变之间的关系可以用下式来表示:

$$\theta = 11.385\varepsilon^{3.039} \qquad (3-8)$$

这种实验结果与奥氏体钢的变形结果类似。这表明微带的演变过程类似于一种动态回复或者多边化的过程,在演变过程中发生了回复或弛豫,这与前面位错界面中位错结构演变规律是一致的。关于微带的形成微观机理,目前主要有两种理论:双交滑移模型(double cross-slip mechanism)和高密度位错墙分裂理论(high dense dislocation wall-splitting mechanism)。在双交滑模型中,他们认为穿过微带两平行高密度位错墙(high dense dislocation wall,简写为 DDW)的点阵旋转相同反向的角度,也就是说滑移限于微带的位错界面之间的通道中,这样由第一个位错墙引起的旋转被第二个位错墙所矫正,滑移并不能引起位错墙两边基体很大的取向差。在 DDW 分裂机制中,位错墙两边大的取向差(>1.5°)是微带形成的驱动力,DDW 分裂后,微带两边区域的取向差被保持了下来。关于这两种理论,双交滑移理论可以很好地解释微带形成初期它们的迹线与滑移面平行,并且微带两边的取向差交替变化的趋势。通过这种方式形成的微带的取向差一般在 1° 以内,显然,这种模型不能解释在高应变量条件下,微带的弯曲和高取向差的特点。这种模型同样不能揭示晶粒中形成的微带的不连续性,两段微带之间通过弯曲的位错界面相连接的现象,使得微带的界面呈现出弯曲的波浪形,如图 3 – 36 中箭头处所示。这种波浪形弯曲的位错界面不可能处于一个晶体学晶面上,这体现了微带界面的非晶体学性。也就是说这种位错界面不可能直接由位错在滑移面上的交滑移形成,而是存在一种弛豫过程。这种微带形成的过程更容易用高密度位错墙的

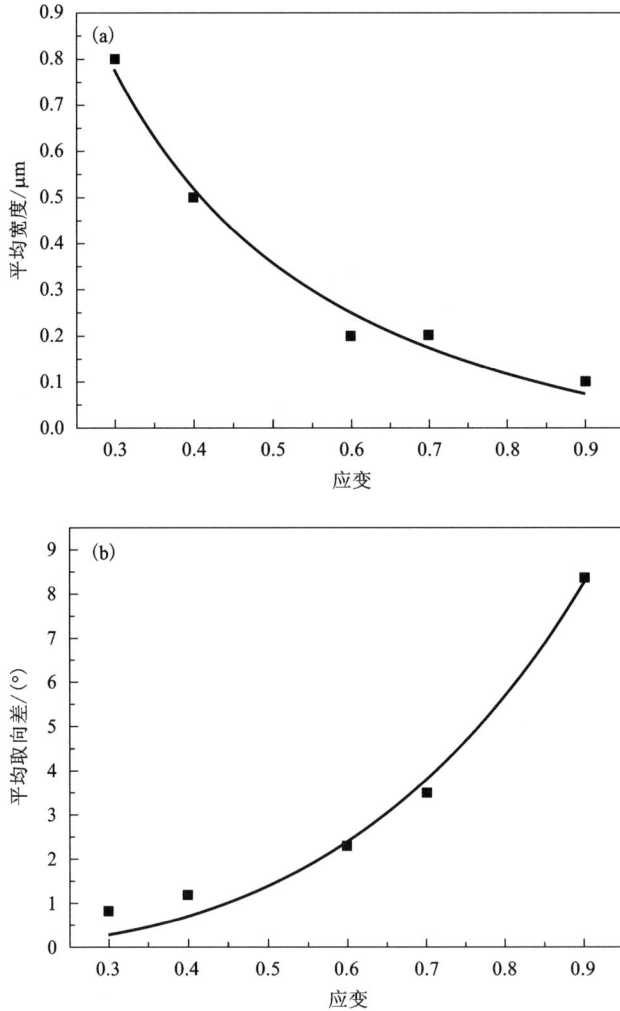

图 3 - 35　冷轧变形 Ta - 2.5W 合金中的微带的平均宽度和界面取向差随着应变量变化的曲线图
(a)微带的平均宽度；(b)微带中长直位错界面的界面取向差

分裂机制来进行，由图 3 - 36 中的虚线位置，可以看到高密度位错墙分裂形成微带的现象。

虽然组成微带的两条长直位错界面两边的区域的取向差较大，但是长直位错界面还是由位错组成的，因此可以将微带的位错界面认为是小角度晶界。根据 Read 和 Shockley 公式计算出小角度晶界的能量，对于包含一组同符号的平行螺位错的小角度界面，单位面积的能量可以由式(3 - 9)表示：

$$\gamma = \frac{Gb^2}{4\pi D}\Big[\Big(\frac{\pi b}{\alpha D} - \ln\Big(2\mathrm{sin}h\,\frac{\pi b}{\alpha D} \Big) \Big] \tag{3 - 9}$$

式中：D 为平行位错之间的平均间距；α 为一个位错核芯的参数，对于软金属来说为 1；h 为位错界面的厚度。假定晶粒中形成的微带之间的平均间距为 d，则单位体积里有 $1/d$ 体积的微带壁或者位错界面。因此，微带单位体积的变形能 E_{MB} 为：

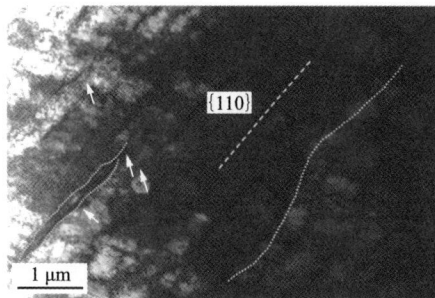

图 3 – 36 冷轧变形 Ta – 2.5W 合金中的高位错密度墙分裂形成微带的 TEM 照片

$$E_{MB} = \frac{\gamma}{d} = \frac{Gb^2}{4\pi dD}\left[\left(\frac{\pi b}{\alpha D} - \ln\left(2\sinh\frac{\pi b}{\alpha D}\right)\right)\right] \tag{3-10}$$

或者表示为：

$$E_{MB} = \frac{Gb^2\bar{\rho}_{MB}}{4\pi}\left\{\pi bd\,\bar{\rho}_{MB} - \ln\left[2\sinh(\pi bd\,\bar{\rho}_{MB})\right]\right\} \tag{3-11}$$

式中：$\bar{\rho}_{MB}$ 为晶粒中形成微带时基体中的平均位错密度。

根据经典的位错理论，单根位错的应力场只扩展到半径为 $D/2$ 的位错芯圆柱范围内；一对包含相反符号的位错界面没有长程应力场，位错界面能只限于位错界面核芯部分。对于上述方程来说，可以假定各微带之间的应力场没有交互作用，那么它们的能量就可以简单地叠加。如果在合金中已经存在了位错胞结构的情况下，此时如果假定微带是由于位错胞中位错的重排而形成的，那么形成微带的初始热动力学条件为 $E_{MB} \leqslant E_c$。但是，通过 TEM 观察可以发现形成微带的晶粒或区域中没有观察到位错胞结构，这说明微带的形成并不需要位错胞壁的参与，位错胞组织到底能不能演变为微带组织还需进一步研究。合金进一步变形是产生位错胞还是形成微带呢？这就取决于当位错密度增加 $\Delta\rho$ 时，ΔE_{MB} 和 ΔE_c 之间的大小。因此，形成微带的热动力学条件可以表达为

$$\frac{\partial E_{MB}}{\partial \rho}\Big|_{\bar{\rho}_{MB}=0} \leqslant \frac{\partial E_{MB}}{\partial \rho}\Big|_{\bar{\rho}_C=\bar{\rho}_0} \tag{3-12}$$

式中：$\bar{\rho}_0$ 为开始形成微带时的位错密度。由 TEM 组织估算可知 Ta – 2.5W 合金中 $\bar{\rho}_0$ 的密度大约在 $10^{14}/\text{m}^2$。

由式（3 – 11）可知：

$$\frac{\partial E_{MB}}{\partial \rho} = \frac{\mu b^2}{4\pi}\left\{2\pi bd\,\bar{\rho}_{MB} - \ln\left[2\sinh(\pi bd\,\bar{\rho}_{MB})\right] - \pi bd\,\bar{\rho}_{MB}\cot(\pi bd\,\bar{\rho}_{MB})\right\} \tag{3-13}$$

由式（3 – 13）可以看出：

$$\frac{\partial E_{MB}}{\partial \rho}\Big|_{\bar{\rho}_{MB}=0} \rightarrow \infty \tag{3-14}$$

由式(3-14)可以看出,微带不可能在一个无高密度位错的区域形成,也就是说微带开始形成的先决条件是必须在晶粒中预先就存在着很高的位错密度或高密度位错墙。这说明如果位错胞中的位错密度足够大,位错胞组织也是可能演变为微带组织的。综上所述,可以认为在变形过程中,微带的形成不一定需要位错胞的参与,但是位错胞也是有可能演变为微带组织的,这取决于位错胞界面中位错密度大小。由前面的 TEM 组织观察可以看出在微带的形成初期,样品中某些局部因发生了高度区域性的微塑性变形而产生了高密度位错墙。这种高密度位错墙的稳定形成可能与位错墙中位错反应形成的[100]型不动位错有关。关于微带中 GNBs 中的位错组成,由前面研究可以看出,在 GNBs 组织的演变过程中,无论是在位错缠结、平行位错列或位错网络阶段,虽然在界面中还可以观察到其他的位错,但是在位错界面中始终存在着一组平行的长直位错,并且这组位错与界面的伸长方向是一致的。可见这种长直位错在形成这种长直位错界面时起到了至关重要的作用。无论是在小变形量平行位错列阶段还是形成长直位错界面初期,都可以看到这种长直位错的交滑移过程,并在材料中留下交滑移后形成的组织:位错环、割阶和位错源等。另外,在微带组织的位错界面中一般只观察到了两种或三种位错,可见形成微带组织的过程中,材料中开启的滑移系一般都少于 3 个,因此,这是一种不均匀的变形行为。通过上述分析,可以认为体心立方金属材料中形成微带组织的必要条件至少包含下列两个条件:①开启少量的滑移系;②长直螺位错的交滑移。

同时,由于微带的形成初期与长直位错的交滑移密切相关,也就是说微带的形成与晶粒中激活的滑移系是密切相关的,这说明微带的组织形貌是与晶粒取向密切相关的,这与 EBSD 观察的结果是一致的。由于微带形成初期,其界面迹线与主要开启的滑移系一致,因此,微带的迹线可以通过极射赤面投影图方便地分析出,如图 3-37 所示。以{111}<112>织构组分为例,该取向晶粒中通常会形成两组微带,一组与{110}滑移面平行,迹线与轧向夹角为 35°左右,另外一组与{112}滑移面平行,其迹线与轧向之间的夹角为 19°左右。

体心立方金属中形成微带组织的典型的织构组分包括 γ 织构组分中的{111}<112>和{111}<110>、α 织构组分中的{112}<110>和立方织构{001}<100>等,对这些典型取向中形成的微带与轧向之间的夹角随着应变的增加的变化规律进行了分析,结果如图 3-38 所示。

对于材料中的微带来说,假如它形成后就不变化,随着轧制的变形,它与材料一起发生刚性旋转。那么,假定材料中的一晶粒:初始晶粒长 a_0、高 b_0,初始应变量为 ε_0,此时微带与轧向之间的夹角为 α,当材料轧制变形至 ε_1,此时微带与轧向之间的夹角为 β,模型如图 3-39 所示,则:

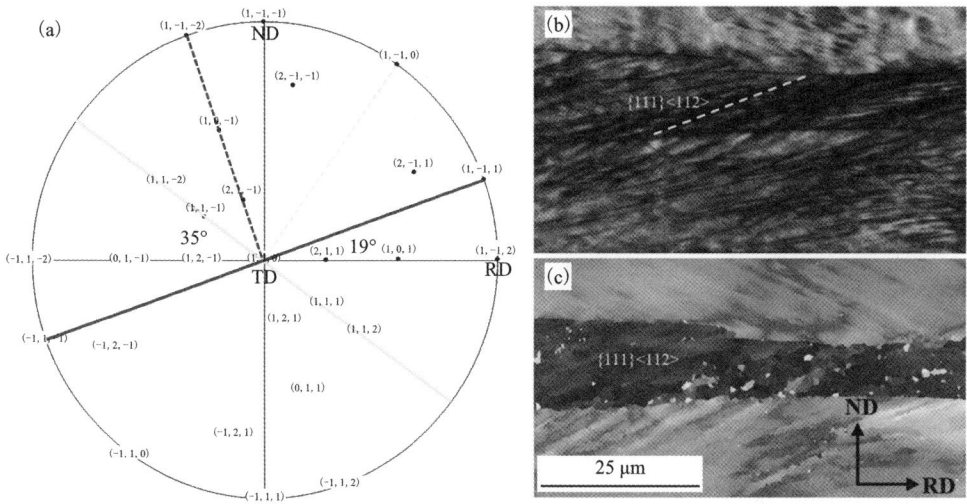

图 3 – 37　冷轧变形 Ta – 2. 5W 合金中的 {111} <112> 取向中的微带与轧向之间的夹角

（a）{111} <112> 取向中的微带迹线在极射赤面投影图中的分析；（b）{111} <112> 织构取向的成像质量图；（c）{111} <112> 织构取向图

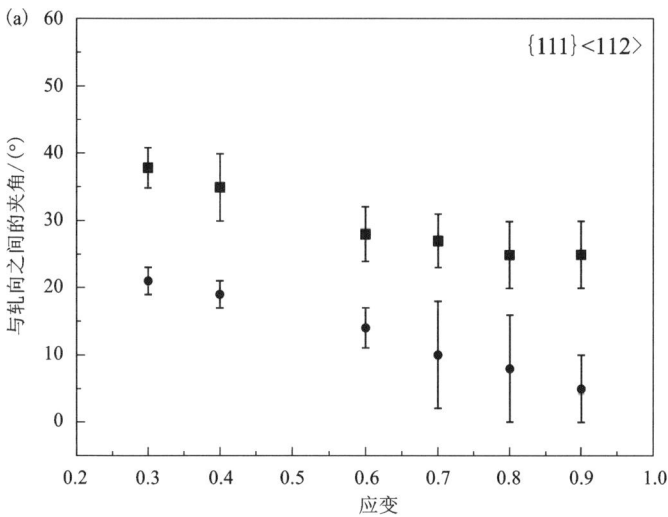

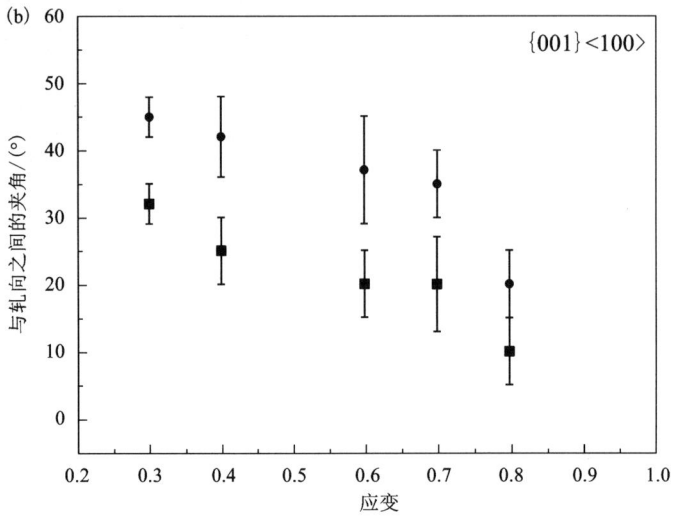

(b) {001}<100>

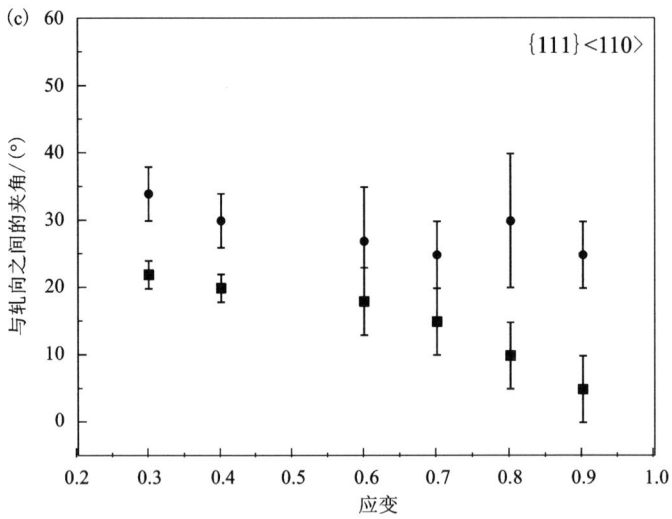

(c) {111}<110>

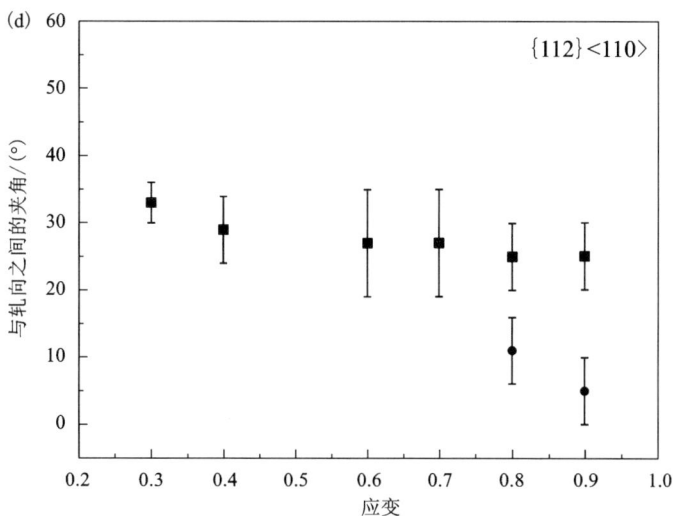

图 3 – 38　冷轧变形 Ta – 2.5W 合金中的典型织构中的微带与轧向之间的夹角

(a) {111} <112>；(b) {001} <100>；(c) {111} <110>；(d) {112} <110>

$$\tan\beta = \frac{(1+\varepsilon_0)(1-\varepsilon_1)}{(1-\varepsilon_0)(1+\varepsilon_1)}\tan\alpha \qquad (3-15)$$

由前面分析可知，材料轧制变形量 $\varepsilon_0 = 30\%$ 时，材料中形成了大量的微带组织，以此时设为初始状态。同样，以 {111} <112> 取向为例，如：假设变形 30% 时形成了一组微带的初始角度为 35°，那么变形 40% 时，刚性旋转下为 29°。这与实验结果是基本吻合的。这说明在变形初期，微带形成确实是与位错滑移系的激活密切相关。以材料轧制变形 30% 时所有微带为基础进行计算，可以得到材料在进一步变形后微带与轧向之间的夹角分布，把实验测得的角度与理论计算的角度进行对比，结果示于图 3 – 39（b）。由此可以看出，实验结果主要呈现两种趋势，一是随着应变量的增加，微带与轧向之间的夹角逐渐减小，但是减小的速度远小于计算结果，二是有一部分微带与轧向之间的夹角总是稳定在初始形成时的角度范围内。由此可见，在轧制变形过程中，一方面有大量的微带组织由于受到轧制力的影响，绕横向向着轧向旋转，另一方面，还有大量的新生微带组织，这些新产生的微带与轧向之间的夹角总是稳定在 29°左右。

微带的演变过程进一步证实了前面所讲的位错界面中位错的演变的弛豫过程。金属材料在塑性加工过程中，储存的位错结构总是趋于形成较低能量的位错组态，以满足塑性变形过程中的应力和应变的连续性。随着应变量的增加，位错密度的增大，材料中储存的位错与位错之间、位错与位错界面之间、位错界面与位错界面之间都会发生相互作用，它们之间的相互作用随着位错密度的增加而增

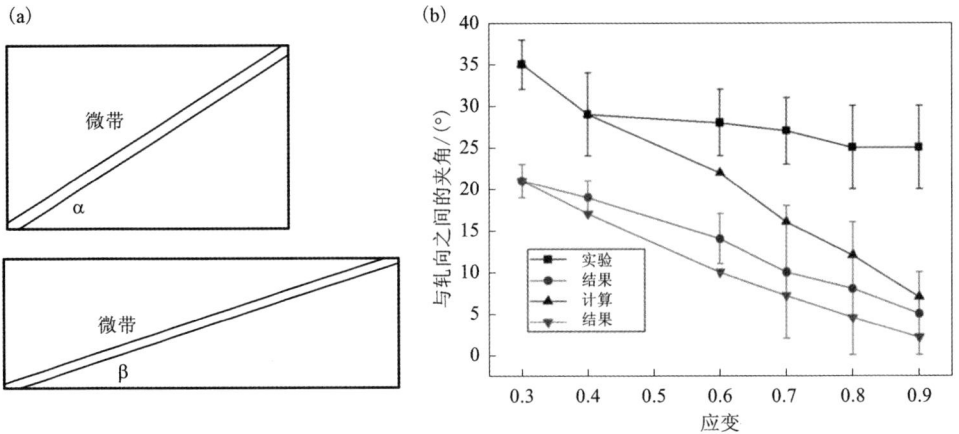

图 3 - 39 冷轧变形 Ta - 2.5W 合金中的典型取向{111}<112>中微带随着应变量的增加而变化
(a)刚性旋转模型计算结果;(b)实验测量的统计结果

大。它们之间的相互作用会使先前形成的位错结构发生弛豫,形成能量更低的位错结构,如位错网络或者弯曲的位错界面,使得这些长直位错面逐渐偏离于初始的滑移面,变成非晶体学的位错结构。此外,微带是 Ta - 2.5W 合金中的剪切带形成的前驱体,下一节将对该合金在轧制过程中的典型剪切带组织进行分析。

3.4 Ta - 2.5W 合金轧制变形过程中的剪切带

3.4.1 Ta - 2.5W 合金中的剪切带特点

从前面分析可以看出,当轧制变形量超过 40% 时,Ta - 2.5W 合金材料中就形成了剪切带组织。由于剪切带在材料变形和断裂失效中的重要作用,多年来一直受到了学者们的关注,关于剪切带的形成机理的研究也一直没有间断。研究者一致认为剪切带的形成与材料的加工软化有关,实际上是一种塑性失稳。从剪切带的前驱体而言,一般认为形成剪切带的首要条件是材料中必须存在着层片状的组织。这种层片状组织可以是孪晶,也可以是层片状的位错组织,即微带组织。通常,把孪晶型剪切带称为黄铜型剪切带(brass - type shear bands),把微带型剪切带称为铜型剪切带(copper - type shear bands)。对于 Ta - 2.5W 合金来说,由前面的研究知道它只形成了微带而没有孪晶,所以 Ta - 2.5W 合金中的剪切带是铜型剪切带。剪切带的形成可以从材料的加工硬化率来考虑。材料在塑性变形过程中,由于内部组织的改变,它们的加工硬化率是会变化的。一般,为了研究金属在塑性变形过程中加工硬化率变化的问题，由 Holloman 公式，在均匀塑性变形阶段，可以将材料的加工硬化规律用下式来描述：

$$\tau_0 = k\gamma^n \tag{3-16}$$

式中：τ_0 为某一激活滑移面滑移方向上的剪切应力；γ 是所有激活滑移系上的总剪切应变；n 为应变硬化指数；K 为与材料本身有关的常数。体心立方金属是对应变速率敏感的材料，由于应变速率取决于材料中位错的数量及其运动速率，应力也是与位错的数量和其运动速率有关，其中应力 τ 可描述为：

$$\tau = \tau_0 \left(\frac{v}{v_0} \right)^m \tag{3-17}$$

式中：v 为位错运动速率，当应力为 τ_0 时，$v = v_0$；m 为应变速率敏感因子。由于是位错的运动使材料发生的剪切变形，材料的剪切应变速率 $\dot{\gamma}$ 可以表示为：

$$\dot{\gamma} = \rho b v \tag{3-18}$$

式中：ρ 为可动位错的密度；b 为位错的柏氏矢量的大小。则材料产生的正应变速率 $\dot{\varepsilon}$ 可以表示为：

$$\dot{\varepsilon} = \frac{\dot{\gamma}}{M} \tag{3-19}$$

式中：M 为 Taylor 因子。同样，正应变 ε 和切应变 γ 之间的关系以及正应力 σ 和切应力 τ 之间的关系可以用式(3-20)和式(3-21)来表示：

$$\varepsilon = \frac{\gamma}{M} \tag{3-20}$$

$$\sigma = M\tau \tag{3-21}$$

综合上述各式，可以得到正应力的表达式：

$$\sigma = \frac{k}{(bv_0)^m} M^{(1+m+n)} \varepsilon^n \cdot \dot{\varepsilon}^m \cdot \rho^{-m} \tag{3-22}$$

式(3-22)中包含了所有影响材料变形的重要变量。因此，对式(3-22)进行微分，可得材料的失稳条件为：

$$\frac{1}{\sigma} \frac{d\sigma}{d\varepsilon} = \frac{n}{\varepsilon} + \frac{m}{\dot{\varepsilon}} \frac{dM}{d\varepsilon} + \frac{1+n+m}{M} \frac{dM}{d\varepsilon} - \frac{m}{\rho} \frac{dN}{d\varepsilon} \leq 0 \tag{3-23}$$

下面对式(3-23)的各项进行分析。材料发生缩颈或塑性失稳的过程中，材料的强度是在下降的。材料强度的下降是由于可动位错密度的急剧增大，因此，当材料中形成剪切带时，材料中的位错密度 ρ 项会急剧增加，大量位错会在剪切带中滑移穿过，此时含 ρ 项为负，这符合塑性失稳条件。应变速率敏感因子通常为正，因此材料对应变速率敏感是有利于变形的稳定化的。另外一个能使材料变形失稳的是含 Taylor 因子(M)项，可见剪切带的形成与晶粒的 Taylor 因子是密切相关的。材料在塑性变形过程中由于外界施加应力和位错滑移的影响，材料的取向会发生变化。通过前面的研究知道，随着轧制应变量的增大，材料中的晶粒取向是在不断发生变化的，并且形成了 α 和 γ 两种主要的纤维织构，这两种织构的 Taylor 因子如图 3 – 40 所示。

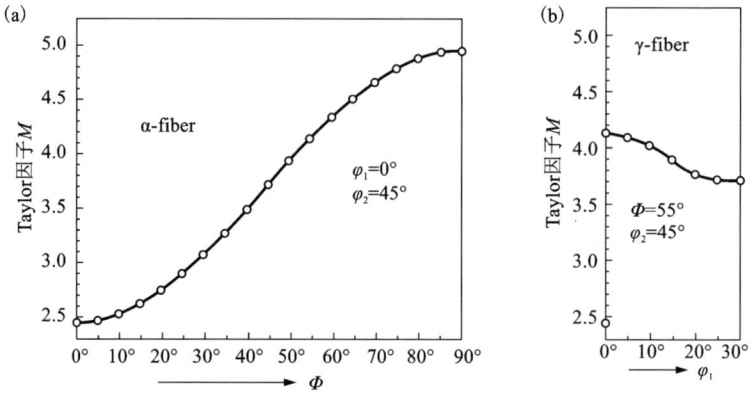

图 3 – 40 在平面应变条件下 Ta 的不同取向的 Taylor 因子 M

(a) α-fiber；(b) γ-fiber

由前面的剪切带分析可以看出，大量剪切带会在 γ 取向的晶粒中产生，在形成剪切带的过程中，γ 取向晶粒的取向是发生了变化的，形成了 Taylor 因子较小的取向。这样，此时的变形导致了 $\dfrac{\mathrm{d}M}{\mathrm{d}\varepsilon} < 0$，材料发生了几何软化或织构软化。在多晶材料的变形过程中非常容易发生几何软化或织构软化现象。

对于 Ta – 2.5W 合金中的剪切带来说，从其形貌和尺寸范围上可以将这些剪切带分为三大类：晶内剪切带、穿晶剪切带和波浪状剪切带。当应变量在 40% 左右时，材料中主要形成的是晶内剪切带，也就是说剪切带被限制在一个晶内的范围内，如图 3 – 41 所示。由此可以看出，此时的剪切带基本与滑移面 {110} 平行。剪切带与轧向之间的夹角不同，它们与晶粒的取向密切相关。

当变形量增至 70% 时，某些取向的晶粒中会形成两组剪切带组织，形貌类似于"鱼骨"，如图 3 – 42 所示，两条剪切带与轧向夹角分别为 19° 和 27°。

对剪切带的迹线通过极图分析可以看出，两条剪切带分别平行于 {110} 和 {112} 滑移面。对剪切带中的晶粒取向进行分析发现，不同的带中的晶粒取向分裂情况类似。不同区域的晶粒取向虽然相差较大，但是它们的取向都是围绕着一个共同的 <111> 晶向（体心立方金属中的密排方向）在旋转。这体现了剪切带在晶粒碎化时的微观机理。

图 3 – 43 示出了一个典型的 γ 取向晶粒 B 中形成的"鱼骨状"剪切带组织。可以看出，此时的剪切带不再平直。剪切带在传播的过程中发生转向，并且宽度也在发生变化，呈现出河流状花样。不同的剪切带，其与轧向的夹角也不同，大

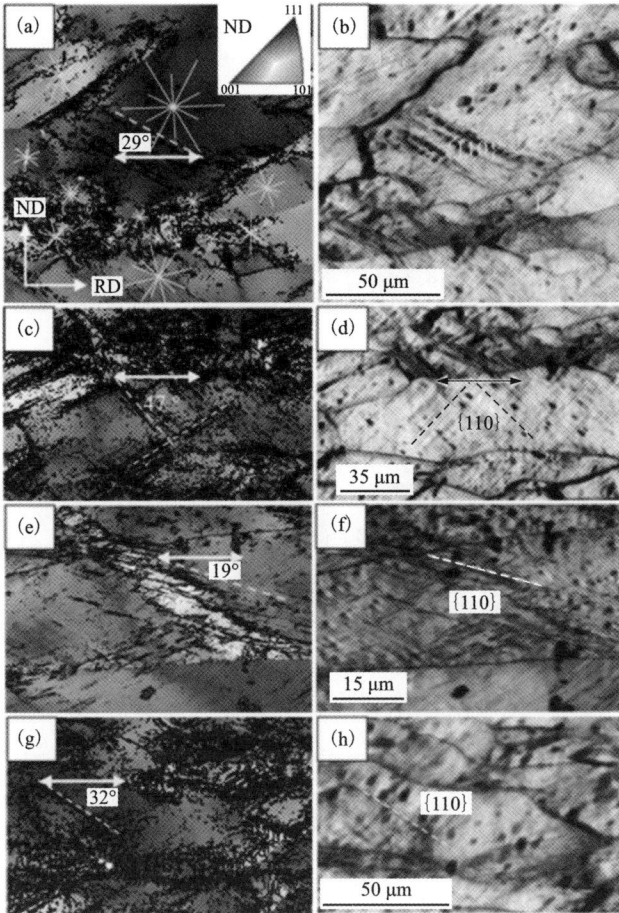

图 3 – 41　冷轧变形 40％时 Ta – 2.5W 合金中形成的晶内剪切带组织的 EBSD 分析图

(a){111}<112>的 ND 取向图；(b)图(a)对应的成像质量图；(c){001}<100>的 ND 取向图；(d)图(a)对应的成像质量图；(e){112}<110>的 ND 取向图；(f)图(e)对应的成像质量图；(g){111}<110>的法向取向图；(h)图(g)对应的成像质量图。图中黑线表示 1°～15°的小角度晶界

小在 20°和 37°之间。因此，此时的剪切带不再处于晶体学的滑移面上。但是，与图 3 – 42 中所示的剪切带类似的是，此时剪切带中的取向分裂仍然绕着一个共同的<111>晶向来进行。由此可见，随着应变量的增加，剪切带的迹线的晶体学性质由具有晶体学的取向变为非晶体学取向。剪切带中的取向总是绕着一个共同的<111>方向旋转而发生分裂。为了分析这种剪切带中晶粒的分裂机制，对几个典型的晶粒中的取向进行了分析，如图 3 – 44 所示。典型剪切带与基体之间的取向，以及它们之间的取向差结果如表 3 – 3 所示。由表 3 – 3 可以看出，剪切带

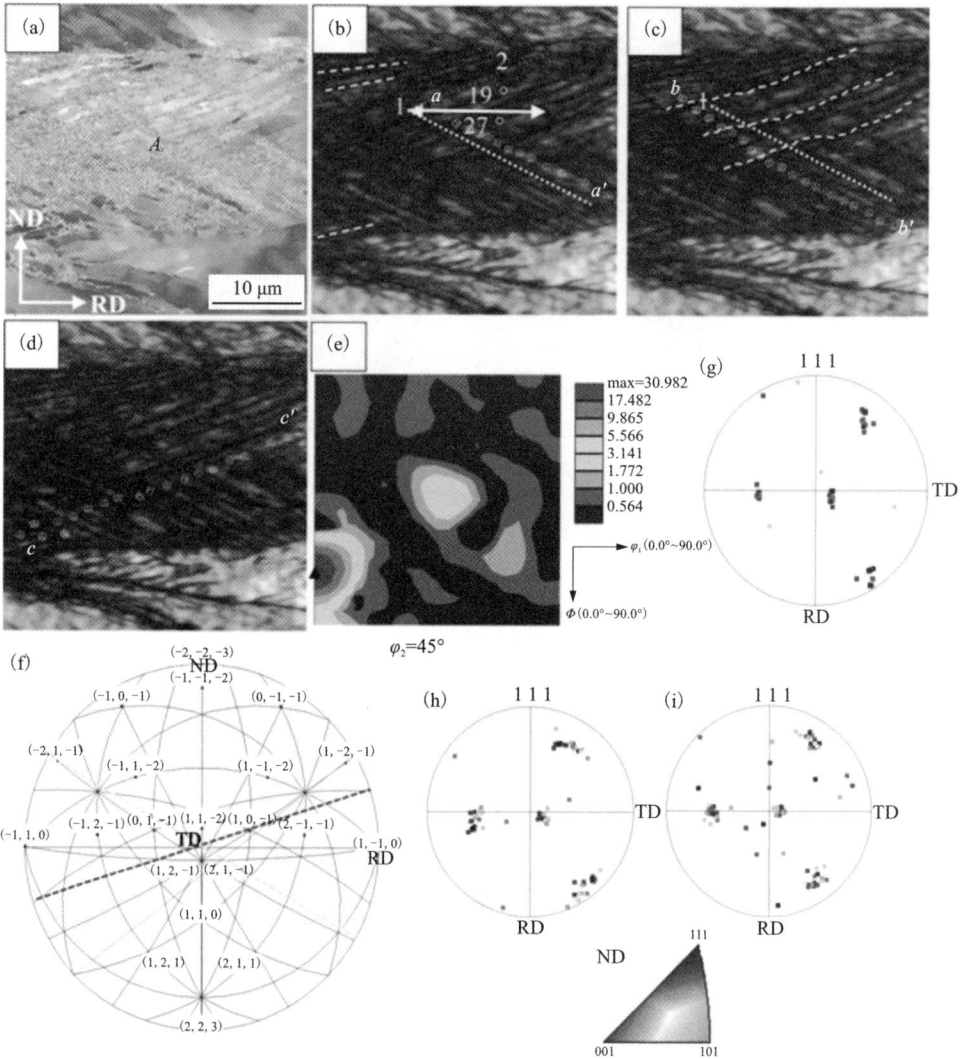

图 3 – 42 冷轧变形 70% 的 Ta – 2.5W 合金中形成的两组相互交叉的晶内剪切带的 EBSD 分析图
（a）ND 取向分布图；（b）、（c）和（d）为图（a）相应的成像质量图；（g）、（h）和（i）分别沿着 *aa′*、*bb′* 和 *cc′* 三条线在 {111} 极图中分析了剪切带内的取向变化；（e）晶粒 A 的取向在 ODF 截面图 $\varphi_2 = 45°$ 中的分析；（f）（223）[$1\bar{1}0$] 取向的极射赤面投影图；晶粒 A 的取向接近于 {223} <$1\bar{1}0$>

与基体之间的取向关系都是绕着 <111> 和 <110> 旋转一定的角度。由此可见，剪切带的形成过程中，剪切带的取向分裂总是绕着体心立方金属的密排方向或者密排面的旋转来进行。

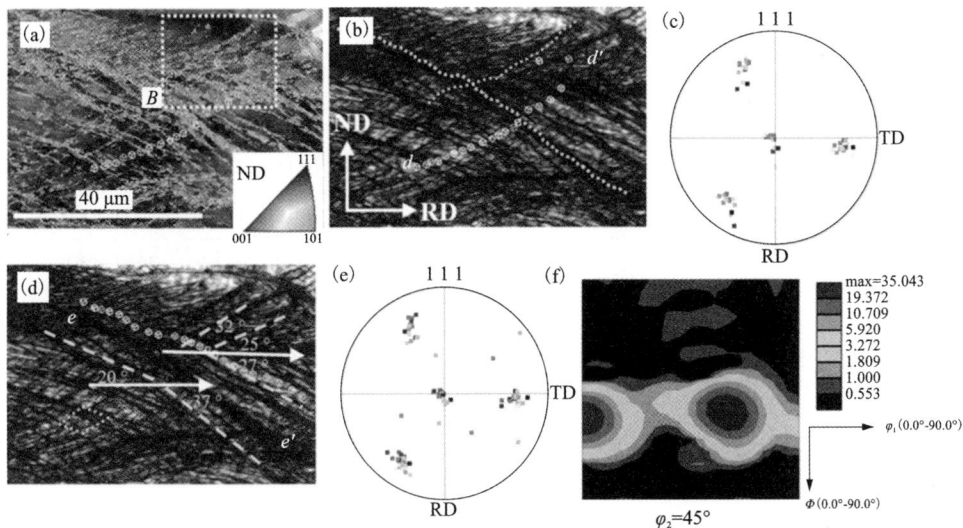

图 3 - 43　冷轧变形 70% 时 Ta - 2.5W 合金中形成的相互交叉的晶内剪切带的 EBSD 分析图
(a) ND 取向分布图；(b) 和 (d) 为图 (a) 相应的成像质量图；(c) 和 (e) 为沿着 dd′ 和 ee′ 在 {111} 极图中分析了剪切带内的取向变化；(f) 晶粒 B 的取向在 $\varphi_2 = 45°$ 的 ODF 截面图的表达，晶粒 B 的取向为 γ 织构，取向从 {111} < $1\bar{1}0$ > 扩散至 {111} < $1\bar{1}2$ >

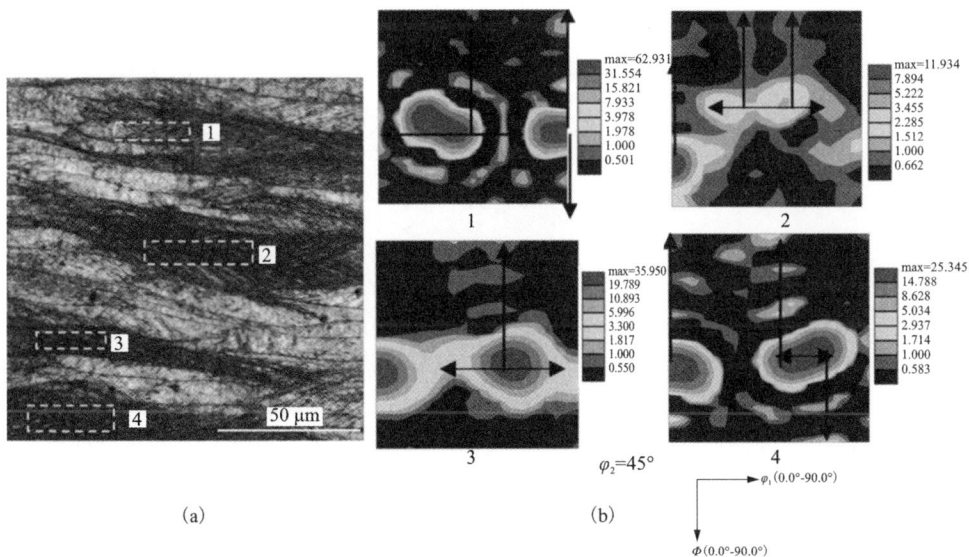

图 3 - 44　鱼骨状晶内剪切带组织的 EBSD 分析图
(a) 成像质量图；(b) 图 (a) 中虚线框 1、2、3 和 4 区域对应的取向在 $\varphi_2 = 45°$ 的 ODF 截面图的表达

表 3-3　图 3-44 中基体和剪切带中的取向关系

基体		剪切带		
欧拉角 $(\varphi_1, \Phi, \varphi_2)/(°)$	Miller 指数	欧拉角 $(\varphi_1, \Phi, \varphi_2)/(°)$	Miller 指数	取向差
晶粒 1　30, 54, 45	$(111)[1\bar{2}1]$	(55, 54, 45)	$(111)[0\bar{1}1]$	25°/<111>
		(90, 5, 45)	$(001)[\bar{8}\,\bar{8}0]$	60°/<110>
晶粒 2　(0, 70, 45)	$(221)[1\bar{1}0]$	64, 45, 35	$(233)[0\bar{1}1]$	36°/<101>
		(90, 70, 45)	$(221)[\bar{1}\,\bar{1}4]$	38°/<101>
晶粒 3　0, 90, 45	$(110)[1\bar{1}0]$	(35, 0, 45)	$(001)[1\bar{6}0]$	45°/<501>
晶粒 4　0, 54.5, 45	$(111)[1\bar{1}0]$	(30, 54.5, 45)	$(111)[1\bar{2}1]$	30°/<111>
		(58, 0, 45)	$(001)[140]$	55°/<110>
		(0, 0, 45)	$(001)[1\bar{1}0]$	55°/<110>

随着应变量的增加, 晶内剪切带不能总是限制在单个晶粒内部。晶内剪切带会穿过晶界, 形成穿晶剪切带, 如图 3-45 所示。由此可以看出, 在晶粒 C 和晶粒 D 之间不存在穿晶剪切带, 但是在晶粒 D 和晶粒 E、晶粒 D 和晶粒 F 中形成了这种穿晶剪切带。穿晶剪切带穿过晶界时, 在晶界上留下了明显的台阶。对这种穿晶剪切带的迹线进行分析发现, 其接近平行于 {110} 滑移面。对于这种穿晶剪切带的形成机理, 其结构示意图如图 3-46 所示, 其中一般认为需要 $M = \cos\theta_1\cos\theta_3$ 的值最大化, θ_1 和 θ_3 分别为两晶粒中剪切方向之间的夹角和剪切面之间的夹角, θ_2 是相邻晶粒滑移迹线之间的夹角。这说明当相邻的两个晶粒之间的取向差较小或者晶粒之间的取向类似的时候, 材料中就比较容易形成这种穿晶剪切带。

对多对相邻的晶粒(这些晶粒中有的具有穿晶剪切带, 有的不具有穿晶剪切带)的取向关系进行分析的结果如图 3-47 所示。结果发现, 具有穿晶剪切带的晶粒, 它们之间要么具有共同的滑移面, 要么具有共同的滑移方向。那些不具备这种条件的, 没有发现穿晶剪切带的存在。这意味着当材料中的织构强度越来越大时, 材料中局部的取向就越来越趋于接近, 那么这个时候材料中就更容易形成这样的穿晶剪切带。因此, 随着应变量的增大, 可以在材料中观察到越来越多的穿晶剪切带。如图 3-48 所示, 当冷轧变形量达到 80% 时, 材料中可以观察到这种连续穿过多个晶粒的宏观剪切带。

当 Ta-2.5W 合金轧制到 90% 时, 材料中形成了波浪状剪切带, 如图 3-49 所示。这种波浪状的剪切带一般能在由软金属和硬金属制备的层状复合材料中观

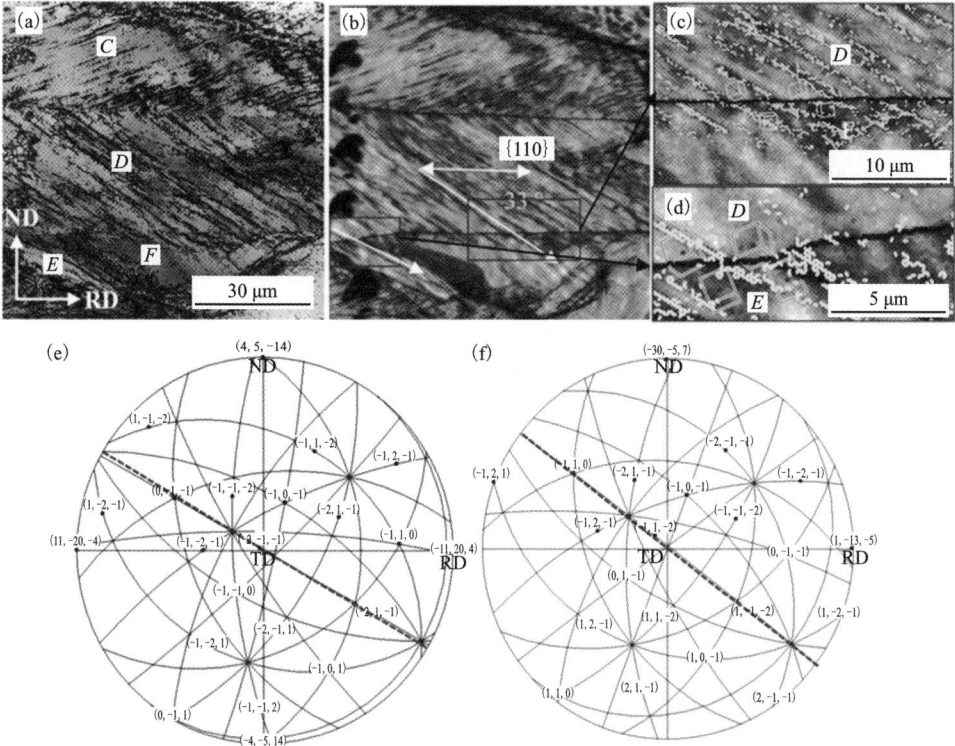

图 3 - 45　冷轧变形 40%时材料中形成的穿晶剪切带的 EBSD 分析图

(a) ND 取向图；(b) 图(a) 对应的成像质量图；图(c) 和图(d) 分别为图(b) 中框中区域的放大；图(e) 和(f) 为晶粒 $D(4, 5, \overline{14})[\overline{11}, 20, 4]$ 和晶粒 $F(30, 5, \overline{7})[\overline{1}, 13, 5]$ 的剪切带迹线在极射赤面投影图中的分析

察到。例如：Cu/Al、Cu/Zn 和 Cu/Ta 等复合材料经过叠轧后会形成大量的波浪状剪切带，那么为什么它能在 Ta - 2.5W 合金中形成呢？这主要是因为 Ta - 2.5W 合金经过大变形量的轧制后形成了强的 α 纤维织构和 γ 纤维织构，这两种织构由于组织不同，它们的加工硬化率不同，从而表现出了由软层和硬层组成的层状复合材料的力学行为，在随后的变形过程中形成了这种剪切带，此种形成原因可以在图 3 - 49 中得到印证。该波浪状剪切带包含了 α 纤

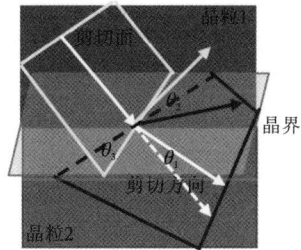

图 3 - 46　穿晶剪切带组织的几何示意图

θ_1 是两个晶粒中剪切带方向之间的夹角，θ_2 是两晶粒中剪切带所在平面的法向之间的夹角，θ_3 是剪切带在晶界上的迹线之间的夹角

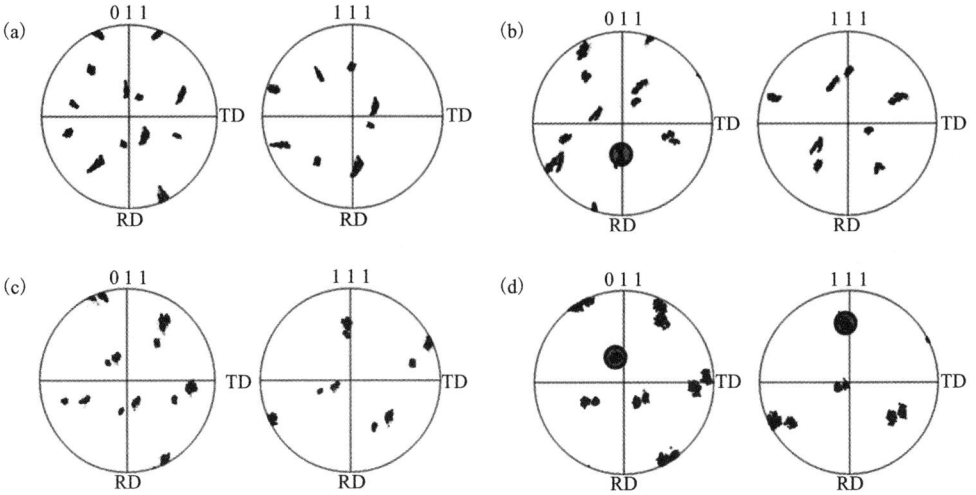

图 3-47　相邻晶粒中有穿晶剪切带和没有穿晶剪切带的晶粒取向在{110}和{111}极图中的投影分布

（a）和（c）所示晶粒中没有形成穿晶剪切带；（b）和（d）所示晶粒中形成了穿晶剪切带

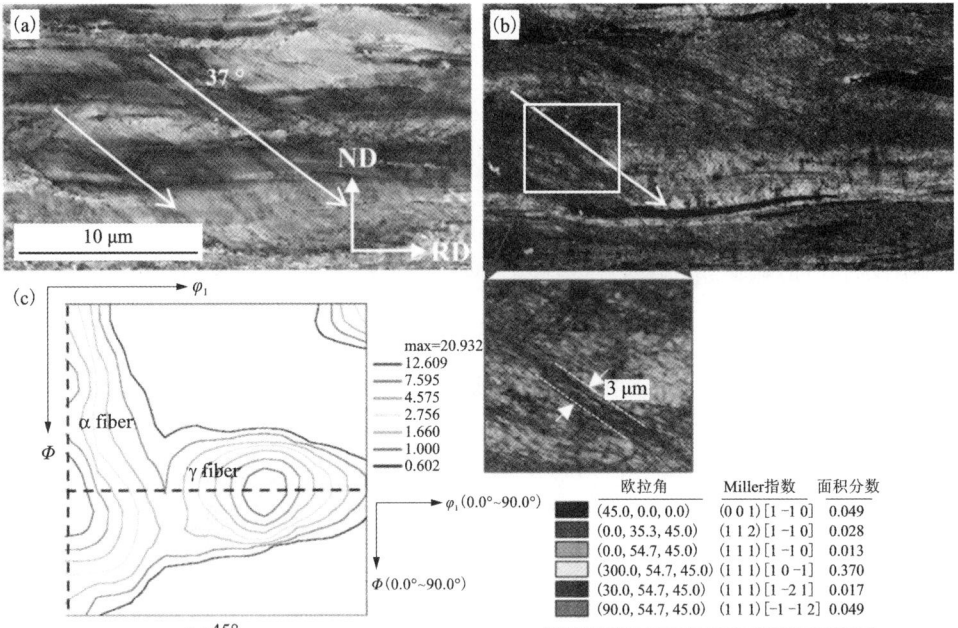

图 3-48　Ta-2.5W 合金轧制变形 80% 时形成的宏观穿晶剪切带的 EBSD 分析图

（彩图版见附录）

（a）ND 取向分布图；（b）图（a）对应的质量成像图，图上不同的颜色代表不同的取向（偏差范围为 15°），其中蓝色-（001）[1$\overline{1}$0]，红色-（112）[1$\overline{1}$0]，绿色-（111）[1$\overline{1}$0]，黄色-（111）[10$\overline{1}$]，紫色-（111）[1$\overline{2}$1]，粉色-（111）[$\overline{1}$12]；（c）φ_2 =45°的 ODF 截面图

维织构和 γ 纤维织构的晶粒, α 纤维织构的晶粒变形均匀, 其中形成的是位错胞结构, 晶粒虽然呈现出波浪状, 但是在宽度上不发生变化。而在 γ 纤维织构的晶粒中, 形成了大量细小的平行于轧制方向的带状组织, 这种晶粒在宽度上发生变化, 发生了周期性的颈缩。在颈缩的区域, 可以观察到剪切带穿过了层状带。

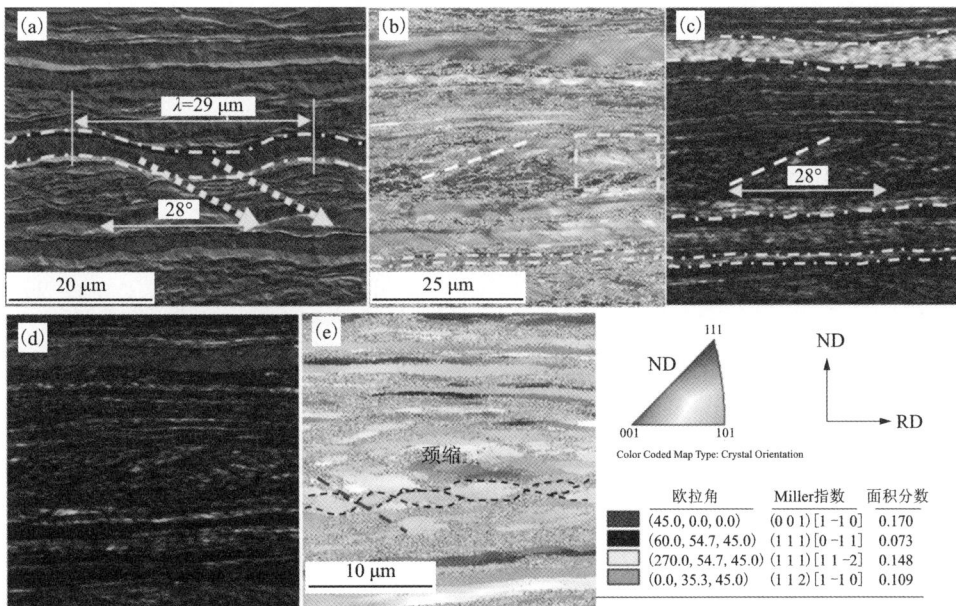

图 3 – 49 冷轧变形 90% 的 Ta – 2.5W 合金中的波浪状剪切带及其 EBSD 分析图 (彩图版见附录)
(a) 扫描二次电子像; (b) ND 取向分布图; (c) 成像质量图; (d) 典型取向的分布图, 绿色 – {112} <110>, 黄色 – {111} <112>, 蓝色 – {111} <110>, 红色 – {001} <110>, 取向偏离在 15° 内; (e) 放大区域显示剪切中碎化晶粒

Ta – 2.5W 合金中的波浪状剪切带的形成条件可由下式来表示:

$$\frac{\mathrm{d}\sigma_h}{\mathrm{d}\varepsilon} - \frac{\mathrm{d}\sigma_s}{\mathrm{d}\varepsilon} = \sigma_h - \sigma_s \tag{3-24}$$

式中: σ_h 和 σ_s 分别表示硬取向 γ 晶粒和软取向 α 晶粒的强度。根据正应力与剪切应力的关系, 该式可以改写为:

$$\frac{\mathrm{d}M_h\tau_h}{\mathrm{d}\varepsilon} - \frac{\mathrm{d}M_s\tau_s}{\mathrm{d}\varepsilon} = M_h\tau_h - M_s\tau_s \tag{3-25}$$

式中: M 为 Taylor 因子; τ 为位错滑移的临界分切应力。假定各晶粒中的滑移系的临界分切应力相同, 那么:

$$(M_h - M_s)\frac{\mathrm{d}\tau}{\mathrm{d}\varepsilon} + \frac{\mathrm{d}M_h}{\mathrm{d}\varepsilon} - \frac{\mathrm{d}M_s}{\mathrm{d}\varepsilon} = M_h - M_s \tag{3-26}$$

$$\frac{\mathrm{d}M_h}{\mathrm{d}\varepsilon} - \frac{\mathrm{d}M_s}{\mathrm{d}\varepsilon} = M_h - M_s \tag{3-27}$$

由此可见，相邻晶粒之间的 Taylor 因子相差越大，就越容易形成这种波浪状剪切带。根据 D. Raabe 的计算结果，这种晶粒的取向在欧拉空间中的角度应该为 (15°, 55°, 45°)。

对于这种波浪状剪切带，在层状复合材料中，当其波长为 λ，振幅为 e 时，那么这种剪切带的形貌可以用下式表示：

$$f(x) = e\sin(2\pi x/\lambda) \tag{3-28}$$

当形成这种波浪状的剪切带时，表面的张力使这个波长变短以减小能量，那么这个时候存在一个临界波长 λ_c。当对材料施加拉应力 σ_0 时，表面弓出能与界面能 γ 平衡，则弓出能 ΔW 为：

$$\Delta W = \frac{\pi\gamma e^2}{\lambda^2}\left(1 - \frac{\lambda}{\lambda_c}\right) \tag{3-29}$$

当能量最低时，取 $\mathrm{d}w/\mathrm{d}\lambda = 0$，$\lambda = 2\lambda_c$，则：

$$\lambda = \frac{2\pi\mu\gamma}{(1-\upsilon)\sigma_0^2} \tag{3-30}$$

式中：μ 为剪切模量；γ 为界面能；υ 为泊松比。从图 3-49 中可以看出，λ 为 29 μm，则 λ_c 为 14.5 μm。界面能 γ 可以通过下式计算：

$$\gamma = \left[\frac{2(1-r)^2}{r(2-r)}\tan\theta\right]\ln\frac{1}{1-r} \tag{3-31}$$

式中：r 为道次压下量；θ 为剪切带与轧面方向之间的夹角。通过计算可得 γ 为 1.302 J/m²。钽的剪切模量为 69 GPa，泊松比为 0.35，则可计算出 Ta-2.5W 合金的强度为 441 MPa。这与文献中报道的 Ta-2.5W 合金的强度比较接近。由此可见，对于这种大应变量变形的 Ta-2.5W 合金来说，由于其中形成了强的纤维织构 α 和 γ，并且它们的强度和加工硬化率都存在差异，此时材料表现出来的性质类似于层状复合材料。因此，层状复合材料中的剪切带理论也可以适用于大应变量的体心立方金属。

3.4.2　Ta-2.5W 合金中的剪切带对织构的影响

剪切带的形成导致晶体发生旋转，对材料的织构有着重要的影响。在体心立方金属中，特别是在硅钢中，由于铁磁性能的各向异性，织构控制一直受到了关注。对于无取向硅钢，立方织构或者稍稍偏离理想立方织构的取向，如 {001} <120>、{001} <150> 等，一直受到了极大的关注。这主要是由于立方织构对无取向硅钢的磁性能有很好的作用。在 Ta-2.5W 合金经过大变形量的轧制后，通过对其织构的分析，包括由 X 射线衍射测得的宏观织构[图 3-50(a)、(b)和

(c)]结果和 EBSD 分析的微观织构[图 3 - 50(e)]的结果,发现{001} <120 >织构增加,如图 3 - 50 所示。因此,后续将对此种织构在 Ta - 2.5W 合金轧制过程中形成的机理进行分析。

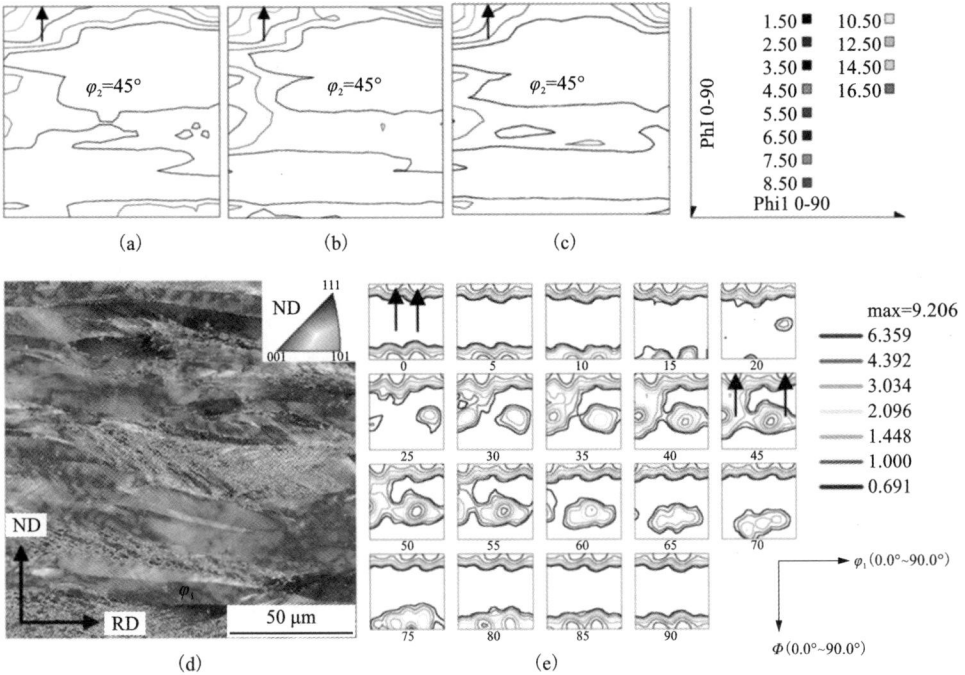

图 3 - 50 大应变量下冷轧变形的 Ta - 2.5W 合金中形成的织构(彩图版见附录)
(a)冷轧变形 70% Ta - 2.5W 合金的 φ_2 = 45°的 ODF 截面图;(b)冷轧变形 80% Ta - 2.5W 合金的 φ_2 = 45°的 ODF 截面图;(c)冷轧变形 90% Ta - 2.5W 合金恒 φ_2 = 45°的 ODF 截面图;(d)冷轧变形 70% Ta - 2.5W 合金的 ND 取向分布图;(e)图(d)相应的微观织构在恒 φ_2 的 ODF 截面图的表达,箭头所示为{001} <210 >的位置

图 3 - 51 示出了在冷轧变形 70% 后 Ta - 2.5W 合金中形成的{001} <120 >织构以及周围基体的取向分析结果。由此可以看出,在取向为{111} <110 >的晶粒(基体)内,形成了大量的河流状的相互交叉的微剪切带,这些剪切带并不平直,如图 3 - 51(a)和(b)所示。在这个晶粒中,还可以观察到一个小的长条形的变形带区域,如图 3 - 51(a)中箭头处所示。通过对这个变形带区域的取向进行分析,确定其取向为{001} <120 >,如图 3 - 51(d)所示。由于这个变形带形成于{111} <110 >取向晶粒中剪切带的内部,可以推测,这个变形带区域的形成跟剪切带密切相关。

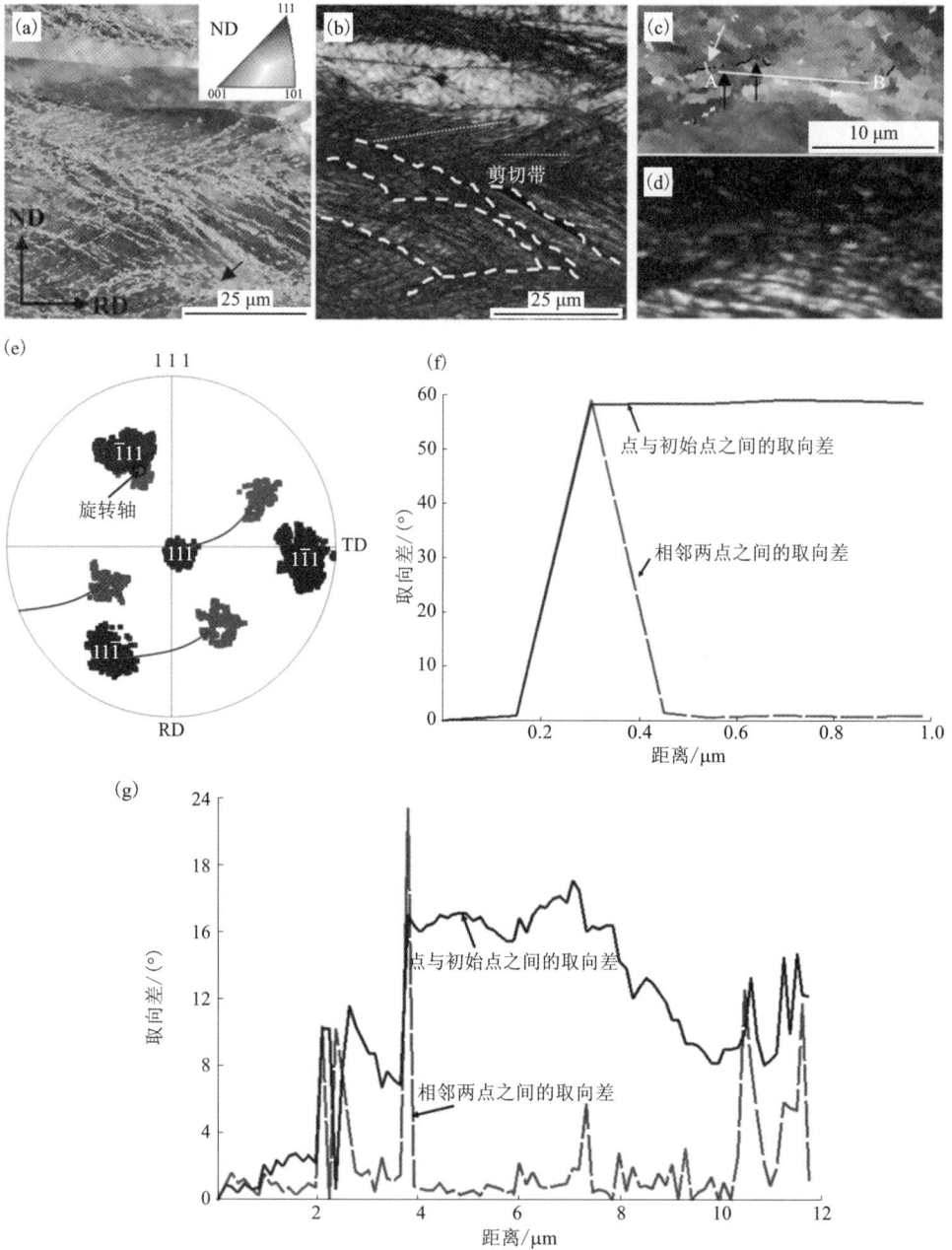

图 3 – 51　冷轧变形 70% 的 Ta – 2.5W 合金的 EBSD 分析图 (彩图版见附录)

(a) ND 取向分布图；(b) 图 (a) 相应的成像质量图；(c) {001} <210> 的织构组分区域的 ND 取向图；(d) 图 (c) 对应的成像质量图，图中红色区域取向为 {001} <120>，直线 AB 区域取向为 {111} <110>；(e) 基体和新生晶粒取向在 {111} 极图中的表达；(f) 沿着箭头所示垂直界面的线取向变化分析；(g) {001} <210> 的织构组分区域内沿直线 AB 的取向差变化分析通过取向差分析可以发现，这个变形带区域与周围基体之间存在着 $60°/$ <111> 的取向差，如图 3 – 51(f) 所示。然而，研究发现，立方晶体中的孪晶与基体之间的晶界是 $\Sigma 3$ 重合点阵晶界，并且晶界的取向差刚好也是 $60°/$ <111>。这说明这个形变带区域与基体之间的晶界刚好与体心立方金属中孪晶与基体的取向关系一样，这种 $\Sigma 3$ 晶界如图 3 – 51(c) 中的黑线（箭头处）所示。同样，在 {111} 极图中也可以看出，基体绕着与新生晶粒的一个共同的 <111> 晶向旋转 60°，可以获得新生的 {001} <120> 取向。因此，从取向关系上来讲，这个晶界有可能是孪晶晶界，但是从形貌上来看，这个晶界不像孪晶晶界。关于这个晶界到底是不是孪晶晶界，需要进一步通过透射电镜观察来确定。在 {001} <120> 取向的微形变带区域内，同样存在着大角度晶界和不同的胞块，它们相互之间的取向差可达 20° 左右，如图 3 – 51(g) 所示。这种微形变带中的大角度晶界的产生会促进晶粒的进一步细化，如图 3 – 49(c) 所示。

这种微形变带中大角度晶界的形成，主要是由于剪切带会激发微形变带中的位错滑移，促进微形变带中不同胞块周期性旋转导致的，如图 3 – 52 所示。假设微形变带中主要开启的是滑移系 A，A 滑移系产生的位错形成了微形变带中的一组长直几何必须位错界面或者微带，并且这种位错界面是能稳定存在的。随着塑性变形的进行和晶体的旋转，滑移系 A 会变得不利，这时会激活滑移系 B。由于微带的存在会促使剪切带的产生，使得剪切变形主要集中在剪切带中，如图 3 – 52(c) 所示，剪切带穿过微带时会在界面上留下台阶。同时，由于剪切带中大量位错的滑移，会促进微带大角度的旋转，并且在剪切带和微带相互作用的区域形成了大量由这两个滑移系激发的位错，这些位错相互作用弛豫形成晶界，从而在该区域中形成了新的晶粒，如图 3 – 52(d) 所示。

在 {111} <110> 取向的晶粒中形成 {001} <120> 取向晶粒的现象在冷轧变形 80% 和冷轧变形 90% 的 Ta – 2.5W 合金中同样可以观察到。如图 3 – 53 所示，在冷轧变形 80%Ta – 2.5W 合金的 {111} <110> 取向的晶粒中，形成了多个这种具有 {001} <120> 取向的带状区域，并且这种带状区域的长界面都接近平行于轧面，如图中箭头处所示。可见，只有在大应变量时，在剪切带协同作用下，才会出现这种带状组织。

塑性变形过程中形成的新生晶粒，在随后退火过程中可以作为再结晶的晶核。由于新生晶粒（{001} <120>）与变形基体（{111} <110>）之间晶界的重合点阵结构特征，推测其在退火过程中会发生长大。于是，对冷轧变形 80% 的样品进行了退火实验，退火后样品的 EBSD 分析结果示于图 3 – 54 中。可以看到，在 {111} <110> 取向晶粒的残留变形基体内存在 {001} <120> 取向的再结晶晶粒，它们之间的取向关系示意图如图 3 – 54(d) 所示，并且随着温度的升高，这种取向的晶粒在长大。由此可见，通过大变形产生的剪切带的作用，出现的这种 {001}

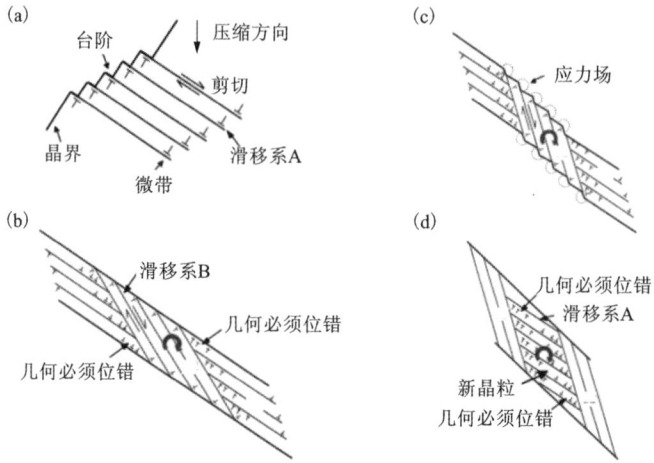

图 3-52　微剪切带促进微带中局部区域点阵旋转形成新晶粒的模型

(a)滑移系 A 开启形成微带；(b)滑移系 B 开启形成剪切带；

(c)剪切带与微带中位错的相互作用；(d)新晶粒的形成

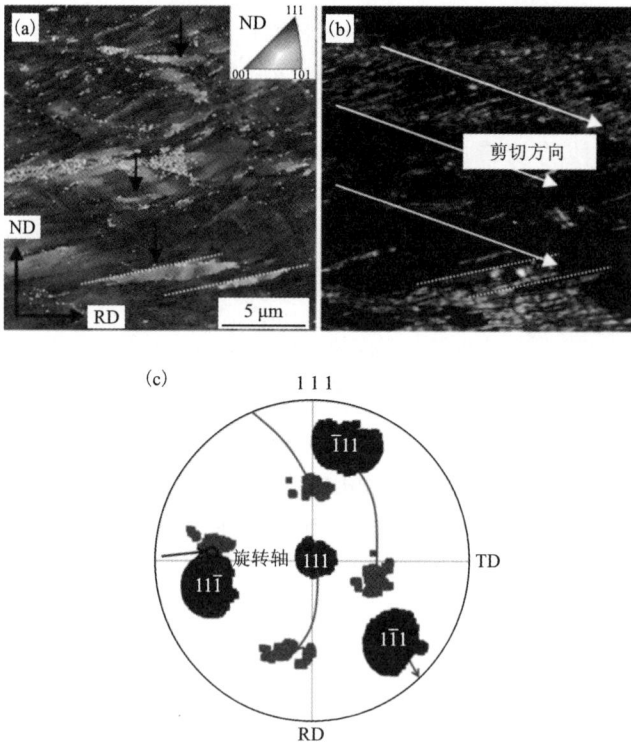

图 3-53　冷轧变形 80% 的 Ta-2.5W 合金的 EBSD 分析图

(a)ND 取向分布图；(b)图(a)相应的成像质量图；(c)基体取向和新生晶粒[图(a)中箭头所示带状区域]取向在|111|极图中的表达

<120>取向的微形变带，由于其与基体之间具有∑3的孪生关系，这种界面可以稳定的存在，在退火的过程中可以保存下来，并可以迁移，使晶粒长大。因此，在体心立方金属中，为了获得这种取向的织构，需要进行大变形量的轧制，再通过合理的退火工艺就能实现。关于体心立方金属中织构的形成机理，在第 4 章中还有更加详细的分析。

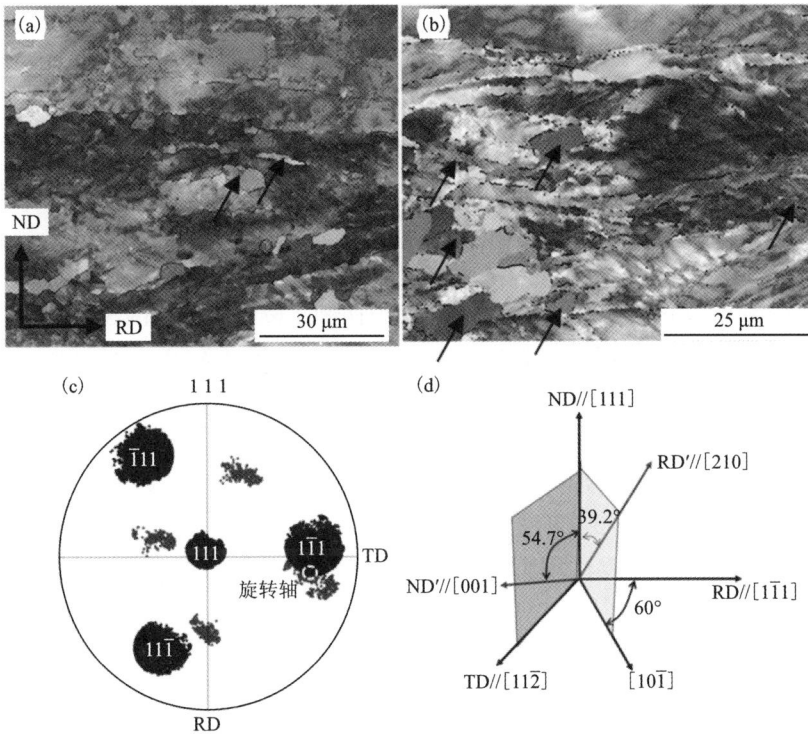

图 3 - 54　冷轧变形 80% 的 Ta - 2.5W 合金经过退火后的 EBSD 分析结果

(a)950℃退火后的 ND 取向分布图；(b)1050℃退火后的 ND 取向分布图；(c)变形晶粒{111}<110>和再结晶晶粒{001}<120>取向在{111}极图中的表达；(d){111}<110>和{001}<120>的取向关系示意图

　　通过前面的分析可以看到，Ta - 2.5W 合金在轧制过程中，虽然从微观上总是位错在不停地滑移和弛豫协调，但是在宏观上，晶体总是趋向于沿着体心立方金属的密排面{110}或者密排方向<111>来进行旋转，这样的运动结果就是密排面区域平行于轧制方向，使这个方向上原子间距最大，而密排方向趋向于平行于轧面，使原子在这个方向上间距最小，以实现轧制的压应变和拉应变，最终导致材料中形成了这种 α 和 γ 纤维织构，典型织构如图 3 - 50 所示。

3.5　Ta-2.5W 合金的板带箔材加工技术

通过前面章节的分析，可以看出，Ta-2.5W 合金在轧制过程中主要形成了 α 和 γ 两种纤维织构，并且这两种织构中形成的变形组织差异很大：α 纤维织构变形相对均匀，变形组织以位错胞为主，加工硬化率比较低；而在 γ 纤维织构中，变形组织以微带为主，加工硬化率比较大，具有比较好的均匀塑性变形的能力。为了获得较好的箔材质量，需要对其织构进行控制：在加工的过程中，尽量获得 α 纤维织构，以利于塑性加工；在产品中，尽量获得 γ 纤维织构，以提高箔材的强度和深冲性能。这一节的织构数据均是用 X 射线衍射织构仪测得的宏观织构。

3.5.1　Ta-2.5W 合金轧制过程中的织构控制

第 2 章已经讲过，对于体心立方金属来说，在欧拉空间邦厄系统中，$\varphi_2 = 45°$ 的截面图中已经包含了体心立方金属轧制织构的足够信息，如图 3-55(a)所示。由图 3-55 可以看出，随着冷轧变形量的增加，Ta-2.5W 合金中的变形织构逐渐增强。当冷轧变形量小于 60% 时，各织构组分普遍较弱，取向密度低于 4.50；而当冷轧变形量达到 60% 时，体心立方金属中的旋转立方织构 $\{001\}<1\bar{1}0>$ 明显增强；当冷轧变形量为 80% ~90% 时，由图 3-55(d)、(e)和(f)可以看出，各织构取向密度没有明显改变；随变形量的继续增加，当冷轧变形量达到 95% 时，旋转立方织构 $\{001\}<1\bar{1}0>$ 织构继续增强，另外还出现了较强的 $(112)[1\bar{1}0]$、$(111)[1\bar{1}0]$ 和 $(110)[1\bar{1}0]$ 织构组分。

图 3-56 示出了 Ta-2.5W 合金板材经不同应变量冷轧后织构演变的取向线分析。对比图 3-56(a)和(b)所示的 α 纤维取向线和 γ 纤维取向线可知，α 纤维织构强度的增长量比 γ 纤维织构的大得多。从图 3-56(a)中的 α 纤维取向线可以看出，在冷轧变形量为 20% ~80% 时，各取向密度变化趋势不是很大，$\{001\}<110>$、$\{112\}<110>$ 和 $\{111\}<110>$ 织构组分稍有增强；当冷轧变形量达到 90% 时，$\{001\}<110>$ 和 $\{111\}<110>$ 两种织构的取向密度增强，$\{112\}<110>$ 织构漫散程度增加；当冷轧变形量达到 95% 时，在 $\Phi = 0°$ 的 $\{001\}<110>$ 旋转立方织构取向线尖锐，晶粒取向集中，强度不断上升，取向密度值达到 14.6，这说明 Ta-2.5W 合金板材经冷轧变形后，最稳定取向为 $\{001\}<110>$。α 纤维取向线上 $\{112\}<110> ~ \{111\}<110>$ 之间的织构取向密度增加，但其漫散程度大，为不稳定取向，另一织构组分 $\{110\}<110>$ 也稍有增强。从图 3-56(b)可以看出，γ 纤维取向线上取向密度随冷轧变形量增大而逐渐增强，其中 $\{111\}<110>$ 织构取向密度变化较大，而 $\{111\}<112>$ 织构取向密度变化不是很大。

为了获得较小的加工硬化速率和较强的 α 纤维织构，一般应将板材的轧制应

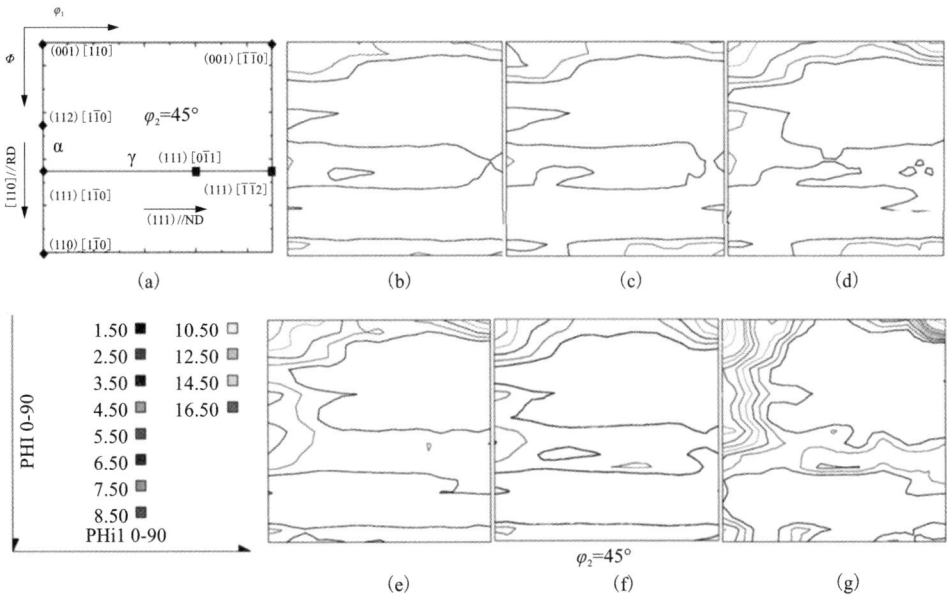

图 3 - 55　不同冷轧变形量的 Ta - 2.5W 合金板材的 $\varphi_2 = 45°$ 的 ODF 截面图(彩图版见附录)
(a)体心立方金属中的典型织构;(b)20%;(c)40%;(d)60%;(e)80%;(f)90%;(g)95%

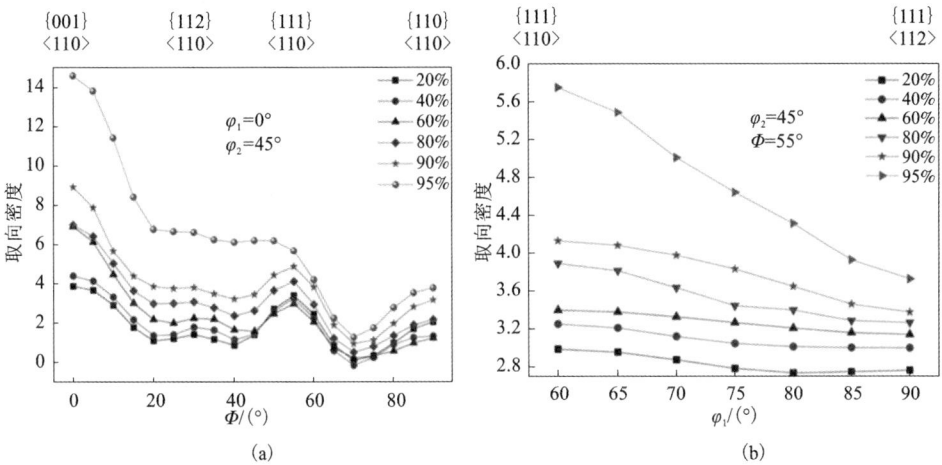

图 3 - 56　Ta - 2.5W 合金经不同应变量冷轧后的织构取向线分析
(a)α 纤维取向线上的取向密度分布;(b)γ 纤维取向线上的取向密度分布

变量控制在 90% 左右。当轧制变形量超过 90% 时,板材的边缘容易出现裂纹,这对箔材的加工不利。因此，对初始的 Ta - 2.5W 合金板坯，可以采取 90% 的轧制变形。

图 3 - 57 示出了 Ta - 2.5W 板材冷轧 90% 后在不同退火温度下的 α 纤维取向线分析。由此可以看出，α 纤维取向线在 $\Phi = 0°$、30°、60° 和 90° 处出现了四个峰，分别对应的织构类型为 {001} < 110 >、{112} < 110 >、{111} < 110 > 和 {110} < 110 >。$\Phi = 0°$ 的 {001} < 110 > 织构和 $\Phi = 30°$ 处的 {112} < 110 > 织构随着退火温度的升高，取向密度先增加，两种织构的强度均在 1080℃ 时达到最大值。温度继续升高，取向密度降低，在 1400℃ 退火时取向密度降到最低，比初始未退火时的取向密度要小。$\Phi = 55°$ 处的 {111} < 110 > 织构随着退火温度的升高取向密度先降低，温度为 1200℃ 时取向密度最低，随着温度的继续升高，取向密度值有小幅度的增大。由此可见，在退火过程中，{001} < 110 > 织构在回复的过程中发生了增强，当合金发生了再结晶后，这种织构会发生减弱。

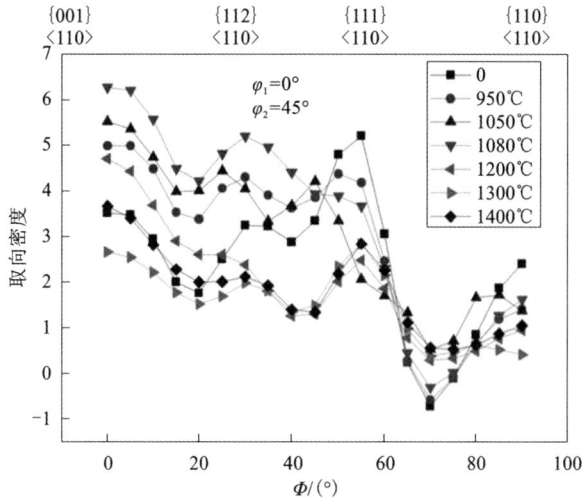

图 3 - 57　冷轧变形 90% Ta - 2.5W 合金经不同温度退火后的 α 纤维取向线极密度分布

从图 3 - 58 中 γ 纤维取向线可以看出，950℃、1050℃ 和 1080℃ 的 γ 取向线的线形基本一致，φ_1 增大，取向密度值减小。可见，在发生完全再结晶之前，Ta - 2.5W 合金中都是 {111} < 110 > 织构强于 {111} < 112 > 织构。且随着退火温度的升高，这两种织构的强度都在减弱。当合金完全发生再结晶后，即当退火温度高于 1200℃ 时，晶体取向向 {111} < 112 > 集中，此时合金中的 {111} < 112 > 织构强于 {111} < 110 > 织构，但这两种织构都在增强。

综上可以看出，当合金在 1080℃ 退火 1 h 时，合金中的 α 纤维织构最强，而

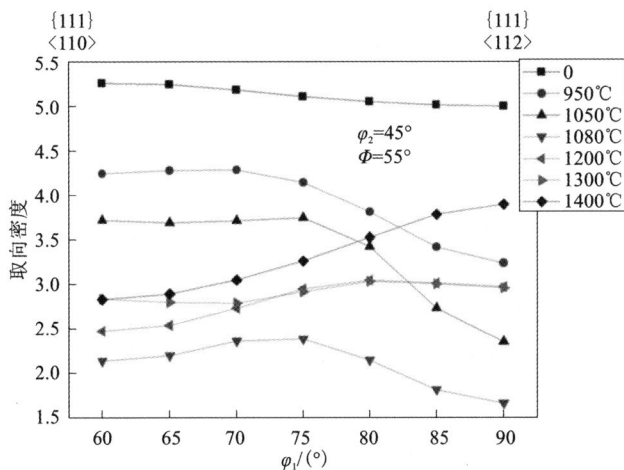

图 3 - 58　冷轧变形 90% 的 Ta - 2.5W 合金经不同温度退火后的 γ 纤维取向线极密度分布

γ 纤维织构最弱。这主要是因为在 1080℃ 以下温度退火时，由于 γ 纤维取向的晶粒在变形过程中形成的是微带组织，变形储能大，它们将优先发生再结晶，使得它们的织构减弱，而在此过程中，α 纤维织构，特别是 {001} <110> 取向的晶粒，由于其中形成的是位错胞组织，变形储能较小，只发生了回复，它们的取向基本不会改变，因此，相对而言，此时合金中的 {001} <110> 织构组分强度会升高。

图 3 - 59 示出了冷轧变形 90% 的 Ta - 2.5W 板材 1080℃ 退火 1 h 后的 TEM 显微组织。由此可以明显看出，不同取向的晶粒中的显微组织存在着很大的差异，这说明它们发生的回复再结晶的进展情况是不一样的。在 {111} <110> 取向的残余变形晶粒中，还可以观察到高密度的位错和位错胞，在其旁边形成了 {111} <112> 的再结晶晶粒，它们之间的大角度晶界正在向 {111} <110> 取向晶粒中迁移，以减小变形组织和弹性应变能。而在虚线下方的 {001} <110> 取向晶粒中，只是发生了回复，可以观察到大量的亚晶组织，其位错密度要小于相邻的 {111} <110> 取向晶粒。

3.5.2　Ta - 2.5W 合金板带箔材加工过程

（1）Ta - 2.5W 合金锭的开坯加工

首先，通过烧结制备出致密度为 95% ~ 98% 的合金坯条，然后将烧结坯垂熔，得到圆柱状的合金坯锭。合金坯锭经过热锻开坯后形成合金厚板，再将合金厚板表面清洗干净，然后将合金厚板先进行总变形量为 80% ~ 85% 的横向冷轧，再进行总变形量为 10% ~ 30% 的纵向冷轧，每道次冷轧的变形量为 8% ~ 10%。

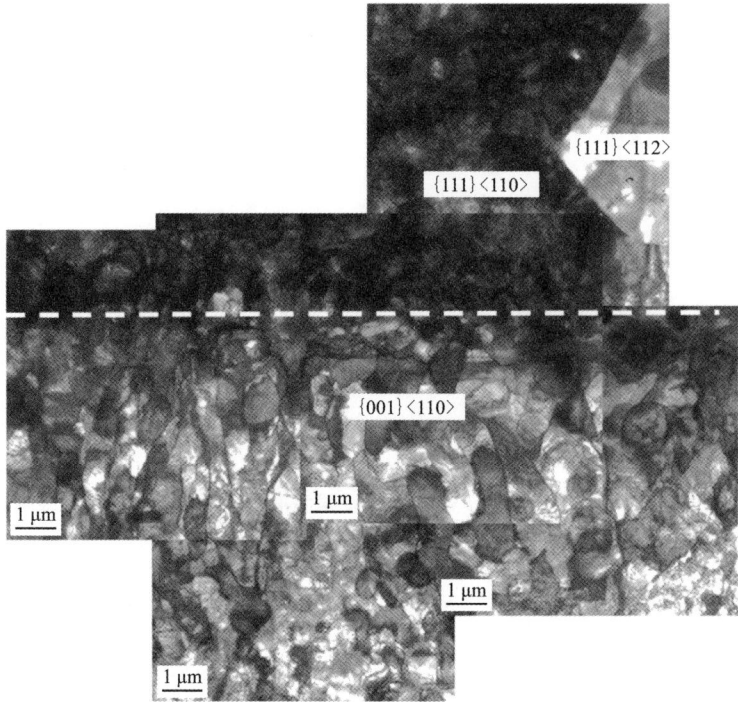

图 3 - 59 冷轧变形 90% 的 Ta - 2.5W 合金经 1080℃退火 1 h 后的显微组织的 TEM 照片

(2)合金板坯的粗加工

将冷轧后获得的合金板坯清洗干净后放入钼盒中，进行真空退火，真空退火的条件为：绝对真空度小于 3×10^{-3} Pa、退火温度 1080 ~ 1100℃、退火时间 40 ~ 60 min，退火后随炉冷却至室温；真空退火后对板坯进行总变形量为 60% ~ 80% 的多道次冷轧，每道次冷轧的变形量为 8% ~ 10%，得到合金板粗坯。

(3)合金板坯的精加工

将获得的合金板粗坯进行多道次冷轧，直至得到 0.1 ~ 0.15 mm 厚的合金板材，当冷轧累积变形量达到 50% ~ 70% 时，进行一次真空退火，真空退火的条件为：真空炉为真空钼片炉、绝对真空度小于 3×10^{-3} Pa、退火温度 1080 ~ 1100℃、退火时间 40 ~ 60 min、冷却方式为随炉冷却至室温；每道次冷轧的变形量为 8% ~ 10%；

通过上述塑性加工方法及合理的热处理工艺，进一步通过带张力的 20 辊轧机进行轧制，可以制备出具有强 γ 织构的晶粒细小均匀的厚度为 5 μm 的 Ta - 2.5W合金箔材，如图 3 - 60 所示。

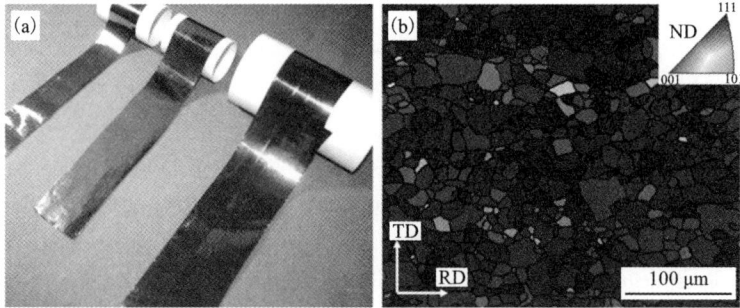

图 3 – 60　Ta – 2.5W 合金箔材及其微观组织

（a）合金箔材实物照片；（b）带材表面的 ND 取向图，黑线表示大角度晶界（ >15°）

参考文献

［1］Weinberger C R, Boyce B L, Battaile C C, et al. Slip planes in bcc transition metals［J］. International Materials Reviews, 2013, 58(5): 296 – 314.

［2］Ravelo R, Germann T C, Guerrero O, et al. Shock – induced plasticity in tantalum single crystals: interatomic potentials and large – scalemolecular – dynamics simulations［J］. Physical Review B, 2013, 88: 134101.

［3］Bechtold J H. Tensile properties of annealed tantalum at low temperatures［J］. Acta Metallurgica, 1955, 3(3): 249 – 254.

［4］闫晓东, 李林, 李德富, 等. Ta – 2.5W 合金再结晶退火工艺的研究［J］. 稀有金属, 2005, 29(4): 517 – 520.

［5］王珊, 汪明朴, 陈畅, 等. 钽及钽钨合金冷轧变形过程中的组织和性能［J］. 材料热处理学报, 2012, 33(6): 61 – 66.

［6］Wang S, Wu Z H, Xie M Y, et al. The effect of tungsten content on the rolling texture and microstructure of Ta – W alloys［J］. Materials Characterization, 2020, 159: 110067.

［7］Briant C L, Lassila D H. The effect of tungsten on the mechanical properties of tantalum［J］. Journal of Engineering Materials and Technology – transactions of the Asme, 1999, 121(2): 172 – 177.

［8］Messerschmidt U, Bartsch M. Generation of dislocations during plastic deformation［J］. Materials Chemistry and Physics, 2003, 81: 518 – 523.

［9］Hull D, Bacon D J. Introduction to dislocations［M］. 5nd ed. Oxford: Elsevier, 2011.

［10］Raabe D, Schlenkert G, Weisshaupt H, et al. Texture and microstructure of rolled and annealed tantalum［J］. Materials Science and Technology, 1994, 10(4): 299 – 305.

［11］Chen C, Wang S, Jia Y, et al. The evolution of dislocation microstructure in electron beam melted Ta – 2. 5W alloy during cold rolling[J]. International Journal of Refractory Metals and Hard Materials, 2016, 61: 136 – 146.

[12] Poddar D, Cizek P, Beladi H, et al. The evolution of microbands and their interaction with NbC precipitates during hot deformation of a Fe – 30Ni – Nb model austenitic steel[J]. Acta Materialia, 2015, 99: 347 – 362.

[13] Landau P, Mordehai D, Venkert A, et al. Universal strain – temperature dependence of dislocation structuresat the nanoscale[J]. Scripta Materialia, 2012, 66: 135 – 138.

[14] Landau P, Makov G, Shneck R Z, et al. Universal strain – temperature dependence of dislocation structure evolution in face – centered – cubic metals[J]. Acta Materialia, 2011: 59 5342 – 5350.

[15] Lawley A, Gaigher H L. Deformation structures in zone – melted molybdenum [J]. Philosophical Magazine, 1964, 10(103): 15 – 33.

[16] Kuhlmann – wilsdorf D. Deformation bands, the LEDS theory, and their importance in texture development: Part II. Theoretical conclusions[J]. Metallurgical and Materials Transactions A, 1999, 30(9): 2391 – 2401.

[17] Hirth J P, Lothe J. Theory of Dislocations[M]. 2nd ed. New York N Y: John Wiley & Sons Inc. , 1982.

[18] Chen Q Z, Duggan B J. On cells and microbands formed in an interstitial – free steel during cold rolling at low to medium reductions[J]. Metallurgical and Materials Transactions A, 2004, 35 (11): 3423 – 3430.

[19] Hughes D A. Deformation microstructures and selected examples of their recrystallization[J]. Surface and Interface Analysis, 2001, 31(7): 560 – 570.

[20] Winther G, Huang X, Godfrey A, et al. Critical comparison of dislocation boundary alignment studied by TEM and EBSD: technical issues and theoretical consequences[J]. Acta Materialia, 2004, 52(15): 4437 – 4446.

[21] Wright S I, Nowell M M. EBSD image quality mapping[J]. Microscopy and Microanalysis, 2006, 12(1): 72 – 84.

[22] Chen Q, Quadir M Z, Duggan B J, et al. Shear band formation in IF steel during cold rolling at medium reduction levels[J]. Philosophical Magazine, 2006, 86(23): 3633 – 3646.

[23] Hughes D A, Hansen N. High angle boundaries formed by grain subdivision mechanisms[J]. Acta Materialia, 1997, 45(9): 3871 – 3886.

[24] Liu Q, Huang X, Lloyd D J, et al. Microstructure and strength of commercial purity aluminium (AA 1200) cold – rolled to large strains[J]. Acta Mater. , 2002, 50: 3789 – 3802.

[25] Li BL, Godfrey A, Meng Q C, et al. Microstructural evolution of IF – steel during cold rolling [J]. Acta Mater. , 2004, 52: 1069 – 1081.

[26] Hurley P J, Humphreys F J. The application of EBSD to the study of substructural development in a cold rolled single – phase aluminium alloy [J]. Acta Materialia, 2003, 51 (4): 1087 – 1102.

[27] Jackson P J, Kuhlmann – wilsdorf D. Low – energy dislocation cell structures produced by cross – slip[J]. Scripta Metallurgica, 1982, 16(1): 105 – 107.

[28] Chen Q Z, Ngan A H, Duggan B J, et al. Microstructure evolution in an interstitial – free steel during cold rolling at low strain levels[J]. Proceedings of The Royal Society A: Mathematical, Physical and Engineering Sciences, 2003, 459(2035): 1661 – 1685.

[29] Bay B, Hansen N, Hughes D A, et al. Overview no. 96 evolution of f. c. c. deformation structures in polyslip[J]. Acta Metallurgica Et Materialia, 1992, 40(2): 205 – 219.

[30] Gutierrezurrutia I, Raabe D. Multistage strain hardening through dislocation substructure and twinning in a high strength and ductile weight – reduced Fe – Mn – A – C steel[J]. Acta Materialia, 2012, 60(16): 5791 – 5802.

[31] Gutierrez – Urrutia I, Raabe D. Microbanding mechanism in an Fe – Mn – C high – Mn twinning – induced plasticity steel[J]. Scripta Materialia, 2013, 69: 53 – 56.

[32] Sevillano J G, Van Houtte P, Aernoudt E, et al. Large strain work hardening and textures[J]. Progress in Materials Science, 1980: 69 – 134.

[33] Dillamore I L, Roberts J G, Bush A C, et al. Occurrence of shear bands in heavily rolled cubic metals[J]. Metal Science, 1979, 13(2): 73 – 77.

[34] Paul H. Microstructural and textural aspects of shear banding in plane strain deformed fcc metals [J]. Solid State Phenomena, 2010, 160: 257 – 264.

[35] Duckham A, DKnutsen R, Engler O. Influence of deformation variables on the formation of copper – type shear bands in Al – 1Mg[J]. Acta Materialia, 2001, 49: 2739 – 2749.

[36] Zhu Q, Sellars C M. Evolution of microbands in high purity aluminium 3% magnesium during hot deformation testing in tension – compression[J]. Scripta Materialia, 2001, 45: 41 – 48.

[37] Paul H, Morawiec A, Piątkowski A, et al. Brass – type shear bands and their influence on texture formation [J]. Metallurgical and Materials Transactions A, 2004, 35 (12): 3775 – 3786.

[38] Raabe D, Mulders B, Gottstein G, et al. Textures of cold rolled and annealed tantalum[J]. Materials Science Forum, 1994: 841 – 846.

[39] Wang S, Wu Z H, Chen C, et al. The evolution of shear bands in Ta – 2.5W alloy during cold rolling[J]. Materials Science and Engineering A, 2018, 726: 259 – 273.

[40] Bieler T R, Eisenlohr P, Zhang C, et al. Grain boundaries and interfaces in slip transfer[J]. Current Opinion in Solid State and Materials Science, 2014, 18(4): 212 – 226.

[41] Semiatin S L, Piehler H R. Formability of sandwich sheet materials in plane strain compression and rolling[J]. Metallurgical and Materials Transactions A, 1979, 10(1): 97 – 107.

[42] Thilly L, Colin J, Lecouturier F, et al. Interface instability in the drawing process of copper/tantalum conductors[J]. Acta Materialia, 1999, 47: 853 – 857.

[43] Sakai T, Saito Y, Hirano K, et al. Deformation and recrystallization behaviorof low carbon steel in high speed hot rolling[J]. Transactions of the Iron and Steel Institute of Japan, 1988, 28: 1028 – 1035.

[44] Zhu Q, Sellars C M. Evolution of microbands in high purity aluminium 3% magnesium during hot deformation testing in tension – compression[J]. Scripta Materialia, 2001, 45: 41 – 48.

[45] Khan A S, Liang R. Behaviors of three BCC metal over a wide range of strain rates and temperatures: experiments and modeling[J]. International Journal of Plasticity, 1999, 15 (10): 1089 – 1109.

[46] Sung J K, Koo Y M. Magnetic properties of Fe and Fe – Si alloys with {100} <0 v w> texture [J]. Journal of Applied Physics, 2013, 113(17): 1 – 3.

[47] Cheng L, Zhang N, Yang P, et al. Retaining {100} texture from initial column argrains in electrical steels[J]. Scripta Materialia, 2012, 67: 899 – 902.

[48] Wang J A, Zhou B X, Yao M Y, et al. Formation and control of sharp {100} <021> texture in electrical steel[J]. Journal of Iron and Steel Research, International, 2006, 13(2): 54 – 58.

[49] Takashima M, Komatsubara M, Morito N. {001} <210> texture development by two – stage cold rolling method in non – oriented electrical steel[J]. ISIJ International, 1997, 37: 1263 – 1268.

[50] Liu H, Liu Z, Sun Y, et al. Formation of {001} <510> recrystallization texture and magnetic property in strip casting non – oriented electrical steel[J]. Materials Letters, 2012, 81: 65 – 68.

[51] Beyerlein I J, Zhang X, Misra A, et al. Growth twins and deformation twins in metals[J]. Annual Review of Materials Research, 2014, 44(1): 329 – 363.

[52] Dorner D, Adachi Y, Tsuzaki K, et al. Periodic crystal lattice rotation in microband groups in a bcc metal[J]. Scripta Materialia, 2007, 57(8): 775 – 778.

[53] Wang S, Feng S K, Chen C, et al. A twin orientation relationship between {001} <210> and {111} <110> obtained in Ta – 2. 5W alloy during heavily cold rolling[J]. Materials Characterization, 2017, 125: 108 – 113.

[54] Lee D N. Relationship between deformation and recrystallisation textures of fcc and bcc metals [J]. Philosophical Magazine, 2005, 85(2): 297 – 322.

[55] Duggan B J, Tse Y Y, Lam G, et al. Deformation and Recrystallization of Interstitial Free (IF) Steel[J]. Materials and Manufacturing Processes, 2011, 26(1): 51 – 57.

第 4 章　体心立方金属形变织构及微观组织形成机理

金属材料的塑性变形机制主要是位错滑移和形变孪晶，而位错滑移或者形变孪晶总是在一定的晶面和晶向上才能进行，这就会导致金属在塑性变形过程中形成择优取向，也就是形成形变织构。材料中形成的形变织构类型与材料的内在因素，包括晶体结构、层错能、晶粒尺寸、塑性变形机制等密切相关，也与外在因素，如轧制条件、变形量、变形温度和第二相粒子等密切相关。此外，在第 3 章中还介绍过剪切带等组织对材料的织构也会产生影响。织构与材料的组织密切相关。如在第 3 章中，介绍了体心立方金属的 α 和 γ 纤维织构中会形成差异很大的微观形变组织，导致它们的强度和加工硬化率都存在很大的差异。同时，织构与材料的性能也密切相关。如钢中的磁性能以及深冲性能也与织构密切相关。因此，为了获得理想的组织和性能，就可以通过材料中的织构来进行控制。

要从技术上控制材料中形成的织构，必须弄清楚织构形成的原因及其微观机制。因此，本章首先介绍单轴和双轴应力作用下体心立方金属织构形成理论，然后以这两种理论为基础，分析钨丝拉拔、钼棒镦粗和拉拔、钨板轧制织构和变形微观组织的形成机理。最后，本章将分析亚稳态体心立方 CuAlMn 合金热轧与温轧组织，阐明了 CuAlMn 合金中的形变诱导相变机制。通过这些分析，以期能更深入地认识体心立方金属材料的形变织构和形变组织形成机制。

4.1　体心立方金属单轴应力作用下形成的织构

4.1.1　单轴应力作用下织构形成理论

在丝材拉拔过程中，会在塑性变形早期形成柱织构。为说明柱织构的成因，这里先分析一下典型的板织构与柱织构的关联。在材料中形成 $(hkl)[uvw]$ 板织构时，基本过程可理解为轧面法向（ND）的压应力与沿轧向（RD）的拉应力使各晶粒某一晶面 (hkl) 力图平行于轧面，该 (hkl) 晶面内的某一 $[uvw]$ 晶向力图平行于轧向。将具有板织构的板材卷为圆筒所形成的织构即为柱织构，如图 4-1 所示，柱织构在通过旋锻和拉拔制备的杆材与丝材中很常见。

拉拔钨丝中主要形成 $(001)[110]$ + $(111)[\bar{1}10]$ 两种柱织构，其中 (001)

[110]柱织构表示晶粒的(001)晶面平行于丝材外表面，晶粒的[110]晶向平行于丝轴，(111)[$\bar{1}$10]柱织构表示晶粒的(111)晶面平行于丝材外表面，晶粒的[$\bar{1}$10]晶向平行于丝轴。首先来解释 <110> 晶向平行于丝轴的成因。图 4 - 2 是体心立方金属的标准极射赤面投影图，图中含有的主要滑移要素有：

(1) A、B、C 和 D 为 4 个密排方向的极点；

(2) 1、2、3、4、5 和 6 为 6 个密排面的极点；

(3) 6 个密排面的迹线。

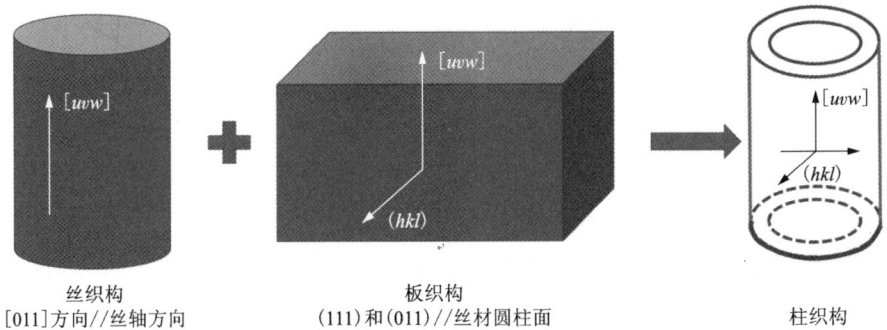

丝织构
[011]方向//丝轴方向

板织构
(111)和(011)//丝材圆柱面

柱织构

图 4 - 1　丝织构、板织构、柱织构三种织构间的关系

由图 4 -2 可见，在每个密排面迹线上都有两个密排方向的迹点，因此，体心立方金属中总共有 1B、1C、2C、2D、3A、3D、4A、4B、5A、5C、6B 和 6D 共 12 个滑移系统。图 4 - 2 中整个极图被 6 个密排面迹线和两个极轴分为 24 个单位三角形。当晶体受到的应力位于某一单位三角形内部时，晶体中将有且只有一个滑移系统的 Schmid 因子 m 最大。Schmid 因子 $m = \cos\varphi\cos\lambda$，其中 ϕ 为拉应力 σ 与滑移面法向的夹角，λ 为拉应力 σ 与滑移方向的夹角($0° < \lambda$, $\varphi < 90°$)。晶体所受应力轴位于不同单位三角形时具有最大 Schmid 因子的滑移系标示于图 4 - 2 中。当应力轴位于某两个单位三角形的邻边上时，晶体将同时开启或者轮流开启这两个单位三角形内具有最大 Schmid 因子的滑移系统，产生共轭滑移。

以 W 丝拉拔为例，假定拉拔初期拉伸应力方向位于(011) - (010) - ($\bar{1}$11)单位三角形内的[$\bar{4}$ 19 11]极点上，如图 4 -3 所示，晶体将开启 6B($\bar{1}$10)[111]滑移系。在该滑移系的作用下，拉伸轴将转向晶体的[111]晶向。转动轨迹为通过[$\bar{4}$ 19 11]和[111]极点的大圆(8 15 $\overline{23}$)。当应力轴转动至超过(011) - (010)极轴，进入(011) - (010) - (111)单位三角形时，5A($1\bar{1}0$)[$\bar{1}$11]滑移系将具有最大的 Schmid 因子。因此，拉伸将改变转动方向，向着[$\bar{1}$11]晶向转动。进一步的转动又会使拉伸应力轴回到(011) - (010) - ($\bar{1}$11)单位三角形，于是晶体又将

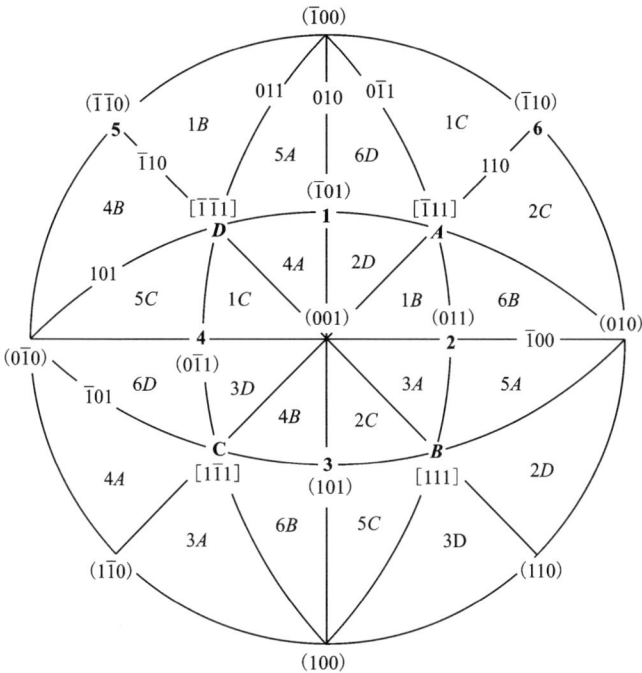

图 4 - 2　体心立方金属的标准极射赤面投影图及有关滑移要素

开启 6B 滑移系，进而重复之前的转动轨迹。接下来拉伸应力轴将在（011）－（010）极轴附近来回偏转，并同时朝着 [011] 极点运动。当极轴到达 [011] 极点时，此时晶体中的 1B、6B、3A 和 5A 4 个滑移系将同时具有最大的 Schmid 因子，于是这 4 个滑移系就可能同时开启。由于（011）极点与 [$\overline{1}$11] 和 [111] 极点处于一个大圆上，因此，丝轴进一步的转动仍然是在 A 与 B 极点之间徘徊，也就是说 [011] 极点是丝轴转动的稳定取向。在进一步变形过程中，不论晶体发生怎样的转动，其 [011] 晶向将始终保持与丝轴相平行，从而在 W 丝中形成 [011] 丝织构。

　　在 W 丝的柱织构组分中，除包含 [011] 丝织构外，还包含（001）与（111）晶面平行于丝材外表面的择优取向，后者的形成是 W 丝在拉拔过程中受到模具径向约束力的作用导致的。一般情况下，BCC 金属受到单向压缩应力作用时，将产生（001）和（111）两种压缩织构，因此 W 丝的柱织构可以解释为是沿丝轴的拉伸力和沿径向的压缩力引起的拉伸织构与压缩织构的复合织构。

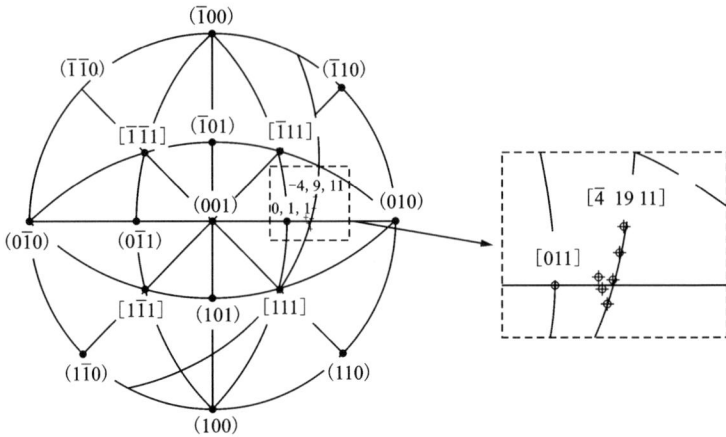

图 4-3　在[$\bar{4}$ 19 11]初始取向下 W 丝拉拔过程中丝轴的转动轨迹

4.1.2　掺杂钨丝中的拉拔组织与织构

掺杂 W 丝是在钨丝制备的粉末冶金工艺阶段，加入了微量 Al、K 和 Si 元素，这些微量元素经过旋锻、拉拔后，会极为弥散地分布在钨丝晶内与晶界上，抑制钨丝加热时的回复和再结晶过程，从而显著提高钨丝的再结晶温度。图 4-4(a)和(b)分别是 SEM-EBSD 分析的拉拔掺杂 W 丝纵剖面与端面的取向分布图。图 4-4(c)是图 4-4(a)相应区域的成像质量图，图 4-4(d)是掺杂钨丝显微组织的 TEM 明场像。

由 TEM 图可见，拉拔工艺制备的掺杂 W 丝中各个晶粒都沿平行于丝轴的方向拉长，长条形晶粒中的微观组织是大量长条形的胞块结构。从纵剖面取向分布图 4-4(a)来看，同一晶粒内的胞块结构间的取向差较小，颜色接近一致。图 4-5示出了某一晶粒内各胞块间取向差的 EBSD 分析结果。由此可见，掺杂 W 丝中同一晶粒内相邻条形胞块间的取向差一般都在 8°以下，即这些条形胞都是由位错胞或亚晶组成。另外，在图 4-5(a)中沿所画直线的起始点到末点只有 2°的取向差积累，这说明该晶粒内条形胞间虽然都有一定角度的取向差，但这种晶体旋转不是连续的，所以虽然该晶粒因拉拔变形而细化了微观组织，但晶粒内未产生显著的取向分化。

图 4-6 示出了根据 EBSD 数据绘的掺杂 W 丝极图与反极图。从图 4-6(a)可以看出，掺杂 W 丝拉拔后主要形成了[110]丝织构，使得在以 W 丝纵剖面为投影面的(110)极图中，两个(110)极点在极图的南北极点，而其余 4 个(110)极点则围绕丝轴分布在两条 45°纬线上。图 4-6(b)和(c)所示的掺杂 W 丝端面法线

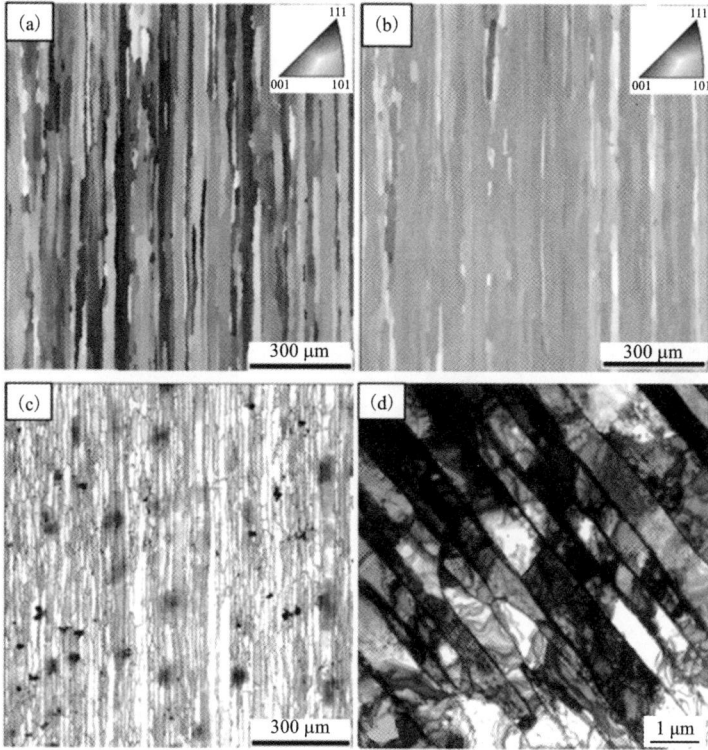

图 4 - 4　掺杂 W 丝纵剖面的显微组织

(a)掺杂钨丝纵剖面取向分布图；(b)图(a)对应的掺杂 W 丝端面取向图；(c)图(a)对应的成像质量图；(d)掺杂 W 丝显微组织的 TEM 明场像

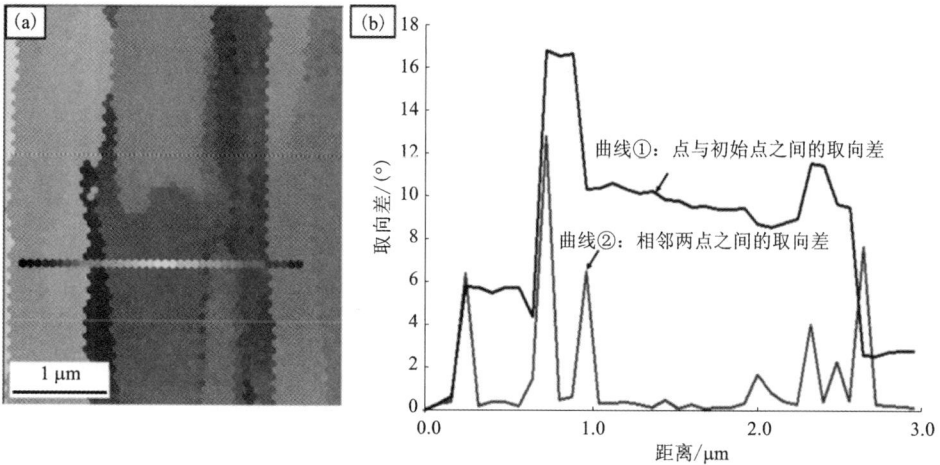

图 4 - 5　掺杂 W 丝的微观组织的 EBSD 分析结果

(a)W 丝某一晶粒的纵剖面取向图；(b)该晶粒内各条形胞间的取向差分析(曲线①表示沿线的累计取向差，曲线②表示相邻两点间的取向差)

和纵剖面法线反极图表明，掺杂 W 丝的端面法线主要集中于[110]晶向附近，而掺杂 W 丝纵剖面法线择优偏聚于[111]和[001]两个晶向附近，这说明拉拔掺杂 W 丝中除了存在轴向的丝织构外，还存在沿丝材径向的择优分布。这使得每个晶粒的(111)或(100)晶面力图平行于掺杂 W 丝的圆周面，这种特殊的丝织构就是柱织构。

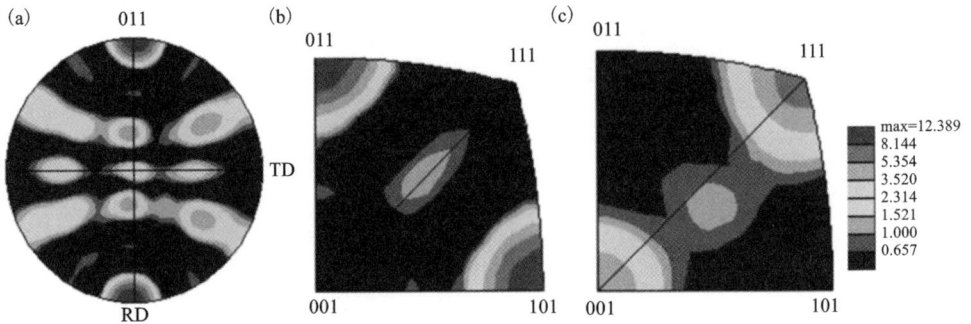

图 4-6　通过 EBSD 数据分析的掺杂 W 丝的织构

(a)以掺杂 W 丝纵剖面为投影面的|011|极图；(b)掺杂 W 丝端面反极图；(c)掺杂 W 丝纵剖面反极图

4.2　体心立方金属双轴应力作用下的形变织构

4.2.1　双轴应力作用下的晶体转动

4.1 节将掺杂 W 丝中的柱织构解释为拉伸织构和压缩织构的组合，而在轧制过程中，晶体所受的拉应力与压应力相互垂直，并且这一关系不因晶体取向的改变或滑移系统的改变而改变，所以，在分析金属材料加工织构的成因时，就应该考虑这种双轴应力间的垂直关系。随机选取晶体的一个初始取向$(18\,25\,12)[\overline{12}\,21\,\overline{26}]$，如图 4-7 所示，即晶体的$(18\,25\,12)$晶面平行于轧面，$[\overline{12}\,21\,\overline{26}]$晶向平行于轧向。常规的分析法在分析轧面织构的成因时，由于压缩应力方向为$[\overline{18}\,25\,\overline{12}]$，所以认为在此应力作用下晶体将开启 4B(亦即$(0\overline{1}1)[\overline{1}\overline{1}1]$)滑移系，使得轧面法向转向$(0\overline{1}1)$极点；分析轧向织构的成因时，由于初始轧向位于$[\overline{12}\,21\,\overline{26}]$极点处，晶体将开启 1B 滑移系，使轧向转向晶体的[111]晶向。上述晶体转动传统分析方法虽然考虑到了两个轧制分应力初始取向的正交关系，但在对滑移系开启后的跟踪分析中，这种正交关系就又被忽略了，而只孤立地考虑在某一分应力作用下晶体的转动情况。例如，在分析轧面法线由$[\overline{18}\,25\,\overline{12}]$极点转向$[0\overline{1}1]$极点的过程中，只有在初始位置处轧面法向与轧向是垂直的，在接下来转动的过程中这一垂直关系就没有被纳入考虑范围了。显然，这并不符合实际的受力情况。

另外，将轧制应力分解为双轴应力并予以分开考虑，得到的结论是晶体在压应力作用下开启 $4B$ 滑移系，在拉应力作用下开启 $1B$ 滑移系，即认为晶体在最开始就开启两个滑移系统。实际上，晶体所受的初始轧制应力只有一个，假定轧向拉应力与轧面法向的压应力大小相等，那么可计算出该轧制应力的方向为 $[\bar{4}\bar{4}\,\bar{4}\,55]$，如图 4 – 7 中 F 点所示。在该应力作用下，晶体应该开启 $4A(0\bar{1}1)[\bar{1}11]$ 滑移系，在该滑移系作用下，晶体的轧面法向应该由 $[\overline{18}\,\overline{25}\,12]$ 转向 $[0\bar{1}1]$，而轧向应由 $[\overline{12}\,\overline{21}\,26]$ 转向 $[\bar{1}11]$。传统方法认为轧制过程中发生晶体转动的观点是错误的。这种情况下，即便这种分析方法最后能给出与实验相符合的结果，其对织构成因的解释也是有待商榷的。

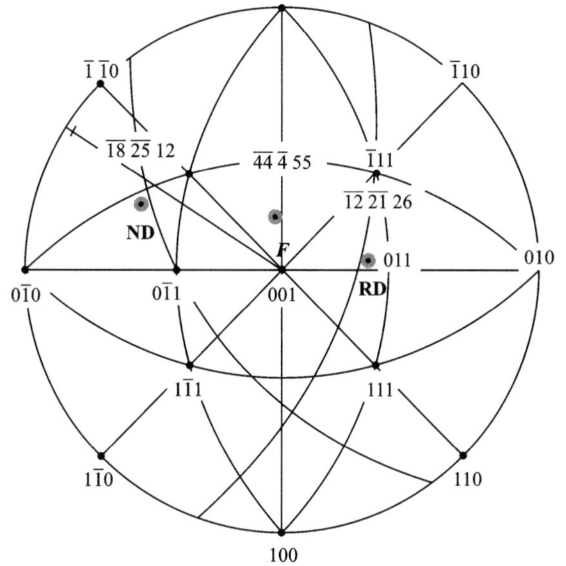

图 4 – 7　双轴应力作用下晶体转动所开启滑移系的常规分析

大部分的塑性加工方式中，金属所受的应力都可以分解为双轴应力，并且两个分应力间常常是相互垂直的，例如轧制时沿轧向的拉应力与沿轧面法向的压应力；挤压时的轴向拉应力与径向的压应力。上述分析表明，合理的织构形成理论一方面要考虑双轴应力间的这种垂直关系，并保证其在分析过程中一直满足这一关系。另一方面，晶体开启什么样的滑移系不应该根据各个分应力的取向来确定，而应该根据晶体的实际应力来定，这一实际应力只有一个初始取向。

根据对轧制过程的应力分析可知，实际应力轴矢量等于轧向反方向的单位矢量与轧面法向反方向的单位矢量的矢量和。对于初始取向为 $(hkl)[uvw]$ 的立方晶体，即晶体的(hkl)晶面平行于轧面，[uvw]晶向平行于轧向，将轧向矢量与轧面法向矢量单位化后，再取它们的反向矢量并求矢量和，就得到代表实际轧制应力方向的矢量，计算过程如下：

轧向单位矢量为：

$$\frac{h}{\sqrt{h^2+k^2+l^2}}\vec{a} + \frac{k}{\sqrt{h^2+k^2+l^2}}\vec{b} + \frac{l}{\sqrt{h^2+k^2+l^2}}\vec{c} \qquad (4-1)$$

轧面法向单位矢量为：

$$\frac{u}{\sqrt{u^2+v^2+w^2}}\vec{a} + \frac{v}{\sqrt{u^2+v^2+w^2}}\vec{b} + \frac{w}{\sqrt{u^2+v^2+w^2}}\vec{c} \qquad (4-2)$$

代表轧制应力方向的矢量为：

$$\left(\frac{-h}{\sqrt{h^2+k^2+l^2}} + \frac{-u}{\sqrt{u^2+v^2+w^2}}\right)\vec{a} + \left(\frac{-k}{\sqrt{h^2+k^2+l^2}} + \frac{-v}{\sqrt{u^2+v^2+w^2}}\right)\vec{b} +$$

$$\left(\frac{-l}{\sqrt{h^2+k^2+l^2}} + \frac{-w}{\sqrt{u^2+v^2+w^2}}\right)\vec{c} \qquad (4-3)$$

由此得到实际应力轴在晶体坐标系中的位置，就可以确定晶体将开启的滑移系，继而分析晶体转动的目标取向。晶体转至目标取向的过程中，晶体的实际应力轴 F 也将发生转动。当应力轴转动至另一单位三角形时，晶体中所开启的滑移系统将发生改变，于是应力轴 F 的旋转方向也应该随之改变。那么为了确定滑移系统是如何改变的，就要确定出实际应力轴的转动轨迹。由于实际应力方向的转动是伴随着轧面法向与轧向的旋转进行的，这三者具有相同的转轴。因此只要求出轧向与轧面法向转动的转轴，就可以根据该转轴绘制出实际应力轴的旋转轨迹。

如果将样品坐标系在轧制前和轧制后对应的初始和目标取向视为两个直角坐标系，绘制晶体的旋转轨迹首先需要求两个直角坐标系之间的取向关系，且这种取向关系需要以旋转角/轴对的形式给出来，以方便据此绘制轧制应力轴的旋转轨迹。

设样品坐标系在晶体中的初始取向为：

$$G_1 = \begin{pmatrix} u_1 & r_1 & h_1 \\ v_1 & s_1 & k_1 \\ w_1 & t_1 & l_1 \end{pmatrix} \qquad (4-4)$$

式中：[$u_1v_1w_1$]表示沿样品轧向的单位矢量；[$r_1s_1t_1$]表示沿轧板横向的单位矢量；[$h_1k_1l_1$]表示沿样品轧面法向的单位矢量。这 3 个单位矢量都是在晶体坐标系中表示的，将该矩阵称作 G_1 矩阵。G_1 矩阵与单位矩阵存在如下关系：

$$\begin{pmatrix} u_1 & r_1 & h_1 \\ v_1 & s_1 & k_1 \\ w_1 & t_1 & l_1 \end{pmatrix} \cdot \begin{pmatrix} 1 & 0 & 0 \\ 0 & 1 & 0 \\ 0 & 0 & 1 \end{pmatrix} = \begin{pmatrix} u_1 & r_1 & h_1 \\ v_1 & s_1 & k_1 \\ w_1 & t_1 & l_1 \end{pmatrix} \tag{4-5}$$

式中：单位矩阵表示决定晶体坐标系方位的 3 个单位矢量。根据坐标系旋转的矩阵表达方式，并对照式(4-5)可知，由样品坐标系中的 3 个相互垂直的单位矢量组成的矩阵 G_1 实际上就是将晶体坐标系旋转至样品初始坐标系的矩阵。

设晶体变形时样品坐标系旋转的目标取向为：

$$G_2 = \begin{pmatrix} u_2 & r_2 & h_2 \\ v_2 & s_2 & k_2 \\ w_2 & t_2 & l_2 \end{pmatrix} \tag{4-6}$$

式中：$[u_2 v_2 w_2]$ 表示目标取向中沿样品轧向的单位矢量；$[r_2 s_2 t_2]$ 表示目标取向中沿轧板横向的单位矢量；$[h_2 k_2 l_2]$ 表示目标取向中沿样品轧面法向的单位矢量，这 3 个单位矢量也都是在晶体坐标系中来表示的，将该矩阵称作 G_2 矩阵。G_2 矩阵实际上就是将样品坐标系在轧制过程中旋转的目标取向旋转至与晶体坐标系重合的矩阵。现在，需要求的是将样品坐标系由初始取向转向目标取向的转动矩阵，设为 G。

由此可知，G_1^{-1} 是使样品坐标系旋转至晶体坐标系的矩阵，将该矩阵再左乘 G_2，即得到将样品坐标系由初始取向转向目标取向的转动矩阵 G。又因为 G_1 矩阵是由 3 个两两垂直的单位矢量组成的矩阵，所以 $G_1^{-1} = G_1^{T}$。故有：

$$G = \begin{pmatrix} u_2 & r_2 & h_2 \\ v_2 & s_2 & k_2 \\ w_2 & t_2 & l_2 \end{pmatrix} \begin{pmatrix} u_1 & r_1 & h_1 \\ v_1 & s_1 & k_1 \\ w_1 & t_1 & l_1 \end{pmatrix} \tag{4-7}$$

根据式(4-7)求得晶体变形过程中样品坐标系的旋转矩阵后，根据刚体旋转原理，就可以求得旋转角度 θ 及旋转轴 $\vec{R} = (r_1 r_2 r_3)$，其中旋转轴也是用晶体坐标系表示的。设 G 矩阵的各元素为 G_{ij}，i 表示第 i 行，j 表示第 j 列，那么，

$$\theta = \cos^{-1}\left(\frac{G_{11} + G_{22} + G_{33} - 1}{2} \right) \tag{4-8}$$

$$r_1 = \frac{G_{23} - G_{32}}{2\sin\theta}, \ r_2 = \frac{G_{31} - G_{13}}{2\sin\theta}, \ r_3 = \frac{G_{12} - G_{21}}{2\sin\theta} \tag{4-9}$$

由上述对晶体转动的旋转轴与旋转角度的计算过程可知，在已知晶体的初始取向和目标取向后，即已知样品的轧向、轧面法向、轧板横向在晶体坐标系中的坐标以及滑移面法线、滑移方向与滑移面法线和滑移方向相垂直的滑移横向在晶体坐标系中的坐标，将这 6 个矢量单位化，就可以根据式(4-8)和式(4-9)来求轧制过程中晶体旋转的转轴和转角。

下面以 $(\overline{18}\,\overline{25}\,12)[\overline{12}\,21\,26]$ 初始取向为例来绘制晶体在轧制过程中的转动轨迹。首先将轧向与轧面法向的矢量单位化，得到轧向单位矢量为 $[0.54\,0.76\,\overline{0.36}]$，轧面法向的单位矢量为 $[\overline{0.34}\,0.59\,0.73]$，所以实际应力轴的矢量就是 $[0.88\,0.16\,\overline{1.10}]$，化为互质的整数就是 $[\overline{44}\,\overline{4}\,55]$，其在晶体坐标系中的位置如图 4-8 所示。在该应力作用下，晶体中将首先开启 $4A(0\overline{1}1)[\overline{1}11]$ 滑移系，使得轧面法向向 $[0\overline{1}1]$ 转动，而轧向向 $[\overline{1}11]$ 转动，根据公式 $(4-8)$ 和公式 $(4-9)$ 计算得到的旋转角度 θ 及旋转轴 $\vec{R}=(r_1 r_2 r_3)$ 见表 4-1。

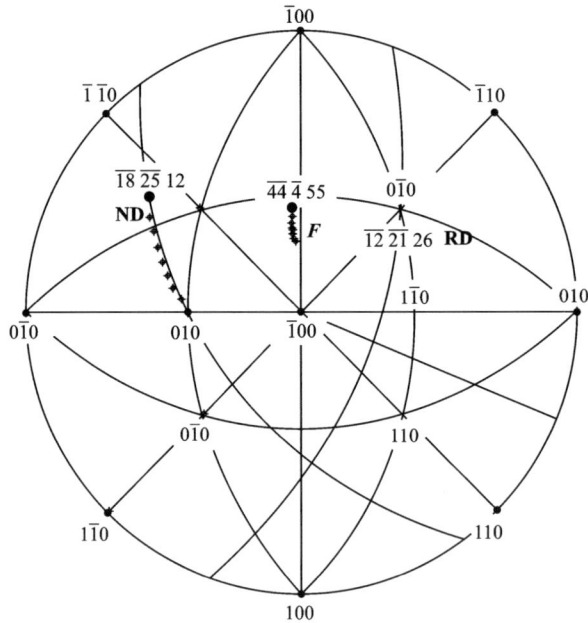

图 4-8　初始取向为 $(\overline{18}\,\overline{25}\,12)[\overline{12}\,21\,26]$ 的晶粒在轧制过程中的转动轨迹

表 4-1　图 4-8 中晶体旋转的旋转角度与旋转轴

$\theta/(°)$	r_1	r_2	r_3
41.36	0.54	-0.24	-0.81

将表 4-1 中转轴指数化为互质的整数，为 $[18\,\overline{8}\,\overline{27}]$，利用晶体学软件 CaRIne Crystallography，根据表中所示的旋转参数即可描绘出晶体的旋转轨迹，如图 4-8 所示，图中每旋转 5° 就记录一次轧面法向、轧向、实际应力轴的迹点在极图中的位置。由图 4-8 可知，直至晶体由初始取向转动至目标取向，虽然轧面法向的迹点位置从 $(\overline{1}11)-(\overline{1}10)-(0\overline{1}0)$ 单位三角形转动入 $(\overline{1}11)-(0\overline{1}0)-(0\overline{1}1)$

单位三角形中，但由于晶体的实际应力轴的迹点一直处于 $(001)-(\bar{1}01)-(\bar{1}11)$ 单位三角形中，所以晶体所开启的滑移系应当保持不变。因此，晶体的转动方向也应一直保持不变，直至其到达目标取向。

4.2.2　体心立方金属轧制织构形成机理

4.2.2.1　共轭滑移造成的晶体转动

以上讨论的是晶体只开启单滑移的情况。实际上，在多晶体变形中，晶体靠单滑移很难满足与周围晶粒间相互协调变形的要求。此外，晶体中的实际应力方向相对于理论轧制应力方向稍有偏移，就改变了其在极图中所处的理论位置，从而引起滑移系的变化，进而引起晶体旋转目标取向的变化，为此就需要求晶体在某一取向下除了开启具有最大 Schmid 因子的滑移系外，还可能开启什么滑移系。可以预见的是，这些可能开启的滑移系的 Schmid 因子与晶体中最大的 Schmid 因子相差不多。在根据 Schmid 因子来考虑可能开启的滑移系时，对 Schmid 因子的绝对大小无要求，但对其相对值有要求。例如，在某种情况下，先开启的滑移系的 Schmid 因子是 0.4，而其余滑移系中的最大 Schmid 因子是 0.3；在另一种情况下，先开启的滑移系的 Schmid 因子是 0.29，而其余滑移系中的最大 Schmid 因子是 0.27，那么在后一种情况下将更容易开启双滑移甚至多系滑移。因为在前一种情况下，在双滑移开启之前，应力早已达到具有最大 Schmid 因子的滑移系统的临界切应力，使该滑移系较早地启动，而滑移一旦发生就会松弛应力，使其余滑移系上的切应力更难达到其临界切应力值。在后一种情况下，只要开启了具有最大 Schmid 因子的滑移系统，那么实际应力值就已经达到了其余某一个或几个滑移系统的临界切应力值，促使发生多系滑移。也就是说，在多晶体的塑性变形过程中，判断某一滑移系统是否容易开启的标准应该是其 Schmid 因子与该晶粒中最大 Schmid 因子的相对大小，而非其绝对大小。

为了判断晶体在轧制应力作用下可能开启的多系滑移，需先计算出各个滑移系的 Schmid 因子。以图 4-8 中晶体转动至平衡位置后的稳定取向为例，此时轧制应力轴的矢量为 $[0.58\ 0.13\ \overline{1.28}]$，化为互质的整数为 $[10\ \bar{1}\ \overline{19}]$。在此应力作用下，晶体中各个滑移系的 Schmid 因子见表 4-2。

由表 4-2 可见，此时不仅 4A 滑移系具有最大的 Schmid 因子，而且 2D 滑移系的 Schmid 因子也与 4A 的接近。由于晶界约束或晶内位错塞积等因素的影响，实际轧制应力方向很容易偏离理论轧制应力方向，导致 4A 滑移系的 Schmid 因子降低，同时使 2D 滑移系的 Schmid 因子升高。并且，晶体为了满足与周围晶粒协调变形的要求，也会被迫开启多系滑移，因此 2D 滑移系也可能成为易开启的滑移系。此时，晶体的取向将不再是稳定取向，会在 4A 与 2D 共同开启的情况下进一步发生转动。

表 4-2　[0.58 0.13 1.28] 轧制应力作用下体心立方金属中各个滑移系的 Schmid 因子

滑移系	Schmid 因子
$(1B)(\bar{1}01)[111]$	0.22
$(1C)(\bar{1}01)[\bar{1}11]$	0.32
$(2C)(011)[1\bar{1}1]$	0.20
$(2D)(011)[\bar{1}11]$	0.47
$(3A)(101)[\bar{1}11]$	0.25
$(3D)(101)[\bar{1}\bar{1}1]$	0.29
$(4A)(0\bar{1}1)[\bar{1}11]$	0.50
$(4B)(0\bar{1}1)[111]$	0.17
$(5A)(1\bar{1}0)[\bar{1}11]$	0.25
$(5C)(1\bar{1}0)[\bar{1}11]$	0.12
$(6B)(\bar{1}10)[111]$	0.05
$(6D)(\bar{1}10)[1\bar{1}1]$	0.18

计算两个滑移系共同开启造成晶体转动的目标取向时，应按照如下规则进行：

(1) 如果两滑移系的晶面(晶向)夹角小于 90°，则目标取向的晶面(晶向)指数为两滑移系晶面(晶向)指数之和；如果两滑移系的晶面(晶向)夹角大于 90°，则目标取向的晶面(晶向)指数为两滑移晶面指数之差；

(2) 如果两滑移系的晶面(晶向)夹角等于 90°，则按上述判定先算出目标取向的晶向(晶面)指数，再根据垂直关系来判定目标取向的晶面(晶向)指数为两滑移系晶面指数之和还是差。

按照上述规则，4A 与 2D 共轭滑移晶面夹角为 90°，晶向夹角小于 90°，所以目标取向为 $(0\bar{1}0)[\bar{1}01]$，即晶体按照图 4-8 所示的轨迹转动至 $(0\bar{1}1)[\bar{1}11]$ 取向后，将继续向 $(0\bar{1}0)[\bar{1}01]$ 取向转动，继续转动的旋转角度和旋转轴见表 4-3。

表 4-3　对应图 4-9 中所示的晶体旋转的旋转参数

$\theta/(°)$	r_1	r_2	r_3
45.99	-0.98	0.20	-0.08

按照表 4-3 的旋转参数，得到轧面法向、轧向及轧制应力轴的旋转轨迹如图

4-9所示。由此可见,在晶体的转动过程中,轧制应力轴的迹点逐渐偏离(001) - ($\bar{1}$01)极点连线,而向着[$\bar{1}$11]晶向偏转。在偏转初期,会使得4A和2D滑移系的Schmid因子都变小,但2D滑移系的Schmid因子减小得更快。由于4A滑移系的开启是使得轧制应力轴偏向(001) - ($\bar{1}$01),而非偏离(001) - ($\bar{1}$01)极轴,所以这使得实际轧制应力方向转向[$\bar{1}$11]晶向的速度减慢。但由于2D滑移系的Schmid因子与4A相差不多,所以2D滑移系总会或多或少地开启,这就导致实际应力轴偏向[$\bar{1}$11],所以晶体将逐渐转向(010)[$\bar{1}$01]取向。

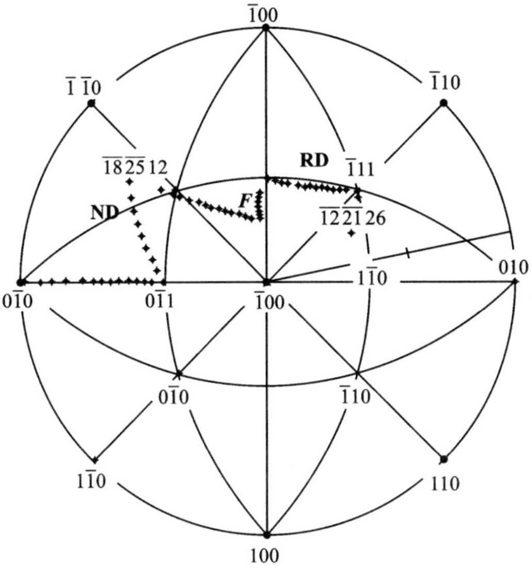

图4-9　晶体转到(0$\bar{1}$1)[$\bar{1}$11]取向后发生共轭滑移造成的转动轨迹图

在实际多晶体的变形中,晶体中除了可能在单滑移一定程度后激发出共轭滑移外,还可能在滑移初期就开启共轭滑移。以图4-10所示的(30 15 1)[$\bar{2}$ 5 15]初始取向为例,其轧制应力轴为[$\bar{5}$1 $\bar{6}$ 49]。该应力取向位于($\bar{1}$01) - ($\bar{1}$11)取向线附近,因此4A与5A滑移系的Schmid因子应该相接近。因此它们很可能在变形初期就共同开启。当这两个滑移系共同开启时,将使得轧面法向由(30 15 1)转向($\bar{1}$2$\bar{1}$),而轧向由[$\bar{2}$ 5 15]转向[$\bar{1}$11]。计算得到的旋转角度及旋转轴如表4-4所示。

表4-4　图4-10中所示的晶体旋转的旋转参数

$\theta/(°)$	r_1	r_2	r_3
57.27	0.66	0.11	-0.74

根据表 4-4 绘制的晶体的转动轨迹如图 4-10 所示。由此可见，晶体转动过程中，轧制应力轴的转动幅度很小，其位置一直处于 $(\bar{1}01)$ - $[\bar{1}\,11]$ 极线附近，这将使得晶体中具有最大 Schmid 因子的滑移系一直保持为 4A 和 5A 滑移系，在此作用下，晶体将一直保持这种晶体转动轨迹，直至到达 $(\bar{1}2\bar{1})[\bar{1}11]$ 取向。

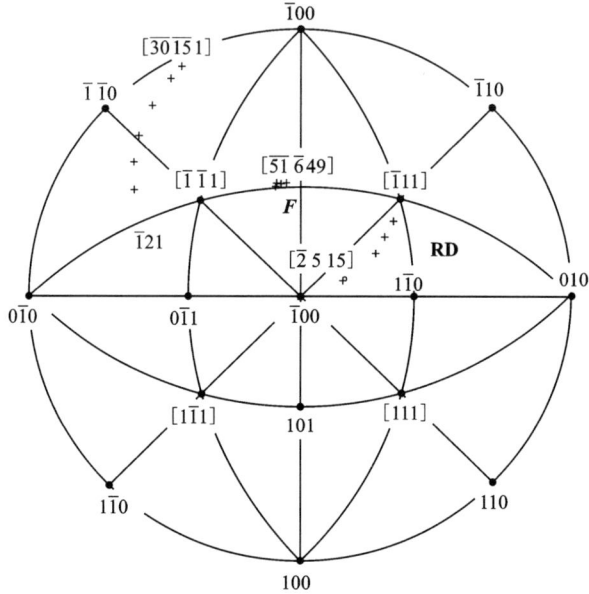

图 4-10 初始取向为 $(30\,\bar{15}\,1)[\bar{2}\,5\,15]$ 的晶体在 4A 与 5A 共轭滑移作用下的转动轨迹

共轭滑移除了可能造成 $\{100\}<011>$ 和 $\{112\}<\bar{1}11>$ 型两种取向外，还可能导致 $\{112\}<\bar{1}10>$ 型取向。如果只考虑共轭滑移造成的晶体转动，按照上述对晶体转动目标取向的计算法则，BCC 金属轧制过程中总共可以形成 3 种织构取向，分别是 $\{100\}<011>$、$\{112\}<\bar{1}10>$ 和 $\{112\}<\bar{1}11>$。将这些织构取向标示于开启相应共轭滑移系的极线上，如图 4-11 所示。在图 4-11 中，"□"代表形成的是 $\{100\}<011>$ 取向，共有 16 个；"○"代表形成的是 $\{112\}<\bar{1}10>$ 型取向，共有 12 个；"△"代表形成的是 $\{112\}<\bar{1}11>$ 取向，共有 12 个。每个取向的具体指数见表 4-5。根据表 4-5 可以预测，体心立方金属中 $\{100\}<011>$ 轧制织构的强度应该高于 $\{112\}<\bar{1}10>$ 和 $\{112\}<\bar{1}11>$ 轧制织构的强度。

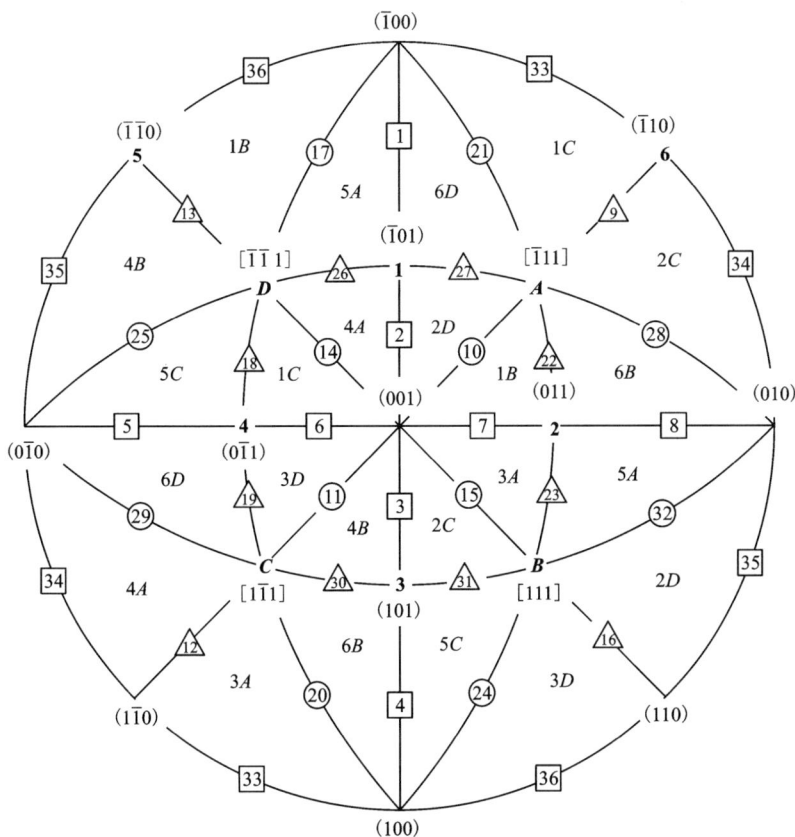

图 4 – 11　轧制应力轴位于不同迹线附近时，开启共轭滑移造成的晶体旋转目标取向

表 4 – 5　图 4 – 11 中共轭滑移造成的各个目标取向的指数

代号	晶体取向	代号	晶体取向	代号	晶体取向
①	$(\bar{1}12)[110]$	△13	$(\bar{1}\,\bar{1}2)[111]$	㉕	$(\bar{1}\,2\,1)[101]$
②	$(1\bar{1}2)[\bar{1}10]$	⑭	$(\bar{1}\,\bar{1}2)[1\bar{1}0]$	△26	$(\bar{1}21)[\bar{1}11]$
③	$(1\bar{1}2)[\bar{1}\,\bar{1}0]$	⑮	$(112)[1\bar{1}0]$	△27	$(121)[\bar{1}\,\bar{1}1]$
④	$(\bar{1}\,\bar{1}2)[111]$	△16	$(112)[\bar{1}\,\bar{1}1]$	㉘	$(\bar{1}21)[101]$
⑤	$(\bar{1}\,\bar{1}2)[\bar{1}10]$	⑰	$(2\bar{1}1)[011]$	㉙	$(121)[\bar{1}01]$
⑥	$(112)[\bar{1}10]$	△18	$(2\bar{1}1)[111]$	△30	$(1\bar{2}1)[111]$
⑦	$(112)[\bar{1}\,\bar{1}1]$	△19	$(\overline{21}\bar{1})[\bar{1}\,11]$	△31	$(121)[1\bar{1}1]$

续表 4－5

代号	晶体取向	代号	晶体取向	代号	晶体取向
[8]	$(\bar{2}\bar{1}1)[011]$	⑳	$(\bar{2}1\bar{1})[011]$	㉜	$(121)[\bar{1}01]$
△9	$(\bar{1}12)[1\bar{1}1]$	㉑	$(\bar{2}11)[0\bar{1}1]$	[33]	$(\bar{2}\bar{1}1)[1\bar{1}1]$
⑩	$(\bar{1}12)[110]$	△22	$(\bar{2}11)[111]$	[34]	$(\bar{2}1\bar{1})[\bar{1}\bar{1}1]$
⑪	$(1\bar{1}2)[\bar{1}\bar{1}0]$	△23	$(211)[111]$	[35]	$(001)[110]$
△12	$(1\bar{1}2)[\bar{1}11]$	㉔	$(211)[0\bar{1}1]$	[36]	$(001)[1\bar{1}0]$

关于 W 板在轧制过程中形成的形变织构的研究表明，W 板中确实形成了以上 3 种织构，且{100}＜011＞织构的强度更强，说明共轭滑移在轧制织构的形成中确实有重要的作用。不过，W 板中还存在$\{111\}\langle 1\bar{1}0\rangle$和$\{111\}\langle 11\bar{2}\rangle$轧制织构，这是共轭滑移无法解释的。此外，大量研究表明，当轧制变形量很大时，体心立方金属中主要形成的轧面平行于{100}和{111}晶面的织构，而轧面平行于{112}的织构强度很弱，这种现象也同样不能通过只考虑共轭滑移来解释。实际上，在共轭滑移进行至一定程度时，就可能激发新的共轭滑移系，一方面使晶体的变形更易满足协调应力应变的要求，另一方面也使得晶体取向进一步变化，即织构类型发生改变。

4.2.2.2 共轭滑移造成的织构转化

当晶体中通过共轭滑移形成 4.2.2.1 节所述的 3 种织构时，在进一步的变形过程中，原本开启的共轭滑移不足以协调各晶粒间的应变时，或者当原本 Schmid 因子较大的滑移系由于加工硬化而导致滑移受阻时，晶体中将开启新的共轭滑移系，同时造成织构类型的转变。假定晶体经过共轭滑移后到达(001)[110]取向，此时轧制应力轴在[7 7 10]晶向，据此计算得到的各个滑移系的 Schmid 因子见表 4－6。

表 4－6 (001)[110]取向下各个滑移系的 Schmid 因子

滑移系	Schmid 因子
$(1B)(\bar{1}01)[111]$	0.14
$(1C)(\bar{1}01)[1\bar{1}1]$	0.06
$(2C)(011)[1\bar{1}1]$	0.35
$(2D)(011)[\bar{1}\bar{1}1]$	0.14
$(3A)(101)[\bar{1}11]$	0.35

续表 4 - 6

滑移系	Schmid 因子
$(3D)(101)[\bar{1}11]$	0.14
$(4A)(0\bar{1}1)[\bar{1}11]$	0.06
$(4B)(0\bar{1}1)[111]$	0.14
$(5A)(\bar{1}\bar{1}0)[\bar{1}11]$	0.29
$(5C)(\bar{1}\bar{1}0)[11\bar{1}]$	0.29
$(6B)(\bar{1}10)[111]$	0.00
$(6D)(\bar{1}10)[\bar{1}\bar{1}1]$	0.00

由表 4 - 6 可见，在该取向下，2C 与 3A 滑移系的 Schmid 因子最大，其次是 5A 与 5C 滑移系。如果在轧制应力作用下晶体中开启多系滑移的话，应该是开启这 4 个滑移系。需要指出的是，5A 与 5C 滑移系事实上分别与 3A 与 2C 滑移方向相同，即 5A 与 5C 分别为 3A 与 2C 的交滑移。也就是说，晶体中发生多系滑移意味着将启动交滑移。由于晶体开启交滑移的能力与晶体的层错能有关，如果层错能较高，扩展位错在应力作用下容易束集，就易开启交滑移，如果是层错能比较低的金属，交滑移就不易开启。这里先讨论交滑移不易开启的情况。这种情况下，初始取向为 (001)[110] 的晶体将只开启 2C 与 3A 滑移系，并因此使得晶体向 (112)[$\bar{1}$10] 取向转动。计算得到的晶体旋转角度和旋转轴见表 4 - 7。

表 4 - 7 初始取向为 (001)[110] 晶体在 2C 与 3A 滑移系作用下的旋转角度和旋转轴

$\theta/(°)$	r_1	r_2	r_3
95.26	0.00	-0.41	-0.91

根据表 4-7 所示的旋转参数绘制的晶体旋转轨迹如图 4 - 12 所示，由图可见，在晶体旋转过程中，轧制应力取向将逐渐远离 (001) - (111) 极轴，而向 (011) - (010) 极轴靠近，这会使 3A 滑移系的 Schmid 因子增大，2C 滑移系的 Schmid 因子减小，从而使 3A 滑移系开得更广泛，其对晶体旋转的贡献也更大，于是晶体转向 (112)[$\bar{1}$10] 取向的趋势将减小。如果变形量不大，那么初始取向为 (001)[110] 的晶体的旋转将比较小，晶体旋转后轧面法向仍然处于 [001] 晶附近，但轧面法向偏离 [110] 而转向 [$\bar{1}$10] 的幅度将较大，到达 ($0\bar{1}0$) 极点附近，从而使 (001)[110] 织构转变为 (001)[$0\bar{1}0$] 织构，如图 4 - 12 所示。如果变形量很大，轧制应力转向 (011) - (010) 极轴的过程将不可避免。当轧制应力到达该取

向时，将开启 $5A+6B$ 滑移系，在此作用下，晶体将又向 $(\overline{1}00)[011]$ 取向转动。这种情况下，尽管变形量较大时晶体旋转很明显，却没有改变织构的类型。

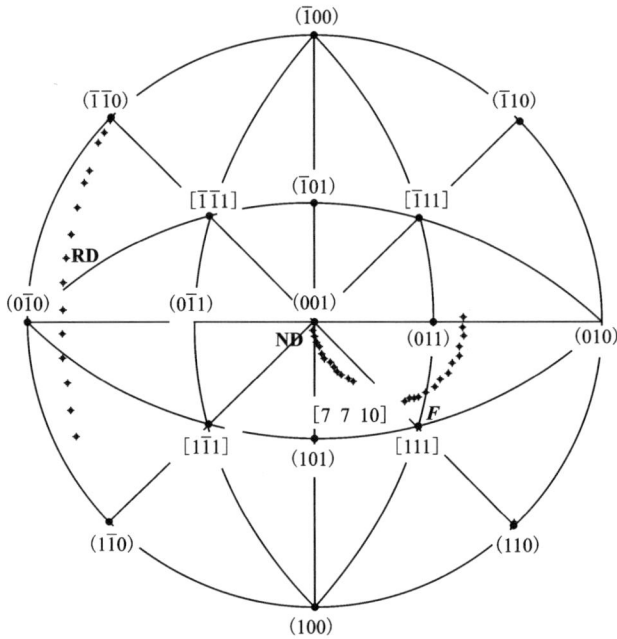

图 4 − 12　$(001)[110]$ 取向晶体在轧制应力作用下的旋转轨迹

　　当晶体经过共轭滑移到达 $(112)[\overline{1}10]$ 取向时，根据上述双轴应力织构形成理论可以分析出来，进一步的共轭滑移将导致晶体向另一种 $\{112\}<1\overline{1}0>$ 织构的取向转动，所以如果只考虑共轭滑移，$\{112\}<1\overline{1}0>$ 型织构也将是一种稳定织构。当晶体通过初始共轭滑移到达 $(112)[\overline{1}11]$ 取向时，进一步的共轭滑移将使晶体中开启 $1C+4A$ 共轭滑移，使晶体向 $(\overline{1}12)[1\overline{1}0]$ 取向转动。所以，在不考虑交滑移的作用下，通过初始共轭滑移形成的 3 种类型的织构，即 $\{100\}<011>$、$\{112\}<1\overline{1}0>$ 和 $\{112\}<11\overline{1}>$ 织构，将转变为 $\{100\}<011>$ 和 $\{112\}<1\overline{1}0>$ 两种类型的织构。其中，$\{112\}<11\overline{1}>$ 织构将转变为 $\{100\}<011>$ 织构，$\{100\}<011>$ 织构在变形量不是很大时，会转变为 $\{100\}<0\overline{1}1>$ 织构；变形量较大时转变为同型异指数织构。$\{112\}<1\overline{1}0>$ 织构在变形量不是很大时转变为 $\{001\}<110>$ 织构，变形量很大时转化为同型异指数织构。

4.2.2.3　交滑移造成的织构转化

　　上述分析由共轭滑移造成的织构转换时，没有考虑交滑移的作用。本节将讨论在共轭滑移和交滑移共同作用下，$\{100\}<011>$、$\{112\}<1\overline{1}0>$ 和 $\{112\}<11\overline{1}>$

这 3 种织构的进一步演变情况。以位于 $(001)[110]$ 取向的晶体为例，其轧制应力所处的位置将使晶体中容易同时开启 $2C$、$3A$、$5A$ 和 $5C$ 这 4 个滑移系，如图 4-13 所示。当晶体的层错能较高时，$5A$ 与 $5C$ 就可以作为 $3A$ 和 $2C$ 的交滑移而启动。不过，由于 $5A$ 与 $5C$ 属于在同一滑移面上的滑移，晶体中的滑移在某一滑移面上启动时应该只会开启一个方向的滑移，而不会在同一滑移面上开启两个滑移方向。这里假设只开启 $3A$ 的交滑移系，即 $5A$ 滑移系。$2C$ 与 $3A$ 的开启将使得晶体转向 $(112)[\bar{1}10]$ 取向，$5A$ 的开启将使得轧面法线转向 $(\bar{1}10)$，因此 $2C$、$3A$ 和 $5A$ 的共同开启将使得轧面法向转向 $[111]$ 取向，而 $5A$ 的开启没有给 $2C$ + $3A$ 共轭滑移引入新的滑移方向，所以 $5A$ 的开启不改变原本 $2C$ + $3A$ 共轭滑移造成的轧向偏转目标取向，所以考虑 $5A$ 交滑移后，将使得晶体转向 $(111)[\bar{1}10]$ 取向。根据晶体旋转的初始取向与目标取向，计算得到的晶体旋转转角、转轴见表 4-8。

表 4-8　由 $(001)[110]$ 取向转向 $(111)[\bar{1}10]$ 取向的旋转参数

$\theta/(°)$	r_1	r_2	r_3
102.20	0.00	-0.59	-0.81

根据表 4-8 给出的旋转参数绘制的晶体旋转轨迹见图 4-13。由此可见，晶体在整个旋转过程中，应力轴一直处于 $2C$、$3A$ 和 $5A$ 滑移系 Schmid 因子都较大的区域内，因此晶体将按照图中所示的旋转轨迹一直旋转至 $(111)[\bar{1}10]$ 取向。

对于 $(\bar{1}12)[110]$ 织构，如果同时考虑交滑移的影响，分析表明晶体将转向 $(0\bar{1}0)[111]$ 取向，而对于共轭滑移形成的 $\{112\}<\bar{1}11>$ 织构，如果同时考虑共轭滑移与交滑移对晶体旋转的影响，将使晶体向 $(001)[\bar{1}10]$ 取向转动。

综上所述，对体心立方金属的轧制过程而言，在初始共轭滑移的作用下，晶体中主要形成 3 种类型的织构，分别是 $\{100\}<110>$、$\{112\}<\bar{1}10>$、$\{112\}<\bar{1}11>$ 型织构。在共轭滑移的进一步作用下，如果变形量不太大，$(100)[110]$ 织构将转变为 $(100)[010]$ 型织构，$\{112\}<\bar{1}10>$ 将转变为 $(0\bar{1}0)[101]$ 型织构；如果变形量较大，$(100)[110]$ 型织构将转变为 $(112)[\bar{1}10]$ 型织构，$\{112\}<\bar{1}10>$ 织构将转变为 $\{1\bar{1}2\}<\bar{1}\bar{1}0>$ 织构。在交滑移的作用下，晶体中发生的织构转换是：

$(100)[110] \rightarrow (111)[\bar{1}10]$；$(112)[\bar{1}10] \rightarrow (100)[110]$；

$(112)[11\bar{1}] \rightarrow (100)[110]$；$(111)[\bar{1}10] \rightarrow (100)[110]$

所以，在考虑交滑移的作用时，只有 $\{100\}<110>$ 和 $\{111\}<\bar{1}10>$ 是稳定织构。

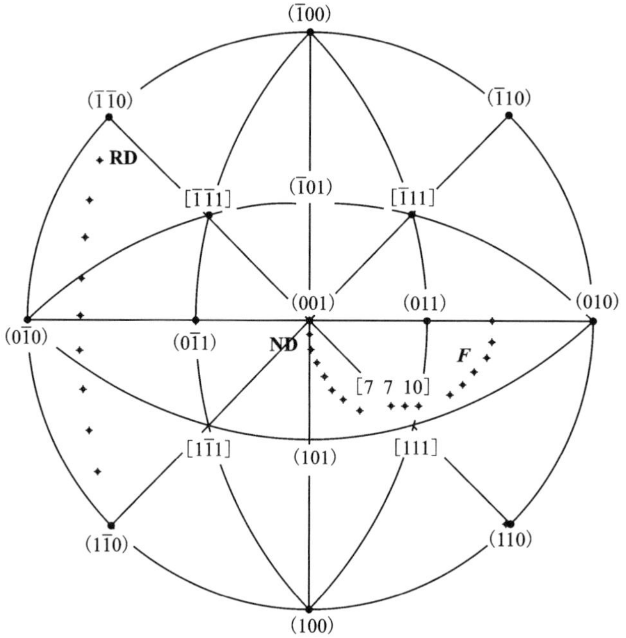

图 4 - 13　由(001)[110]取向转向(111)[1̄10]取向的旋转轨迹

4.2.3　钨板轧制过程中织构的形成

图 4 - 14 为 W 板热轧 50% 后的 $\varphi_2 = 45°$ 的 ODF 截面图。由此可见，对照第 1 章的图 1 - 52 可知，W 板热轧 50% 后主要形成了(001)[11̄0]、(001)[01̄0]、(111)[01̄0]和(111)[11̄2]这 4 种织构，它们的极密度分别为 2.2、3.4、3.8、5.2。

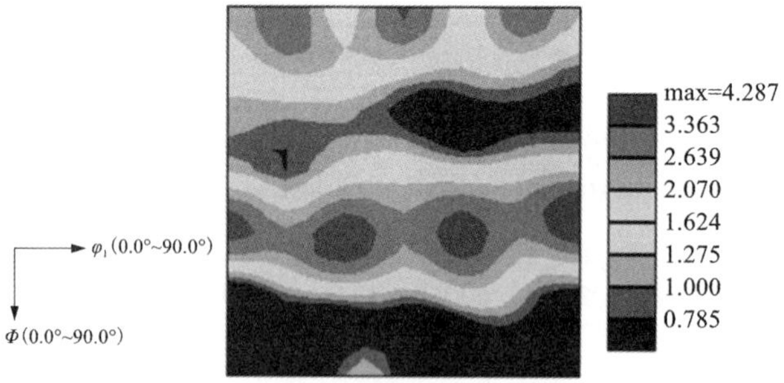

图 4 - 14　W 板热轧 50% 后的 $\varphi_2 = 45°$ 的 ODF 截面图

图 4-15 所示为 W 板热轧 50% 后的 α 与 γ 纤维取向线上的取向密度图。在 α 纤维取向线上 (111)[1$\bar{1}$0] 织构最强，其次是 (001)[1$\bar{1}$0] 织构，而 (111)[1$\bar{1}$0] 织构密度较弱。这里 (001)[1$\bar{1}$0] 织构比 (111)[1$\bar{1}$0] 织构弱应该是因为此时晶体中虽然已开启交滑移，但是交滑移还未完全使 (111)[1$\bar{1}$0] 织构转化为 (001)[1$\bar{1}$0] 织构，而 (001)[1$\bar{1}$0] 织构在变形初期就会形成，所以在交滑移的作用下，部分 (001)[1$\bar{1}$0] 织构会转变为 (111)[1$\bar{1}$0] 织构，这两种因素共同导致 (001)[1$\bar{1}$0] 织构比 (111)[1$\bar{1}$0] 织构弱。不过，从图 4-14 所示的 ODF 图来看，在 (001)[1$\bar{1}$0] 取向附近有较强的织构，并且在 (001)[010] 位置处也形成了较强的织构。根据上述分析可知，(001)[1$\bar{1}$0] 取向附近的织构应该是 (112)[1$\bar{1}$0] 在共轭滑移作用下向 (001)[010] 织构转变的中间取向。由图 4-15(b) 可见，在 γ 纤维取向线上，不仅存在较强的 (111)[0$\bar{1}$1] 织构，而且还存在较强的 (111)[$\bar{1}$12] 织构。

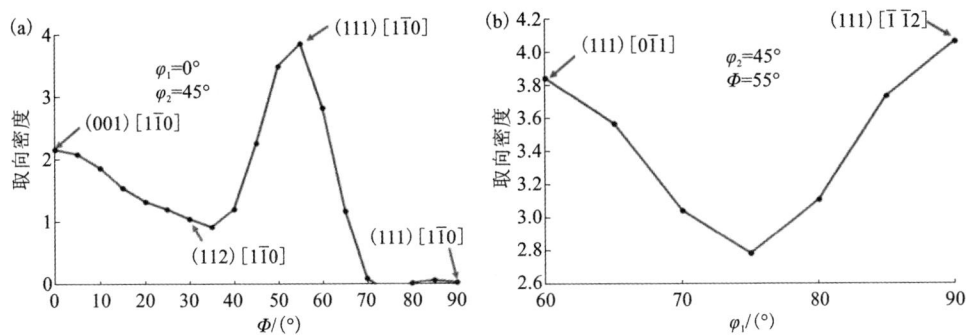

图 4-15　W 板热轧 50% 后形成的取向线极密度分布

(a) α 纤维取向线；(b) γ 纤维取向线

双轴应力织构理论分析表明，(100)[011] 取向的晶粒在共轭滑移与交滑移的共同作用下，会向 (111)[1$\bar{1}$0] 取向旋转。从 W 板热轧 93% 后的 $\varphi_2 = 45°$ 的 ODF 截面图 (图 4-16) 可以看出，此时 W 板的织构以 (100)[011] 和 (111)[1$\bar{1}$0] 为主，并且在前一种织构附近的取向更为集中，而后一种织构有向 (111)[1$\bar{1}$2] 织构发散的倾向。

图 4-17 示出了 W 板热轧 93% 后的 α 与 γ 纤维取向线上的极强度分布。在 α 纤维取向线上 (100)[011] 处的织构密度是最高的，这主要是因为该织构不仅可以通过共轭滑移形成，而且共轭滑移与交滑移的共同作用还可使 (112)[1$\bar{1}$0]、(112)[1$\bar{1}$1] 织构逐渐转变为该织构，(111)[1$\bar{1}$0] 织构的强度比 (100)[011] 织构弱是因为前者是通过共轭滑移与交滑移的共同作用由后一种织构转变而来的，而且，从图 4-17(a) 中也可看出来，在 (111)[1$\bar{1}$0] 织构附近，最高极密度位置要略

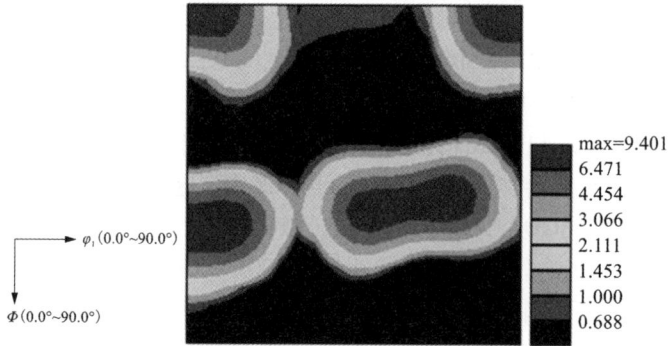

图 4 - 16　W 板热轧 93% 后的 $\varphi_2 = 45°$ 的 ODF 截面图

微偏离 (110) $[1\bar{1}0]$，这应该是由于晶体取向在由 (100) $[011]$ 向 (111) $[1\bar{1}0]$ 转换的过程中，不仅存在共轭滑移或交滑移，还存在其他的影响因素，比如在一个晶粒内发生的取向分化等，这会使最终形成的织构略微偏离理想情况。此外，W 板中还存在 (111) $[11\bar{2}]$ 织构，虽然其密度比起主要织构组分要低很多，但这也不能通过双轴应力织构理论予以解释，这些现象说明该理论虽然可以解释体心立方金属轧制织构形成及相互转换的主要实验规律，但对其中的一些细节的考虑仍有不完善之处，需做进一步的改进与完善。

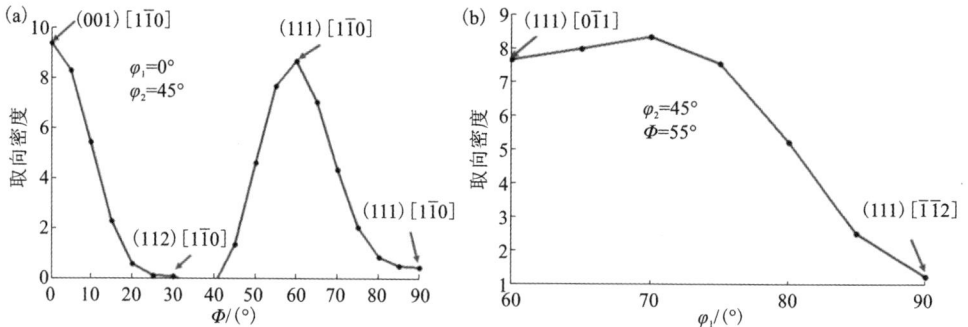

图 4 - 17　W 板热轧 93% 后形成的取向线极密度分布

(a) α 纤维取向线；(b) γ 纤维取向线

4.2.4　双轴应力织构形成理论的修正

纵观 W 板的整个热轧变形过程，(111) $[11\bar{2}]$ 织构在不同形变量的 W 板中都存在。随着 W 板热轧变形量的增大，该织构强度不断降低，但直至变形量达

93%时仍然存在。此外,在变形量小于50%时,(101)[011]织构的强度较高,随着变形量增大,这种织构又逐渐消失了,这些现象不能通过双轴应力织构形成模型来解释。上述分析表明,(111)[110]织构可以转化为(100)[011]织构,这种转变主要起因于 W 板沿轧向的拉长和沿轧面法向的压缩变形。除此之外,W 板在轧制过程中还产生沿轧板横向的展宽,由于这种展宽量相对 W 板其他两个方向的变形量很小,不会影响到 W 板中主要织构组分的种类,所以上述章节未考虑这个因素。下面将横向展宽考虑进来,分析其对 W 板中已形成的织构的影响。

如果 W 板中某个晶粒内已通过轧向的拉长和轧面法向的压缩形成了(111)[110]织构,如图 4 - 18 所示。此时,W 板的展宽会使该晶粒受一个沿横向的应力,该应力方向即为[1̄1̄2],在该应力的作用下,晶体就容易开启 1C + 4A 共轭滑移,使晶体向(1̄1̄2)[110]取向转动。需要指出的是,由于只考虑展宽力引起的晶体转动,所以这是一个单轴应力问题,且这个应力是一个拉应力,所以考虑展宽力引起的晶体旋转只需考察[1̄1̄2]方向(拉伸轴)向[110]晶向转动的过程,该转动的旋转轴即为这两个晶向的矢量叉乘,即[111]晶向。据此绘制晶体的旋转轨迹,如图 4 - 18 所示。可以看出来,当横向由[1̄1̄2]转向[110]晶向后,晶体的轧向也由[110]转向了[1̄1̄2]。实际轧制过程中,晶体不会因展宽力而产生图 4 - 18 中所示的如此大的旋转角度,但凭借该图可以直观地理解在展宽力的作用下晶体轧向的偏转轨迹。在 W 板热轧形成的织构中,γ 纤维取向线上常常在[110]到[112]之间都具有较高的极密度,这可能就是在展宽力的作用下晶体轧向发生了偏转之故。而到了轧制后期,特别是当轧板厚度较薄时,板材的展宽效应逐渐消失,晶体轧向又将在双轴应力作用下逐渐回归到[110]晶向,使(111)[112]织构逐渐向(111)[110]织构转变,所以,随着轧制变形量的继续增大,(111)[1̄1̄2]织构的极密度又逐渐降低。

在变形量较小(≤50%)时,W 板中存在(100)[001]织构,进一步轧制后却没有观察到(100)[001]织构。由此推测 W 板中(100)[001]织构的形成可能与高温轧制时的再结晶有关。在(100)[001]取向下晶体中具有 4 个 Schmid 因子大于0.4 的滑移系(见表 4 - 9),而(100)[011]取向下晶体中只有两个滑移系统的Schmid 因子超过 0.3(见表 4 - 10)。这说明在(100)晶面平行或接近平行于轧面的晶粒中,当其轧向靠近[100]取向时,其内部更易开启多系滑移,多系滑移越严重,晶体中因位错交割而储存的变形能就越大,那么在轧制过程中进行中间退火时,特别是在轧制早期退火温度比较高时,这部分取向的晶粒内就容易发生再结晶,并发生晶粒长大,使(100)[001]取向的织构分数增大。随着 W 板轧制变形量的增大,道次间的退火温度不断降低,当中间退火不再使 W 板发生再结晶时,(100)[001]织构就会随着轧制的进行而逐渐旋转到(100)[011]这种稳定织构取向上。

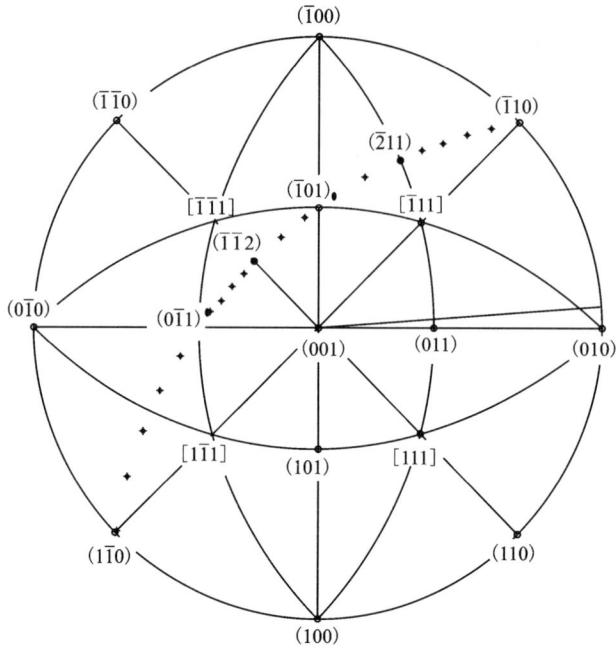

图 4 - 18　(111)[1̄1̄0]取向的晶体在轧制展宽力的作用下晶体的旋转轨迹

表 4 - 9　(100)[001]取向下晶体中各个滑移系的 Schmid 因子

滑移系	Schmid 因子
(1B)(1̄01)[111]	0.00
(1C)(1̄01)[11̄1]	0.00
(2C)(011)[11̄1]	0.41
(2D)(011)[1̄11]	0.00
(3A)(101)[1̄11]	0.00
(3D)(101)[1̄1̄1]	0.00
(4A)(01̄1)[1̄11]	0.00
(4B)(01̄1)[111]	0.41
(5A)(1̄1̄0)[1̄11]	0.00
(5C)(1̄1̄0)[11̄1]	0.41
(6B)(1̄10)[111]	0.41
(6D)(1̄10)[1̄1̄1]	0.00

表 4 – 10　(100)[011]取向下晶体中各个滑移系的 Schmid 因子

滑移系	Schmid 因子
$(1B)(\bar{1}01)[111]$	0.14
$(1C)(\bar{1}01)[1\bar{1}1]$	0.06
$(2C)(011)[1\bar{1}1]$	0.29
$(2D)(011)[\bar{1}\bar{1}1]$	0.29
$(3A)(101)[\bar{1}11]$	0.14
$(3D)(101)[\bar{1}\bar{1}1]$	0.35
$(4A)(0\bar{1}1)[\bar{1}11]$	0.00
$(4B)(0\bar{1}1)[111]$	0.00
$(5A)(\bar{1}\bar{1}0)[\bar{1}11]$	0.14
$(5C)(\bar{1}\bar{1}0)[1\bar{1}1]$	0.35
$(6B)(\bar{1}10)[111]$	0.14
$(6D)(\bar{1}10)[\bar{1}\bar{1}1]$	0.06

4.3　体心立方金属的形变微观组织及其形成机理

　　体心立方结构与面心立方结构在许多方面有着密切关联。其中最具特色的是体心立方结构的倒易结构是面心立方结构，而面心立方结构的倒易结构是体心立方结构，不考虑其相互间的数值大小，不妨称这种关系为准倒易关系。分析已有的研究结果，发现它们的主要滑移系也是互为准倒易的。面心立方结构的滑移系为{111}＜110＞，而体心立方结构的滑移系是{110}＜111＞。另外，它们在单轴变形时的织构也是互为准倒易的。例如，面心立方金属的拉伸织构为{111}＋{100}纤维，而其压缩织构是{110}纤维，而对于体心立方金属来说，它的拉伸织构为{110}纤维，压缩形变织构为{100}＋{111}纤维。金属材料的变形组织与晶体取向是有一定关联的。对于面心立方金属来说，如图 2 – 43 所示，当多晶纯铝和铜等金属单轴拉伸到中等形变量时，不同取向晶粒中形成的位错组态可分为三类："Type 1"型组织、"Type 2"型组织和"Type 3"型组织。其中"Type 1"型组织和"Type 3"型组织都包含 GNBs，但是它们的晶体学取向特征不一样，"Type 2"型组织由等轴的位错胞组成，一般没有 GNBs。如果将形成不同位错结构晶粒的拉伸轴方向分别标记在反极图上，则形成"Type 1"型组织的拉伸方向分布在取向三角形的中部，形成"Type 2"性组织的拉伸方向集中在[100]取向附近，而形成

"Type 3"型组织的拉伸方向分布在取向三角形的[111]取向周围。那么，对于单轴变形的体心立方金属来说，是不是也有上述组织结构特点呢？它的组织与晶粒取向之间具有什么样的关系？它与面心立方金属的变形结构有着什么样的异同点？为了回答这些问题，下面对体心立方金属 Mo 在单轴变形时的微观组织进行分析。

4.3.1 单轴应力作用下钼棒的形变组织特征

图 4 - 19 示出了压缩变形 40% 的 Mo 棒的纵截面（LD - TD 截面）的轴向

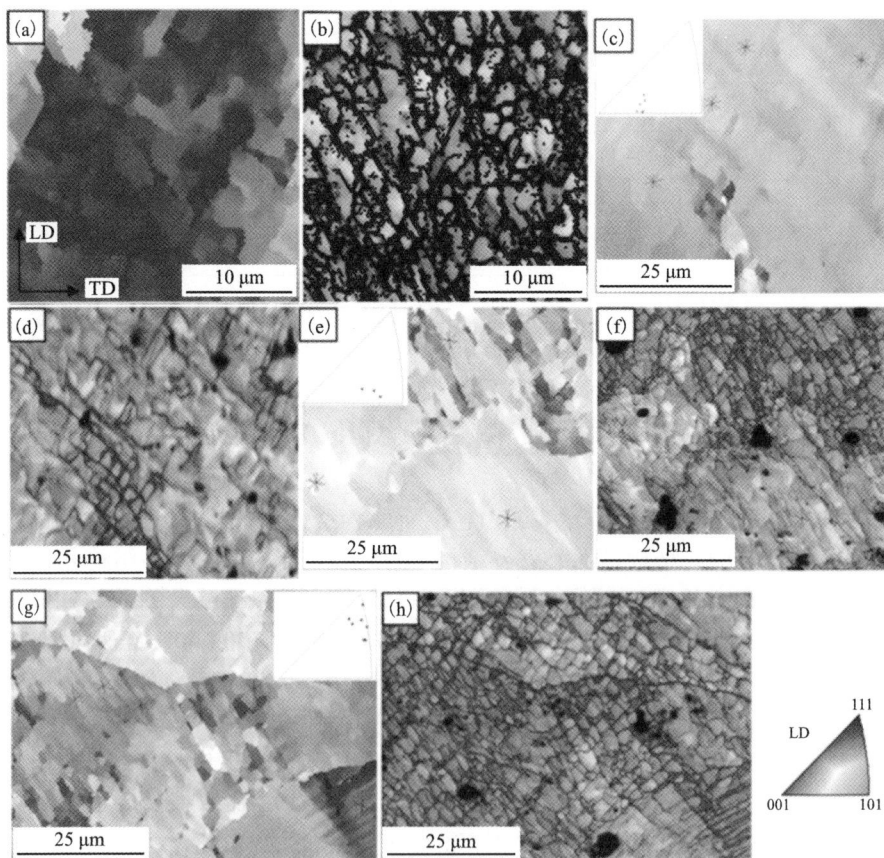

图 4 - 19 压缩变形 40% 的 Mo 棒的 LD - TD(横向) 截面不同取向的轴向(LD) 取向分布图和成像质量图

其中图中插入的反极图中的各点表示作界面取向分析的不同区域的取向在 LD 反极图中的位置；图(b) 中黑线为 2° ~15° 小角度界面，交叉线符号为 {110} 滑移面的迹线

(a)LD 接近 <100 > 的取向分布图；(b) 图(a) 对应的成像质量图；(c)LD 接近 <301 > 的取向分布图；(d) 图(c) 对应的成像质量图；(e) LD 接近 < 110 > 的取向分布图；(f) 图(e) 对应的成像质量图；(g)LD 接近 <111 > 的取向分布图；(h) 图(g) 对应的成像质量图

(LD)取向分布图及其对应的成像质量图，其中 TD 表示 Mo 棒的横向。由此可以看出，在不同取向的晶粒内部，形成的变形组织是不一样的。与面心立方金属中形成的位错界面组态类似，体心立方金属 Mo 经单轴压缩变形后形成的位错界面也可以分为三类。由图 4 - 19(a)和(b)可以看出，在 LD 接近 <100> 晶向的晶粒里面形成的是等轴的位错胞结构，并没有长直的位错界面形成。这种组织为"Type 2"型组织。图 4 - 19(c)和(d)所示为 LD 接近 <301> 取向晶粒的显微组织，由图可以看出，在此晶粒中形成了一组长直位错界面，而且这些界面与滑移面{110}接近平行。同样在图 4 - 19(g)和(h)中观察到，在 LD 接近 <111> 晶向的晶粒中同样形成了一组相互平行的长直平面型位错界面，且界面平行于滑移面，这种组织即为"Type 1"型组织。在图 4 - 19(e)和(f)中，在 LD 接近 <110> 晶向的晶粒内，也能看到在这种取向的晶粒中形成了一组相互平行的长直位错界面，与图 4 - 19(d)和图 4 - 19(h)不同的是，这些位错界面方向与滑移面{110}具有一个很大的角度差，一般达到了 20°左右。这种组织在文献中被称为"Type 3"型组织。由此可见，与面心立方金属相似，体心立方金属 Mo 在单轴压缩变形过程中也会形成这三类位错界面，且与晶粒取向密切相关。

图 4 - 20 所示为压缩变形 40% 的 Mo 棒中形成的形变组织的 TEM 照片。进一步证实了单轴压缩变形 Mo 棒中的三种不同位错组态与面心立方金属中所形成的位错界面组态非常类似。当将 Mo 棒进一步压缩变形至 70% 后，同样在 Mo 棒的不同取向晶粒中也形成了上述的三种位错界面，如图 4 - 21 所示。可见塑性变形量的增加对形成的位错界面的晶体学特点是没有影响的。在图 4 - 21 所示的不同取向的晶粒中(这些晶粒的取向都接近 LD//<111>)，都形成了一组长直位错界面，且界面与{110}滑移面接近平行。

由以上的研究结果可以看出，变形量对材料变形组织结构与取向之间对应关系并无影响。表 4 - 11 示出了在不同压下变形量(40% 和 70%)下 Mo 棒中形成的不同的位错组态的参数。由此可以看出，随着变形量的增加，位错胞的尺寸逐渐减小，长直位错界面之间的间距逐渐减小，且这种长直界面与压力轴之间的夹角逐渐增大。

表 4 - 11　不同变形量的 Mo 棒中形成的位错组织的结构参数

压下量/%	位错胞的尺寸/μm	长直位错界面之间间距/μm	长直界面与压力轴的夹角/(°)
40	0.8 ~ 1.2	0.5 ~ 3	55 ~ 59
70	0.3 ~ 0.7	0.2 ~ 1	24 ~ 30

前面分析了压缩变形 Mo 棒的微观组织及微观组织与取向之间的依赖关系，

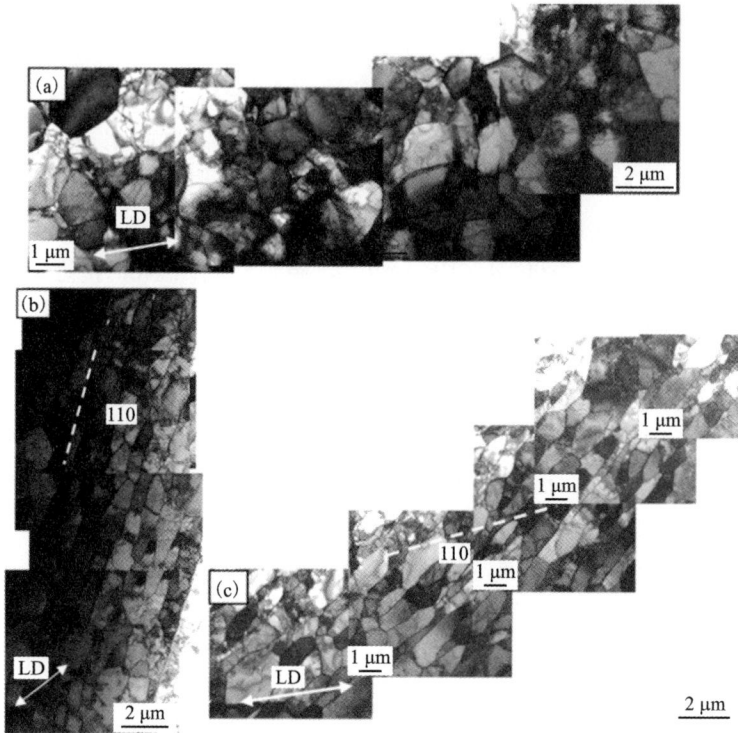

图 4 - 20　单轴压缩变形 40% 的 Mo 棒中形成的三种典型位错界面的 TEM 照片
(a) Type 2；(b) Type 1；(c) Type 3

可以得出压缩变形 Mo 棒与面心立方金属塑性变形形成的位错界面组态类似，同样可以分为 3 类。那么在单轴拉伸变形的 Mo 棒中是否会形成同样的组织结构，它们的组织与取向之间又有什么样的关系呢？图 4 - 22 所示为拉伸 Mo 棒在典型的几种取向下的 EBSD 分析的结果和相应的 TEM 组织照片。由此可以看出，拉伸 Mo 棒中形成的组织与压缩 Mo 棒中形成的组织类似。同样，拉伸 Mo 棒中形成的组织与取向之间的联系也相同。在拉伸 Mo 棒中轴向接近 <100> 取向的晶粒中形成的是等轴的位错胞组织[图 4 - 22(a)]，即"Type 2"型组织。在轴向接近 <110> 取向的晶粒中形成了一组长直的位错界面[图 4 - 22(c)]，这些界面与 {110} 滑移面不平行，它们之间存在着较大的夹角，即"Type 3"型组织。而在另外图 4 - 22(b) 和图 4 - 22(d) 可以看出，在这些典型取向的晶粒中形成了"Type 1"型组织。为了对比类似的取向的拉伸和压缩组织，图 4 - 19(c) 和图 4 - 22(b) 示出了轴向接近 <301> 取向的晶粒中的组织，可以看出在相同取向的拉伸和压缩的 Mo 棒内，它们形成的形变组织是类似的。

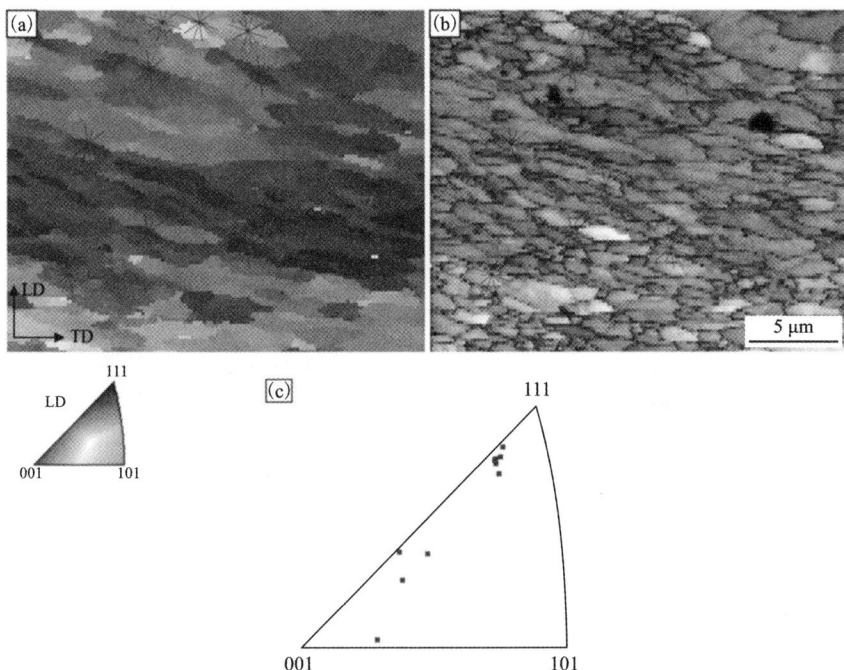

图 4 - 21　单轴压缩变形 70% 的 Mo 棒的 LD - TD 截面的 EBSD 分析图

其中交叉线符号为{110}滑移面的迹线。(a)LD 取向分布图；(b)图(a)对应的成像质量图；(c)图(a)中标定位错界面取向的区域的取向在 LD 反极图中的位置

　　综上可以得出，体心立方金属 Mo 在单轴变形条件下，其形变组织和晶粒取向之间的关系为：在轴向接近 <100> 的晶粒中形成的是"Type 2"型组织，在轴向接近 <110> 的晶粒里形成的是"Type 3"型组织，在其他轴向的晶粒里基本都是形成"Type 1"型组织，如图 4 - 23(a)所示。为了便于对比，图 4 - 23(b)还给出了面心立方金属晶粒取向与形变组织之间的关系。以上对比分析可以得到一条重要结论：在单轴变形条件下，体心立方金属的组织和取向关系与面心立方金属的组织和取向关系之间存在着一种准"倒易"关系。

图 4 - 22　单轴拉伸变形 40% 的 Mo 棒的 LD - TD 截面不同取向的 LD 取向分布图和 TEM 照片

其中图中插入的 LD 反极图中的各点表示分析的不同区域的轴向在 LD 反极图中的位置；线条为 2°~15° 小角度界面，虚线为长直位错面所在迹线位置，交叉线符号为 |110| 滑移面的迹线。

图 (a) 所示为 LD 接近 <100> 晶向的取向分布图；图 (b) 为 LD 接近 <301> 晶向的取向分布图；图 (c) 为 LD 接近 <110> 晶向的取向分布图；图 (d) 所示为 LD 接近 <111> 晶向的取向分布图

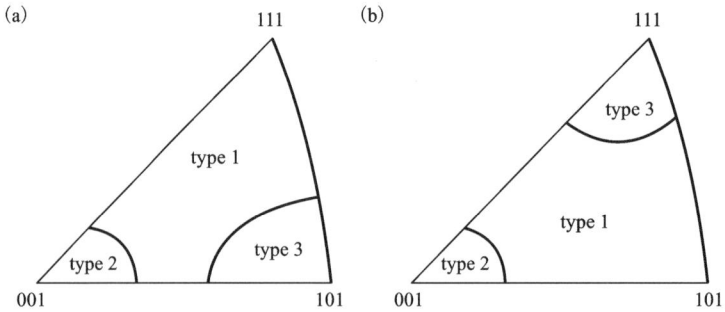

图 4 - 23　晶粒取向与形变组织中的位错界面组态之间的对应关系
(a) 体心立方金属；(b) 面心立方金属

4.3.2　单轴应力作用下钼棒微观组织形成机理

一般认为，对于体心立方金属来说，位错的滑移方向为 <111> 方向，其柏氏矢量 $\vec{b}$ 为 1/2<111>。体心立方金属的螺位错芯可以在 [111] 晶带的三个等价

{110}晶面或{112}晶面上扩展或者分解，这种非平面的位错芯结构特点导致了其塑性变形时的特殊性，即在运动的时候首先需要束集到一个平面上来。对于体心立方金属 Mo 来说，正是这种非平面的位错芯结构，导致了它的拉伸行为和压缩行为的不一致性。我们认为上述的观点可能有一定的局限性，因为 Mo 是具有明显塑脆转变温度特征的材料，如图 3 - 1 所示，其塑脆转变温度在室温附近。当塑性变形的温度高于其塑脆转变温度时，其位错运动机制与低于塑脆转变温度时是不同的。在高于塑脆转变温度进行塑性变形时，其塑性变形行为类似于面心立方金属，Mo 在拉伸和压缩变形过程中启动的滑移系可能会相同。

图 4 - 24 示出了高温变形金属 Mo 在不同操作矢量 $\vec{g}$ 下典型的位错组态。由此可以看出，此时金属 Mo 中的位错一般都呈弯曲的形状，为混合型位错。图中 A 处所示为一个 F - R 位错源，由图 4 - 24(a)可以看出，位错源处发射了大量的位错，该位错源处产生的位错在 $\vec{g}$ = [110][图 4 - 24(b)]和 $\vec{g}$ = [1$\bar{1}$2]［图 4 - 24(d)]时均消光不可见，经分析可知，此位错源发出的位错柏氏矢量 $\vec{b}$ = 1/2[$\bar{1}$11]。在图 4 - 24 中主要有两种位错，一种是图中 1 所示的位错，这种位错基本与标尺垂直，还有一种是基本与标尺平行的位错 2，这两种位错的柏氏矢量分别为 1/2[1$\bar{1}$$\bar{1}$]和 1/2[$\bar{1}$11]。高温变形时，Mo 中开启的主要滑移系为{110}<111>，其次为{112}<111>。因此，后面关于形变组织的分析将主要考虑{110}<111>滑移系。

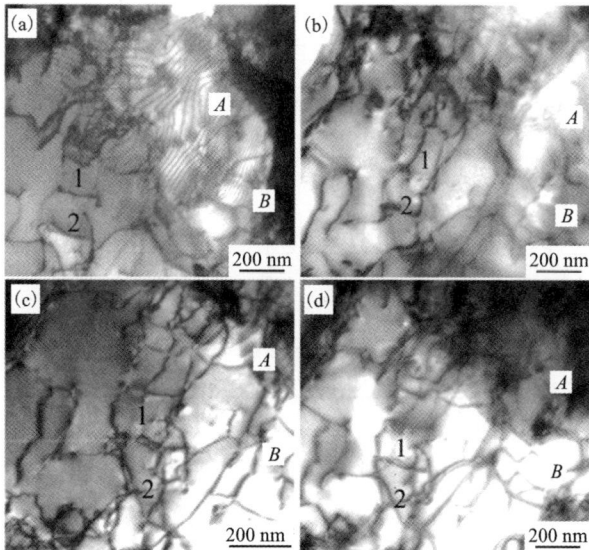

图 4 - 24　不同操作矢量下的高温变形时金属 Mo 中的位错组态

(a)电子束方向(BD)为[113]；(b)$\vec{g}$ = [110]；(c)BD 为[100]；(d)$\vec{g}$ = [11$\bar{2}$]

下面将对图 4 – 22 中所示的典型晶粒取向的 Schmid 因子进行计算分析。表 4 – 12 所示为[100]取向晶粒的计算分析结果。由此可以看出,此时有 8 个 Schmid 因子等同的滑移系。可见在这种条件下,该取向的晶粒可以开启大量的滑移系,晶粒可以均匀地变形,各个滑移系产生的位错相互缠结并反应,最终会形成等轴的位错胞界面和位错胞组织。

对于图 4 – 22(b)中所示的取向[$\bar{6}12$]的 Schmid 因子,其计算结果示于表 4 – 12。由此可以看出,滑移系($\bar{1}10$)[111]的 Schmid 因子最大,可见在此取向晶粒中会优先开启这一滑移系,因此,在该取向中形成了一组长直位错界面,且该界面与滑移面几乎平行。

表 4 – 12　不同取向晶粒的 Schmid 因子计算分析

滑移系	Schmid 因子 轴向[100]	Schmid 因子 轴向[$\bar{6}12$]	Schmid 因子 轴向[$\bar{1}10$]
($1B$)($\bar{1}01$)[111]	0.41	0.279	0.50
($1C$)($\bar{1}01$)[$11\bar{1}$]	0.41	0.358	0
($2C$)(011)[$1\bar{1}1$]	0	0.089	0
($2D$)(011)[$\bar{1}\bar{1}1$]	0	0.029	0.41
($3A$)(101)[$\bar{1}11$]	0.41	0.398	0
($3D$)(101)[$1\bar{1}1$]	0.41	0.238	0.41
($4A$)($0\bar{1}1$)[$\bar{1}11$]	0	0.149	0
($4B$)($0\bar{1}1$)[111]	0	0.209	0.50
($5A$)($\bar{1}\bar{1}0$)[111]	0.41	0.249	0
($5C$)($\bar{1}\bar{1}0$)[111]	0.41	0.448	0
($6B$)($\bar{1}10$)[111]	0.41	0.488	0
($6D$)($\bar{1}10$)[$1\bar{1}1$]	0.41	0.209	0

从表 4 – 12 可以看出,对于[110]取向的晶粒来说,两组共向的滑移系(101)[$\bar{1}11$]和(011)[$\bar{1}11$]的 Schmid 因子最大,也就是说在塑性变形的过程中,位错容易发生交叉滑移。这种共向交叉滑移可能导致最终形成的位错界面处在(101)和(011)的组合面上,因此形成的位错界面会偏离{110}滑移面。这就可以解释为什么从 EBSD 和 TEM 观察到[110]取向晶粒的位错界面并没有落在{110}滑移面上。

4.3.3　双轴应力作用下钨板轧制组织演变及形成机理

图4-25所示为W板热轧50%后的轧面法向(ND)取向分布图和相应的成像质量图。从ND取向分布图来看,不同晶粒的变形组织很不均匀,有的晶粒因变形而产生了取向不一致的形变带,如图中箭头标示处,而有的晶粒中热轧变形却未形成形变带。从图4-25(b)所示的成像质量图来看,除了再结晶晶粒外,其余晶粒内都存在显著的变形微观组织。产生再结晶晶粒的原因是因为W板热轧至50%的过程中,变形温度与中间退火温度都很高(1200℃以上),因此,W板在热轧变形过程中会发生再结晶。

图4-25　W板热轧50%后的微观组织的 EBSD 分析结果
(a)ND取向分布图;(b)图(a)对应的成像质量图

图4-26所示为W板热轧93%后的显微组织的 EBSD 取向分布图。由此可见,W板中的晶粒纤维化更明显,纤维宽度为10~40 μm。此时,在轧面取向接近{111}晶面的晶粒内存在大量非常窄的与轧向呈一定角度的微带。另外,在箭头所示的晶粒内形成一些比较宽的形变带,这些形变带导致的晶体取向改变要比(111)取向晶粒内微带造成的取向差更大。在这个晶粒内,主要有两种形变带,它们的取向主要集中在{001}<$\bar{1}$10>和{111}<$\bar{1}$12>。结合 ND 取向分布图和 RD 取向分布图来看,此时W板中大部分晶粒的取向都集中在{001}<110>和{111}<110>,这两种取向都属于α纤维织构,但是{111}<110>取向比较特殊,其还属于γ纤维织构。由图4-26可以看出,大部分形成微带的晶粒取向都接近于{111}<$\bar{1}$10>晶向。这种形变组织特征及其取向依赖性都与第3章中介绍的 Ta-2.5W 合金的冷轧形变组织类似。

表4-13示出了(100)[011]取向和(111)[0$\bar{1}$1]取向的晶粒相对于轧制应力的 Schmid 因子。由此可见,在前一种取向下,3D 与 5C 滑移系的 Schmid 因子最

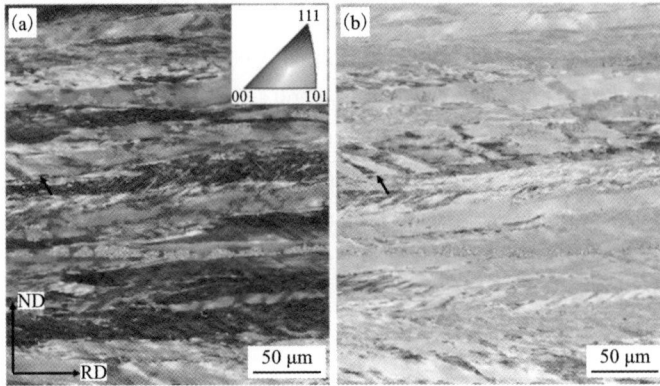

图 4 - 26   W 板热轧 93% 后的显微组织的 EBSD 分析

(a) ND 取向分布图；(b) RD 取向分布图

大, 2C 与 2D 次之。最大与最小的 Schmid 因子相差 17%。不过, 在该取向下, 由于最大的 Schmid 因子只有 0.35, 所以要使晶体中开启滑移就需要较大的应力。当应力达到使 3D 与 5C 滑移系开动的时候, 如果这两个滑移系在变形过程中产生加工硬化, 就可能激发 2C 与 2D 滑移系启动。也就是说, 在 (100)[011] 取向的晶粒中, 晶体中很容易同时开启多系滑移, 形成位错胞组织, 塑性变形比较均匀, 如第 3 章所述。因此, 该取向在轧制过程中是比较稳定的。由此可以推测, 图 4 - 26 箭头处所示的具有两种形变带组织的晶粒初始取向不可能为 (100)[110], 之所以形成了这种取向的晶粒, 应该是其他取向的晶粒经过分裂产生的。

表 4 - 13   不同取向晶粒中各个滑移系相对于轧制应力的 Schmid 因子

滑移系	Schmid 因子	Schmid 因子
	$(100)[011]$	$(111)[0\bar{1}\bar{1}]$
$(1B)(\bar{1}01)[111]$	0.14	0.25
$(1C)(\bar{1}01)[1\bar{1}1]$	0.06	0.29
$(2C)(011)[1\bar{1}1]$	0.29	0.47
$(2D)(011)[\bar{1}\bar{1}1]$	0.29	0.20
$(3A)(101)[\bar{1}11]$	0.14	0.22
$(3D)(101)[\bar{1}\bar{1}1]$	0.35	0.32
$(4A)(0\bar{1}1)[\bar{1}11]$	0.00	0.17

续表 4 – 13

滑移系	*Schmid* 因子	*Schmid* 因子
$(4B)(0\bar{1}1)[111]$	0.00	0.50
$(5A)(\bar{1}\,\bar{1}0)[111]$	0.14	0.05
$(5C)(\bar{1}\,\bar{1}0)[1\bar{1}1]$	0.35	0.18
$(6B)(\bar{1}10)[111]$	0.14	0.25
$(6D)(\bar{1}10)[\bar{1}\,\bar{1}1]$	0.06	0.12

对于 $(111)[0\bar{1}1]$ 取向的晶粒，$4B$ 与 $2C$ 滑移系的 Schmid 因子已接近最大值，仅次于它们的是 $3D$ 滑移系，但它们的 Schmid 因子相差了 36%。这意味着该取向晶体中不容易同时开启多于两个的滑移系统，因为 $4B$ 与 $2C$ 开启所需的应力要比 $3D$ 滑移系的应力低很多，一旦 $4B$ 或 $2C$ 先于 $3D$ 开启，就会松弛变形应力，使 $3D$ 滑移系更不易启动。这样，就少了不同滑移系间位错相互交截相互作用的机会，滑移就容易在一个滑移面上不断进行并且发生长程的滑移，从而导致在形变组织中形成长直的位错界面，如微带组织或者剪切带组织。

4.4　亚稳态体心立方 CuAlMn 合金的形变组织

4.4.1　CuAlMn 合金热轧板中的组织与相

本节所选用的 Cu – Al – Mn 合金成分为 Cu – 10.04Al – 12.50Mn（质量分数，%）。根据三元相图可以判断，该合金加热到 800℃ 为 β 相，如图 4 – 27(a) 所示，并且不同的原子在晶胞中的排列是有序的，即合金中的 β 相具有有序的 BCC 晶体结构，如图 4 – 27(c) 所示，而合金中的 α 相一般认为具有无序的 FCC 晶体结构，如图 4 – 27(b) 所示。

由图 4 – 28(a) 所示的 CuAlMn 合金铸锭在室温下自然冷却得到的金相照片可见，在自然冷却的条件下，铸锭中即可形成单相组织而不发生分解。图 4 – 28 (b)、(c) 和 (d) 分别示出了合金在 600℃ 热轧 47%、80% 和 94% 后得到的板材侧面金相组织。47% 与 80% 的热轧都是一道轧至所需变形量，94% 热轧是先热轧至 60%，600℃ 保温 10 min 后，再热轧至 94%，实验中合金热轧后在室温下自然冷却。由图 4 – 28 可见，随着合金变形量的增大，热轧板材侧面上逐渐形成了纤维组织，不过比起 W 板的热轧变形，CuAlMn 纤维组织的形成要更慢一些。这主要是因为 CuAlMn 热轧过程中的动态回复比较强烈。

图 4 – 29 示出了 CuAlMn 合金热轧 47% 后于 600℃ 保温 1 h 并淬火的 XRD 图

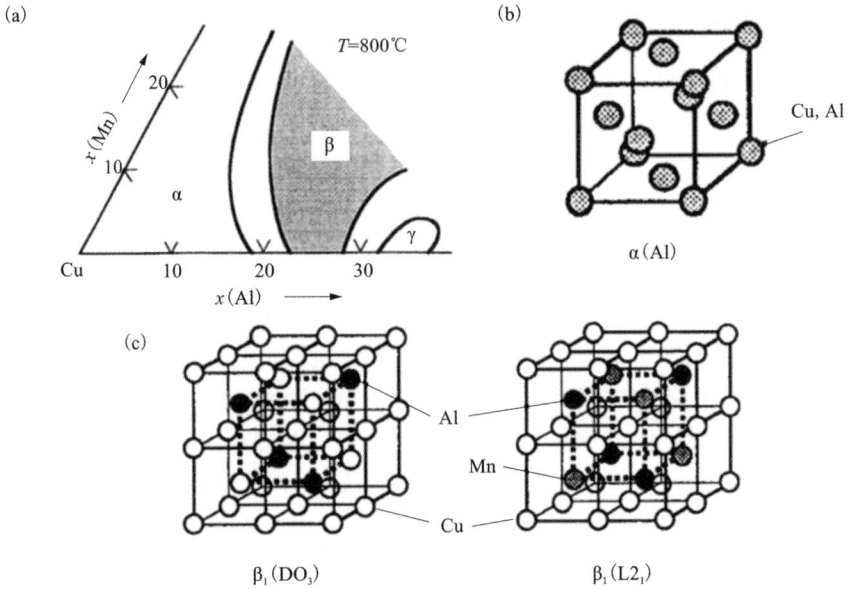

图 4-27　CuAlMn 合金的三元相图和晶体结构

(a) CuAlMn 合金三元相图 800℃ 等温截面；(b) 合金中 FCC 结构 α 相；(c) 合金中的 BCC 结构 β 相

谱和合金 600℃ 热轧 94% 后自然冷却的 XRD 图谱，XRD 衍射扫描在轧面上进行。图中还给出了 Cu_2AlMn 有序相的标准峰线。可以看出来，不论是 600℃ 保温淬火，还是热轧后自然冷却，两种状态合金 XRD 图谱中只出现了 β 相有序结构 Cu_2AlMn 的衍射峰，而没有出现 α 相的衍射峰，这说明在两种处理条件下，β 相都不易发生分解。

4.4.2　CuAlMn 合金温轧后的组织与相

选取 350℃ 为 CuAlMn 合金的亚稳态温轧温度。实验中，先将铸锭进行 850℃ 热轧开坯，之后将热轧板在 500℃ 稳定化 1 h 后，再于 350℃ 进行温轧。图 4-30 示出了 CuAlMn 合金在 350℃ 时效 1 h、温轧 15% 和温轧 67% 后的侧面金相组织与 SEM 背散射电子像。随着合金温轧变形量的增大，合金中的晶粒逐渐扁平化。当合金变形量达到 67% 后，合金中开始出现剪切带。这种剪切常常在板材表面引起开裂，如图 4-30 中箭头标示处，这说明 CuAlMn 合金即使经多道次的中间去应力退火，其在 350℃ 温轧时塑性也不是很好，而合金在 600℃ 热轧时塑性非常好，即使单道次进行 80% 的变形也不会开裂。

从图 4-30 中所示 SEM 背散射电子像来看，合金如果只是在 350℃ 时效 1 h，那么析出只限于晶界上，如图 4-30(b) 所示。这些相很细小且数量很少，而合金

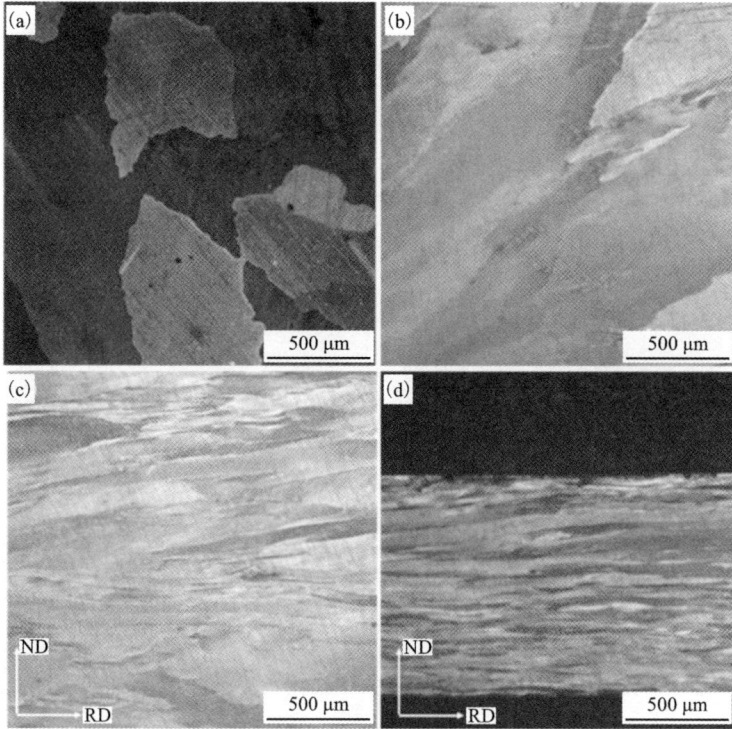

图 4 - 28　CuAlMn 合金 600℃热轧板侧面金相组织

（a）铸锭；（b）热轧 47%；（c）热轧 80%；（d）热轧 94%

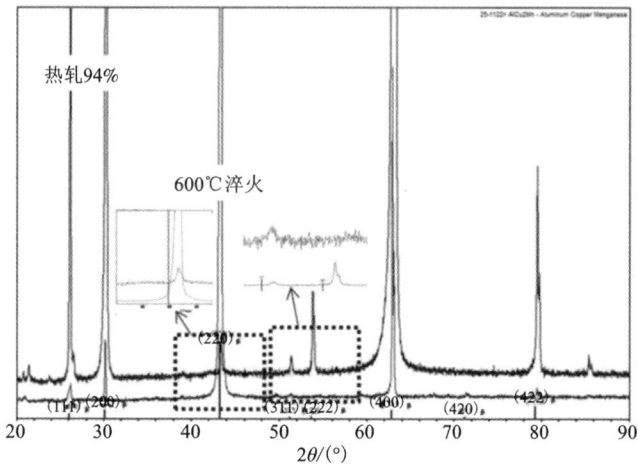

图 4 - 29　CuAlMn 合金热轧 47%、600℃保温 1 h 后淬火以及热轧 94%后自然冷却的 XRD 图谱

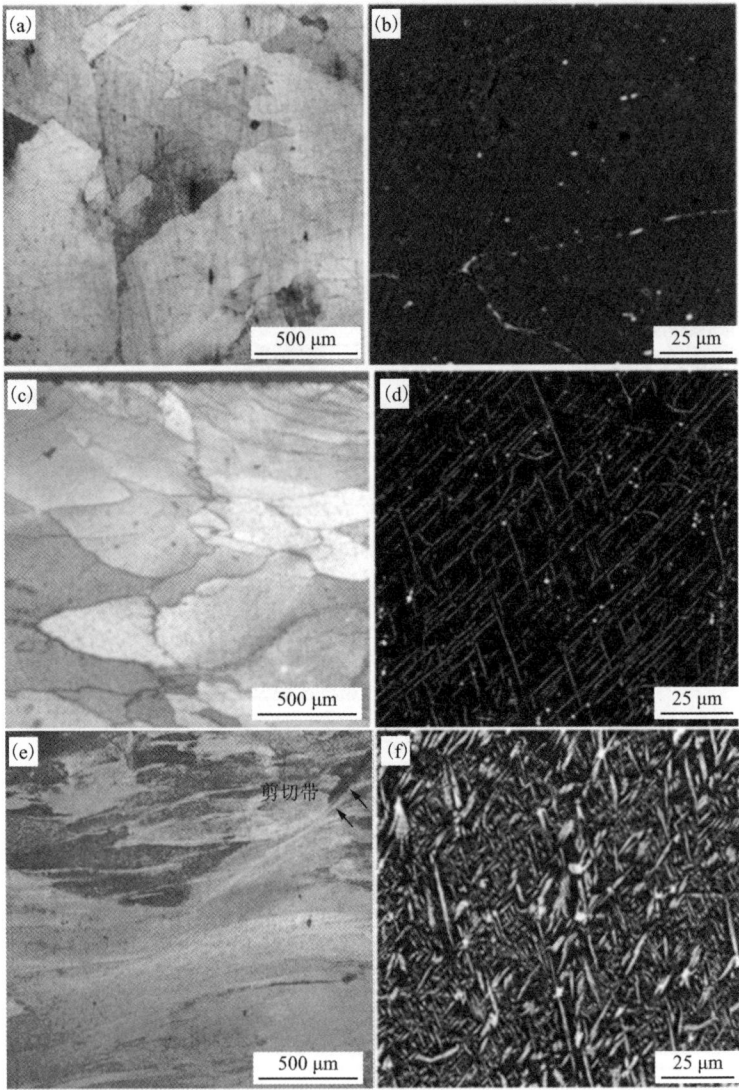

图 4 – 30 CuAlMn 合金的金相组织与 SEM 背散射电子像

(a, b) 350℃/1 h 时效;(c, d)350℃温轧 15%;(e, f)温轧 67%

在 350℃变形后晶内马上析出了 α 相,如图 4 – 30(d)所示。这里要指出的是,对于 15%变形量的样品而言,温轧后马上将该样品淬入水中,从样品出轧辊到淬火之间间隔不超过 2 s。所以,图 4 – 30(b)中的 α 相应该是在变形过程中被诱导出来的,而不是变形后再形成的。从图 4 – 30(d)可以看出,合金中轧制诱导析出的 α 相呈长条状,并且与轧向呈一定的角度。当变形量为 67%时,合金中的 α 析出数量显著增多，从轧面来看，合金中的 α 相仍然呈长条状，如图 4 – 30(f) 所示，这说明合金中诱导析出的 α 相为片状，并且这种片是斜插在 β 相中的。由于不同的 α 相变体在一个晶粒同一剖面上显示出的 α 相的剖面不同，所以就使 α 相具有了不同的形貌。由此可见，350℃ 温轧不仅促进了 β 相的分解，还使 α 相在本来无法于晶内析出的温度下析出了，而且形貌也发生了改变，由自然析出的杆状变为了诱导析出时的片状形貌。

4.4.3　CuAlMn 合金中形变诱导相变

具有 BCC 结构的 β 相在亚稳态温度变形时，会加速 α 相的析出过程，发生形变诱导相变现象。在 CuAlMn 合金中，有些成分的合金通过淬火形成亚稳态 β 相后，在亚稳态温度变形时会诱导出马氏体，这也是由于合金处于热力学上不稳定的状态，得到外界施予的能量后，就加速了合金向另一亚稳态——马氏体的转变。不过，形成马氏体不涉及长程的原子扩散，主要通过相邻原子做协调式的小于原子间距的位移来实现。在形成马氏体后，马氏体与基体具有确定的取向关系。形变诱导 α 相析出时是否具有确定的取向关系，与 α 相自然析出的取向关系有无不同，以及形变诱导相变的晶体学机制是什么，将是本节研究的重点内容。

图 4 – 31 示出了 CuAlMn 合金温轧 15% 后诱导析出的 α 相与基体间的取向关系在极图中的分析。由极图可见，在 α 粒子的上、下两个 β 相区域之间存在小角度的取向差，这是因为形变诱导 α 相析出时，α 相的析出相当于是 β 相的一种变形方式，这种变形方式如同位错滑移一样，会造成晶体的旋转，所以使 α 相两侧的 β 相产生取向差。从 α 相两侧 β 相的极图来看，这两个位置的 β 相有一个 (111) 极点是重合的，这说明 α 相析出时造成的 β 相取向偏转主要是使 β 相绕其自身的密排方向略做偏转。

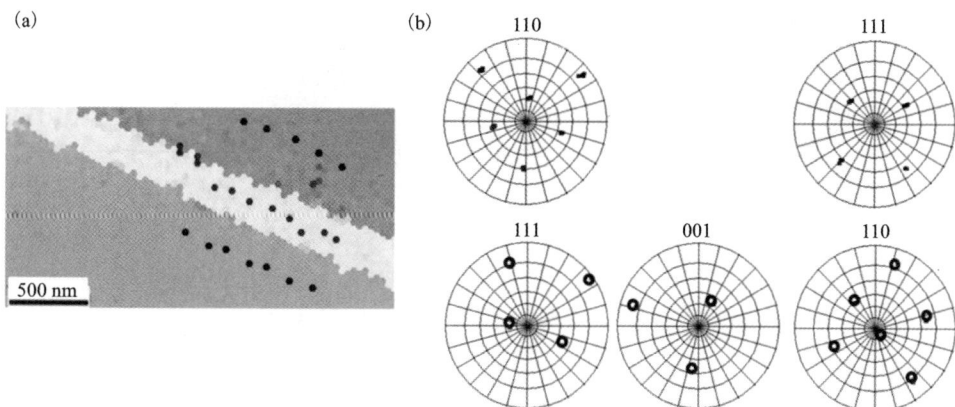

图 4 – 31　CuAlMn 合金形变诱导析出 α 相与 β 相的取向关系极图分析

(a) 温轧 15% 的 CuAlMn 合金 EBSD 取向图；(b) 取向图中的点的取向在极图中的表达 (实心点为 α 相，空心点为 β 相)

从图 4 – 31 中还可以看出，形变诱导析出的 α 相与 β 相之间的取向关系既非 K – S 关系，也非 pitch 关系，但偏离这两种取向关系的角度都不大，这说明诱导析出的 α 相形核与长大过程虽然并非主要由扩散所控制，但仍然在一定程度上遵循了 α 析出的基本规律，即两相的密排面与密排方向都接近于平行，这也是为降低 α 相的长大阻力（界面错配能），应力诱导析出 α 相的本质仍然是 β 亚稳相为降低自由能而发生的固态相变，只不过是由于施加了应力诱导而已。

图 4 – 32 所示为 α 相与 β 相中密排面与密排方向的迹线。可见，α 相片的板面与 β 相的某一密排面接近平行，相差约 7.36°，如图 4 – 32(a) 所示，与 α 相的某一密排面也接近平行[图 4 – 32(b)]。此外，α 相的一个 <110> 密排方向也平行于其析出平面[图 4 – 32(d)]，但 β 相的 4 个 <111> 密排方向却都与 α 相的析出平面相差较大的角度，这说明 α 相在 β 相的密排面上形成后，其生长方向与 β 相的密排方向相差较远，这是由于 α 相与 β 相在密排方向上的晶面间距差别很大，所以 α 相不易沿着 β 相的密排方向生长。

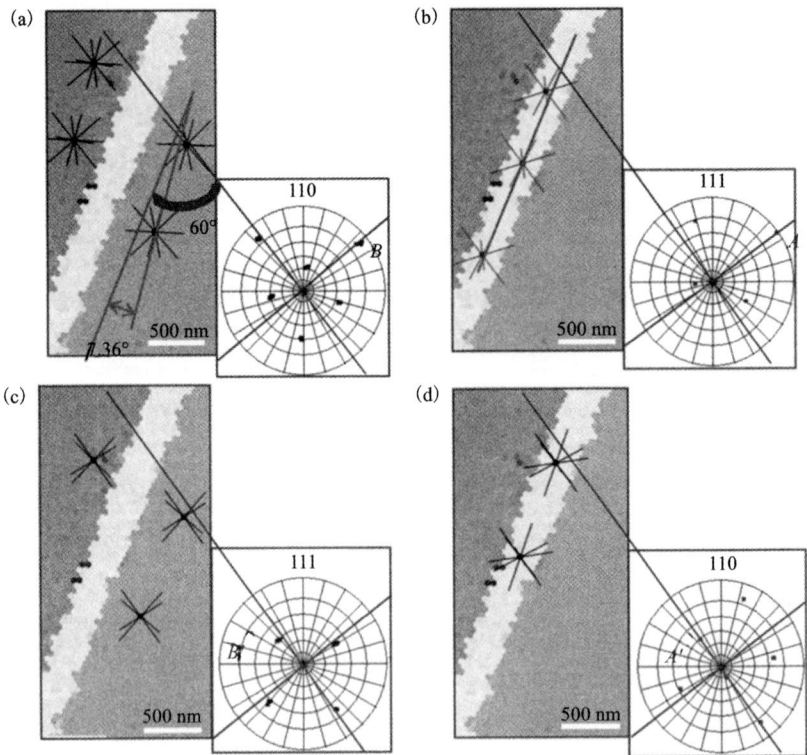

图 4 – 32 CuAlMn 合金 α 相和 β 相的取向关系分析

(a) β 相{110}密排面迹线及极图；(b) α 相{111}密排面迹线及极图；(c) β 相{111}晶面迹线及极图；(d) α 相{110}晶面迹线及极图

图 4-32(a) 中的 B 极点与图 4-32(b) 中的 A 极点代表决定 α 相与 β 相取向关系的各自的密排面。图 4-32(a) 显示，α 相的生长平面迹线方向与 β 相相距 $60°$，根据 4.4.2 节的分析可知，α 相在 β 相的密排面析出后，沿着垂直于该密排面的方向生长造成的界面错配最小，即 α 相的自然生长方向应垂直于其形核析出的密排面。也就是说，尽管诱导析出的 α 相与自然析出的 α 相取向关系类似，但二者的生长规律是不一样的。为了说明形变诱导析出 α 相时该相的生长规律，首先需要研究在诱导析出时 α 相的生长晶体学方向与滑移系之间的关系。图 4-32 中所示的 β 相的取向为 $(\bar{1}00)[041]$，根据该取向计算得到的各个滑移系的 Schmid 因子见表 4-14。对于 $(\bar{1}00)[041]$ 取向的晶粒，其侧面法向为 $[01\bar{4}]$，以 β 相的侧面为投影面，以轧面法向 $[\bar{1}00]$ 为 OX 轴，作 β 相 $\{110\}$ 密排面与 $<111>$ 密排方向在极图中的投影，如图 4-33 所示。可见，图 4-32(a) 中的 A 极点与图 4-32(c) 中的 A' 极点分别为 $(\bar{1}10)$ 和 $[\bar{1}\bar{1}1]$。根据表 4-14 可知，它们组成的是 $6D$ 滑移系，该滑移系 Schmid 因子非常小，因此可以判断，诱导析出 α 相时并不是因为其析出面上具有大的 Schmid 因子。

表 4-14　$(\bar{1}00)[041]$ 取向下 β 相中各个滑移系的 Schmid 因子

滑移系	Schmid 因子
$(1B)(\bar{1}01)[111]$	0.05
$(1C)(\bar{1}01)[11\bar{1}]$	0.44
$(2C)(011)[11\bar{1}]$	0.43
$(2D)(011)[\bar{1}11]$	0.07
$(3A)(101)[\bar{1}11]$	0.34
$(3D)(101)[\bar{1}\bar{1}1]$	0.04
$(4A)(0\bar{1}1)[\bar{1}11]$	0.33
$(4B)(0\bar{1}1)[111]$	0.03
$(5A)(\bar{1}\bar{1}0)[\bar{1}11]$	0.01
$(5C)(\bar{1}\bar{1}0)[\bar{1}11]$	0.01
$(6B)(\bar{1}10)[111]$	0.09
$(6D)(\bar{1}10)[\bar{1}\bar{1}1]$	0.11

晶体的塑性变形机制除了位错滑移外，还有孪生，而孪生实际上与半位错的运动有关。BCC 金属材料的孪生系统一般是 $\{112\}<111>$，即发生孪生时晶体的某一部分相对于另一部分在某一 $\{112\}$ 面上，沿该晶面上的某一 $<111>$ 方向，以

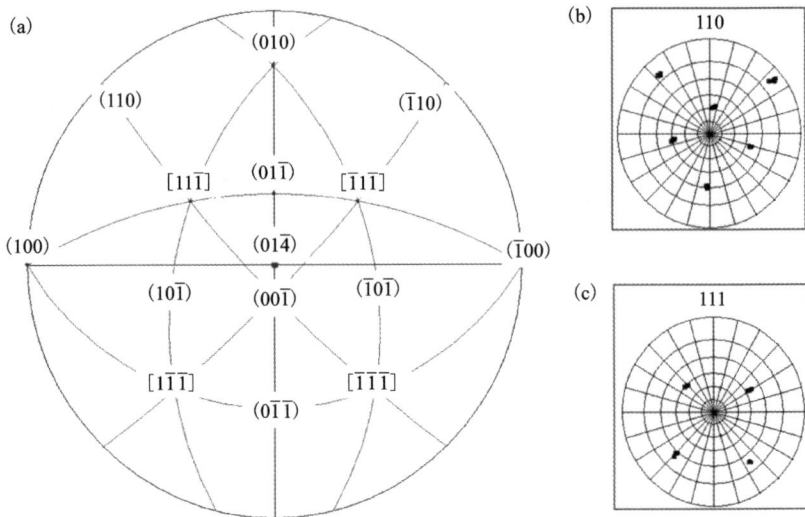

图 4 - 33 ($\overline{1}00$)[041]取向晶粒的侧面极射赤面投影图以及 β 相密排面和密排方向的投影极点

(a)以图 4 - 32 中 β 相侧面为投影面的极射赤面投影图；(b)和(c)分别是图 4 - 32 中 β 相的密排面和密排方向在以侧面为极射赤面投影图中的极点位置

不全位错的方式滑移，从而造成两部分晶体取向的改变。既然 CuAlMn 合金中 α 相的诱导析出不能用全位错滑移造成的晶体取向的改变来解释，则要考虑另一个可能的切变机制，即孪生。

图 4 - 34 示出了{112}晶面在 α 相与 β 相中的迹线。由此可见，α 相与 β 相中各自存在一个{112}晶面相互平行，如图中箭头处所示，而且该{112}晶面还与 α 相的析出平面相平行，这就说明 α 相的析出可能与 β 相在变形过程中发生的孪生有关。此外，形变诱导 α 相形成的过程是很快的，CuAlMn 合金温轧后立即淬水中就发现合金中出现了较为粗大的 α 相，而相同温度下即使保温 1 h 也无法在晶内形成此粗大的 α 相。α 相形成与粗化速率如此快，也说明其形成过程主要与非扩散控制的过程有关，而孪生就是可能的机制之一。对于正常的滑移，要造成晶体取向的改变需要经过较大的变形量，而 α 相在温轧 15% 后就出现，也可判断其与变形过程中的基体取向旋转无直接关系。

BCC 结构晶体通过(112)[$\overline{1}1\overline{1}$]系统发生孪生时，其切变面为($\overline{1}10$)，孪生之前晶体在($\overline{1}10$)面上的投影如图 4 - 35(a)所示。竖直的细线为 1/2[$11\overline{1}$]的 6 等分线，即[$11\overline{1}$]矢量的 12 等分线。发生孪生时，晶体上半部分的相邻(112)晶面沿[$11\overline{1}$]晶向平移 1/6[$11\overline{1}$]距离，导致晶体上半部分与下半部分呈孪晶关系，如图 4 - 35(b)所示。图 4 - 35(c)示出了 FCC 晶体在($11\overline{1}$)晶面上的原子投影图，

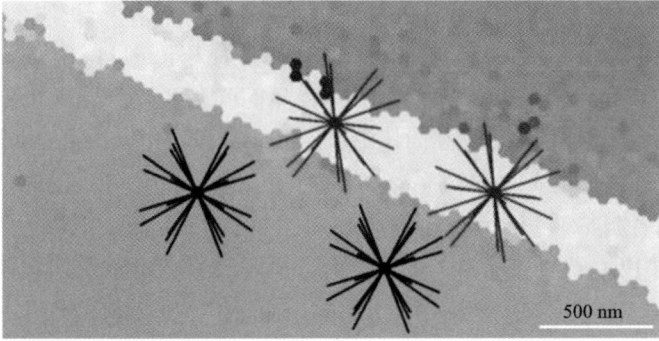

图 4 – 34　{112} 晶面在 α 相与 β 相中的迹线

对比图 4 – 34(a) 和 (c) 可见，两种晶体的原子投影有一定的相似性，只需将 BCC 晶体做适当变换，即可使 BCC 晶体原子投影转换为 FCC 晶体的原子投影，从而给出由 β 相向 α 相转换的晶体学机制。

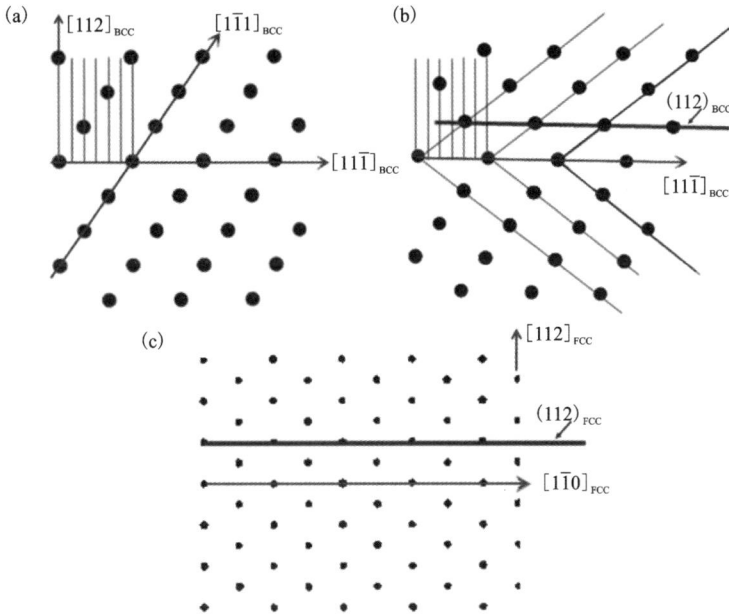

图 4 – 35　BCC 晶体孪生过程中在 (1̄10) 晶面上原子位移的投影图和

FCC 晶体在 (111̄) 晶面上的原子位移投影图

(a) 和 (b) 为 BCC 晶体孪生过程中在 (1̄10) 晶面上原子位移的投影图；(c) 为 FCC 晶体在 (111̄) 晶面上的原子位移投影图

图 4-36 示出了由 BCC 晶体经压缩和半孪生切变后转变为 FCC 晶体的过程。首先，图 4-36(a) 是两种晶体在转变前的原子投影叠加图，投影面为 BCC 晶体的 ($\bar{1}$10) 面和 FCC 晶体的 (111) 面。将 BCC 晶体投影沿 [11$\bar{1}$] 晶向压缩，使 BCC 晶体的 (11$\bar{1}$) 晶面间距与 FCC 晶体的 (1$\bar{1}$0) 晶面间距相同，如图 4-36(b) 所示。然后，再把 BCC 晶体沿 [112] 晶向压缩，使 BCC 晶体的 (112) 晶面间距与 FCC 晶体的 (112) 晶面间距相同，如图 4-36(c) 所示。最后，使 BCC 晶体的上半部分相邻的 (112) 面各自沿其 [11$\bar{1}$] 方向滑移 1/12[11$\bar{1}$]，即滑移量相当于孪生滑移量的一半，就使得 BCC 晶体的上半部分与 FCC 晶体完全重合，如图 4-36(d) 所示。

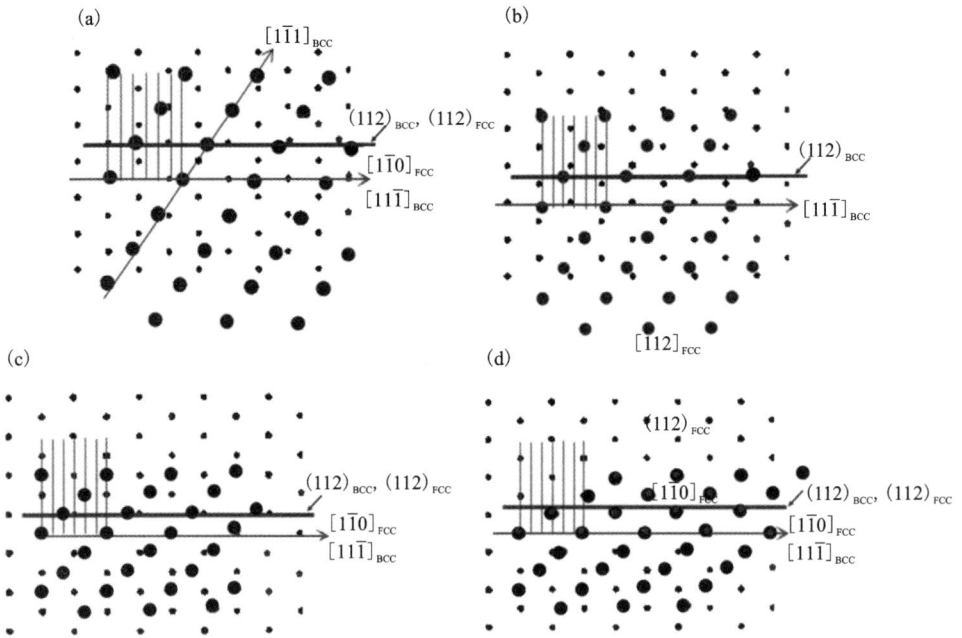

图 4-36　由 BCC 晶体经两次压缩和一次半孪生切变后转变为 FCC 晶体的过程

(a) 两种晶体在转变前的原子投影叠加图；(b) BCC 晶体投影沿 [11$\bar{1}$] 晶向压缩；(c) 再把 BCC 晶体沿 [112] 晶向压缩；(d) BCC 晶体的上半部分相邻的 (112) 面各自沿其 [11$\bar{1}$] 方向滑移 1/12[11$\bar{1}$]

参考文献

［1］Ripoll M R, Ocenasek J. Microstructure and texture evolution during the drawing of tungsten wires［J］. Engineering Fracture Mechanics, 2009, 76(10): 1485 - 1499.

［2］杨平. 电子背散射衍射技术及其应用［M］. 北京: 冶金工业出版社, 2007.

［3］彭大暑. 金属塑性加工原理［M］. 长沙: 中南大学出版社, 2004.

［4］Kainuma R, Takahashi S, Ishida K, et al. Thermoelastic martensite and shape memory effect in ductile Cu - Al - Mn alloys［J］. Metallurgical and Materials Transactions A, 1996, 27(8): 2187 - 2195.

第 5 章　密排六方结构 AZ31 镁合金的塑性变形行为及其组织特征

镁合金具有轻质、比强度高，弹性模量大、减震性好、电磁屏蔽性能优异等显著的优点，随着交通运输、航空航天以及电子工业等领域轻量化的发展趋势，轻质镁合金材料的应用受到越来越多的关注。然而镁合金塑性成形性能较差，这成为限制镁合金应用的一个重要因素。

镁合金具有密排六方（HCP）晶体结构，晶体对称性较低，力学行为各向异性现象明显，塑性变形机制也较为复杂。镁合金室温条件下最容易开动的滑移系是基面滑移，仅能提供两个独立滑移系，不能满足协调任意变形的要求，因而非基面滑移和形变孪晶作为重要的塑性变形机制，在镁合金中也起着重要作用；镁合金热加工过程中，由于基面/非基面滑移的临界分切应力差异减小，变形均匀性得以改善，动态再结晶成为一种典型特征。位错滑移、形变孪晶、动态再结晶这些塑性机制的激活与材料的微观组织、晶粒尺寸、织构以及变形温度等密切相关，它们相互竞争与协调，共同支配着镁合金的变形行为。

本章以应用最为广泛的 AZ31 变形镁合金为对象，介绍了镁合金单轴等温压缩过程的塑性变形特征，从位错滑移、形变孪晶、动态再结晶等塑性机制角度出发，论述了镁合金板材轧制过程的微观组织及织构演变规律，同时叙述了棒材室温挤压过程的压缩孪晶行为及其主导的力学行为特征。

5.1　AZ31 镁合金的等温压缩行为研究

单轴应力是一种最简单的应力状态，此条件下金属材料的塑性变形行为能够反映材料最本征的塑性特征，因而被认为是描述材料塑性特性的最基本方式之一。样品塑性变形过程中的组织和性能均会发生变化，其组织状态可以表示成一个可以测量的组织参数 S，而力学行为则可用状态方程 $F(S, \sigma, \dot{\varepsilon}, T) = 0$ 表示。其中，σ 为流变应力，$\dot{\varepsilon}$ 为变形速度，T 为变形温度。可以采用等温单轴压缩热模拟实验来获得特定变形条件下的流变应力数据，并据此建立相应的流变应力方程。金属的流变应力与变形条件之间的函数关系是对其塑性加工过程进行数值模拟的前提。

5.1.1　变形条件对 AZ31 镁合金流变曲线的影响

5.1.1.1　样品取向的影响

金属镁具有密排六方晶体结构，对称性较低，因而显示出较为明显的力学行为各向异性。图 5－1(a) 示出了纯镁单晶沿着 $\vec{c}$ 轴(A 取向)和垂直于 $\vec{c}$ 轴(E 取向)方向进行平面应变压缩的真应力－应变曲线。可以看出，在真应变小于 0.05 的阶段，A 取向的真应力－真应变曲线稳定地维持在 20 MPa 的低应力水平，它比 E 取向的应力水平要低很多，当应变超过 0.05 后，随着应变的增加，应力迅速增大；而 E 取向样品在压缩应变的最初阶段就已经产生了显著的加工硬化，应力就迅速增加到 300 MPa 以上，并导致最后的开裂。很显然，A、E 这两种取向的应变硬化率($\theta = \mathrm{d}\sigma/\mathrm{d}\varepsilon$)表现出不同的演变规律，如图 5－1(b) 所示。对于 A 取向，当应变 ε 小于 0.07 时，随着应变 ε 的增加，应变硬化率逐渐增加；而对于 E 取向，在整个应变区间，随着应变 ε 的增加，应变硬化率保持缓慢持续的减少。金相观测结果表明，应变小于 0.05 时，E 取向的样品中出现了大量的 $\{10\bar{1}2\}$ 孪晶，而 A 取向的样品中则形成了大量的 $\{10\bar{1}1\}$ 孪晶带，这两种不同的孪晶变形造成了 A、E 取向下显著不同的流变应力水平和应变硬化规律。

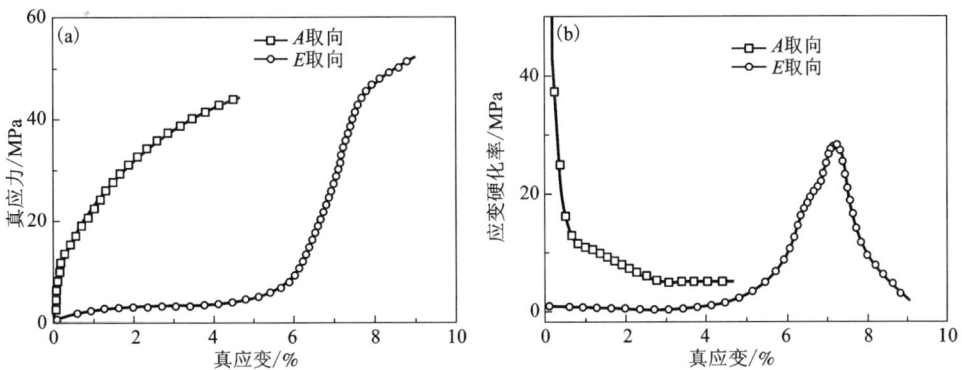

图 5－1　纯镁单晶室温条件下沿不同取向进行平面应变压缩的力学性能曲线

(a)真应力－真应变曲线；(b)应变硬化率演变规律

由于镁晶体具有明显的各向异性，使得镁合金加工过程中非常容易形成特殊的基面特征织构，因而镁合金多晶态加工样品同样表现出明显的各向异性。图 5－2 示出了 AZ31 镁合金均匀化退火态铸轧板典型的金相组织和(0002)基面极图。可以看出，镁合金退火态铸轧板呈现出等轴晶组织（晶粒尺寸 20 μm 左右），并且具有典型的基面织构特征，即板材中大多数晶粒的 $\vec{c}$ 轴与铸轧板法向(ND)近似平行。这造成铸轧板不同取向压缩变形过程中呈现出不同的硬化特硬化－特征，如图 5 － 3（a）所示。

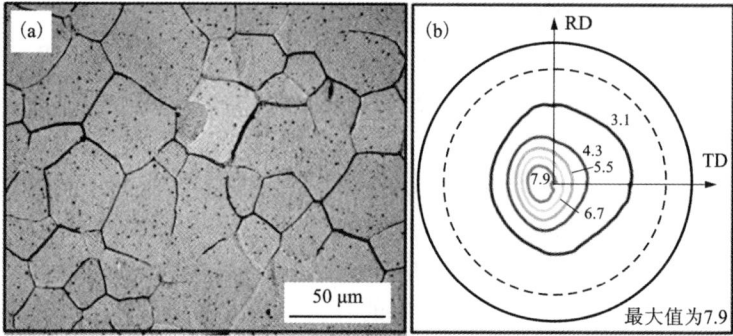

图 5 － 2　AZ31 合金铸轧板单轴压缩实验前的金相组织

（a）金相组织照片；（b）（0002）基面极图

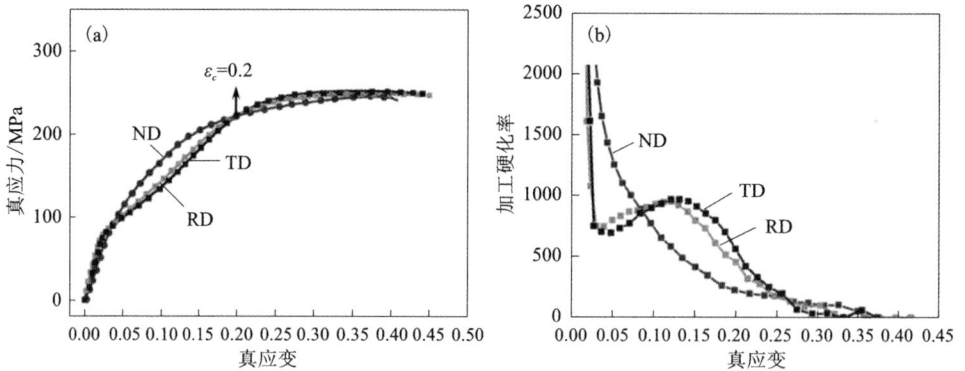

图 5 － 3　AZ31 镁合金铸轧板室温条件下沿不同取向单轴压缩的力学性能曲线

（a）真应力－真应变曲线；（b）应变硬化率演变规律（压缩应变率 0.001/s）

　　在 AZ31 合金铸轧板压缩应变的初期阶段，ND 取向压缩曲线表现出比铸轧板横向（TD）、轧向（RD）更高的应力水平；并且 ND 和 TD/RD 取向的 $\theta - \varepsilon$ 曲线表现出与 A、E 取向单晶相似的变化规律。由于多晶状态的铸轧板具有一定的基面织构，即大部分晶粒的 $\vec{c}$ 轴处于与 ND 方向呈 10° ~ 20° 夹角的范围内，可以认为这种择优取向是造成铸轧板 ND 和 TD/RD 取向应力－应变曲线差异的原因，只是与单晶相比较而言，铸轧板的择优取向性要弱很多，所以压缩变形时，ND 取向与 TD/RD 取向的应力－应变曲线差异没有 A、E 取向单晶那么明显，并且当应变超过临界应变 $\varepsilon_c \approx 0.2$ 时，三种取向的曲线逐渐汇聚重合。

当变形温度为室温和 200℃ 之间时，样品取向对曲线的影响仅限于应变小于 ε_c 的阶段。随着温度的升高，ε_c 逐渐减小，变形温度大于 200℃ 时，样品取向对曲线的影响很小，可以不考虑。织构、变形方式对 AZ31 合金的应力曲线的影响随着温度和应变的升高而减小。由于构建本构方程多采用稳定流变应力 ε_s 或峰值应力 ε_p 作为表征应力曲线的特征值，而不考虑应变初期的应力、应变变化规律，因而对于镁合金板材样品一般仅讨论 ND 取向的应力曲线。

5.1.1.2　应变速率与变形温度对 AZ31 合金流变曲线的影响

图 5－4 示出了 AZ31 合金在特定温度、不同应变速率下的真应力－真应变曲线。可以看出，该合金的应力－应变曲线表现出典型的动态再结晶特征，尤其在高温、低应变速率条件下表现得更为明显，此时的应力流变曲线可以用四个阶段表示，如图 5－5 所示：

（1）应变初期，应变硬化率较大，加工硬化现象显著。由于此阶段晶粒中的多个滑移系可能已经同时开动，并形成大量林位错的交截，同时由于变形时间较短，动态再结晶仍未开始，加工硬化现象较为突出。

（2）应变大于 ε_c 时，材料开始发生动态再结晶，并产生一定的软化效果，但位错交截产生的加工硬化仍然占据主导地位，流变应力继续增大，只是应变硬化率有所减小，同时，组织中的位错密度也会继续增大，并在流变应力峰值处达到最大值。

（3）应变大于 ε_l 时，动态再结晶的体积分数逐渐增大，软化效果愈加明显，并超过应变硬化速度，流变应力逐渐减小。

（4）应变达到 ε_s 时，动态再结晶的软化效果与应变硬化达到平衡，动态再结晶体积分数保持不变，流变应力也保持在近似平稳的恒定值，实验合金达到稳定流变阶段。

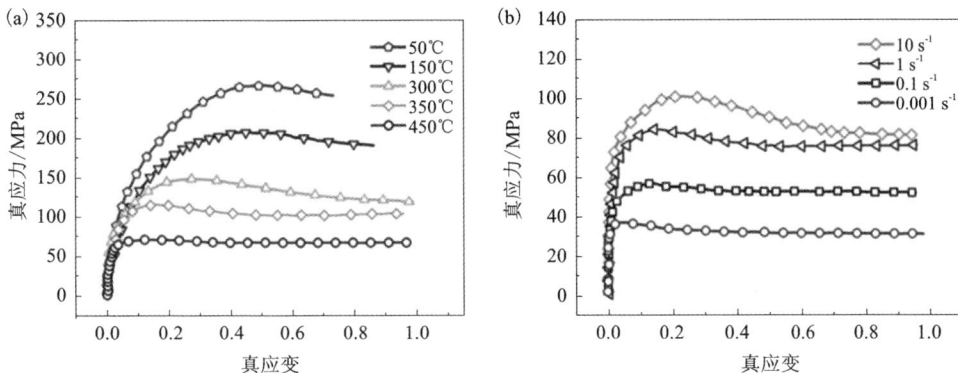

图 5－4　AZ31 镁合金在不同温度和不同应变速率条件下的真应力－真应变曲线

（a）不同温度；（b）不同应变速率

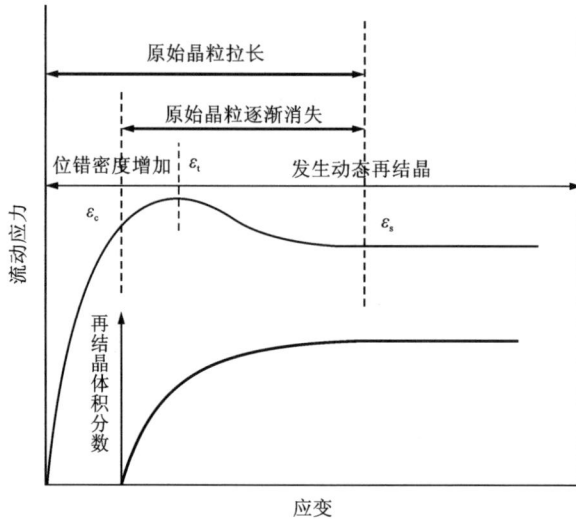

图 5 – 5　热变形过程的示意图

　　从不同应变条件下的应力流变曲线中可以看出，温度一定时，应力峰值随应变速率的增大而增大。这是由于材料变形速率 $\dot{\varepsilon}$ 较低时，达到特定应变量所需的时间增长，动态再结晶有较长的时间进行，因而软化效果增强，流变应力处于较低的水平；同样地，在应变速率较小的条件下，变形储存能的积累速度较慢，随着应变速率的增大，材料达到特定应变量所需的时间缩短，而动态再结晶的过程与原子的扩散有关，时间缩短意味着原子扩散不能充分进行，动态再结晶过程受到抑制，因而软化效果减弱，流变应力处于较低水平。

　　根据金属塑性变形理论，材料的应变速率 $\dot{\varepsilon}$ 应与材料中的可动位错密度 ρ_m、位错柏氏矢量 $\vec{b}$ 及位错运动的平均速率 v 成正比关系：

$$\dot{\varepsilon} \propto \rho_m \cdot v \cdot b \tag{5-1}$$

同时，位错运动的平均速率 v 与应力之间满足以下关系：

$$v = \left(\frac{\tau}{\tau_0}\right)^{m'} \tag{5-2}$$

式中：τ 为维持材料塑性变形所需要的切应力；τ_0 为完全退火态的材料发生塑性变形时所需要的切应力；m' 为位错运动速率应力敏感指数。

　　根据式(5 – 1)和式(5 – 2)，假设温度一定时位错密度 ρ_m 保持恒定，则随着应变速率 $\dot{\varepsilon}$ 的增大，位错运动速率 v 增大，维持材料变形所需的切应力 τ（实际反映了流变应力的大小）也会随之增大；同时，随着应变速率 $\dot{\varepsilon}$ 的增大，材料变形的时间随之缩短，动态再结晶不能较为充分地进行，这也使得流变应力有所增大。

5.1.1.3　变形温度对 AZ31 合金流变曲线的影响

在相同的应变速率条件下，随着变形温度的升高，流变应力水平逐渐降低，峰值应变 ε_p 的位置也发生前移。这个现象可以从三个方面进行解释：

（1）变形温度的升高使得位错滑移的临界切分应力减小。在室温附近时，镁合金非基面滑移系的临界分切应力比基面滑移系高出两个数量级左右，随着温度的升高，由于原子的活动能力增强，非基面滑移系的临界分切应力会迅速减小（在温度达到 300℃时，甚至与基面滑移相当）。此时棱柱面、锥面等非基面滑移系可以通过热激活的方式启动，材料的塑性变形更加容易进行，合金的流变应力水平降低。

（2）随着变形温度的升高，动态再结晶的软化作用得以增强。动态再结晶通常伴随着位错的湮灭、重组和攀移等行为，这些过程都与原子的扩散有关，因而随着温度的升高，原子扩散能力增强，动态再结晶的速率增加，其软化效果也会增强，这使得镁合金在高温条件下维持在较低的应力水平。

（3）变形温度越高，形变孪晶在塑性变形过程中所起的作用越小。镁合金中大部分孪晶模式的孪晶应力随温度的变化趋势较小，没有非基面滑移那么明显，同时，形变孪晶与位错滑移是相互竞争的变形机制，随着温度的升高，孪晶临界分切应力小于非基面滑移临界分切应力的可能性减小，形变孪晶在变形中所起的作用减小，合金的流变应力水平降低。

5.1.2　AZ31 镁合金流变应力方程的建立

金属的热加工过程的流变应力 σ 可表示为应变速率 $\dot{\varepsilon}$ 与变形温度 T 的函数，即 $\sigma = f(\dot{\varepsilon}, T)$。Tegart 和 Sellars 据此提出了包含变形激活能 Q 和温度 T 的双曲线正弦修正的 Arrhenius 修正关系，来描述镁合金在整个变形温度和应变速率范围的塑性变形行为，即

$$\dot{\varepsilon} = A[\sinh(\alpha\sigma)]^n \exp(-Q/RT) \qquad (5-3)$$

根据 $\ln\dot{\varepsilon}$ 和 $\ln[\sinh(\alpha\sigma)]$ 曲线，可以求得低温和高温条件下的变形激活能 Q。求得的低温和高温变形激活能分别为 $Q_L = 94.4\ \text{kJ/mol}$、$Q_H = 127.5\ \text{kJ/mol}$。AZ31 合金在低温和高温变形时的 Arrhenius 流变应力方程可分别表示为：

$$\dot{\varepsilon} = 5.6 \cdot [\sinh(0.03 \cdot \sigma)]^{4.5} \exp(-94300/RT) \qquad (5-4)$$

$$\dot{\varepsilon} = 5.7 \cdot [\sinh(0.03 \cdot \sigma)]^{2.7} \exp(-127500/RT) \qquad (5-5)$$

可以看到，高温下的应力敏感指数比低温下的要小很多，这说明镁合金的低温变形比高温变形要困难；此外，高温和低温的变形激活能不同，这是镁合金在高温和低温条件下不同的变形机制引起的，如图 5-6 所示。

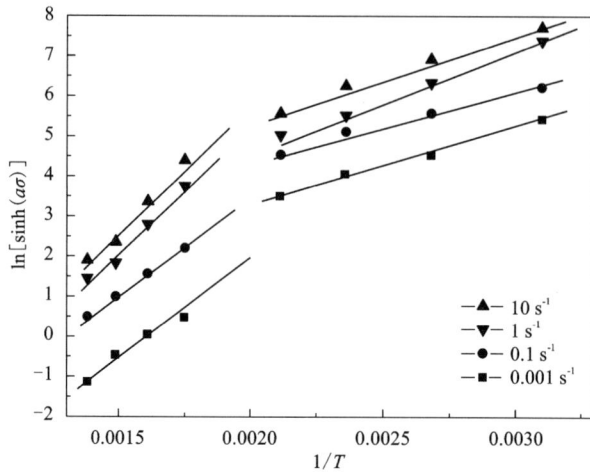

图 5-6　不同应变速率下 $\ln[\sinh(\alpha\sigma)]$ 与变形温度 T 的关系(斜率等于 Q/nR)

5.1.3　热压缩变形对 AZ31 镁合金组织结构及性能的影响

5.1.3.1　热压缩条件对 AZ31 合金金相组织结构的影响

AZ31 镁合金低温变形组织以片状孪晶为主,高温下以动态再结晶形貌为主,随着温度的升高,再结晶晶粒组织变得较为均匀,在高温条件慢速条件下,晶粒尺寸更大,如图 5-7 所示。

(1)孪晶主导的变形方式

当变形温度低于 200℃ 时,AZ31 镁合金中起主导作用的变形机制是形变孪晶(twins,简写为 T),变形后晶粒内部均形成了大量孪晶带,孪晶带和原始晶粒均出现了明显的扭曲变形的特征。由于镁及镁合金具有 HCP 结构,对称性较低,室温下,容易开动的滑移系只有基面滑移系$(0002)(1\overline{1}20)$,仅仅能提供两个独立的滑移系,不能满足协调任意变形需要五个独立滑移系的条件,因而形变孪晶作为一种重要的变形机制,在镁合金塑性变形中起着不可替代的作用。根据热模拟实验结果,在温度较低和应变速度较快的条件下,镁合金中更容易形成孪晶,图 5-8 给出了孪晶密度与应变条件的关系。

同时,在不同取向的样品中,在应变的不同阶段,形变孪晶呈现出不同的形貌特征,其中一种为厚度较宽的透镜状宽孪晶[图 5-9(a)],一种为厚度较小的薄片状窄孪晶[图 5-9(b)和(c)]。EBSD 结果显示,透镜状宽孪晶属于 $\{10\overline{1}2\}$ 类型[图 5-10(a)~(c)],这类孪晶多产生于沿 RD 压缩样品中,此时母相晶粒多处于垂直 $\overline{c}$ 轴压缩的状态,$\{10\overline{1}2\}$ 孪晶一旦形成,就会迅速横向扩展,并吞噬

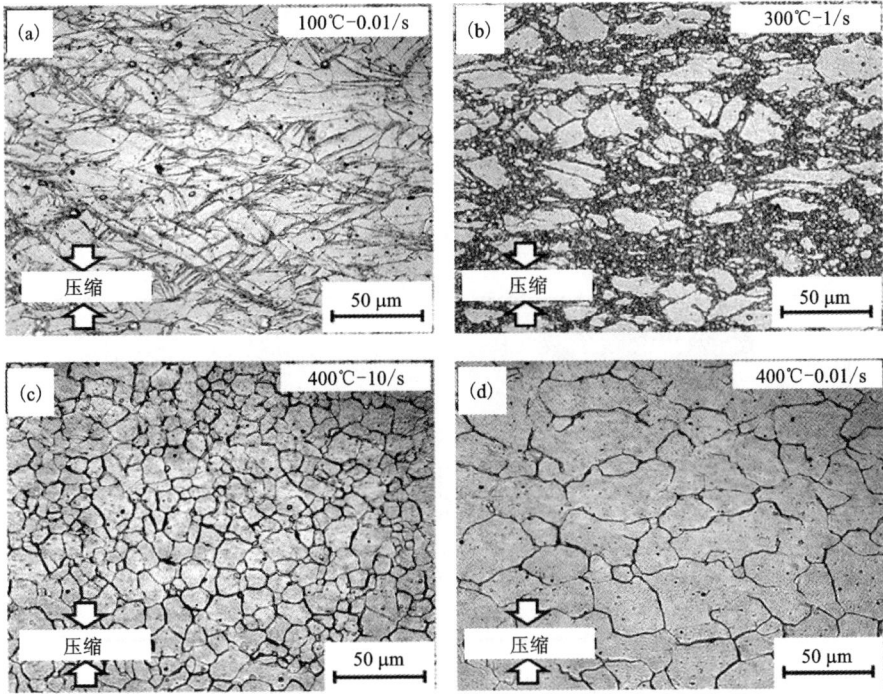

图 5 – 7 AZ31 镁合金不同热变形条件下典型组织(应变量为 50%)

(a)100℃ – 0.01/s;(b)300℃ – 1/s;(c)400℃ – 10/s;(d)400℃ – 0.01/s

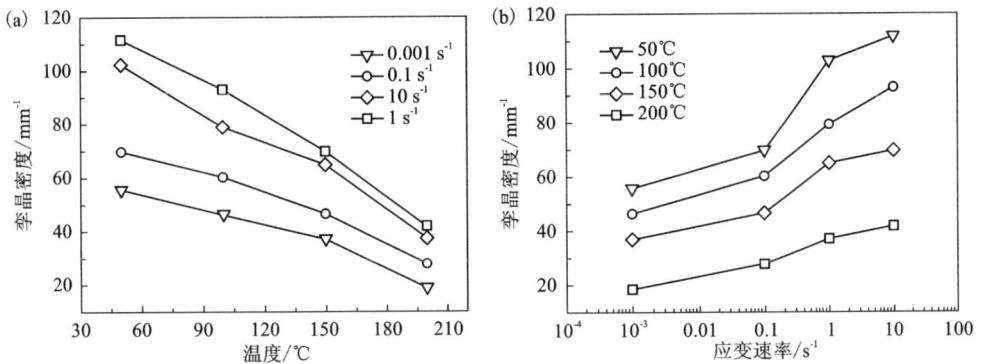

图 5 – 8 孪晶密度与应变条件的关系

(a)孪晶密度与温度的关系;(b)孪晶密度与应变速率的关系

整个晶粒，使原始母相晶粒整体转变成孪晶取向，此后晶体的变形将成为协调 $\vec{c}$ 轴压缩的过程。因而，沿 RD 压缩过程中，应变早期阶段(一般 <10%)才能够观察到 $\{10\bar{1}2\}$ 宽孪晶，如图 5-9(a) 所示，当应变超过一定的临界值后，由于母相晶粒整体转变成为孪晶取向的晶粒，将无法观察到 $\{10\bar{1}2\}$ 孪晶。随着应变的继续进行，晶粒处于 $\vec{c}$ 轴压缩状态，此时形成薄片状 $\{10\bar{1}1\}$ 窄孪晶，如图 5-9(b)、图 5-10(d) ~ (f) 所示。而当沿 ND 压缩时，由于多数晶粒处于 $\vec{c}$ 轴压缩状态，应变过程中，晶粒中始终只产生 $\{10\bar{1}1\}$ 窄孪晶，如图 5-9(b)、(d) 所示。

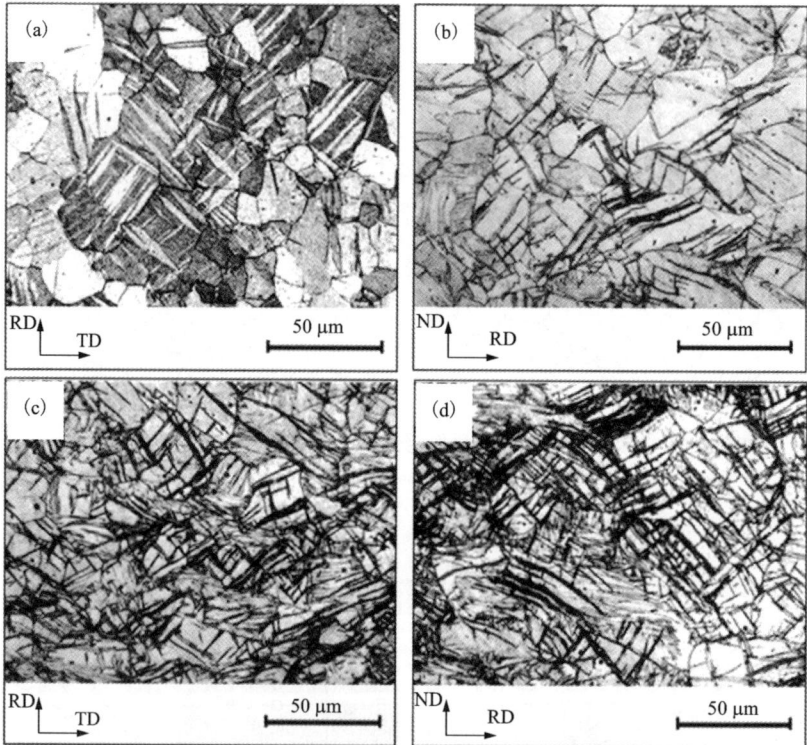

图 5-9 轧板在不同压缩条件下的孪晶形貌图

(a)沿轧板 RD 压缩 10%；(b)沿轧板 RD 压缩 25%；(c)沿轧板 ND 压缩 10%；(d)沿轧板 ND 压缩 25%

由于 $\{10\bar{1}1\}$ 孪晶厚度一般较窄，并且容易成为局部应变的集中区域，因而常规的 EBSD 检测手段很难准确标定孪晶区域的晶体取向，所以 EBSD 取向分布图中这些孪晶区域多呈现黑色条带，如图 5-10(d) 所示。为精确测量 $\{10\bar{1}1\}$ 孪晶取向，需要借助透射电镜取向分析手段。图 5-11 给出了基于透射电镜的取向成像系统表征的 $\{10\bar{1}1\}$ 孪晶取向分布图。

图 5-12 给出了 AZ31 合金在 100℃ -0.001 s^{-1} 变形时的金相组织照片。可

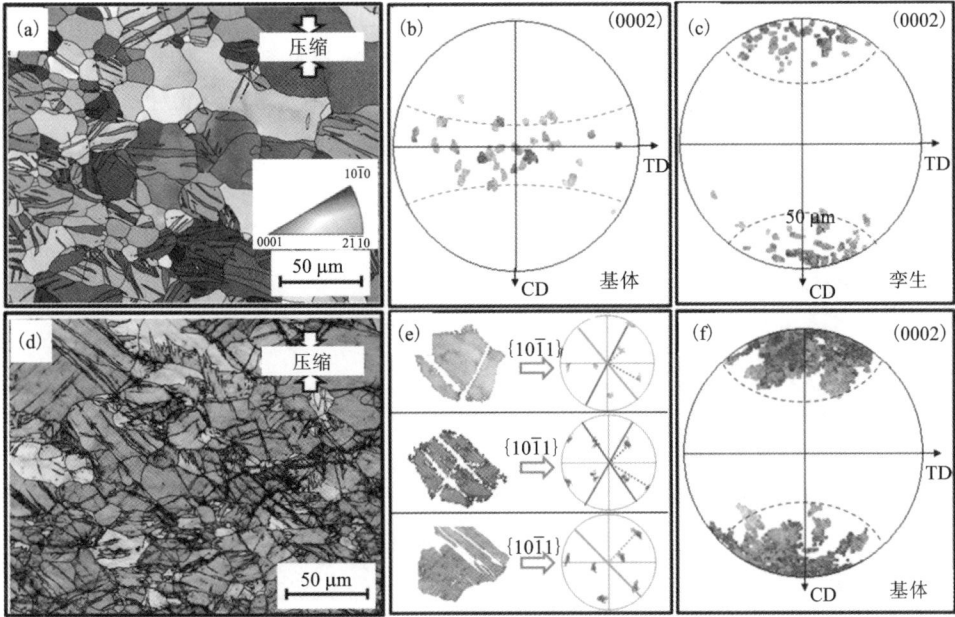

图 5 - 10　沿 RD 方向压缩 10% 和 25% 样品的 EBSD 分析结果

沿 RD 方向压缩 10% 样品：(a)ND 取向分布图；(b)基体(0002)极图分析；(c)孪晶的(0002)极图分析

沿 RD 方向压缩 25% 样品：(d)取向分布图；(e)孪晶面迹线分析；(f)基体的(0002)极图分析

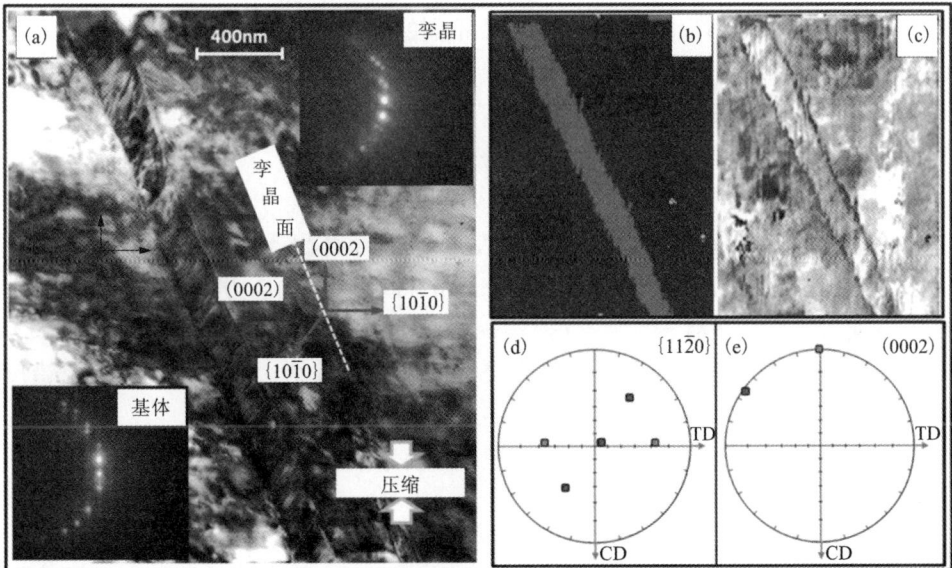

图 5 - 11　{10$\bar{1}$1} 孪晶的形貌及其分析

(a){10$\bar{1}$1} 孪晶的透射电镜明场像；(b)透射电镜微观织构测试系统测试得到的 ND 取向分布图；(c)成像质量图；(d)基体和孪晶(11$\bar{2}$0)极图；(e)基体和孪晶(0002)极图

以看到，变形过程中原始的晶粒内部产生了大量的孪晶，这些孪晶大多成带状束集分布，并且在单个晶粒内部产生了多种孪晶变体，这些孪晶变体相互贯穿交截形成一种破碎、复杂的组织形貌，孪晶交截的角度基本为 $50° \sim 60°$（B 和 D 处所标记）；同时可以看到，在孪晶交截及孪晶界面处出现了少量的动态再结晶（DRX）小晶粒（A 和 C 处所标记）。

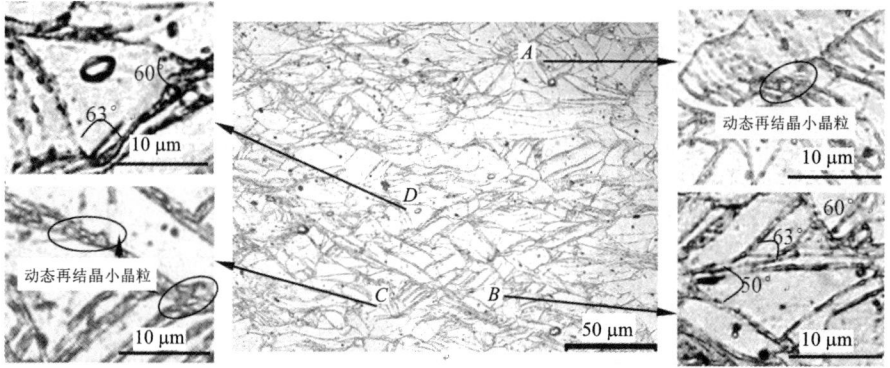

图 5 - 12　AZ31 镁合金在 100℃ - 0.001 s⁻¹ 压缩变形的金相组织

图 5 - 13 示出了 AZ31 合金在 100℃ - 0.001 s⁻¹ 变形条件下的透射电镜明场像，变形后的组织中产生了大量的孪晶，不同的孪晶变体发生交截，形成60°左右的夹角；同时可以看到，孪晶变体的交界处产生了大量的位错塞积，同时部分区域的再结晶也开始形核。这种低温变形条件下，孪晶诱导的动态再结晶机制可以用图 5 - 14 中的模型描述：

①晶粒中首先形成两个或多个相互交截的孪晶变体，孪晶变体内部的基面滑移仍然能够继续进行，并在孪晶交截处发生塞积。

②基面位错不断在孪晶交截处塞积，并产生了较大的应力集中，孪晶交截处的非基面滑移得以激活。

③基面位错与非基面位错在孪晶交截区域产生缠结，并进行复杂的位错反应，最终形成三维的位错亚组织。

④位错亚组织逐渐转变为亚晶组织，并使孪晶交截区域成为新的再结晶形核点。

（2）动态再结晶主导的变形方式

图 5 - 15 示出了 AZ31 镁合金在 300℃ 经不同应变速率 $\dot{\varepsilon}$ 条件下压缩后的变形组织，与低温压缩组织明显不同的是，它们呈现出典型的动态再结晶特征，没有出现明显的孪晶组织，这也在一定程度上解释了为什么 AZ31 镁合金在高温

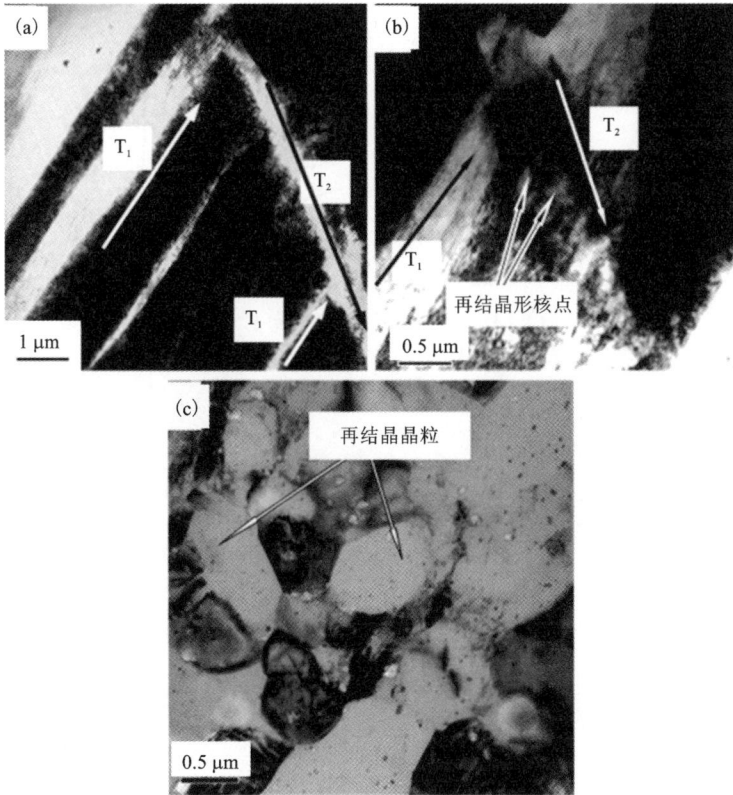

图 5 – 13 AZ31 合金经 100℃ – 0.001 s⁻¹变形的显微组织 TEM 照片

(a)交叉的形变孪晶; (b)贯穿的形变孪晶; (c)动态再结晶晶粒

(300℃以上)和低温(200℃以下)条件变形时具有不同的变形激活能。镁合金低温变形时,形变孪晶起主导作用,因此激活能较低;而高温变形时的激活能 $Q_H =$ 127.5 kJ/mol,与镁的体扩散能接近,说明此时镁合金的变形机制不再以孪晶为主,而是以位错的滑移、交滑移及攀移为主,这就为动态再结晶提供了条件。

当 AZ31 镁合金经过 300℃、不同应变速率的压缩变形后,大量细小的动态再结晶晶粒在粗大的原始晶粒周围形成,原始晶粒中则没有出现明显的孪晶组织。当应变速率较低时($\dot{\varepsilon} = 0.001$ s⁻¹),合金中形成了等轴的再结晶晶粒,平均晶粒尺寸约为 10 μm,如图 5 –15(a)所示;当应变速率增大时,动态再结晶晶粒尺寸和再结晶的体积分数均有所减小,变形也变得越来越不均匀。随着变形不均匀程度的提高,动态再结晶晶粒逐渐在原始晶粒周围形成典型的"项链结构"。上述两种再结晶晶粒组织形貌分别符合典型的连续动态再结晶机制(continuous dynamic

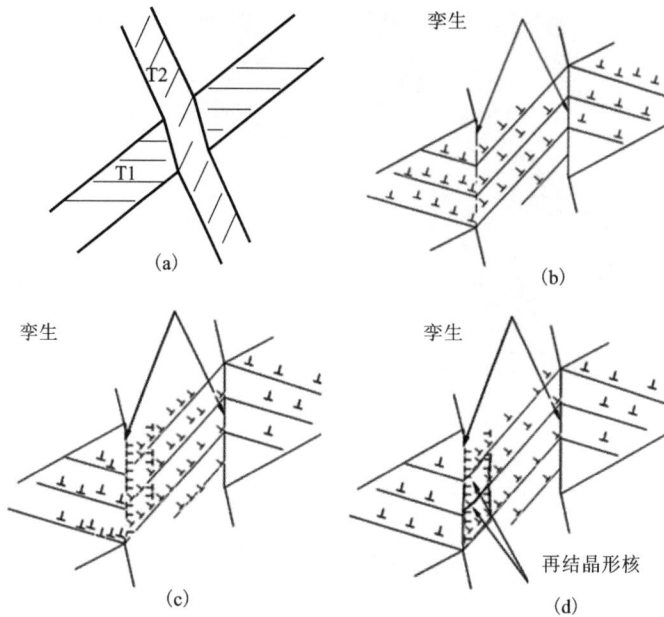

图 5−14 孪晶交截区动态再结晶（TDRX）模型示意图

（a）交叉贯穿的孪晶 T_1 和 T_2；（b）孪晶交截处的非基面滑移；（c）基面位错与非基面位错在孪晶交截区域产生缠结形成位错胞或亚晶；（d）形成动态再结晶晶核

recrystallization，简写为 CDRX）和不连续动态再结晶机制（discontinuous dynamic recrystallization，简写为 DDRX）特征。

镁合金在高温变形时，由于温度的升高，位错滑移得以广泛的开动。大量位错在原始晶界处发生塞积和缠结，并形成局部位错高密度区，这种高位错密度区导致晶界两侧储能和应力的不平衡，从而使原始晶界发生局部迁移与"弓出"，与此同时，位错逐渐在晶界"弓出处"聚集并产生重新排列，最终将"弓出"部分从基体切割分离，并最终形成新的动态再结晶晶粒，这种动态再结晶机制即为"不连续动态再结晶机制"。当原始晶粒内部的位错滑移得以较为均匀普遍地开动后，基面位错和非基面位错之间发生相互作用而形成胞状亚结构，继而发生位错的重排和合并形成亚晶；亚晶界通过不断吸收晶格位错来增大其取向差，转变成大角度晶界（取向差大于 15°的晶界）；同时，在胞状亚结构的基础上，再结晶得以均匀形核，随着再结晶晶核界面的均匀迁移，形成了再结晶等轴晶组织。这种动态再结晶机制即为"连续动态再结晶机制"，如图 5−16 所示。

通过金相组织可以看出，当压缩温度大于 300℃时，变形速率对合金组织的影响与 300℃时一致。当变形速率较低时，合金中原始晶粒表现为一种连续动态

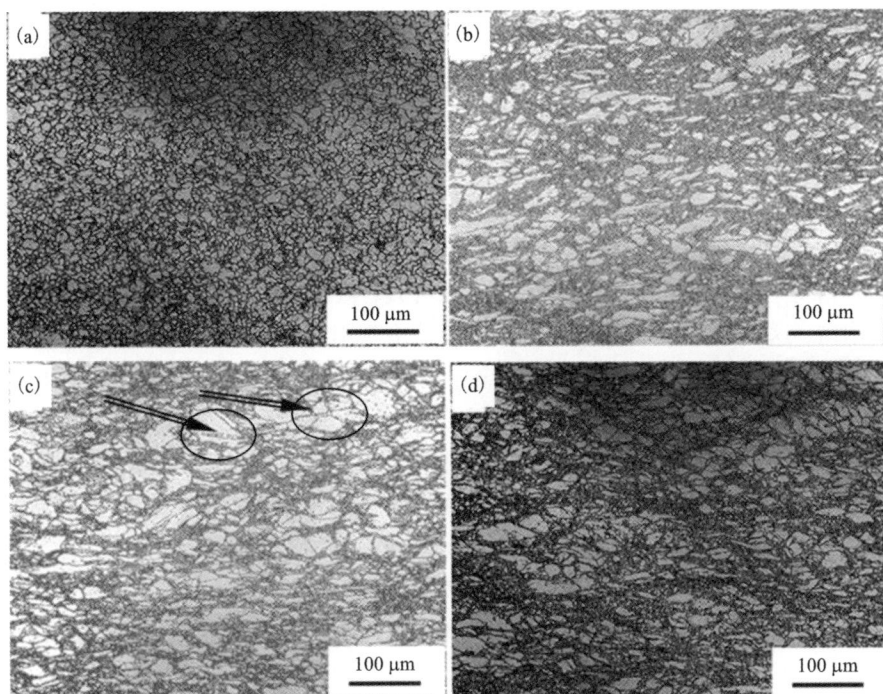

图 5 – 15　AZ31 合金在 300℃条件下经不同应变速率压缩变形的金相组织

(a)$\dot{\varepsilon} = 0.001\ s^{-1}$；(b)$\dot{\varepsilon} = 0.1\ s^{-1}$；(c)$\dot{\varepsilon} = 1\ s^{-1}$；(d)$\dot{\varepsilon} = 10\ s^{-1}$

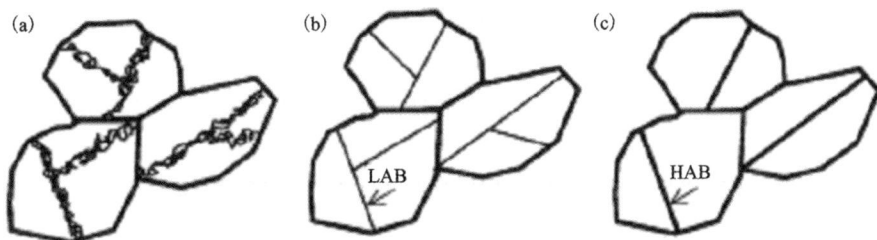

图 5 – 16　镁合金连续动态再结晶示意图

(a)胞状组织；(b)位错胞组织转变为小角度晶界(low angle boundary，简写为 LAB)；(c)小角度晶界转变为大角度晶界(high angle boundary，简写为 HAB)

再结晶形貌，随着变形温度的升高，再结晶晶粒尺寸逐渐增加；在一定的温度下，随着应变速率的提高，组织逐渐演变成不连续再结晶的破碎状形貌特征。对比不同温度下的不连续再结晶组织，可以发现，随着温度的升高，不连续再结晶晶粒的尺寸也逐渐增大，未发生再结晶的晶粒的体积分数逐渐减小。这是由于随着温度的升高，原子的扩散速率和热振动频率都会增加，位错的攀移以及亚晶的迁移、转动、聚合速率都会增加，这就使得再结晶的形核率得以增大，再结晶的形核率 $\dot{N}$ 与温度 T 之间满足 $\dot{N} = \dot{N}_0 \exp(-Q_n/RT)$ 的关系；同时，由于晶界迁移也是原子短程扩散的过程，因而温度的升高会使晶界迁移速率增加，从而促进动态再结晶晶粒的长大，因而随着变形温度的升高，再结晶晶粒尺寸和体积分数均会不断增大。

而当变形温度不变时，随应变速率的增大，再结晶晶粒越来越细小且大小也比较均匀，这是因为再结晶的驱动力一般是由变形金属的储存能提供，当应变速率较低时，金属原子可充分扩散，合金中的储存能较少，使得再结晶驱动力减少，因而只能在某些具有高能量起伏的区域(如变形量大的区域)首先形核，再结晶形核率较低，而当变形速率较高时，产生同样变形程度所需的时间短，导致部分区域位错来不及抵消和合并，位错增多，再结晶形核位置多，导致晶粒细化，再结晶的局部形核，使得再结晶组织呈现不连续动态再结晶的形貌。同时，由于在高应变速率下变形时间较短，再结晶晶粒来不及长大。

因此，应变速率一定时，随着变形温度的升高，再结晶软化作用增强，使得合金的流变应力降低；而变形温度一定时，随着变形速率的提高，位错来不及通过滑移和攀移相互抵消，致使合金变形抗力随应变速率增大而增大，这与单轴压缩的流变曲线结果是一致的。

5.1.3.2　热压缩条件对 AZ31 合金力学性能的影响

表 5-1 给出了 AZ31 镁合金不同条件压缩变形样品的维氏硬度值。可以看出，经低温、高速压缩后的样品具有较高的硬度，其中经 $50\,℃ - 10\ \mathrm{s}^{-1}$ 压缩后的样品的硬度值最高，相对原始态，其增幅约达到 67%，但样品已经发生宏观开裂。

表 5-1　不同条件下热压缩后 AZ31 合金的维氏硬度值

$\dot{\varepsilon}/\mathrm{s}^{-1}$	不同压缩条件后 AZ31 镁合金的硬度值 HVI						
	原始态	50℃	100℃	300℃	350℃	400℃	450℃
0.001		90.3	80.4	65.6	64.4	60.6	57.7
0.1	54.6	90.9	80.7	66.7	68.5	61.6	57.9
1		90.8	82.9	72.6	71.3	62.8	58.6
10		91.4	89.5	69.4	67.9	65.5	60.9

图 5-17 给出了压缩样品显微硬度随变形温度和应变速率的变化规律，变形温度一定时，随着应变速率的增加，压缩样品硬度值提高；压缩速率一定时，随着温度的升高，硬度值降低。根据金相观察结果，随着应变速率的增加，再结晶晶粒尺寸和再结晶程度均会减小，这使得样品的硬度值升高；而随着温度的升高，材料再结晶晶粒尺寸和体积分数均会增大，这导致样品硬度的降低。

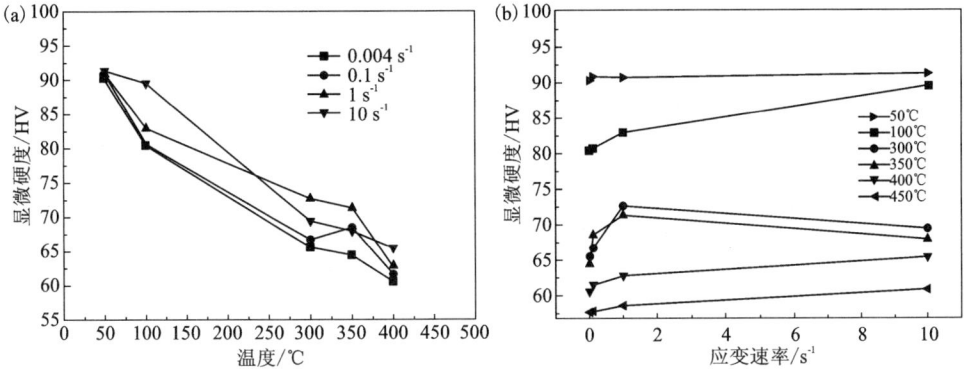

图 5-17　AZ31 合金热压缩后显微硬度随温度及应变速率的变化
（a）显微硬度随温度的变化；（b）显微硬度随应变速率的变化

合金在 100℃ 以下压缩变形时样品均发生了宏观的开裂，可见 AZ31 合金的低温加工性能不是很好，结合压缩样品的硬度值和金相组织观察结果，并考虑实际生产中的加工效率，AZ31 镁合金较为适宜的加工温度为 300 ~ 400℃，合适的加工速率为 1 s^{-1} 左右。

5.2　AZ31 镁合金热轧过程的组织和织构演变规律

镁合金的室温塑性较差，实际生产过程中，多采用热加工或者温加工的方式。板材是目前产量最大、应用最广的变形镁合金产品形式，一般通过热轧方式生产。本节仍然以常见的变形镁合金 AZ31 为例，介绍镁合金板材轧制过程的组织结构演变规律。

5.2.1　单道次热轧实验

传统的镁合金板材的生产工艺为：熔炼→半连续铸锭→铣面→均匀化→反复加热热轧→退火→温轧→酸洗→成品退火→剪切→包装。由于传统铸锭很厚（ >100 mm），枝晶组织粗大，因此需长时间均匀化退火（430℃/8 h）和反复高温（430℃）热轧才能获得最终板材。正是因为组织粗大，第一道开坯变形量多控制在 20% 以内，因此用传统方法生产镁合金板材效率较低。本书介绍的 AZ31 合金板材是利用连续铸轧技术制备的，由于铸轧时合金凝固速度快，并在铸轧时经受了一定的塑性变形，不仅组织致密，枝晶细小，同时由于铸轧时所受的塑性变形较小，板材具有的织构较弱，所以具有良好的塑性加工性能。

对于铸轧板而言，430℃/2 h 的退火已足以消除枝晶偏析，并且形成了晶粒尺寸均匀的组织，晶粒尺寸为 20 μm 左右。参考 Mg – Al 合金相图，为尽量减少热轧过程中第二相 $Mg_{17} – Al_{18}$ 粒子的析出，并综合考虑生产效率和板材最终组织与性能，AZ31 镁合金的轧制温度定为 375℃。表 5 – 2 示出了 AZ31 合金铸轧板热轧条件及热轧效果。可以看出，AZ31 合金铸轧板坯表现出了优异的热轧性能，在温度为 375℃时单道次压下量可高达 60%。

表 5 – 2　AZ31 合金退火态铸轧板热轧实验条件及热轧效果

样品号	加热温度	辊温	一次压下量	热轧效果
1	375℃	150℃	50%	顺利
2	375℃	150℃	60%	顺利
3	375℃	150℃	70%	开裂

5.2.1.1　金相组织演变规律

图 5 – 18 示出了 AZ31 合金退火态铸轧板经 375℃单道次热轧 10% ~70% 的侧面金相组织。由图 5 – 18(a)可见，铸轧板坯经 430℃/2 h 退火后枝晶组织已完全消除，基本上形成了平均晶粒尺寸为 20 ~25 μm 的等轴晶组织。

经 375℃热轧 10% 后，晶粒中出现了大量的透镜状宽孪晶，孪晶和基体中均没有出现明显的再结晶现象[图 5 – 18(b)]，这说明 10% 的热轧变形量并未使基体和孪晶内部产生大量位错滑移，孪晶应是小应变热轧的主要变形机制。变形量为 20% 时[图 5 – 18(c)]，晶粒中除了透镜状宽孪晶外，还出现了另一种细长的窄孪晶，此种孪晶区域则出现了很多细小的再结晶晶粒，说明此种孪晶的发生使得孪晶内部的晶体点阵转变到易发生滑移的取向，位错滑移得以大量开动，为再结晶的进行提供了能量和结构基础，因而再结晶得以形核。当变形量达 50% 时，组织中可见的孪晶密度已很小，晶粒破碎已成为主要的组织特征，大量细小的再结晶晶粒包围着一些未被再结晶组织所消耗的原始晶粒，这种组织形貌的形成可能与窄孪晶以及晶界附近的再结晶过程有关。当变形量增加到 60% 时，这些细小的动态再结晶晶粒有一种逐渐沿与轧向呈 30° ~45°夹角排列的趋势，形成"剪切带"(shearing band)结构[图 5 – 18(d) ~ (f)]。热轧组织中的孪晶显然是形变过程中的孪晶所产生的，而晶粒破碎组织则是由动态再结晶产生的。动态再结晶形

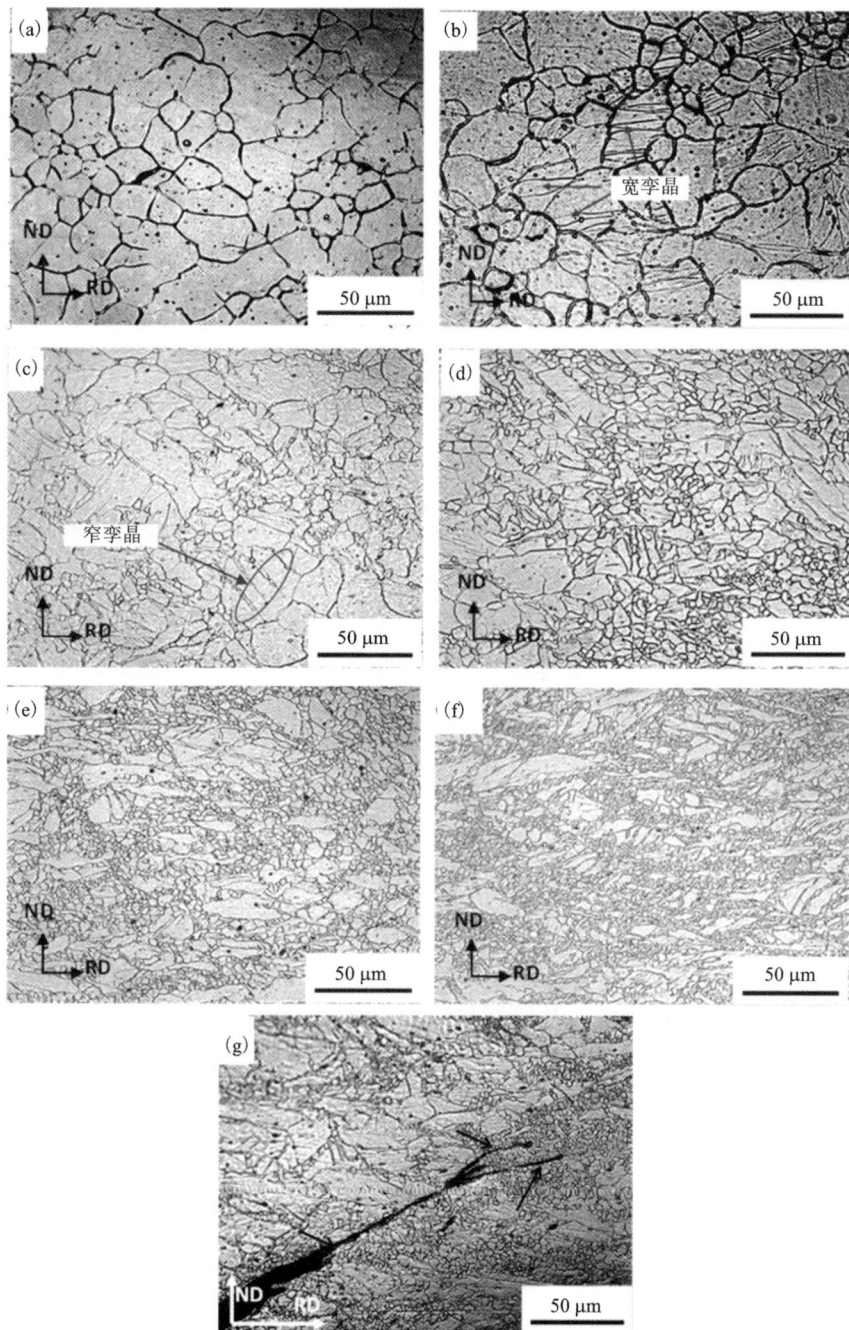

图 5 - 18　铸轧 AZ31 合金经 375℃热轧后的金相组织

(a)退火态；(b)热轧 10% ；(c)热轧 20% ；(d)热轧 30% ；(e)热轧 50% ；(f)热轧 60% ；(g)热轧 70%

核的基础是位错胞或亚晶组织,这就说明热轧过程中必然产生了大量的位错滑移,位错的堆积与缠结为动态再结晶提供了能量基础和结构基础。

当热轧变形量增大至 70% 时,样品会发生开裂,侧面形成了与轧制方向呈 30°~40°的方向的裂纹,如图 5-19(a)所示;轧板轧面也产生了裂纹,如图 5-19(b)所示。金相组织观察结果表明,70% 热轧板材中同样形成了与轧向呈 30°~40°的剪切带,剪切带由细小的动态再结晶晶粒组成。同时可以看出,微裂纹多形成于这些剪切带的细晶区域,如图 5-18(g)所示。

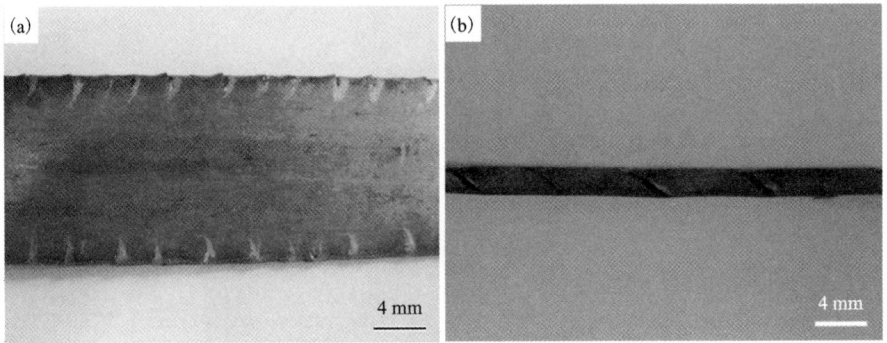

图 5-19 70% 热轧样品热轧开裂的宏观形貌
(a)轧面;(b)侧面

5.2.1.2 小应变阶段孪晶类型的判定

在镁合金铸轧板轧制过程中,轧制变形量为 10% 时产生了大量透镜状的宽孪晶,而当热轧变形量达到 20% 时形成的则是一种细长的窄孪晶,除了形貌上不同于 10% 热轧过程所产生的宽孪晶外,这种细长的孪晶区域还更容易成为再结晶的形核点。图 5-20(a)示出了 10% 热轧态样品的 EBSD 取向分布图。与金相观察结果一致,10% 的热轧态样品中发现有大量的透镜状宽孪晶,图中白色线条标示出两侧取向差满足 $86.4°/(11\bar{2}0)$ 轴角特征的界面,即界面两侧的晶体取向可以通过绕它们共同的 $(11\bar{2}0)$ 轴旋转 $86.4°$ 而重合,这是典型的 $\{10\bar{1}2\}$ 孪晶—基体关系。观测结果表明,10% 热轧态样品中所有的宽孪晶界面都满足这种取向关系,因而可以推断,10% 热轧过程中仅仅产生了 $\{10\bar{1}2\}$ 拉伸孪晶。

孪晶及基体取向在 (0002) 面离散极图 (discrete pole figure,简写为 DPF) 中分别用圆圈和正方形图案表示,如图 5-20(b)所示。可见,内部产生 $\{10\bar{1}2\}$ 孪晶的晶粒,其 $\vec{c}$ 轴与 ND 通常成 90° 左右的夹角,位于 (0002) DPF 图的边缘区域,孪晶的发生使得基体点阵发生偏转,迅速转变成与 $\vec{c}$ 轴近似平行 ND 的取向,从而使得 (0002) 面极图的中心极密度突然增大。

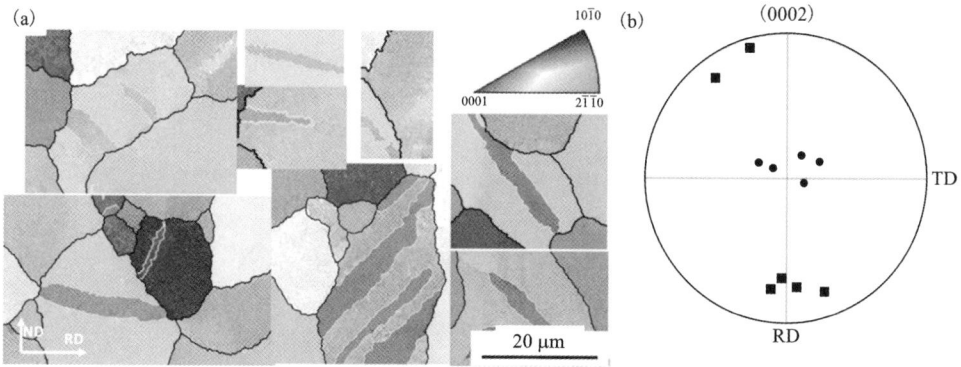

图 5 – 20　10％热轧态样品的 EBSD 分析结果

（a）ND 取向分布图；（b）基体（■）与孪晶（●）的取向在（0002）DPF 图中的表达

图 5 – 21（a）示出了 20％热轧态样品的 EBSD 成像质量图，可以看出，样品中出现了很多细长的窄孪晶，部分孪晶区域已经发生了动态再结晶。图中绿色和红色线分别标示了取向差满足 $56°/(11\bar{2}0)$ 和 $38°/(11\bar{2}0)$ 轴角关系的界面，它们分别对应的是 $\{10\bar{1}1\}$ 压缩孪晶界面和 $\{10\bar{1}1\}$ – $\{10\bar{1}2\}$ 双孪晶界面所满足的特征取向关系。不难发现，已经发生动态再结晶的孪晶区域与基体之间没有明显的取向关系。图 5 – 21（b）示出了所有产生窄孪晶的原始晶粒取向的（0002）面离散极图，20％热轧态样品中的窄孪晶均产生于靠近基面织构取向的晶粒内部。

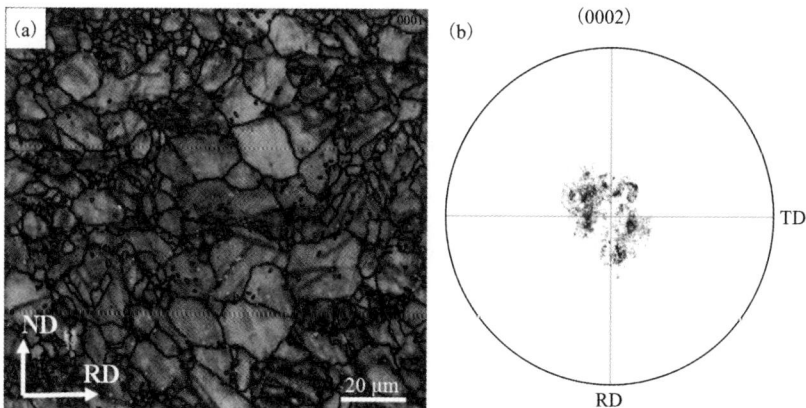

图 5 – 21　20％热轧态样品的 EBSD 分析结果（彩图版见附录）

（a）20％热轧样品的成像质量图；（b）包含窄孪晶晶粒取向的（0002）面 DPF 图

5.2.1.3 织构演变规律

图 5 - 22 示出了 AZ31 合金铸轧板经过不同变形量热轧后的宏观织构基面极图。轧制前铸轧板的基面织构较弱,基面极密度的最大值仅为 5.5,若以极密度为 1 的等高线为参照,可以认为基面织构是分布在 $0 \sim 60°$ 的范围内。

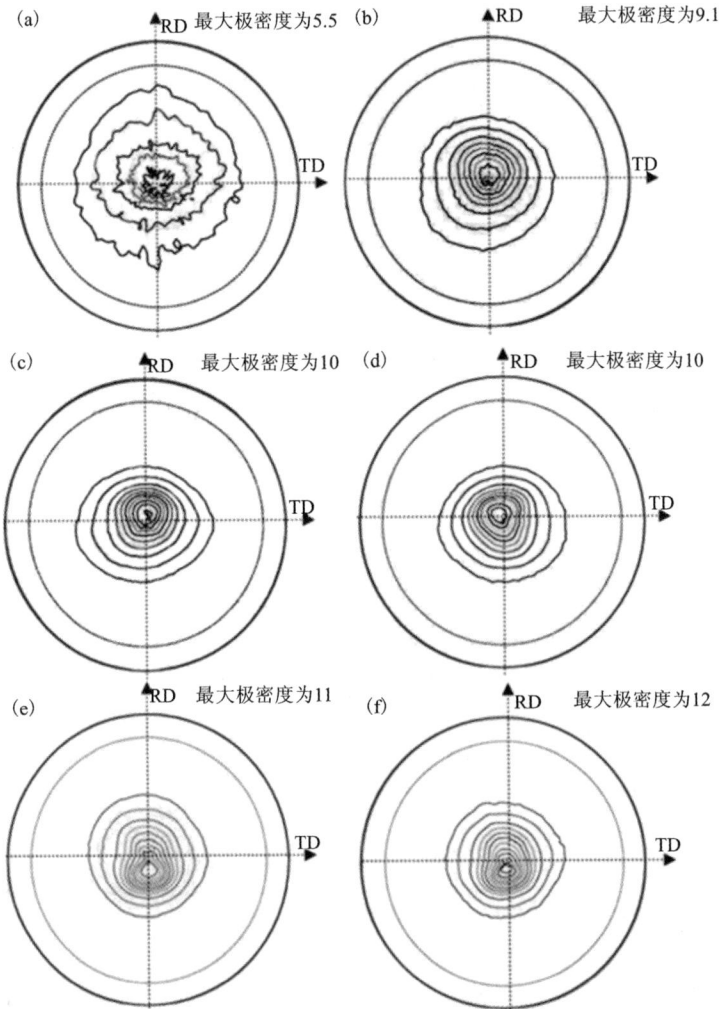

图 5 - 22 AZ31 合金铸轧板经不同变形量热轧后的基面极图,图中数字为基面极密度最高值

(a)退火态铸轧板(轧制前);(b)10%;(c)20%;(d)30%;(e)50%;(f)60%

随着变形量的增加,基面极密度的最大值逐渐升高,基面织构的范围逐步集中。这说明镁合金变形过程中,基面滑移起着非常重要的作用,基面织构随着变形量的增加而逐渐增强。

　　图 5 – 23 示出了基面极密度最大值随热轧变形量的变化情况，从中不难发现，经过最初 10% 应变量的热轧后，基面极密度最大值的上升幅度最大(从 5.5 到 9.1)，当热轧应变量达到 20% 后，随着轧制应变量的增大，基面极密度最大值缓慢升高(从应变量 20% 时的 10.3 增加到应变量 60% 时的 12.2)。根据 EBSD 微观织构的分析结果，10% 热轧过程发生的$\{10\bar{1}2\}$孪晶能够使晶粒从与基面织构呈 90°角的取向突变到基面织构的取向。

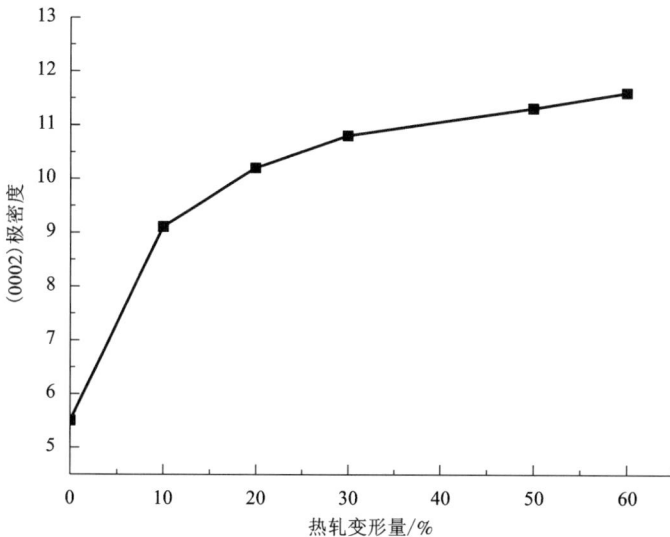

图 5 – 23　(0002)面极密度随热轧变形量的变化

5.2.2　AZ31 镁合金轧制过程中的剪切带

　　镁合金铸轧板单道次热轧过程中，当应变量较大时(60%)，晶粒破碎成为主要的组织特征，大量细小的再结晶晶粒包围未再结晶组织晶粒，并有一种沿轧向呈 30°~45°角分布的趋势，逐渐形成剪切带组织，如图 5 – 18(f)所示。剪切带的形成是镁合金板材轧制过程的典型特征和必然产物，针对剪切带形成机制的研究，对于理解镁合金的变形机制，提高镁合金产品的应用性能都具有十分重要的意义。早期的研究者对镁合金加工过程中的剪切带演变规律进行了研究，提出了一些不同的机制，如二次孪晶、旋转再结晶(rotational recrystallization)等。由于织构、晶粒尺寸等要素会对镁合金变形行为产生非常重要的影响，它们在镁合金剪切带形成的过程中也起着重要的作用。

5.2.2.1 单道次热轧过程的剪切带形成机制

表 5-3 给出了三种板材轧制前的退火条件，图 5-24 和图 5-25 给出了样品轧制前的金相组织和基面极图。可以看出，A、B 和 C 板材轧制前均具有等轴晶结构，平均晶粒尺寸分别为 20 μm、8 μm 和 20 μm；并且三种板材均具有基面织构，其中 B、C 样品的织构较强，基面极密度最高值分别达到 11.6 和 11.2，而 A 样品的基面织构较弱，基面极密度最高值仅有 5.5。

表 5-3 单道次热轧实验中采用的三种板材状态

板材编号	制备方式	平均晶粒尺寸/μm	基面最高极密度
A	铸轧板→430℃/2 h	20	5.5
B	A 状态→375℃热轧 60%→375℃/20 min	8	11.6
C	A 状态→375℃热轧 60%→460℃/2 h	20	11.2

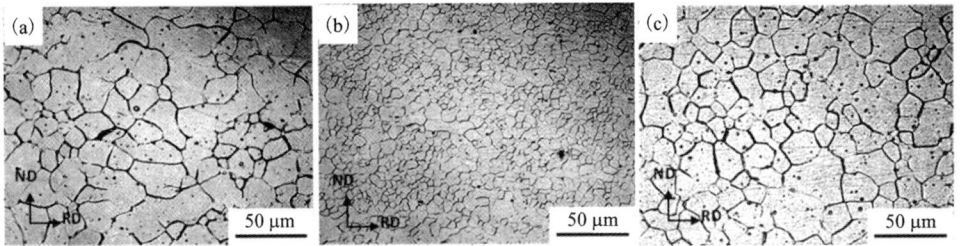

图 5-24 A、B 和 C 板材轧制前的金相组织

(a)A 板；(b)B 板；(c)C 板

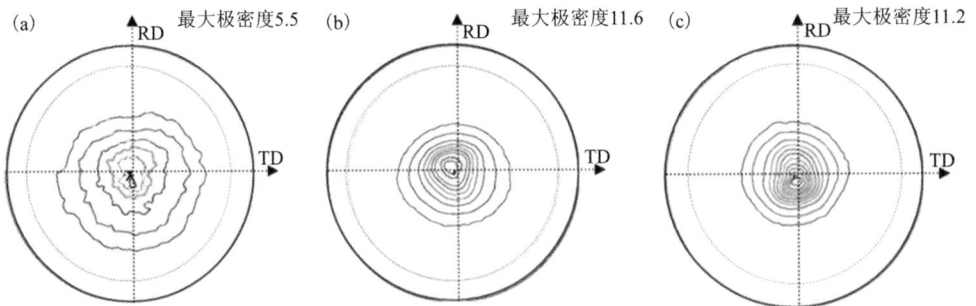

图 5-25 A、B 和 C 板材轧制前的(0002)面极图

(a)A 板；(b)B 板；(c)C 板；图中数字为基面极密度最高值

轧制过程中，A 板材在单道次轧制变形量达到 60%时，才逐渐形成剪切带组

织,而 *B*、*C* 板材在轧制变形量达到 20% 时就已经形成了明显的剪切带。图 5 - 26 示出了这三种板材中剪切带区域的高倍金相组织照片。其中,*A* 板材组织表现出一种破碎的形貌特征,大量细小的再结晶晶粒包围着一些未再结晶晶粒,原始晶界已经很难分辨,但一些细长的窄孪晶仍依稀可辨[图 5 - 26(a)中箭头所示处],而原始晶粒中未被再结晶组织所吞噬的基体也表现出明显拉长的痕迹,再结晶晶粒则沿着与轧向呈 30° ~ 40°的方向排布,形成剪切带的遗留痕迹。

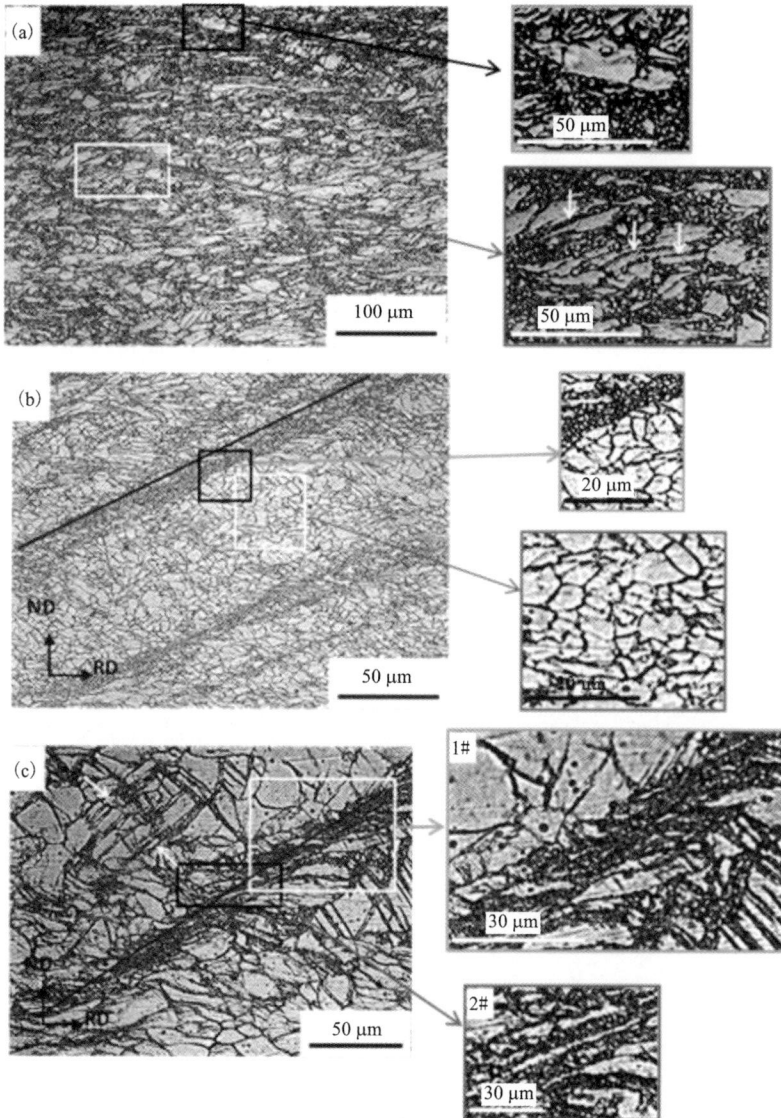

图 5 - 26 热轧样品中的剪切带微观形貌

(a)*A* 板 -60% 热轧;(b)*B* 板 -20% 热轧;(c)*C* 板 -20% 热轧

EBSD 分析结果显示，退火态铸轧板在 10% 热轧时，仅产生了透镜状的 $\{10\bar{1}2\}$ 孪晶，当热轧变形量增大到 20% 时，透镜状宽孪晶比例明显减少，组织中出现的绝大多数是细长的窄孪晶。由于 $\{10\bar{1}2\}$ 孪晶在镁合金所有孪晶系中具有最小的切变量，同时此类孪晶界面具有很高的可动性，因而在塑性变形过程中，$\{10\bar{1}2\}$ 孪晶一旦形核，就会快速地生长扩展到整个晶粒范围，将基体的取向完全转变为孪晶取向。

在 10% 热轧样品中可以观察到，某些晶粒内部的孪晶界侧向扩张趋势明显，孪晶表现为不规则的形状（如图 5 - 27 中 A、B、C 和 D 处所示），单个晶粒内部的孪晶和基体甚至无法从形貌上加以区分，这也解释了为什么金相结果显示随着变形量的增大，透镜状的 $\{10\bar{1}2\}$ 孪晶会逐渐减少。同时，由于 $\{10\bar{1}2\}$ 孪晶产生于与基面织构成 90° 夹角的晶粒内，孪晶的发生使得孪晶区域的晶体取向转变成基面织构的取向，当铸轧板中的所有晶粒均被 $\{10\bar{1}2\}$ 孪晶完全吞食后，基面织构迅速增大，$\{10\bar{1}1\}$ 孪晶开始形核，并成为再结晶的形核点。随着变形量的继续增大，原始的等轴晶基体内部也产生了明显的变形，原始晶界处开始形成动态再结晶晶粒，它们和细长的窄孪晶一起将晶粒分割成为破碎的形貌，使得原始晶界无法分辨，并逐渐形成项链状结构。随着变形量的进一步增大，这些细小的再结晶晶粒在轧制应力的作用下，与轧向呈 30°~40° 分布，形成剪切带组织。图 5 - 28 示出了 A 板材轧制过程的剪切带形成示意图。

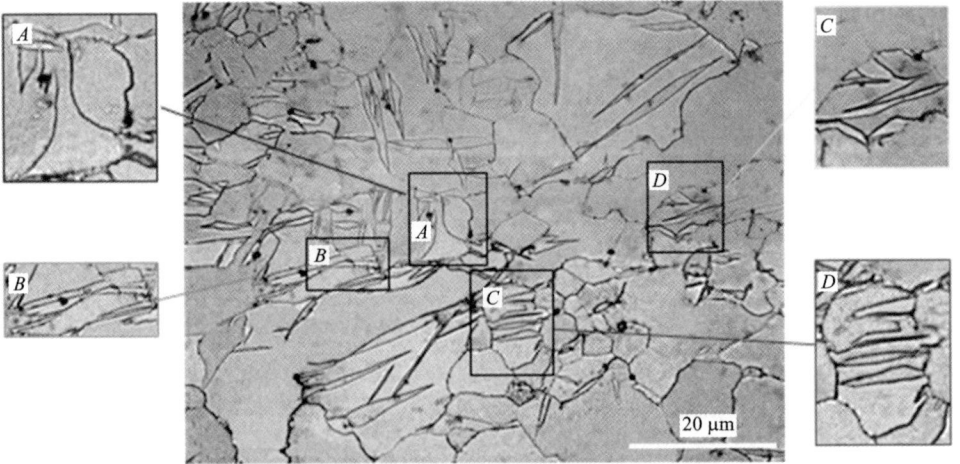

图 5 - 27　A 状态板材 10% 热轧后产生的 $\{10\bar{1}2\}$ 孪晶

B 板材经过 20% 热轧后，就在原始的等轴晶组织中形成了与轧向成 30°~40° 的方向分布的剪切带，由于位错密度大，形成了沿剪切带分布的细小的再结晶晶

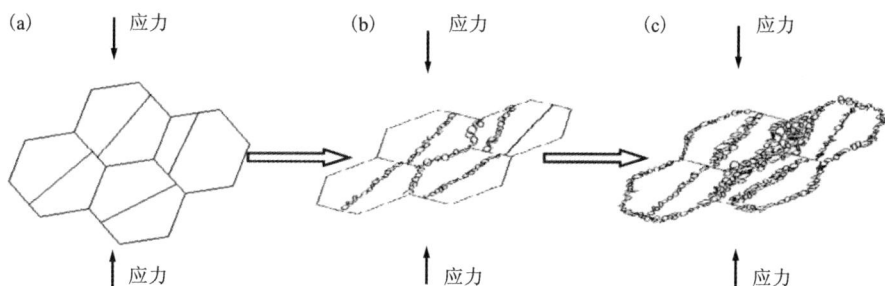

图 5 – 28　A 板材热轧过程中的剪切带形成示意图

（a）形变孪晶；（b）孪晶和晶界区域的再结晶形核；（c）再结晶区扩展形成剪切带

粒（约 1 μm），而粗晶区的晶粒中则没有出现明显的孪晶，如图 5 – 26（b）所示。由于 B 板材具有很强的基面织构，可以认为板材中大部分晶粒处于靠近基面织构的取向，但由于晶粒尺寸较小，孪晶不易形核。这种剪切带的形成方式与 Ion 提出的旋转再结晶模型类似，即当应变达到一定程度后，原始晶界附近因塞积大量位错而优先发生动态再结晶，与压缩方向垂直的晶界附近形成的再结晶晶粒与原始晶粒取向差较小（一般 10°以内），仍然处于一种较硬取向，因而再结晶形核速度较慢；而与压缩方向呈 45°角的晶界处形成的再结晶晶粒与原始晶粒的取向差较大（一般 45°左右），处于软取向，因而再结晶形核的速度较快，随着塑性应变的逐渐增大，此处再结晶速度明显快于其他晶界处，并成为塑性变形的集中区域，因此，在原始粗晶组织中形成了一条与 RD 呈 30°~ 40°角的延性剪切区（ductile shear band），如图 5 – 29（c）所示。

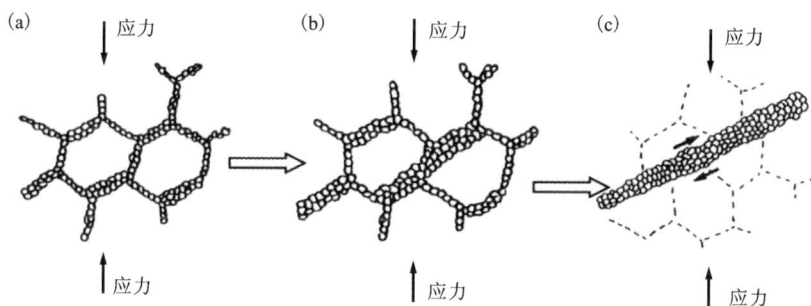

图 5 – 29　B 板材热轧过程中的剪切带形成示意图

（a）晶界处动态再结晶；（b）晶界处动态再结晶增多；（c）剪切带中的动态再结晶

与 B 板材类似，C 板材也是经过 20% 热轧后就形成了明显的剪切带，这两种样品的低倍组织形貌没有明显区别，只有剪切带附近区域的高倍金相组织才显示出明显的不同，如图 5 – 26(b) 和(c) 所示。与 B 板材明显不同的是，C 板材的部分晶粒中出现了束集的窄孪晶带[图 5 – 26(c) 中箭头所标示处]，并且孪晶区域显示出明显的动态再结晶特征。更重要的是，与 A、B 板材中的剪切带组织均不同，C 板材的剪切带组织中存在明显的窄孪晶[如图 5 – 26(c) 的 2# 区域所示]，并且剪切带附近区域的孪晶带向剪切带发生了局部偏转[如图 5 – 26(c) 的 1# 区域所示]，因而可以断定 C 板材中剪切带的形成与孪晶相关。剪切带内部和附近区域的孪晶带均出现了明显的扭曲变形，孪晶带逐渐向剪切带方向靠近，因而可以认为 C 板材中的剪切带由 $\{10\bar{1}1\}$ – $\{10\bar{1}2\}$ 二次孪晶经扭转演变而形成。图 5 – 30 给出了这种剪切带形成的示意图，部分有利取向晶粒中首先产生了大量的束集孪晶带，孪晶带内部产生了动态再结晶，随着应变的增加，基体内部的位错滑移会不断开动，在孪晶带之间不断塞积，造成较大的应力集中，使孪晶带发生扭折变形，并与最大应力平面逐步趋于一致，形成剪切带组织。

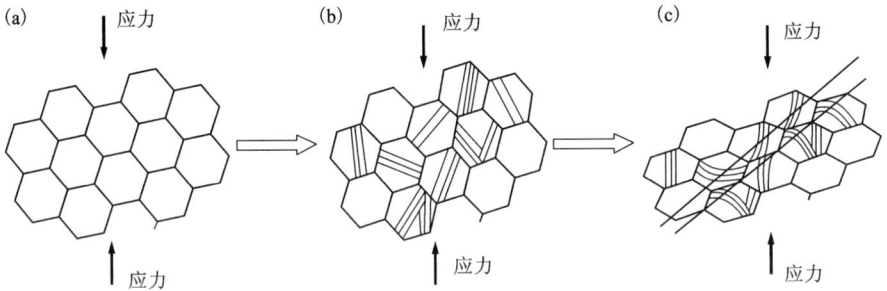

图 5 – 30　C 板材热轧过程中的剪切带形成示意图

(a) 原始晶粒；(b) 部分有利取向晶粒中形成孪晶带；(c) 形成剪切带

(1) 织构对剪切带形成的影响

对比 A、C 板材观察结果不难发现，A、C 板材的晶粒尺寸相当，均为 20 μm 左右，只是基面织构的强弱有明显的不同，因此基面织构应是导致两种板材热轧过程中剪切带形成机制不同的原因。C 板材的基面织构较强(基面极密度最高值为 11.2)，剪切带的形成与孪晶带密切相关，是通过孪晶带的合并、扭转及孪晶带内的动态再结晶演变而形成；而对于织构较弱的 A 板材，虽然轧制过程中也出现了窄孪晶带，但窄孪晶带只是起到细化、分割原始晶粒的作用，而沿与轧向呈 30° ~40° 角的晶界上的动态再结晶在剪切带的形成中则起着更为重要的作用。A 板材在轧制过程中更容易发生动态再结晶，这可能与小应变阶段发生的 $\{10\bar{1}2\}$ 孪晶有关：由于 $\{10\bar{1}2\}$ 孪晶界具有较强的可动性，孪晶形核后可以迅速吞噬整个基体，使基体变为孪晶取向，但我们知道，孪晶界面的扩张必须通过孪晶界面位错的滑移实现，不难推测，基体完全被孪晶吞食后，在原始晶界处会产生孪晶界面位错的塞积，从而造成较大的应力和应变集中，因而容易成为动态再结晶的形核点，形成项链状的组织形貌，随着变形量的增大，再结晶会逐步吞噬原始晶粒，形成破碎的形貌特征；而 C 板材由于具有较强的基面织构，轧制过程中没有普遍产生{1012}孪晶，因而不易在大范围内形成动态再结晶包围原始晶粒的项链状组织，剪切带只能通过窄孪晶带的扭曲变形继而发生动态再结晶而形成。

另外，还可以看到，基面织构较强的 B、C 板材在 20% 热轧后就形成了明显的剪切带，而基面织构较弱的 A 板材则在热轧应变量达到 60% 后才逐渐形成剪切带。因此，可以认为镁合金的基面织构会加速剪切带的形成。

（2）晶粒尺寸对剪切带形成的影响

对比 B 板和 C 板观察结果可以看出，B 板和 C 板均具有较强的基面织构（基面极密度的最高值均大于 11），只是晶粒尺寸有明显的不同，B 样品的晶粒尺寸较小（8 μm 左右），其组织中没有出现类似于 C 样品中的孪晶带，剪切带的形成可以用旋转再结晶机制解释。不难推测，晶粒尺寸的减小抑制了孪晶带的形成，同时在更为普遍的晶界协调应力和轧制应力的共同作用下，原始等轴晶组织中形成了一条再结晶的延性剪切区即剪切带。

通过对比 A、B 和 C 板材中的剪切带形成规律，可以得出这样的结论：剪切带是镁合金板材轧制过程中的必经阶段，这是由外应力状态决定的（外因）；但是不同的组织、织构状态会对剪切带的形成方式产生重要影响（内因）；无论材料的状态如何，镁合金的轧制过程中剪切带的形成都是无法避免的，只能通过调整工艺的方式来改变剪切带的形成方式，从而控制剪切带的发展。晶粒尺寸与织构特征对剪切带形成方式的影响可以归纳如下：

① 基面织构越强，孪晶在剪切带中所起的作用就越大；反之，动态再结晶所起的作用就越大。

② 晶粒尺寸越大，孪晶在剪切带形成中起的作用越显著；反之，动态再结晶在剪切带形成中起的作用越明显。

5.2.2.2　多道次热轧工艺对剪切带形成的影响

值得关注的是，AZ31 镁合金板材经过多道次轧制后剪切带更为明显。图 5 - 31 示出了多道次热轧板材侧面、横断面、轧面的典型金相组织，轧制工艺参数如表 5 - 4 所示，道次间进行 375℃/5 min 的退火。其中 A 工艺的剪切带密度最高，剪切带的平均间距为 30 μm 左右；B 工艺居中，约为 75 μm，C 工艺最低，约为 105 μm。图 5 - 32 给出了剪切带平均间距与道次变形量的关系，可以看出随着道次变形量的增大，剪切带的间距逐渐增大，即剪切带的密度降低。

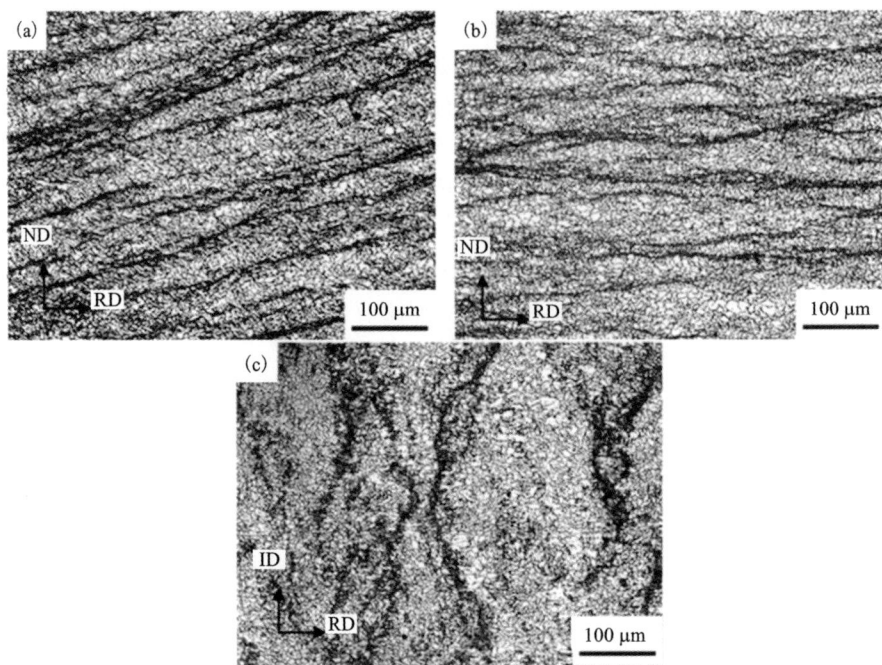

图 5 - 31　多道次热轧板材的典型金相组织

(a)侧面；(b)横断面；(c)轧面

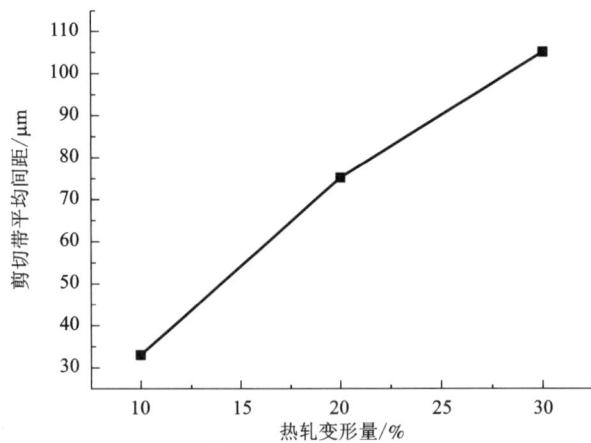

图 5 - 32　铸轧 AZ31 合金剪切带平均间距与热轧变形量的关系

表 5 - 4　多道次热轧工艺比较（A 到 C 道次变形量逐渐增大）

工艺编号	道次变形量（10%）	轧制道次	最终厚度
A	10	13	1.6
B	20	6	1.7
C	30	4	1.5

5.3　AZ31 镁合金热轧过程的孪生行为

5.3.1　AZ31 镁合金中典型孪晶的透射电镜显微表征

由于镁合金具有 HCP 晶体结构，对称性较低，最常见的滑移是基面滑移 $(0002)(1\bar{1}20)$，它仅能提供两个独立的滑移系，即使加上临界分切应力较高的棱柱面滑移系，也难以满足 Von - Mises 准则需要 5 个独立滑移系的要求，因而孪晶作为一种重要的变形机制，在镁合金的塑性变形中起着非常关键的作用。镁合金中常见的孪晶类型有三种：$\{10\bar{1}2\}$ 拉伸孪晶、$\{10\bar{1}1\}$ 压缩孪晶和 $\{10\bar{1}1\}$ - $\{10\bar{1}2\}$ 二次孪晶。本章 5.2 节的金相组织观察结果也显示，AZ31 合金铸轧板热轧过程的小应变阶段产生了大量孪晶。孪晶的微观结构特点可以通过 EBSD 和 TEM 进行表征。

EBSD 界面取向分析结果表明，10% 热轧过程中产生的透镜状宽孪晶与基体之间满足 $\{10\bar{1}2\}$ 孪晶对称关系；20% 热轧后产生的细长的窄孪晶与基体之间满足 $\{10\bar{1}1\}$ 或 $\{10\bar{1}1\}$ - $\{10\bar{1}2\}$ 孪晶对称关系。然而 EBSD 界面取向分析仅仅确定了孪晶界面的两个自由度（即旋转轴和旋转角度，用于表征孪晶界面两侧晶体的取向差），为了确定孪晶界面的另外三个自由度（即用于表征孪晶界面自身位向的自由度），需要利用透射电镜对孪晶进行形貌观察和选区电子衍射分析。

图 5 - 33 分别示出了 AZ31 镁合金 10% 和 20% 热轧态中孪晶的 $(1\bar{1}20)$ 晶带轴衍射花样及对应的明场像。其中，10% 热轧样品中的衍射花样和 $\{10\bar{1}2\}$ 孪晶衍射特征一致，孪晶、基体取向满足沿 $(1\bar{1}20)$ 带轴旋转 86.4° 的对称关系，如图 5 - 33(b) 所示。此外，基体以及孪晶的 $\{10\bar{1}2\}$ 衍射斑点重合，说明它们的 $\{10\bar{1}2\}$ 面（K_1 面）重合并且垂直于样品观察面；根据各衍射斑点的位置可以画出 $(1\bar{1}20)$ 晶带轴各晶面的迹线方向，基体和孪晶的 $\{10\bar{1}2\}$ 面（K_1 面）迹线与孪晶界面平行，如图 5 - 33(a) 所示。同样地，20% 热轧样品中的衍射花样与 $\{10\bar{1}1\}$ 孪晶衍射特征一致，孪晶、基体衍射斑点满足沿 $(1\bar{1}20)$ 带轴旋转 56° 的对称关系，属于 $\{10\bar{1}1\}$ 压缩孪晶，基体以及孪晶的 $\{10\bar{1}1\}$ 衍射斑点重合，说明它们的 $\{10\bar{1}1\}$ 面

（K_1 面）重合并且垂直于样品观察面；根据 $\{10\bar{1}1\}$ 衍射斑点位置可以画出 $\{10\bar{1}1\}$ 面迹线方向，与 $\{10\bar{1}2\}$ 孪晶结果类似，$\{10\bar{1}1\}$ 孪晶的 K_1 面迹线与孪晶界面平行，如图 5 – 33(c) 所示。

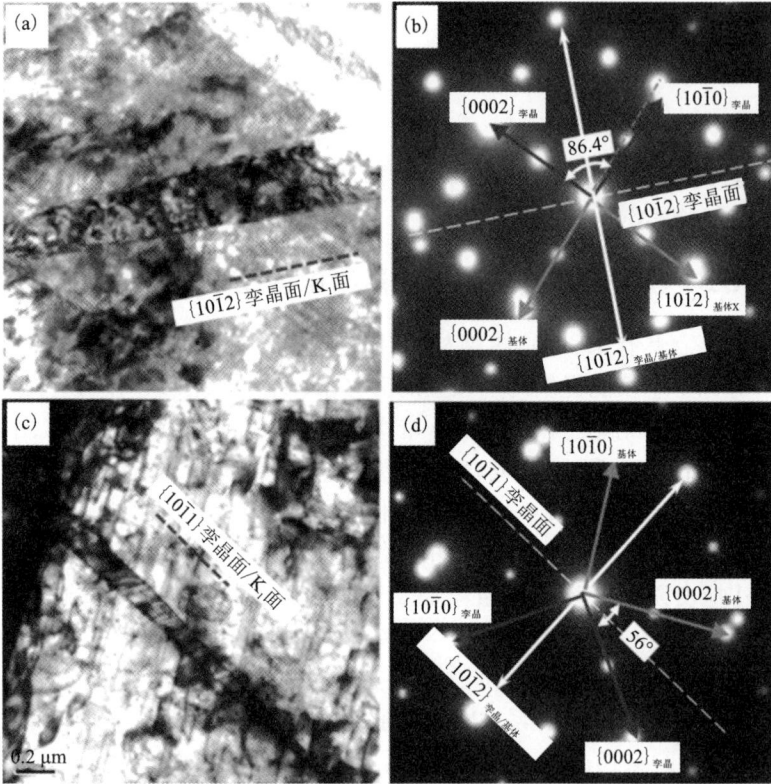

图 5 – 33　10% 和 20% 热轧样品中的孪晶的衍衬像及对应的电子衍射花样

(a)10% 热轧样品中的 $\{10\bar{1}2\}$ 孪晶；(b) $\{10\bar{1}2\}$ 孪晶电子衍射花样；(c)20% 热轧样品中的 $\{10\bar{1}1\}$ 孪晶；(d) $\{10\bar{1}1\}$ 孪晶电子衍射花样

5.3.2　AZ31 镁合金中孪晶的 EBSD 分析方法

利用 EBSD 技术进行微观织构分析，可以确定特定组织的晶体学坐标系与样品坐标系的关系，完全排除组织中的其他干扰部分，例如 5.2 节中对于微观织构的分析，仅仅限定在发生孪晶的晶粒范围内，排除了其他晶粒的干扰，极大地弥补了 X 射线衍射法织构测量过程中只能宏观统计而不能对特定组织织构进行测量的不足。作为宏观织构检测的一个重要补充手段，它清晰地分离了各个织构组分的变化特征，说明了各种变形机制在宏观织构演变过程所起的作用。EBSD 技术利用背散射电子的菊池衍射花样对每一个扫描点的晶粒取向进行标定,取向敏感性极高,即使是利用透射电镜进行的选区电子衍射也无法与其比拟。本节将介绍如何利用这些取向信息,对镁合金热轧过程中的孪晶行为进行分析。

5.3.2.1　孪晶的极图分析方法

(1) $\{10\bar{1}2\}$ 拉伸孪晶

①孪晶要素的判定

第 2 章介绍了孪晶系的四要素,通过它可以确定孪晶的晶体学特点。本节将分析 AZ31 镁合金中的不同孪晶系的特点。图 5 – 34(a)为 10%热轧样品 EBSD 分析的 ND 取向分布图,视场内所有孪晶界面均满足 86.4°/ $(11\bar{2}0)$ 取向关系,说明 10%热轧过程中仅产生了 $\{10\bar{1}2\}$ 拉伸孪晶,晶粒 M_1 中产生了 T_1 、 T_2 两种孪晶变体。利用 EDAX OIM 软件可以做出晶粒 M_1 和孪晶变体 T_1 、 T_2 的 $\{10\bar{1}2\}$ 面($\{10\bar{1}2\}$ 孪晶系 K_1 面)、 $(10\bar{1}1)$ 方向($\{10\bar{1}2\}$ 孪晶系 η_1 方向)及 $(11\bar{2}0)$ 方向($\{10\bar{1}2\}$ 孪晶系切面法线方向)的离散极图,如图 5 – 34(b)~(d)所示。

为了与取向分布图的观察方向保持一致,规定 DPF 图中竖直方向为轧板的 ND,水平方向为 RD,极图的中心为 TD。同时,分别在 $\{10\bar{1}2\}$ 、 $(10\bar{1}1)$ 和 $(11\bar{2}0)$ 极图中用不同的标记表示出基体 M_1 和这两种孪晶变体 T_1 、 T_2 的取向位置。形变孪晶理论认为,孪晶是基体沿着孪晶面(K_1 面)进行的均匀切变变形,切变完成后,晶体变形部分(孪晶)与未变形部分(基体)的晶体取向关于 K_1 面呈镜面对称关系,因而孪晶与基体的 K_1 面应保持相互平行的关系[TEM 观察中的 $\{10\bar{1}2\}$ 、 $\{10\bar{1}1\}$ 孪晶及其基体选区电子衍射花样也验证了这种对称关系,如图 5 – 33(b)和(d)所示], T_1 与 M_1 在 $\{10\bar{1}2\}$ DPF 图中的 K_1^{T1} 、 K_1^{T2} 位置均有较好的重合,这说明孪晶变体和基体中有两组 $\{10\bar{1}2\}$ 面保持平行(实际上 T_1 与 M_1 在 K_1^{T2} 位置附近的 $\{10\bar{1}2\}$ 面有稍大的偏差)。为了进一步确定孪晶变体的孪晶面 K_1 ,需要对孪晶面的迹线进行分析。

极射赤面投影图中投影面的迹线方向应该垂直于该面极射投影点与投影圆原点连线的方向,因而可以画出 K_1^{T1} 、 K_1^{T2} 面的迹线方向,如图 5 – 34(b)所示。根据 TEM 观察中的孪晶选区电子衍射结果,孪晶变体的 K_1 面迹线应该与孪晶界面方向一致,因而可以排除孪晶变体 T_1 由基体 M_1 沿 K_1^{T2} 面孪晶而形成的可能性,确定其孪晶面为 K_1^{T1} 。同样地,根据孪晶变形特点,孪晶与基体的 η_1 方向也应该重合,并与孪晶面 K_1 的法线垂直。

图 5 – 34(c)表明 T_1 与 M_1 在 $(10\bar{1}1)$ DPF 中的 η_1^{T1} 、 η_1^{T2} 位置重合较好,利用 EDAX OIM 软件可以方便地测量 DPF 图中 η_1^{T1} 、 η_1^{T2} 与 K_1^{T1} 的夹角,它们分别为 50°、90°,因而可以排除基体沿 η_1^{T2} 孪晶的可能性,确定孪晶方向为 η_1^{T1} 。 $(11\bar{2}0)$ DPF 图显示, T_1 与 M_1 在 η 位置重合, K_1^{T1} 、 η_1^{T1} 、 η 三个方向两两相互垂直, η_1^{T1} 、

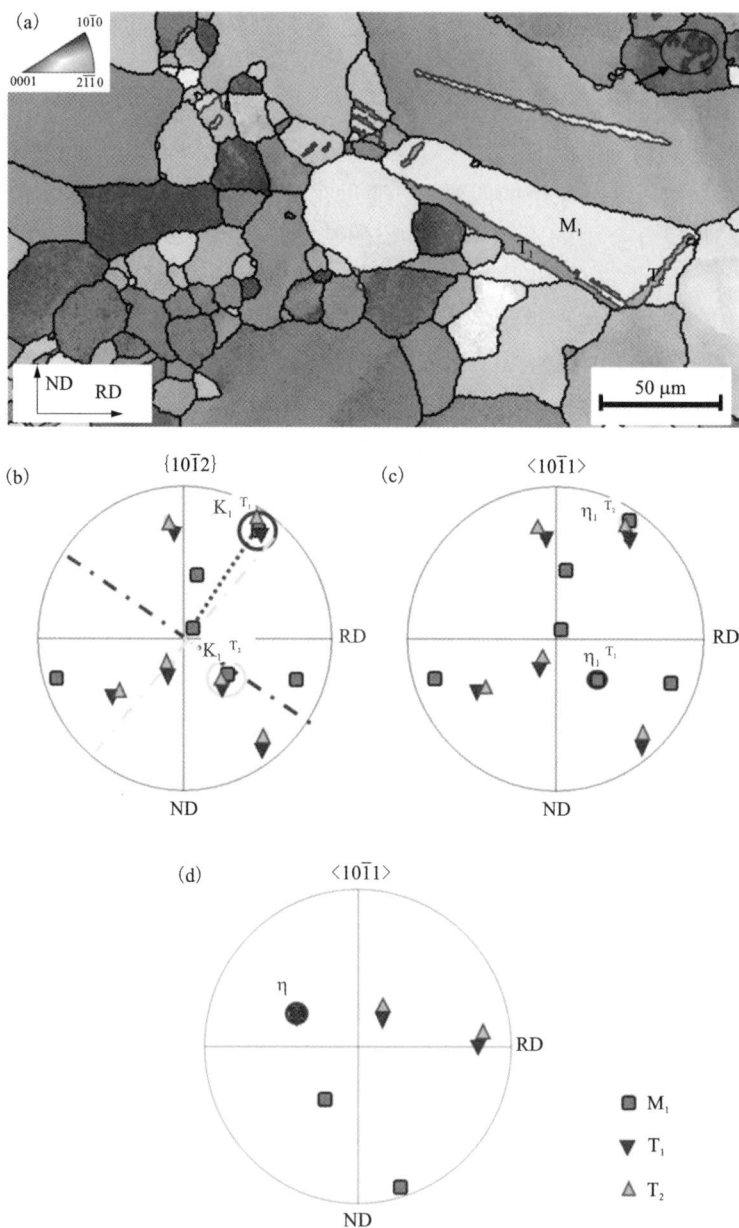

图 5 - 34 AZ31 合金经 10%热轧后的微观组织的 EBSD 分析结果

(a) ND 取向分布图; (b){10$\bar{1}$2}DPF 图; (c)(10$\bar{1}$1)DPF 图, (d)(11$\bar{2}$0)DPF 图

η 与 K_1^{T1} 面法线均成 90°夹角，如图 5 − 34(d)所示。这说明 η_1^{T1}、η 两个方向都位于 K_1^{T1} 面上。因而可以确定孪晶变体 T_1 的形成过程为：晶粒 M_1 沿着位于 K_1^{T1} 位置的 $\{10\bar{1}2\}$ 面发生孪晶切变，切变方向为位于 η_1^{T1} 位置的 $(10\bar{1}1)$ 方向，孪晶后基面沿位于 η 位置的 $(11\bar{2}0)$ 轴即孪晶面与基面的交线方向旋转了近 87°，如图 5 − 33 所示。同样地，通过对 T_2 与 M_2 的 $\{10\bar{1}2\}$、$(10\bar{1}1)$ 和 $(11\bar{2}0)$ DPF 图进行分析，可以得出以下结论：晶粒 M_1 沿着位于 K_1^{T2} 位置的 $\{10\bar{1}2\}$ 面发生孪晶切变，切变方向为位于 η_1^{T2} 的 $(10\bar{1}1)$ 方向，切变后形成孪晶变体 T_2。

仔细观察孪晶变体 T_1 和 T_2 的取向关系不难发现，它们在 $\{10\bar{1}2\}$、$(10\bar{1}1)$、$(11\bar{2}0)$ DPF 图中的投影形状特征完全一致，仅有细微的角度差别，这种差别在 DPF 图中甚至无法做出精确测量，如图 5 − 34(b) ~ (d)所示。根据 EBSD 采集的晶体取向信息，孪晶变体 T_1、T_2 在欧拉空间中的坐标分别为(185.1°, 23.3°, 339.5°)和(11.3°, 151°, 86.2°)，仅相差 6.3°，为什么两种不同的孪晶变体的取向差别如此小？这一点可以通过图 5 − 34(d)来解释，T_1 和 T_2 与基体 M 在 $(11\bar{2}0)$ DPF 的 η 位置重合，若假设 T_1 为 M_1 的 $(10\bar{1}2)$ 孪晶变体，则 T_2 为 $(\bar{1}012)$ 孪晶变体，因而孪晶发生后，基体 M_1 沿 $(11\bar{2}0)_\eta$ 轴分别旋转 ±87°，形成两种不同的孪晶变体，因而这两种孪晶变体的取向差仅仅为(180 − 87 × 2) = 6°，如图 5 − 35(c)所示，这与实验结果是一致的。

②$\{10\bar{1}2\}$ 孪晶 Schmid 因子的计算

若不考虑轧辊与轧板之间的摩擦力，轧制过程的受力情况可简化为沿 ND 方向的压缩，利用公式 $m = \cos\lambda \cdot \cos\varphi$ (0° < λ，φ < 90°)可以方便地计算轧制过程中各个晶粒孪晶 Schmid 因子(m)的大小，式中的 λ 和 φ 分别为 ND(压缩方向)与孪晶面法向和孪生方向的夹角，它们可以通过测量 $\{10\bar{1}2\}$、$(10\bar{1}1)$ DPF 图中基体取向投影点与 ND 方向的夹角得到。由于同一孪晶系的孪晶面法向与孪晶方向必须满足互相垂直的自洽准则，可以将孪晶面和孪晶方向的 DPF 图中属于同一孪晶系的投影点对应起来。

图 5 − 36 为晶粒 M_1 的 $\{10\bar{1}2\}$、$(10\bar{1}1)$ DPF 图，图中分别标明了晶粒中六个等价 $\{10\bar{1}2\}$ 孪晶系 $A − A'$、$B − B'$、$C − C'$、$D − D'$、$E − E'$、$F − F'$ 的位置，这六个孪晶系的 λ、φ 测量值及 Schmid 因子计算值见表 5 − 5。可以看出，孪晶变体 T_1、T_2 对应的 $B − B'$ 和 $E − E'$ 孪晶系分别具有最大和第二大的 Schmid 因子，因而可以认为晶粒 M_1 在轧制应力的作用下沿 Schmid 因子最大的两个孪晶系产生孪晶，产生了 T_1 和 T_2 两种孪晶变体。

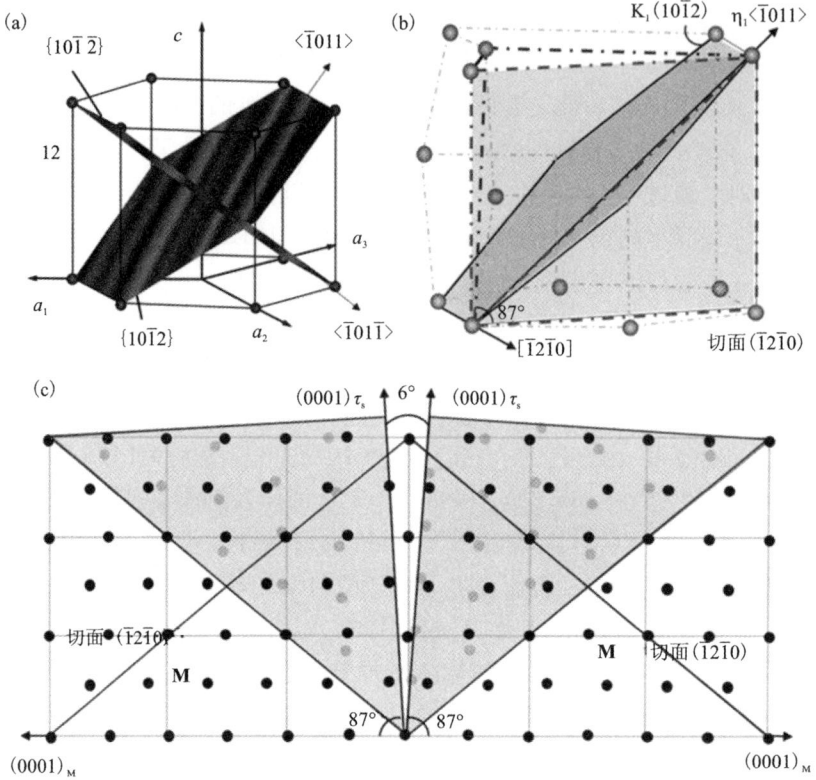

图 5-35 {10$\bar{1}$2} 孪晶晶体结构示意图

(a) 孪晶前晶胞形状；(b) 孪晶后晶胞形状；(c) T$_1$、T$_2$ 孪晶与基体 M$_1$ 的晶体取向关系图

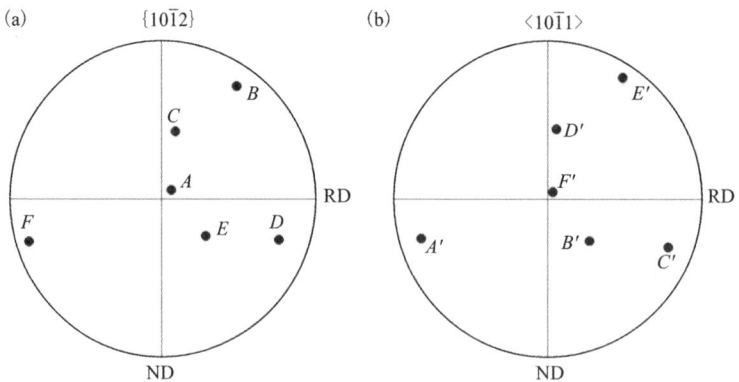

图 5-36 晶粒 M$_1$ 中六个等价 {10$\bar{1}$2} 孪晶系 A-A', B-B', C-C', D-D',

E-E', F-F' 的取向分析

(a) {10$\bar{1}$2} DPF 图；(b) (10$\bar{1}$1) DPF 图

表 5 – 5 晶粒 M_1 中六个等价 $\{10\bar{1}2\}$ 孪晶系的 Schmid 因子值

孪晶系	$\lambda/(°)$	$\varphi/(°)$	Schmid 因子值
$A - A'$	82.47	72.06	0.0403
$B - B'(T_1)$	34.11	62.13	0.3870
$C - C'$	42.35	69.45	0.2587
$D - D'$	72.55	41.77	0.2237
$E - E'(T_2)$	66.56	31.59	0.3388
$F - F'$	71.84	83.81	0.0336

（2）$\{10\bar{1}1\}$ 压缩孪晶与 $\{10\bar{1}1\}$ – $\{10\bar{1}2\}$ 双孪晶

① $\{10\bar{1}1\}$ 与 $\{10\bar{1}1\}$ – $\{10\bar{1}2\}$ 孪晶要素的判定

图 5 – 37 是 20% 热轧样品的成像质量图，图中分别用红、绿、蓝三种颜色标记取向差满足 38°/ $<11\bar{2}0>$ – （$\{10\bar{1}1\}$ – $\{10\bar{1}2\}$ 双孪晶）、56°/ $<11\bar{2}0>$ ）（$\{10\bar{1}1\}$ 压缩孪晶）、86.4°/ $<11\bar{2}0>$ （$\{10\bar{1}2\}$ 拉伸孪晶）轴角特征的界面。可以看出，样品中部分区域存在满足 86.4°/ $<11\bar{2}0>$ 轴角特征的界面，并表现出一种不规则的形貌，可以认为这些区域是晶粒内部发生 $\{10\bar{1}2\}$ 孪晶形核、扩展后，未被孪晶所吞噬的残余基体部分；同时可以发现，满足 38°/ $<11\bar{2}0>$、56°/ $<11\bar{2}0>$ 界面关系的红绿线条表现出不连续特征，并且主要分布在窄孪晶区域，这说明孪晶区域可能具有较大的应力集中，使得背散射菊池线花样衬度较低，从而使得标定的界面出现不连续特征；满足 38°/ $<11\bar{2}0>$、56°/ $<11\bar{2}0>$ 特征的界面集中于窄孪晶区域，这也说明窄孪晶的形成一定与 $\{10\bar{1}1\}$ 压缩孪晶或 $\{10\bar{1}1\}$ – $\{10\bar{1}2\}$ 二次孪晶过程有关。

为了研究 $\{10\bar{1}1\}$ 压缩孪晶与 $\{10\bar{1}1\}$ – $\{10\bar{1}2\}$ 二次孪晶的形成过程，可以选取区域可信因子（CI 因子）平均值大于 0.08 的 T_3、T_4 孪晶区域进行取向分析。图 5 – 37（b）示出了晶粒 M_2 与孪晶 T_3 的 $<11\bar{2}0>$ DPF 图，图中蓝、红两种颜色分别标示 M_2 和 T_3 的取向，可以看到，晶粒 M_2 与孪晶 T_3 在 $<11\bar{2}0>$ DPF 图中的 η_3^{T3} 位置重合，并且满足 38°/ $<11\bar{2}0>$ 取向关系，可以认为晶粒 M_2 中产生了 $\{10\bar{1}1\}$ – $\{10\bar{1}2\}$ 二次孪晶，即首先在基体内形成 $\{10\bar{1}1\}$ 压缩孪晶，孪晶后孪晶区域的晶体取向沿 DPF 图中位于 η_3^{T3} 位置的 $<11\bar{2}0>$ 轴偏转 124°。

随着变形的进行，初次孪晶区域中发生了 $\{10\bar{1}2\}$ 孪晶形核，$\{10\bar{1}2\}$ 孪晶迅速吞噬了初次孪晶区域，使得孪晶区域的晶体取向沿原来发生 124° 偏转的 $<11\bar{2}0>$ 轴反向偏转 86°，与基体形成 38°/ $<11\bar{2}0>$ 的取向关系。晶粒 M_2 的 $\{10\bar{1}1\}$、$<11\bar{2}0>$ DPF 图中 K_1^{T3}、η_3^{T3} 两点夹角为 90°，如图 5 – 37（b）、（c）所示，说明晶粒

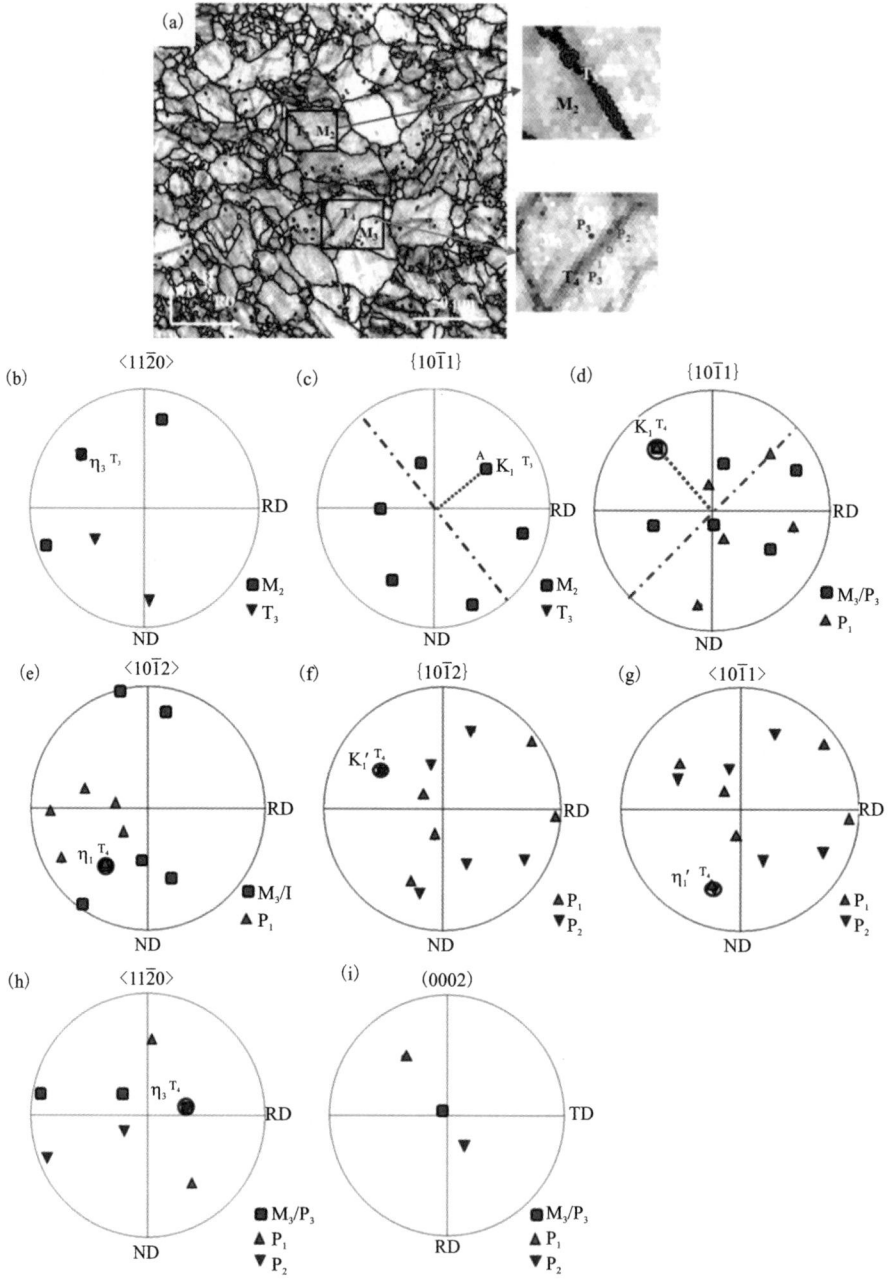

图 5-37　20% 热轧样品中的孪晶取向分析（彩图版见附录）

（a）20% 热轧样品的 IQ 图；（b）晶粒 M_2 与孪晶 T_3 的 $<11\bar{2}0>$ DPF 图；（c）晶粒 M_2 的 $\{10\bar{1}1\}$ DPF 图；P_1 和 P_3 的（d）$\{10\bar{1}1\}$ 和（e）$\{10\bar{1}2\}$ DPF 图；P_1、P_2 的（f）$\{10\bar{1}2\}$ 和（g）$<10\bar{1}1>$ DPF 图；P_1、P_2、P_3 的（h）$<11\bar{2}0>$ 和（i）（0002）DPF 图

M_2 发生初次 $\{10\bar{1}1\}$ 孪晶的孪晶面是位于 K_1^{T3} 位置的 $\{10\bar{1}1\}$ 面，迹线分析表明该面的迹线方向与孪晶界面方向一致，这也说明孪晶 T_3 是由晶粒 M_2 发生 $\{10\bar{1}1\}$ – $\{10\bar{1}2\}$ 二次孪晶而形成的。

$\{10\bar{1}1\}$ – $\{10\bar{1}2\}$ 二次孪晶的形成过程可以从 T_4 孪晶区域的取向分析中得到完整的重现，如图 5 – 37(d) ~ (i) 所示。可以看到，孪晶 T_4 中存在满足 38°/ $<11\bar{2}0>$ 、56°/ $<11\bar{2}0>$ 、86.4°/ $<11\bar{2}0>$ 三种取向关系的界面，虽然 EBSD 检测结果中这些界面是零碎和不连续的，不能完整地反映出孪晶区域初次孪晶和二次孪晶的形貌，但是该孪晶区域中仍能找到一些菊池花样清晰、CI 值较高且具有典型的初次孪晶和二次孪晶取向的点，可以利用这些点之间的取向关系对二次孪晶行为进行分析。P_1 和 P_2 分别具有典型的初次孪晶和二次孪晶取向，它们与基体 P_3 分别满足 38°/ $<11\bar{2}0>$ 和 56°/ $<11\bar{2}0>$ 的取向关系，DPF 图中分别用标记表示 P_1 、P_2 和 P_3 的取向，如图 5 – 37(d) ~ (i) 所示。P_1 和 P_3 分别在 $\{10\bar{1}1\}$ 、$<10\bar{1}2>$ 、$<11\bar{2}0>$ DPF 图中 K_1^{T4} 、η_1^{T4} 和 η_3^{T4} 位置重合，这三个位置的方向满足两两垂直的关系，这说明晶粒 M_3 沿 K_1^{T4} 位置的 $\{10\bar{1}1\}$ 面发生孪晶切变，切变方向为位于 η_1^{T4} 位置的 $<10\bar{1}2>$ 方向，孪晶过程中基体取向沿 η_3^{T4} 位置的 $<11\bar{2}0>$ 轴旋转 124°，形成初次孪晶。

图 5 – 37(d) 中虚线标示了位于 K_1^{T4} 位置的 $\{10\bar{1}1\}$ 面迹线方向，这个方向与孪晶界面方向一致。P_2 与基体满足 $<11\bar{2}0>$ – 38°的取向关系，应该处于 $\{10\bar{1}1\}$ – $\{10\bar{1}2\}$ 双孪晶区域。图 5 – 37(f) ~ (h) 表明 P_2 与 P_1 在 $\{10\bar{1}2\}$ 和 $<10\bar{1}1>$ DPF 图中的相互垂直的两个位置 $K_1'^{T4}$ 和 $\eta_1'^{T4}$ 重合，并且 P_1 、P_2 和 P_3 三点在 $<11\bar{2}0>$ DPF 图中同一位置 η_3^{T4} 重合，可以认为初次孪晶区域沿 $K_1'^{T4}$ 位置的 $\{10\bar{1}2\}$ 面发生了二次孪晶，孪晶切变方向为 $\eta_1'^{T4}$ 位置的 $<10\bar{1}1>$ 方向。$\{10\bar{1}1\}$ – $\{10\bar{1}2\}$ 二次孪晶过程中的晶体取向变化过程为，初次孪晶使晶体沿某个 $<11\bar{2}0>$ 轴旋转 124°，而二次孪晶则使发生初次孪晶的部分沿相同的 $<11\bar{2}0>$ 轴往回旋转近 86°，从而与基体形成 38°/ $<11\bar{2}0>$ 取向关系。

同时，从图 5 – 37(i) 可以看出，晶粒 M_3 的 $\vec{c}$ 轴与 ND 方向近似平行，处于较硬取向，位错滑移难以进行，经过 $\{10\bar{1}1\}$ – $\{10\bar{1}2\}$ 二次孪晶后，孪晶区域的 $\vec{c}$ 轴偏转到与 ND 约成 40°夹角的取向，位错滑移容易进行，因而易于成为塑性变形集中区域，这将使得孪晶区域的 EBSD 菊池花样衬度变差，可信因子值降低。

②$\{10\bar{1}1\}$ 孪晶与 Schmid 因子的计算

图 5 – 38(a) 和(b) 分别为晶粒 M_3 的 $\{10\bar{1}1\}$ 、$<11\bar{2}0>$ DPF 图，根据孪晶面法向与孪晶方向必须垂直的自洽准则，可以标示出晶粒 M_3 中六个等价 $\{10\bar{1}1\}$ 孪晶系 $A_1 - A_1'$ 、$B_1 - B_1'$ 、$C_1 - C_1'$ 、$D_1 - D_1'$ 、$E_1 - E_1'$ 、$F_1 - F_1'$ 以及初次孪晶区域中六

个等价 $\{10\bar{1}2\}$ 孪晶系 $A_2 - A_2'$、$B_2 - B_2'$、$C_2 - C_2'$、$D_2 - D_2'$、$E_1 - E_1'$、$F_1 - F_1'$ 的位置。

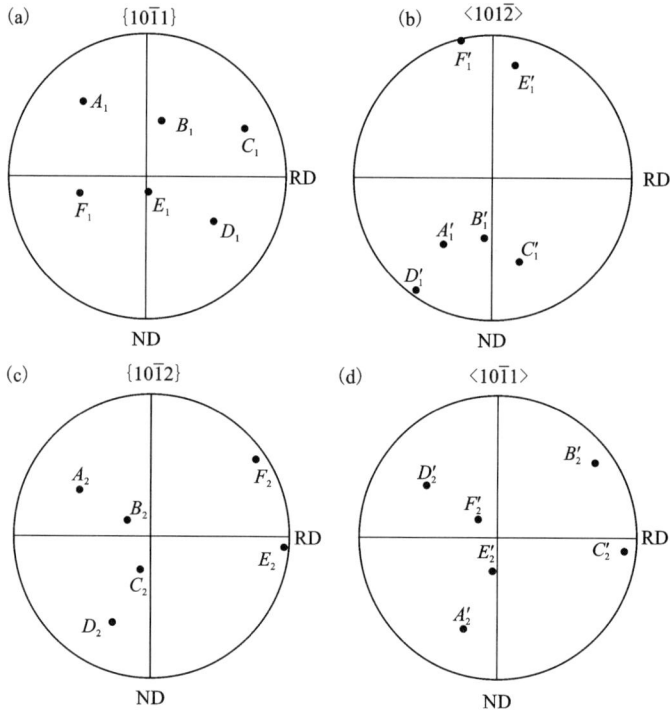

图 5 - 38　晶粒 M_3 中初次 $\{10\bar{1}1\}$ 孪晶系统 $A_1 - A_1'$、$B_1 - B_1'$、$C_1 - C_1'$、$D_1 - D_1'$、

$E_1 - E_1'$、$F_1 - F_1'$ 的 DPF 图

(a) $\{10\bar{1}1\}$ 和 (b) $<10\bar{1}2>$ DPF 图及初次孪晶区域二次 $\{10\bar{1}2\}$ 孪晶系统 $A_2 - A_2'$、$B_2 - B_2'$、$C_2 - C_2'$、

$D_2 - D_2'$、$E_1 - E_1'$、$F_1 - F_1'$ 的 (c) $\{10\bar{1}2\}$ 和 (d) $<10\bar{1}1>$ DPF 图

通过测量 ND 方向与各孪晶系的孪晶面法向及孪晶方向的夹角，计算孪晶晶粒 M_3 中初次孪晶和二次孪晶的 Schmid 因子，计算结果如表 5 - 6 所示。计算结果表明，晶粒 M_3 首先沿着 Schmid 因子最大的 $\{10\bar{1}1\}$ 孪晶系发生初次孪晶，随后初次孪晶区域沿 Schmid 因子最大的 $\{10\bar{1}2\}$ 孪晶系发生二次孪晶，形成 $\{10\bar{1}1\}$ - $\{10\bar{1}2\}$ 二次孪晶。晶粒 M_3 中发生初次孪晶后存在六种可能的二次 $\{10\bar{1}2\}$ 孪晶系，虽然 $D_2 - D_2'$ 孪晶系的 Schmid 因子值与 $A_2 - A_2'$ 相当，且比其他四个等价的孪晶系高出几倍，但初次孪晶区域仍然只是沿 $A_2 - A_2'$ 孪晶，而没有产生 $D_2 - D_2'$ 孪晶，可以认为初次孪晶区域只能以某种特定的方式发生 $\{10\bar{1}2\}$ 二次孪晶，与基体成 $38°/<11\bar{2}0>$ 取向关系。

表 5 - 6 晶粒 M_2 中初次孪晶和二次孪晶的 Schmid 因子

	孪晶系	$\lambda/(°)$	$\varphi/(°)$	Schmid 因子值
晶粒 M_3 中的 $\{10\bar{1}1\}$ 孪晶系	$A_1 - A_1'(P_1)$	45.26	45.36	0.4946
	$B_1 - B_1'$	47.58	44.81	0.4786
	$C_1 - C_1'$	64.57	31.79	0.3650
	$D_1 - D_1'$	61.95	35.11	0.3847
	$E_1 - E_1'$	77.34	16.19	0.2104
	$F_1 - F_1'$	78.72	13.76	0.19
晶粒 M_3 中初次孪晶 区域的 $\{10\bar{1}1\}$ 孪晶系	$A_2 - A_2'(P_2)$	60	30.33	0.4315
	$B_2 - B_2'$	76.41	52.56	0.1428
	$C_2 - C_2'$	64.35	84.28	0.0431
	$D_2 - D_2'$	33.55	61.18	0.4017
	$E_2 - E_2'$	85.51	63.47	0.0349
	$F_2 - F_2'$	53.85	74.50	0.1576

5.3.2.2 孪晶的欧拉空间分析方法

(1)计算原理

5.3.2.1 节介绍的利用 DPF 图对孪晶行为进行分析的方法,虽然能够直观地将孪晶形貌与晶体学取向进行对照,从而进行孪晶变体的判定,但是其给出的取向信息通常是不完整的。由于极图是晶体学取向的二维投影,仅仅反映了晶体取向的两个自由度,因而通常需要多个极图来表征晶体的取向;同时,由于极射赤面投影过程中完全没有考虑晶体学方向的正负性,无法消除晶体取向的 180°不唯一性,因而在与取向有关的计算中,通常只能采取预先假设、排除的方式。三维欧拉空间坐标的引入为严格的取向计算提供了一种更为简单的可行方案,本节将从欧拉空间出发,分析镁合金的孪晶行为特征。

本书将轧板的 RD、TD、ND 和 HCP 晶体结构的 $[2\bar{1}\bar{1}0]$、$[0\bar{1}\bar{1}0]$、$[0002]$ 方向分别定义为样品坐标系和晶体学坐标系的坐标轴方向。当某个晶粒的欧拉空间坐标指数为 $(0,0,0)$ 时,即该晶粒的晶体学坐标系与样品坐标系重合时,可以直接推算该晶粒中各等价 $\{10\bar{1}1\}$、$\{10\bar{1}2\}$ 孪晶变体的欧拉空间坐标指数,结果见表 5 - 7。此时孪晶变体的欧拉空间坐标指数实际上反映了从基体取向到各种孪晶变体取向的坐标转动关系。若原始晶粒不处于初始取向,可以假设原始晶粒的欧拉空间坐标指数为 $(\varphi_1, \Phi, \varphi_2)$(邦厄定义),则晶粒发生孪晶后,孪晶区域的取向可用 $(\varphi_1, \Phi, \varphi_2, \varphi_1', \Phi', \varphi_2')$ 六个参量表示,这表示孪晶区域的晶体学坐标系位向可以由样品坐标系分别沿 $Z-X'-Z'-Z'-X''-Z''$ 坐标轴连续旋转 φ_1、Φ、φ_2、φ_1'、Φ'、φ_2' 而得到（其中前三个参量表示从样品坐标系转动到基体取向，后三个参量表示从基体转动到孪晶取向），与第 1 章介绍的三参量的取向矩阵表征方法类似，六参量的孪晶取向矩阵 $\vec{g}_T$ 可表示为：

$$
\begin{aligned}
\vec{g}_T &= \vec{g}_{\varphi_2'} \cdot \vec{g}_{\Phi'} \cdot \vec{g}_{\varphi_1'} \cdot \vec{g}_{\varphi_2} \cdot \vec{g}_{\Phi} \cdot \vec{g}_{\varphi_1} \\
&= \begin{bmatrix} \cos\varphi_2' & \sin\varphi_2' & 0 \\ -\sin\varphi_2' & \cos\varphi_2' & 0 \\ 0 & 0 & 1 \end{bmatrix} \cdot \begin{bmatrix} 1 & 0 & 0 \\ 0 & \cos\Phi' & -\sin\Phi' \\ 0 & -\sin\Phi' & \cos\Phi' \end{bmatrix} \cdot \begin{bmatrix} \cos\varphi_1' & \sin\varphi_1' & 0 \\ -\sin\varphi_1' & \cos\varphi_1' & 0 \\ 0 & 0 & 1 \end{bmatrix} \cdot \\
&\quad \begin{bmatrix} \cos\varphi_2 & \sin\varphi_2 & 0 \\ -\sin\varphi_2 & \cos\varphi_2 & 0 \\ 0 & 0 & 1 \end{bmatrix} \cdot \begin{bmatrix} 1 & 0 & 0 \\ 0 & \cos\Phi & -\sin\Phi \\ 0 & -\sin\Phi & \cos\Phi \end{bmatrix} \cdot \begin{bmatrix} \cos\varphi_1 & \sin\varphi_1 & 0 \\ -\sin\varphi_1 & \cos\varphi_1 & 0 \\ 0 & 0 & 1 \end{bmatrix} \\
&= \begin{bmatrix} u & r & h \\ v & s & k \\ w & t & l \end{bmatrix}
\end{aligned}
\tag{5-6}
$$

式中：$[u, v, w]$、$[r, s, t]$、$[h, k, l]$ 表示样品坐标系的坐标轴 RD、TD、ND 在晶体学坐标系中的坐标指数。

表 5-7　处于初始取向晶粒内部各等价 $\{10\bar{1}1\}$、$\{10\bar{1}2\}$ 孪晶变体的欧拉空间坐标指数

$\{10\bar{1}2\}$ 孪晶系	欧拉空间坐标指数	$\{10\bar{1}1\}$ 孪晶系	欧拉空间坐标指数
$\{10\bar{1}2\}$	$(120°, 86.4°, 0°)$	$\{10\bar{1}1\}$	$(120°, 124°, 0°)$
$\{\bar{1}01\bar{2}\}$	$(120°, 93.6°, 0°)$	$\{\bar{1}011\}$	$(120°, 56°, 0°)$
$\{01\bar{1}2\}$	$(0°, 93.6°, 0°)$	$\{01\bar{1}1\}$	$(0°, 56°, 0°)$
$\{0\bar{1}12\}$	$(0°, 86.4°, 0°)$	$\{0\bar{1}11\}$	$(0°, 124°, 0°)$
$\{1\bar{1}02\}$	$(60°, 86.4°, 0°)$	$\{1\bar{1}01\}$	$(60°, 124°, 0°)$
$\{\bar{1}102\}$	$(60°, 93.6°, 0°)$	$\{\bar{1}101\}$	$(60°, 56°, 0°)$

　　$\{10\bar{1}1\}-\{10\bar{1}2\}$ 二次孪晶是在 $\{10\bar{1}1\}$ 初次孪晶区域产生的二次的 $\{10\bar{1}2\}$ 孪晶，一般地，二次孪晶只能沿与 $\{10\bar{1}1\}$ 初次孪晶系共轭的 $\{10\bar{1}2\}$ 孪晶系发生二次孪晶，与基体形成 $<11\bar{2}0>-38°$ 取向关系，因而本节的计算中仅仅考虑了六种 $\{10\bar{1}1\}-\{10\bar{1}2\}$ 孪晶变体的情况。

　　若晶粒的晶体学坐标系处于初始取向，则这 6 种 $\{10\bar{1}1\}-\{10\bar{1}2\}$ 双孪晶变体取向可以用六个参量表示，见表 5-8。若原始晶粒不处于初始取向，可以假设其欧拉空间坐标指数为 $(\varphi_1, \Phi, \varphi_2)$，则 $\{10\bar{1}1\}-\{10\bar{1}2\}$ 二次孪晶取向可以用

$(\varphi_1,\ \Phi,\ \varphi_2,\ \varphi_1',\ \Phi',\ \varphi_2',\ \varphi_1'',\ \Phi'',\ \varphi_2'')$ 九个参量表示。类似地，其取向矩阵 $\vec{g}_{sT}$ 可表示为：

$$\vec{g}_{sT} = \vec{g}_{\varphi_2''} \cdot \vec{g}_{\Phi''} \cdot \vec{g}_{\varphi_1''} \cdot \vec{g}_{\varphi_2'} \cdot \vec{g}_{\Phi'} \cdot \vec{g}_{\varphi_1'} \cdot \vec{g}_{\varphi_2} \cdot \vec{g}_{\Phi} \cdot \vec{g}_{\varphi_1}$$

$$
= \begin{bmatrix} \cos\varphi_2'' & \sin\varphi_2'' & 0 \\ -\sin\varphi_2'' & \cos\varphi_2'' & 0 \\ 0 & 0 & 1 \end{bmatrix} \cdot \begin{bmatrix} 1 & 0 & 0 \\ 0 & \cos\Phi'' & -\sin\Phi'' \\ 0 & -\sin\Phi'' & \cos\Phi'' \end{bmatrix} \cdot \begin{bmatrix} \cos\varphi_1'' & \sin\varphi_1'' & 0 \\ -\sin\varphi_1'' & \cos\varphi_1'' & 0 \\ 0 & 0 & 1 \end{bmatrix} \cdot
$$

$$
\begin{bmatrix} \cos\varphi_2' & \sin\varphi_2' & 0 \\ -\sin\varphi_2' & \cos\varphi_2' & 0 \\ 0 & 0 & 1 \end{bmatrix} \cdot \begin{bmatrix} 1 & 0 & 0 \\ 0 & \cos\Phi' & -\sin\Phi' \\ 0 & -\sin\Phi' & \cos\Phi' \end{bmatrix} \cdot \begin{bmatrix} \cos\varphi_1' & \sin\varphi_1' & 0 \\ -\sin\varphi_1' & \cos\varphi_1' & 0 \\ 0 & 0 & 1 \end{bmatrix} \cdot
$$

$$
\begin{bmatrix} \cos\varphi_2 & \sin\varphi_2 & 0 \\ -\sin\varphi_2 & \cos\varphi_2 & 0 \\ 0 & 0 & 1 \end{bmatrix} \cdot \begin{bmatrix} 1 & 0 & 0 \\ 0 & \cos\Phi & -\sin\Phi \\ 0 & -\sin\Phi & \cos\Phi \end{bmatrix} \cdot \begin{bmatrix} \cos\varphi_1 & \sin\varphi_1 & 0 \\ -\sin\varphi_1 & \cos\varphi_1 & 0 \\ 0 & 0 & 1 \end{bmatrix}
$$

$$
= \begin{bmatrix} u & r & h \\ v & s & k \\ w & t & l \end{bmatrix} \tag{5-7}
$$

表 5-8　六种等价的 $\{10\bar{1}1\}-\{\bar{1}012\}$ 孪晶变体的欧拉角

$\{10\bar{1}1\}-\{\bar{1}012\}$ 二次孪晶系	欧拉角
$\{10\bar{1}1\}-\{01\bar{1}2\}$	$(120°,\ 124°,\ 0°,\ 0°,\ 93.6°,\ 0°)$
$\{\bar{1}011\}-\{0\bar{1}12\}$	$(120°,\ 56°,\ 0°,\ 0°,\ 86.4°,\ 0°)$
$\{01\bar{1}1\}-\{0\bar{1}12\}$	$(0°,\ 56°,\ 0°,\ 0°,\ 86.4°,\ 0°)$
$\{0\bar{1}11\}-\{01\bar{1}2\}$	$(0°,\ 124°,\ 0°,\ 0°,\ 93.6°,\ 0°)$
$\{1\bar{1}01\}-\{01\bar{1}2\}$	$(60°,\ 124°,\ 0°,\ 0°,\ 93.6°,\ 0°)$
$\{\bar{1}101\}-\{0\bar{1}12\}$	$(60°,\ 56°,\ 0°,\ 0°,\ 86.4°,\ 0°)$

　　通过这样的方法，可以得出样品坐标系（RD、TD、ND）与孪晶区域晶体学坐标系（$[2\bar{1}\bar{1}0]$、$[01\bar{1}0]$、$[0002]$）的转化矩阵：

$$
\begin{bmatrix} \cos\varphi_1^T\cos\varphi_2^T - \sin\varphi_1^T\sin\varphi_2^T\cos\Phi^T & \sin\varphi_1^T\cos\varphi_2^T + \cos\varphi_1^T\sin\varphi_2^T\cos\Phi^T & \sin\varphi_2^T\sin\Phi^T \\ -\cos\varphi_1^T\sin\varphi_2^T - \sin\varphi_1^T\cos\varphi_2^T\cos\Phi^T & -\sin\varphi_1^T\sin\varphi_2^T + \cos\varphi_1^T\cos\varphi_2^T\cos\Phi^T & \cos\varphi_2^T\sin\Phi^T \\ \sin\varphi_1^T\sin\Phi^T & -\cos\varphi_1^T\sin\Phi^T & \cos\Phi^T \end{bmatrix}
$$

$$
= \begin{bmatrix} u & r & h \\ v & s & k \\ w & t & l \end{bmatrix} \tag{5-8}
$$

利用公式(5-8)可以计算出孪晶区域的欧拉空间坐标指数(φ_1^T，Φ^T，φ_2^T)，通过对比孪晶欧拉空间坐标指数的测量值与理论计算值，可以准确判定孪晶变体类型。

此外，借助欧拉空间坐标指数可以更加严格地计算孪晶 Schmid 因子的大小。对于位错滑移，同一个滑移面上可能存在多个等价的滑移方向，并且在滑移系的表征中，方向的正负性并不重要，孪晶切变仅仅限定在孪晶面的某一个特定方向，并且对于孪晶系中方向的正负必须有明确的要求，如镁合金的($10\bar{1}2$)[$\bar{1}011$]或($\bar{1}012$)[$10\bar{1}1$]孪晶系不能表示成($10\bar{1}2$)[$10\bar{1}1$]或是($\bar{1}01\bar{2}$)[$\bar{1}011$]，这在以欧拉空间为基础的孪晶 Schmid 因子计算过程中非常重要。本节同样将轧制过程的应力状态简化为沿 ND 反方向的压缩应力，计算孪晶 Schmid 因子大小，其中 λ、φ 分别通过计算 ND 的晶体学坐标指数与孪晶面、孪晶方向的晶体学坐标指数的夹角得到。

(2)孪晶类型的判定与 Schmid 因子的计算

① $\{10\bar{1}2\}$ 拉伸孪晶

图 5-39 为 10% 热轧样品的取向分布图，图中所有孪晶界面均满足 86.4°/<$11\bar{2}0$>取向差特征，因而这些孪晶都属于 <$10\bar{1}2$> 拉伸孪晶。同时可以看到，晶粒 M_4 内出现了 T_5、T_6 两种孪晶变体，晶粒 M_4 及孪晶变体 T_5、T_6 的欧拉空间坐标指数分别为(229°，20°，171°)、(105°，23.6°，273.6°)、(291.7°，44.8°，93.8°)，根据晶粒 M_4 的欧拉空间坐标指数，可以计算出晶粒中六个等价 $\{10\bar{1}2\}$ 孪晶系的 Schmid 因子及对应孪晶变体的欧拉指数理论值，计算结果如表 5-9 所示。

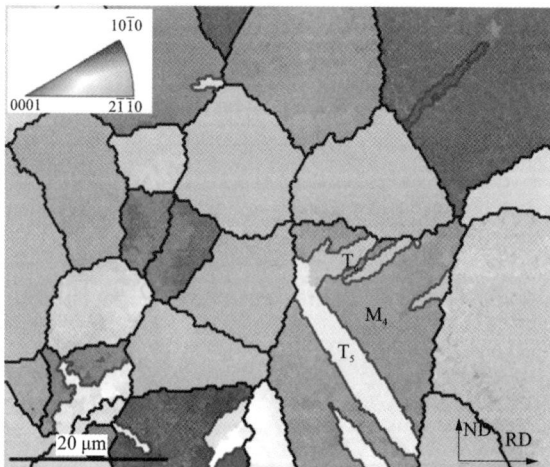

图 5-39 10% 热轧样品的 ND 取向分布图

表 5 – 9　晶粒 M_4 中六种 $\{10\bar{1}2\}$ 孪晶变体的理论欧拉空间坐标指数及对应的 Schmid 因子

孪晶系	孪晶区域的理论欧拉坐标指数	$\lambda/(°)$	$\varphi/(°)$	Schmid 因子值
$(10\bar{1}2)[\bar{1}011]$	$(340°,\ 135°,\ 126°)$	70	132.51	0.23
$(\bar{1}012)[10\bar{1}1]$	$(170°,\ 41.8°,\ 166°)T_5$	130.9	67.66	0.25
$(01\bar{1}2)[0\bar{1}11]$	$(359°,\ 78.3°,\ 77.1°)$	107.2	90	0
$(0\bar{1}12)[01\bar{1}1]$	$(186°,\ 99°,\ 104.1°)$	91	107.2	0
$(1\bar{1}02)[\bar{1}101]$	$(220.7°,\ 154.8°,\ 72.4°)T_6$	61.3	145.45	0.3956
$(\bar{1}102)[1\bar{1}01]$	$(26.1°,\ 21°,\ 1.1°)$	142	60.03	0.3939

对照孪晶变体 T_5、T_6 的欧拉指数测量值与晶粒 M_4 中六种 $\{10\bar{1}2\}$ 孪晶变体的欧拉指数计算值，可以发现 T_5、T_6 孪晶变体分别与晶粒 M_4 的 $(\bar{1}012)[10\bar{1}1]$、$(1\bar{1}02)[\bar{1}101]$ 孪晶具有对称等价的欧拉空间坐标指数，因而可以确定 T_5、T_6 分别由晶粒 M_4 沿 $(\bar{1}012)[10\bar{1}1]$、$(1\bar{1}02)[\bar{1}101]$ 孪晶而形成。孪晶 Schmid 因子的计算结果表明，孪晶变体 T_6、T_5 所对应的 $(1\bar{1}02)[\bar{1}101]$、$(\bar{1}012)[10\bar{1}1]$ 孪晶系分别具有最大和第三大的 Schmid 因子，而具有第二大 Schmid 因子的 $(\bar{1}102)$ $[1\bar{1}01]$ 孪晶系则未被激活。同时，$(1\bar{1}02)[\bar{1}101]$ 和 $(\bar{1}102)[1\bar{1}01]$ 属于同一族孪晶系，它们具有完全相同的应变协调能力，均产生 $\vec{c}$ 轴方向的伸长和 $[1\bar{1}00]$ 方向的收缩，因而当 Schmid 因子最大的 $(1\bar{1}02)[\bar{1}101]$ 孪晶系开动后，$[1\bar{1}00]$ 方向的应力能在一定程度上得以释放，不再迫切需要同一族的 $(\bar{1}102)[1\bar{1}01]$ 孪晶系参与应变协调，此时具有第三大 Schmid 因子的 $(\bar{1}012)[10\bar{1}1]$ 孪晶系得以开动，协调了 $[10\bar{1}0]$ 方向的应变，从而使晶粒 M_4 的孪晶形变更加均匀。

回顾图 5 – 34 中晶粒 M_1 中两种孪晶变体 T_1、T_2，根据 DPF 分析结果，孪晶 T_1、T_2 与晶粒 M_1 的取向满足沿某个 $<11\bar{2}0>$ 轴旋转 $\pm86.4°$ 的关系，因而可以推断形成 T_1、T_2 的孪晶属于同一族 $\{10\bar{1}2\}$ 孪晶系。那么人们自然会有这样的疑问，为什么在晶粒 M_1 中同一族的两种孪晶系又能够同时开动？对比晶粒 M_1 和 M_4 的大小不难发现，晶粒 M_4 的尺寸较小，仅有 15 μ 左右，孪晶变体 T_5 的产生能够完全满足 $[1\bar{1}00]$ 方向的孪晶应变要求，因而不需要同一族的另一种孪晶系作为补充；而晶粒 M_1 的尺寸很大，在长度方向达到近 100 μm，因而仅仅依靠孪晶变体 T_1 并不能完全满足某种孪晶应变的需要，因此具有第二大 Schmid 因子的同族孪晶系得以开动。

②$\{10\bar{1}1\}$ 压缩孪晶与 $\{10\bar{1}1\}$ – $\{10\bar{1}2\}$ 二次孪晶

图 5 – 40 为 20% 热轧样品的成像质量图，图中红、绿颜色标示了满足 38° ± 5°/$<11\bar{2}0>$（$\{10\bar{1}1\}$ – $\{10\bar{1}2\}$ 二次孪晶）、56° ±5°/$<11\bar{2}0>$（$\{10\bar{1}1\}$ 压缩孪晶）

轴角特征的界面，可以看出图中大部分孪晶满足 $\{10\bar{1}1\}$ – $\{10\bar{1}2\}$ 二次孪晶取向特征。同样可以看到，晶粒 M_5 中产生了 T_7、T_8 两种孪晶变体，其中 T_7 体积最大，是起主导作用的孪晶变体，晶粒 M_5 及孪晶变体 T_7、T_8 的欧拉空间坐标指数分别为（229°，20°，171°）、（105°，23.6°，273.6°）、（291.7°，44.8°，93.8°）。根据晶粒 M_5 的欧拉空间坐标指数，可以计算出该晶粒中六种 $\{10\bar{1}1\}$ – $\{10\bar{1}2\}$ 二次孪晶变体的欧拉空间坐标指数理论值及对应的初次 $\{10\bar{1}1\}$ 孪晶 Schmid 因子的大小，计算结果如表 5 – 10 所示。对照孪晶变体 T_7、T_8 的欧拉空间坐标指数测量值与晶粒 M_5 中 6 种孪晶变体欧拉空间坐标指数计算值，可以发现 T_7、T_8 孪晶分别与（$\bar{1}011$）–（$0\bar{1}12$）、（$01\bar{1}1$）–（$0\bar{1}12$）孪晶具有对称等价的欧拉空间坐标指数，因而可以确定 T_7、T_8 分别由晶粒 M_5 沿（$\bar{1}011$）–（$0\bar{1}12$）、（$01\bar{1}1$）–（$0\bar{1}12$）二次孪晶形成。Schmid 因子计算结果显示，晶粒 M_5 中起主导作用的孪晶变体 T_7 对应的（$0\bar{1}\bar{1}1$）初次孪晶系具有最大的孪晶 Schmid 因子，而体积较小的孪晶变体 T_8 对应的（$01\bar{1}1$）初次孪晶系具有第三大的 Schmid 因子。

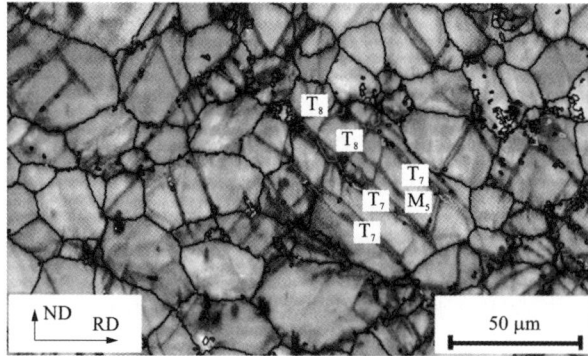

图 5 – 40　20% 热轧样品的成像质量图（彩图版见附录）

表 5 – 10　晶粒 M_5 中二次孪晶区域欧拉坐标指数的理论值及对应的
初次 $\{10\bar{1}1\}$ 孪晶 Schmid 因子

二次孪晶系	晶粒 M_5 中二次孪晶区域的欧拉空间坐标指数理论计算值	$\lambda/(°)$	$\varphi/(°)$	对应的初次 $\{10\bar{1}1\}$ 孪晶 Schmid 因子
$\{10\bar{1}1\}$ – $\{01\bar{1}2\}$	（251°，55°，252°）	101.2	14.5	0.17
$\{\bar{1}011\}$ – $\{0\bar{1}12\}$	（105°，227°，31.8°）T_7	134.6	46.2	0.486
$\{01\bar{1}1\}$ – $\{0\bar{1}12\}$	（294°，41.2°，211°）T_8	119.2	32.1	0.376
$\{0\bar{1}11\}$ – $\{01\bar{1}2\}$	（164°，42.2°，329°）	116.1	35.3	0.35
$\{1\bar{1}01\}$ – $\{0\bar{1}12\}$	（208°，55°，288°）	101.9	15.2	0.21
$\{\bar{1}101\}$ – $\{0\bar{1}12\}$	（356°，21.6°，147°）	130.2	48.1	0.43

孪晶行为的欧拉空间分析方法，其本质在于将孪晶过程的取向变化理解为沿晶体学坐标轴的连续旋转过程，以此为依据，可以利用取向矩阵计算各孪晶变体的欧拉坐标指数理论值，通过对比实验测量值与理论计算值，可以确定孪晶变体的类型，并能够对孪晶 Schmid 因子进行计算。此种方法的优势在于，以欧拉空间为基础的孪晶行为分析，消除了极图分析中取向不完整的缺点，使得计算更为严谨和准确。

总地来说，本节所介绍的孪晶欧拉空间分析方法与极图分析方法得出的基本结论是一致的，即 AZ31 合金单道次热轧过程中的 10%、20% 应变阶段出现的孪晶分别是 $\{10\bar{1}2\}$ 孪晶和 $\{10\bar{1}1\}$ 孪晶/$\{10\bar{1}1\}$ – $\{10\bar{1}2\}$ 二次孪晶，其中起主导作用的孪晶系均遵从 Schmid 法则。此外，少量次要的孪晶之所以能形成，是因为它们有着协调应变和保持变形均匀的作用。

5.4　AZ31 镁合金热轧过程的动态回复及动态再结晶

5.4.1　透射电镜观察热轧 AZ31 镁合金的微观组织

5.4.1.1　10% 热轧态 AZ31 镁合金的微观组织

图 5 – 41 示出了 10% 热轧样品中不同晶粒内部变形组织的 TEM 明场像。可以看到，一些晶粒内部产生了 $\{10\bar{1}2\}$ 孪晶，基体与孪晶区域的位错密度均比较低，如图 5 – 41(a)所示。根据本书 5.3 节的 EBSD 分析结果，$\{10\bar{1}2\}$ 孪晶一般产生于垂直 $\vec{c}$ 轴压缩取向的晶粒中，此时晶粒内部基面滑移的 Schmid 因子较小，难以激活，因而基体内部的位错密度较低，$\{10\bar{1}2\}$ 孪晶产生后，孪晶区域的晶体取向转变为基面织构取向，此时基面滑移系的 Schmid 因子仍然很小，因而孪晶区域的位错密度也很低。同时可以看到，部分晶粒内部出现了位错组织，如图 5 – 41(b)所示，这些晶粒应该处于较软的取向，因而在 10% 的低应变热轧阶段，基面位错不断增殖并发生滑移，晶粒内部出现了大量位错组织。此外，还有一部分晶粒内部既没有发生孪晶，也没有产生位错，如图 5 – 41(c)所示，这些晶粒应该处于 $\vec{c}$ 轴近似平行 ND 方向的较硬取向，此时激活晶粒内部 $\{10\bar{1}1\}$ 孪晶或基面滑移均需要较大的外应力，远高于维持 $\{10\bar{1}2\}$ 孪晶和软取向晶粒内部位错滑移的应力水平，因而只有当处于软取向的晶粒内部位错滑移不断进行，并持续产生应变硬化，使得维持晶粒继续形变的应力与激活硬取向晶粒内部位错滑移或 $\{10\bar{1}1\}$ 孪晶的应力水平相当时，处于硬取向的晶粒才会发生塑性变形。

由于镁合金合金铸轧板具有一定的基面织构，即轧板中大部分晶粒的 $\vec{c}$ 轴与 ND 方向近似平行、处于硬取向、小应变(10%)轧制过程中，这部分晶粒中没有出现位错或者孪晶，因而可以认为它们没有发生明显的塑性变形；此外，还有部

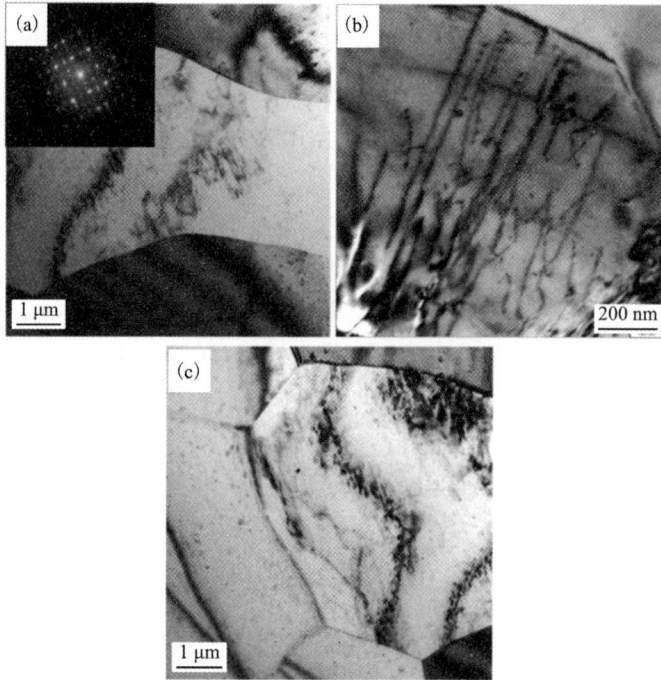

图 5 – 41 10% 热轧样品中晶粒内部变形组织的 TEM 明场像

(a) 取向位于 (0002) 极图边缘区域的晶粒内产生的 $\{10\bar{1}2\}$ 孪晶；(b) 处于较软取向的晶粒内部产生的位错滑移；(c) 处于较硬取向的晶粒内没有出现明显的变形组织

分晶粒的 $\vec{c}$ 轴与 ND 方向近似垂直或成较大的夹角，这些晶粒内部容易发生 $\{10\bar{1}2\}$ 孪晶，使晶粒转变成为基面织构取向；而另一部分 $\vec{c}$ 轴与 ND 成 30° ~ 50° 夹角的晶粒中，基面滑移系具有较高的 Schmid 因子，基面滑移得以开动。

5.4.1.2 20% 热轧态 AZ31 镁合金的微观组织

AZ31 镁合金铸轧板经 20% 热轧后，最具代表性的组织为细长的窄孪晶，并且孪晶区域极易发生动态再结晶。图 5 – 42(a) 示出了一个典型窄孪晶的 TEM 明场像，选区电子衍射花样表明该孪晶为 $\{10\bar{1}1\}$ 孪晶，如图 5 – 42(b) 所示。从图 5 – 42(a) 中可以看到，孪晶和基体内部的位错方向与 (0002) 面迹线保持一致，为了对位错类型进行进一步分析，本节采用双束衍射条件对位错的柏氏矢量进行了判定，表 5 – 11 标示了镁合金中 $\vec{a}$、$\vec{c}$ 和 $\vec{a} + \vec{c}$ 三种全位错在特征衍射操作矢量下的消光条件。

表 5 –11　镁合金中 $\vec{a}$、$\vec{c}$、$\vec{a}+\vec{c}$ 三种全位错的消光条件

	$\vec{g}=(0002)$	$\vec{g}=(10\bar{1}0)$	$\vec{g}=(11\bar{2}0)$	$\vec{g}=(10\bar{1}1)$
$\vec{a}$	消光	不消光/消光	不消光	不消光
$\vec{c}$	不消光	消光	消光	不消光
$\vec{a}+\vec{c}$	不消光	不消光/消光	不消光	不消光/消光

从图 5 – 42(c) ~ (e) 中可以看出, 该晶粒基体中的位错在操作矢量为 (0002) 和 (10$\bar{1}$0) 时均保持良好的衬度, 说明基体内部的位错都属于 $\vec{a}+\vec{c}$ 位错; 这些位错在操作矢量为 (10$\bar{1}$1) 时发生消光, 这进一步证明了它们是 $\vec{a}+\vec{c}$ 位错; 同时可以发现, 孪晶内部位错在操作矢量为 (10$\bar{1}$1) 时也发生了消光现象, 这表明孪晶内部的位错同样属于 $\vec{a}+\vec{c}$ 类型。

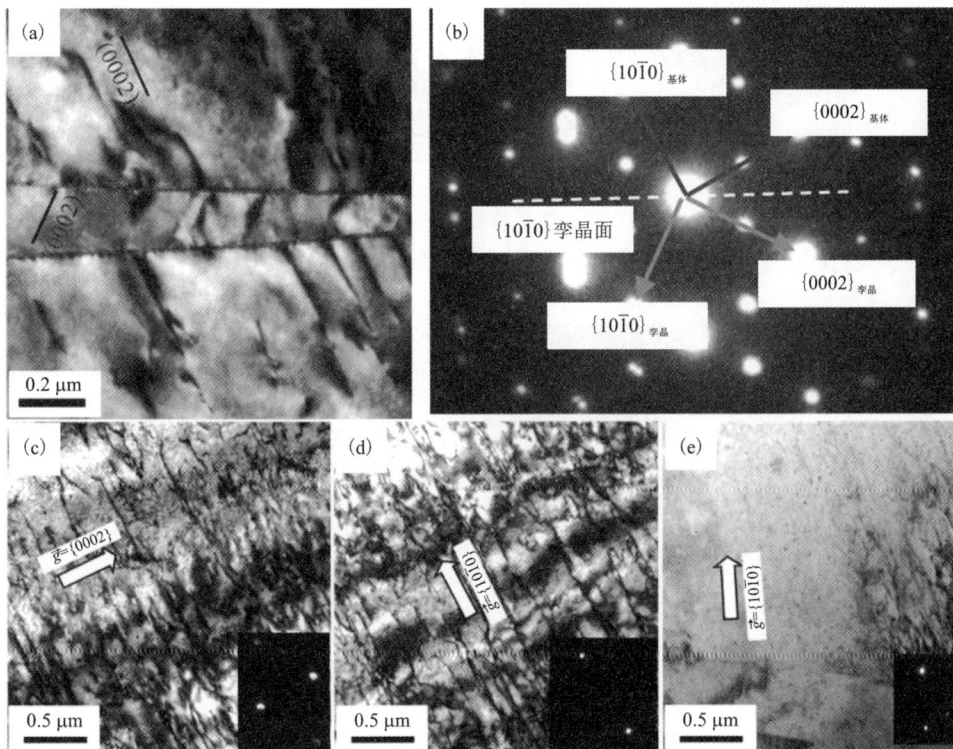

图 5 – 42　20% 热轧样品中的孪晶和位错

(a) {10$\bar{1}$1} 孪晶形貌; (b) 孪晶和基体的选区电子衍射花样; (c) $\vec{g}=(0002)$; (d) $\vec{g}=(10\bar{1}0)$; (e) $\vec{g}=(10\bar{1}1)$

图 5 - 43(a)和(b)示出了该孪晶另外一段区域的微观形貌像,可以看到,在部分孪晶界和孪晶内部 $\vec{a} + \vec{c}$ 位错的集中区域,产生了一些再结晶的形核点,如图中箭头所示。结合位错类型的分析结果,可以追溯此晶粒的变形过程,当轧制应变量达到 20% 时,该晶粒内形成了 $\{10\bar{1}1\}$ 孪晶;同时基体内部的 $\vec{a} + \vec{c}$ 位错不断增殖并且持续滑移,并在孪晶界处发生塞积,使得孪晶内部的 $\vec{a} + \vec{c}$ 滑移得以激活并持续进行,于是在孪晶界面处和孪晶内部 $\vec{a} + \vec{c}$ 位错的集中区域均产生了复杂的位错缠结(见图 5 - 44),给它们提供了再结晶的形核点。

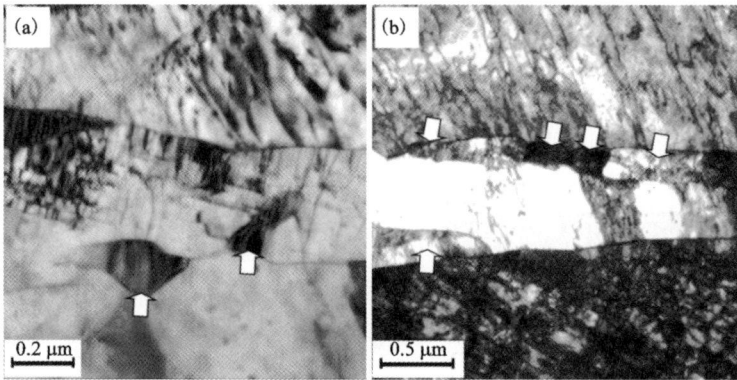

图 5 - 43 20% 热轧样品中的 $\{10\bar{1}1\}$ 孪晶形貌

(a)孪晶界面;(b)孪晶内部的再结晶形核

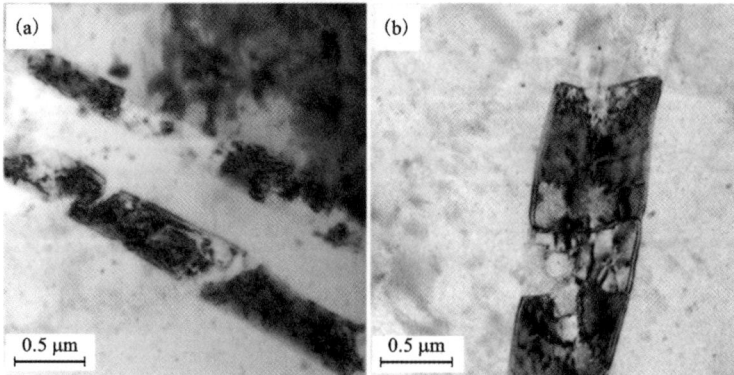

图 5 - 44 20% 热轧样品中窄孪晶内部的亚晶组织

(a)窄孪晶;(b)窄孪晶中的位错

对比 $\{10\bar{1}2\}$、$\{10\bar{1}1\}$ 两种孪晶的形成过程,不难发现,由于 $\{10\bar{1}2\}$ 孪晶界面可动性较高,它一经形核便能迅速吞噬所有基体,同时由于孪晶区域的位错滑移难以开动因而位错密度较低，不易成为再结晶的形核点；而{1011}孪晶由于界面可动性较差，孪晶宽度很小，同时孪晶区域的位错滑移能够普遍开动，因而易于成为再结晶的优先形核点。

5.4.1.3　30% 热轧态 AZ31 镁合金的微观组织

图 5 − 45 给出了 30% 热轧样品中某个晶粒内部的透射电镜观察到的显微组织，该晶粒尺寸为 20 μm 左右。可以看到，晶粒中形成了束集的条带状组织，带状组织的总宽度为 2 ~ 3 μm。该组织横穿整个晶粒，将晶粒分割成两个部分，两部分的取向差达到 10°。带状组织界面在高倍显微镜下显示是沿(1010)面规则排列的位错列(位错墙)，选区电子衍射表明位错墙两侧晶体约有 3° 的取向差，形成亚晶结构，如图 5 − 45(b)和(c)所示。亚晶界通过进一步合并形成 Y 结点，发生多边形化；通过 Y 结点的移动，分叉部分逐渐合并，得到无分叉的直亚晶界，亚晶间距增大，亚晶长大，图 5 − 46 给出了亚晶演变过程的示意图。从能量角度考虑，亚晶合并是一个能量降低的过程，两个位向差为 θ 的亚晶界，其界面能为 $2\gamma_0\theta(A - \ln\theta)$，当合并为一个具有 2θ 角的亚晶界时，其界面能为 $2\gamma_0\theta(A - \ln2\theta)$，降低了 $2\gamma_0\theta \cdot \ln2$。

与此同时，动态再结晶在原始晶界附近形核，位错在三叉晶界处发生塞积，局部区域的位错发生重排形成位错墙，如图 5 − 47 所示。再结晶晶核 A 的形核方式为晶界弓出机制，位错首先在原始晶界区域产生塞积，在位错塞积应力的作用下，原始晶界向相邻晶粒发生局部的迁移、弓出，塞积位错逐步包围原始晶界的弓出部分，成为再结晶的形核点。这是典型的不连续动态再结晶形核方式，它的一个重要特征就是新产生的再结晶晶核内部，即原始晶界迁移扫过区域的位错密度很低。很多金属的变形过程中都观察到类似的现象，尤其是在较低应变的变形过程中，一些文献中将之表述成"strain induced grain boundary migration"的动态再结晶。不连续动态再结晶孕育阶段原始晶界的迁移、弓出会形成锯齿状的晶界形貌，如图 5 − 48 所示，这也进一步表明 AZ31 合金热轧初期会发生不连续动态再结晶。

图 5 − 49 示出了一个原始晶粒内部形成的亚晶 B，它的形成也是以原始晶界为基础的，与前述再结晶晶粒 A 所不同的是，它的出现没有伴随原始晶界的迁移。选区电子衍射斑点没有出现明显分裂或者拉长，这说明晶粒 B 与母体的取向差较小，属于亚晶组织。亚晶 B 的界面由规则位错列构成，可以认为亚晶 B 的形成是回复主导(recovery dominated process)的过程。

图 5 − 50 示出了一个横跨晶粒的位错墙，位错墙宽度约为 3.5 μm，利用选区电子衍射斑点标定，可以标记出各衍射面的迹线方向。构成位错墙的位错投影长度各不相同，但所有位错的方向均与(0002)面迹线方向平行，因而这些位错均属于基面位错。当采用操作矢量 $\vec{g} = (0002)$ 的双束衍射成像时，位错衬度完全消

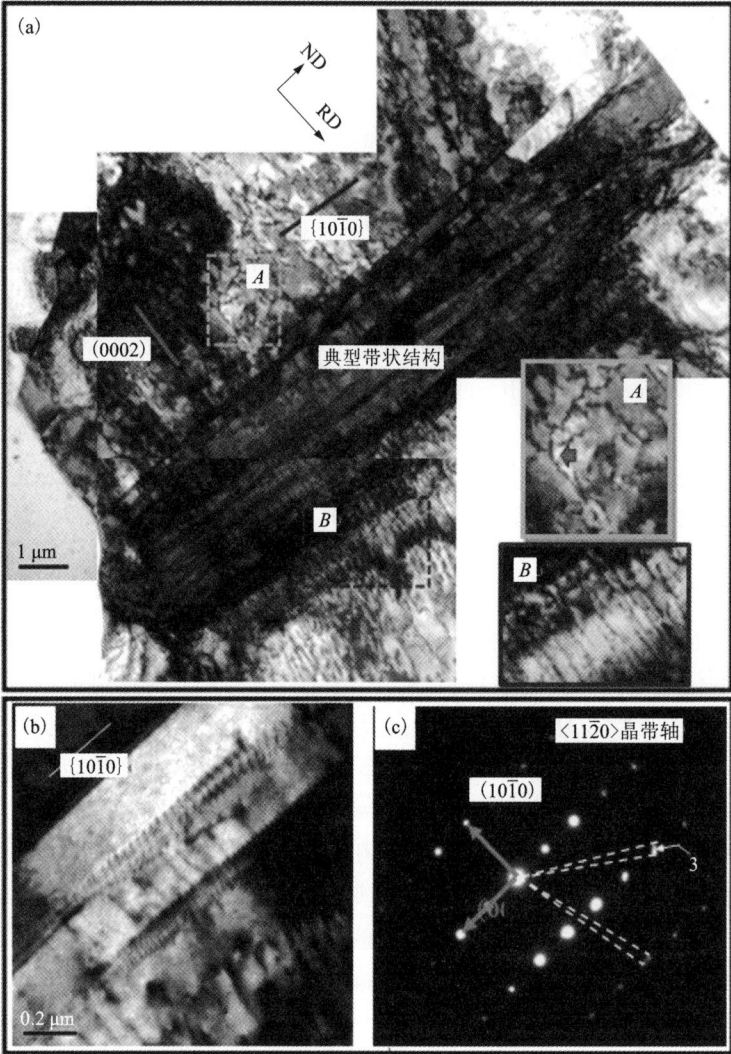

图 5−45 (a)30% 热轧态样品中一个大小为 25 μm 左右的晶粒全貌图
(b)滑移带边界的局部放大图及其(c)选区电子衍射花样

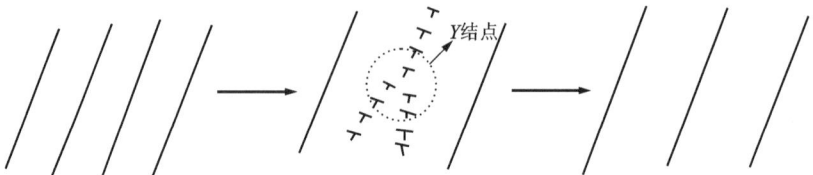

图 5−46 稳定多边形化过程中 Y 结点的形成和移动

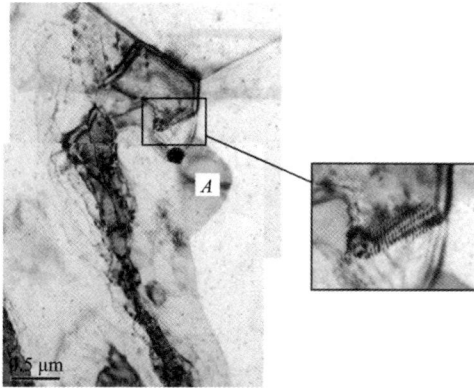

图 5 – 47　原始晶界附近形成的亚晶组织

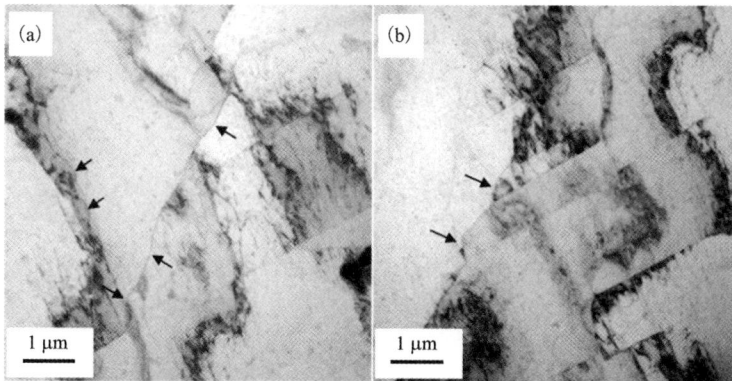

图 5 – 48 原始晶界迁移弓出而产生的锯齿状晶界

(a)晶界的弓出迁移；(b)图(a)晶界的放大图

失，可以确定这些位错属于基面 $\vec{a}$ 位错。考虑到[$10\bar{1}0$]晶带轴的明场像下，位错方向越靠近[$10\bar{1}0$]方向，其投影越短，而与[$10\bar{1}0$]方向垂直位错的投影则最长。从图 5 – 50 中可以看出，AB 段位错墙与($11\bar{2}2$)面迹线方向近似一致，其位错列的投影长度最短，位错方向应该靠近[$10\bar{1}0$]方向；位错墙的剩余部分则表现出一种不规则的形貌特征，并且随着位错墙向原始晶界另一侧 P 的靠近，位错列的投影长度逐渐增长。根据位错的排列方向及投影特征，可以重构出位错列排列示意图，如图 5 – 50(c)所示。其中位于下方的六方体代表位错墙的 AB 段，位错列在($11\bar{2}2$)平面上沿[$10\bar{1}0$]方向平行排列，随着位错墙逐渐靠近晶界另一侧 P(上方六方体的上表面)，位错逐渐向 <$11\bar{2}0$> 方向偏转，形成如图 5 – 50(a)所示的扭

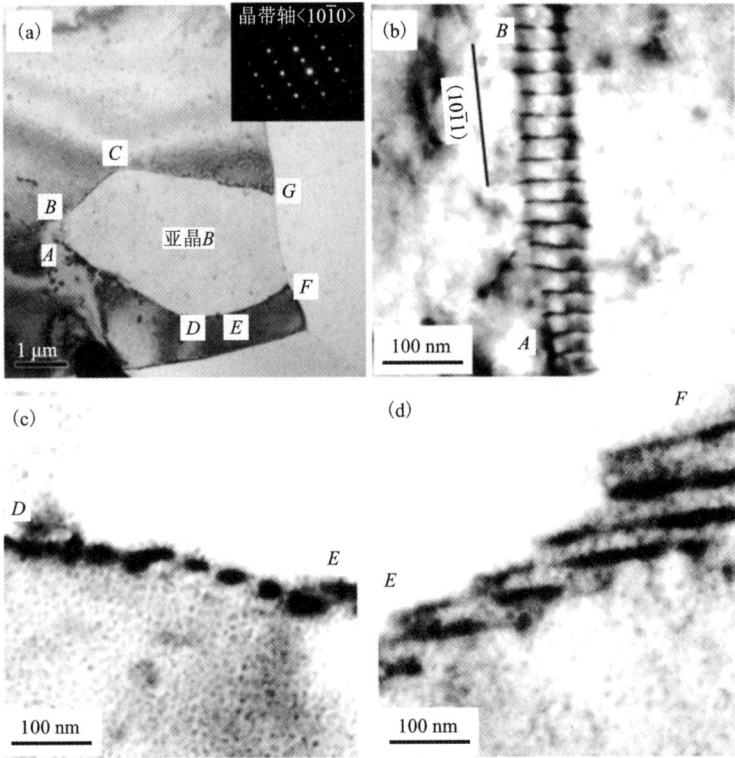

图 5 − 49　原始晶粒内部形成的亚晶及亚晶界
(a)亚晶及亚晶界；(b)亚晶界 AB、(c)DE 和(d)EF 段的局部放大图

转位错墙。从图 5 − 50(d)中还可以看到，动态再结晶开始在原始晶界非基面滑移开动的区域形核。

5.4.1.4　60%热轧态 AZ31 镁合金的微观组织

图 5 − 51 示出了 AZ31 镁合金铸轧板经 60%热轧后的变形组织，可以看到，位错滑移在整个晶粒范围内能够更加均匀的进行，形成了位错胞状组织(图中用白色箭头所标示)。同时，整个晶粒范围的电子衍射斑点表现出明显的分裂拉长，这说明随着位错胞状组织的形成，单个晶粒内部的取向发生分裂。原始晶界区域附近的 TEM 观察结果表明，动态再结晶在此处优先发生形核。

根据透射电镜观察结果，可以将热轧过程中的微观组织演变过程归结如下；孪晶在 AZ31 镁合金铸轧板热轧过程的小应变阶段起着重要的作用：

①10%热轧后，偏离基面织构取向的晶粒内发生 $\{10\bar{1}2\}$ 孪晶，并吞噬整个晶粒，使原始晶粒转变成为基面织构取向；

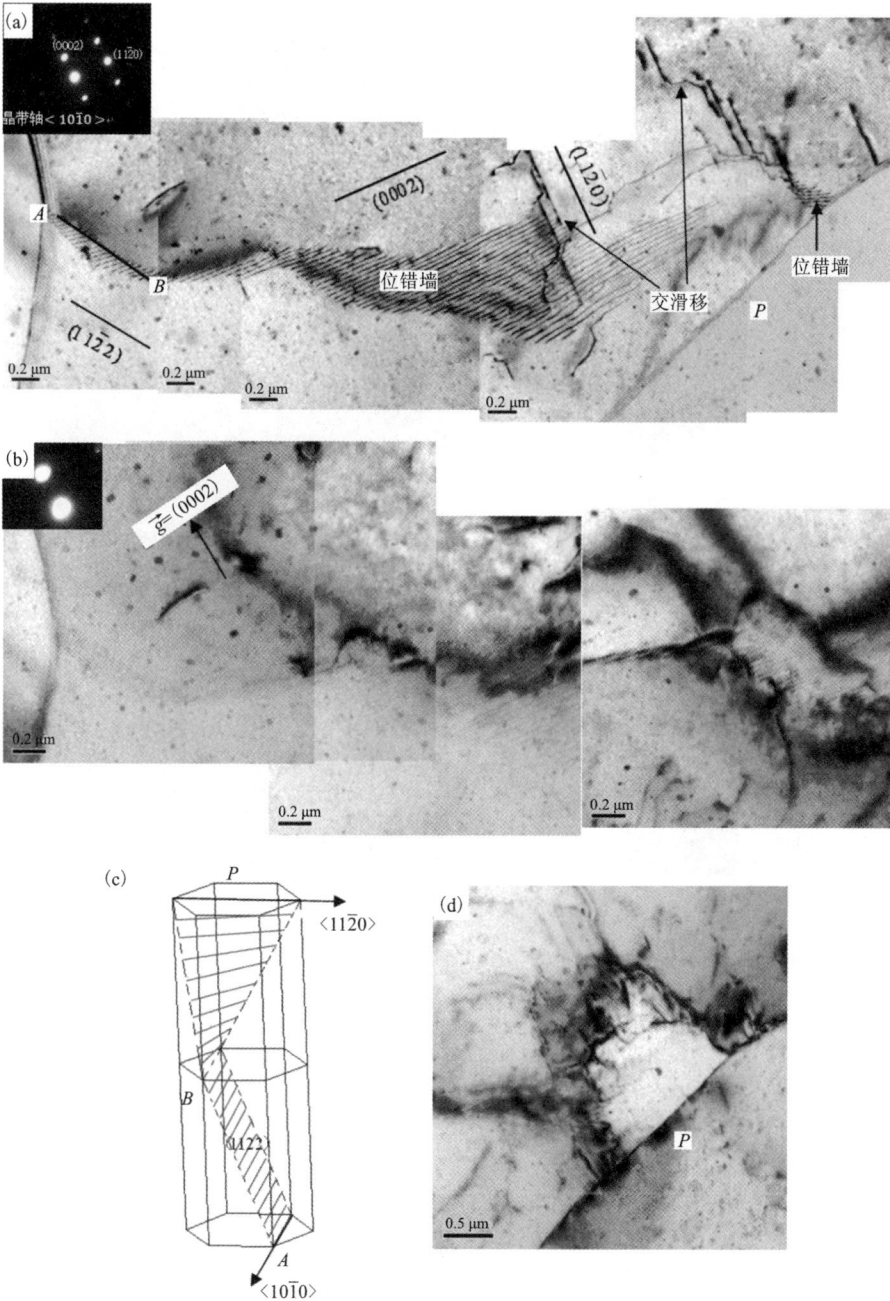

图 5 – 50　横跨原始晶界的位错墙及其位错排列

（a）横跨原始晶界的位错墙；（b）在 $\vec{g}$ ＝（0002）的双束衍射条件下发生消光；（c）位错墙中位错列排列方式的示意图；（d）动态再结晶在原始晶界的形核

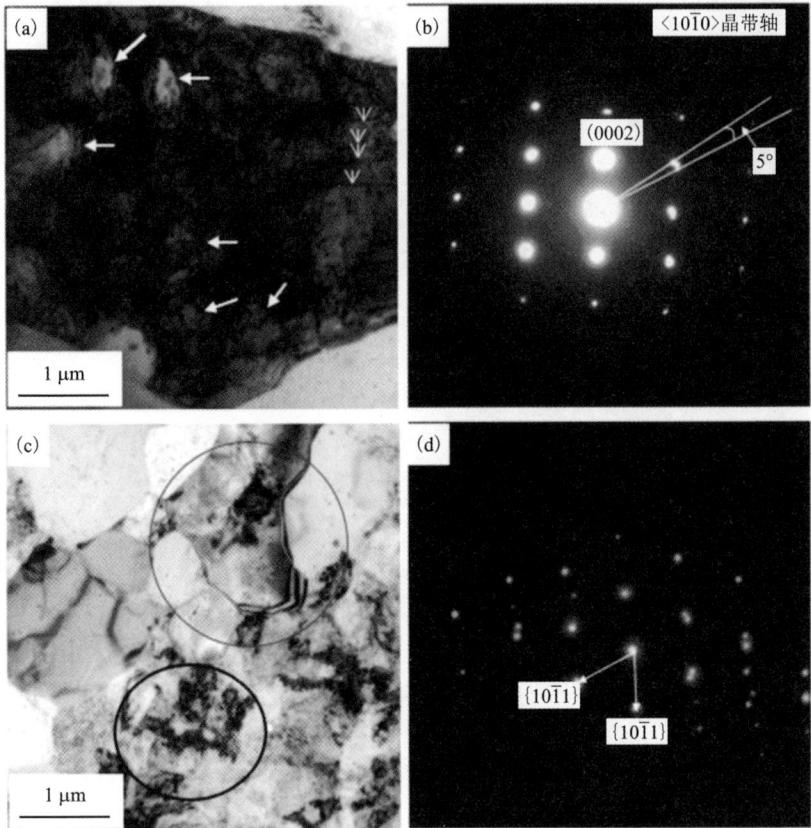

图 5-51 AZ31 镁合金铸轧板经 60% 热轧后的变形组织

(a)原始晶粒内部的位错缠胞状组织;(b)图(a)选区电子衍射斑点;(c)60%样品中晶界附近的再结晶形核区;(d)图(c)选区电子衍射斑点

②当应变量达到 20% 时,晶粒内部产生 $\{10\bar{1}1\}$ 压缩孪晶或 $\{10\bar{1}1\}$–$\{10\bar{1}2\}$ 二次孪晶,孪晶成为晶粒内部塑性变形的局部集中区域,并成为动态再结晶晶粒的优先形核点。

③随着热轧变形量的增大,晶粒内部发生"稳定多边形化",组成位错墙,形成细长的带状亚晶组织,部分晶界附近区域也形成了各种形貌的位错墙,可以认为 AZ31 合金热轧的中等应变阶段,动态回复起着非常重要的作用。

④当热轧应变量进一步达到 60% 时,位错滑移能够在更大范围内开动,在晶粒内部形成了较为均匀的位错胞状组织,连续再结晶能够在热轧的大应变阶段发挥重要的作用。

5.4.2　不同变形量热轧的 AZ31 镁合金的退火行为

图 5 - 52 示出了不同变形量的热轧样品经过 300℃ 退火后的金相组织图片。可以看到,10% 热轧态组织在退火过程中保持稳定,即使是在长时间退火(4 h)过程中也没有发生显著变化,孪晶和基体中均没有出现明显的再结晶现象,如图 5 - 52(a)、(b)所示。

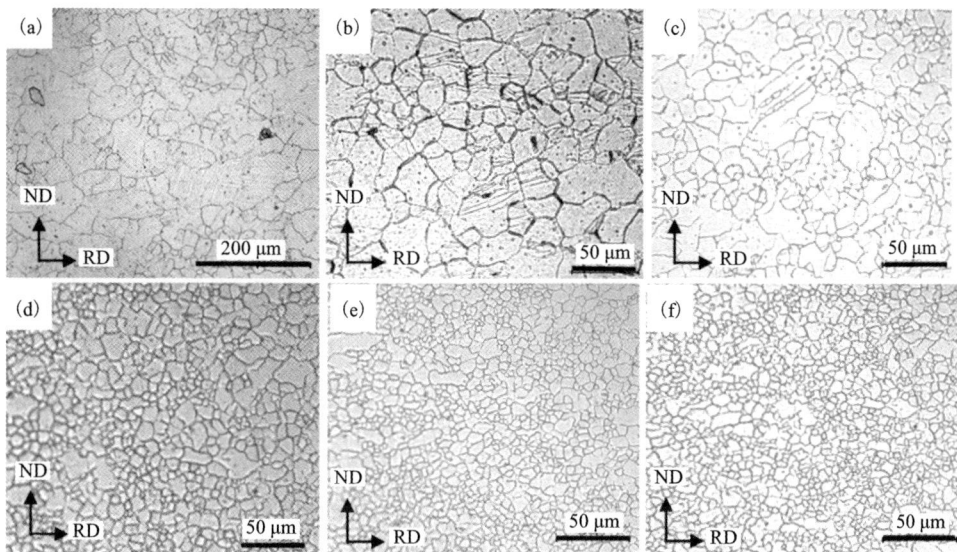

图 5 - 52　不同变形量热轧态样品经 300℃ 退火后的金相组织
(a)10%—300℃/1 h;(b)10%—300℃/4 h;(c)20%—300℃/1 h;(d)30%—300℃/1 h;(e)50%—300℃/1 h;(e)60%—300℃/1 h

20% 热轧板材经过 300℃ 的 1 h 退火后,组织特征也没有明显的改变,仅仅是在透镜状宽孪晶的交截处形成了细小的再结晶的晶粒,而原始晶界附近与窄孪晶内部的再结晶晶粒则没有出现明显的长大现象。这些现象说明当热轧变形量小于 20% 时,热轧过程中的变形机制主要是孪晶,晶粒内部的位错滑移并没有大量开动,因而退火过程中原始晶粒内部的静态再结晶难以发生。随着热轧变形量的增大,热轧退火态的再结晶晶粒尺寸逐渐减小,组织更加均匀。这也说明了,随着热轧变形量的增大,位错滑移逐渐成为主要的变形机制,这也为后续退火过程中静态再结晶的发生提供了结构基础。60% 热轧板 300℃ 退火 1 h 形成的再结晶晶粒平均尺寸为 4 μm 左右。图 5 - 53 示出了退火态热轧板平均晶粒尺寸与热轧变形量的关系,可以看出随着热轧变形量的增加,再结晶晶粒尺寸逐渐减小。

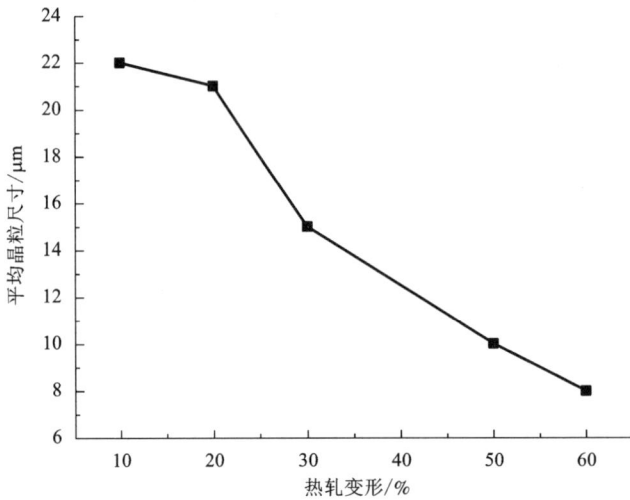

图 5 – 53　热轧变形量与热轧退火态再结晶晶粒平均尺寸的关系

5.5　AZ31 镁合金室温变形过程的压缩孪晶

5.5.1　AZ31 镁合金塑性变形过程中的压缩孪晶

无论是镁合金的板材、棒材或者其他型材，在其塑性加工过程中，由于基面位错滑移的不断进行，均会不可避免地形成基面织构。基面织构是指密排六方晶体学结构的(0002)基面，平行于样品的加工面或加工方向，如板材的板面或挤压棒的挤压方向(extrusion direction，简写为 ED)等，如图 5 – 54 所示。

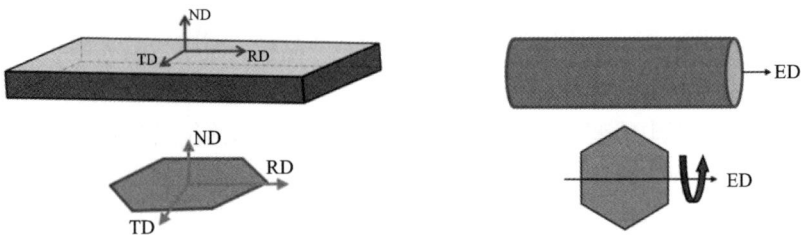

图 5 – 54　镁合金板材和棒材中的基面织构示意图

随着基面织构的形成，多晶材料中的大部分晶粒将处于 $\vec{c}$ 轴压缩的应力状态。当 HCP 晶体的 $\vec{c}$ 轴受到压缩时，晶粒中会形成细长的层片状压缩孪晶组织。

研究者普遍认为，这种孪晶组织一旦形成，就在处于硬取向的晶粒内部形成了"软态"的片层区域，随着变形的继续进行，塑性变形将会集中在片层状的孪晶区域，形成局部的流变区域，从而促进裂纹的形核，并最终导致材料的早期失效，这也是镁合金室温塑性较差的根本原因，图 5 - 55 给出了典型的压缩孪晶的形貌以及在孪晶区域形成的微裂纹。

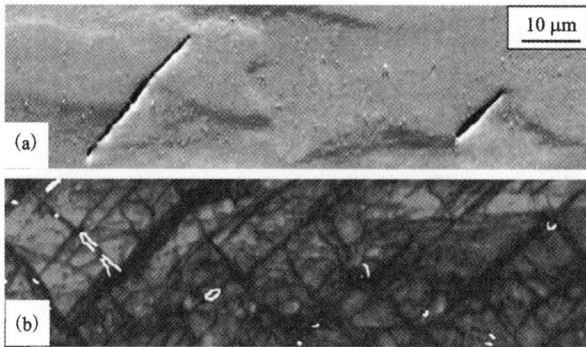

图 5 - 55　镁合金中的压缩孪晶及孪晶区域形成的微裂纹

如果这种普遍接受的观点是正确的，那么从理论上不难推测，在镁合金室温塑性变形过程中，由于压缩孪晶的出现，使得硬取向的晶粒中产生了软取向的易变形区域，因而在流变应力曲线中将会出现反常的"应变软化"现象。但是在镁合金室温单轴拉伸实验中，这种理论上所谓的"织构引起的应变软化"效应却鲜有报道。

图 5 - 56 示出了 AZ31 镁合金室温条件下典型的真应力 - 真应变曲线。一般来说对于镁合金而言，其均匀伸长率一般低于 10%，因而真应力 - 真应变区域的有效应变范围很窄，即使是利用 Bridgman 校正方法对缩颈产生后的应变阶段进行计算，其所能获得的应变范围一般也不会超过 30%，在这样有限的应变区间内，孪晶的

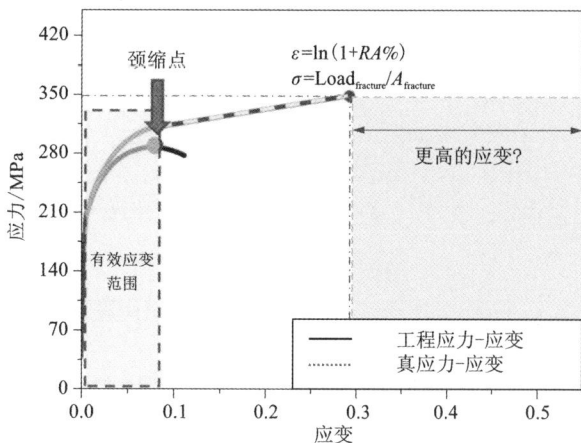

图 5 - 56　AZ31 镁合金室温下典型的拉伸曲线

数量并不是很多，因而孪晶引起的织构软化效应还不能完全抵消一般性的加工硬化效应，因而在常规力学性能测量的应变范围内，并不能观察到明显的应变软化行为。

大量研究结果显示镁合金室温变形过程中，压缩孪晶的密度随着应变量的增加而逐渐增大，那么在更高的应变范围内，由于孪晶数目的继续增大，镁合金中是否会出现宏观的应变软化现象，这一问题尚无研究报道。

5.5.2　室温挤压过程中 AZ31 镁合金组织演变规律

通过采用室温包套准等静压方法（图 5 - 57），可以对 AZ31 镁合金进行强制变形，并获得超过常规应变范围的塑性变形，通过这种变形方式，可以获得近 60% 的室温应变量，镁合金样品均未发生开裂，且样品表面质量良好，图 5 - 58 为经包套挤压方法制备的镁合棒材图片。

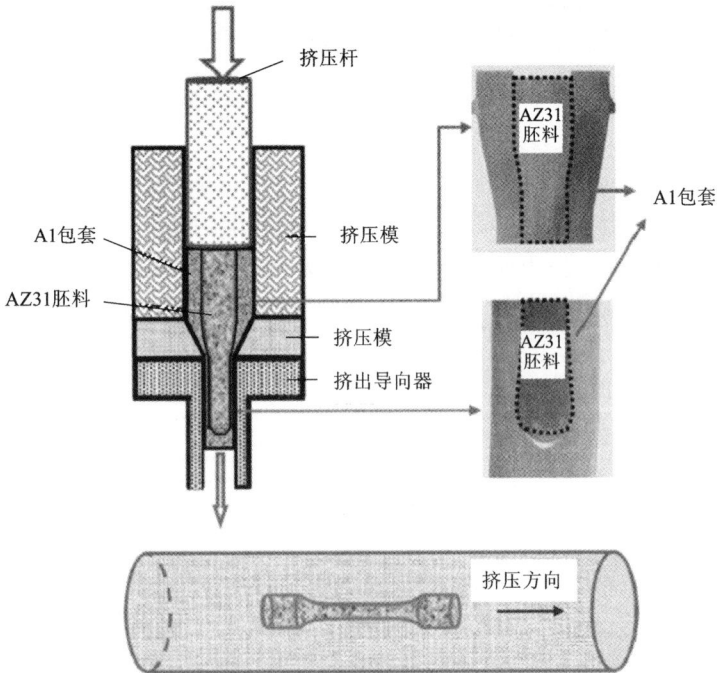

图 5 - 57　包套挤压实验方法示意图

室温挤压过程中，典型的组织就是这种细长的窄孪晶（图 5 - 59）。随着应变量的增大，孪晶数目逐渐增多，但孪晶的尺寸并未出现明显的改变，仍然保持细长的窄条状形貌特征。挤压过程中形成孪晶的体积分数与应变呈现近似的线性增长关系,然而粗晶(30 μm)与细晶(8 μm)组织中出现孪晶的倾向却表现出较为明显的差异。其中,粗晶比细晶棒材更容易出现孪晶,如图 5 - 60 所示,说明增大晶粒尺寸能够促使孪晶的形成。

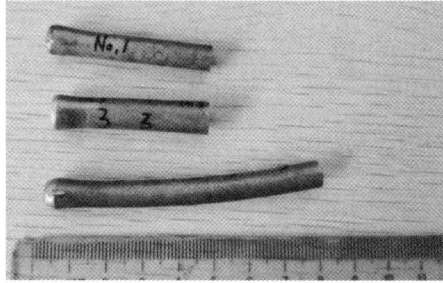

图 5 - 58　室温包套挤压样品

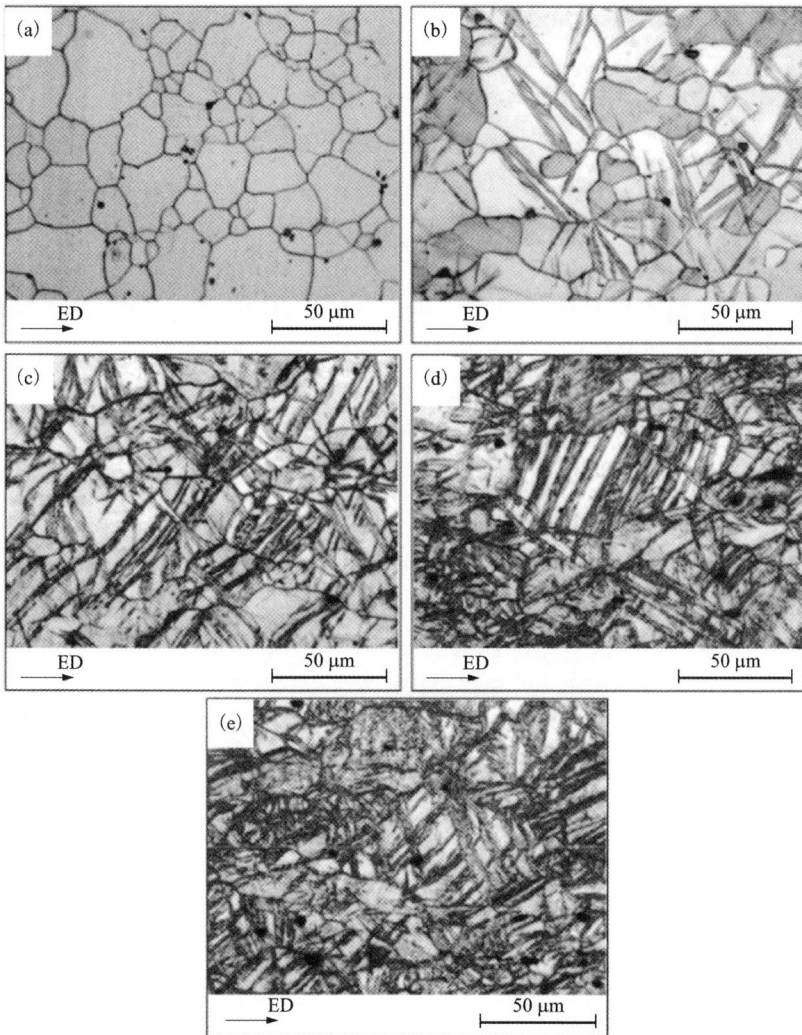

图 5 - 59　棒材经不同室温变形量挤压的组织形貌

(a)原始棒材;(b)16 mm 挤压模具(10%);(c)15 mm 挤压磨具(25%);(d)14 mm 挤压磨具(38%);(e)13 mm 挤压磨具(53%)

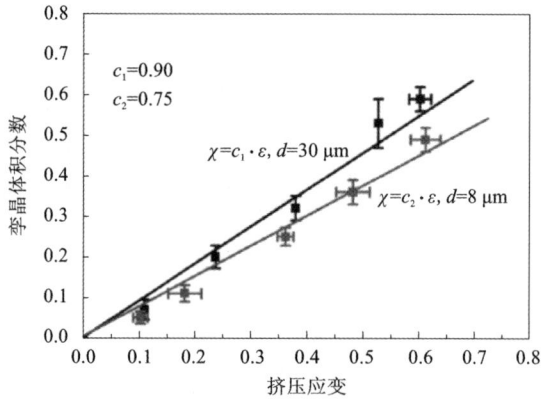

图 5 - 60　孪晶体积分数随室温应变量的变化

5.5.3　AZ31 镁合金的室温单轴拉伸行为

挤压过程中由于模具内形成了一种多向应力状态，裂纹的形成被有效地抑制，因而相对于普通的拉伸实验，挤压变形方式能够获得更高的均匀应变，最高真应变超过 60%，且样品未发生宏观开裂，样品表面质量良好。

通过挤压的方式，可以对镁合金施加不同的预应变，由于挤压过程中所形成的特殊应力状态，预应变的数值超过常规力学测量所覆盖的应变范围，通过单轴拉伸实验测量不同预应变量样品的屈服强度，能够描绘镁合金高应变范围的应力流变规律，图 5 - 61(a) 和 (b) 示出了不同预应变阶段的室温拉伸真应力 σ_{zh} - 真应变 ε_{zh} 曲线。

由此可以看到，实验合金的屈服强度随着预应变的增大逐渐增大，在整个实验测量的应变区间 (0 ~ 65%)，没有出现明显的宏观应力软化行为。对比两种晶粒尺寸棒材的应力曲线不难发现，细晶棒材的整体应力水平较高，这符合 Hall - Petch 规律。同时值得注意的是，未施加任何预应变样品的 $\ln\sigma_{zh}$ - $\ln\varepsilon_{zh}$ 曲线呈现明显的线性关系，说明其 σ_{zh} - ε_{zh} 之间满足经典的 Hollomon 应变硬化关系：

$$\sigma_{zh} = K\varepsilon_{zh}^{n} \tag{5 - 9}$$

式中：K 为材料常数；n 为应变硬化指数。根据 $\ln\sigma_{zh}$ - $\ln\varepsilon_{zh}$ 曲线的斜率和 y 轴交截的数值，可以确定 K 和 n 值。同时，根据实验数据测量的 K 和 n 值，可以利用 Hollomon 关系计算整个实验区间内理论的流变应力曲线，如图 5 - 8 中 "—□—" 曲线所示。对比实验结果与理论结果，可以看出，实际测量的应力值要低于根据常规应变硬化规律计算所得的应力水平，说明在镁合金室温变形过程中，除了存在常见的加工硬化效应效果外，一定还存在某种软化机制。不难将这种软化效应与实验中观察到的孪晶组织联系在一起，因而可将这种软化效应归结为压缩孪晶引起的织构效应。可以分别考虑基体（Ⅰ）和孪晶（Ⅱ）区域的流变行为，认为材料的流变行为是两种区域的综合加权之和，而孪晶的软化效应通过织构软化因子 f 描述，并根据等功准则（constant work criteria）：

$$\sigma_{zhI} \cdot \dot{\varepsilon}_{zhI} = \sigma_{zhII} \cdot \dot{\varepsilon}_{zhII} \qquad (5-10)$$

式（5-10）提出了描述镁合金中孪晶引起的织构软化效应的数学模型：

$$\sigma_{zh} = k\varepsilon_{zhI}^{n} \cdot \left[\frac{\chi}{f} + (1-\chi) \right] \qquad (5-11)$$

$$\chi = c \cdot \varepsilon_{zh} \qquad (5-12)$$

$$\varepsilon_{zh} = \chi \cdot \varepsilon_{zhI} + (1-\chi) \cdot \varepsilon_{zhII}, \quad \varepsilon_{zhI} = f \cdot \varepsilon_{zhII} \qquad (5-13)$$

式中：K 和 n 可以通过无预应变的拉伸实验曲线获得。χ 是孪晶体积分数；c 是孪晶倾向参数，表示图 5-7 中孪晶体积分数随应变变化的斜率，此数值通过金相观察的统计结果获得。根据此模型，能够计算实验材料在整个实验应变区间的应力流变规律。图 5-61（a）和（b）图中虚线表示理论的软化曲线。

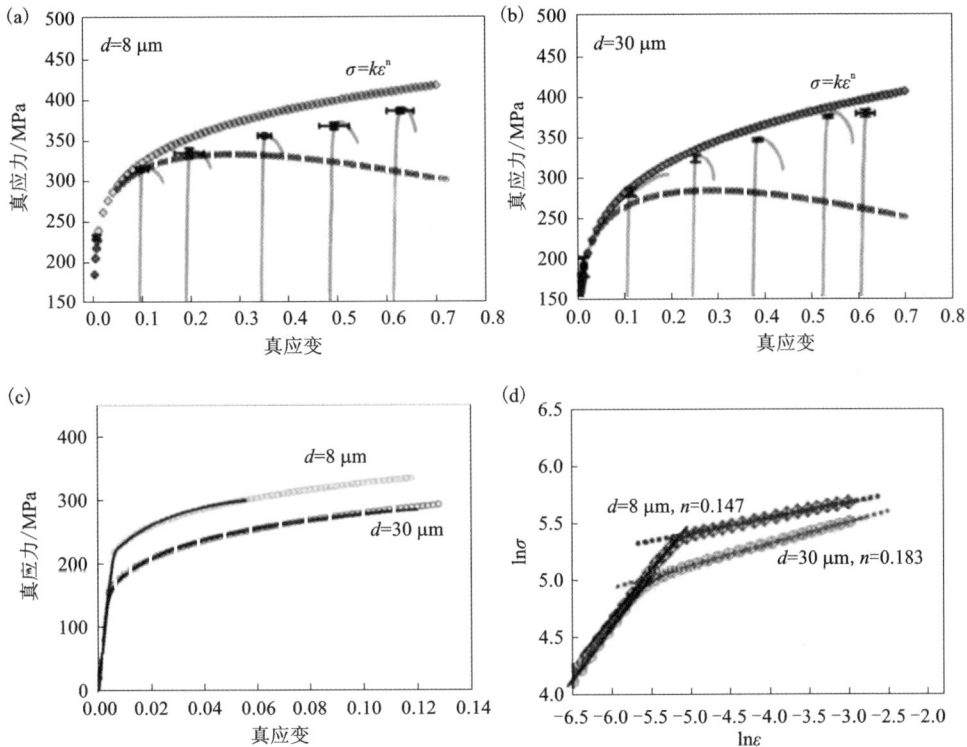

图 5-61　两种晶粒尺寸的实验合金（a）8 μm 和（b）30 μm 在不同预应变室温挤压棒的拉伸曲线（c）原始棒材的拉伸曲线；（d）$\ln\sigma_{zh} - \ln\varepsilon_{zh}$ 曲线

根据拉伸实验结果，在应变的初期阶段，应力流变行为符合常规的 Hollomon 硬化规律，如图 5 - 61(c) 和(d)所示。随着应变的逐渐增大，流变应力逐渐偏离理论的应变硬化规律，其数值低于理论的流变应力数值，因而必然存在某种软化效应。由此认为这种效应来自孪晶引起的织构软化，并使用 Barnett 提出的数学模型描述应力流变行为，计算结果显示，由于软化效应的存在，随着应变的增大，流变应力缓慢增加，并在应变达到 20% ~ 30% 时达到最大值，随后出现宏观的流变应力软化行为。然而根据实际测量结果，随着预应变的增加，样品的屈服强度逐渐增大，在整个应变区间未出现明显的流变应力软化现象；同时，实验数值大于软化模型的计算数值大小，也预示除了常规的硬化规律和织构软化效应外，应该还存在其他类型的额外硬化效应。根据金相实验结果，在室温挤压过程中，随着应变的增加，孪晶数量逐渐增多，在硬取向的基体内形成了更多软取向的区域，产生软化效应；但与此同时，由于孪晶数量增多，且保持一种细长的窄片状形貌，使得原始晶粒被切割成很多小块区域，产生一种类似 Hall - Petch 强化的效果。由于窄孪晶界面的可动性低，压缩孪晶形成后就保持一种窄片状形貌，在晶体中起到阻碍位错滑移的作用，在应变过程中起到额外的强化效果。

5.5.4 孪晶对 AZ31 镁合金塑性的影响

图 5 - 62 给出了不同预应变状态的实验合金在室温单轴拉伸实验获得的真应力 - 真应变曲线。可以看到，没有预应变的样品表现出典型的连续屈服行为，随着应变量的增大，流变应力表现为常规的硬化特征，其断后伸长率约为 13%。当预应变小于材料本身的伸长率时，材料发生明显屈服，其屈服强度与无预应变样品经单轴拉伸发生相同应变量时的流变应力值相当，说明挤压和单轴拉伸变形产生的塑性流变效果相似。然而值得注意的是，通过挤压施加的预应变量小于材料本身的伸长率时，在后续的单轴拉伸实验中，能够获得更大的总伸长率(挤压应变 + 拉伸应变)；当预应变超过材料的本征伸长率时[如图 5 - 62(c) ~ (e)所示]，材料弹性变形后立即达到应力峰值点，随后产生不均匀变形并出现缩颈，最终导致断裂，此时材料的断后伸长率均低于 7%。图 5 - 63 给出了室温拉伸时材料的断后伸长率随预应变的变化规律。测量结果显示，当预应变小于材料本身伸长率时，随着应变量的增加，断后伸长率逐渐降低；当预应变超过材料本身伸长率时，材料断后伸长率变化不大，甚至出现断后伸长率随预应变的增大而略有增加的现象，这说明当引入更多预应变时，材料的塑性得到了改善。根据金相实验结果，随着预应变的增大，孪晶数目增多，更多孪晶的引入可能是塑性改善的原因。

在不考虑加工硬化行为的前提下，材料的断面收缩率反映了材料最本征的塑性承受能力，是一项重要的塑性指标。一般情况下，随着预应变的增大，材料塑

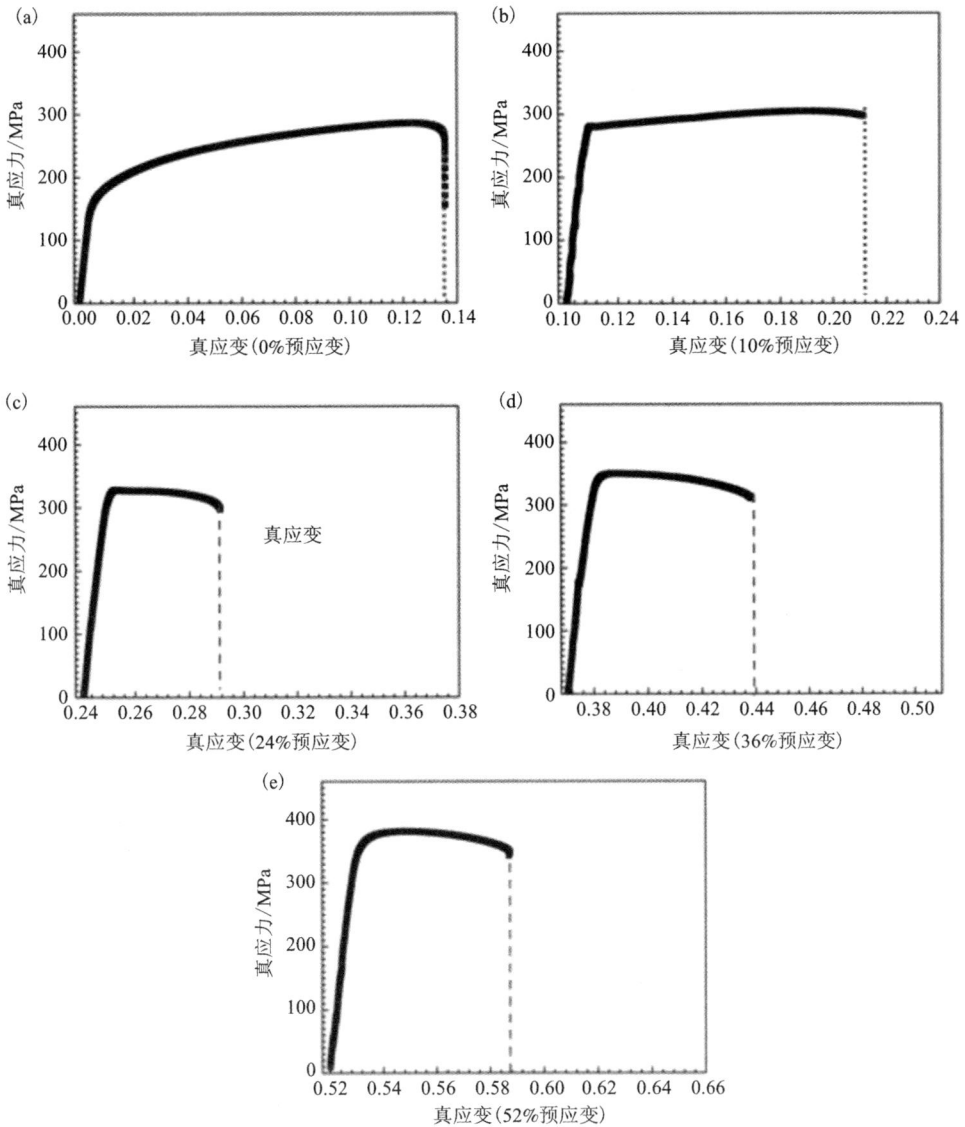

图 5-62　不同预应样品的拉伸曲线

（a）预应变 0%；（b）预应变 10%；（c）预应变 24%；（d）预应变 36%；（e）预应变 52%

性会有一定程度的消耗，因而塑性降低，断面收缩率减小。然而，对于镁合金而言，预应变的大小对断面收缩率影响较小，甚至出现断面收缩率随预应变的增大而略微增大的趋势。这个反常的结果说明，室温预应变引入的孪晶，在一定程度上补偿了预应变中消耗的塑性承载能力，从而使得材料的塑性处于一种动态的稳

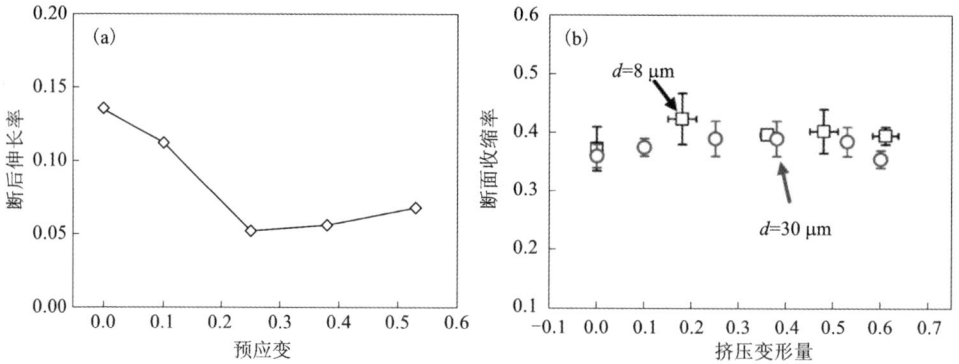

图 5 - 63　不同预应变样品的室温单轴拉伸力学性能

(a)断后伸长率；(b)断面收缩率

定状态，这与伸长率的测量结果也是吻合的。

　　孪晶的引入不仅改变了材料原有的组织结构，而且产生了织构软化和类 Hall - Petch 效应等作用，因而对材料塑性变形行为的影响是非常复杂的，其作用机理有待更进一步的研究。

5.5.5　孪晶引起的 AZ31 镁合金宏观织构变化

　　在针对镁合金的研究中，支持织构软化理论的实验证据却鲜有报道。其最为主要的原因有两点：①常规的变形方式产生的应变有限，形成孪晶数量较少，因而引起的织构软化较小，实验中不易观测到；②传统的 X 射线宏观测试方法本身存在缺陷，无法精确、定量地反映织构变化。采用包套挤压方法，可以使镁合金获得较高的室温应变，引入足够数量的孪晶，因而使得孪晶引起的织构变化更为明显。同时，为定量描述孪晶与织构演变规律的关系，必须准确测定宏观织构强度，也就是特征反射面的极密度数值。传统 X 射线反射法的极图测量范围一般为 $0 \sim 60°$，在更高角度范围内，其散焦效应非常明显，数据可靠性很低。大多数织构测试系统对于这一测量缺失区域采取估算方式赋值，并将实验测量数据与估算数值结合，进行"伪完整归一化"处理。很显然这种基于约 30% 估算比例的归一化算法，其误差是很大的，尤其是对于晶体对称性较差的镁合金材料，其误差更大。

　　通过对 45°切割样品进行完整极图数据测量，测量 ψ 角 ±45° 范围数据，获得极图中从 RD 到 ED 方向的衍射强度数据(如图 5 - 64 所示)，根据棒材样品的轴向对称性，进行完整归一化处理，即可得到极密度数值准确的完整极图。

　　图 5 - 65 示出了粗晶样品(30 μm)室温挤压过程中的(0002)和 $\{10\bar{1}0\}$ 极图

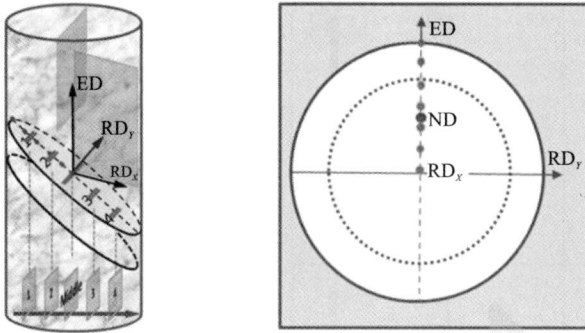

图 5 - 64　宏观织构测试方法

演变规律。室温挤压前棒材呈现出 $<10\bar{1}0>$ //挤压方向的基面织构特征，这种织构在室温挤压过程中得以保持，且其间没有新的织构类型出现。虽然极图形态在挤压过程中并未出现明显改变，但基面极密度的最大值却出现明显降低的趋势，经室温挤压 53% 后（采用出口直径 13 mm 的挤压模），最大极密度由最初的 4.8 减小到原来的一半左右，仅为 2.47，如图 5 - 66 所示。同时，随着室温应变量的增加，极密度数值为 1 的等高线位置逐渐向 ψ 的高角度位置转移，从最初的 18° 逐渐增加到 23°左右，(0002)极图出现宽化现象。基面极密度数值的降低和基面极图的宽化说明实验合金室温挤压过程中，随着应变量的增加，基面织构的强度逐渐减弱。基面织构的峰形特征显示，室温挤压过程中，随着应变量的增大，基面织构峰强逐渐降低，且基面织构峰形不断宽化，当应变达到 50% 时，出现了明显的织构双峰，如图 5 - 67 所示。

5.5.6　孪晶相关的微观织构及局部塑性变形微观机制

5.5.6.1　单根孪晶区域

图 5 - 68 给出了室温压缩孪晶的典型透射电镜形貌像。可以看到，孪晶区域出现了二次孪晶 T_2，而 T_1 和 T_3 为初次孪晶区域。该透射电镜明场像是在 $<11\bar{2}0>$ 晶带轴下拍摄的，在同样的晶带轴下，T_1、T_2、T_3 以及晶粒的基体区域的电子衍射花样如图 5 - 68(b)、(c)所示。其中，T_1 和 T_3 区域的取向非常接近，属于初次孪晶区域，它们与原始晶粒的基体之间满足沿 $<11\bar{2}0>$ 晶带轴方向旋转 51°的取向差关系，这与理论的 $\{10\bar{1}1\}$ 孪晶关系(56°/$<11\bar{2}0>$)非常接近。与此同时，T_1 和 T_2 之间满足沿晶带轴 $<11\bar{2}0>$ 方向旋转 87°的取向差关系(87°/$<11\bar{2}0>$)，这个取向关系与标准的 $\{10\bar{1}2\}$ 孪晶关系一致。

TEM 明场像中还标出了基体中满足 $<11\bar{2}0>$ 晶带轴取向差关系的重要孪晶

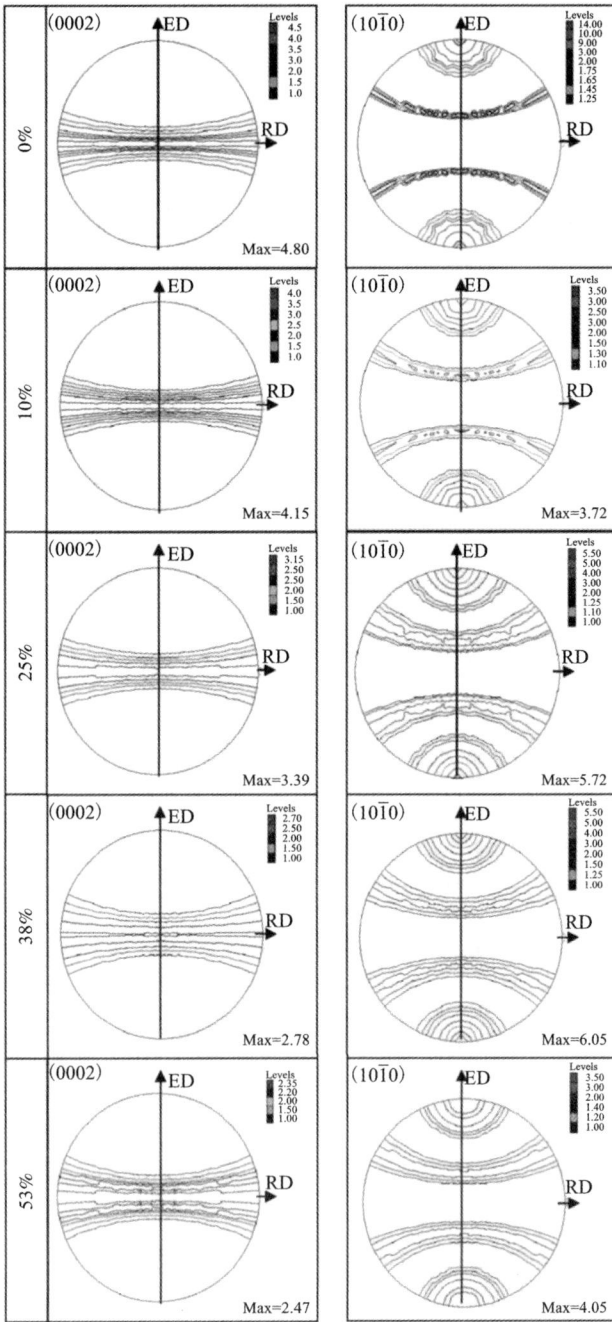

图 5-65　室温挤压过程中的(0002)和{10$\overline{1}$0}极图演变规律

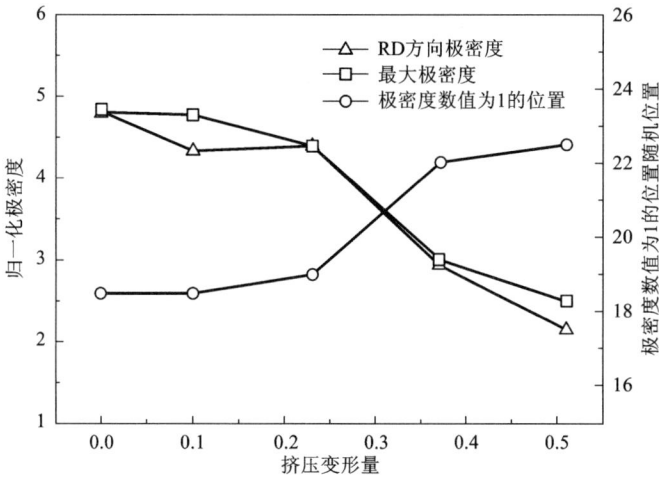

图 5 - 66　粗晶样品基面极密度随室温挤压应变量的变化规律

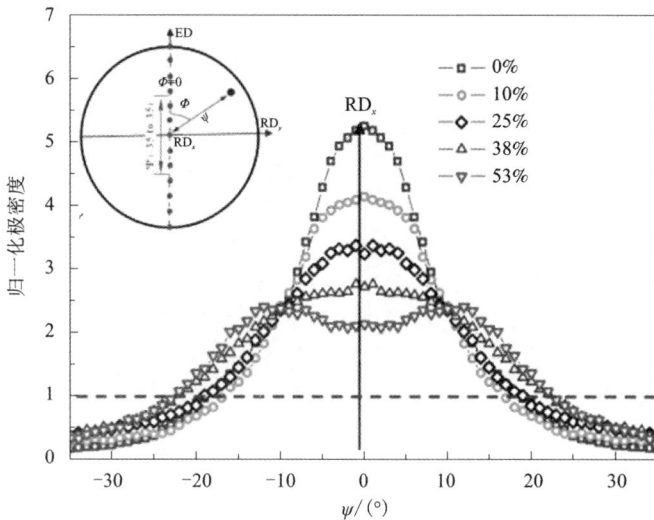

图 5 - 67　粗晶样品基面织构峰形分析

面的迹线，其中 $(01\bar{1}1)$ 孪晶面与孪晶片层的方向一致，这个结果与衍射花样中的孪晶惯习面相同，如图 5 - 68(b) 中白色虚线所示，因而可以确定该孪晶是 $(01\bar{1}1)$ 压缩孪晶；而 T_2 孪晶惯习面与 $(10\bar{1}2)$ 面一致，且与 T_1/T_3 的取向关系为沿 $<11\bar{2}0>$ 方向顺时针旋转 86.4°，因而可以确定为初次孪晶区域形成的二次孪晶。

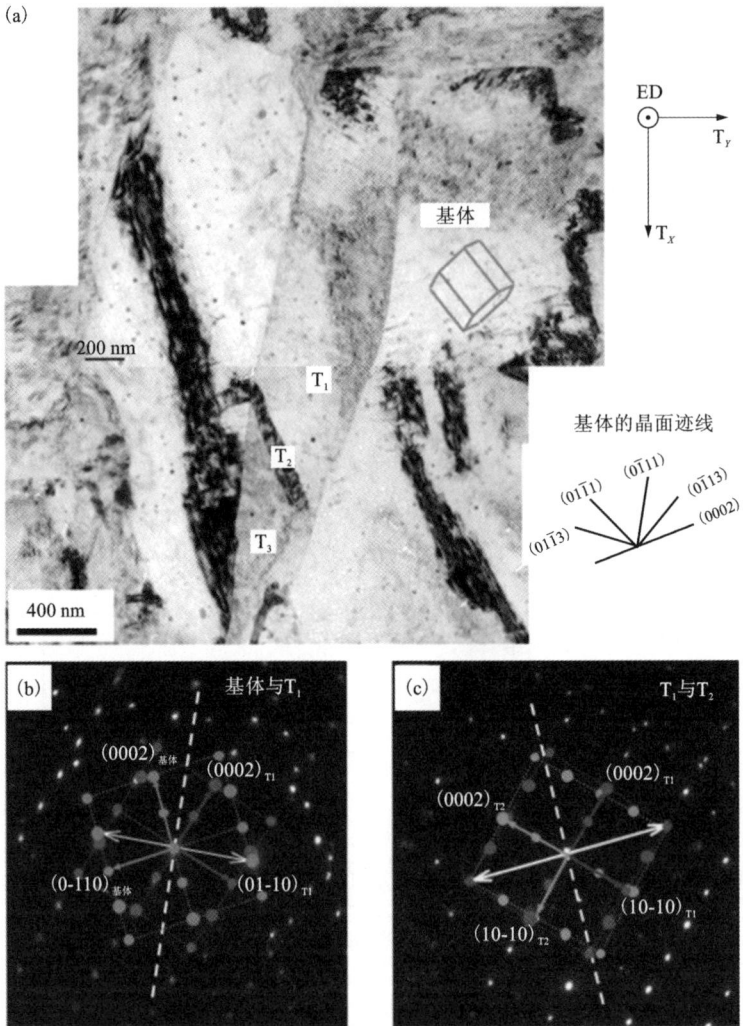

图 5-68　室温压缩孪晶的透射电镜分析

(a) 单根孪晶的透射电镜明场像；(b) 孪晶 T_1 与基体的选区电子衍射花样；(c) 孪晶 T_1 和
T_2 区域的选区电子衍射花样

图 5-69(a) 给出了另外一个孪晶的形貌像，晶带轴的取向同样为 $<11\bar{2}0>$
方向。可以看到，孪晶区域分裂成多个取向不同的胞状组织，图中用字母 $A-H$
标记出了这些不同的亚组织区域。值得注意的是，孪晶区域所有亚组织的取向之
间均满足沿晶带轴 $<11\bar{2}0>$ 方向旋转的取向差关系，图 5-69(b) ~ (e) 给出了各
亚组织区域的选区电子衍射花样。其中，D 区域与基体的取向满足沿 $<11\bar{2}0>$ 晶

带轴顺时针旋转 $42°$ 的关系，区域 A 与基体的取向满足沿相同晶带轴逆时针旋转 $36.2°$ 的关系。这两种取向都可以认为是靠近 $\{10\bar{1}1\}$ – $\{10\bar{1}2\}$ 二次孪晶的取向，考虑到与基体形成的取向关系沿 $<11\bar{2}0>$ 轴的旋转方向不同，如果认为区域 A 和 D 均由二次孪晶形成，则它们分别对应的 $\{10\bar{1}1\}$ 初次孪晶系并不相同。其中，A 区域的初次孪晶是 $(01\bar{1}1)$，而 D 区域的初次孪晶系则是 $(01\bar{1}\bar{1})$。根据电子衍射花样，图 5 – 69(a) 中标出了原始晶粒中重要孪晶面的迹线方向。不难发现，只有 $(01\bar{1}\bar{1})$ 孪晶面迹线与孪晶片形貌吻合，因而可以确定此类孪晶的初次孪晶系是 $(01\bar{1}\bar{1})$，并且可以认为 D 区域为 $\{10\bar{1}1\}$ – $\{10\bar{1}2\}$ 孪晶区域，而 A 区域则并非由二次孪晶形成。进一步的取向分析表明，区域 B 与区域 A 之间的关系满足典型的 $\{10\bar{1}2\}$ 孪晶关系（$86.4°/<11\bar{2}0>$），且其界面位向与 $\{10\bar{1}2\}$ 孪晶面方向吻合，如图 5 – 16(d) 所示，可以认为 B 区域是在 $\{10\bar{1}1\}$ – $\{10\bar{1}2\}$ 二次孪晶的基础上，再次发生三次 $\{10\bar{1}2\}$ 孪晶形成。而区域 B、C、D 的取向差别较小，很可能是三次孪晶区域发生局部塑性变形而形成的亚晶组织。

5.5.6.2　孪晶带(twinning band)区域

合金室温挤压过程中产生了大量孪晶，这些孪晶多数发生束状聚集，形成孪晶带状区域。图 5 – 70(a) 给出了一个孪晶带状区域 ED 取向分布图，图中蓝色区域表示晶粒的基体区域，根据取向三角形，可以判断原始晶粒处于 $<10\bar{1}0>//ED$ 的晶体取向，这与宏观织构观察结果一致，代表了原始材料中的典型取向。图 5 – 70(a) 中同样标记出了宏观的挤压方向(ED)，并给出了晶粒取向的示意图，图中用黑色实线标记出大角度界面($>10°$)，而白色实线则代表小角度界面($<10°$)。

此外，从图 5 – 70 中还可以看出，孪晶区域与基体之间并不满足某种特定的取向关系，孪晶带的取向呈现出一定的分散性，图 5 – 70(d) 给出了图中所标记的各个孪晶带 A – G 的取向。虽然孪晶区域的取向呈现一定的分散性，但孪晶与基体间均满足沿 $<11\bar{2}0>$ 方向旋转的取向关系。如果认为 A – G 带状区域通过孪晶形成，根据孪晶迹线分析，孪晶片层形貌与 $(1\bar{1}01)$ 以及 $(10\bar{1}\bar{1})$ 迹线吻合，因而孪晶带均有可能通过两种孪晶方式形成。其中，$(10\bar{1}\bar{1})$ 孪晶理论上与基体应形成沿 $<11\bar{2}0>$ 逆时针旋转的关系，而 $(1\bar{1}01)$ 孪晶与基体应形成沿 $<11\bar{2}0>$ 顺时针旋转的取向关系。以此为依据，则 B、D、E 和 F 可以归为 $(1\bar{1}01)$ 孪晶族，A 和 C 应归为 $(10\bar{1}\bar{1})$ 孪晶族，如图 5 – 70(b) 所示。因而图中所示的带状区域应该是两种孪晶族的交截位置，根据极图分析得知，这两种孪晶面均不平行于晶带轴方向，它们与观察面的夹角都小于 $90°$。并且此种取向下，孪晶带状区域与基体共同的 $<11\bar{2}0>$ 晶带轴不仅与挤压方向(ED)垂直，而且还垂直于孪晶切面法向方向(孪晶的切面是指包含孪晶系两个不变线方向的平面)。

同时，从取向分布图中容易看到，孪晶带状区域形成了大量的亚组织，包括

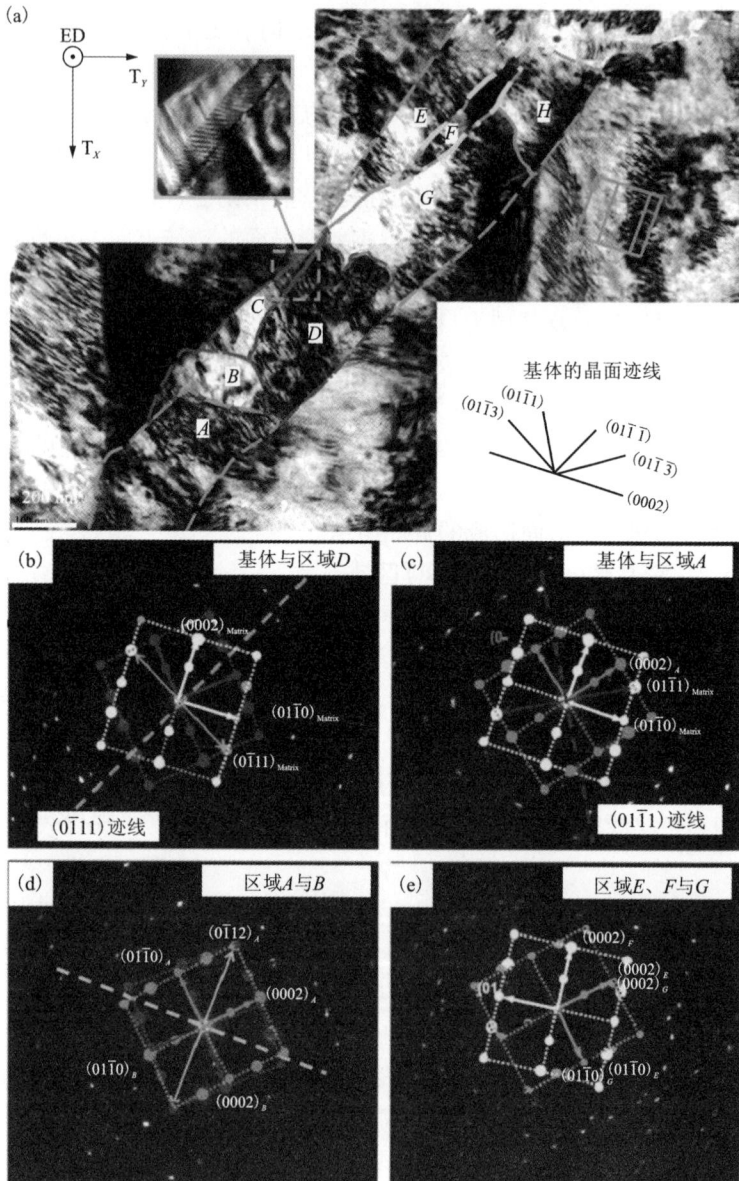

图 5 – 69　单根孪晶区域内部形成的亚结构及亚结构区域的选区电子衍射花样分析

(a)孪晶中的亚结构明场像;(b)基体与区域 D 选区电子衍射花样;(c)基体与区域 A 选区电子衍射花样;(d)区域 A 与区域 B 选区电子衍射花样;(e)区域 E、F 和 G 的选区电子衍射花样

很多小角度界面(白色实线)和大角度界面(黑色实线),而原始晶粒的基体则未发现类似的亚晶组织,这说明孪晶区域发生了局部的塑性变形,使得孪晶区域发生了变形诱导的回复或动态再结晶行为,形成各种小角度的亚晶和大角度的再结

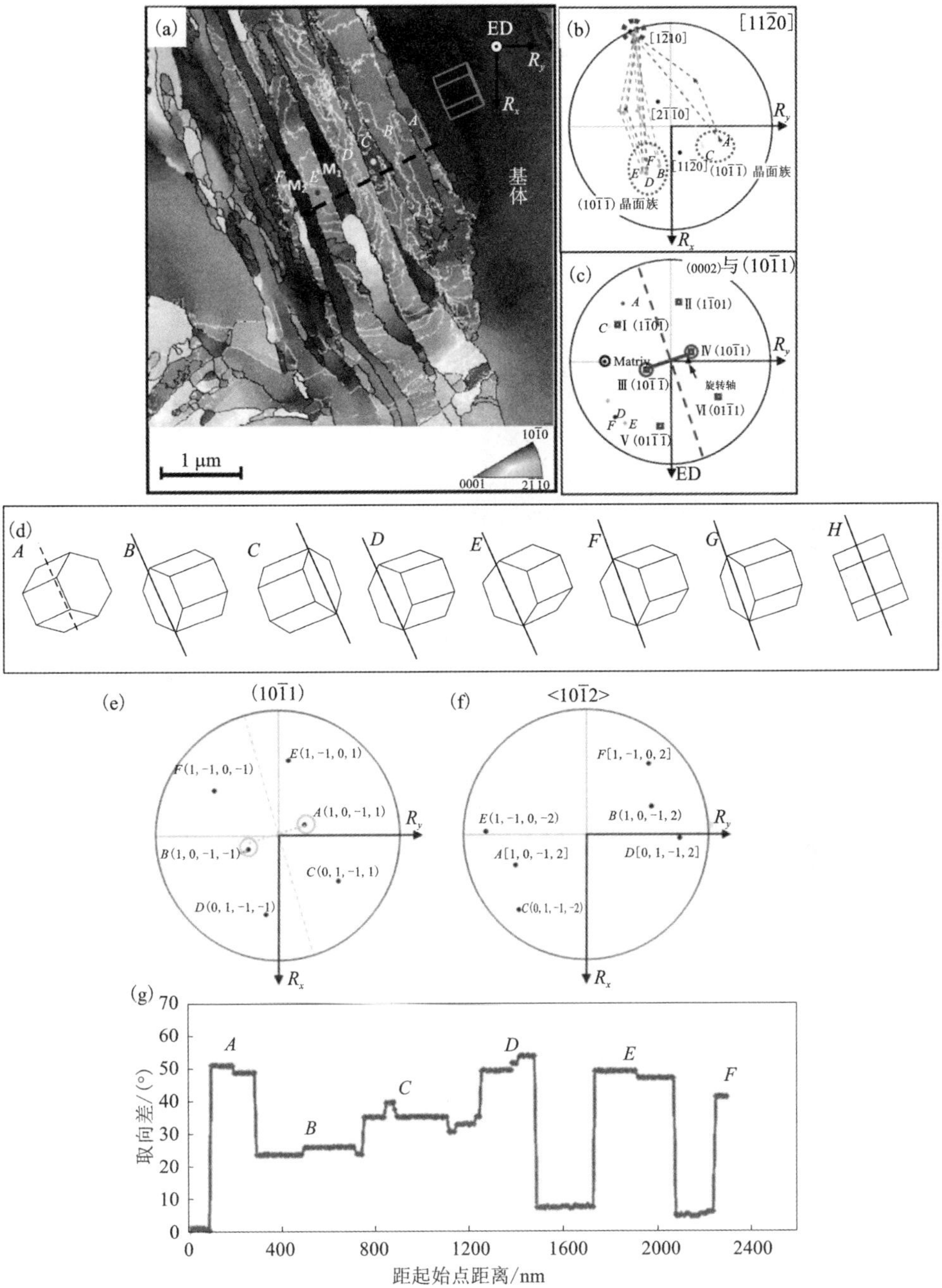

图 5-70　孪晶带状区域的取向分析(彩图版见附录)

(a)ED 取向分布图;(b)[11$\bar{2}$0]极图;(c)(0002)极图;(d)孪晶区域的晶体取向示意图;(e)｛10$\bar{1}$1｝极图;

(f)[10$\bar{1}$2]极图;(g)沿图(a)中虚线的晶体取向差分布

晶组织。

图 5-71 给出了另一孪晶带状区域的取向分布图，与图 5-70 类似，孪晶区域与基体的 <11$\bar{2}$0> 方向重合，但孪晶带区域的取向偏离原始的基面织构取向，由于孪晶与基体形成沿 <11$\bar{2}$0> 不同旋转方向的取向特征，孪晶区域应属于同族的两个不同孪晶系。从上面两个例子可以看出，孪晶带区域很多时候是两种孪晶的交截区域，并且它们均具有最大的孪晶 Schmid 因子。

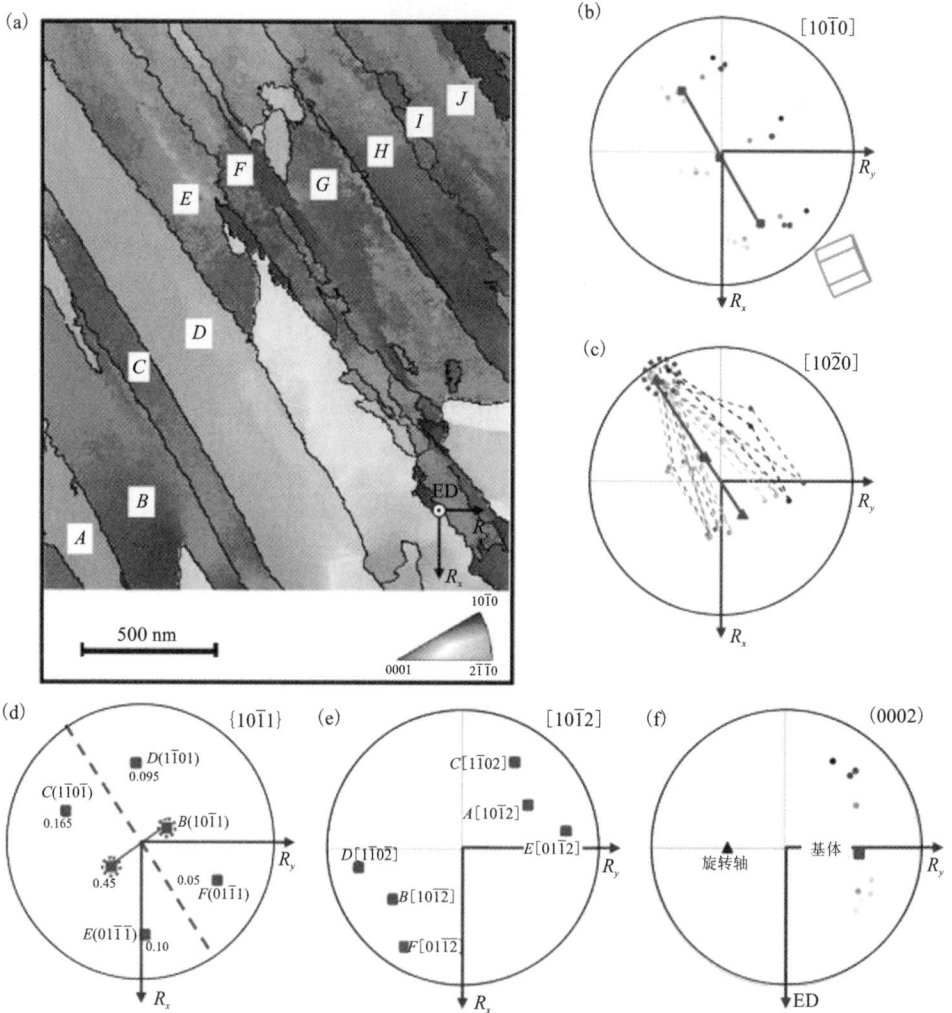

图 5-71 孪晶带状区域的取向分布图及局部取向的极图分析

(a) ED 取向分布图；(b) [10$\bar{1}$0] 极图；(c) [11$\bar{2}$0] 极图；(d) {10$\bar{1}$1} 极图；(e) [10$\bar{1}$2] 极图；(f) (0002) 极图

5.5.6.3　室温挤压过程的孪晶行为

X 射线宏观织构检测结果表明，原始的棒材具有典型的 $(0002)<10\bar{1}0>//$ ED 的基面纤维织构特征。考虑到挤压方向与晶体的取向关系，原始晶粒中六个等价的 $\{10\bar{1}1\}$ 孪晶系可以归纳为 Type 1 和 Type 2 两种类型，如图 5 - 72 所示。

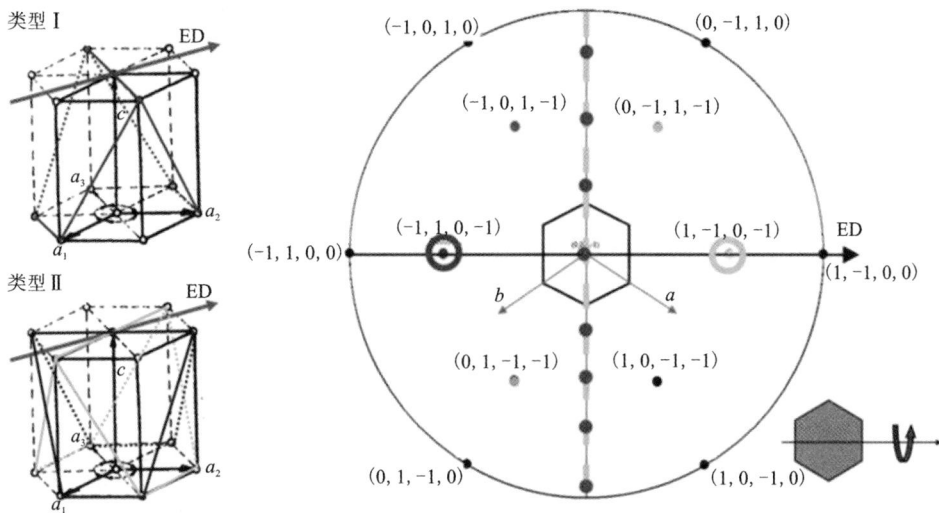

图 5 - 72　镁合金中的 Type 1 和 Type 2 $\{10\bar{1}1\}$ 孪晶系

其中，Type 1 孪晶系通常具有较大的 Schmid 因子，在室温挤压过程中，应该起主导作用，而 Type 2 孪晶系的 Schmid 因子较小，对塑性应变的协调作用较小。

图 5 - 73 和图 5 - 74 给出了本章 5.5.6.1 节中两个单根孪晶的微观织构信息，此图表明原始晶粒的 ED 取向平行于 $<10\bar{1}0>$，即它们均具有典型的基面织构。$\{10\bar{1}1\}$ 和 $<10\bar{1}2>$ 极图中标示了六个等价的 $\{10\bar{1}1\}$ 孪晶系，旁边的数字表示各孪晶系的 Schmid 因子。在这两种情况下，原始晶粒均沿着最小 $(01\bar{1}1)$ $[01\bar{1}2]$ 以及 $(01\bar{1}1)$ $[01\bar{1}2]$ 孪晶系发生初次孪晶。孪晶形成后，晶体取向沿着 $[2\bar{1}\bar{1}0]$ 发生旋转，由于 $[2\bar{1}\bar{1}0]$ 方向与原始挤压方向 ED 呈 30°左右的夹角，此类孪晶属于 Type 2 型孪晶。由于这类孪晶 Schmid 因子较小，对宏观的外加应变贡献较小，可以认为它们在塑性变形中仅仅起到协调局部的微观应变、释放塑性协调应力的作用。与宏观的外应变相比，此类微观应变通常较小，正因为如此，在塑性变形过程中，此类孪晶不易发生束集，形成带状组织。

根据孪晶面迹线分析和微观织构取向分析结果，可以推断孪晶带状区域是由 Type 1 型 $\{10\bar{1}1\}$ 孪晶发展并逐步形成。由于此类孪晶本身的界面可动性较低，在塑性变形过程中，随着应变量的增加，单个孪晶的宽度不易扩展，只能通过同种

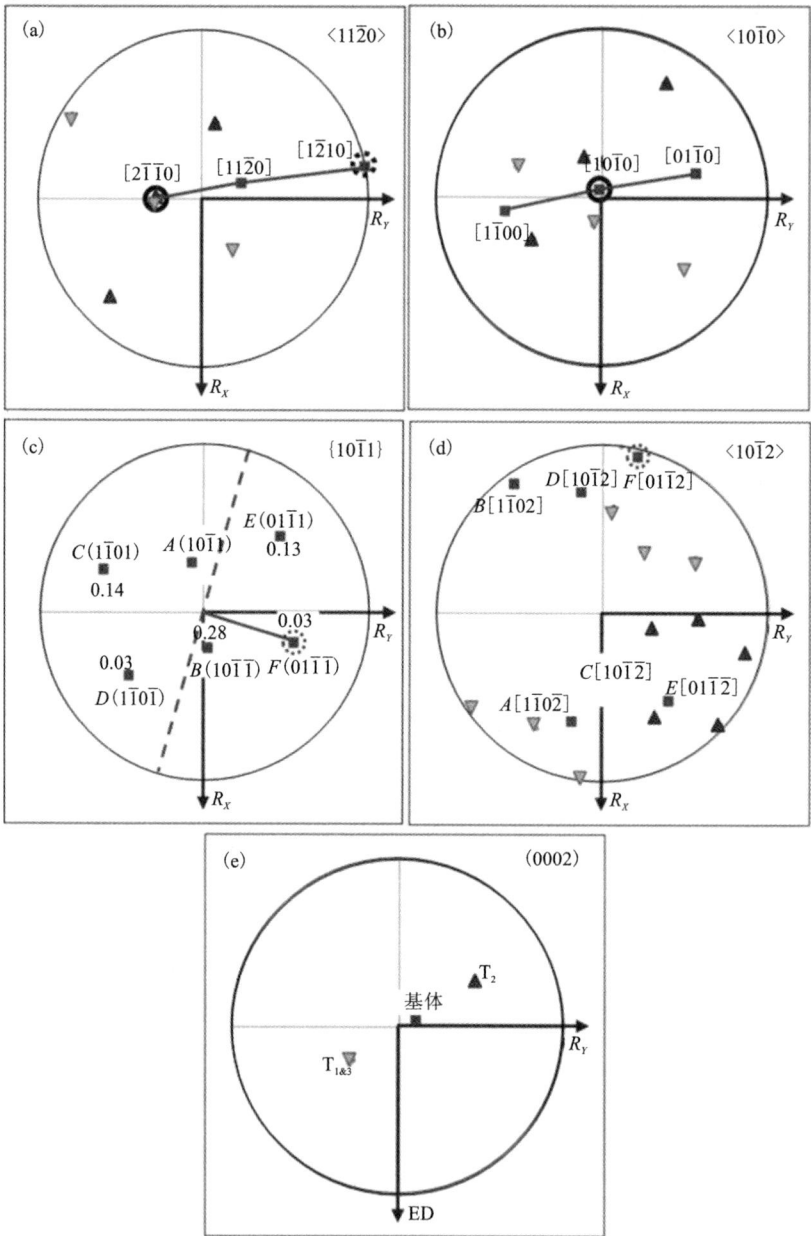

图 5 - 73　图 5 - 68 中的单个孪晶区域的极图取向分析

(a) < 11$\bar{2}$0 > 极图；(b) < 10$\bar{1}$0 > 极图；(c) {10$\bar{1}$1} 极图；(d) < 10$\bar{1}$2 > 极图；(e) (0002) 极图

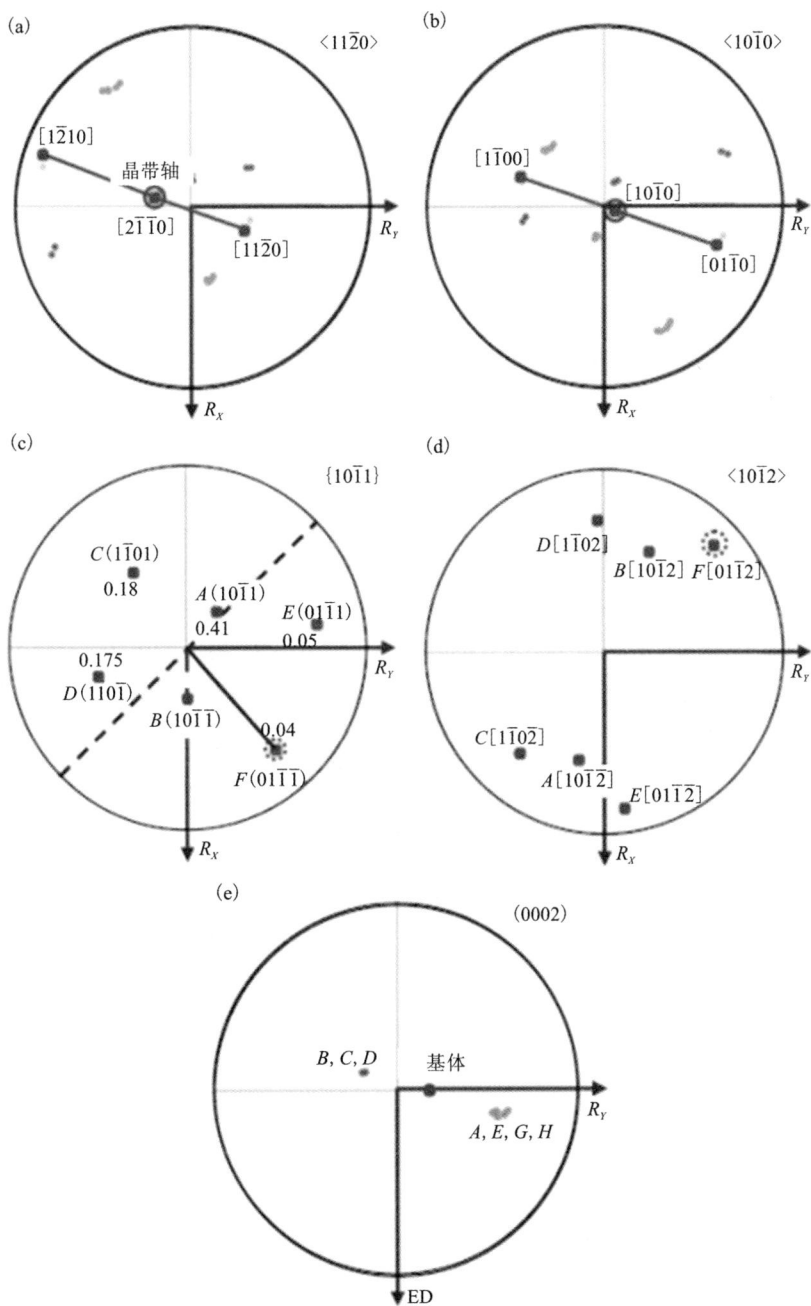

图 5 - 74　图 5 - 69 中单个孪晶区域的极图取向分析

（a）<11$\bar{2}$0>极图；（b）<10$\bar{1}$0>极图；（c）{10$\bar{1}$1}极图；（d）<10$\bar{1}$2>极图；（e）(0002)极图

孪晶变体不断形核的方式使孪晶体积分数增大，并聚集形成带状组织。由于 Type 1 型孪晶具有较高的 Schmid 因子，由此形成的带状组织在原始晶粒内部形成了一个较大的局部易塑性变形区域，因而在塑性变形过程中，能够起到承担主要宏观塑性应变的作用。带状组织内部所观察到的各种小角度亚晶和大角度再结晶组织，也从一定侧面上说明该区域是塑性变形的集中区域。

5.5.6.4 宏观织构演变机制探究

一般认为，宏观织构的形成与位错滑移有关，在塑性变形过程中由于某种或某几种滑移系的集中进行，在宏观形状改变的同时，受到外部加工模具的限制，材料内部的晶体发生某种趋势的旋转，从而形成特定的晶体学择优取向织构。同样地，孪晶的形成在晶体内形成了一种全新的取向，因而也会产生宏观织构的变化。在镁合金中，针对 $\{10\bar{1}2\}$ 拉伸孪晶引起的宏观织构演变研究较多，此类孪晶一旦形成，就极易发生横向扩展，并迅速吞并整个原始晶粒，使整个晶粒的取向都发生变化，因而引起的宏观织构变化非常明显；而针对 $\{10\bar{1}1\}$ 压缩孪晶的研究相对较少，由于此类孪晶界面的可动性较差，在整个变形阶段孪晶保持窄片状形貌，在有限的应变范围内，孪晶形核数量也有限，造成孪晶整体的体积分数较小，因而在实验中难以观察到孪晶引起的宏观织构变化。通过采用室温包套挤压的方式，抑制了裂纹的形核与扩展，使得实验合金获得了近70%的室温应变量，引入了足够的孪晶数量，可以通过精确测量和定量分析方式描述材料在较大应变区间的织构演变规律。

原始棒材具有典型的 $(0002)<10\bar{1}0>//$挤压方向的织构，在室温挤压过程中，随着应变量的增大，基面织构的极密度数值逐渐降低，基面织构峰强减小，峰形出现明显宽化现象，且当应变达到53%时，出现明显的基面织构双峰。实验材料室温挤压过程中形成了大量的孪晶，单根的孪晶一般属于 Type 2 型压缩孪晶，而孪晶带多属于 Type 1 型孪晶。在具有基面织构取向的原始晶粒内产生孪晶以后，孪晶区域的取向发生了突变，形成了新的微观取向。如果单纯考虑 $\{10\bar{1}1\}$ 孪晶的取向关系，Type 1 和 Type 2 型这两种类型的孪晶的形成会形成如图 5 - 75 所示的宏观织构，即在 ψ 角为 30° 和 56° 的位置会出现由孪晶取向而形成的峰值，相应地，基面的峰形会出现双峰现象。然而仔细观察就会发现，X 射线宏观织构所观察到的基面织构双峰位于 ψ 角为 10° 左右的位置，而理论上 Type 1 和 Type 2 型孪晶引起的双峰应该位于 ψ 角 30° 和 56° 的位置，这明显与实验结果是不一致的，说明织构双峰的形成不是由孪晶引起的。

图 5 - 76 给出了室温下常规挤压方法和包套挤压方式获得样品的基面织构峰形对比。不论是常规挤压方法还是包套挤压方法，经室温变形后，基面织构峰强度明显降低，但只有经过常规挤压的样品中出现了基面织构的双峰。在相同的应变量水平下，常规挤压和包套挤压方法产生的孪晶数量相当。如果基面织构是由

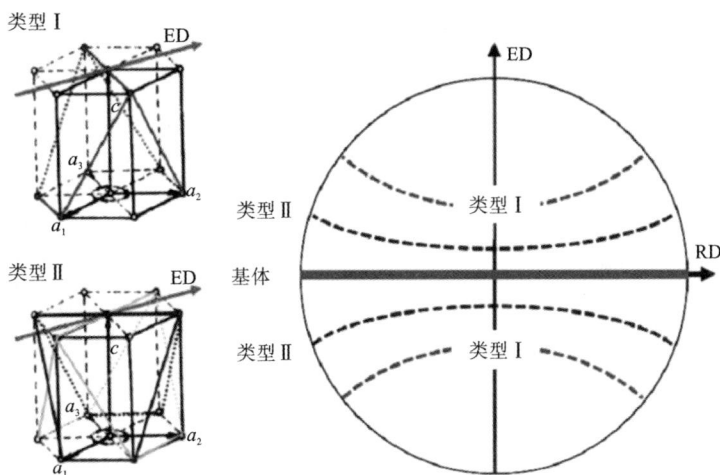

图 5 – 75　Type 1 和 Type 2 型孪晶引起的宏观织构变化

孪晶引起的，那么这两种挤压方法均会形成明显的基面织构双峰，可以推断基面织构双峰的形成不是由孪晶引起的，这与前面 Type 1 和 Type 2 型的理论取向分析结果是一致的。

　　根据宏观织构分析结果，常规挤压和包套挤压方式形成了两种不同的基面织构峰形，其根源可能是不同的应变状态。包套挤压过程中由于加入了液压油作为挤压介质，极大地减少了挤压过程的摩擦力，因而常规挤压过程中形成的基面织构双峰很有可能来自摩擦力的影响。通过对常规挤压态的样品的 5 个位置进行宏观织构的测定，能够反映样品从表面到中心处的应力状态改变所引起的织构变化规律。样品的中间位置的基面织构峰形呈现对称的特征，而 1#位置的左峰($\psi = -10°$)较强，随着位置逐渐靠近 5#位置，左峰峰强逐渐减小，右峰逐渐增大，当到达 3#位置，向 4#位置靠近时，右峰强度逐渐增大，且明显超过左峰强度。从这里可以看出，峰强的变化规律与挤压过程摩擦力的演变规律保持一致，样品两侧的摩擦力分布状态如图 5 – 76(c)所示，样品左侧位置受到摩擦力与挤压模具表面平行，在摩擦力的作用下，晶体的基面发生偏转，使得基面织构的峰形在 $\psi = -10°$位置出现极大值；同理，在样品的右侧位置基面织构峰形在 $\psi = +10°$位置出现极大值；而在样品的中间位置，由于受到对称的左右摩擦力作用，基面织构出现对称的双峰特征。从织构分析结果可以得到以下结论：

　　①室温挤压过程中，处于硬取向的基面织构内部形成了大量的孪晶，无论是 Type 2 型的单根孪晶还是 Type 1 型的孪晶带组织，均使得孪晶区域的取向偏离原始的基面织构取向，因而随着应变量的增加，孪晶份额逐渐增大，更多部分取向

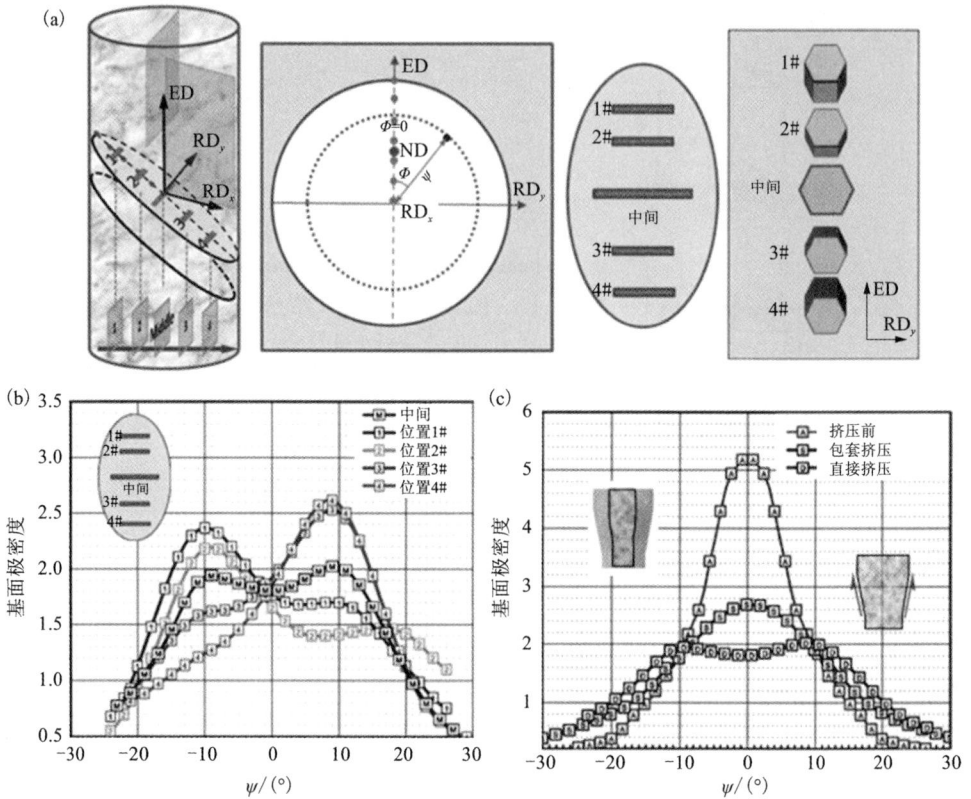

图 5 – 76 粗晶样品中五个不同位置的织构

(a)位置示意图;(b)常规挤压方法的基面极密度;(c)包套挤压方法的基面极密度

偏离原始取向,使得基面织构逐渐减弱,在实验中观察到基面织构峰强的减弱和峰形的宽化。

②当应变量增大到一定程度后,摩擦力的作用逐渐体现出来,使得基面织构峰形出现明显的双峰特征;而包套挤压过程中,由于采用液压油作为挤压介质,摩擦力的影响大大降低,基面织构峰形中并未出现明显的双峰,但基面织构的强度由于孪晶的大量出现,也产生明显的弱化现象。

5.5.6.5 孪晶相关的塑性变形微观机制

单根孪晶区域和孪晶带状区域内均出现了较大的取向分散性,这种局部的晶体取向分散与局部的塑性变形有关。镁合金中的压缩孪晶产生了一定的织构软化效应,使得局部的基面滑移在孪晶区域容易发生,表 5 – 12 ~ 表 5 – 14 给出了图 5 – 68 ~ 图 5 – 70 中孪晶区域和基体区域基面滑移的 Schmid 因子。

表 5 - 12　图 5 - 68 中孪晶区域的欧拉角及基面滑移 Schmid 因子

区域	欧拉角/(°)	基面滑移的 Schmid 因子
基体	(280.9, 95.5, 59.4)	0.08
T1	(236.8, 73.4, 64)	0.246
T2	(323.4, 116.1, 73.5)	0.38
T3	(238.2, 71.0, 64.6)	0.27

表 5 - 13　图 5 - 69 中孪晶区域的欧拉角及基面滑移 Schmid 因子

区域	欧拉角/(°)	基面滑移的 Schmid 因子
基体	(250.7, 89.5, 71)	0.008
A	(213.9, 79.2, 75.1)	0.18
B	(290.0, 100.9, 77.7)	0.18
C	(292.3, 100.5, 78.2)	0.18
D	(291.6, 100.4, 75.5)	0.17
E	(208.1, 79.2, 76.7)	0.18
F	(255.6, 92.8, 73.1)	0.05
G	(211.9, 80.1, 76.0)	0.16
H	(211.1, 77.7, 76.6)	0.20

表 5 - 14　图 5 - 70 中孪晶区域的欧拉角及基面滑移 Schmid 因子

区域	欧拉角/(°)	基面滑移的 Schmid 因子	区域	欧拉角/(°)	基面滑移的 Schmid 因子
基体	(215.0, 84.0, 64.5)	0.09	F	(220.5, 61.6, 64.9)	0.38
A	(220.7, 138.4, 245.6)	0.45	G	(223.8, 57.0, 61.6)	0.40
B	(216.8, 72.1, 64.0)	0.26	H	(223.1, 65.6, 62.7)	0.33
C	(221.0, 57.2, 57.6)	0.40	I	(226.9, 117.0, 242.6)	0.36
D	(217.4, 76.4, 70.0)	0.21	J	(229.4, 150.1, 243.8)	0.39
E	(226.6, 121.4, 242.3)	0.39			

可以看出，孪晶区域基面滑移的 Schmid 因子比基体区域大 3～50 倍，说明孪晶的形成使得硬取向的晶粒内部出现了局部的软取向区域，为基面滑移的顺利进

行提供了条件。透射电镜观察时，孪晶和基体区域都出现了位错。

为了准确判断位错类型，需要将样品由原来的 $<11\bar{2}0>$ 晶带轴倾转到 $<10\bar{1}0>$ 晶带轴，以获得 $\vec{g} = <0002>$ 和 $\vec{g} = <11\bar{2}0>$ 的双束条件。镁合金中位错类型判定的 $\vec{g} \cdot \vec{b}$ 准则如表 5 – 15 所示。基体中位于 (0002) 面上的位错在 $\vec{g} = <0002>$ 和 $\vec{g} = <11\bar{2}0>$ 时，均没有发生消光，如图 5 – 77 所示，因而可以断定，此位错属于 $\vec{a} + \vec{c}$ 位错。虽然在室温条件下，镁合金中 $\vec{a} + \vec{c}$ 滑移的临界分切应力高于基面 $\vec{a}$ 滑移和其他滑移系，然而由于 $\vec{a} + \vec{c}$ 滑移系是唯一的可以协调 $\vec{c}$ 轴应变的滑移方式，当材料中的裂纹的萌生与扩展被人为抑制而推迟，且应变硬化达到一定程度时，$\vec{a} + \vec{c}$ 滑移被强制开动，起到了协调 $\vec{c}$ 轴应变的作用。对于孪晶区域，位于基面的位错在 $\vec{g} = <0002>$ 双束条件发生消光，因而可以确定为 $\vec{a}$ 位错，而位于 $\{11\bar{2}0\}$ 面上的位错在 $\vec{g} = <0002>$ 时保持衬度，在 $\vec{g} = <11\bar{2}0>$ 时发生消光，因而可以确定是 $\vec{c}$ 型位错。由于孪晶区域的基面滑移 Schmid 因子比基体区域要高出很多倍，因而基面 $\vec{a}$ 位错的开动是完全合理的，然而纯 $\vec{c}$ 型位错的出现却暗示着 $\vec{a} + \vec{c}$ 滑移的开动。由于 HCP 结构的镁合金材料中，$\vec{c}$ 位错一般不单独形成，而是通过 $\vec{a} + \vec{c}$ 位错之间或者与 $\vec{a} + \vec{c}$ 位错与 $\vec{a}$ 位错之间的反应而产生，因而可以断定孪晶区域的 $\vec{a} + \vec{c}$ 滑移在很大程度得以开动。

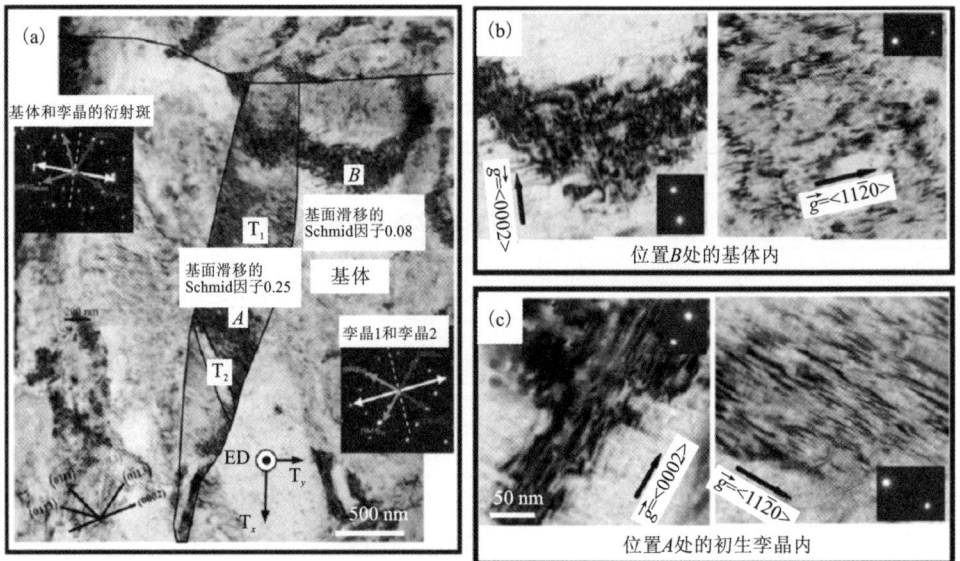

图 5 – 77　单根孪晶及相应基体的位错类型分析

(a) 孪晶的衍衬像及其选区电子衍射花样；(b) 不同操作矢量下图 (a) 中 B 位置的位错；(c) 不同操作矢量下图 (a) 中 A 位置的位错

表 5 – 15　镁合金中的位错消光规律

位错类型	$\vec{g} \cdot \vec{b}$ 数值		
	$\vec{g} = <0002>$	$\vec{g} = <11\bar{2}0>$	$\vec{g} = <10\bar{1}0>$
$\vec{a}$	$=0$	$\neq 0$	$=0$ 或 $\neq 0$
$\vec{c}$	$\neq 0$	$=0$	$=0$
$\vec{a} + \vec{c}$	$\neq 0$	$\neq 0$	$=0$ 或 $\neq 0$

　　镁合金的织构软化理论认为，孪晶为局部的 $\vec{a}$ 滑移提供了条件，然而孪晶区域的基面一般不与孪晶片平行，孪晶区域的变形无法仅仅依靠 $\vec{a}$ 位错的滑移实现，随着 $\vec{a}$ 滑移的不断进行，基面位错在孪晶界面处产生塞积，在孪晶界面的塑性协调应力作用下，$\vec{a} + \vec{c}$ 位错得以开动，参与协调变形，使得沿着孪晶片层方向的切变得以实现。

　　与此同时，$\vec{a} + \vec{c}$ 位错之间以及它们与 $\vec{a}$ 位错之间的交截，在孪晶内部形成了不可动的 $\vec{c}$ 位错。虽然 $\vec{c}$ 位错的形成机制还不能够完全确定，然而它们的出现却无疑地表明，在基面滑移非常容易开动的软取向孪晶内部，$\vec{a} + \vec{c}$ 位错仍然得以顺利开动，从而形成了可动性较差的 $\vec{c}$ 型位错，而不可动的 $\vec{c}$ 位错很有可能在分割孪晶片，在形成亚晶组织过程中起着非常重要的作用。

　　图 5 – 78 给出了图 5 – 69 中单根孪晶区域的位错类型分析，孪晶区域形成了大量的亚组织，在孪晶亚组织内，位于基面的位错均为 $\vec{a}$ 位错，而位于 $\{11\bar{2}0\}$ 面的都是纯 $\vec{c}$ 型位错，这与第一个单根孪晶的分析结果是一致的。这说明孪晶区域的位错滑移机制与局部取向特征没有必然联系，即使在取向极易发生 $\vec{a}$ 滑移的孪晶区域，$\vec{a} + \vec{c}$ 滑移也得以广泛开动，这在常规的晶粒中是不可能发生的，因而 $\vec{a} + \vec{c}$ 位错的广泛开动说明孪晶界面协调作用是孪晶局部变形过程中起着主导作用的要素。

　　同时孪晶附近的基体中出现的大量的纯 $\vec{c}$ 型位错，并且沿 $\{10\bar{1}0\}$ 形成了大量的带状组织。每个带状组织的微观织构信息通过衍射花样确定，通过倾转样品可获得靠近 $<11\bar{2}0>$ 带轴的衍射花样，通过精确地取向分析，能够获得的角分辨率低于 $1°$。每个单根带状区域的取向如图 5 – 79(c)所示。图中标出了带状区域两侧的基面迹线，结合图 5 – 79(b)的反极图，可以看到晶粒内部的晶体取向沿着 $<11\bar{2}0>$ 方向发生转动，带状区域两侧的取向差高达 $12°$。由于基体中发现了大量沿着 $\{10\bar{1}0\}$ 面排列的 $\vec{c}$ 位错，因而沿 $\{10\bar{1}0\}$ 方向排列的带状组织应该与 $\vec{c}$ 位错的形成密切相关。在基面取向的基体内，$\vec{a} + \vec{c}$ 滑移是唯一可以协调 $\vec{c}$ 轴应变的方式，因而在孪晶不能占据的残留基体内，它很有可能开动，并且与不断产生的 $\vec{a}$ 位错产生交截，形成不可动的 $\vec{c}$ 位错，最终形成排列较为规整的带状组织，

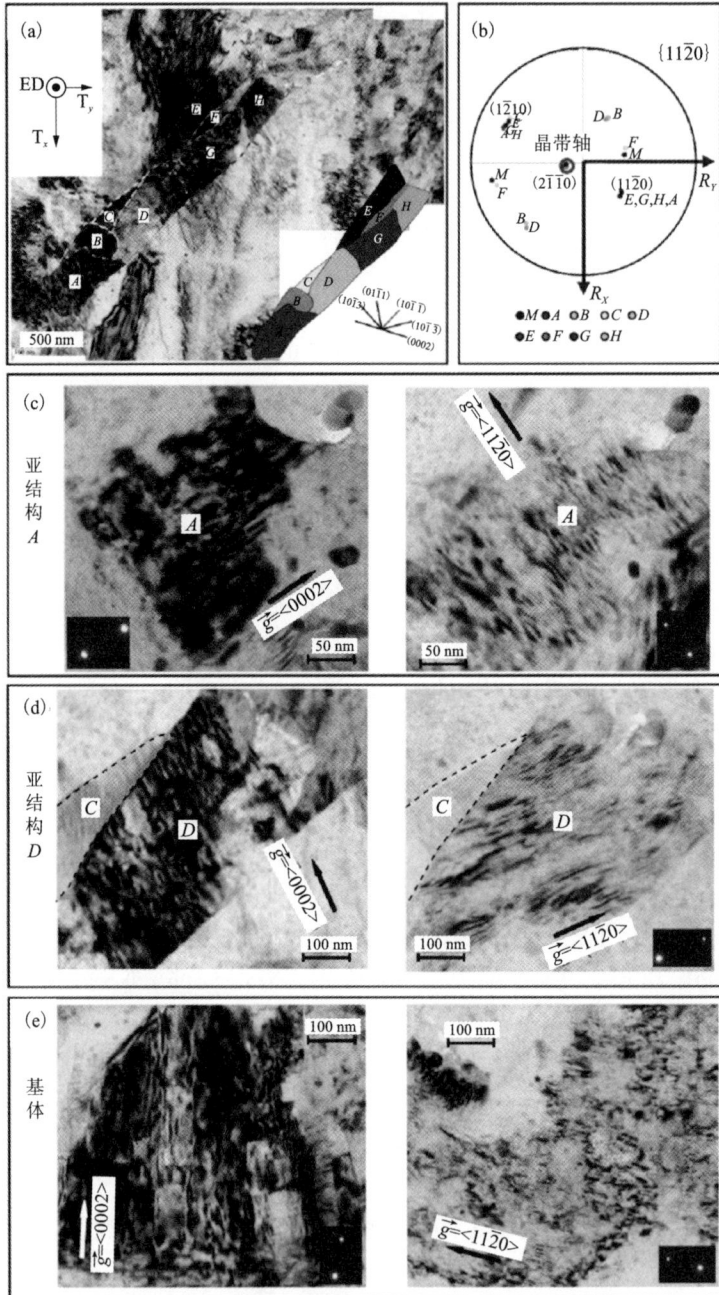

图 5 - 78　图 5 - 69 中单根孪晶及相应基体的位错类型分析

(a) 孪晶区域 TEM 明场像；(b) 孪晶区域取向分析；(c) 亚结构 A 中的位错；(d) 亚结构 D 中的位错；(e) 基体中的位错

使得晶体内部的取向发生分裂。

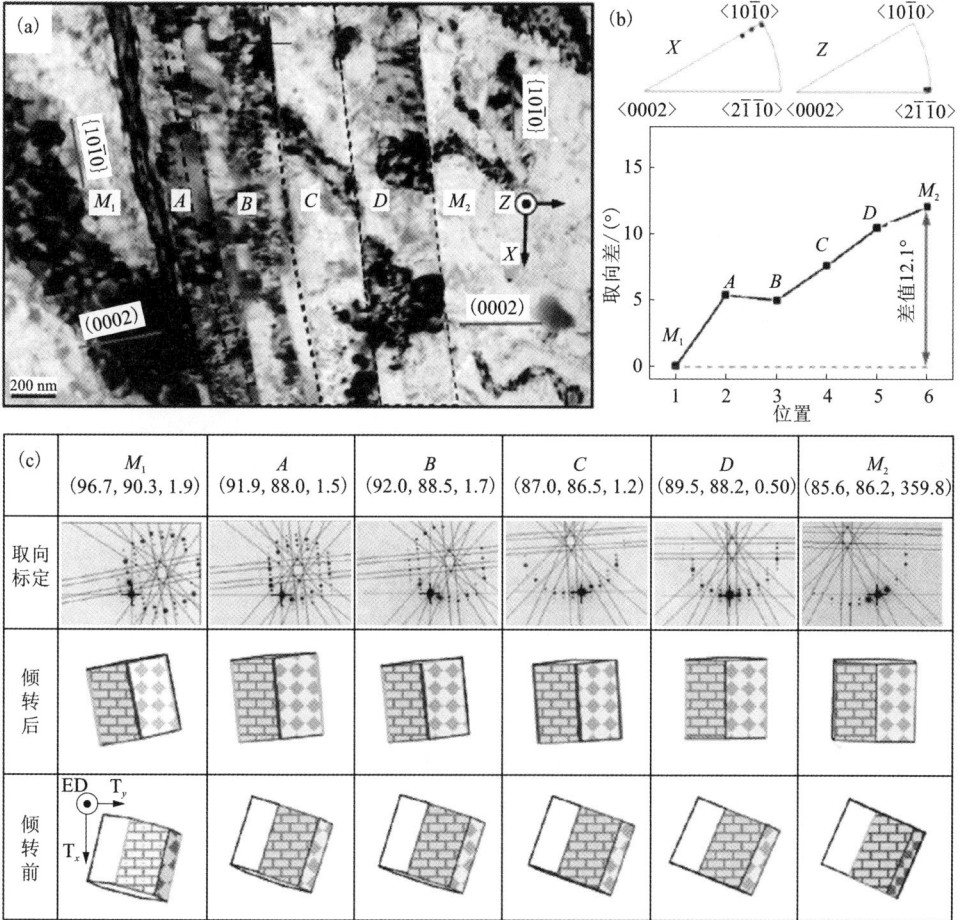

图 5 - 79 基体区域的局部晶体取向旋转

(a)带状区域 TEM 明场像;(b)带状区域取向差分析;(c)带状区域不同位置菊池线及其取向示意图

参考文献

[1] Wonsiewcz B C, Backon W A. Plasticity of magnesium crystals [J]. Transaction of the metallurgical society of AIME, 1967, 239: 1422 - 1431.

[2] 毛卫民,赵新兵. 金属的再结晶与晶粒长大[M].北京:冶金工业出版社,1994.

[3] 张先宏,崔振山,阮雪榆. 镁合金塑性成形技术 - AZ31 成形性能及流变应力[J].上海交通大学学报,2003,37(12):1874 - 1877.

[4] 胡庚祥, 蔡殉, 戎咏华. 材料科学基础[M]. 上海: 上海交通大学出版社, 2006.

[5] 杜建锋. ZM6 合金组织及高温性能研究[D]. 哈尔滨: 哈尔滨工业大学, 2006.

[6] Takuda H, Fujimoto H, Hatta N. Modelling on flow stress of Mg – Al – Zn alloys at elevated temperatures[J]. Journal of Materials Processing Technology, 1998, 80 – 81: 513 – 516.

[7] Frost H J, Ashby M F. Deformation mechanisum maps[M]. Oxford: Pergamon Press, 1982.

[8] Jager A, Lukac P, Gartnerove V, et al. Tensile properties of hot rolled AZ31 Mg alloy sheets at elevated temperatures[J]. Journal of Alloys and Compounds, 2004, 378: 184 – 187.

[9] Sellars C M, Mctegart W J. On the mechanism of hot deformation[J]. Acta Metallurgica, 1966, 4: 1136 – 1138.

[10] Galiyev A, Kaibyshev R, Gottstein G. Correlation of plastic deformation and dynamic recrystallization in magnesium alloy ZK60[J]. Acta Materialia, 2001, 49: 1199 – 1207.

[11] Sellars C M, Mctegart W J. On the mechanism of hot deformation[J]. Acta Metallurgica, 1966, 4: 1136 – 1138.

[12] Ravi Kumar N V, Blandin J J, Desrayaud C, et al. Grain refinement in AZ91 magnesium alloy during thermomechanical processing[J]. Materials Science and Engineering A, 2003, 359: 150 – 157.

[13] 陈振华, 夏伟军, 严红革, 等. 镁合金材料的塑性变形理论及其技术[J]. 化工进展, 2004, 23(2): 127 – 135.

[14] Reedhill R E. A study of the $\{10\bar{1}1\}$ and $\{10\bar{1}3\}$ twinninng modes in magnesium[J]. Transaction of the Metallurgical Society of AIME, 1960, 218: 554 – 558.

[15] Hartt W H, Reedhill R E. Internal deformation and fracture of second – order $\{10\bar{1}1\}$ – $\{10\bar{1}2\}$ twins in magnesium[J]. Transaction of the Metallurgical Society of AIME, 1968, 242: 1127 – 1133.

[16] Roberts C S. Magnesium and its alloy[M]. New York: John Wiley & Sons, Inc. 1960: 81 – 107.

[17] Couling S L, Pashak J F, Sturkey L. Unique deformation and aging characteristics of certain magnesium – base alloys[J]. ASM – Trans, 1959, 51: 94 – 107.

[18] Ion S E, Humphreys F J, White S H. Dynamic recrystallisation and the development of microstructure during the high temperature deformation of magnesium[J]. Acta Metallurgica, 1982, 30: 1909 – 1919.

[19] Hong S G, Park S H, Lee C S. Strain path dependence of $\{10\bar{1}2\}$ twinning activity in a polycrystalline magnesium alloy[J]. Scripta Materialia, 2011, 64: 145 – 148.

[20] Yu Q, Shan Z W, Li J, et al. Strong crystal size effect on deformation twinning[J]. Nature, 2010, 463: 335 – 338.

[21] Lee C D. Effect of grain size on the tensile properties of magnesium alloy[J]. Materials Science and Engineering A, 2007, 459: 355 – 360.

[22] Jain A, Duygulu O, Brown D W, et al. Grain size effects on the tensile properties and deformation mechanisms of a magnesium alloy AZ31[J]. Materials Science and Engineering A,

2008, 486: 545 – 555.

[23] Barnett M R. Twinning and the ductility of magnesium alloys Part I: "Tension" twins[J]. Materials Science and Engineering A, 2007, 464: 1 – 7.

[24] Barnett M R. Twinning and the ductility of magnesium alloys Part II: "Contraction" twins[J]. Materials Science and Engineering A, 2007, 464: 8 – 16.

[25] Hartt W H, Reedhill R E. Internal deformation and fracture of second – order $\{10\bar{1}1\}$ – $\{10\bar{1}2\}$ twins in magnesium[J]. Transaction of the Metallurgical Society of AIME, 1968, 242: 1127 – 1133.

[26] Hong S G, Park S H, Lee C S. Role of $\{10\bar{1}2\}$ twinning characteristics in the deformation behavior of a polycrystalline magnesium alloy[J]. Acta Materialia, 2010, 58: 5873 – 5885.

[27] Hartt W H, Reedhill R E. The irrational habit of second – order $\{10\bar{1}1\}$ – $\{10\bar{1}2\}$ twins in magnesium[J]. Transaction of the metallurgical society of AIME, 1967, 239: 1511 – 1517.

[28] Nemat – nasser S, Guo W G, Cheng J Y. Mechanical properties and deformation mechanisms of a commercial pure titanium[J]. Acta Materialia, 1999, 47: 3705 – 3720.

[29] Zarandi F, Verma R, Essadiqi E, et al. Effect of hot torsion deformation on microstructure in AZ31 magnesium alloy[D]. San Antonio, TX: Luo AA, Neelameggham NR, Beals RS, 2006.

[30] 潘金生, 仝健民, 田民波. 材料科学基础[M]. 北京: 清华大学出版社, 1998.

[31] Gottstein G. Physical Foundations of Materials Science[M]. New York: Springer, 2004.

[32] Humphreys F J. Recrystallization and Related Annealing Phenomena[M]. 2nd ed. Oxford: Elsevier, 2004.

[33] Barnett M R. Twinning and the ductility of magnesium alloys Part I: "Tension" twins[J]. Materials Science and Engineering A, 2007, 464: 1 – 7.

[34] Harding J. The yield and fracture behaviour of high – purity iron single crystals at high rates crystals at high rates of strain[J]. Proceedings of the Royal Society of London. Series A, 1967, 299: 464 – 490.

第 6 章　密排六方结构工业纯钛的塑性变形行为及组织特征

　　金属钛由于活性很高，熔炼非常困难，所以实现钛及钛合金的工业生产非常晚。但是，由于它们具有一系列非常优异的性能，如最高的比强度、优异的耐高温、耐低温和耐腐蚀性能等，故迅速地得到广泛应用。因此，钛及钛合金的塑性变形机制也是研究的热点问题。第 5 章介绍了密排六方（HCP）结构金属镁及镁合金的塑性变形机制及其组织特点，本章介绍另一种重要的密排六方结构金属钛（α-Ti）的塑性变形行为。密排六方金属的塑性变形机制与其晶格常数比值 c/a 密切相关。Mg 的晶格常数比值 c/a 为 1.623，其室温变形时的优先滑移系为基面滑移 $\{0001\} < 11\bar{2}0 >$。而 α-Ti 的晶格常数比值 c/a 为 1.587，其室温变形时的优先滑移系为柱面滑移 $\{10\bar{1}0\} < 11\bar{2}0 >$。同时，它们的形变孪晶也不一样。因此，它们的塑性变形行为存在很大的差异，如镁的室温塑性较差，α-Ti 的室温塑性则很好。此外，随着微型化产品的发展，钛箔也得到了广泛应用。由于受到了尺寸效应的影响，钛箔的塑性变形行为与其块体材料存在很大的差异。

　　本章介绍了工业生产的纯钛铸锭冷轧开坯过程中的组织演变规律及其塑性变形机制，并分析了工业纯钛板材和箔材的拉伸变形行为，探讨了工业纯钛板和箔材的微观塑性变形机制，包括位错滑移、形变孪晶和 HCP - FCC 切变型相变，在此基础上总结了尺寸效应对钛的塑性变形机制和力学性能的影响规律，为工业纯钛箔的塑性加工技术提供理论基础。

6.1　钛的晶体结构及其塑性变形机制

　　纯 Ti 在室温时为密排六方结构，其晶格点阵常数 $a = 0.295$ nm、$c = 0.468$ nm，晶格常数比 $c/a = 1.587$（密排六方结构的理想值 $c/a = 1.633$），此时称为 α-Ti，如图 6-1(a) 所示。α-Ti 的密排面是基面 $\{0001\}$，密排方向为 $< 11\bar{2}0 >$，最短的原子间距为 $1/3 < 11\bar{2}0 >$。纯钛在 882℃ 时会发生同素异构转变，变成体心立方结构的 β-Ti。β-Ti 在 900℃ 时的晶格常数 $a = 0.332$ nm，如图 6-1(b) 所示。当 Ti 由高温冷却时，β-Ti 的密排面 $\{110\}$ 会转变为 α-Ti 的密排面 $\{0001\}$，同时，β-Ti 的密排方向 $< 111 >$ 会转变为 α-Ti 的密排方向 $< 11\bar{2}0 >$，如图 6-2 所示，符合 Burgers 取向关系：

$$\{0001\}_{\alpha} // \{110\}_{\beta}$$

$$<11\bar{2}0>_{\alpha} // <111>_{\beta} \tag{6-1}$$

α-Ti 是塑性比较好的密排六方结构金属，其塑性变形机制主要为位错滑移和孪生。α-Ti 中全位错的柏氏矢量 $\vec{b} = 1/3 <11\bar{2}0>$，主要滑移系如表 6-1 和图 6-3 所示，由此可以看出，α-Ti 滑移系主要分为两类：$<\vec{a}>$ 型滑移系和 $<\vec{c}+\vec{a}>$ 型滑移系，包括 3 种 $<\vec{a}>$ 滑移和 1 种 $<\vec{c}+\vec{a}>$ 滑移，分别是基面 $<\vec{a}>$ 滑移 $\{0001\} <11\bar{2}0>$、柱面 $<\vec{a}>$ 滑移 $\{10\bar{1}0\} <11\bar{2}0>$、锥面 $<\vec{a}>$ 滑移 $\{10\bar{1}1\} <11\bar{2}0>$ 和锥面 $<\vec{c}+\vec{a}>$ 滑移 $\{10\bar{1}1\} <11\bar{2}3>$。并且，这些滑移系的临界分切应力差异很大。α-Ti 中位错滑移 CRSS 最小的是柱面滑移(23.5 MPa)，其次是锥面 $<\vec{a}>$ 滑移，再次是基面滑移(92 MPa)，最大的是锥面 $<\vec{c}+\vec{a}>$ 滑移。

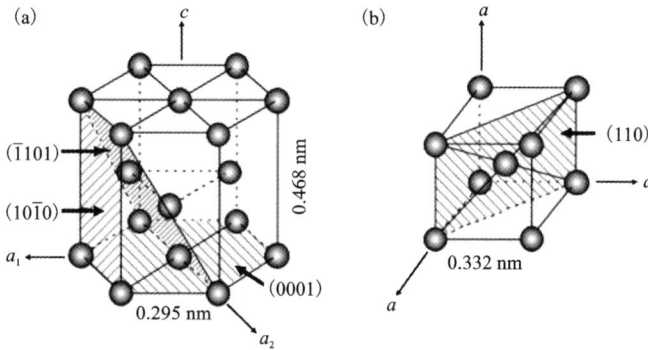

图 6-1　纯钛的晶体结构
(a)α-Ti；(b)β-Ti

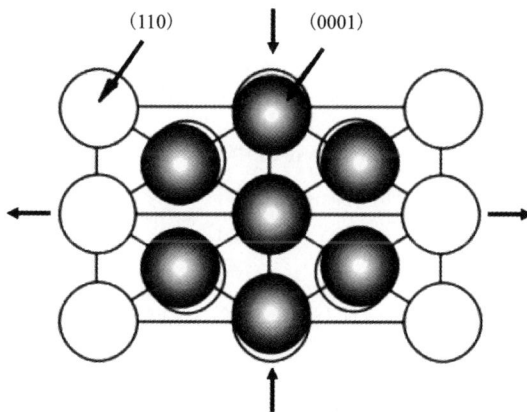

图 6-2　α-Ti 和 β-Ti 之间符合 Burgers 取向关系

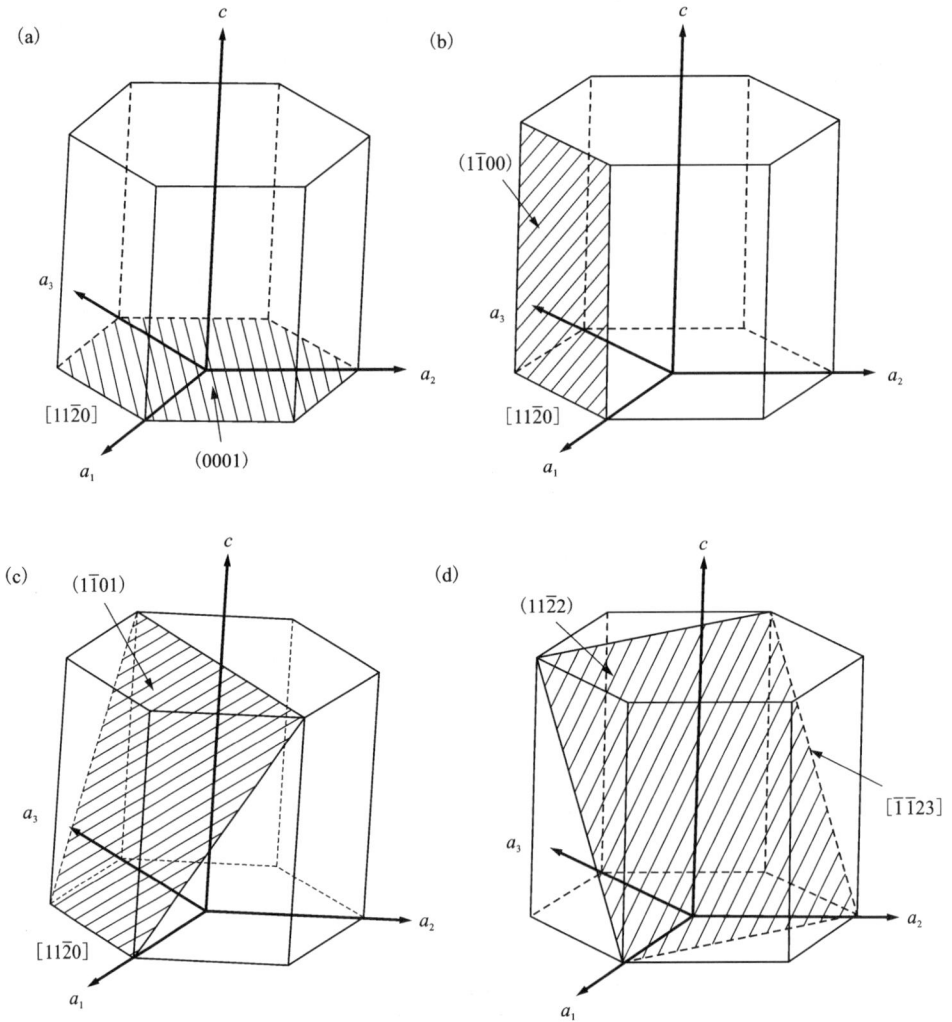

图 6 - 3 α-Ti 中的滑移系

(a)基面 $<\vec{a}>$ 滑移 $\{0001\} <11\overline{2}0>$；(b) 柱面 $<\vec{a}>$ 滑移 $\{10\overline{1}0\} <11\overline{2}0>$；(c)锥面 $<\vec{a}>$ 滑移；(d)锥面 $<\vec{c}+\vec{a}>$ 滑移 $\{10\overline{1}1\} <11\overline{2}\,\overline{3}>$

虽然 α-Ti 中观察到的滑移系比较多：3 个等价的基面滑移系 $\{0001\} <11\overline{2}0>$、3 个等价的柱面滑移系 $\{10\overline{1}0\} <11\overline{2}0>$、6 个等价的锥面 $\vec{a}$ 滑移系 $\{10\overline{1}1\} <11\overline{2}0>$ 以及 6 个等价的锥面 $<\vec{c}+\vec{a}>$ 滑移 $\{10\overline{1}1\} <11\overline{2}\,\overline{3}>$。但是，其中有 12 个滑移系均为 $<\vec{a}>$ 型滑移系且滑移系的滑移方向都在 $\{0001\}$ 面内，与 $\vec{c}$ 轴垂直，无法提供沿 $\vec{c}$ 轴方向的应变，所以这 12 个滑移系实际上只有 4 个独立的滑移系。多晶

体材料在发生塑性变形时，如果要维持连续塑性变形至少需要 5 个独立的滑移系才能保证材料内部各晶粒之间的任意变形，或者均匀的塑性变形，即理论上满足 Von – Mises 准则。因此，如果 α-Ti 只通过位错滑移要实现均匀塑性变形，除了上述滑移系之外，必须还要求锥面 $<\vec{c}+\vec{a}>$ 滑移的参与。

表 6 – 1　密排六方结构钛的滑移系

滑移系类型	滑移方向	滑移面	滑移系数量	
			总滑移系数	独立滑移系数
$\vec{a}$	$<11\bar{2}0>$	基面 $\{0001\}$	3	2
	$<11\bar{2}0>$	柱面 $\{10\bar{1}0\}$	3	2
	$<11\bar{2}0>$	锥面 $\{10\bar{1}1\}$	6	4
$\vec{c}+\vec{a}$	$<11\bar{2}3>$	锥面 $\{11\bar{2}2\}$	6	5

在 α-Ti 中，由于滑移系的数目较少，要想发生大的塑性应变量，形变孪晶在其塑性变形过程中发挥了非常重要的作用。研究发现，对于钛单晶，几乎所有位向的拉伸变形过程都有形变孪晶的形成。目前，在 α-Ti 中至少发现了 6 种孪晶系统，它们分别命名为：$\{10\bar{1}2\}$、$\{11\bar{2}1\}$、$\{11\bar{2}3\}$、$\{10\bar{1}1\}$、$\{11\bar{2}2\}$ 和 $\{11\bar{2}4\}$ 孪晶。α-Ti 中典型的孪晶系统的特点如表 6 – 2 所示。所谓的拉伸孪晶是指在孪生过程中，晶体沿着基体的 $\vec{c}$ 方向产生了拉伸应变。同理，压缩孪晶是指孪生过程中，晶体沿着基体的 $\vec{c}$ 方向产生了压缩应变。α-Ti 中的孪生行为与应变速率、晶粒取向、变形温度和晶粒尺寸等因素密切相关。

表 6 – 2　密排六方结构钛中的典型形变孪晶系统

孪晶系统	旋转轴	旋转角/(°)	孪晶类型	切变量
$\{11\bar{2}1\}<11\bar{2}6>$	$<10\bar{1}0>$	35.10	拉伸	0.638
$\{11\bar{2}2\}<11\bar{2}3>$	$<10\bar{1}0>$	64.62	压缩	0.225
$\{11\bar{2}4\}<22\bar{4}3>$	$<10\bar{1}0>$	76.66	压缩	0.254
$\{10\bar{1}1\}<10\bar{1}\bar{2}>$	$<11\bar{2}0>$	57.42	压缩	0.105
$\{10\bar{1}2\}<10\bar{1}\bar{1}>$	$<11\bar{2}0>$	84.78	拉伸	0.167

研究发现，随着应变速率的增加，α-Ti 中的形变孪晶的体积分数显著增加。随着变形温度的降低，形变孪晶在 α-Ti 塑性变形中起到越来越重要的作用。如

图 6-4 所示，α-Ti 单晶沿着 $\vec{c}$ 轴室温压缩 5% 时，形变孪晶所产生的应变量能占 90%。这是由于随着温度的降低，位错滑移系统越来越难以激活，而形变孪晶越来越容易激活。随着晶粒尺寸的增大，形变孪晶密度越来越大，如图 6-5 所示。这说明晶粒尺寸增大有利于形变孪晶的形成，主要原因是晶粒尺寸对位错形核和孪晶形核的临界切应力的影响不一样，如图 2-45 所示，但是，一般对于所产生的形变孪晶的种类没有影响。

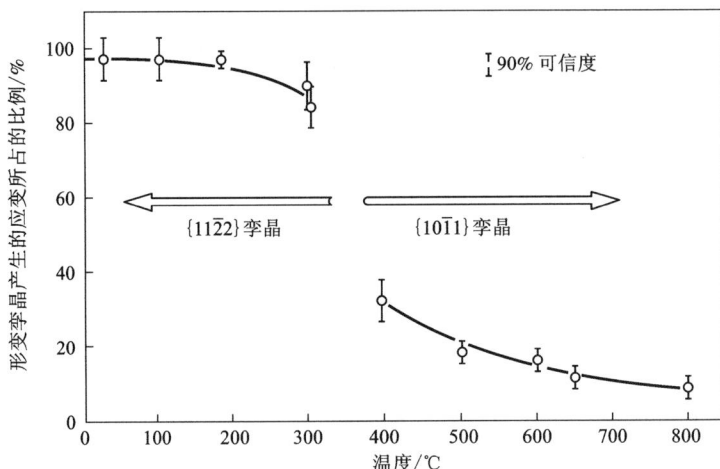

图 6-4   α-Ti 单晶沿着 $\vec{c}$ 轴压缩时形变孪晶所产生的应变量

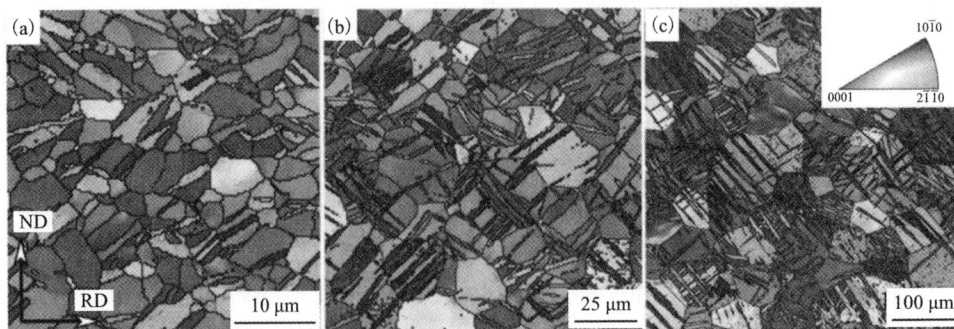

图 6-5   不同晶粒尺寸的商业纯钛轧制变形 8% 后形成的微观组织的 EBSD 取向图

(a) 4 μm；(b) 10 μm；(c) 50 μm；图中黑线表示大角度晶界(>15°)

6.2　工业纯钛铸锭的冷轧变形组织

6.2.1　工业纯钛的冷轧变形组织

通过真空自耗熔炼获得的厚度为 30 mm 的工业纯钛铸锭,其宏观组织金相照片如图 6 - 6(a)所示。由此可见,工业纯钛铸锭中的晶粒十分粗大,晶粒尺寸可达 2 ~ 5 mm。

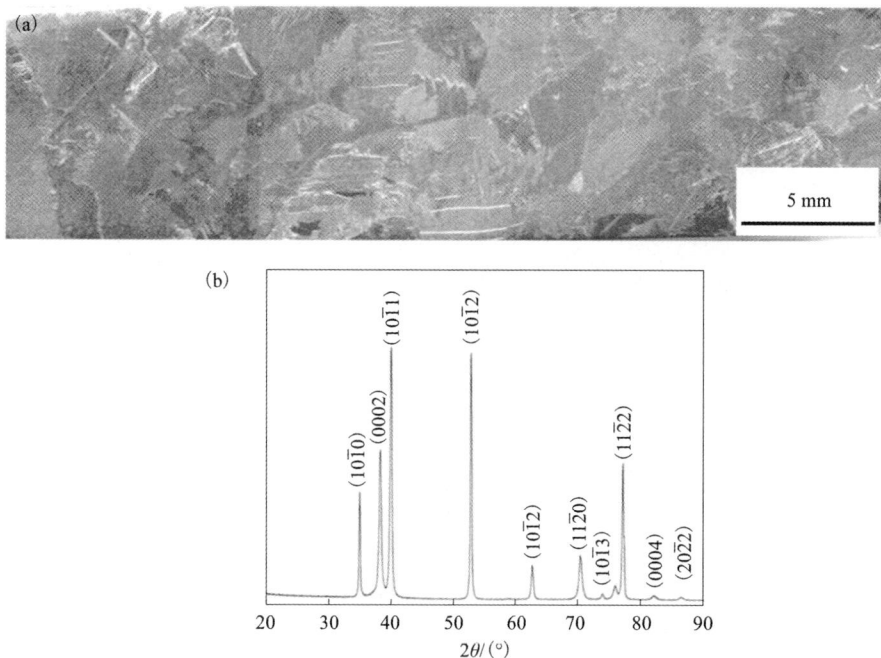

图 6 - 6　工业纯钛铸锭的组织结构分析

(a)宏观金相照片;(b)XRD 分析

由图 6 - 6(b)所示的 XRD 衍射结果可以看出,工业纯钛铸锭的结构为密排六方结构的 α-Ti。随后对工业纯钛铸锭在室温下采用辊径为 ϕ480 mm 的双辊轧机以 3% ~ 5% 的道次变形量进行轧制变形,得到了总变形量在 15% ~ 90% 的工业纯钛板材。图 6 - 7 是这些不同变形量冷轧后获得的工业纯钛板材的显微组织的 EBSD 轧面法向(ND)取向分布图。从图 6 - 7(a)可以看出,冷轧变形 15% 的工业纯钛中产生了大量的形变孪晶和孪晶界,使晶粒得到细化。同时,在大的孪晶中还可以观察到二次孪晶,甚至三次孪晶现象。不同的孪晶尺寸相差很大,宽度最小的仅 1μm 左右，最大的可达 20 ~ 30 μm。当冷轧变形量增至 25% 时，如图 6 - 7(b)所示，此时形变孪晶明显细化，大部分孪晶的厚度为 1 ~ 5 μm，还可以观察到交叉的形变孪晶、二次孪晶和三次孪晶等。此外，同一孪晶内部的取向颜色在发生变化，这说明在孪晶中有位错形成的小角度晶界的产生。进一步，当冷轧变形量增至 35% 时，如图 6 - 7(c)所示，此时晶粒尺寸已经非常细小。并且，孪晶片层结构显著减少，在平面状孪晶晶界附近出现了一些明显的等轴状细小的晶粒或者亚晶。这说明随着应变量的增加和晶粒尺寸的减小，形变孪晶得到了抑制，位错滑移逐渐成了主要的塑性变形机制，位错增殖使得晶粒进一步细化，产生了大量亚晶。

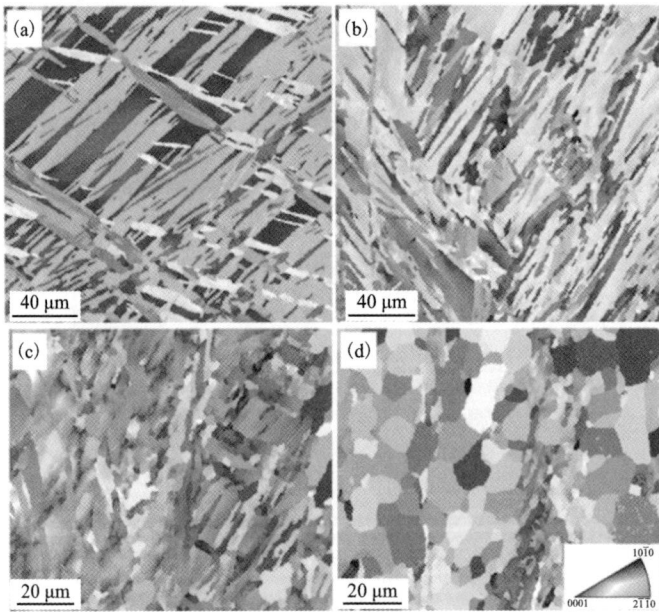

图 6 - 7　工业纯钛经不同变形量冷轧后形成的显微组织的 EBSD 轧面法向(ND)取向分布图
(a)15% ; (b)25% ; (c)35% ; (d)45%

从图 6 - 7(d)中可以很清楚地看出，当冷轧变形达到 45% 时，工业纯钛中孪晶已经很少，细小的孪晶片周围产生了大量的等轴晶粒，晶粒尺寸为 10 μm 左右。由此可见，工业纯钛在冷轧变形过程中，首先是以孪晶变形机制为主，形变孪晶的产生及其相互作用，促进了晶粒细化。随着晶粒的细化，位错滑移变形机制逐渐取代了孪生变形机制，大量位错的产生可以促进变形诱导的大角度晶界(deformation-induced high angle boundries)的产生，这种变形组织演变的现象与低温轧制工业纯钛时的类似。

图 6 - 8 是工业纯钛经过不同冷轧变形量后形成的晶界的取向差角度分布图。根据晶界的取向差大小，可以分析出小角度晶界(low angle boundary，简写为 LAB)和大角度晶界(high angle boundries，简写为 HAB)所占的比例，其中小角度晶界的界限一般定为 0 ~ 15°。此外，通过此图还可以统计孪晶界的数量，这是因为每种孪晶与其基体的取向关系，即它们之间的取向差角度和旋转轴都是确定的，如表 6 - 2 所示。通过将 EBSD 数据统计的晶界取向差分布数据与孪晶与基体之间的取向差对比就可以鉴定冷轧过程中哪些孪生系统被激活，如图 6 - 8(a) 所示。

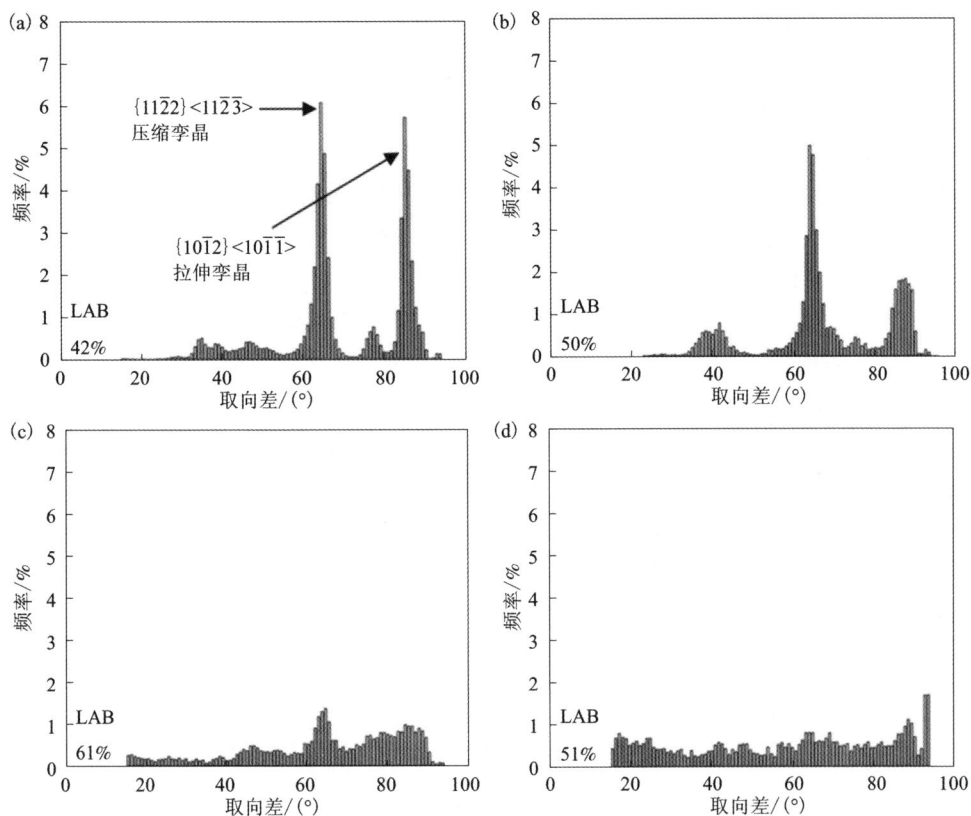

图 6 - 8 工业纯钛经不同变形量冷轧后形成的晶界的取向差分布图

(a)15%；(b)25%；(c)35%；(d)45%；LAB 表示小角度晶界

如图 6 - 8(a)所示，工业纯钛经过 15% 的冷轧变形后，在取向差分布图中可以观察到 65°/ < 10$\bar{1}$0 > 和 85°/ < 11$\bar{2}$0 > 两个明显的取向峰，分别占晶界总量的 6% 和 5.8%。由表 6 - 2 可知，这两个取向差角度分别对应着 {11$\bar{2}$2} < 11$\bar{2}$3 > 和

$\{10\bar{1}2\}<10\bar{1}\bar{1}>$孪生系统，这说明此时工业纯钛中有大量的这两种形变孪晶的形成。同时，在晶界取向差分布图上还可以观察到 35°和 77°附近也存在着一定高度的峰，这说明此时还形成了$\{11\bar{2}1\}<11\bar{2}\bar{6}>$和$\{11\bar{2}4\}<22\bar{4}\bar{3}>$孪晶，但是这两种孪晶出现的频率小于 1%，数量较少。

当冷轧变形量增加到 25% 时，如图 6 - 8(b) 所示，$\{11\bar{2}2\}<11\bar{2}\bar{3}>$所占体积分数几乎没有变化，而$\{10\bar{1}2\}<10\bar{1}\bar{1}>$所占的比例降低，其他的孪晶峰变得更加不明显。当冷轧变形量增加到 35% 时，只有$\{11\bar{2}2\}<11\bar{2}\bar{3}>$孪晶峰比较明显，如图 6 - 8(c) 所示。当冷轧变形量继续增加到 45% 后，所有的孪晶界取向差角度都没有明显的峰，这说明此时的孪晶变形机制被抑制了，取而代之的是位错滑移的变形机制，这与图 6 - 7 中所示的微观组织的演变规律是吻合的。

此外，图 6 - 8 还显示，当冷轧变形量为 15% 时，小角度晶界占比为 42%；当冷轧变形量为 35% 时，小角度晶界占比达到了 61%。这说明此时一方面有孪生变形机制起作用，同样还有大量的位错滑移在参与变形，形成了大量的小角度位错界面。当冷轧变形量增加到 45% 时，小角度晶界占比减少到 51%，原因是此时已经是位错滑移占主导地位，位错与层片状孪晶作用可以形成剪切带等组织，它们相互作用可以诱导大量的大角度晶界的产生。

为了确定工业纯钛冷轧过程中形成的形变孪晶的特点，特利用 EBSD 技术对冷轧 15% 后的形变孪晶与基体之间的取向关系进行了分析，如图 6 - 9 所示。从图 6 - 9(a) 的成像质量图中可以观察到大量不同衬度和尺寸的孪晶，取出两个小区域(图中的 1、2 方框区)形成的孪晶进行分析，如图 6 - 9(b) 和(c) 所示。对图 6 - 9(b) 中的基体、孪晶的取向、它们之间的取向差和相应的$\{10\bar{1}0\}$和$\{11\bar{2}0\}$极图进行分析可知，以 1 处的红色为形变基体，在这个晶粒内部形成了一次压缩孪晶$\{11\bar{2}2\}<11\bar{2}\bar{3}>$，且存在两种孪晶变体，即 2 处的黄色孪晶和 5 处的绿色孪晶，这两种孪晶与红色基体之间的取向差分别为 65°/$[0\bar{1}10]$和 65°/$[\bar{1}010]$。在黄色孪晶中还产生了二次拉伸孪晶$\{10\bar{1}2\}<10\bar{1}\bar{1}>$，它们也分为两种，即 3 处的深黄色孪晶和 4 处的淡红色孪晶，其与 2 处的黄色孪晶基体的取向差分别为 85°/$[2\bar{1}\bar{1}0]$和 34°/$[0\bar{1}\bar{1}0]$。绿色压缩孪晶中也产生了二次拉伸孪晶$\{10\bar{1}2\}<10\bar{1}\bar{1}>$，这种类型的孪晶也存在两种变体，如 6 处的橙色孪晶和 7 处的粉色孪晶，它们与绿色孪生基体的取向差分别为 85°/$[1\bar{1}20]$和 85°/$[\bar{1}2\bar{1}0]$。

图 6 - 9(c) 和(h) 显示，绿色一次压缩孪晶中不仅产生粉色和橙色二次拉伸孪晶，还产生了另外一种二次拉伸孪晶，即 8 处的长条形孪晶，其与绿色孪晶的取向差为 34°/$[\bar{1}100]$。图 6 - 9(d) ~(h) 所示的极图清楚地表明了各孪晶与其基体之间的取向关系，它们之间的主要旋转轴为$<10\bar{1}0>$和$<11\bar{2}0>$。红色基体中形成的一次压缩孪晶的两种变体(2 处的黄色孪晶和 5 处的绿色晶粒)之间的取向差角约为 47°，这对应着图 6 - 8(a) 中的较低的取向差为 47°的峰。

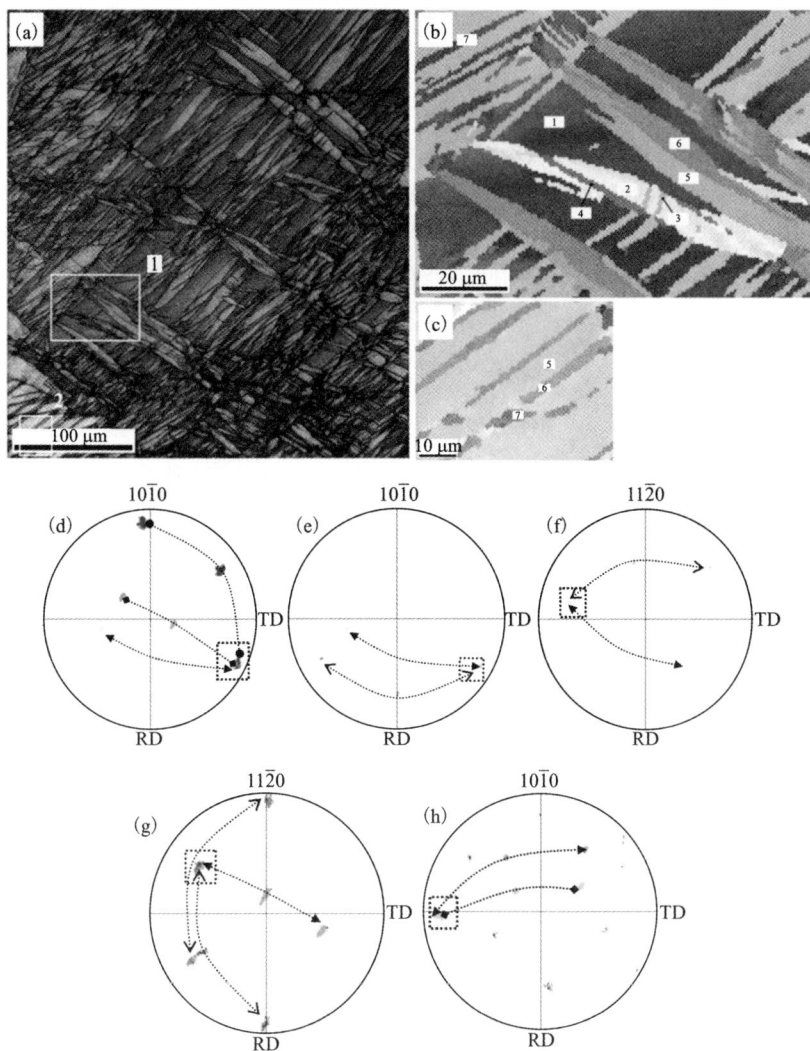

图 6-9　工业纯钛冷轧变形 15% 后的 EBSD 分析图 (彩图版见附录)

(a) 成像质量图；(b) 和 (c) 分别对应图 (a) 中的 1、2 区域的取向分布图；(d)、(e) 和 (f) 是图 (b) 所示的孪晶取向在 $\{10\bar{1}0\}$ 和 $\{11\bar{2}0\}$ 极图中的分析；(g) 和 (h) 是图 (c) 所示的孪晶取向在 $\{10\bar{1}0\}$ 和 $\{11\bar{2}0\}$ 极图中的分析

6.2.2　冷轧的形变孪晶对基体取向的依赖性

图 6-10 所示的是冷轧变形 15% 的工业纯钛中孪晶和基体晶粒之间的取向关系在 ND 反极图中的表达。先通过 Matlab 软件对各个取向的孪晶 Schmid 因子

进行计算，Schmid 因子计算方法与第 5 章一样，然后使用 Surfer 软件在 ND 反极图中绘制 Schmid 因子的等高线。为了进行对比，在图 6 - 10(a)的轧向反极图中同时绘制了压缩孪晶系$\{11\bar{2}2\}<112\bar{3}>$、拉伸孪晶系$\{10\bar{1}2\}<10\bar{1}1>$和$\{11\bar{2}1\}<\bar{1}\,\bar{1}26>$的 Schmid 因子等高线，其中实线区域是 Schmid 因子正值区，虚线是压缩孪生系$\{11\bar{2}2\}<112\bar{3}>$的负值区。从图 6 - 10(b)中可以看出，图 6 - 9 所示的 1 处的基体晶粒的取向位于孪生 4 区，而 5 处的和 2 处的一次压缩孪晶，为二次拉伸孪晶的母体，其晶粒取向分别位于孪生 2 区和孪生 3 区。孪晶基体具有较大孪晶 Schmid 因子，容易满足外加应力条件而产生孪晶。以上分析表明，一次压缩孪晶和二次拉伸孪晶对基体的取向具有依赖性。

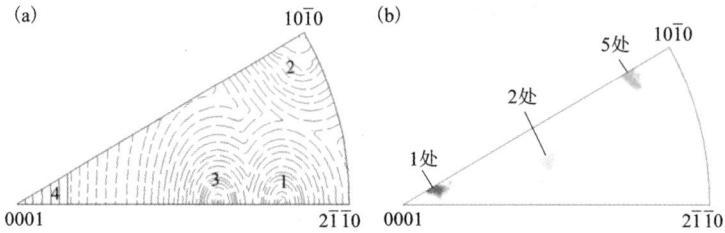

图 6 - 10 工业纯钛中孪生对母体晶粒取向的依赖性

(a)孪晶系的 Schmid 因子分布图，其中 1、2、3 区分别对应$\{11\bar{2}2\}<112\bar{3}>$孪晶系、$\{10\bar{1}2\}<10\bar{1}1>$孪晶系和$\{11\bar{2}1\}<\bar{1}\,\bar{1}26>$孪晶系，4 区为$\{11\bar{2}2\}<112\bar{3}>$孪晶系的负 Schmid 因子区；(b)各种孪晶对应的基体的取向在轧向反极图中的表示

6.3　工业纯钛板拉伸过程中的形变孪晶

取冷轧总变形量为 80% 的工业纯钛板材(厚度约为 5 mm)，在 700℃ 保温 60 min 退火后，立即水冷，经机械加工后得到图 6 - 11 所示尺寸的狗骨状拉伸试样，其厚度为 3 mm。室温拉伸变形是在 MTS - 810 力学性能试验机上进行的，获取伸长率分别为 10%、25%、40% 和 55% 的拉伸样品，拉伸速度为 10^{-3} s^{-1}。图 6 - 12 所示为拉伸变形量分别为 10%、25%、40% 和 55% 的工业纯钛中的晶界取向差分布图。

从图 6 - 12(a)中可以看出，拉伸变形 15% 的样品中产生了大量孪晶界。与轧制后形成的孪晶种类类似，拉伸后形成的$\{11\bar{2}2\}<112\bar{3}>$和$\{10\bar{1}2\}<10\bar{1}1>$孪晶频繁可见，分别约占总数的 8.5% 和 1.5%。但是与图 6 - 8 相比，$\{10\bar{1}2\}<10\bar{1}1>$孪晶所占的比例下降。这说明轧制条件下更有利于$\{10\bar{1}2\}<10\bar{1}1>$孪晶的形成。由图 6 - 12(b)可以看出，拉伸变形 25% 的样品中$\{11\bar{2}2\}<112\bar{3}>$孪晶所占比例

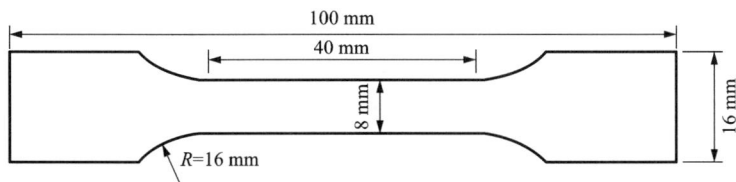

图 6-11　工业纯钛板材的拉伸试样尺寸

急剧减小，但是，它的数量仍然比 $\{10\bar{1}2\}<101\bar{1}>$ 孪晶多。更大的拉伸应变量有同样的变化趋势，但是始终可以观察到 $\{11\bar{2}2\}<112\bar{3}>$ 孪晶对应的取向差角度的峰。由此可见，拉伸变形过程中，$\{11\bar{2}2\}<112\bar{3}>$ 孪晶是最容易形成的一种孪晶。

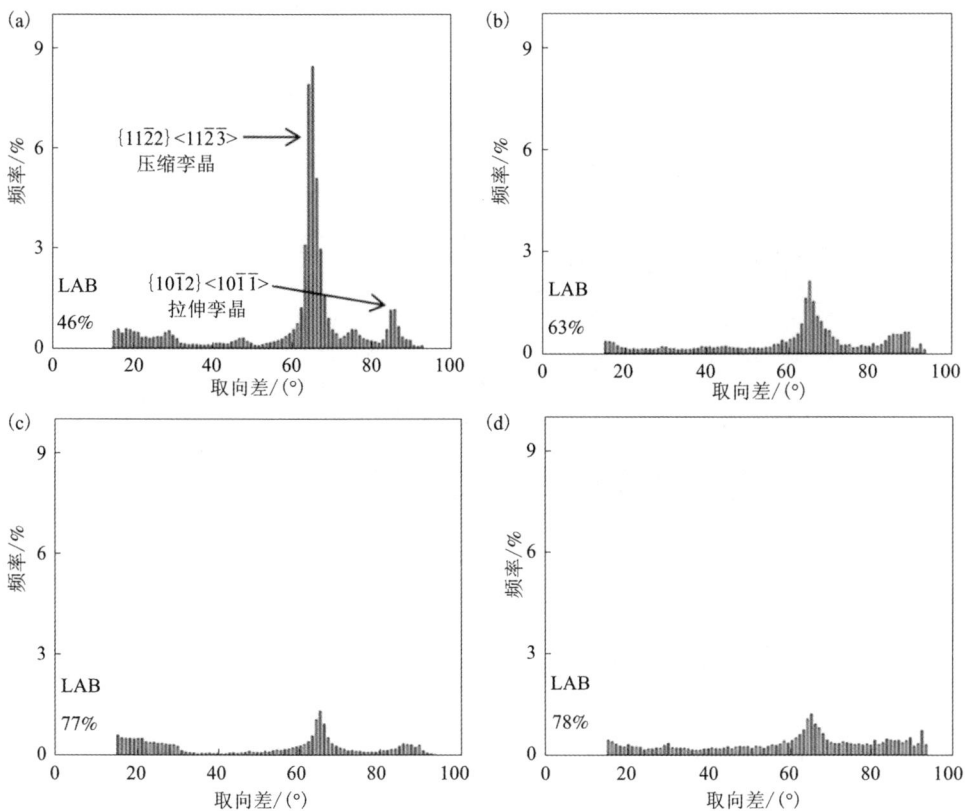

图 6-12　试样在不同拉伸变形量下的晶界取向差角分布图

（a）10%；（b）25%；（c）40%；（d）55%；LAB 表示小角度晶界

对于小角度晶界来说，与轧制后形成的小角度晶界所占比例相比(图 6-8)，它们的变化趋势是不一样的。拉伸变形后形成的小角度晶界所占的比例随着应变量的增加一直在增加。

图 6-13 所示为工业纯钛拉伸变形 10% 后的样品的 EBSD 分析结果。从成像质量图[图 6-13(a)]可以看出，样品中形成了大量的孪晶，并可以清晰地观察到二次孪晶，该图中蓝线和红线分别代表 65°/<$10\bar{1}0$> 和 85°/<$11\bar{2}0$> 孪晶界。从图 6-13(a) 中取出两个小区域进行孪晶与基体之间的取向关系分析，如图 6-13(b) 所示，以黄色晶粒为基体，其中形成了淡蓝色的一次压缩孪晶 ${11\bar{2}2}$<$11\bar{2}\bar{3}$>，然后在这个一次压缩孪晶中又激活了红色的二次拉伸孪晶 ${10\bar{1}2}$<$10\bar{1}\bar{1}$>。一次压缩孪晶和二次拉伸孪晶与基体之间的取向差旋转轴如图 6-13(d) 和图 6-13(e) 所示。区域 2 的分析结果显示，在 10% 的拉伸变形样品中产生了绿色和红色两种拉伸孪晶变体[图 6-13(c)]，孪晶变体与基体之间的取向差分别是 85°/$[11\bar{2}0]$ 和 85°/$[\bar{2}110]$。同样地，图 6-13(f) 所示的($11\bar{2}0$) 极图也揭示了孪晶变体与基体之间的取向关系和取向差旋转轴。

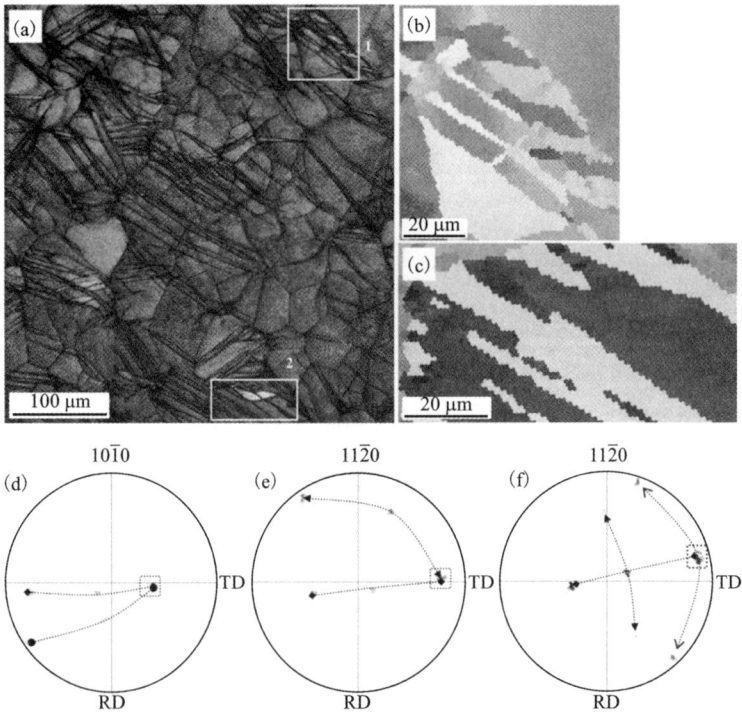

图 6-13 工业纯钛拉伸变形 10% 后的 EBSD 分析图(彩图版见附录)

(a)成像质量图；(b)区域 1 的 ND 取向分布图；(c)区域 2 的 ND 取向分布图；(d)区域 1 的 ${10\bar{1}0}$ 极图；(e)区域 1 ${11\bar{2}0}$ 极图；(f)区域 2 的 ${11\bar{2}0}$ 极图

上述冷轧和拉伸的研究都表明工业纯钛中的孪晶激活能与变形量是密切相关的。当形变量比较小时(15% 左右)，大量孪晶会被激活，主要孪晶系统有 $\{11\bar{2}2\}$ $<11\bar{2}\bar{3}>$ 压缩孪晶、$\{10\bar{1}2\}$ $<10\bar{1}\bar{1}>$ 拉伸孪晶，还有少量的 $\{11\bar{2}1\}$ $<\bar{1}\,126>$ 拉伸孪晶和 $\{11\bar{2}4\}$ $<22\bar{4}\bar{3}>$ 压缩孪晶。随着变形量的增加，由于晶粒的细化，位错滑移逐渐成为主要的形变机制。图 6 - 8 和图 6 - 12 还表明冷轧、拉伸变形时，$\{11\bar{2}2\}$ $<11\bar{2}\bar{3}>$ 压缩孪晶最容易产生，占比最多。

Christian 和 Mahajan 指出，低的孪生剪切应变量和较小的原子重排有利于孪晶的形成。因此，如表 6 - 2 所示，理论上讲 $\{10\bar{1}2\}$ $<10\bar{1}\bar{1}>$ 拉伸孪晶的切变量更小，应该更容易形成。这种情况的原因可能是由于孪晶的形成还与晶粒的取向密切相关。因为压缩孪晶产生沿基体 $\vec{c}$ 轴压缩的应变，拉伸孪晶产生沿基体 $\vec{c}$ 轴伸长的应变，因此，$\{11\bar{2}2\}$ $<11\bar{2}\bar{3}>$ 压缩孪晶主要产生在法向平行于 $\vec{c}$ 轴的晶粒中，而 $\{10\bar{1}2\}$ $<10\bar{1}\bar{1}>$ 拉伸孪晶主要产生在法向垂直 $\vec{c}$ 轴的晶粒中。本书冷轧研究所用工业纯钛的大部分晶粒的 $\vec{c}$ 轴与法向平行，较少晶粒的 $\vec{c}$ 轴垂直于法向。因此，初始晶粒取向和平面轧制过程中施加的应变条件共同导致了压缩孪晶优先激活。如图 6 - 13 所示，可以观察到在 $\{11\bar{2}2\}$ $<11\bar{2}\bar{3}>$ 压缩孪晶中形成的 $\{10\bar{1}2\}$ $<10\bar{1}\bar{1}>$ 拉伸孪晶的厚度范围一般只有 1 ~ 3 μm。这说明，一方面，由于压缩孪晶尺寸本身就比较小，在压缩孪晶中再次形成二次孪晶的概率会极大地降低；另一方面，只有当形成二次拉伸孪晶的临界剪切应力小且低于一次压缩孪晶时，在一次压缩孪晶中才可能会形成二次拉伸孪晶。

6.4　工业纯钛箔的拉伸变形行为

对工业纯钛的板带材经过多道次的退火和冷轧，可以制备出钛箔材。金属箔材是指厚度一般在 100 μm 以下的薄片或者带材，它的厚度与材料中的晶粒尺寸是相当的，也就是说，箔材的厚度方向上只有比较少的晶粒数量，表面晶粒会占有比较大的体积分数。这些表面晶粒受到的约束小，会对材料的性能产生影响。因此，箔材会表现出与常规尺寸的块体材料不同的力学性能，即所谓的"尺寸效应"。有些材料的屈服强度和抗拉强度随着材料的厚度、直径等外观特征尺寸的减小而减小，即表现出"越小越弱"的现象；而有些材料的屈服强度和抗拉强度则随着材料外观特征尺寸的减小而增大，即表现出"越小越强"的现象。为了研究尺寸效应对钛箔的力学行为的影响规律，制备了厚度在 5 ~ 200 μm 范围的一系列工业纯钛箔，研究了它们的室温拉伸性能，构建了工业纯钛箔的力学性能的本构方程，确定了工业纯钛箔的塑性变形机制随厚度的变化规律，探讨了工业纯钛箔力学性能产生尺寸效应的微观原因。

6.4.1 工业纯钛箔的显微组织

将厚度 t 分别为 200 μm、100 μm、80 μm、50 μm、30 μm、20 μm、10 μm 和 5 μm 的工业纯钛箔在 600℃ 真空退火 2 h，获得了一系列不同厚度的再结晶态工业纯钛箔。图 6 - 14 所示为这些再结晶退火态工业纯钛箔显微组织的 EBSD 分析结果。由此可以看出，这些不同厚度的工业纯钛箔中都形成了细小的等轴晶，且晶粒大小分布均匀。这些不同厚度工业纯钛箔相对应的平均晶粒尺寸大小如表 6 - 3 所示。由此可以看出，不同厚度工业纯钛箔中的晶粒尺寸相差不大，平均晶粒尺寸为 2.5 ~ 4.3 μm。

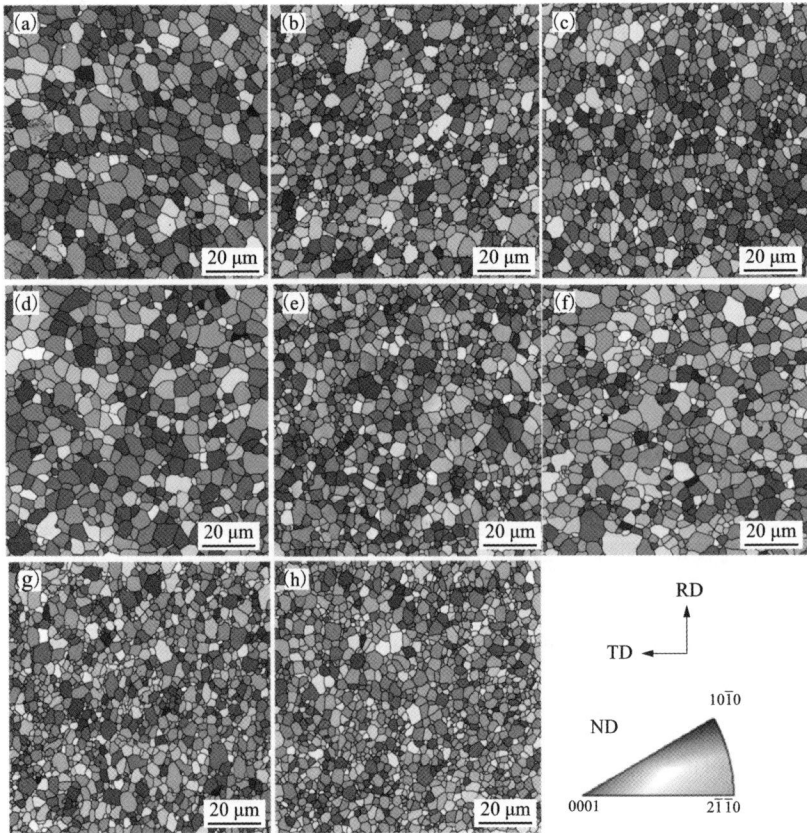

图 6 - 14　不同厚度原始退火态工业纯钛箔的 ND 取向分布图

（a）t = 200 μm；（b）t = 100 μm；（c）t = 80 μm；（d）t = 50 μm；（e）t = 30 μm；（f）t = 20 μm；（g）t = 10 μm；（h）t = 5 μm；图中黑线表示大角度晶界（取向差角度 > 15°）

表 6-3　不同厚度的退火态工业纯钛箔的平均晶粒尺寸

钛箔厚度/μm	200	100	80	50	30	20	10	5
平均晶粒大小/μm	4.3	3.7	3.2	4.0	3.3	3.6	2.9	2.5

图 6-15 显示了不同厚度原始退火态工业纯钛箔试样和纯钛粉末样品的 X 射线衍射结果，钛箔和钛粉都是 HCP 结构。由此可以看出，与纯钛粉末相比，各种厚度的工业纯钛箔在 $(10\bar{1}3)$ 面和 $(11\bar{2}4)$ 面的衍射峰相对强度明显增大，而在 $(10\bar{1}0)$ 柱面的衍射峰相对强度明显减小，部分工业纯钛箔在 $(10\bar{1}2)$ 面和 $(11\bar{2}2)$ 面的衍射峰有所增强，且随厚度的减小，工业纯钛箔中的 $(10\bar{1}2)$ 面和 $(11\bar{2}2)$ 面的衍射峰强度是先减小后增大的。这表明工业纯钛箔经过轧制和退火后形成了织构，主要形成了 $(10\bar{1}3)$ 和 $(11\bar{2}4)$ 晶面平行于轧面的择优取向。

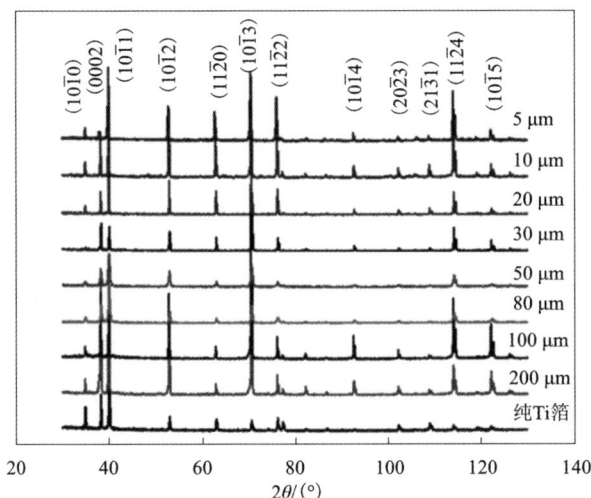

图 6-15　纯钛粉和原始不同厚度工业纯钛箔样品在轧面上的 XRD 分析

图 6-16 显示了退火态工业纯钛箔的轧面反极图。由此可以看出，当工业纯钛箔厚度大于 100 μm 时，织构主要有 $\{10\bar{1}3\}$ $<uvtw>$、$\{10\bar{1}4\}$ $<uvtw>$、$\{10\bar{1}5\}$ $<uvtw>$ 和 $\{11\bar{2}4\}$ $<uvtw>$，其中 $<uvtw>$ 为晶向指数。$80 \sim 10$ μm 厚的工业纯钛箔中，织构主要有 $\{10\bar{1}3\}$ $<uvtw>$ 和 $\{10\bar{1}4\}$ $<uvtw>$ 这两种组分，5 μm 厚的工业纯钛箔中形成的主要织构为 $\{11\bar{2}4\}$ $<uvtw>$。

可见，经退火后，不同厚度的工业纯钛箔中形成的主要织构类型是相似的，其主要织构类型为 $\{10\bar{1}3\}$ $<uvtw>$、$\{10\bar{1}4\}$ $<uvtw>$ 和 $\{11\bar{2}4\}$ $<uvtw>$。

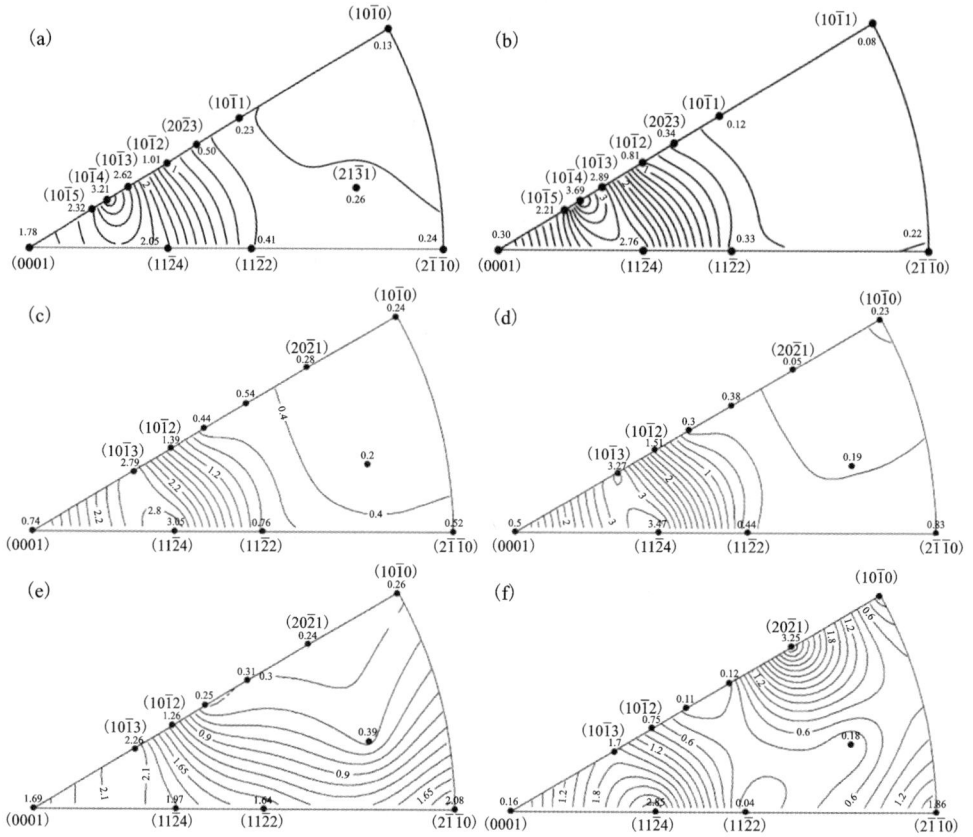

图 6-16　不同厚度退火态工业纯钛箔的轧面反极图

(a) $t = 200$ μm；(b) $t = 100$ μm；(c) $t = 80$ μm；(d) $t = 50$ μm；(e) $t = 10$ μm；(f) $t = 5$ μm

6.4.2　工业纯钛箔的室温拉伸力学行为

6.4.2.1　工业纯钛箔的室温拉伸力学性能

在室温下，对不同厚度的工业纯钛箔进行了单向静拉伸实验，拉伸试样的尺寸如图 6-17 所示，拉伸速率为 8 mm/min，得到工程应力-应变曲线，如图 6-18 所示。

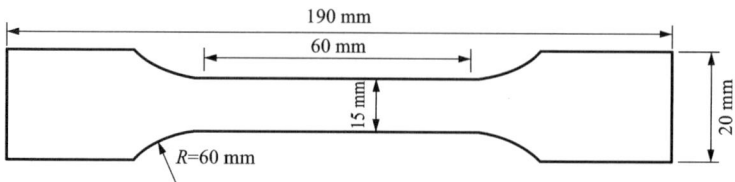

图 6-17　工业纯钛箔拉伸试样的尺寸示意图

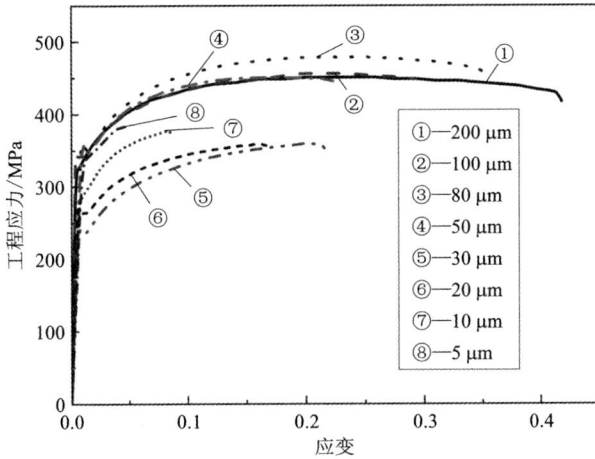

图 6 - 18   不同厚度工业纯钛箔的拉伸工程应力 - 应变曲线

从图 6 - 18 中可以看出,厚度大于 20 μm 的工业纯钛箔的拉伸工程应力 - 应变曲线均出现了明显的屈服平台,而 10 μm 和 5 μm 厚的工业纯钛箔的工程应力 - 应变曲线没有明显的屈服平台。但是,一般块体的纯钛材料的拉伸曲线上并没有屈服平台或者屈服点的出现。这说明工业纯钛箔的拉伸曲线上的明显屈服平台的产生与其拉伸变形过程中的微观塑性变形机制有关,后面将进一步深入讨论其产生的原因。

不同厚度的工业纯钛箔的拉伸力学性能如表 6 - 4 所示。由此可以看出,50 ~ 200 μm 的工业纯钛箔的屈服强度和抗拉强度相差不大;当工业纯钛箔厚度从 50 μm 减小到 30 μm 时,其屈服强度和抗拉强度下降;而工业纯钛箔厚度小于 30 μm 时,其屈服强度和抗拉强度随着厚度的减小而增大。此外,厚度为 200 μm、100 μm、80 μm、50 μm、20 μm 和 10 μm 的工业纯钛箔试样的屈强比相差不大,30 μm 厚的工业纯钛箔的屈强比最小,为 65.6%。而 5 μm 厚的工业纯钛箔的屈强比最大,为 85.7%。这说明 30 μm 厚的工业纯钛箔的均匀塑性变形能力最好,5 μm 厚的工业纯钛箔的均匀塑性变形能力最差。此外,工业纯钛箔的断后伸长率随厚度的减小呈现出下降的趋势。当工业纯钛箔的厚度大于 30 μm 时,其断后伸长率均大于 20%,表现出良好的塑性,其中 200 μm 厚的钛箔试样的伸长率最大,达到 41.3%。5 μm 厚的钛箔试样的伸长率最小,只有 4.6%。

表 6 - 4　不同厚度工业纯钛箔试样的力学性能

钛箔厚度/μm	屈服强度/MPa	抗拉强度/MPa	屈强比/%	伸长率/%
200	332 ± 1	451 ± 3	73.6	41.3 ± 1.3
100	338 ± 3	456 ± 2	74.1	29.2 ± 3.0
80	350 ± 18	479 ± 19	73.1	34.6 ± 3.6
50	348 ± 8	450 ± 8	77.3	22.3 ± 3.2
30	236 ± 5	360 ± 4	65.6	21.1 ± 6.7
20	264 ± 9	359 ± 8	73.5	16.5 ± 3.8
10	286 ± 1	378 ± 2	75.7	8.5 ± 0.3
5	330 ± 3	385 ± 23	85.7	4.6 ± 1.8

　　不同厚度工业纯钛箔的拉伸真实应力 - 真应变曲线如图 6 - 19 所示。在塑性变形阶段,随着真应变的增大,真应力逐渐增加,但增加速度逐渐减缓,这表明试样的应变硬化率逐渐减小。工业纯钛箔拉伸的真应力 - 真应变曲线与工程应力 - 应变曲线是类似的,这表明工业纯钛箔在拉伸过程中横截面面积的变化较小,缩颈不明显。

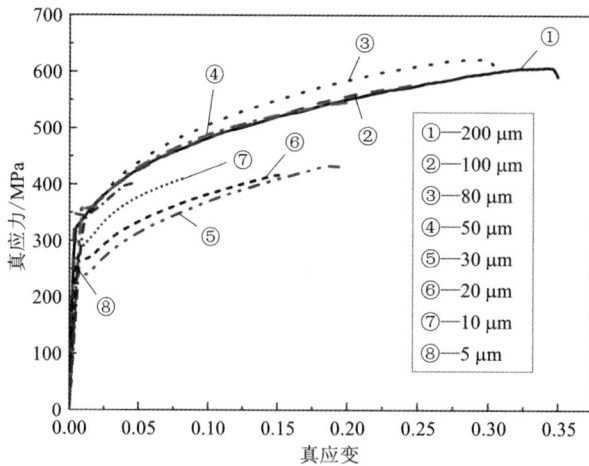

图 6 - 19　不同厚度工业纯钛箔试样的拉伸真应力 - 真应变曲线

　　晶粒大小是影响材料屈服强度的一个重要因素,随着晶粒尺寸的减小,材料的屈服强度和抗拉强度都增大,这是细晶强化的作用结果。由于晶粒尺寸的减小使晶界数量变多，增加位错移动的障碍数目，减小了晶粒内位错塞积群的长度，从而使强度升高。材料的屈服强度 σ_y 和晶粒尺寸 d 之间存在着一定的关系，一般满足经验的 Hall – Petch 关系式：

$$\sigma_y = \sigma_0 + k_y d^{-n} \tag{6-2}$$

式中：σ_0 为材料的初始强度；k_y 为材料的常数；指数 n 大约为 0.5。

此外，随着晶粒尺寸增大，材料的断后伸长率呈现逐渐降低的趋势。这主要是因为晶粒尺寸越大，塞积的位错群长度变大，局部的应力集中更大，同时单位体积内晶粒数量就越少，产生相同应变时晶体变形均匀性就越差，最终表现为伸长率的降低。另外，由于箔材很薄，厚度方向上的晶粒数量很少，表面钝化层会对材料的塑性产生比较大的影响，晶粒在厚度方向上的转动会受到限制，表面层与心部晶粒的变形由于受束缚程度不一样，导致它们的变形会不协调，并且晶粒之间的变形协调性也会较差。同时，由于工业纯钛的表面不可避免存在钝化膜，其塑性相对箔材心部会较差，这也会导致表面和心部变形不协调，从而降低材料的断后伸长率。

通常，金属材料的屈强比越小，材料均匀塑性变形的能力越好，即屈强比较小的材料获得的均匀伸长率较大。从表 6 – 4 可以看出，30 μm 厚的工业纯钛箔的屈强比最小，但其总的断后伸长率却和 50 μm 厚的工业纯钛箔的相差不大，这与箔材的表面占比，也就是厚度与晶粒尺寸的比值(t/d)有关。30 μm 厚工业纯钛箔的平均晶粒大小为 3.3 μm，50 μm 厚工业纯钛箔的平均晶粒大小为 4.0 μm，虽然 50 μm 厚的工业纯钛箔的平均晶粒大小比 30 μm 厚的大，但是由于它们的厚度与晶粒尺寸的比值(λ)相当，使得这两种厚度的工业纯钛箔具有接近的断后伸长率。此外，从表 6 – 4 中还可以看出，200 μm 厚的工业纯钛箔的伸长率最大，其平均晶粒大小为 4.3 μm，虽然比其他厚度的钛箔的平均晶粒大小要大，但是由于其厚度与晶粒尺寸的比值较大，故受箔材的表面影响较小，具有较大的伸长率。综上可知，在晶粒尺寸变化不大的情况下，工业纯钛箔的厚度与晶粒尺寸的比值(λ)是影响其塑性的主要因素。

图 6 – 20 显示了工业钛箔的拉伸力学性能随其厚度 t 变化的关系曲线。从图 6 – 20(a) 中可以看出，当工业纯钛箔的厚度从 200 μm 减小到 50 μm 时，箔材的屈服强度和抗拉强度变化不大；当厚度从 50 μm 下降到 30 μm 时，工业纯钛箔的屈服强度和抗拉强度是减小的；而当厚度从 30 μm 减小到 5 μm 时，工业纯钛箔的屈服强度和抗拉强度随着厚度的减小而增大。从图 6 – 20(b) 中可以看出，工业纯钛箔的断后伸长率随着厚度的减小而减小。综上可知，在晶粒尺寸相当时，不同厚度工业纯钛箔的力学性能不同，这表明它们的力学性能受到了箔材厚度的影响，即表现出所谓的"尺寸效应"。

材料加工硬化率($\theta = \mathrm{d}\sigma/\mathrm{d}\varepsilon$)是表征流变应力随应变变化速率的一个变量，

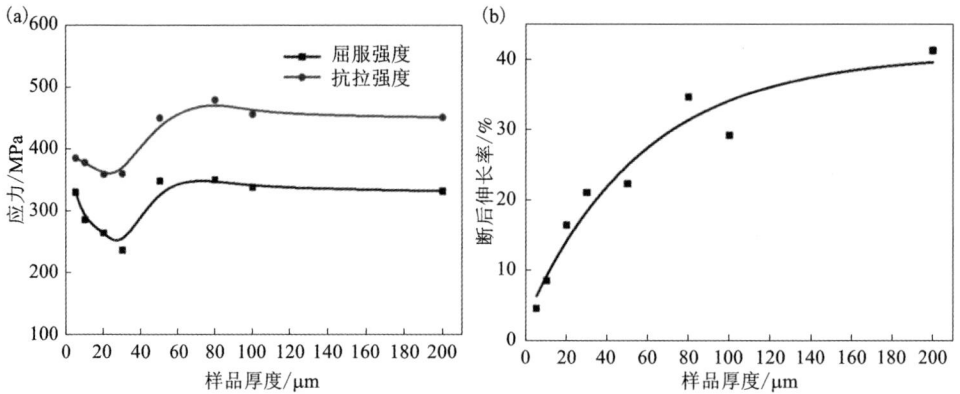

图 6-20 工业纯钛箔的拉伸力学性能与厚度的关系曲线

(a)屈服强度和抗拉强度；(b)断后伸长率

一般讨论的只是均匀塑性变形阶段的加工硬化部分。图 6-21 显示了不同厚度工业纯钛箔的加工硬化率与真实应力之间的关系。由此可以看出，不同厚度工业纯钛箔的加工硬化率随真应力的增加呈现出三个阶段。厚度大于 50 μm 的工业纯钛箔的加工硬化率较大；当工业纯钛箔厚度减小为 10 μm 以下时，其加工硬化率明显减小，但此时随工业纯钛箔的厚度减小，其加工硬化率呈增大趋势；5 μm 的工业纯钛箔，其初始加工硬化率很大，随真应力的增大迅速下降。由此可见，不同厚度的工业纯钛箔的加工硬化行为是不一样的，其中 30 μm 的工业纯钛箔的加工硬化率最低，这与不同厚度的工业纯钛箔的微观塑性变形机制密切相关，后面将会深入探讨这一问题。正是由于它们塑性变形机制的差别，使得不同厚度工业纯钛箔具有不同的应变硬化行为，从而使它们展现出不同的力学性能。

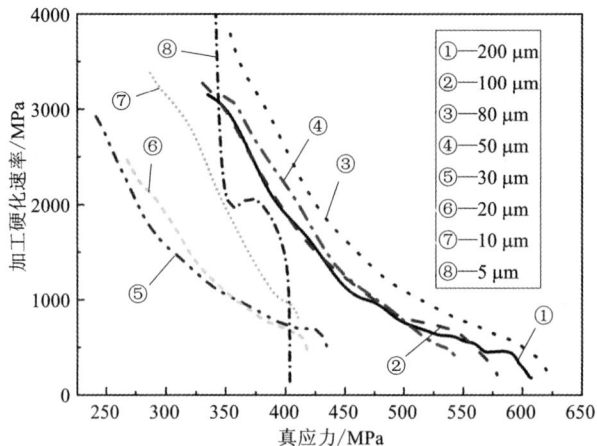

图 6-21 不同厚度工业纯钛箔室温拉伸下的硬化率与真实应力关系曲线

6.4.2.2　工业纯钛箔的室温拉伸断口

图 6-22 显示了不同厚度工业纯钛箔室温拉伸试样的宏观断口形貌。随着厚度的减小，工业纯钛箔的宏观拉伸断口附近区域变得越来越不平整，且它们的断口形貌有差异。当厚度大于 20 μm 时，宏观断口为典型的剪切型断口，断口的剪切方向与拉伸方向之间的夹角为 50°～60°。可见，此时工业纯钛箔具有良好的塑性。当厚度小于 20 μm 时，断口几乎与拉伸方向垂直，此时工业纯钛箔的断裂方式为正断。这说明此时工业纯钛箔由于表面所占比例大，受表面层的影响较大，使得其脆性增加。由此可见，随着厚度的变化，工业纯钛箔的断裂方式发生了转变。

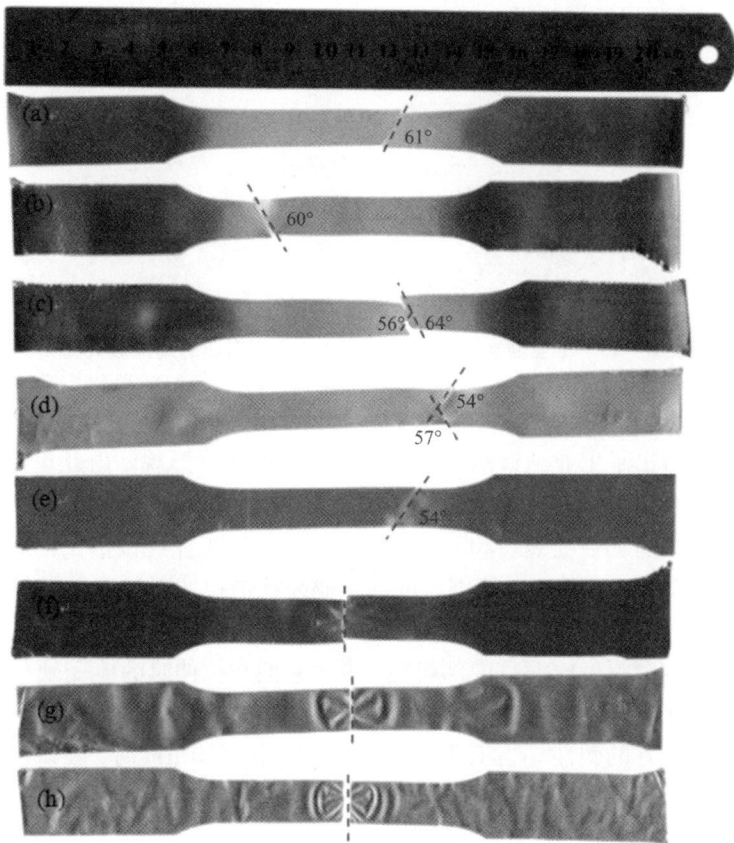

图 6-22　不同厚度工业纯钛箔拉伸试样的宏观断口形貌

（a）$t=200$ μm；（b）$t=100$ μm；（c）$t=80$ μm；（d）$t=50$ μm；（e）$t=30$ μm；（f）$t=20$ μm；
（g）$t=10$ μm；（h）$t=5$ μm

图 6-23 显示了厚度为 80 μm 和 10 μm 的工业纯钛箔试样拉伸宏观断口的局部放大图。由此可以看出，80 μm 厚的工业纯钛箔拉伸试样的断口附近横截面积明显减小，即出现了缩颈现象。而且，在其表面可以观察到拉伸后留下的大量的滑移线，断裂也是沿着滑移面发生的。而 10 μm 厚的工业纯钛箔拉伸试样没有出现缩颈现象，在其表面也基本观察不到拉伸后留下的滑移线。由此可进一步推断得到，较薄的工业纯钛箔样品由于受到表面氧化膜的影响较大，塑性降低。

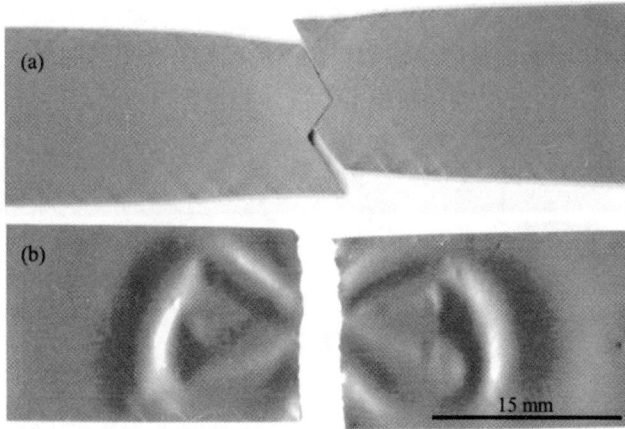

图 6-23　工业纯钛箔的两种典型拉伸宏观断口的局部放大图

(a)t = 80 μm；(b)t = 10 μm

图 6-24 给出了工业纯钛箔室温拉伸后的微观断口形貌。由此可以看出，工业纯钛箔厚度在 20 μm 以上时，拉伸断裂表面存在着大量的等轴状韧窝，表现出典型的微孔聚集型韧性断裂。200 μm 厚和 100 μm 厚工业纯钛箔拉伸断口表面有大量的深的韧窝；30~80 μm 范围厚度的工业纯钛箔拉伸断口表面虽然也有韧窝存在，但其数量较少、尺寸较小、深度较浅。对比发现，较厚的工业纯钛箔试样的断口表面的韧窝深度较深且内部粗糙，说明它们在拉伸时的应变硬化指数和变形程度较大，有较大的变形抗力可用于抵抗均匀塑性变形。因此，较厚的工业纯钛箔样品具有较好的塑性。当工业纯钛箔的厚度小于 20 μm 时，断口没有韧窝组织，但断口表面不光滑，呈现出河流花样，可以观察到一些撕裂棱和大量的滑移迹线，呈现出脆性断裂的特征。

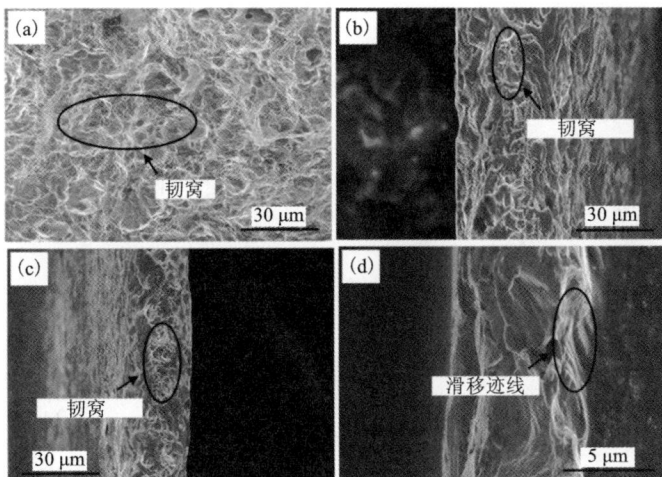

图 6 − 24　不同厚度工业纯钛箔拉伸断口形貌的 SEM 照片

(a)$t = 200$ μm；(b)$t = 50$ μm；(c)$t = 30$ μm；(d)$t = 10$ μm

6.5　工业纯钛箔力学性能的本构方程

6.5.1　工业纯钛箔力学性能的尺寸效应

对不同厚度工业纯钛箔的拉伸工程应力－应变关系曲线，取屈服后的曲线数据，计算其真应力－真应变曲线，如图 6 − 25 所示。由此可以明显看出，当厚度从 200 μm 减小到 50 μm 时，工业纯钛箔的强度变化不大；当厚度从 50 μm 减小到 30 μm 时，工业纯钛箔的强度减小；当厚度从 30 μm 减小到 5 μm 时，工业纯钛箔的强度随厚度的减小而增大。此外，不同厚度工业纯钛箔的断后伸长率有随厚度的减小而减小的趋势。可见，不同厚度工业纯钛箔的强度和塑性等力学性能都表现出了明显的厚度尺寸效应。

当箔材的厚度大于 50 μm 时，工业纯钛箔的强度变化不大，主要原因是此时箔材的厚度 t 与晶粒尺寸 d 的比值还比较大，而且它们的平均晶粒尺寸相接近。当厚度为 30 ~ 50 μm 时，工业纯钛箔的强度随厚度的减小而减小，这种现象可能与箔材的塑性变形机制的变化有关，后面将进一步论述。而当箔材的厚度从 30 μm 减小到 5 μm 时，钛箔的强度随厚度的减小而增大，这是因为一方面材料的平均晶粒尺寸在减小，另一方面可通过表面层模型加以解释：此时箔材表面占比较大，而工业纯钛箔表面存在钝化层，钝化层的强度比较高，对位错运动有较

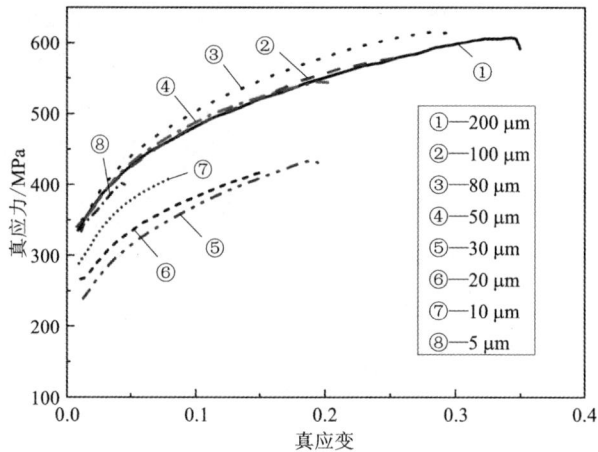

图 6 – 25 不同厚度工业纯钛箔的拉伸真应力 – 真应变曲线

强的约束能力，从而使材料整体的强度增大。

工业纯钛箔的断后伸长率随厚度的减小而减小的现象，需要考虑到表面层与心部的晶粒之间的变形协调的问题。厚度较大的工业纯钛箔，厚度 t 与晶粒尺寸 d 的比值还比较大，表面钝化层对材料塑性的影响较小。厚度较小的工业纯钛箔，由于材料很薄，厚度方向上的晶粒数量很少，此时受表面的钝化层影响较大。表面的钝化层塑性较差，表面钝化层和心部晶粒变形协调性较差，变形变得不均匀，如图 6 – 23 所示，拉伸断口附近出现表面凸起的不平整现象，这种现象在厚的箔材中没有观察到。这种现象即是应变不协调的体现，因此较容易产生局部的应力集中，当位错滑移穿过表面氧化膜，会在表面形成缺陷，使材料开裂的机会变大，故材料塑性降低，断后伸长率较小。

6.5.2 工业纯钛箔的 Hollomon 模型参数

加工硬化是金属材料塑性变形过程中普遍存在的一种现象，主要原因是位错的增殖及位错之间的相互作用。1944 年，Hollomon 根据经验建立了包含应变硬化指数 n 的金属拉伸变形的指数方程式：

$$\sigma_{zh} = K\varepsilon_{zh}^{n} \tag{6 – 3}$$

式中：σ_{zh} 为真实应力；ε_{zh} 表示真实应变；K 为材料常数；n 为应变硬化指数。

应变硬化指数 n 是一个非常重要的力学性能参数，其力学本质是反映材料抵抗持续均匀塑性变形的能力，是评价金属冷成形性能的关键指标。对于符合幂指数硬化规律的材料，n 值的高低直接反映了材料发生缩颈前依靠硬化使材料均匀变形的能力大小。前面介绍过，汽车车身钢板需要很好的深冲性能，也就是希望制备汽车车身的钢板应变硬化指数比较大，这样钢板在深冲时才能发生均匀塑性变形，避免局部出现变薄而破裂的现象。因此，在汽车钢板中希望形成比较强的 γ 织构，这种织构对应的组织为带状组织，具有比较高的加工硬化性能。

在均匀塑性变形阶段，真应力 σ_{zh} – 真应变 ε_{zh} 曲线满足 Hollomon 关系式，如式（6 – 3）所示。

对式（6 – 3）两边取对数，得

$$\lg\sigma_{zh} = \lg K + n\lg\varepsilon_{zh} \tag{6 – 4}$$

在双对数坐标中，$\lg\sigma_{zh}$ 与 $\lg\varepsilon_{zh}$ 满足线性关系，该模型为直线，n 为常数。对图 6 – 25 所示的真应力 – 真应变曲线进行处理，得到不同厚度钛箔的 $\lg\sigma_{zh}$ – $\lg\varepsilon_{zh}$ 曲线，如图 6 – 26 所示。由此可以看出，当工业纯钛箔厚度在 50 μm 以上时，这些箔材的 $\lg\sigma_{zh}$ – $\lg\varepsilon_{zh}$ 曲线接近重合，表明这些箔材的应变硬化指数 n 值相差不大；当工业纯钛箔厚度在 30 μm 以下时，此时箔材的 $\lg\sigma_{zh}$ – $\lg\varepsilon_{zh}$ 线不重合，其中 30 μm 厚的工业纯钛箔试样的 $\lg\sigma_{zh}$ – $\lg\varepsilon_{zh}$ 曲线斜率 n 值最大，这说明它的均匀塑性变形能力最好，这与前面分析的结果是一致的，其与塑性变形机制密切相关，后面会进一步分析。5 μm 厚的工业纯钛箔的 $\lg\sigma_{zh}$ – $\lg\varepsilon_{zh}$ 曲线斜率 n 值最小，这说明它的均匀塑性变形能力最小、塑性最差，这与前面的研究结果是一致的，主要原因是受到了表面钝化膜的较大影响。虽然 30 μm 厚的工业纯钛箔的加工硬化指数 n 最大，但它的断后伸长率在所有厚度的工业纯钛箔中却不是最大的，这是由于其厚度 t 与晶粒尺寸 d 的比值较小。

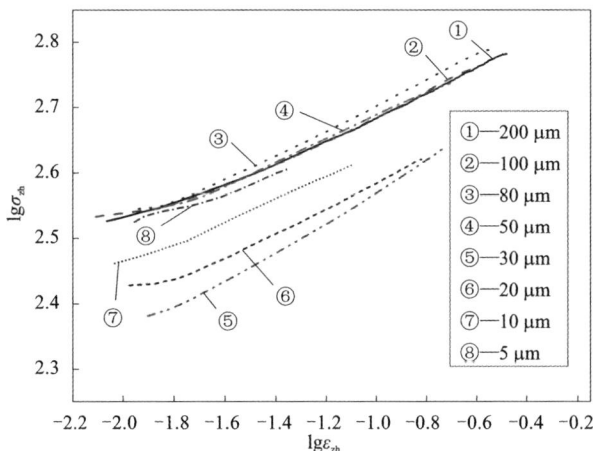

图 6 – 26　不同厚度工业纯钛箔的 $\lg\sigma_{zh}$ – $\lg\varepsilon_{zh}$ 曲线

本章采用 Hollomon 模型，利用 MATLAB 软件通过非线性最小二乘法拟合，得到不同厚度工业纯钛箔试样的 Hollomon 模型系数，如表 6 – 5 所示。由此可以看出，当工业纯钛箔厚度大于 30 μm 时，材料的强度系数 K 相差不大，K 约为 730 MPa；当工业纯钛箔厚度在 30 μm 以下时，材料的强度系数 K 也相差不大，大约为 610 MPa。80 μm 厚的工业纯钛箔的强度系数 K 最大，为 785 MPa；20 μm 厚的工业纯钛箔的强度系数 K 最小，为 584 MPa。K 本是材料的常数，但对箔材，它同样也表现出厚度尺寸效应。此外，随着厚度的减小，工业纯钛箔的加工硬化指数 n 的变化没有明显的规律，其中 30 μm 厚的工业纯钛箔的 n 值最大，为 0.2152。5 μm 厚的工业纯钛箔的 n 值最小，为 0.1293。

表 6 – 5　不同厚度工业纯钛箔试样的 Hollomon 模型参数

纯 Ti 箔厚度/μm	强度系数 K/MPa	加工硬化指数 n	样品状态
200	724	0.1687	退火
100	737	0.1793	退火
80	785	0.1908	退火
50	724	0.1724	退火
30	627	0.2152	退火
20	584	0.1913	退火
10	624	0.1679	退火
5	598	0.1293	退火

6.5.3　工业纯钛箔的尺寸参数

材料的本构方程反映了材料的应力与应变之间的关系。随着材料尺寸从宏观尺度降低到微纳米微观尺度时，传统的应力与应变之间的关系式已不能准确描述箔材的力学行为。因此，在微小尺度下，有必要建立新的本构方程。

当箔材厚度下降到微小尺度时，由上述分析可知，工业纯钛箔的力学性能不仅与材料的晶粒尺寸 d 有关，而且还和材料本身的厚度 t 有关。不同厚度工业纯钛箔的尺寸参数如表 6 – 6 所示。由此可以看出，不同厚度工业纯钛箔的平均晶粒大小变化不大。厚度大于 30 μm 时，工业纯钛箔的厚度 – 晶粒尺寸比 λ 都大于 10。此外，考虑材料的强度和材料晶粒大小的关系时，一般根据 Hall – Petch 公式，来确定材料强度和晶粒大小 d 的 –1/2 次方的关系。

表6-6 不同厚度工业纯钛箔的晶粒尺寸和厚度-晶粒尺寸比

箔材厚度 $t/\mu m$	晶粒大小 $d/\mu m$	厚度-晶粒尺寸比 λ	$d^{-\frac{1}{2}}$	样品状态
200	4.31	46.4	0.4817	退火
100	3.68	27.2	0.5213	退火
80	3.15	25.4	0.5634	退火
50	4.04	12.4	0.4975	退火
30	3.26	9.2	0.5538	退火
20	3.55	5.6	0.5307	退火
10	2.93	3.4	0.5842	退火
5	2.53	2.0	0.6287	退火

6.5.4 工业纯钛箔的本构方程

微纳米尺度下，箔材的力学性能表现出了尺寸效应，材料的应力应变关系、塑性成形性能等成形工艺参数呈现出与常规尺寸材料的塑性变形不同的特点。为了能准确描述这类材料的应力与应变之间的关系，需考虑尺寸效应的影响，从而提出新的模型，其中需要考虑的尺寸参数包括晶粒大小、箔材的厚度与晶粒尺寸的比值等。本书对经典的塑性力学模型进行了修正，构建了工业纯钛箔的本构模型，这种模型能更准确地描述这种箔材的尺寸效应等力学行为。

工业纯钛箔厚度大于 50 μm 时，其强度主要受其平均晶粒尺寸大小的影响；工业纯钛箔厚度小于 30 μm 时，其强度不仅与平均晶粒尺寸有关，还与试样厚度有关。因此，可以把不同厚度的工业纯钛箔分成两组来构建材料的本构方程，第一组箔材的厚度大于 50 μm，另一组箔材的厚度小于 30 μm。

对于厚度大于 50 μm 的这组工业纯钛箔，不同厚度工业纯钛箔塑性变形阶段的真应力-真应变曲线如图6-27所示。在此厚度范围内，箔材的厚度-晶粒尺寸比 $\lambda > 10$，材料的尺度还较大，钛箔的强度可看作仅与材料的晶粒大小有关。所以，基于 Hollomon 模型和 Hall-Petch 公式来构建钛箔材料的本构方程。

以 200 μm 和 80 μm 厚的工业纯钛箔的拉伸数据为基础，把 200 μm 和 80 μm 厚的工业纯钛箔的尺寸参数代入下式：

$$\sigma = f(\varepsilon, d) = \left(K_1 + K_2 \frac{1}{\sqrt{d}}\right)\varepsilon^n \qquad (6-5)$$

可以得到方程组(6-6)：

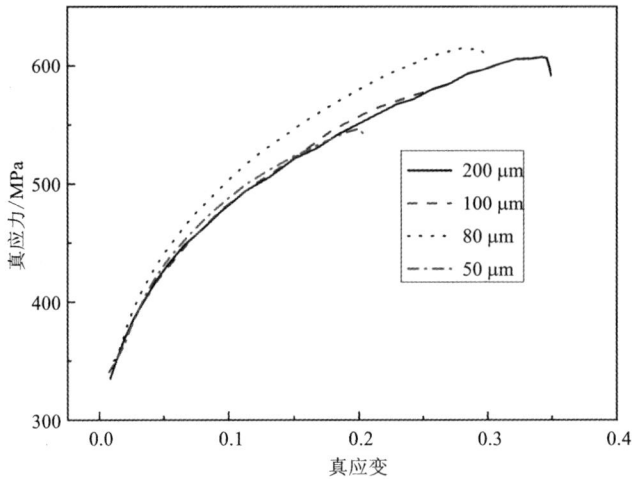

图 6 - 27　厚度在 50 μm 以上的工业纯钛箔屈服后的真应力 - 真应变曲线

$$\begin{cases} K_1 + 0.4817K_2 = 724 \\ K_1 + 0.5634K_2 = 785 \end{cases} \qquad (6-6)$$

解得：

$$\begin{cases} K_1 = 364.346 \\ K_2 = 746.634 \end{cases} \qquad (6-7)$$

由此可得，在此厚度范围内，工业纯钛箔的本构方程为：

$$\sigma = f(\varepsilon, d) = \left(364.346 + 746.634 \frac{1}{\sqrt{d}}\right)\varepsilon^n \qquad (6-8)$$

利用公式(6-8)计算出 50~200 μm 的不同厚度工业纯钛箔的拉伸塑性变形阶段的真应力 - 真应变曲线，并与实验获得的拉伸真应力 - 真应变曲线进行对比，如图 6-28 所示。由此可知，构建的本构方程能够很好地与拉伸实验数据相吻合，能比较好地反映工业纯钛箔的流动应力特性。

对于厚度在 30 μm 以下的这一组工业纯钛箔，它们塑性变形阶段的真应力 - 真应变曲线如图 6-29 所示。在此厚度范围内，材料的厚度与晶粒尺寸的比值都小于 10，此时，工业纯钛箔的强度不仅与材料的晶粒尺寸有关，而且还与材料本身的厚度尺寸有关。所以，考虑表面层模型把厚度 - 晶粒尺寸比 λ 这个参数引入本构模型中，去构建符合此种厚度的工业纯钛箔材料的本构方程。

图 6-30 显示了矩形试样横截面表面层晶粒比例。对于矩形试样截面，计算表面层的晶粒数目与整个晶粒数目的比值 μ 如下：

$$\mu = 1 - \frac{(w - 2d)(t - 2d)}{wt} \qquad (6-9)$$

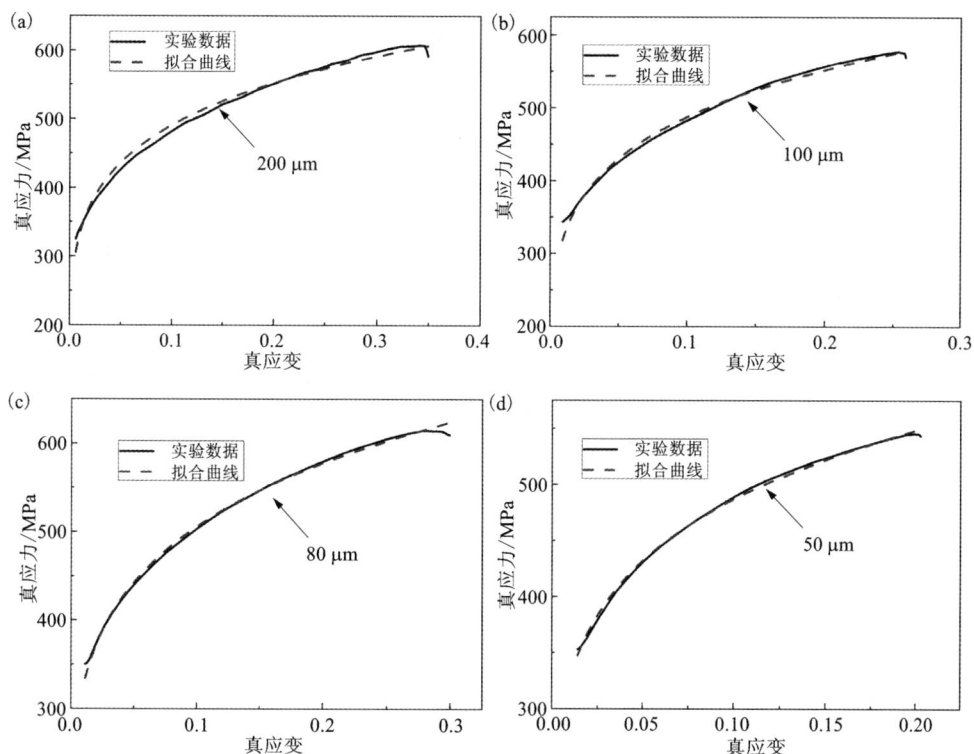

图 6 - 28　厚度在 50 μm 以上的工业纯钛箔屈服后真应力 - 真应变曲线与拟合曲线

(a) 200 μm; (b) 100 μm; (c) 80 μm; (d) 50 μm

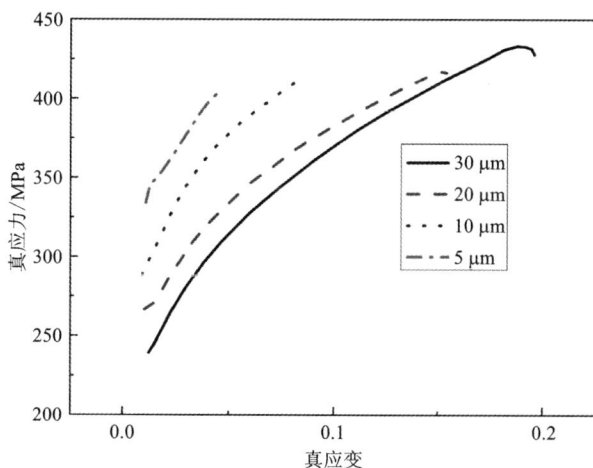

图 6 - 29　厚度在 30 μm 以下的工业纯钛箔屈服后真应力 - 真应变曲线

式中：μ 是矩形试样横截面上表面层晶粒数目所占总的晶粒数目的比例；w 是试样的宽度；t 是试样的厚度；d 是试样材料的晶粒尺寸。

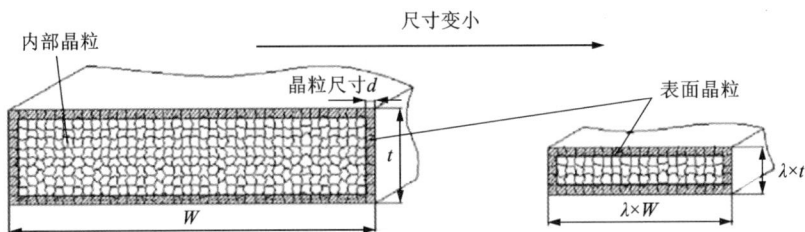

图 6 - 30　矩形试样横截面表层晶粒所占比例的示意图

在建立试样外观尺寸、微观结构与材料力学行为之间的关系时，可利用厚度 - 晶粒尺寸比 $\lambda (\lambda = t/d)$ 这个参数来代表箔材厚度尺寸效应的影响。假定试样厚度 $w \gg$ 晶粒尺寸 d，则表面层的晶粒数目与整个晶粒数目的比值 μ 与厚度 - 晶粒尺寸比 λ 的关系可近似为：

$$\mu = 1 - \frac{(1 - 2d/w)(t - 2d)}{t} \approx 1 - \frac{t - 2d}{t} = \frac{2d}{t} = \frac{2}{\lambda} \tag{6-10}$$

结合 Hall - Petch 关系式和表面层模型对材料尺寸效应的影响，材料的尺寸效应和应变硬化系数与材料流动应力之间的关系可表示为：

Hollomon 方程：

$$\sigma_{zh} = K\varepsilon_{zh}^{n} \Rightarrow \sigma_{zh} \propto \varepsilon_{zh}^{n} \tag{6-11}$$

Hall - Petch 公式：

$$\sigma = \sigma_0 + k\frac{1}{\sqrt{d}} = \sigma_0 + k\frac{\sqrt{\lambda}}{\sqrt{t}} \Rightarrow \sigma \propto \sqrt{\lambda} \tag{6-12}$$

表面层模型：

$$\mu \approx \frac{2}{\lambda} \Rightarrow \sigma \propto \lambda^{-1} \tag{6-13}$$

基于式 (6 - 11) ~ 式 (6 - 13)，由于均匀塑性变形阶段，式 (6 - 12) 的工程应力 σ 与真应力 σ_{zh} 接近，此时真实应力 - 应变关系式可表示为：

$$\sigma = f(\varepsilon, d) = F(\lambda)\varepsilon^{n} = [a + b\sqrt{\lambda} + c(\lambda)^{-1}]\varepsilon^{n} \tag{6-14}$$

取 30 μm、10 μm 和 5 μm 厚的工业纯钛箔的拉伸实验数据为基础，把 30 μm、10 μm 和 5 μm 厚的工业纯钛箔的尺寸参数代入式 (6 - 15)，

$$\sigma = f(\varepsilon, d) = F(t/d)\varepsilon^{n} = [a + b\sqrt{t/d} + c(t/d)^{-1}]\varepsilon^{n} \tag{6-15}$$

可得到下面的方程组：

$$\begin{cases} a + 3.0336b + 0.1087c = 627 \\ a + 1.8474b + 0.2930c = 624 \\ a + 1.4058b + 0.5060c = 598 \end{cases} \qquad (6-16)$$

解得：

$$\begin{cases} a = 719.2872 \\ b = -24.2466 \\ c = -172.3347 \end{cases} \qquad (6-17)$$

由此可得，在此厚度范围内，工业纯钛箔材料的本构方程可写为：

$$\sigma = F(t/d)\varepsilon^n = [719.2872 - 24.2466\sqrt{t/d} - 172.3347(t/d)^{-1}]\varepsilon^n$$

$$(6-18)$$

利用公式(6-18)计算出 5~30 μm 不同厚度的工业纯钛箔塑性变形的真应力-真应变曲线，并与实验获得的拉伸真应力-真应变曲线进行对比，如图 6-31 所示。由此可知，新建本构方程的计算结果与实验结果吻合较好，表明其能较好地反映厚度为 5~30 μm 时的工业纯钛箔材在拉伸塑性变形过中的流动特性。

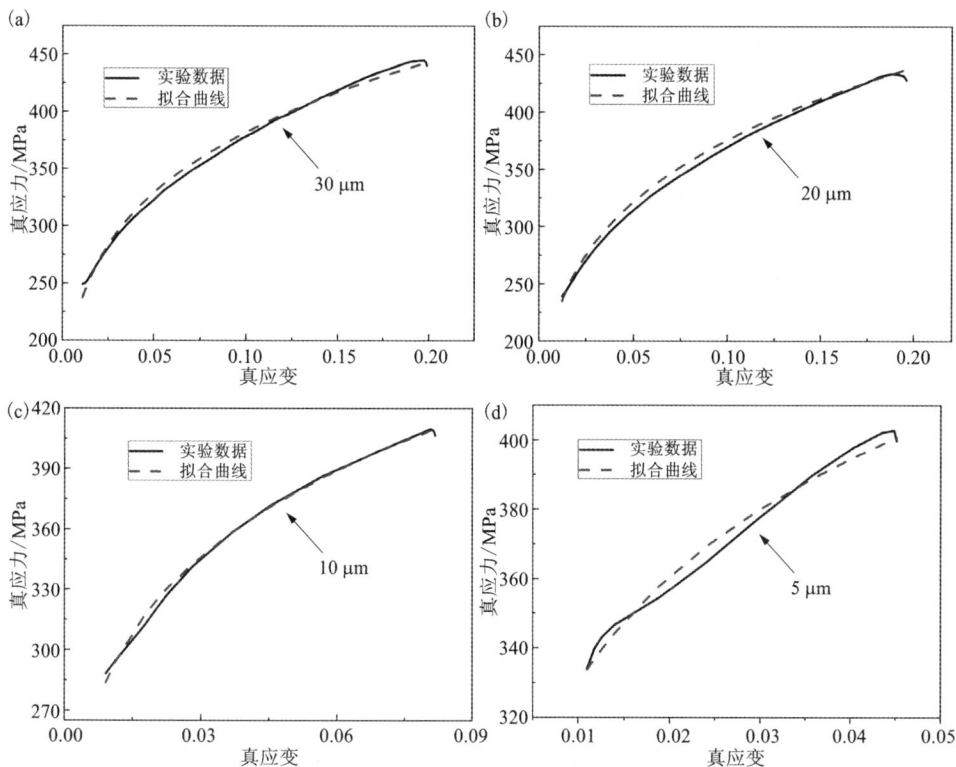

图 6-31　厚度小于 30 μm 的工业纯钛箔屈服后的真应力-真应变曲线与拟合曲线

(a)30 μm；(b)20 μm；(c)10 μm；(d)5 μm

综上可得，根据不同厚度的工业纯钛箔的室温单轴拉伸力学性能实验数据，200 μm、100 μm、80 μm、50 μm 和 30 μm、20 μm、10 μm、5 μm 这两组不同厚度范围的工业纯钛箔的本构方程可写为：

$$\begin{cases} \sigma = \left(364.346 + 746.634\,\dfrac{1}{\sqrt{d}}\right)\varepsilon^n & t > 30\ \mu m \\ \sigma = \left[719.2872 - 24.2466\,\sqrt{t/d} - 172.3347\,(t/d)^{-1}\right]\varepsilon^n & t \leqslant 30\ \mu m \end{cases} \quad (6-19)$$

图 6-32 显示了用新建立的本构方程(6-19)计算的曲线和实验结果的比较。由此可以很明显看出，用新的本构方程计算的真应力-真应变曲线和不同厚度工业纯钛箔的拉伸塑性变形真应力-真应变曲线相互吻合，说明利用箔材的厚度尺寸效应可以很好地拟合实验数据，预测工业纯钛箔其他厚度的应力应变关系。

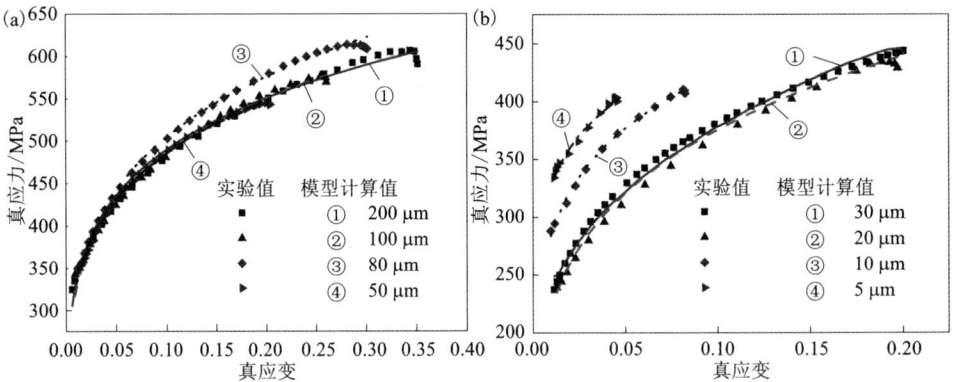

图 6-32　不同厚度工业纯钛箔拉伸试样塑性变形的流动应力应变曲线与拟合曲线

(a)200 μm、100 μm、80 μm 和 50 μm 厚的工业纯钛箔的实验结果和新的本构方程计算的曲线；(b)30 μm、20 μm、10 μm 和 5 μm 厚的工业纯钛箔的实验结果和新的本构方程计算的曲线

6.6　工业纯钛箔的塑性变形机理

6.6.1　工业纯钛箔的拉伸塑性变形组织

图 6-33 显示了不同厚度工业纯钛箔拉伸后形成的变形组织的 EBSD 分析结果。由此可以看出，经过单向拉伸变形，不同厚度的工业纯钛箔中的晶粒发生了不同程度的碎化，原有的细小等轴晶粒沿着拉伸方向明显被拉长。

在 200 μm 和 100 μm 厚的工业纯钛箔中明显可以观察到大量的形变孪晶。与前面工业纯钛板中形成的形变孪晶相比，此时的形变孪晶的尺寸小很多，并且

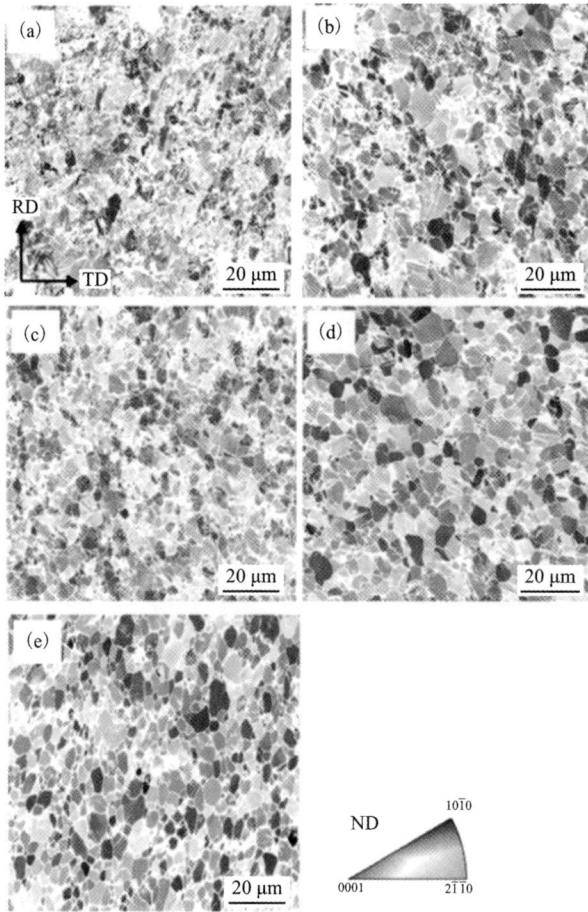

图 6 – 33　不同厚度工业纯钛箔拉伸后形成的显微组织的 EBSD 取向分布图

(a)t = 200 μm；(b)t = 100 μm；(c)t = 50 μm；(d)t = 30 μm；(e)t = 5 μm

很少观察到二次孪晶，这主要与晶粒尺寸有关。下面对工业纯钛箔中形成的形变孪晶种类进行分析。

　　形变孪晶是密排六方结构钛(HCP – Ti)的一种重要的塑性变形方式，在 HCP – Ti 中主要有 5 种类型的孪晶，如表 6 – 2 所示。图 6 – 34 显示了 200 μm 厚的工业纯钛箔拉伸后形成的微观组织的 EBSD 质量成像图，对其中的晶界进行标定，可以发现，在此工业纯钛箔中的变形组织中存在着 5 种形变孪晶，其中主要是 $\{10\bar{1}2\} < 10\bar{1}\bar{1} >$ 型拉伸孪晶，其次是 $\{11\bar{2}2\} < 11\bar{2}\bar{3} >$ 型压缩孪晶，其他种类的孪晶都很少。$\{10\bar{1}2\} < 10\bar{1}\bar{1} >$ 型拉伸孪晶是 α-Ti 中比较容易出现的一种孪晶，因为它的剪切应变量比较小。但是，这个结果与前面轧制工业纯钛板中的形变孪晶的体积分数有所差异，如 6.2 节，工业纯钛板轧制过程中形成较多的是 $\{11\bar{2}2\}$ $<11\bar{2}\bar{3}>$ 型压缩孪晶。这主要与它们的变形方式、晶粒尺寸和织构的差异有关。在工业纯钛箔中，没有形成 $\{0002\}$ 平行于轧面的织构，因此，沿着箔材的轧制方向拉伸，容易形成拉伸孪晶 $\{10\bar{1}2\}$ $<10\bar{1}\bar{1}>$。随着厚度的减小，工业纯钛箔中观察到的孪晶种类与 200 μm 厚的类似，但是数量在逐渐地减少。

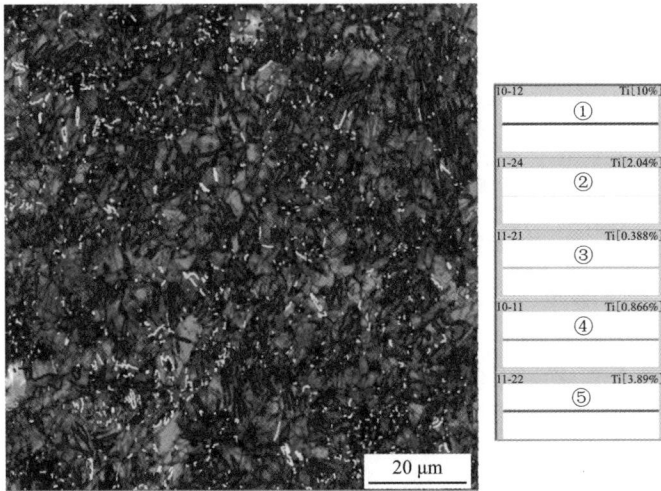

图 6 - 34 200 μm 厚工业纯钛箔拉伸后形成的变形组织的 EBSD 成像质量图(彩图版见附录)
图中①表示 $\{10\bar{1}2\}$ $<10\bar{1}\bar{1}>$ 孪晶界，②表示 $\{11\bar{2}4\}$ $<22\bar{4}\bar{3}>$ 孪晶界，③表示 $\{11\bar{2}1\}$ $<11\bar{2}\bar{6}>$ 孪晶界，④表示 $\{10\bar{1}1\}$ $<10\bar{1}\bar{2}>$ 孪晶界，⑤表示 $\{11\bar{2}2\}$ $<11\bar{2}\bar{3}>$ 孪晶界

　　由于工业纯钛箔中形成的孪晶主要是 $\{10\bar{1}2\}$ $<10\bar{1}\bar{1}>$ 型拉伸孪晶，其次是 $\{11\bar{2}2\}$ $<11\bar{2}\bar{3}>$ 型压缩孪晶，后面孪晶密度的分析主要考虑这两种孪晶。如图 6 - 35 所示，厚度为 200 μm 的工业纯钛箔中孪晶的密度要远远大于厚度为 5 μm 厚的工业纯钛箔的。如图 6 - 33(e) 所示，5 μm 厚的工业纯钛箔经拉伸变形后虽然晶粒明显伸长，但是里面只产生了很少的形变孪晶。不同厚度的工业纯钛箔中的主要孪晶界面占总晶界的百分数如表 6 - 7 所示。由此可以看出，工业纯钛箔中形变孪晶的密度随着厚度的减小而减小，试样尺寸是影响具有 HCP 结构材料产生形变孪晶的两个重要因素之一。在 α-Ti 中，激活孪晶所需的切应力随着试样尺寸的减小而急剧增加，所需应力和试样尺寸遵循指数接近于 1 的 Hall - Petch 关系。这说明，随着厚度的降低，形变孪晶在工业纯钛箔中所起的作用越来越小。

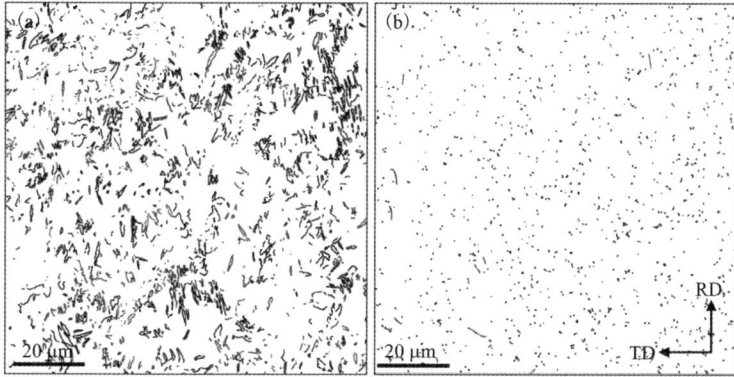

图 6-35　工业纯钛箔拉伸后形成的孪晶界分布图(彩图版见附录)

(a)200 μm；(b)5 μm；图中蓝线表示 $\{10\bar{1}2\}$ $<10\bar{1}\bar{1}>$ 孪晶界，红线表示 $\{11\bar{2}2\}$ $<11\bar{2}\bar{3}>$ 孪晶界

表 6-7　不同厚度工业纯钛箔中的主要孪晶界占总晶界的比例

厚度/μm	200	100	80	50	30	20	10	5
$\{11\bar{2}2\}$ 孪晶的比例/%	1.86	0.71	0.12	0.18	0.13	0.62	0.68	0.5
$\{10\bar{1}2\}$ 孪晶的比例/%	9.49	7.29	6.11	5.51	1.71	0.40	0.44	0.36
总比例/%	11.35	8.0	6.23	5.69	1.84	1.02	1.12	0.86

图 6-36 显示了不同厚度工业纯钛箔试样经单向拉伸变形后在轧面上的 X 射线衍射结果。由此可以看出，与密排六方结构的纯钛粉和原始退火的工业纯钛箔的衍射图相比，可以发现在拉伸的工业纯钛箔中出现了一些新的衍射峰。通过对比密排六方结构钛(HCP-Ti)和面心立方结构钛(FCC-Ti)的标准 PDF 卡，可以确定这些新的衍射峰来自 FCC-Ti 相的(111)和(200)面的衍射峰，这表明工业纯钛箔在拉伸变形过程中，发生了从 HCP 到 FCC 的结构转变。

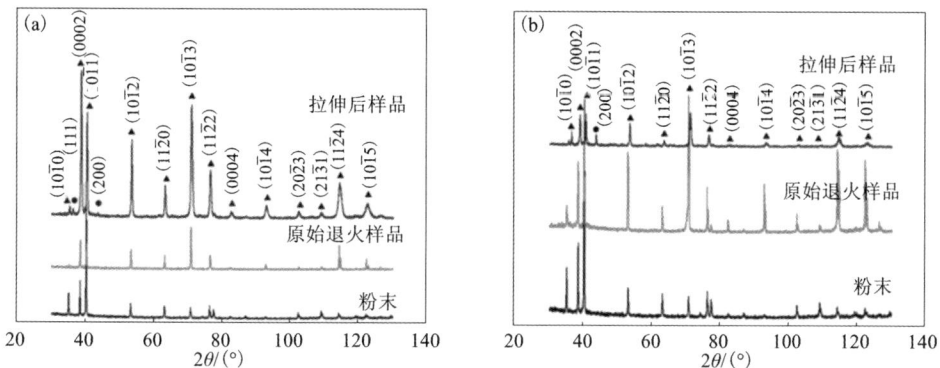

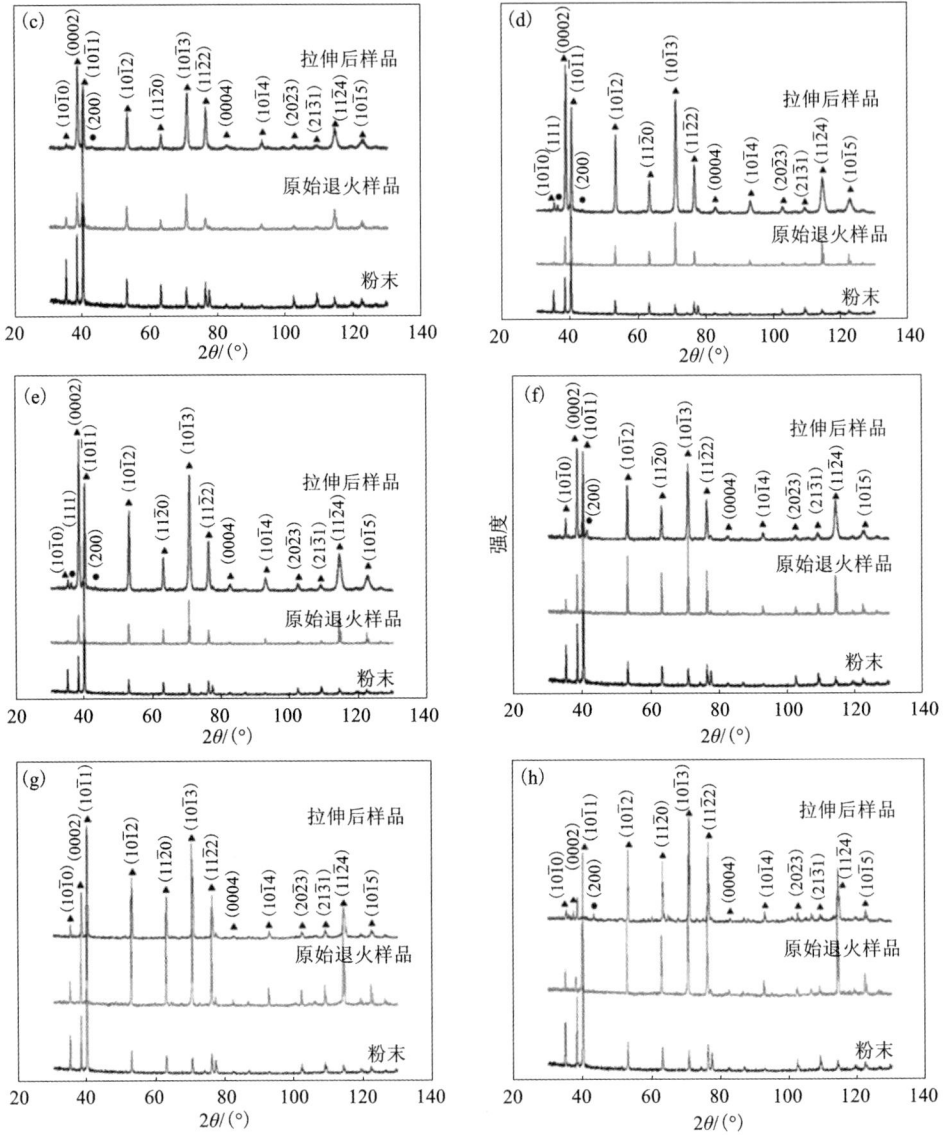

图 6-36 纯钛粉、原始的和拉伸后的不同厚度的工业纯钛箔试样在轧面上的 XRD 分析
▲代表 HCP-Ti 相衍射峰，●代表 FCC-Ti 相衍射峰。(a)$t=200$ μm；(b)$t=100$ μm；(c)$t=80$ μm；
(d)$t=50$ μm；(e)$t=30$ μm；(f)$t=20$ μm；(g)$t=10$ μm；(h)$t=5$ μm

根据 XRD 结果，FCC-Ti 的体积分数可以用下式计算：

$$f_F = \frac{1}{1 + \dfrac{C_F}{C_H} \times \dfrac{I_H}{I_F}} \times 100\% \qquad (6-20)$$

其中：f_F 是 FCC-Ti 的体积分数；C_F 和 C_H 分别是 FCC-Ti 和 HCP-Ti 的强度因子；I_F 和 I_H 分别是 FCC-Ti 和 HCP-Ti 的衍射相对强度。

强度因子可以用下式计算：

$$C = \frac{P|F_{HKL}|^2}{V^2}\varphi(\theta)e^{-2M} \tag{6-21}$$

式中：C 是强度因子；P 是多重因子；$|F_{HKL}|^2$ 是结构因子；V 是晶胞体积；$\varphi(\theta)$ 是角因子；e^{-2M} 是温度因子。

角因子可表达为：

$$\varphi(\theta) = \frac{1+\cos^2 2\theta}{\sin^2\theta\cos\theta} \tag{6-22}$$

式中：$\varphi(\theta)$ 是角因子；θ 是衍射角。

温度因子可表达为：

$$e^{-2M} = e^{-2\pi^2\bar{\mu}^2\frac{\sin^2\theta}{\lambda^2}} \tag{6-23}$$

式中：e^{-2M} 是温度因子；$\bar{\mu}$ 是原子从其平衡位置的均方位移；θ 是衍射角；λ 是衍射波长。

对于 FCC-Ti 的 (200) 晶面：$P=6$，$|F_{HKL}|^2 = 16f_{Ti}^2$，$V=(0.431)^3\ \text{nm}^3 \approx 0.08\ \text{nm}^3$，$\varphi(41°)=3.14$。

对于 HCP-Ti 的 (0002) 晶面：$P=2$，$|F_{HKL}|^2 = 4f_{Ti}^2$，$V=0.866\times(0.295)^2\times 0.468\ \text{nm}^3 \approx 0.04\ \text{nm}^3$，$\varphi(38.4°)=3.47$。

其中，f_{Ti}^2 是 Ti 原子的散射因子。由于 FCC-Ti 的 (200) 晶面和 HCP-Ti 的 (0002) 晶面的衍射角几乎是相等的，故温度因子可以看成是一样的。强度因子的比值可按式 (6-24) 计算为：

$$C_F/C_H = 5.43 \tag{6-24}$$

衍射相对强度 I 则为：

$$I = H \times f \tag{6-25}$$

式中：H 是通过实验测量的衍射峰的高度；f 是标准 PDF 卡中相应峰的相对衍射强度。

下面以 20 μm 厚的工业纯钛箔的 X 射线衍射数据为例，对于 FCC-Ti 的 (200) 晶面：$I_F = 43 \times \frac{53}{231} \approx 9.87$；对于 HCP-Ti 的 (0002) 晶面：$I_H = 663 \times \frac{40}{520} = 51$。

所以，HCP-Ti 和 FCC-Ti 的衍射相对强度比为：

$$I_H/I_F \approx 5.17 \tag{6-26}$$

因此，将强度因子 5.43 和衍射相对强度比 5.17 代入式 (6-20)，可得 20 μm 厚的工业纯钛箔中的 FCC-Ti 的体积分数为：$f_F = 3.44\%$。由此可见，FCC-Ti

在拉伸后的箔材中是大量存在的。

但是，前面介绍过，纯钛的平衡相结构为密排六方 α-Ti 和体心立方 β-Ti。所以，一般认为 FCC – Ti 是非平衡相，是一种不稳定的相结构，一般只有在特殊的情况下才会产生，例如：在气相沉积的纳米尺度钛薄膜中、低温变形、爆炸复合或者大变形钛材料中。

并且，在前面拉伸的工业纯钛板中也没有观察到 FCC – Ti 相，那么，这种从 HCP – Ti 到 FCC – Ti 的结构转变为什么会发生在室温拉伸变形的工业纯钛箔中呢？它对工业纯钛箔的塑性变形或者力学性能有什么影响呢？因此，下面将对 FCC – Ti 的结构及其形成的微观机理进行分析。

6.6.2　应变诱导形成面心立方钛相的微观机理

图 6 – 37 显示了工业纯钛箔拉伸试样的微观组织的 TEM 明场像及相应的选区电子衍射花样（SADP）。图 6 – 37（a）、图 6 – 37（b）和图 6 – 37（c）显示了沿着不同的晶体学方向观察到的在 HCP – Ti 基体中形成的一些细长的针状的 FCC – Ti 相，如图中箭头处所示，并且每幅图中都有 2 组 FCC – Ti 相的变体，它们的晶体结构是一样的，但是晶体学取向是不一样的。

FCC – Ti 相的宽度很小，从图 6 – 38 中可以看出，FCC – Ti 相的宽度一般分布在 10 ~ 200 nm 范围内，大部分 FCC – Ti 相的宽度小于 100 nm。但是，FCC – Ti 相长度很长，可达几 μm，取决于晶粒的大小。FCC – Ti 相一般从晶界处萌生，可以终止于晶内，也可终止在晶界处，并激发相邻晶粒中的 FCC – Ti 相，如图 6 – 37（a）所示。FCC – Ti 相的惯习面为 $(01\bar{1}0)_{HCP}$，其平行于 $(220)_{FCC}$。通过衍射斑点的分析，可以得到 HCP – Ti 基体和 FCC – Ti 相之间的取向关系为：

$$<0001>_{HCP}//<001>_{FCC}, <11\bar{2}3>_{HCP}//<11\bar{2}>_{FCC} 和 <01\bar{1}1>_{HCP}//<011>_{FCC}$$

$$(6-27)$$

该取向关系也可以在图 6 – 37（d）所示的极图中得到印证。准确地讲，$<11\bar{2}3>_{HCP}$ 与 $<11\bar{2}>_{FCC}$ 偏离大约 3°。同时，还可以看到 $(\bar{2}110)_{HCP}$ 与 $(\bar{2}20)_{FCC}$ 两个衍射斑重合，这表明这两种晶面不仅平行，而且面间距相等。这两种晶面的法向分别是基体 HCP – Ti 的密排方向 $<11\bar{2}0>_{HCP}$ 和 FCC – Ti 相的密排方向 $<110>_{FCC}$，也就是说基体 HCP – Ti 的密排方向与 FCC – Ti 相的密排方向平行，并且它们都是针状 FCC – Ti 相的伸长方向，如图 6 – 37（a）所示。

从图 6 – 38 中还可以看出，FCC – Ti 相的两种变体在不同的电子束方向或者晶带轴方向下观察，它们之间的夹角不一样，例如：在图（a）中，它们之间的夹角为 60°；在图（b）中，它们之间的夹角为 35°；而在图（c）中，它们之间的夹角为 53°。FCC – Ti 相的两种变体之间的夹角可以通过惯习面的迹线投影来分析。根据 HCP – Ti 与 FCC – Ti 之间的取向关系，把 FCC – Ti 相的两种变体的惯习面的

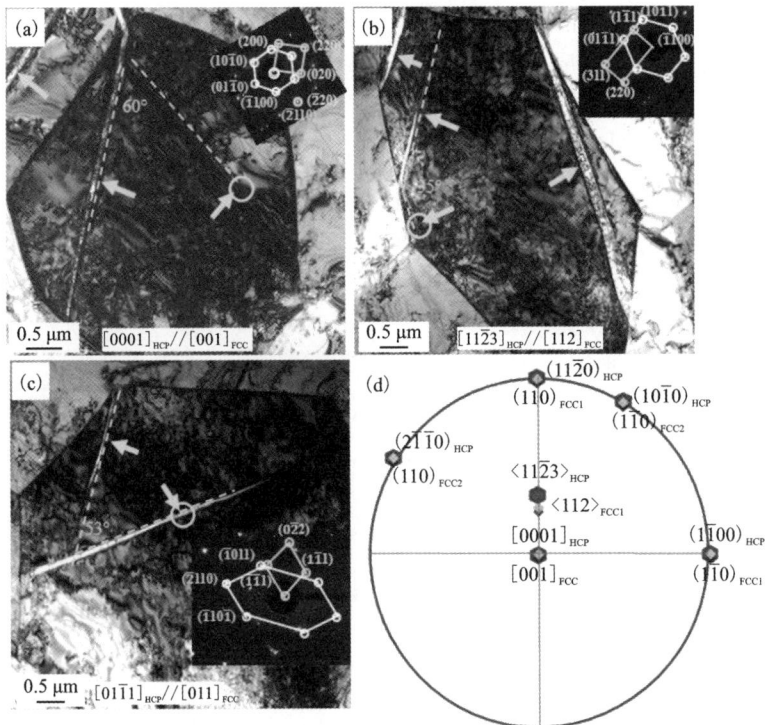

图 6 – 37　工业纯钛箔中形成的 FCC – Ti 的 TEM 明场像和相应的选区电子衍射花样(SADP)
(a)沿着$[0001]_{HCP}$//$[001]_{FCC}$方向观察的明场像及对应的 SADP，衍射花样中箭头所示为$(\bar{2}110)_{HCP}$和
$(\bar{2}20)_{FCC}$重合；(b)$[11\bar{2}3]_{HCP}$//$[112]_{FCC}$方向观察的明场像及对应的 SADP；(c)沿着$[01\bar{1}1]_{HCP}$//$[011]_{FCC}$
方向观察的明场像及对应的 SADP；(a)、(b)和(c)中箭头处所示为 FCC – Ti，选区衍射区域如圆圈处所示；
(d)HCP – Ti 及 FCC – Ti 的取向关系在极图中的表达，六边形的点代表 HCP 基体的取向，四边形的点代表
FCC 相的取向

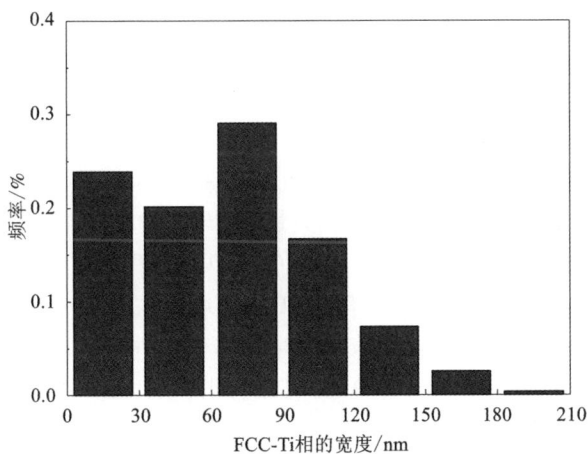

图 6 – 38　FCC – Ti 相宽度的分布

迹线做极射赤面投影，如图 6 - 39 所示，可以看出实验观察到的它们之间的夹角与极射赤面投影图的分析结果是一致的。

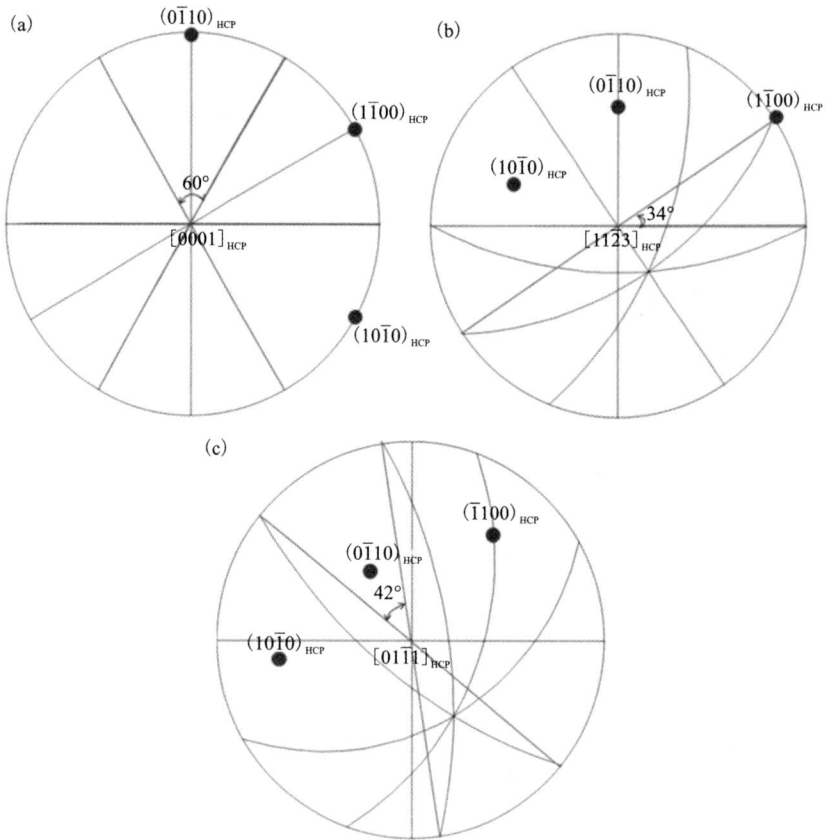

图 6 - 39 FCC - Ti 相的惯习面 {1 $\overline{1}$00} 迹线的极射赤面投影

(a)[0001]$_{HCP}$//[001]$_{FCC}$；(b)[11$\overline{2}$3]$_{HCP}$//[112]$_{FCC}$；(c)[01$\overline{1}$1]$_{HCP}$//[011]$_{FCC}$

此外，从图 6 - 38 中还可以看出，在 FCC - Ti 相中还可以观察到大量的位错。那么，FCC - Ti 相中的位错的柏氏矢量是什么呢？它们是怎么形成的？与基体 HCP - Ti 中的位错有什么关系呢？它们对 FCC - Ti 相的形成有什么作用呢？要解决这些疑问，首先需要确定基体 HCP - Ti 和 FCC - Ti 相中的位错类型。因此，对[0001]$_{HCP}$带轴观察到的两组 FCC - Ti 相变体进行了不同的衍射条件下的观察，如图 6 - 40 所示。由图 6 - 40(a)可以看出，在 HCP - Ti 基体中以及 FCC - Ti 相中都观察到了大量的位错。当在双束衍射条件下进行观察时，如图 6 - 40 (c)和(d)所示，发现 HCP - Ti 基体中的位错和 FCC - Ti 相都能消失，这说明它

们的柏氏矢量 $\vec{b}$ 与操作矢量 $\vec{g}$ 能满足消光条件：

$$\vec{g} \cdot \vec{b} = 0 \qquad\qquad (6-28)$$

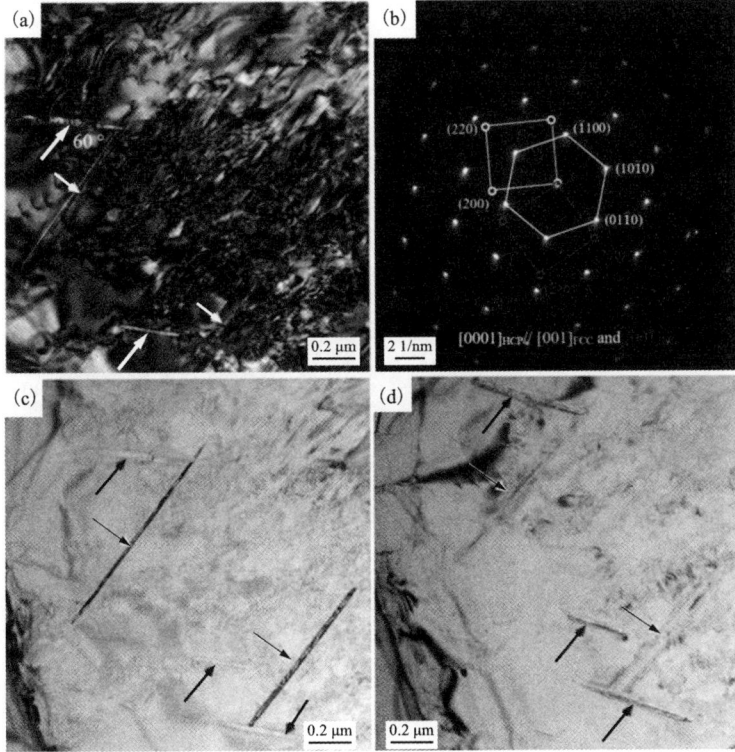

图 6 - 40　同一区域在不同衍射条件下观察到的两组 FCC - Ti 相的 TEM 照片

(a) $[0001]_{HCP}$//$[001]_{FCC}$，两组 FCC - Ti 相分别用粗箭头和细箭头指出；(b) 图 (a) 对应的电子衍射花样；(c) $\vec{g} = (\bar{1}100)$；(d) $\vec{g} = (01\bar{1}0)$

　　通过计算和位错的迹线分析，可以确定基体 HCP - Ti 中的这些位错为柱面上的 $\vec{a}$ 位错，$\vec{b} = \dfrac{1}{3} < 11\bar{2}0 >$。由此可见，工业纯钛箔在室温拉伸时，开启了大量的柱面 $\vec{a}$ 滑移。这主要是因为密排六方结构钛中柱面滑移的临界分切应力最小，最容易被激活。进一步，可通过高分辨电镜以及不同的衍射条件来确定 FCC - Ti 中位错的柏氏矢量 $\vec{b}_{FCC}$，如图 6 - 41 所示。

　　图 6 - 41 (a) 中可以观察到基体 HCP - Ti 中的位错网络，如虚线圆圈中所示，以及 FCC - Ti 中的位错。图 6 - 14 (b) ~ (d) 为在不同操作矢量下观察图 (a) 中的位错，操作矢量分别为：$\vec{g} = (01\bar{1}0)$、$\vec{g} = (10\bar{1}0)$ 和 $\vec{g} = (1\bar{1}00)$。通过消光条件可

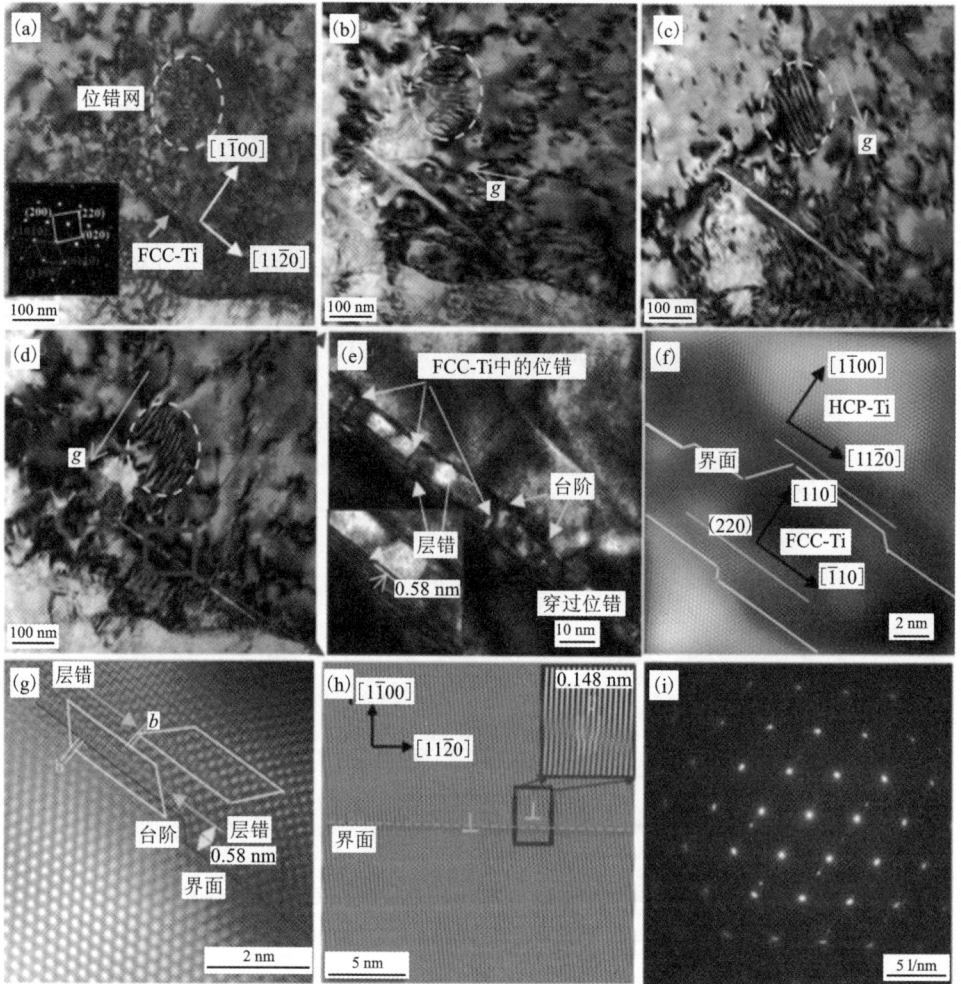

图 6 – 41   FCC – Ti 相中的位错及层错

(a) ~ (d) 为一组在不同操作矢量下拍摄的 TEM 明场像照片，以显示基体 HCP – Ti 和 FCC – Ti 相中的位错。(a) 中选区电子衍射斑的带轴为 < 0001 >_{HCP} // < 001 >_{FCC}；(b) $\vec{g} = (01\bar{1}0)$；(c) $\vec{g} = (10\bar{1}0)$；(d) $\vec{g} = (1\bar{1}00)$；(e) 图 (d) 中方框区域的放大；(f) 高分辨电镜照片显示 HCP – Ti 基体和 FCC – Ti；(g) 经傅立叶变换(FFT) 过滤的高分辨电镜照片显示 HCP/FCC 两相界面；(h) 选择 $(\bar{2}110)_{HCP}$ 与 $(\bar{2}20)_{FCC}$ 两个重合衍射斑做傅立叶变换模拟的晶格条纹相；(i) 图 (e) 对应的选区电子衍射花样

以确定该位错网络是由 3 组 HCP – Ti 基体中的柱面 $\vec{a}$ 位错组成的。FCC – Ti 相中的位错可以清晰地在图 6 – 41(e) 中观察到，并且在 FCC – Ti 相的边界可以观察到层错和台阶，层错的宽度为 0.58 nm。层错的形成也可以通过衍射斑点的拉长

辉纹看出来，如图 6 – 41（i）所示。有的位错可以穿过该 FCC – Ti 相（crossing dislocation），该位错一部分在 FCC – Ti 相中，一部分在 HCP – Ti 基体中。如图 6 – 41（g）所示，通过柏氏回路可以确定 FCC – Ti 中的位错的柏氏矢量 $\vec{b}_{FCC}$ 的长度为 0.148 nm，并且层错中的不全位错的柏氏矢量也为 0.148 nm。同时，利用 X 射线衍射峰的分析、透色电镜衍射斑的标定以及高分辨电镜的测量，对 FCC – Ti 相的晶格常数进行了确定，如表 6 – 8 所示。由此可以确定 FCC – Ti 中的位错的柏氏矢量 $\vec{b}_{FCC} = 1/2[110]$，为其全位错。层错中的不全位错为 HCP – Ti 中的 Shockley 不全位错，它的柏氏矢量 $b = 1/6 <11\bar{2}0>$。正因为如此，FCC – Ti 中的位错可以滑移进入 HCP – Ti 中。FCC – Ti 的形成应该与 HCP – Ti 中的 Shockley 不全位错的滑移有关。

表 6 – 8　测得的 HCP – Ti 及 FCC – Ti 的点阵常数

晶体结构	晶面指数	XRD		TEM		HRTEM	
		d_{hkl}/nm	a/nm	d_{hkl}/nm	a/nm	d_{hkl}/nm	a/nm
FCC – Ti	(110)	—	—	—	—	0.305 ± 0.005	—
	(111)	0.249 ± 0.002	—	0.244 ± 0.005	—	0.250 ± 0.005	—
	(200)	0.215 ± 0.002	0.431 ± 0.002	0.214 ± 0.005	0.431 ± 0.005	0.216 ± 0.005	0.433 ± 0.005
	(220)	0.152 ± 0.002	—	0.154 ± 0.005	—	0.154 ± 0.005	—
HCP – Ti	(100)	—	—	—	—	0.265 ± 0.005	$a = 0.293 \pm 0.005$
	(110)	—	—	—	—	0.242 ± 0.005	—
	(101)	—	—	—	—	0.222 ± 0.005	$c = 0.465 \pm 0.005$

基于 HCP – Ti 和 FCC – Ti 的取向关系，以及它们的晶格常数，构建了如图 6 – 42 所示的 FCC – Ti 相形成的模型。密排六方结构沿着[0001]方向的排列为 $ABAB\cdots\cdots$面心立方结构沿着[001]方向的排列也是 $ABAB\cdots\cdots$FCC – Ti 相的形核可以用原了迁移（shuffle）机制来解释，如图 6 – 42 中的虚线圆圈处所示，邻近的短箭头所示原子只要迁移 $1/12 <11\bar{2}0>$ 距离到此位置时，就可以形成一个 3 层的 FCC – Ti 结构。这种形核机制也得到了第一性原理计算的证实。FCC – Ti 相生长可以通过 HCP – Ti 中的 Shockley 不全位错的滑移以及原子的迁移（shear – shuffle）的混合机制来完成。如图 6 – 42 所示，HCP – Ti 中的柱面 $\vec{a}$ 位错可以扩展形成两个具有柏氏矢量 $\vec{b} = 1/6 <11\bar{2}0>$ 型的 Shockley 不全位错和层错。这些不全位错在 $\{10\bar{1}0\}$ 柱面上滑移 $1/6 <11\bar{2}0>$，如图中箭头所示，滑移后会导致

HCP - Ti 晶格畸变, 此时一部分原子要迁移 1/12 < 11$\bar{2}$0 > 距离, 这样就可以弛豫, 使 HCP - Ti 基体变为 FCC - Ti 相, 如图 6 - 41 所示。由此可见, HCP - Ti 中柱面形成扩展位错对 FCC - Ti 的形成至关重要。

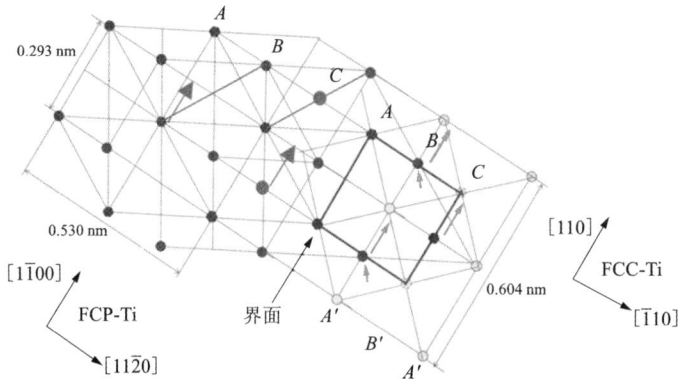

图 6 - 42 HCP - Ti 转变为 FCC - Ti 的模型

A 层原子和 B 层原子分别表示 HCP - Ti 中上下两层原子在 |0001| $_{HCP}$ 面上的排列, C 层原子表示 HCP - Ti 中的层错原子, A'层原子和 B'层原子分别表示 FCC - Ti 中的上下两层原子在 |111| $_{FCC}$ 面上的排列, 箭头表示原子的迁移

表 6 - 9 FCC - Ti 相与 HCP - Ti 基体之间的晶格参数关系

两相的取向关系	FCC - Ti 和 HCP - Ti 基体中的面间距	比例关系
$(220)_{FCC-Ti}//(01\bar{1}0)_{HCP-Ti}$	$D(220)_{FCC-Ti}=0.1521$ $d(01\bar{1}0)_{HCP-Ti}=0.2555$	$D(220)_{FCC-Ti}$ $=0.60d(01\bar{1}0)_{HCP-Ti}$
$(\bar{2}20)_{FCC-Ti}//(2\bar{1}10)_{HCP-Ti}$	$D(\bar{2}20)_{FCC-Ti}=0.1365$ $d(2\bar{1}10)_{HCP-Ti}=0.1375$	$D(\bar{2}20)_{FCC-Ti}$ $=d(2\bar{1}10)_{HCP-Ti}$
$(001)_{FCC-Ti}//(0001)_{HCP-Ti}$	$D(001)_{FCC-Ti}=0.430$ $d(0001)_{HCP-Ti}=0.468$	$D(001)_{FCC-Ti}$ $=0.92d(0001)_{HCP-Ti}$

转换矩阵是一种重要的计算工具, 可以用来计算或预测在基体给定区域轴上新相的晶面和晶向。利用转换矩阵也可以描述 FCC 相与 HCP 基体之间的取向关系。基于表 6 - 9 中列出的两相之间的取向关系, 可以获得三组平行的晶面:

$$(H_1K_1L_1)_{FCC}//(h_1k_1l_1)_{HCP}=(220)_{FCC}//(010)_{HCP}$$
$$(H_2K_2L_2)_{FCC}//(h_2k_2l_2)_{HCP}=(\bar{2}20)_{FCC}//(\bar{2}10)_{HCP} \qquad (6-29)$$
$$(H_3K_3L_3)_{FCC}//(h_3k_3l_3)_{HCP}=(001)_{FCC}//(001)_{HCP}$$

那么，$[UVW]_{FCC}$ 和 $[uvw]_{HCP}$ 方向之间的转换矩阵 B 可以描述如下：

$$\begin{bmatrix} U \\ V \\ W \end{bmatrix} = B \begin{bmatrix} u \\ v \\ w \end{bmatrix} \tag{6-30}$$

$$B = \begin{bmatrix} H_1 K_1 L_1 \\ H_2 K_2 L_2 \\ H_3 K_3 L_3 \end{bmatrix}^{-1} \begin{bmatrix} \dfrac{d_1}{D_1} & 0 & 0 \\ 0 & \dfrac{d_2}{D_2} & 0 \\ 0 & 0 & \dfrac{d_i}{D_i} \end{bmatrix} \begin{bmatrix} h_1 k_1 l_1 \\ h_2 k_2 l_2 \\ h_3 k_3 l_3 \end{bmatrix} \tag{6-31}$$

式中：D_i 和 $d_i (i=1,2,3)$ 分别是 FCC($H_i K_i L_i$) 和 HCP($h_i k_i l_i$) 的晶面间距。

以 30 μm 厚的拉伸工业纯钛箔中测得的 FCC – Ti 晶格常数 $a_{FCC-Ti} = 0.430$ nm 和 HCP – Ti 晶格常数 $a_{HCP-Ti} = 0.296$ nm、$c_{HCP-Ti} = 0.468$ nm，可以计算得到：

$$d_1/D_1 = d(010)_{HCP}/D(2\bar{2}0)_{FCC} = 1.68$$
$$d_2/D_2 = d(\bar{2}10)_{HCP}/d(\bar{2}20)_{FCC} = 1 \tag{6-32}$$
$$d_3/D_3 = d(001)_{HCP}/d(001)_{FCC} = 1.09$$

把式(6 – 29)和式(6 – 32)代入式(6 – 31)，可计算出转换矩阵 B：

$$B = \begin{bmatrix} 0.50 & 0.17 & 0 \\ -0.50 & 0.67 & 0 \\ 0 & 0 & 1.09 \end{bmatrix} \tag{6-33}$$

通过转换矩阵 B 可以计算出与基体给定取向 $[uvw]_{HCP}$ 相平行的新相的取向 $[UVW]_{FCC}$。

假设 FCC – Ti 相的晶格参数 a 为 0.43 nm，基体 HCP – Ti 的晶格参数 $a = 0.296$ nm、$c = 0.468$ nm。根据基体 HCP – Ti 与 FCC – Ti 相的取向关系，可以计算得到 FCC – Ti 的形成在 $[11\bar{2}0]_{HCP}$、$[10\bar{1}0]_{HCP}$ 和 $[0001]_{HCP}$ 方向上引起了晶格畸变，分别为 +3.05%、+18.99% 和 –7.52%。可以看出此结构转变导致 HCP – Ti 在 $\vec{c}$ 轴方向上产生压缩应变，并可以计算出相应的单位晶胞体积膨胀约为 13.4%。因此，FCC – Ti 相的形成可以看成与 $\{10\bar{1}0\} <10\bar{1}2>$ 型压缩孪晶相当的另一种塑性变形模式。

6.6.3　工业纯钛箔的塑性变形机制

由前面的分析可知，工业纯钛箔在室温拉伸时，出现了三种塑性变形方式，即位错滑移、形变孪晶和 HCP – FCC 的结构转变。并且，随着工业纯钛箔材厚度的降低，由于受到厚度尺寸效应的影响，材料中的孪晶体积分数越来越小。所以，在较薄的工业纯钛箔材中，要想有比较好的塑性，必须要有其他的塑性变形机制来代替形变孪晶。图 6 – 43 所示为不同厚度的工业纯钛箔拉伸后形成的变形组织的 TEM 照片，主要显示典型变形微观组织(包括位错胞或者位错界面、形变孪晶和 FCC – T)i，如图中箭头处所示。

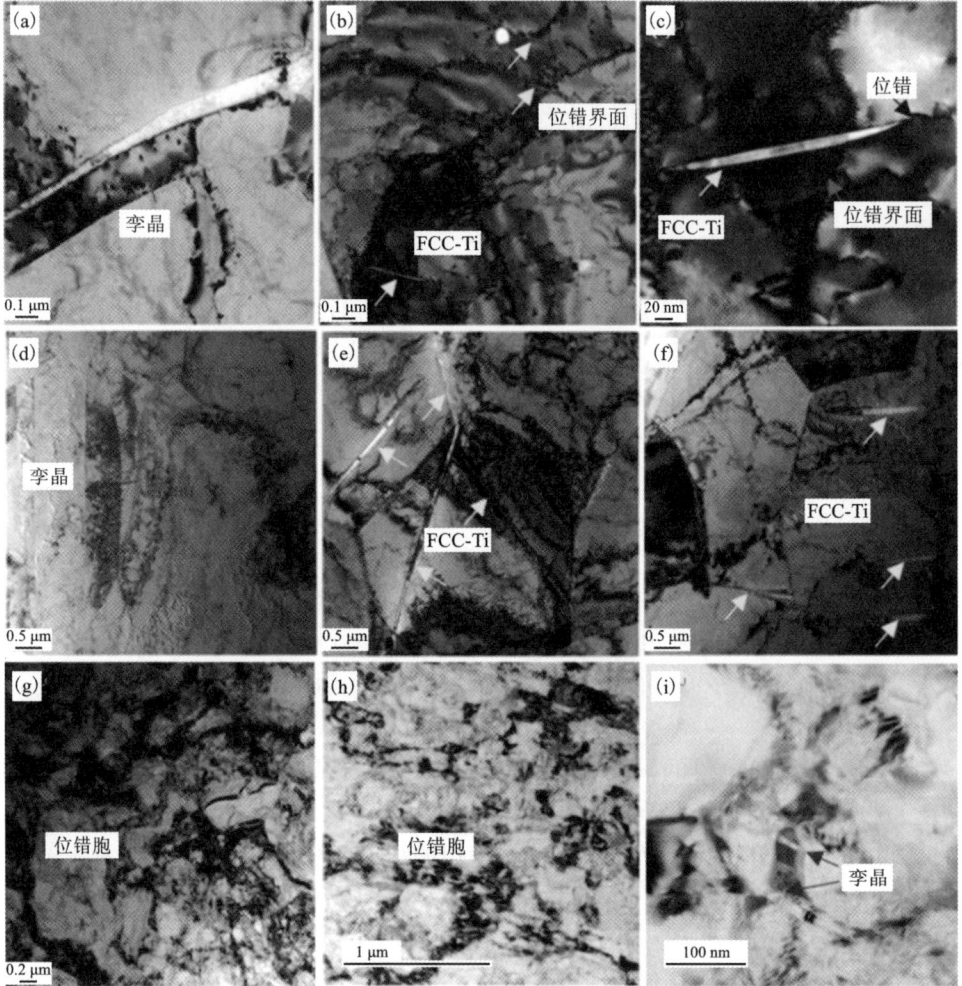

图 6 – 43 不同厚度工业纯钛箔拉伸后形成的典型变形组织的 TEM 明场像

(a)100 μm 厚工业纯钛箔中的孪晶；(b) ~ (c)100 μm 厚工业纯钛箔中的 FCC – Ti；(d)30 μm 厚工业纯钛箔中的孪晶；(e)30 μm 厚工业纯钛箔中的 FCC – Ti；(f)20 μm 厚工业纯钛箔中的 FCC – Ti；(g)10 μm 厚工业纯钛箔中的位错胞；(h)5 μm 厚工业纯钛箔中的位错胞；(i)5 μm 厚工业纯钛箔中的孪晶

当厚度在 30 μm 以上，工业纯钛箔中可以观察到大量的形变孪晶，如图 6 – 43(a)所示，孪晶里面还可以观察到位错。同时，还可以观察到大量的位错胞和位错界面,如图 6-43(b) 和(c)所示。此外,还可以观察到细小的层片状或者针状的 FCC-Ti,宽度在 20 nm 左右,经常是出现在位错界面里,如图 6-43(b)所示。并且在 FCC-Ti 的尖端还能观察到位错,如图 6-43(b)所示。这也进一步说明了 FCC-Ti 的产生与位错的滑移密切相关。这种 FCC-Ti 在 20~30 μm 厚的工业纯钛箔中被大量的观察到,如图 6-43(e) 和(f)所示。在这种厚度的箔材中,FCC-Ti 经常从晶界处萌生,向晶内生长,有的会穿过整个晶粒,激发了相邻的晶粒中产生 FCC-Ti,如图 6-43(e)所示,并且在这些 FCC-Ti 中能观察到大量的位错。随着工业纯钛箔厚度的进一步减小,如图 6-43(g)、(h)和(i)所示,此时工业纯钛箔中形成了大量的细小的位错胞组织和纳米尺度的形变孪晶,几乎观察不到 FCC-Ti。

综上可见,不同厚度的工业纯钛箔材的室温拉伸塑性变形机制是不一样的:①厚度大于 30 μm 的工业纯钛箔的塑性变形机制以形变孪晶和位错滑移为主,伴有少量的 HCP-FCC 的结构转变;②厚度在 30 μm 左右的工业纯钛箔的塑性变形机制以位错滑移和 HCP-FCC 的结构转变为主,伴有少量的形变孪晶产生;③厚度在 5~10 μm 的工业纯钛箔的塑性变形机制主要以位错滑移为主,还伴有少量的纳米级的形变孪晶的产生。

这种塑性变形机制的演变必然会对工业纯钛箔的力学性能产生影响。如图 6-44 所示,FCC-Ti 的强度是小于 HCP-Ti 的。这就可以解释为什么 30 μm 厚的工业纯钛箔的强度和加工硬化率最低,因为 30 μm 厚的工业纯钛箔中形成的 FCC-Ti 最多。当工业纯钛箔的厚度降到 30 μm 以下时,其强度反而上升,断后伸长率下降的原因,是由于其塑性变形机制转变以位错滑移为主,位错滑移受到表面钝化层的影响比较大。那么为什么厚度 20 μm 以上的工业纯钛箔的拉伸曲线上会出现屈服点呢?这与 FCC-Ti 相的形成密切相关,该结论可以通过分子动力学模拟得到证实。

图 6-45 和图 6-46 为分子动力学模拟的结果。分子动力学模拟的系统条件为 NVT 系统,系统的原子数、体积和温度都不变。系统尺寸为:$xyz = 11.8 \text{ nm} \times 11.2 \text{ nm} \times 22.2 \text{ nm}$。边界条件为:$x$ 和 y 方向为自由边界条件,z 方向为周期性边界条件。

由图 6-45 可以看出,密排六方结构的纯钛纳米线在拉伸时出现了 2 个屈服点,分别为 B 点和 C 点。B 点对应的应变为 4.3%,如图 6-46 所示,此时对应着 HCP-Ti 中的孪晶形核过程,此过程实际上是 HCP-Ti 中 Shockley 不全位错的滑移。所以,B 点的屈服点的形成实际上是由于 Shockley 不全位错被激活。而 C 点的屈服点对应的就是 HCP-Ti 向 FCC-Ti 的结构转变,此过程实际上也与 Shockley 不全位错的滑移密切相关。

由此可见,工业纯钛箔的室温单轴拉伸曲线上出现屈服点的原因应该是由于

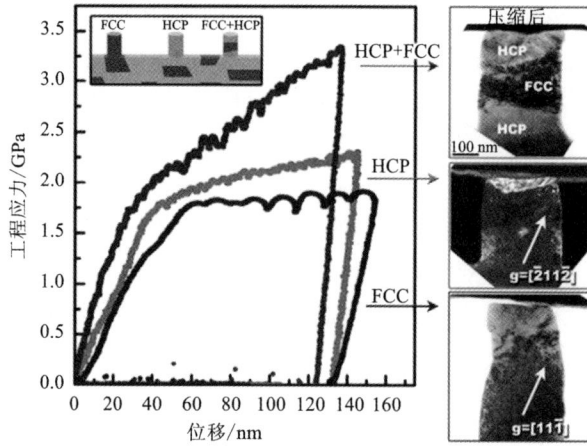

图 6 - 44　HCP + FCC 结构、HCP 结构和 FCC 结构的钛纳米柱原位压缩得到的工程应力 - 位移曲线

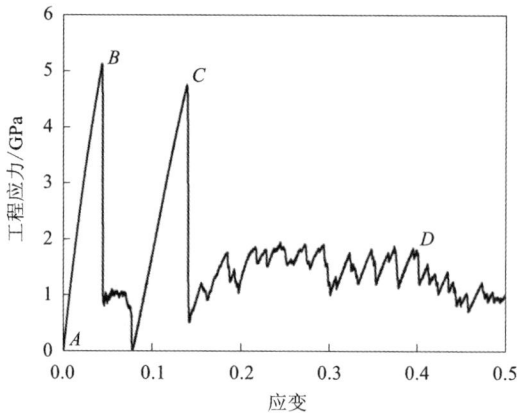

图 6 - 45　分子动力学模拟的纯钛纳米线沿着 [0001] 方向拉伸的应力 - 应变曲线

大量的 Shockley 不全位错被激活。这些 Shockley 不全位错的激活，为 HCP - Ti 向 FCC - Ti 的结构转变提供了基础。

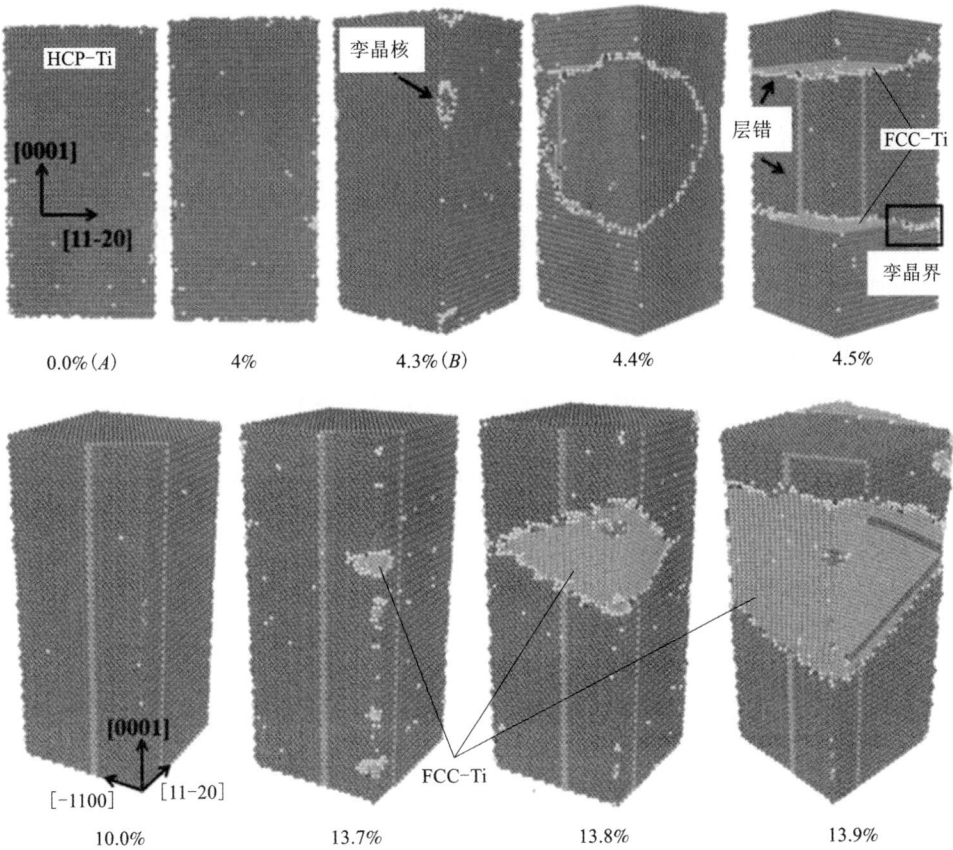

图 6 - 46　分子动力学模拟的纯钛纳米线拉伸过程中的原子图像，
深色原子为 HCP - Ti，浅色原子为 FCC - Ti

参考文献

［1］ Leyens C, Peters M. Titanium and titanium alloys – fundamentals and applications ［M］. Weinheim, Germany：WILEY – VCH Verlag GmbH & Co. K GaA, 2003.

［2］ Glavicic M G, Salem A A, Semiatin S L, et al. X – ray line – broadening analysis of deformation mechanisms during rolling of commercial – purity titanium［J］. Acta Materialia, 2004, 52(3)：647 – 655.

［3］ Tan X, Gu H, Laird C, et al. Cyclic deformation behavior of high – purity titanium single crystals：Part I. Orientation dependence of stress – strain response［J］. Metallurgical and Materials Transactions A, 1998, 29(2)：507 – 512.

[4] Tan X, Guo H, Gu H, et al. Cyclic deformation behavior of high – purity titanium single crystals: Part II. Microstructure and mechanism[J]. Metallurgical and Materials Transactions A, 1998, 29(2): 513 – 518.

[5] Wang L, Yang Y, Eisenlohr P, et al. Twin Nucleation by Slip Transfer across Grain Boundaries in Commercial Purity Titanium[J]. Metallurgical and Materials Transactions A, 2010, 41(2): 421 – 430.

[6] Nematnasser S, Guo W G, Cheng J, et al. Mechanical properties and deformation mechanisms of a commercially pure titanium[J]. Acta Materialia, 1999, 47(13): 3705 – 3720.

[7] Humphreys F J, Hatherly M. Recrystallization and related annealing phenomena[M]. 2nd ed. Oxford: Elsevier, 2004.

[8] Chichili D R, Ramesh K T, Hemker K J. The high – strain – rate response of alpha – titanium: experiments, deformation mechanisms and modeling[J]. Acta Materialia, 1998, 46(3): 1025 – 1043.

[9] Deng X G, Hui S, Ye W, et al. Analysis of twinning behavior of pure Ti compressed at different strain rates by Schmid factor[J]. Materials Science and Engineering A, 2013, 575: 15 – 20.

[10] Zhong Y, Yin F, Nagai K, et al. Role of deformation twin on texture evolution in cold – rolled commercial – purity Ti[J]. Journal of Materials Research, 2008, 23(11): 2954 – 2966.

[11] Wang T, Li B, Li M, et al. Effects of strain rates on deformation twinning behavior in α – titanium[J]. Materials Characterization, 2015, 106: 218 – 225.

[12] Guo W G, Cheng J Y. Mechanical properties and deformation mechanisms of a commercially pure titanium[J]. Acta Materialia, 1999, (47): 3705 – 3720.

[13] Farenc S, Caillard D. An in situ study of prismatic glide in α titanium at low temperatures[J]. Acta Metallurgica et Materialia, 1993, (41): 2701 – 2709.

[14] Yoo M H. Slip, twinning, and fracture in hexagonal close – packed metals[J]. Metallurgical and Materials Transactions A, 1981, 12(3): 409 – 418.

[15] Huang Z, Yong P L, Zhou H, et al. Grain size effect on deformation mechanisms and mechanical properties of titanium [J]. Materials Science and Engineering A, 2020, 773: 138721.

[16] Dyakonov G S, Zherebtsov S V, Klimova M, et al. Microstructure evolution of commercial – purity titanium during cryorolling[J]. Physics of Metals and Metallography, 2015, 116(2): 182 – 188.

[17] Christian J W, Mahajan S. Deformation twinning[J]. Prog. Mater. Sci., 1995, 39: 1 – 157.

[18] Battaini M, Pereloma E V, Davies C H, et al. Orientation effect on mechanical properties of commercially pure titanium at room temperature[J]. Metallurgical and Materials Transactions A, 2007, 38(2): 276 – 285.

[19] Kals T A, Eckstein R. Miniaturization in sheet metal working[J]. Journal of Materials Processing Technology, 2000, 103(1): 95 – 101.

[20] Raulea L V, Goijaerts A M, Govaertl L E. Size effects in the processing of thin metal sheets

[J]. Journal of Materials Processing Technology, 2001, 115(1): 44 – 48.

[21] Keller C, Hug E, Chateigner D. On the origin of the stress decrease for nickel polycrystals with few grains across the thickness [J]. Materials Science and Engineering A, 2009, 500: 207 – 215.

[22] 郭斌, 周健, 单德彬, 等. 黄铜箔拉伸屈服强度的尺寸效应[J]. 金属学报, 2008, 44(4): 419 – 422.

[23] Fan Z, Jiang H, Sun X, et al. Microstructures and mechanical deformation behaviors of ultrafine-grained commercial pure (grade 3) Ti processed by two – step severe plastic deformation[J]. Materials Science and Engineering A, 2009, 527(1): 45 – 51.

[24] Jia D, Wang Y M, Ramesh K T, et al. Deformation behavior and plastic instabilities of ultrafine-grained titanium[J]. Applied Physics Letters, 2001, 79(5): 611 – 613.

[25] Hollomon J H. The effect of heat treatment and carbon content on the work hardening characteristics of several steels[J]. Trans. ASM, 1944, 32: 123 – 133.

[26] Tung L K, Quadir M Z, Duggan B J, et al. A novel rolling – annealing cycle for enhanced deep drawing properties in IF steels[J]. Key Engineering Materials, 2003, 233 – 236: 437 – 442.

[27] Wang Y, Dong P L, Xu Z Y, et al. A constitutive model for thin sheet metal in micro – forming considering first order size effects[J]. Materials and Design, 2010, 31(2): 1010 – 1014.

[28] Britton T B, Dunne F P, Wilkinson A J, et al. On the mechanistic basis of deformation at the microscale in hexagonal close packed metals [J]. Proceedings of The Royal Society A: Mathematical, Physical and Engineering Sciences, 2015, 471: 20140881.

[29] Yu Q, Mishra R K, Minor A M. The effect of size on the deformation twinning behavior in hexagonal close – packed Ti and Mg[J]. JOM, 2012, (64): 1235 – 1240.

[30] Yu Q, Shan Z W, Li J, et al. Strong crystal size effect ondeformation twinning[J]. China Basic Science, 2010, 463(7929): 335 – 338.

[31] Jenkins R, Snyder R. Introduction to X – ray powder diffractometry[M]. In Chemical Analysis. Volume 138. New York: John Wiley & Sons, 1996.

[32] Hong D H, Lee T W, Lim S H, et al. Stress – induced hexagonal close – packed to face – centered cubic phase transformation in commercial – purity titanium under cryogenic plane – strain compression[J]. Scripta Materialia, 2013, 69: 405 – 408.

[33] Sudha C, Prasanthi T N, Murugesan S, et al. Study of interface and base metal microstructures in explosive clad joint of Ti – 5Ta – 1.8Nb and 304L stainless steel[J]. Science and Technology of Welding and Joining, 2011, 16(2): 133 – 139.

[34] Prasanthi T N, Sudha C, Ravikirana, et al. Formation and reversion of metastable fcc phase in a Ti – 5Ta – 2Nb explosive clad[J]. Materials Characterization, 2016, 116: 24 – 32.

[35] Van Heerden D, Josell D, Shechtman D, et al. The formation of F. C. C. titanium in titanium – aluminum multilayers[J]. Acta Materialia, 1996, 44(1): 297 – 306.

[36] Manna I, Chattopadhyay P P, Nandi P, et al. Formation of face – centered – cubic titanium by mechanical attrition[J]. Journal of Applied Physics, 2003, 93(3): 1520 – 1524.

[37] Jing R, Liu C Y, Ma M Z, et al. Microstructural evolution and formation mechanism of FCC titanium during heat treatment processing[J]. Journal of Alloys and Compounds, 2013, 552: 202 – 207.

[38] Wu H, Kumar A, Wang J, et al. Rolling – induced face centered cubic titanium in hexagonal close packed titanium at room temperature[J]. Scientific Reports, 2016, 6(1): 24370.

[39] Ren J, Sun Q, Xiao L, et al. Phase transformation behavior in titanium single – crystal nanopillars under [0001] orientation tension: A molecular dynamics simulation [J]. Computational Materials Science, 2014, (92): 8 – 12.

[40] Chen C, Qian S, Wang S, et al. The microstructure and formation mechanism of face – centered cubic Ti in commercial pure Ti foils during tensile deformation at room temperature [J]. Materials Characterization, 2018, 136: 257 – 263.

[41] Wang S, Niu L, Chen C, et al. Size effects on the tensile properties and deformation mechanism of commercial pure titanium foils[J]. Materials Science and Engineering A, 2018, 730: 244 – 261.

[42] Yu Q, Kacher J, Gammer C, et al. In situ TEM observation of FCC Ti formation at elevated temperatures[J]. Scripta Materialia, 2017, 140: 9 – 12.

第7章　面心立方结构铜合金的
塑性变形及其组织结构演变

常见的金属，如 Al、Cu、Ni、Ag 和 Au 等，都是面心立方（FCC）结构。面心立方金属的全位错柏氏矢量 $\vec{b}$ 为 1/2 <110>，其滑移系为 {111} <1$\bar{1}$0>，这样的等价滑移系共有 12 个。因此，面心立方金属一般具有很好的塑性。然而，面心立方金属的塑性变形方式受到了层错能的影响。当层错能比较低时，全位错可以扩展形成 Shockley 不全位错，面心立方金属的塑性变形方式变得以孪生为主，其孪生系统为 {111} <11$\bar{2}$>。当层错能进一步降低时，面心立方金属中的塑性变形方式还有 FCC – HCP 的马氏体切变型相变。面心立方金属中 Al、Ni 和 Cu 的层错能比较高，分别为 166 mJ/m^2、128 mJ/m^2 和 78 mJ/m^2，通常它们的塑性变形方式都以位错滑移为主。纯 Cu 具有良好的导电和导热性能，但是其强度较低。Cu 合金，如弥散强化铜合金和析出强化型铜合金等，可以大幅度提高 Cu 的强度，是一种非常重要的结构和功能一体化材料，在日常生活中得到广泛的应用。

本章以 Cu – Al$_2$O$_3$ 纳米弥散强化铜合金、无氧铜和析出强化型 Cu – Ni – Si 系合金为例，介绍了这类面心立方金属材料在高温、室温和低温下的塑性变形行为，分析了粒子含量及温度等因素对铜合金塑性变形行为的影响，从而为铜及铜合金的塑性加工提供理论基础和技术参考。

7.1　Cu – Al$_2$O$_3$ 纳米弥散强化铜合金的冷加工特性

塑性加工在弥散强化铜合金制造过程中占有重要地位，既可以引起结构状态（致密化、冶金化）的变化，又可提高位错密度和细化组织，产生加工硬化现象。经过研究却发现几种不同浓度 Cu – Al$_2$O$_3$ 弥散强化铜合金经冷轧变形到一定轧制量后，硬度随着变形量的增加而出现降低，即合金出现加工软化现象。这种现象使得弥散强化铜合金经过大变形后，无需退火可直接加工到设计尺寸。本节对比研究了三种不同浓度 Cu – Al$_2$O$_3$ 弥散强化铜合金（Al 质量分数分别为 0.05%、0.12% 和 0.5%，换算为 Al$_2$O$_3$ 的体积百分数，分别为 0.23%、0.54% 和 2.25%）以及无氧铜在不同变形量的室温冷轧变形条件下其冷加工性能和组织结构的变化。

7.1.1　Cu - Al₂O₃ 合金冷加工软化现象

图 7 - 1 示出了不同浓度弥散强化铜合金和无氧铜的显微硬度随冷轧变形量的变化情况。可见，弥散强化铜合金的显微硬度都高于无氧铜。对于无氧铜，它的显微硬度随着变形量的增加一直在增大。并且，当冷轧变形量小于 40% 时，显微硬度增加幅度较大，当冷轧变形量超过 40% 以后，硬度增加幅度减缓。同样地，当冷轧变形量小于 40% 时，三种浓度的弥散强化铜合金的显微硬度都快速上升，并且 Al₂O₃ 含量越低，增加速率越快。但是，与无氧铜不同的是，当冷轧变形量超过 80% 时，弥散强化铜合金的显微硬度随着应变量的增加反而下降，出现了加工软化现象。并且，Al₂O₃ 含量越低（如 Al 质量分数为 0.05%），加工软化现象也越明显。

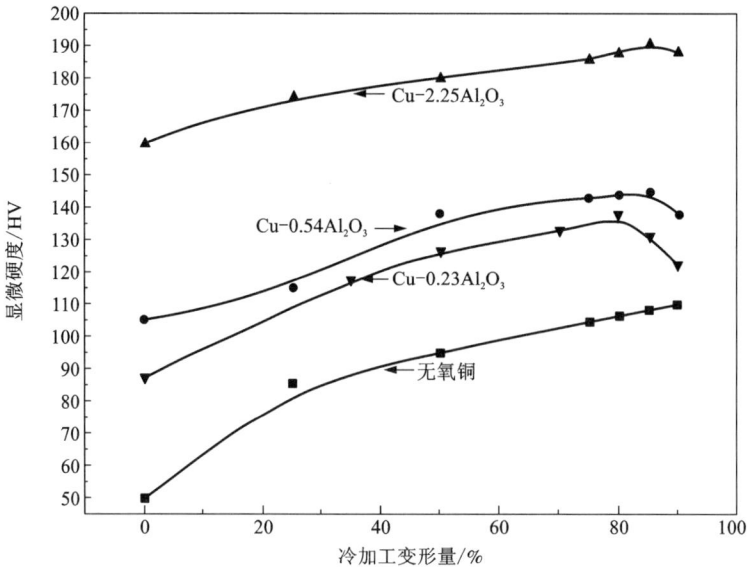

图 7 - 1　不同浓度弥散强化铜合金和无氧铜的硬度(HV)随冷轧变形量的变化

那么，为什么弥散强化铜合金会出现加工软化现象呢？由于低浓度 Cu - 0.23% Al₂O₃（体积分数，下同）弥散强化铜合金加工软化特性较为明显，因此，本节重点针对低浓度 Cu - 0.23% Al₂O₃ 弥散强化铜合金不同冷轧变形量的组织结构进行研究。图 7 - 2 示出了低浓度 Cu - 0.23% Al₂O₃ 纳米弥散强化铜合金 50% 冷轧变形显微组织的 TEM 照片。从图 7 - 2(a) 可以看出，低浓度 Cu - 0.23% Al₂O₃ 弥散强化铜合金经过 50% 冷轧变形后形成了非常明显的位错胞，位错胞大小为 0.4 ~ 0.7 μm，且胞壁较厚。图 7 - 2(b) 为图 7 - 2(a) 中间位错胞的放大像，从图中可以看出，胞壁内均匀弥散分布的纳米 Al_2O_3 粒子周围缠结有位错线，胞内位错则较少。

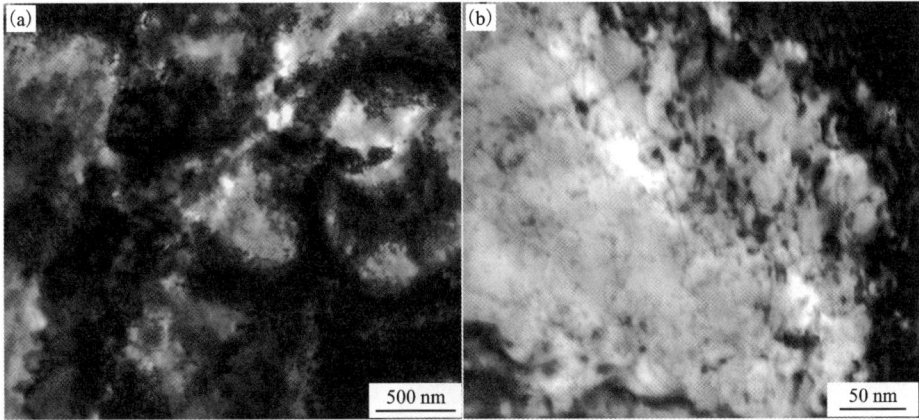

图 7 - 2　低浓度 Cu - 0. 23% Al_2O_3 纳米弥散强化铜合金 50% 冷轧变形组织的 TEM 照片
(a)位错胞组织；(b)位错胞内的放大照片

进一步研究表明，当冷轧变形量较小时，弥散强化铜合金和无氧铜变形组织的差异主要与位错滑移聚集的难易程度有关。弥散粒子的浓度以及分布情况是导致组织差异的主要原因，弥散相的存在使得位错在合金中更加广泛均匀地分布。由于位错的长程运动易受阻，相同符号的位错难以聚集，因此，随着 Al_2O_3 弥散粒子含量的增加，合金会更加难以形成具有较大取向差的位错界面。图 7 - 3 示出了无氧铜经 50% 冷轧变形后的显微组织，从图 7 - 3(a)中可以看出，位错胞组织发育非常充分，位错胞尺寸为 $0.2 \sim 0.3\mu m$，胞内位错线很少。图 7 - 3(b)表明，与上述组织对应的大范围内的选区衍射花样呈不连续的多晶环，这表明在选区范围内各位错胞的取向是逐渐变化的。

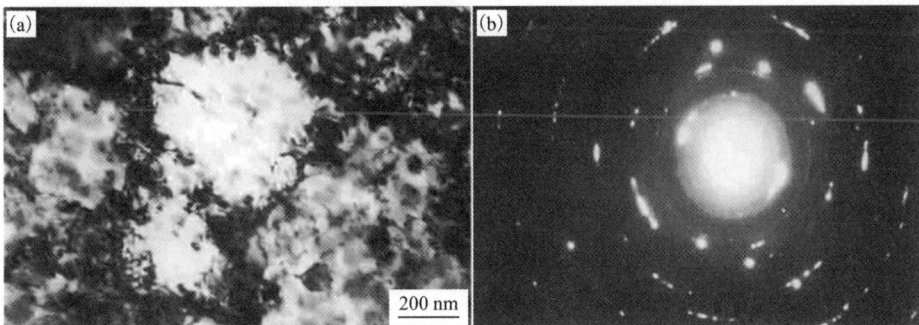

图 7 - 3　无氧铜冷轧变形 50% 后的显微组织的 TEM 照片
(a)位错胞组织；(b)图(a)的选区电子衍射花样(SADP)

图 7 - 4 示出了中浓度 Cu - 0.54% Al_2O_3(体积分数，下同)纳米弥散强化铜合金 50% 冷轧变形后的显微组织。从图 7 - 4(a)可以看出，位错胞仍然较为明显，且部分区域位错胞有所拉长，不过高倍像显示出胞内位错线，这表明 Cu - 0.23% Al_2O_3 弥散强化铜和无氧铜的含量有所增加，如图 7 - 4(b)所示。

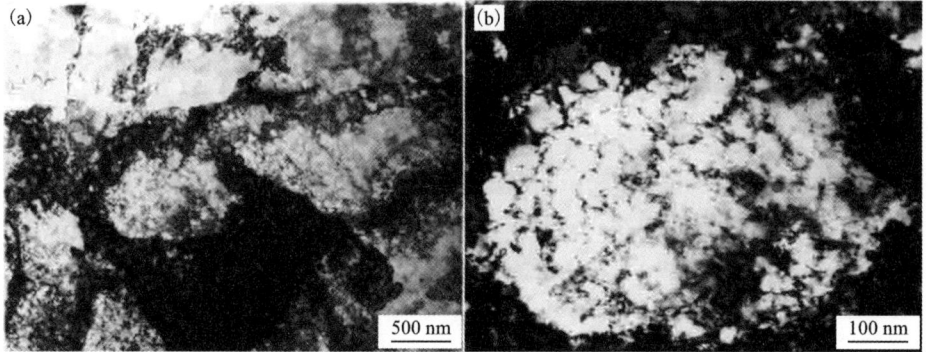

图 7 - 4　Cu - 0.54% Al_2O_3 合金经 50% 冷轧变形后的显微组织的 TEM 照片

(a)位错胞组织；(b)位错胞内的放大像

特别是当 Al_2O_3 粒子含量达到 2.25%(体积分数)时，位错胞壁呈漫射结构，胞壁较厚，胞壁内的位错缠结严重[图 7 - 5(a)]。显然，粒子含量增加，单位面积内分布的 Al_2O_3 粒子就会提高，粒子间距减小，从而导致胞组织的形成越来越困难，胞尺寸也会减小。图 7 - 5(b)示出了高浓度 Cu - 2.25% Al_2O_3 弥散强化铜合金大范围的选区电子衍射花样。由此可以看出，衍射斑点出现拉长现象，并出现隐约的多晶环，这表明所选区域内确实有多个小尺寸的位错胞存在。

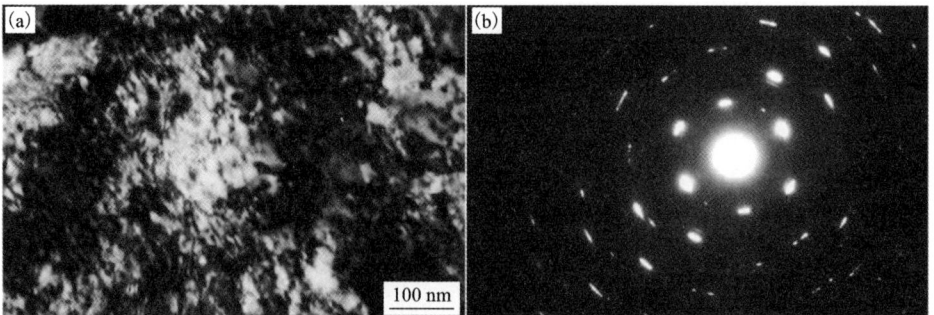

图 7 - 5　Cu - 2.25% Al_2O_3 合金经 50% 冷轧变形的显微组织的 TEM 照片

(a)位错胞组织；(b)多个位错胞的 SADP

弥散强化铜合金在冷轧变形过程中，位错增殖后，位错密度可能增大，也可能由于位错界面和位错网络中位错的交互作用，造成位错湮灭，位错密度降低。图 7-6 示出了低浓度 Cu-0.23%Al$_2$O$_3$ 弥散强化铜合金冷轧变形 80% 后形成的显微组织。从图 7-6(a) 可以看出，位错密度反而低于 50% 冷轧变形态的 [图 7-2(a)]，这说明合金内的位错密度降低了。因此，合金的显微硬度应该也降低，但是实验结果表明合金经过 80% 冷轧后其硬度高于 50% 冷轧后的，这说明还有其他的强化机制在起作用。

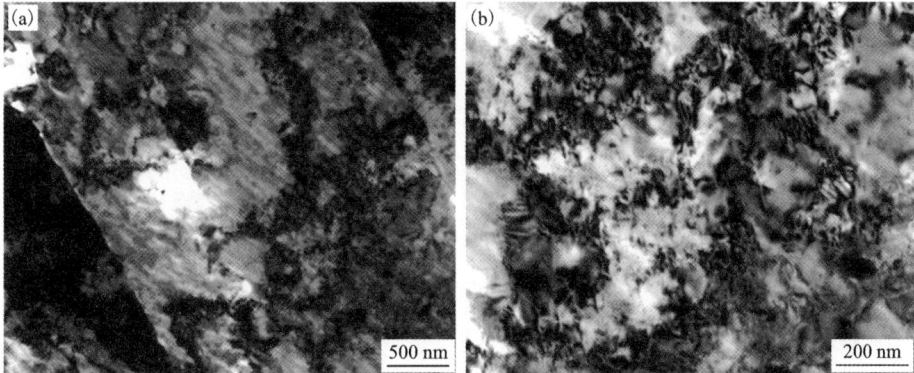

图 7-6　Cu-0.23%Al$_2$O$_3$ 合金经 80% 冷轧变形形成的显微组织的 TEM 照片

(a)位错胞组织；(b)位错胞壁处的位错

弥散强化铜合金冷变形后，其强度变化主要符合下述两种理论：弥散分布的第二相粒子 Al$_2$O$_3$ 的强化和细晶强化。第二相粒子的强化可以根据 Orowan 强化理论进行计算，即 $\tau = Gb/\lambda$，其中 τ 为材料切变屈服强度，G 为材料刚性系数，b 为材料中位错的柏氏矢量的大小，λ 为弥散相粒子间平均间距。细晶强化可以根据 Hall-Petch 强化理论，计算式为：

$$\sigma_y = \sigma_0 + K_y d^{-\frac{1}{2}} \tag{7-1}$$

式中：σ_y 为屈服强度；σ_0 为运动位错的摩擦阻力；K_y 为与材料相关的参数；d 为晶粒的平均直径。由图 7-6(a) 可以看出，合金经 80% 冷轧变形后不仅大的位错胞尺寸减小(由原来的 0.4~0.7 μm 减小到 0.2~0.4 μm)，而且大的位错胞内形成许多小的位错胞结构。每一个位错胞都可以看成一个亚晶粒，由 Hall-Petch 方程可知晶粒细化可提高材料的强度，因此出现了即使合金位错密度降低，但是强度仍然较高的现象。

图 7-7 示出了 Cu-0.23% Al$_2$O$_3$ 经 90% 冷轧变形形成的显微组织。由图 7-7(a) 可以明显看出，合金内相邻的两个位错胞正在或者已经发生合并，几个

位错胞有的区域已经连通。此时的位错胞尺寸反而比80%冷轧态的要大。图7-7(b)的高倍观察结果表明，大位错胞为0.5~0.7 μm，常由几个小位错胞组成，而且也正在发生合并。图7-7(c)显示了拉长的层状带组织(lamellar bands)，通过放大可以清楚地看到其内部的位错胞也正在发生合并[图7-7(d)]。

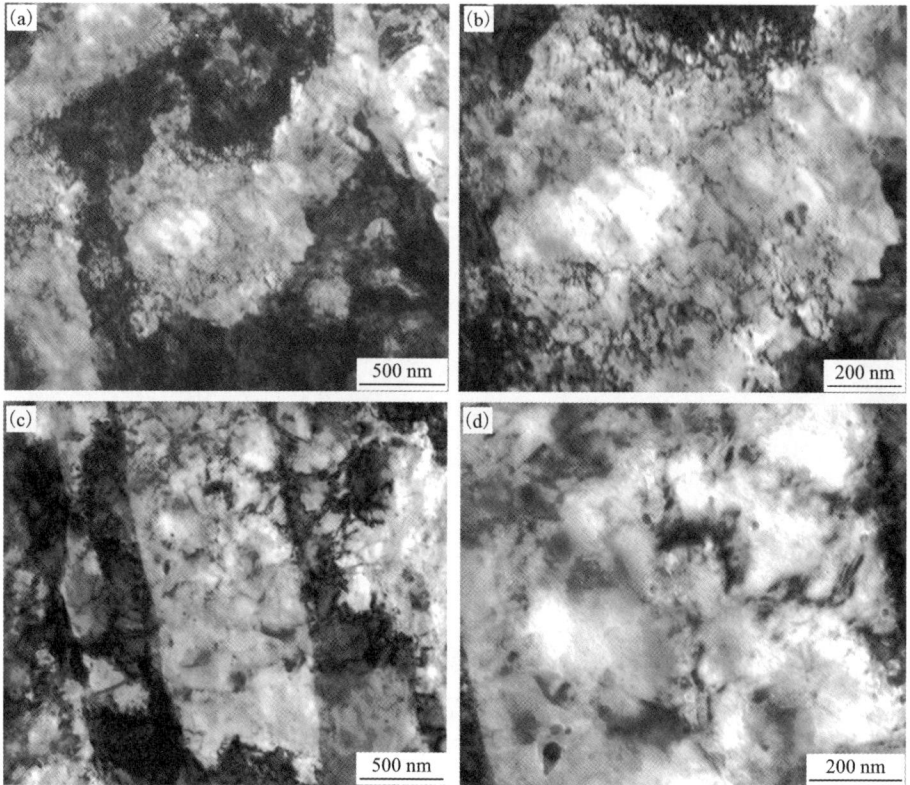

图7-7　Cu-0.23%Al₂O₃合金经90%冷轧变形的显微组织的TEM照片
(a)位错胞组织；(b)位错胞内的放大像；(c)拉长的层状带组织；(d)层状带内的放大像

可见，当弥散强化铜合金冷轧变形量达到一定程度时(如80%时)，虽然由于异号位错互相湮灭，位错密度减小。但是，此时位错胞尺寸也同时减小，因晶粒细化导致的强度增加量大于因位错密度减小引起的强度降低量，所以，合金强度并没有降低。可是，当冷轧变形量增加到90%时，位错密度仍然较低，而位错胞的尺寸长大。位错胞长大是因为位错湮灭使一些相邻位错胞发生了合并，这与TEM观察是一致的。由Hall-Petch理论可知，晶粒尺寸增加会导致合金强度的降低，因此，当冷轧变形量达到90%时出现的加工软化现象应是由位错密度减小和位错胞合并而引起的。通过对比研究50%、80%以及90%冷轧态样品的位错密度和位错胞的大小，发现 50% 冷轧态的位错密度最大，而 80% 和 90% 冷轧态位错密度都有所降低。这说明当低浓度弥散强化铜合金冷轧到一定程度时，位错密度会达到最大，随后随着冷轧变形量的增加，位错密度会不断降低。所以可以说从冷轧变形量小于 80% 的某一变形量开始，位错不断发生湮灭而减少。而在位错减少的过程中，缠结的位错互相湮灭使原来位错密度高的区域分裂为取向差较小的小位错胞，虽然位错密度降低，但是小位错胞的出现又会使强度升高。随着冷轧变形量的进一步增加，位错继续发生湮灭，分裂得到的小位错胞上的位错也发生了湮灭，导致相邻小位错胞发生合并，同时亚晶尺寸增加。位错密度减小与亚晶粒尺寸增加必然使合金强度降低。故低浓度弥散强化铜合金中，当冷轧变形量达到 90% 时出现了明显的加工软化现象。

高浓度 $Cu - Al_2O_3$ 弥散强化铜合金出现的加工软化现象与低浓度的类似，只不过由于 Al_2O_3 粒子浓度增加，粒子钉扎位错作用增强，位错自由程减小，位错较难发生湮灭。所以，高浓度 $Cu - Al_2O_3$ 弥散强化铜合金加工软化现象没有低浓度明显。图 7 - 8 示出了 $Cu - 0.54\% Al_2O_3$（质量分数，下同）纳米弥散强化铜合金经 90% 冷轧变形后的显微组织。可见，部分区域的位错胞也发生了合并，但位错胞尺寸都要比低浓度 $Cu - 0.23\% Al_2O_3$ 弥散强化铜合金小。这说明 Al_2O_3 粒子浓度较高时，位错受到粒子的钉扎力增强。位错湮灭到一定程度后，分裂成的小位错胞之间的位错继续发生湮灭的过程会变得困难，从而出现

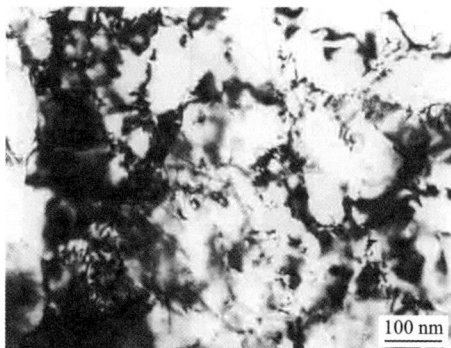

图 7 - 8　$Cu - 0.54\% Al_2O_3$ 铜合金经 90% 冷轧变形后显微组织的 TEM 照片

随着 Al_2O_3 粒子浓度的增加，加工软化不断减弱的现象。

7.1.2　$Cu - Al_2O_3$ 合金冷加工方式与各向异性

织构或晶体的择优取向是造成多晶体材料性能各向异性的重要原因之一。大量有关织构的试验研究主要是针对织构对性能的影响，织构改变了材料的强度和塑性。为了提高板材的加工成型性能，一般都希望材料具有最小的板面各向异性。为此，人们一方面寻求织构与板材性能间的定量关系，另一方面探求控制织构的现实可行的工艺方法，这对于极易产生各向异性的弥散强化铜合金是非常有意义的。在研究弥散强化铜合金冷加工性能的过程中，合金经过单向冷轧变形后，合金力学性能的各向异性非常明显，这对于实际应用（如冲制杯状样品）非常

不利。本节将叙述合金经单向轧制和900℃退火后纵横向力学性能以及组织结构的变化情况，目的是弄清引起各向异性的原因，并提出避免弥散强化铜合金在冷轧变形过程产生各向异性的加工方法，即采用合理的交叉轧制工艺。在确定了合理的交叉轧制工艺后，对采用该交叉轧制工艺制备的冷轧态以及900℃退火态样品的力学性能和显微组织结构进行了研究。

图7-9示出了 Cu-0.23% Al₂O₃ 合金冷轧态及900℃退火态的样品沿着轧向和横向进行单轴静拉伸的工程应力-应变曲线。根据工程应力-应变曲线分别绘制了单向轧制合金纵横向强度和伸长率的直方对比图，如图7-10所示。

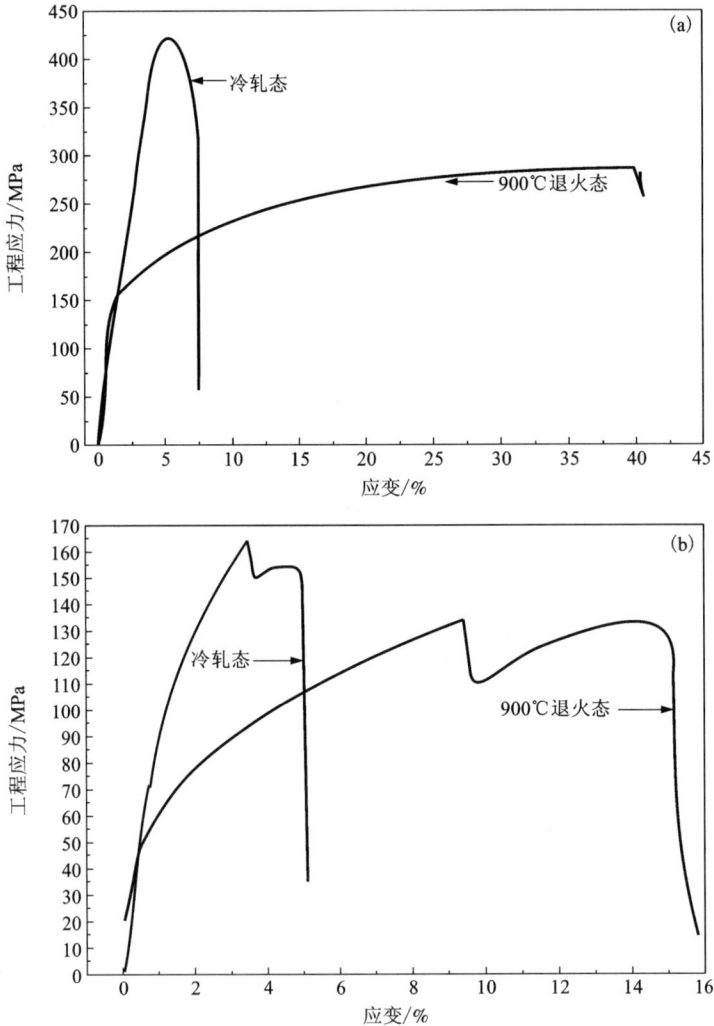

图7-9 低浓度 Cu-0.23% Al₂O₃ 弥散强化铜合金冷轧态及900℃退火态工程应力-应变曲线

(a)轧向；(b)横向

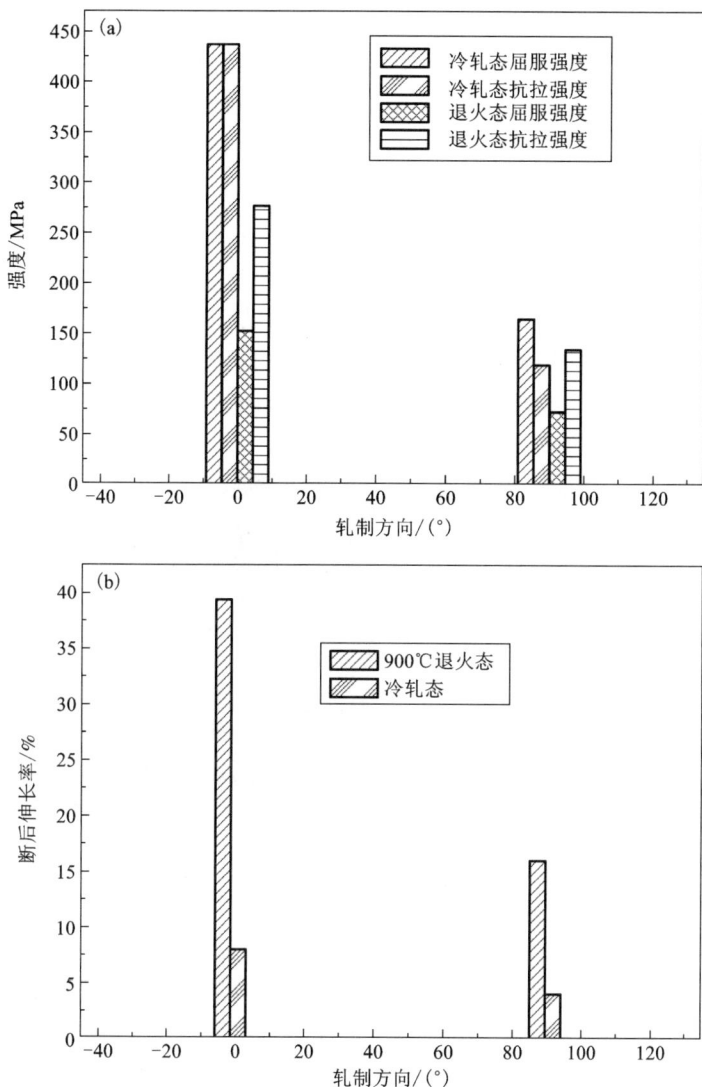

图 7 - 10　Cu - 0. 23% Al₂O₃ 合金单向轧制态及 900℃退火态纵横向单轴拉伸性能

（a）抗拉强度（UTS）和屈服强度（YS）；（b）断后伸长率

从图 7 - 9 可以看出，冷轧态合金的强度最高，但断后伸长率较低，塑性较差。经过 900℃退火后，虽然合金的强度明显降低，但是断后伸长率升高到接近无氧铜水平。与合金轧向的工程应力 - 应变曲线相比，横向也出现同样的变化规律。对比单向轧制合金纵横向强度和断后伸长率的直方图（图 7 - 10），可以发现，无论是屈服强度还是抗拉强度，纵向的强度都比横向的高，纵向屈强比明显大于横向的, 合金纵向加工硬化现象较横向要明显, 而且无论是冷轧态还是退火态合金, 其纵向断后伸长率也均高于横向的, 退火后纵横向断后伸长率差别较冷轧态的要大。此外, 横向工程应力–应变曲线与纵向工程应力–应变曲线有所不同的是, 无论是冷轧态还是退火态, 其曲线都在屈服后的继续拉伸过程中出现了应力突然降低(即一次断裂), 随后又开始上升直到最后断裂(二次断裂)的现象, 类似于复合材料的"伪韧化"现象。出现这种现象的原因主要是由于轧制是单方向进行的, 在轧制过程中晶粒被拉长, 形成沿轧制方向的纤维组织, 原先的晶界演化为纤维界面, 晶界附近粗大的 Al_2O_3 粒子($0.2 \sim 0.5$ μm)演变成沿纤维面线状分布(图 7–11), 而 Al_2O_3 粒子与基体之间的结合强度较低, 这样就使纤维面变成了弱结合面。横向拉伸是垂直于纤维排列方向的, 因此横向拉伸会首先沿纤维边界弱结合面处产生裂纹, 然后会顺着纤维方向犹如劈柴一样开裂, 直到某一纤维的终点, 裂纹才会转向与纤维方向垂直的弱结合面。而此弱结合面平行于横向拉伸方向, 受力最小, 裂纹沿其不易扩展, 因此出现一次内部断裂随之又中止的现象。如果拉伸过程中出现几层同时被"劈"又同时"劈开"时, 此时应力必然会出现陡降, 导致横向拉伸曲线中间出现"一次断裂"现象。而纵向拉伸是平行于纤维排列方向的, 虽然也存在与拉伸力垂直的弱结合面, 但是与横向拉伸相比要少很多, 因此纵向拉

图 7–11　轧制态弥散强化铜合金中分布在晶界上的粗大 Al_2O_3 粒子

伸无二次断裂现象, 且抗拉强度明显大于横向抗拉强度。

　　为了进一步说明纵向和横向拉伸力学性能的差异, 下面从金相组织和纵横向拉伸断口特征出发, 通过分析组织以及断口形貌的差异来解释合金纵向和横向强度的不同, 并解释横向拉伸曲线出现"二次断裂"的原因。图 7–12 示出了 Cu–0.23% Al_2O_3 合金冷轧态与 900℃退火态的金相组织。由此可以看出, 冷轧态合金组织呈纤维状, 晶粒沿轧制方向被拉长。合金经 900℃退火 1 h 后已完全再结晶, 再结晶织构使得纵向强度和伸长率都高于横向的。图 7–13 示出了 Cu–0.23% Al_2O_3 合金单向冷轧态横向断口。从图 7–13(a)可以看出, 合金沿两个剪切面发生剪切变形, 然后发生断裂。图 7–13(b)示出了图 7–13(a)中位置 B 的高倍像, 从图中可以看出断口组织呈纤维状, 基本没有韧窝。从图 7–13 中可以明显看出合金的断裂方式如前面所分析的, 纤维与纤维之间结合强度较低。这样

在横向拉伸力的作用下,纤维犹如被"劈柴"一样一层一层地不断"劈开",从而出现如图所示的拉伸断口形貌。靠近样品中心部分的放大像如图 7 - 13(c)所示。由此可以看出,断口除了有一层一层的纤维组织之外,还存在较多的韧窝,这主要是中间部分在轧制过程中相对于边部变形较小、加工硬化小等原因所致。但是合金经过 900℃/1 h 的退火后即使是边部也出现大量的韧窝[图 7 - 14(b)],合金加工硬化现象得以消除。

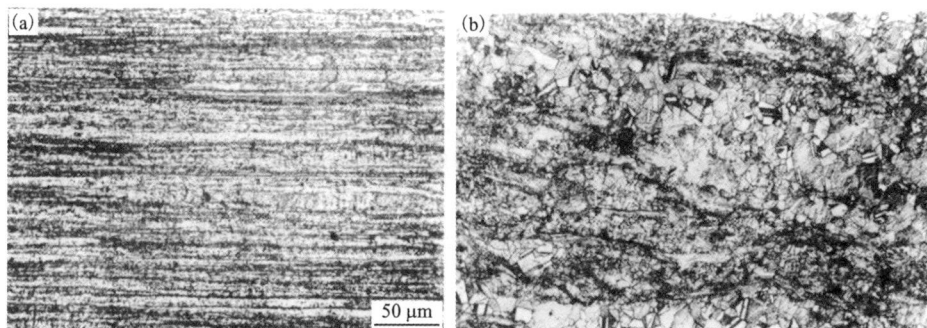

图 7 - 12 Cu - 0.23% Al₂O₃ 合金单向轧制 80% 不同状态金相组织

(a)冷轧态;(b)900℃退火 1 h

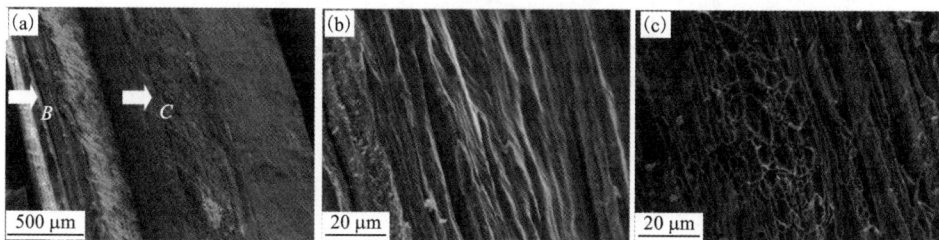

图 7 - 13 Cu - 0.23% Al₂O₃ 合金单向冷轧 80% 横向断口

(a)低倍断口;(b)位置 B 高倍像;(c)位置 C 高倍像

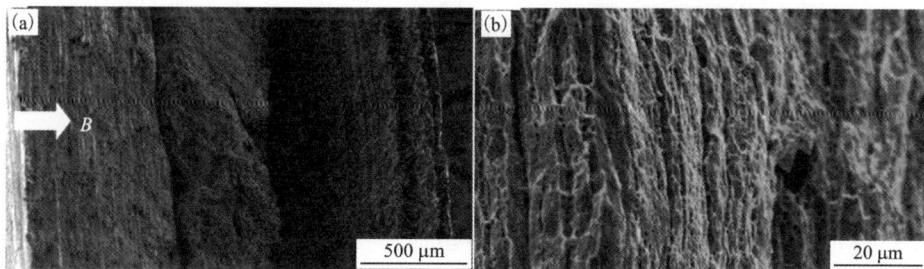

图 7 - 14 Cu - 0.23% Al₂O₃ 合金单向轧制 80% 经 900℃退火的横向拉伸断口

(a)低倍断口;(b)位置 B 高倍像

为了消除合金在纵横向上力学性能的各向异性，对冷轧工艺进行了改进，即采用合理的交叉轧制工艺。采用该轧制工艺使合金冷轧态不同方向各向异性得到了明显抑制。图 7-15 示出了 $Cu-0.23\%Al_2O_3$ 合金交叉轧制及 900℃/1 h 退火态不同方向上的单轴静拉伸工程应力-应变曲线。由此可以看出，无论是加工态还是退火态，其三个方向的强度都相差较小，说明采用交叉轧制可以明显改善合金力学性能的各向异性。但是退火后合金三个方向的强度差增加，其原因可能由于合金退火后出现了再结晶织构，从后面的金相组织甚至可以看出交叉轧制形成的纤维伸长的两个方向[图 7-16(b)]。此外交叉轧制态和退火态合金三个方向的屈强比虽然基本相同，但是都小于单向轧制纵向的屈强比，合金加工硬化率降低。说明采用交叉轧制虽然可以明显降低合金的各向异性，但是也使合金的加工硬化率降低，这可能由于单向轧制存在织构，引起织构硬化。

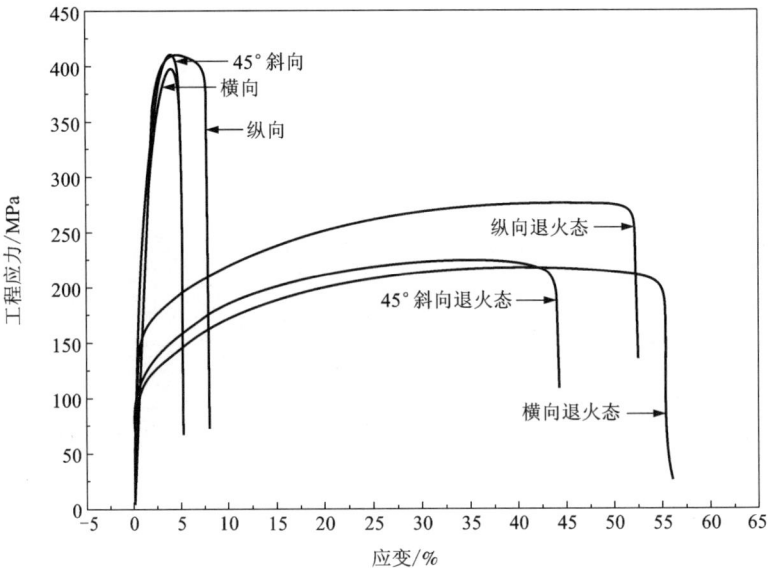

图 7-15 $Cu-0.23\%Al_2O_3$ 合金交叉轧制 90% 及 900℃/1 h 退火态单轴静拉伸工程应力-应变曲线

Babel 等也发现用适当织构硬化的 Ti-5Al-2.5Sn 合金制成的压力容器的屈服强度比各向同性合金约高 40%，断裂强度比各向同性合金约高 75%。此外，合金无论是处于冷轧态还是处于退火态，其纵向伸长率都小于单向轧制的，但是横向伸长率得到了很大提高，各向异性得到明显改善。

图 7-16 示出了 $Cu-0.23\%Al_2O_3$ 弥散强化铜合金交叉轧制态及退火态的金相组织。由此可以明显看出，即使是冷轧态，也不能看到像单向冷轧形成的纤维

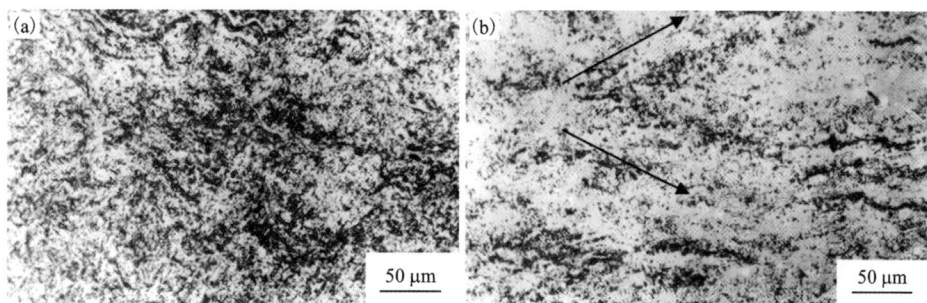

图 7 - 16　Cu - 0.23%Al₂O₃ 合金交叉轧制 90% 不同状态金相组织

(a)冷轧态；(b)900℃/1 h 退火态

组织，拉长纤维已经在轧制过程中发生了破碎，各向异性得到明显消除，这与前面的三个方向的力学性能差别较小是一致的。但是合金经过 900℃退火后，组织发生变化，由原来较密的破碎了的纤维组织转变为密度较小且呈一定角度的两列纤维组织(如箭头所示)，说明退火后合金的各向异性有所增加，这与前面的力学性能是完全一致的。不过与单向轧制不同的是，合金即使经过 900℃/1 h 的高温退火，在金相显微镜下也没有观察到明显的再结晶晶粒。

图 7 - 17 示出了 Cu - 0.23% Al₂O₃ 合金交叉轧制态的显微组织的 TEM 照片。由此可以看到，位错胞被明显拉长，胞壁较薄，而且位错密度明显小于单向冷轧态的，说明采用交叉轧制有利于位错湮灭。虽然部分晶粒或位错胞隐约能看到是沿两个方向排列的，但是大部分都没有取向性，因此，合金力学性能的各向异性得到了抑制。但是，由于位错湮灭较严重，交叉轧制态合金的强度明显小于单向轧制的纵向强度。由图 7 - 17(b)可以看出，位错基本上呈绕过粒子的组态，粒子大小为 10 ~ 20 nm，粒子间距为 70 ~ 100 nm。

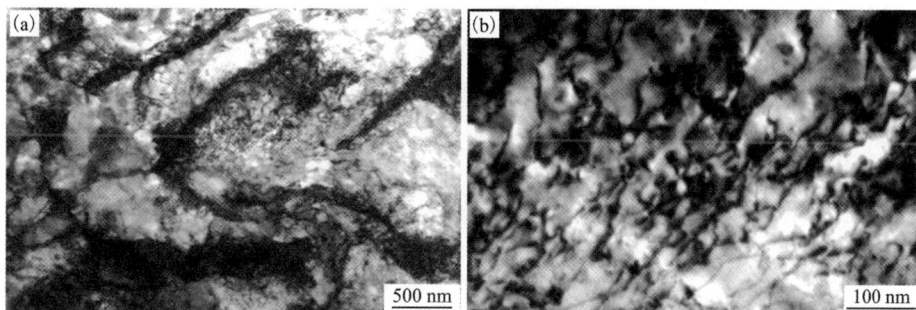

图 7 - 17　Cu - 0.23%Al₂O₃ 铜合金交叉轧制 90% 后的显微组织的 TEM 照片

(a)位错胞；(b)位错胞内的位错

图 7-18 示出了 Cu-0.23% Al_2O_3 合金交叉轧制态样品经过 900℃退火 1 h 后的显微组织。可见，合金经过 900℃退火 1 h 后位错密度明显降低，而且合金已发生了再结晶。弥散强化铜合金回复再结晶受粒子的抑制作用主要与粒子的浓度（粒子间距）、粒子大小等因素有关。从图 7-17 可知，粒子大小为 10~20 nm，粒子间距为 70~100 nm，而当弥散参数在如下范围时：粒子直径小于 25 nm，粒子间距小于 8 nm 时，粒子对弥散强化铜合金回复再结晶阻碍作用最明显。不过从图 7-18 可以看出，再结晶晶粒约为几个微米大小，明显小于单向轧制态900℃退火 1 h 后的再结晶晶粒，这也说明为什么交叉轧制的合金经退火后的金相组织不能看到再结晶晶粒。此外还发现再结晶晶粒生长基本上沿轧制方向进行，根据再结晶晶粒生长方向可以得到交叉轧制的方向，这与金相组织观察的现象一致。由于再结晶晶粒生长具有方向性，因此出现退火后各向异性增强的现象。由图 7-18(c)可以看到几列交叉的再结晶晶粒，在交叉的再结晶边界上粒子密度较大，交叉晶粒局部再结晶晶粒生长成三角晶粒。

图 7-18 Cu-0.23%Al_2O_3 铜合金交叉轧制 90% 后再经过 900℃/1 h 退火的显微组织的 TEM 照片

(a)再结晶晶粒；(b)再结晶晶粒；(c)三角晶粒

7.1.3 Cu-Al_2O_3 合金的回复再结晶

对于弥散强化铜合金，由于第二相粒子的出现，变形在引起合金位错密度增加的同时也形成了变形亚结构，这都会影响合金在退火时的回复、再结晶过程，而影响的程度主要与粒子尺寸以及粒子间距有关。根据粒子大小与粒子间距的不同，不可变形粒子对合金回复再结晶过程的影响主要分为以下三类：

(1)粒子直径 $d < 25$ nm，粒子间距 $l < 8$ nm。弥散参数在这个范围的合金，粒子对合金再结晶起阻碍作用，这主要归因于粒子对亚晶界的钉扎作用，因此作为再结晶形核的亚晶的长大会受到阻碍；

(2)粒子直径 $d > 1$ μm，粒子间距 $l > 0.3$ μm。处于这个范围的弥散粒子刺激

形核(PSN),加速再结晶。粒子刺激形核主要与大粒子周围发生的局部晶格旋转有关;

(3)25 nm < 粒子直径 d < 1 μm。这个范围的粒子对合金的再结晶过程既会起到加速又会起到阻碍作用,这主要是由于粒子的存在增加了合金加工硬化率,从而增加了合金冷加工储能,为再结晶过程提供了较大的驱动力。而阻碍再结晶作用主要是由于粒子钉扎亚晶界,从而阻碍了亚晶粒的长大。

7.1.3.1 中、高浓度 $Cu - Al_2O_3$ 合金的退火行为

图 7 - 19 示出了冷轧变形量为 50% 的无氧铜和弥散强化铜合金在不同温度下氢气保护退火 1 h 后硬度的变化。由此可以看出,两种弥散强化铜合金的等时退火曲线均呈缓慢下降的趋势。这意味着这两种弥散强化铜合金在 1020℃ 以下高温退火时主要以回复过程为主。而无氧铜在 200~400℃ 时硬度值突然下降,这说明其发生了再结晶。可见,$Cu - 0.54\% Al_2O_3$(体积分数,下同)和 $Cu - 2.25\%$ Al_2O_3(体积分数,下同)两种弥散强化铜合金具有比无氧铜优越得多的抗高温软化性能。

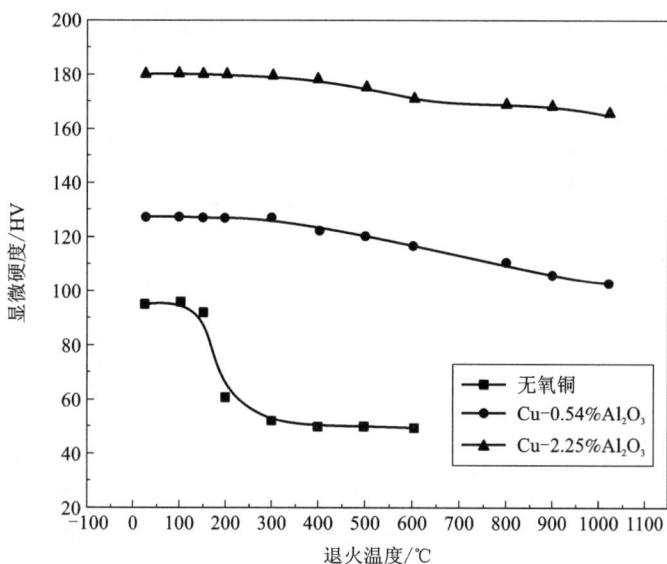

图 7 - 19 冷轧 50% 的 $Cu - Al_2O_3$ 和无氧铜在不同温度下退火 1 h 后硬度的变化

$Cu - Al_2O_3$ 合金由于经历了挤压和轧制过程,大角度晶界密度降低。在缺乏大角度晶界的情况下,大应变量变形的 $Cu - Al_2O_3$ 合金在退火过程中的显微组织的变化与不含弥散粒子的材料没有什么本质的区别,主要包括多边形化形成亚晶,亚晶界迁移或者合并形成再结晶晶核、再结晶晶核的长大。但是,在亚晶形

成的难易程度、亚晶的类型、残留胞结构的回复特征等方面，不同材料仍有较大区别。

图 7-20 示出了冷轧变形 50% 的 Cu-0.54% Al$_2$O$_3$ 合金经 600℃退火 1 h 后的显微组织。由图 7-20(a)可见，退火后形成的规则的多边形亚晶并不多见，亚晶尺寸与轧制态位错胞的尺寸相当，亚晶内选区电子衍射花样没有斑点的拉长或分裂现象[图 7-20(b)]。此时，合金中更多的是残留的位错胞[图 7-20(c)]，与变形态的相比，位错胞壁还是发生了较明显的回复，位错密度明显减少，缠结的位错已经松开，可以观察到规则的位错网络，跨越胞壁的小范围选区电子衍射花样则显示了斑点的分裂现象[图 7-20(d)]。粒子的钉扎阻碍了位错的运动，稳定了位错的结构，减缓了材料的回复。相比而言，Cu-2.25% Al$_2$O$_3$ 合金 600℃退火 1 h 后残留的位错胞更多，回复形成的规则亚晶更少(图 7-21)，并且亚晶的尺寸也更细小。在胞壁中可以观察到规则的位错列[图 7-21(b)]，位错的密度比同状态的 Cu-0.54% Al$_2$O$_3$ 合金要大。

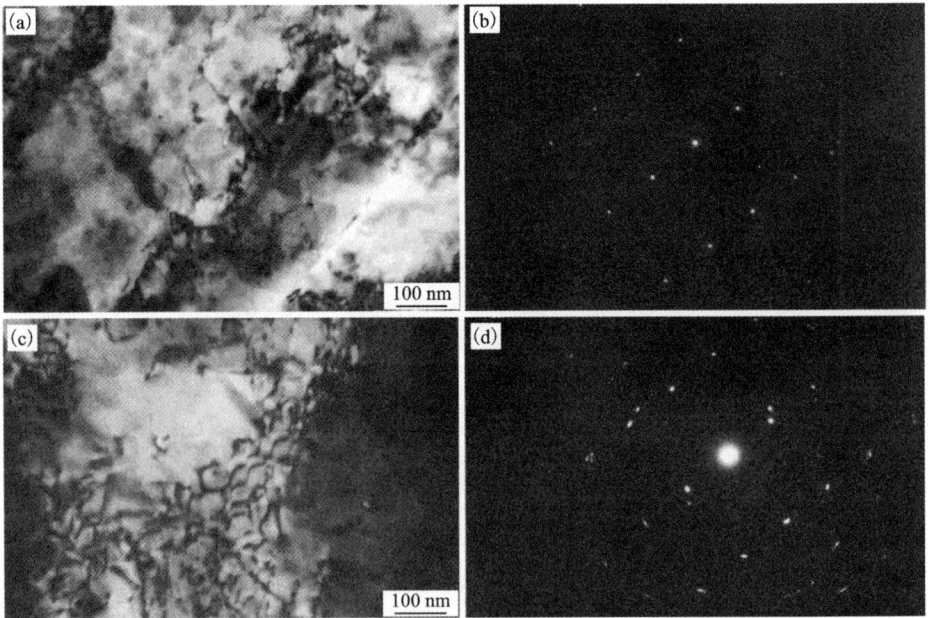

图 7-20　冷轧 50% 的 Cu-0.54% Al$_2$O$_3$ 合金经 600℃/1 h 退火后组织的 TEM 照片
(a)位错胞；(b)位错胞内的 SADP；(c)位错胞壁；(d)多个位错胞的 SADP

对冷轧态 Cu-0.54% Al$_2$O$_3$ 合金经 900℃退火 1 h 后的显微组织进行观察发现，合金中仍保留有极多的呈杂乱分布的位错胞组织[图 7-22(a)和(c)]，此时位错胞壁内形成了规则的位错网络[图 7-22(b)]。同时，可以观察到具有明晰

图 7 - 21　冷轧 50% 的 Cu - 2.25%Al₂O₃ 合金于 600℃/1 h 退火后组织的 TEM 照片

(a)残留的位错胞；(b)胞壁中的规则位错列

边界的亚晶组织[图 7 - 22(c)]，并且亚晶数量还是有所增加的。对比可见，残余的位错胞内和胞壁都含有弥散分布的细小的 Al₂O₃ 粒子，而具有明晰边界的亚晶内部不含细小的弥散相 Al₂O₃ 粒子或含有少量较粗大的 Al₂O₃ 粒子，如图 7 - 22(d)所示，它们发展成了再结晶核心。可见，Al₂O₃ 粒子在合金的回复过程中起到了重要作用，并且粒子的尺寸也有重要的影响。

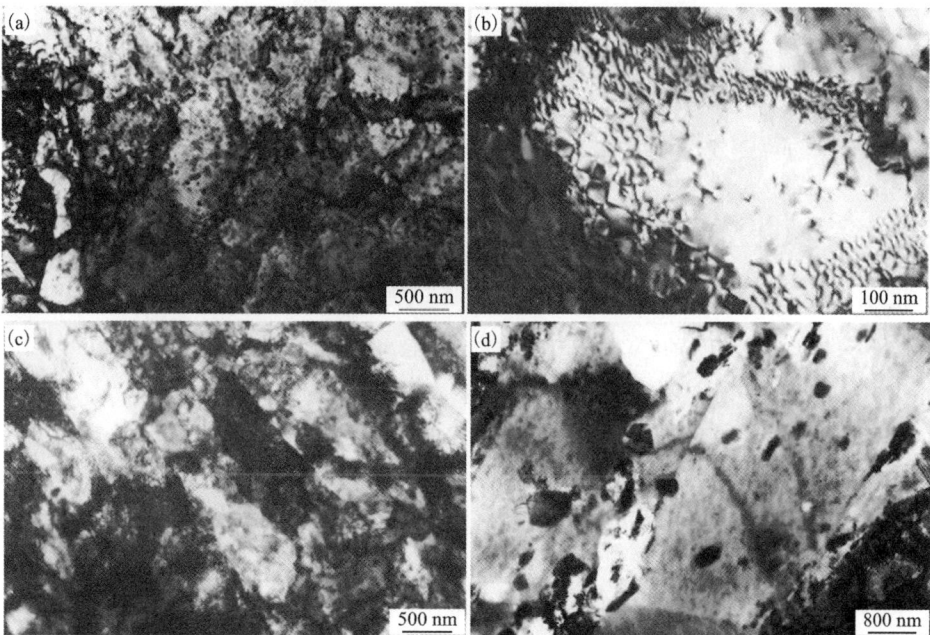

图 7 - 22　冷轧 50% 的 Cu - 0.54%Al₂O₃ 合金经 900℃/1 h 退火后的组织的 TEM 照片

(a)残留的位错胞组织；(b)位错网络构成亚晶的小角度界面；(c)具有明晰边界的亚晶组织；(d)含有较粗大粒子的再结晶晶核

冷轧 Cu − 2.25% Al_2O_3 合金经 900℃退火 1 h 后，虽然回复使部分过剩位错消失，但仍有一些区域保持较高的位错密度[图 7 − 23(a)]，残留的位错胞也较多。回复形成的亚晶界中的位错网络清晰可见[图 7 − 23(b)]，一些不含有粒子或者含有粗大粒子的亚晶也偶尔可见[图 7 − 23(c)]。少数亚晶正在合并长大，并逐步向大角度晶界转变[图 7 − 23(d)]，但此合金中的显微组织仍以处于回复阶段的亚晶占主导地位。总体来看，中、高浓度 Cu − Al_2O_3 合金由于粒子尺寸和间距较小，粒子对位错的钉扎作用显著，能阻碍合金回复再结晶过程的进行。因此，中、高浓度 Cu − Al_2O_3 合金抗高温软化性能优异。

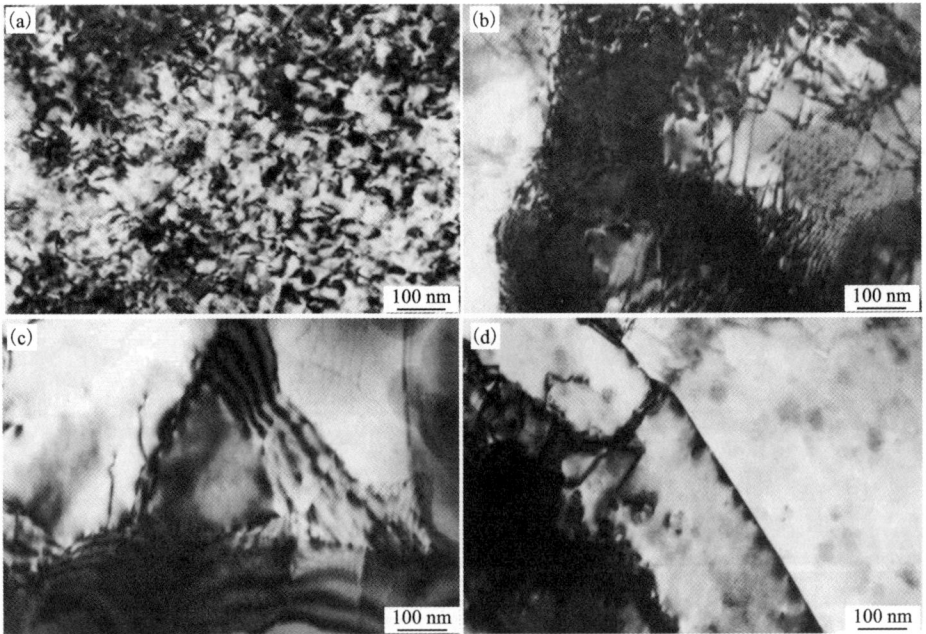

图 7 − 23 冷轧 50% 的 Cu − 2.25% Al_2O_3 合金经 900℃/1 h 退火后组织的 TEM 照片

(a) 残余的密集位错；(b) 亚晶界；(c) 亚晶；(d) 亚晶和大角度晶界

7.1.3.2 低浓度 Cu − Al_2O_3 合金的退火行为

图 7 − 24 示出了低浓度 Cu − 0.23% Al_2O_3 弥散强化铜合金挤压态、冷轧态及不同温度退火 1 h 后的工程应力 − 应变曲线。图 7 − 25 则呈现了退火温度对低浓度 Cu − 0.23% Al_2O_3 合金性能的影响。由图 7 − 25(a) 可知，冷轧态合金经 300℃退火后强度虽有降低，但是降低速率较小。随退火温度的升高，强度降低速率略有加快，说明低浓度 Cu − 0.23% Al_2O_3 弥散强化铜合金在 400℃之前主要发生回复，而到 500℃退火后强度的降低速率明显加快，说明此时合金已发生再结晶，而

在更高温度下退火 1 h，合金除了再结晶形核之外还发生了晶粒长大。700℃退火 1 h 后，合金强度降低到最小值，而在高于 700℃进行退火，合金强度出现了反常升高现象。

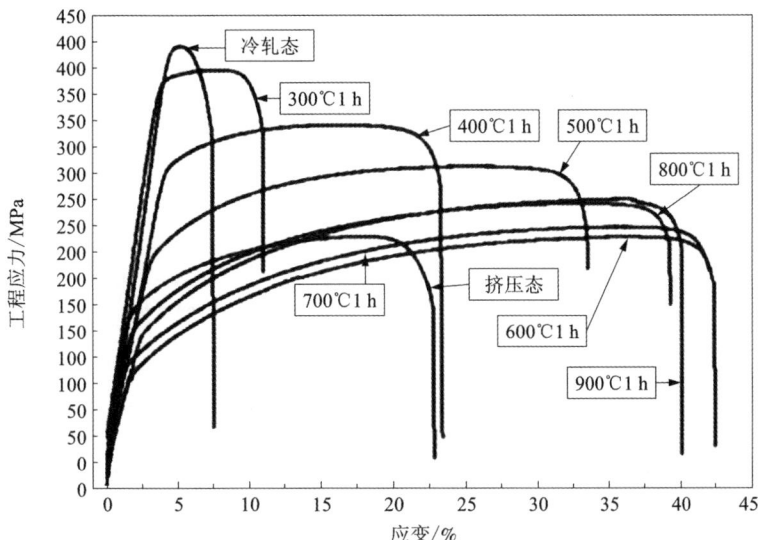

图 7 - 24　Cu - 0.23％Al₂O₃ 合金退火后的单轴静拉伸工程应力 - 应变曲线

图 7 - 25(b)示出了不同状态合金伸长率随退火温度的变化。可见，300℃退火 1 h 后，合金的断后伸长率升高较少，而退火温度高于 400℃后，合金的断后伸长率快速增加，直到 600℃达到最大值，之后基本不变。

图 7 - 25(c)示出了退火温度对低浓度 Cu - 0.23％ Al₂O₃ 弥散强化铜合金显微硬度 HV 的影响。可见，合金与 300℃退火 1 h 后的硬度较冷轧态略有降低。但是，当退火温度高于 400℃，硬度随着退火温度的升高，降低速率加快，这再次说明退火温度高于 400℃时合金会发生再结晶。但是，当退火温度达到 700℃以后，合金的硬度出现反常升高现象。合金在低温范围内的回复主要是点缺陷移至晶界或位错而湮灭以及点缺陷的合并；中温范围的回复是缠结的位错重新组合或互相抵消；而在较高温度回复时，主要发生位错攀移和位错环缩小以及亚晶粒的合并。根据这些不同温度的回复机制，可以对上述伸长率、强度以及硬度随退火温度的变化情况做出解释。对于 300 ~ 700℃的退火，变形胞状组织发展为亚晶，其中有些亚晶逐渐粗化，直到和基体间形成易动的大角度晶界，粗化了亚晶界成为再结晶的晶核，再结晶晶核逐渐长大，从而使合金伸长率不断升高，强度和硬度不断降低，后续对不同温度退火后的 TEM 组织的分析证实了这一点。当退火温

度高于 700℃之后，合金强度和硬度反而增加。后续的金相组织以及拉伸断口分析表明，出现此反常硬化现象的原因是由于细晶强化引起的，这一问题之后再做详细讨论。

图 7 - 25(d)给出了合金的不同退火状态的电导率。可见，合金于 300℃退火 1 h 后电导率较冷轧态有所上升。这是因为合金发生了回复，冷轧产生的晶格畸变有所回复，减少了传导电子散射概率，因此合金电导率升高。但是，当退火温度高于 700℃之后，合金电导率随退火温度的升高而出现略微降低的现象。后面的分析表明这是由于细小的再结晶晶粒增多，电子在晶界处会发生散射从而降低了电导率。

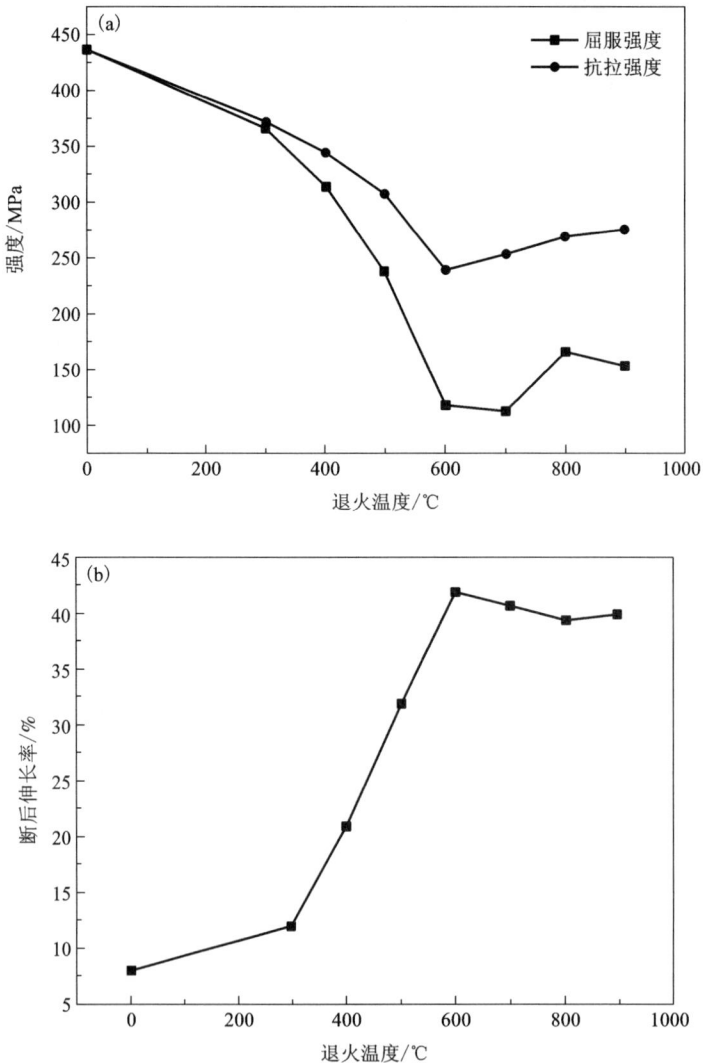

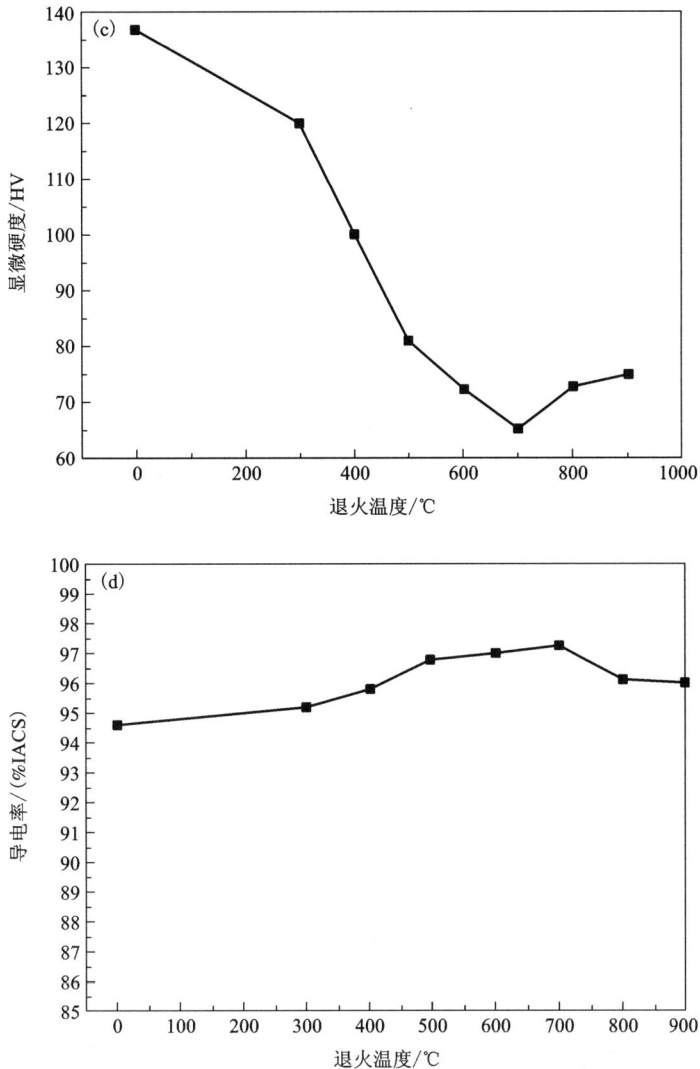

图 7 - 25　退火温度对低浓度 Cu - Al₂O₃ 合金性能的影响

（a）强度；（b）断后伸长率；（c）显微硬度；（d）导电率

图 7 - 26 示出了冷轧态低浓度 Cu - 0.23% Al₂O₃ 弥散强化铜合金经不同温度退火 1 h 后的金相组织。由此可以看出，500℃ 以下温度退火，合金金相组织与加工态的基本类似，没有看到再结晶晶粒，合金应该处于回复阶段，后面的 TEM 显微组织也证实了这一点。到 600℃ 退火时，加工纤维组织内部分区域也明显出现了再结晶晶粒，合金已进入再结晶阶段。700℃ 退火时，合金基本上已经完全再

结晶，而且部分晶粒已发生了合并，平均尺寸 30～40 μm。800℃ 和 900℃ 的退火后，合金虽然已完全再结晶，但是与 700℃ 退火的组织有所不同，再结晶晶粒反而细小些，约 6 μm。这使合金产生了细晶强化，其细晶强化可用 Hall – Petch 关系来描述，根据式(7 – 1)，其引起的强度变化 $\Delta\sigma_{H-P}$ 表达式为：

$$\Delta\sigma_{H-P} = \sigma_y - \sigma_0 = k_y d^{-1/2} \qquad (7-2)$$

对于铜来说，$k_y = 0.18\ MPa\ \sqrt{m}$。根据此式可计算出 900℃ 退火样品细晶强化的增量为 73 MPa，700℃ 退火样品细晶强化的增量为 28～33 MPa，两者强化增量差为 40～45 MPa。实际材料 700℃、900℃ 退火后强度差为 36 MPa，可见，实验结果与根据细晶强化理论计算的结果吻合较好。

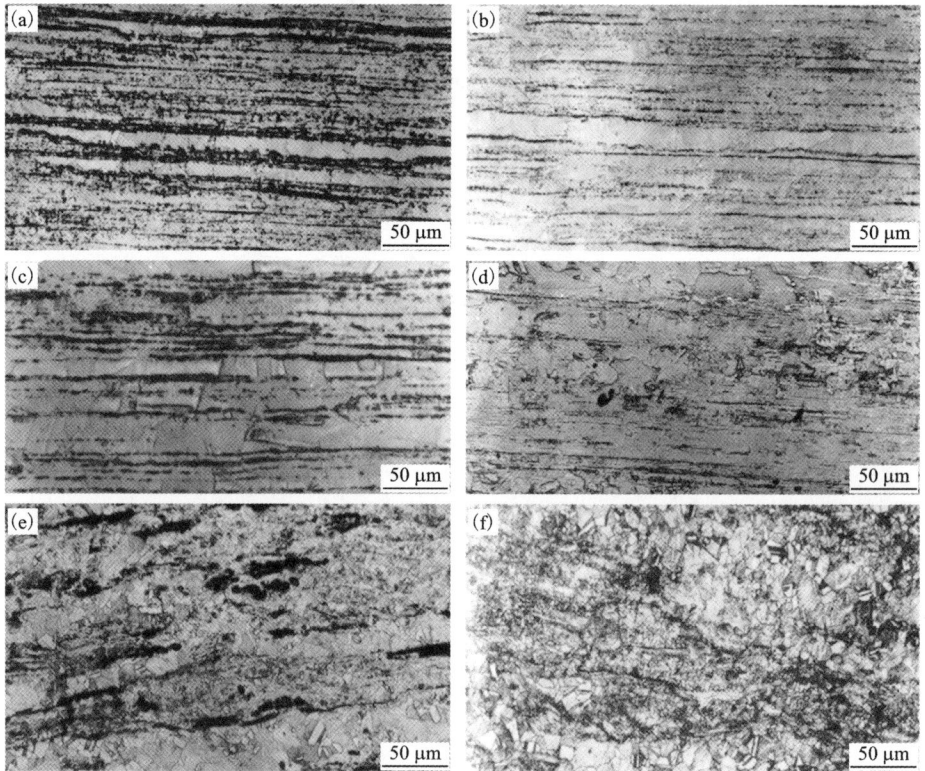

图7 – 26　Cu – 0.23% Al₂O₃ 合金不同温度退火 1 h 金相组织
(a)400℃；(b)500℃；(c)600℃；(d)700℃；(e)800℃；(f)900℃

那么为什么相同时间的退火，900℃ 的晶粒反比 700℃ 的要小？本书作者认为这是再结晶过程中形核率与长大速率相互竞争的结果。再结晶晶粒直径 d 与形核率 $\dot{N}$ 和长大速率 G 的关系可表达为：

$$d = C\left(\frac{G}{\dot{N}}\right)^{1/4} \tag{7-3}$$

式中：C 为常数。由此可知，再结晶晶粒大小由 $\dfrac{G}{\dot{N}}$ 决定，而 $\dot{N}$ 和 G 都满足阿累尼乌斯方程：

$$\dot{N} = N_0 e^{-\frac{Q_n}{RT}} \tag{7-4}$$

$$G = G_0 e^{-\frac{Q_g}{RT}} \tag{7-5}$$

式中：Q_n 和 Q_g 分别为形核和长大的扩散激活能。由式(7-4)和式(7-5)可得：

$$\frac{\dot{N}}{G} = \frac{N_0}{G_0} e^{\frac{Q_g - Q_n}{RT}} \tag{7-6}$$

若假设对于低浓度 Cu-Al_2O_3 弥散强化铜合金，有 $Q_n > Q_g$，则由式(7-6)可得：

$$\frac{N_0}{G_0} e^{\frac{Q_g - Q_n}{R(273 + 700)}} < \frac{N_0}{G_0} e^{\frac{Q_g - Q_n}{R(273 + 900)}} \tag{7-7}$$

即

$$\left(\frac{\dot{N}}{G}\right)_{700℃} < \left(\frac{\dot{N}}{G}\right)_{900℃} \tag{7-8}$$

此时可得 700℃ 再结晶完成时的晶粒要比 900℃ 的粗大($d_{700℃} > d_{900℃}$)，若同样假设 700℃ 和 900℃ 分别完成再结晶的时间为 T_1 和 T_2，那么 $T_1 > T_2$，则再结晶晶粒长大时间 $1 - T_1 < 1 - T_2$。同样，由式(7-6)可知，在再结晶过程中，700℃ 相对于 900℃ 更不容易形核，而晶核更容易发生长大，结果出现再结晶完成时的晶粒 $d_{700℃} > d_{900℃}$ 的现象。由于 700℃ 再结晶晶核更容易发生长大，必然导致在再结晶发生过程中一些区域仍然在形核时，其他区域已形核的晶核会快速长大。但是对于 900℃ 再结晶过程而言，由于更容易形核，在再结晶过程中大部分区域可能会同时发生形核，因此晶粒反而细些。900℃/1 h 退火后的金相组织可以看出，900℃ 退火再结晶小晶粒只有几个 μm 大小，而大晶粒却有 30 μm 左右，这也再次说明 900℃ 再结晶过程中形核速率大于长大速率，这也说明对于低浓度 Cu-0.23% Al_2O_3 合金，$Q_n > Q_g$ 的假设是正确的。

图 7-27 示出了低浓度 Cu-0.23% Al_2O_3 合金不同状态的拉伸断口。由此可以看出，挤压态韧窝尺寸较大且较深，此时合金的塑性较好。合金经过 80% 冷轧后，Al_2O_3 粒子在横截面上的间距减小，基体材料应变硬化指数增大，导致缩颈难于发生，但是仍然存在一定数量不同尺寸的浅韧窝，说明合金冷轧后塑性仍然较好(断后伸长率为 9%)。

此外，由于冷加工导致纤维组织的出现，晶粒以及弥散的第二相粒子都沿轧

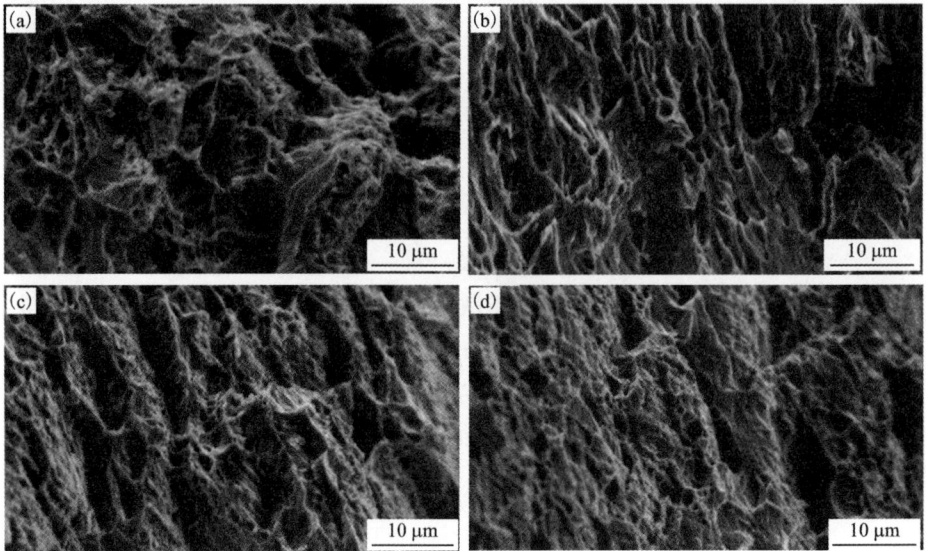

图 7 – 27　低浓度 Cu – 0.23% Al$_2$O$_3$ 弥散强化铜合金不同状态纵向拉伸断口

(a)挤压态；(b)冷轧态；(c)500℃；(d)700℃

制方向排列，因此加工态合金的拉伸断口韧窝沿一定的方向排列。合金经过
500℃退火 1 h 后韧窝数量明显增多且增大，这大部分韧窝仍然沿一定方向排列。
700℃退火 1 h 后合金拉伸断口韧窝进一步加深，并且等轴韧窝增多，表明合金已
完成了再结晶。

　　图 7 – 28 示出了低浓度 Cu – 0.23% Al$_2$O$_3$ 铜合金冷轧 80% 后 300℃退火 1 h
后形成的显微组织的 TEM 照片和相应的选区电子衍射花样。由此可以看出，
300℃退火 1 h 后，合金中拉长的位错胞的形貌与退火前的基本没有发生变化，胞
壁较厚。对位错胞壁进行观察，可以发现，位错胞壁内位错密度仍然很高，位错
仍相互缠结，并且被 Al$_2$O$_3$ 粒子钉扎。大区域多个位错胞的选区电子衍射具有不
连续环状特征，表明位错胞之间存在一定位向差。

　　图 7 – 29 示出了 Cu – 0.23% Al$_2$O$_3$ 合金经 400℃退火 1 h 后的显微组织的
TEM 照片。可见，此时缠结的位错数量有所减少，胞壁位错也已开始松开，可见
比较清晰的位错列和位错网络。

　　当退火温度达到 500℃时(图 7 – 30)，可见位错数量明显减少，位错胞壁变
薄，而且部分位错胞已经发生合并，形成亚晶，表明此时合金仍然主要处于回复
阶段。局部区域可见再结晶晶核，大角度晶界在向位错密度高的区域迁移
[图 7 – 30(b)]。

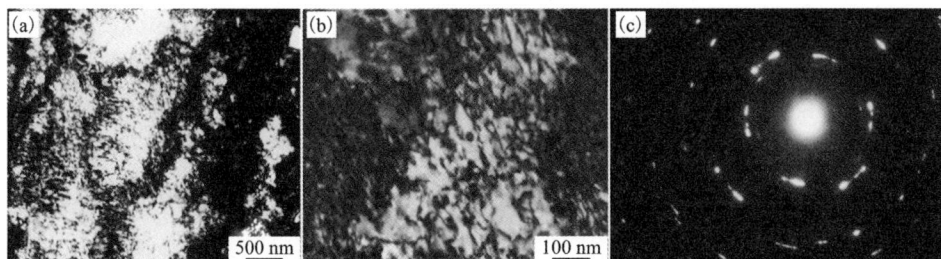

图 7 – 28 低浓度 Cu – 0.23%Al₂O₃ 合金 300℃退火 1 h 显微组织的 TEM 照片

(a)位错胞组织；(b)位错胞壁；(c)图(a)的多个位错胞区域的选区电子衍射花样

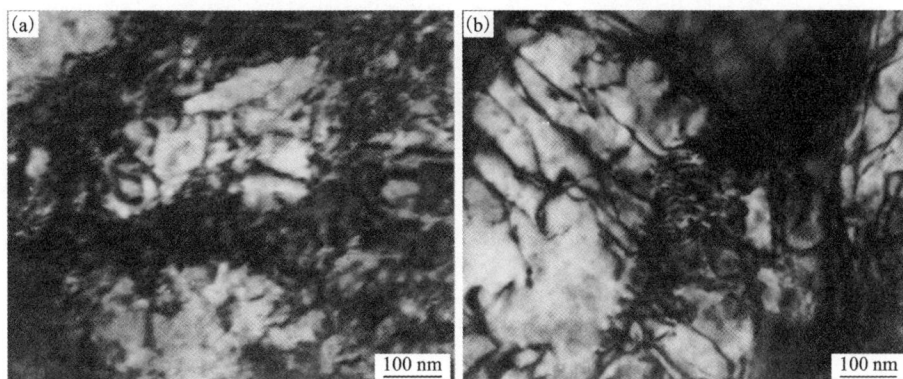

图 7 – 29 Cu – 0.23%Al₂O₃ 合金 400℃退火 1 h 显微组织的 TEM 照片

(a)位错胞组织；(b)胞壁中的位错

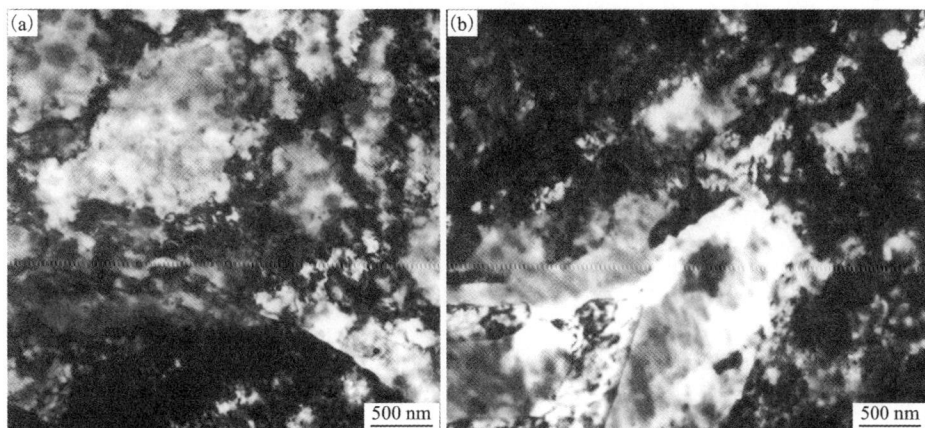

图 7 – 30 Cu – 0.23%Al₂O₃ 合金 500℃退火 1 h 显微组织的 TEM 照片

(a)位错胞组织；(b)再结晶晶核

图 7-31 示出了 Cu-0.23% Al₂O₃ 合金 600℃ 退火 1 h TEM 显微组织。从图 7-31(a) 中可以看出，此时合金中形成了大量的亚晶，一些亚晶已经发生合并，取向差较大的亚晶已发展成为再结晶晶核，晶粒边界清晰可见。也有部分区域亚晶正在合并 [图 7-31(b)]，从而形成再结晶晶核。这表明合金此时处于再结晶初期。

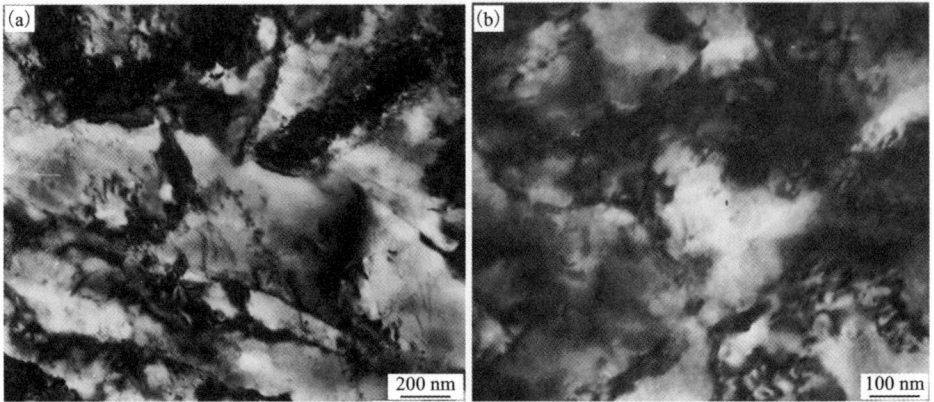

图 7-31　Cu-0.23%Al₂O₃ 合金 600℃退火 1 h 显微组织的 TEM 照片
(a)亚晶组织；(b)亚晶界面处

图 7-32 示出了 Cu-0.23% Al₂O₃ 合金 900℃ 退火 1 h 后形成的显微组织的 TEM 照片。可见，此时有大量的再结晶晶粒形成，晶内位错很少，晶粒的大角度晶界非常明显，并且有些再结晶晶粒已经长大。但是，由图 7-32(b) 可以看出，合金即使经过 900℃ 退火 1 h，有些晶粒中仍然存在一些位错胞，并且存在位错与粒子缠结的现象。图 7-32(b) 中的台阶状晶界周围可见大量的位错，这说明了此晶界的迁移受到了钉扎位错的粒子的阻碍作用。由此进一步可以看出，Al₂O₃ 粒子对合金中的位错运动以及大角度晶界的迁移都有重要的影响，从而提高了合金的耐高温性能。

7.2　Cu-Ni-Si 合金变形过程中的组织结构演变

在铜合金带材的生产工艺中，主要有热轧(热挤压)开坯变形和后期的冷精轧变形两类塑性变形。热轧(热挤压)开坯变形过程中会发生动态再结晶，再结晶的过程是一种细化晶粒并为后续形变热处理提供基础的加工过程，控制合金的热轧(热挤压)开坯变形过程对于获得优异性能的最终产品具有重要的实际意义。冷精轧塑性变形过程中会发生位错反应和位错增殖，这将导致晶粒的形状和取向在

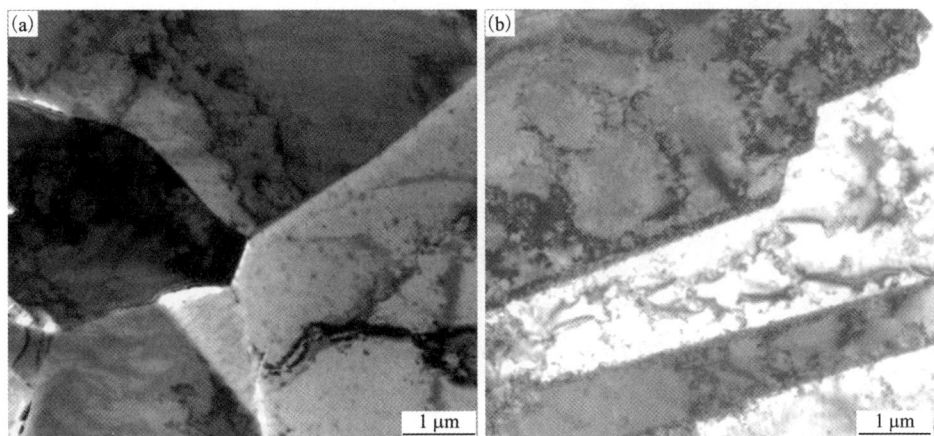

图 7 - 32 Cu - 0.23% Al₂O₃ 铜合金 900℃退火 1 h 后显微组织的 TEM 照片

(a)再结晶晶粒;(b)台阶状晶界

变形过程中发生显著变化,同时晶界的总面积也将大大增加。另外,在原始晶粒内部也将出现新的微观亚结构,如位错胞、亚晶、形变带和剪切带等。冷变形过程中容易引起晶粒间的择优取向,形成织构,它对合金的性能有重要影响。冷变形组织在退火过程中将发生回复和再结晶过程,过程中的织构转变与不同变形组织之间的变形储能密切相关。本节主要研究 Cu - 6.0Ni - 1.0Si - 0.5Al - 0.15Mg - 0.1Cr 合金(质量分数,%,以下简称 Cu - Ni - Si 合金)的塑性变形过程中的微观组织结构演变,并将材料变形中的微观结构与晶体取向联系起来,分析材料的性能与组织结构的关系。

7.2.1 Cu - Ni - Si 合金的热压缩变形行为

Cu - Ni - Si 合金在热模拟压缩变形前进行了初步的均匀化处理,图 7 - 33 为合金的铸态和均匀化退火态的金相组织。由此可见,合金的铸态组织为典型的枝晶组织,枝晶臂间距在 80 μm 左右,铸锭组织的晶粒大小在数百微米左右。经过 940℃ ×4 h 均匀化处理,铸态组织中的枝晶组织得到消除,同时,晶粒大小稍有长大,树枝晶之间的金属间化合物如 Ni₂Si 等得到溶解。

图 7 - 34 所示为不同温度下 Cu - Ni - Si 合金热压缩变形后的金相组织。样品热压缩变形的应变速率为 0.001 s⁻¹,变形温度为 750℃、800℃、850℃和 900℃。由此可见,随着变形温度的升高,合金的动态再结晶体积分数增加。变形温度为 750℃时,合金中出现了剪切带,动态再结晶主要发生在剪切带内。升高变形温度至 800℃,剪切带中的动态再结晶区域变宽。继续升高变形温度至

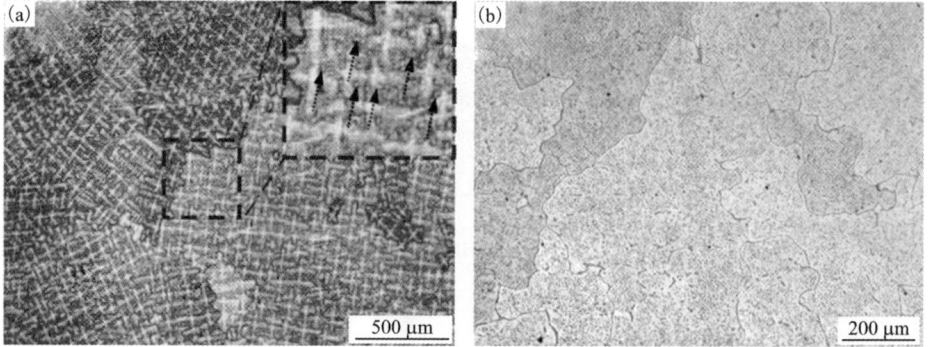

图 7 – 33 Cu – Ni – Si 合金显微组织

(a)铸态组织;(b)均匀化退火态组织

850℃,合金中几乎全部发生了动态再结晶,晶粒大小在几微米左右。当变形温度为 900℃时,再结晶晶粒粗化,尺寸达到 10 μm 以上。由此可见,合金在热压缩过程中,发生了非均匀的动态再结晶过程。

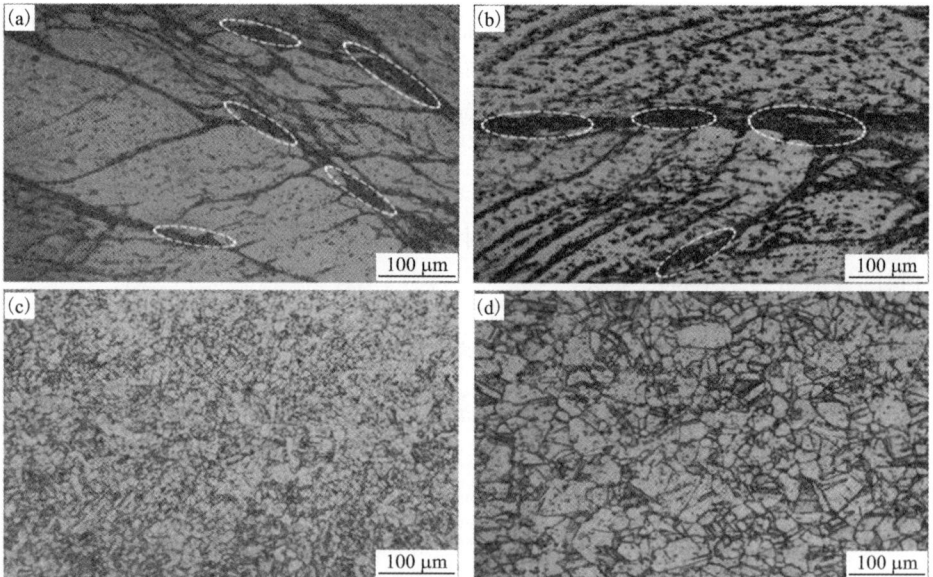

图 7 – 34 不同温度下热压缩后 Cu – Ni – Si 合金样品的微观组织

(a)750℃;(b)800℃;(c)850℃;(d)900℃

图 7 – 35 所示为合金经过 750℃下压缩变形样品的 EBSD 分析结果,可见,经750℃热压缩变形后,在合金中形成了大量的亚晶组织,并且在合金的剪切带中

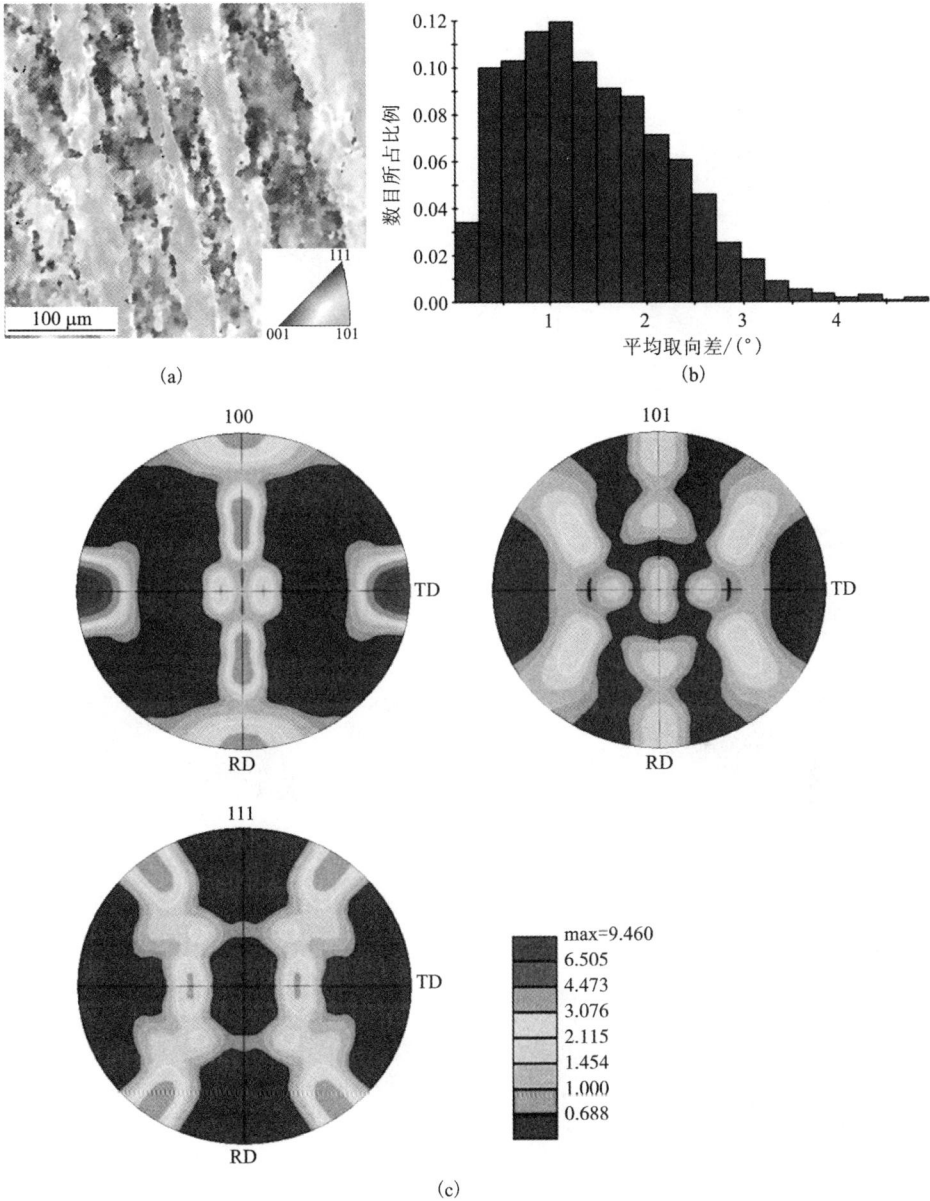

出现了动态再结晶，剪切带中的晶粒取向集中在立方取向$\{001\}$ $<100>$。

(a)

(b)

(c)

图 7 – 35　Cu – Ni – Si 合金 750℃ 下压缩变形样品的 EBSD 分析结果

（a）压缩方向取向分布图；（b）晶粒平均取向差；（c）$\{101\}$、$\{101\}$ 和 $\{111\}$ 极图

图 7 – 36 所示为 800℃ 下压缩变形样品的 EBSD 分析结果，同样可见，在样品

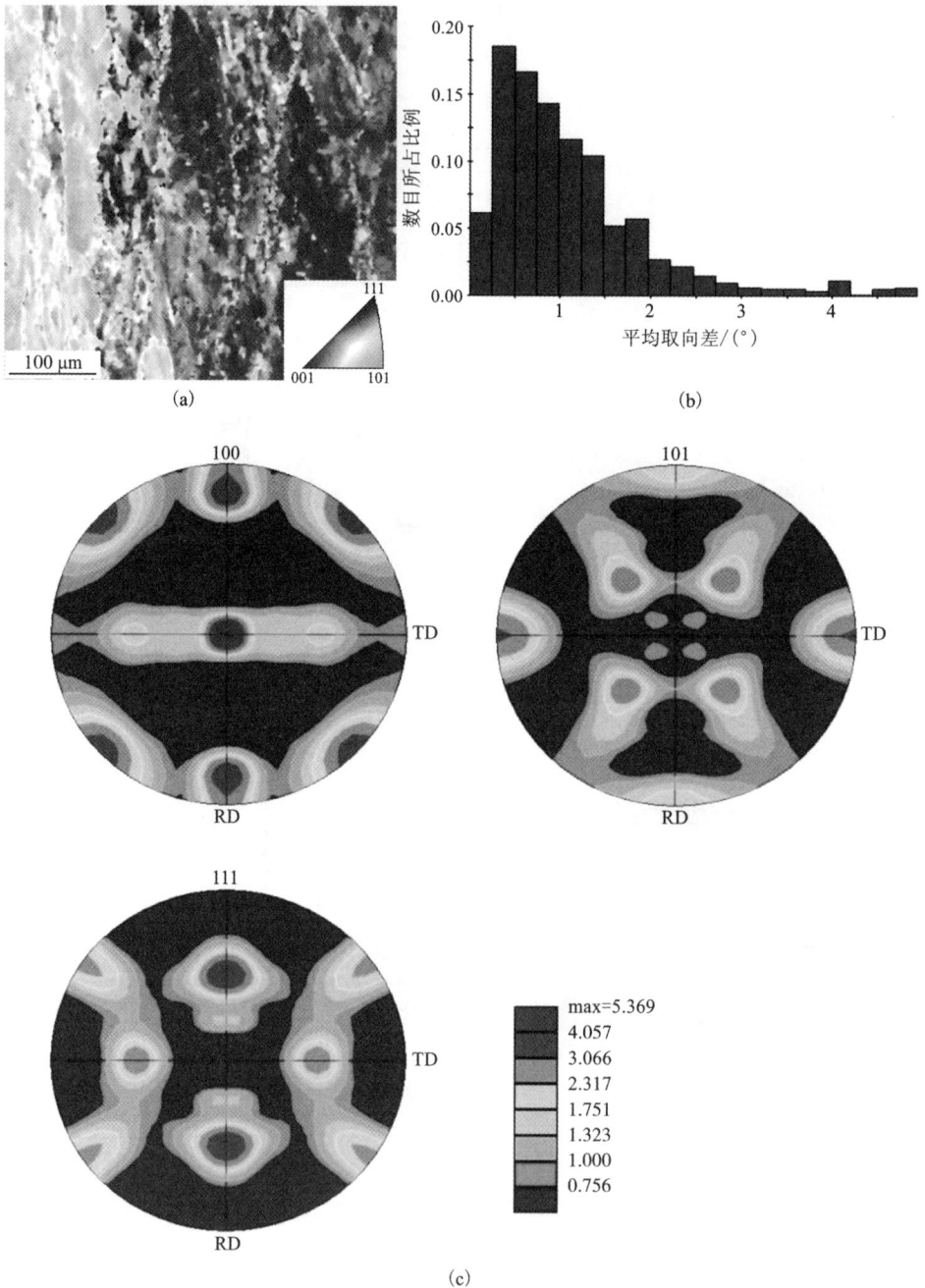

中的剪切带区域出现了明显的再结晶，其中变形基体的取向为高斯取向{011}<100>，再结晶晶粒的取向主要为旋转立方取向{001}<110>。

(a)

(b)

(c)

图 7 - 36　Cu - Ni - Si 合金 800℃下压缩变形样品的 EBSD 分析结果

(a)压缩方向取向分布图；(b)晶粒平均取向差；(c){101}、{101}和{111}极图

图 7 – 37 所示为 850℃下压缩变形 Cu – Ni – Si 合金样品的 EBSD 分析结果。此时，样品中的再结晶更加明显，而且动态再结晶充满剪切带区域，并延伸到整个晶粒内部。850℃变形的样品中出现的主要织构为铜型织构{112} < 111 >、S 织构{123} <634 >和高斯织构{011} < 100 >。

(a)

(b)

(c)

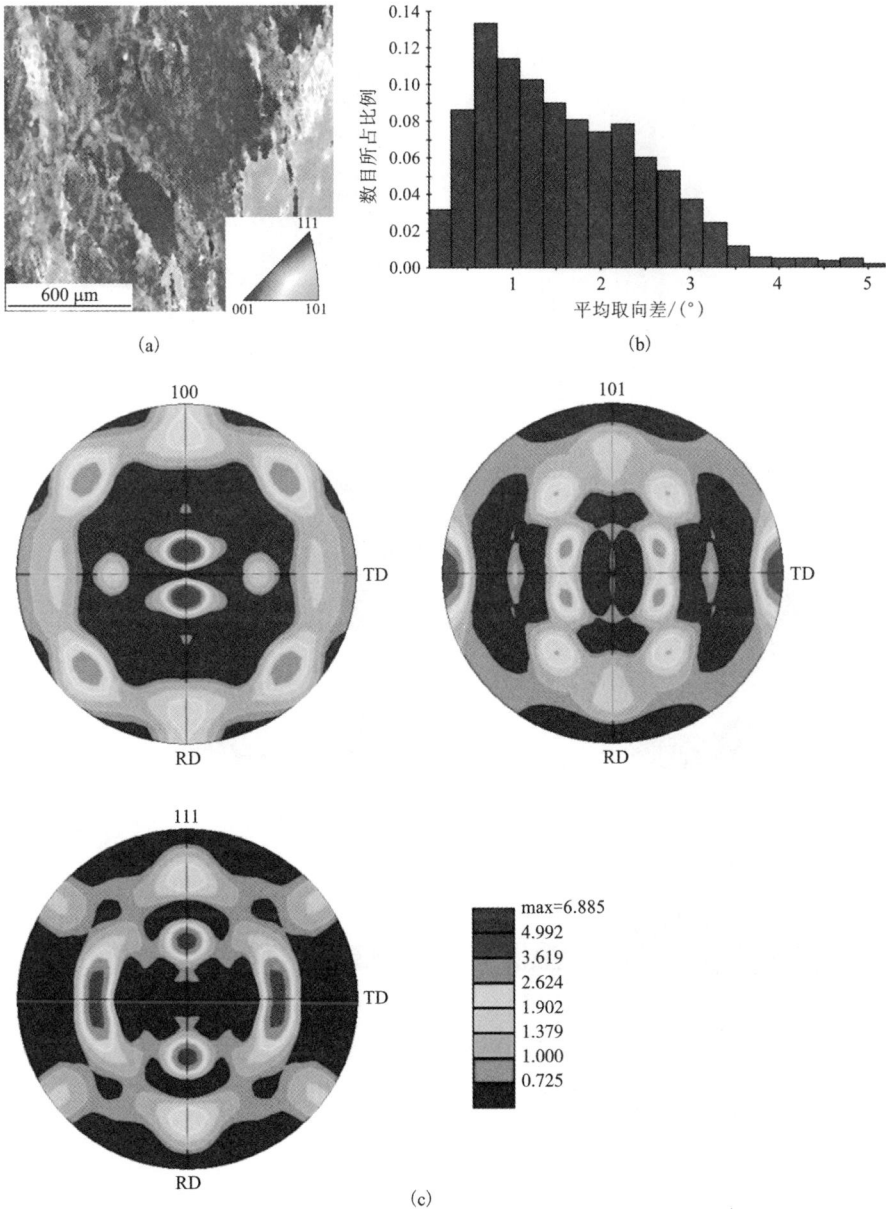

图 7 – 37　Cu – Ni – Si 合金 850℃下压缩变形样品的 EBSD 分析结果

(a)压缩方向取向分布图；(b)晶粒平均取向差；(c){101}极图；(d){101}极图；(e){111}极图

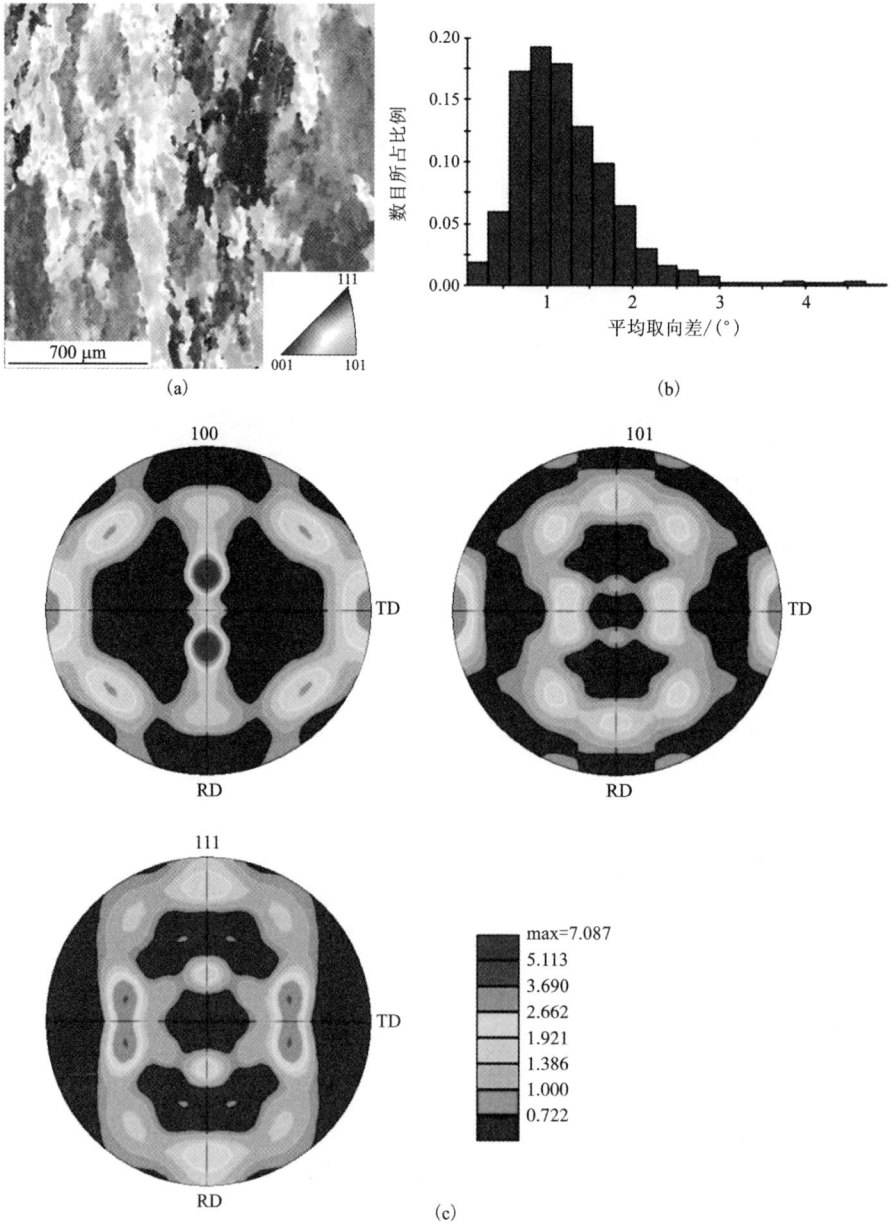

当压缩温度升至900℃时(图7-38),可见,原始晶粒完全被动态再结晶晶粒取代。与850℃变形的动态再结晶晶粒相比,此时的晶粒尺寸明显长大。但是,900℃变形的合金中出现的主要织构依旧与850℃的类似,为铜型织构｛112｝<111>、S织构｛123｝<634>和高斯织构｛011｝<100>。

(a)

(b)

(c)

图 7 - 38   Cu - Ni - Si 合金 900℃下压缩变形样品的 EBSD 分析结果

(a)压缩方向取向分布图;(b)晶粒平均取向差;(c)｛101｝、｛101｝和｛111｝极图

图 7-39 为不同温度热压缩 Cu-Ni-Si 合金微观组织的 TEM 照片。可见，变形温度为 750℃时，晶粒内部出现了数百纳米大小的位错胞或者亚晶，在位错胞的胞壁或者亚晶界上缠结有大量的位错，形成位错界面，将原始晶粒分割成各种亚结构。当变形温度达到 800℃时，合金中的位错发生运动和反应，螺位错发生交滑移，刃位错发生攀移，异号位错相遇而抵消，使得晶粒内部畸变明显减小。合金中原来的位错胞壁基本都演变为规则的小角度晶界，形成亚晶。继续升高变形温度到 850℃，亚晶之间的取向差增大，界面更加明显，相近晶体取向的亚晶的界面进行迁移从而形成更大的亚晶，多个亚晶相互合并从而完成大角度倾转，形成再结晶晶粒。由于该合金的层错能较高，在部分的再结晶晶粒内部还发现了退火孪晶[如图 7-39(c)中箭头所指]。当变形温度达到 900℃时，小角度晶界已倾转为大角度晶界，再结晶晶粒明显粗化[图 7-39(d)]。此外，图 7-39(d)中还发现了再结晶晶粒弓出长大，图中晶粒 C 与晶粒 B 的晶界界面弓向晶粒 B 进行迁移，界面在迁移过程的同时还遇到了析出相的钉扎阻碍作用。

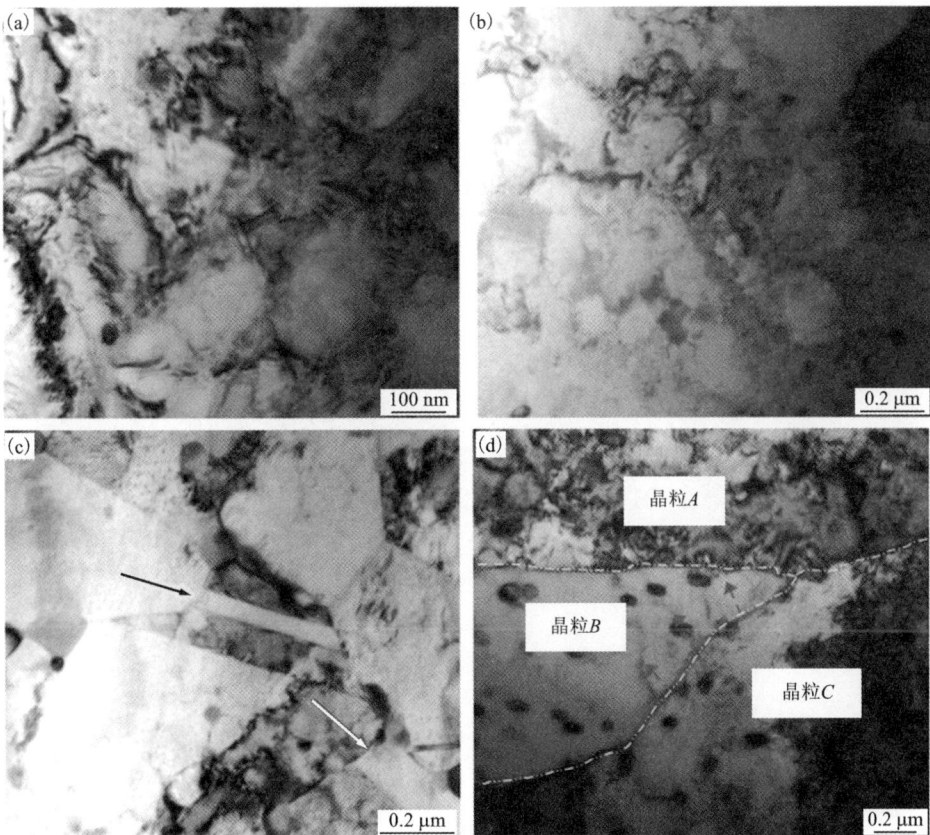

图 7-39　不同温度热压缩 Cu-Ni-Si 合金样品的微观组织

(a)750℃；(b)800℃；(c)850℃；(d)900℃

7.2.2　Cu－Ni－Si 合金的冷轧变形行为

　　Cu－Ni－Si 合金在冷轧变形过程中会产生大量的位错，并导致材料内部的晶粒在变形过程中发生形状的改变和取向的转动。本节对经过不同变形量冷轧的样品进行了金相组织分析和宏观织构分析，研究了合金在冷轧塑性变形过程中的微观组织和织构的演变规律。

　　图 7－40 所示为 Cu－Ni－Si 合金的过饱和固溶体薄板冷轧前后的显微组织。可见，合金经 980℃固溶处理 4 h 后，合金中已形成了过饱和固溶体，已看不到 Ni_2Si 沉淀相。此外，晶粒内部还形成了大量的退火孪晶。合金经过冷轧变形后，晶粒发生了局部变形，晶粒随着变形量的增加，沿着轧制方向拉长。当冷轧变形量为 30% 时，如图 7－40(a)所示，材料中出现了大量的形变带，形变带的宽度在 15 μm 左右，有些晶粒中的形状不规则。形变带的边界所在迹线位置如图 7－40(b)中虚线所示，经过统计测量表明，形变带与轧制方向的夹角约为 30°。在轧制过程中，不同取向的晶粒开动的滑移系不同，因而形变带的方向各异，有的朝向轧向，有的逆着轧向。当变形量达到 50% 时，合金中形成了大量的剪切带，它们穿过了形变带，甚至整个晶粒，在界面上留下了明显的台阶，如图 7－40(c)中箭头处所示。当变形量增至 80%，整个晶粒被大幅度拉长，呈纤维状，并出现了大量的剪切带，如图 7－40(d)中箭头处所示。

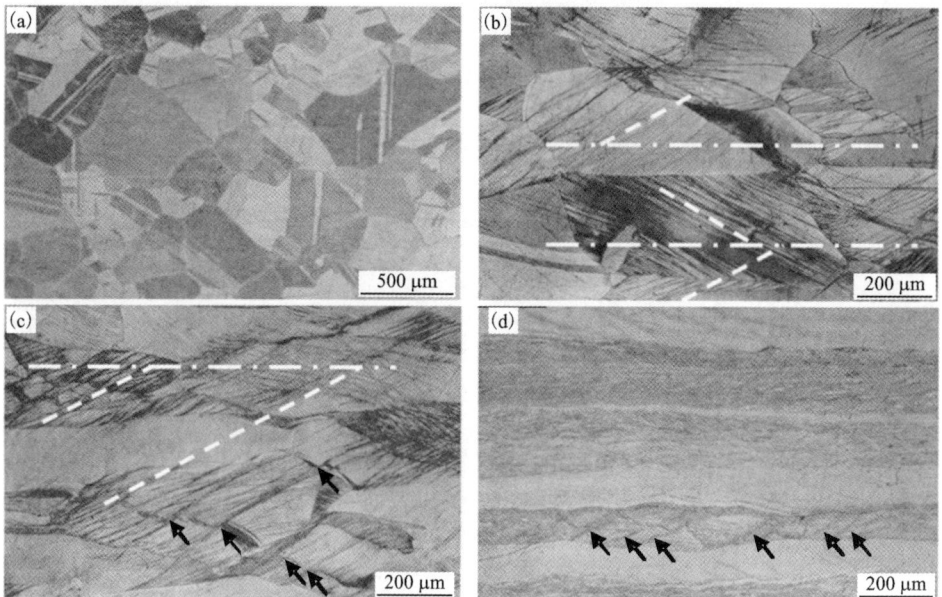

图 7－40　Cu－Ni－Si 合金冷轧不同变形量后的微观组织

(a)固溶态；(b)30%；(c)50%；(d) 80%

冷轧变形使得该 Cu – Ni – Si 合金材料内部的晶粒发生转动,晶粒的取向趋于择优分布,形成织构。Cu – Ni – Si 合金经过冷轧变形 30% 后,合金内部的晶粒组织发生了变形,晶粒取向发生倾转,呈现出一定的择优取向。合金中形成了较弱的黄铜型织构{011}<211>,极密度较低,最高仅为 1.64。随着变形量的增加,合金的织构变强。经过冷轧变形 50% 后,合金中形成了较强的高斯织构{011}<100>,极密度也增大到 3.29。随着变形量的增加,合金的织构越来越复杂。经过冷轧变形 80% 后,合金的晶粒组织已经显著伸长,呈现出纤维状。合金中形成了较强的高斯织构{011}<100>,极密度也增大到 4.14;其次是黄铜型织构{011}<211>,极密度约为 2.41;此外也出现了立方织构{001}<100>,极密度为 3.18。

图 7 – 41 示出了 Cu – Ni – Si 合金经固溶处理后冷轧不同变形量后的轧面的织构组分的变化。冷轧变形 30% 时,合金中的织构主要为黄铜型织构(约为 11%),其次为高斯织构(约为 8.5%),立方织构、S 织构,铜型织构则较少(低于 2%)。随着冷轧变形量的增加,立方织构、S 织构和铜型织构则有所加强。当冷轧变形量为 80% 时,立方织构从 1% 增加到 9%,S 织构从 0 增加到 4%,铜型织构从 0.5% 增加到 3%,而黄铜织构和高斯织构几乎不变。

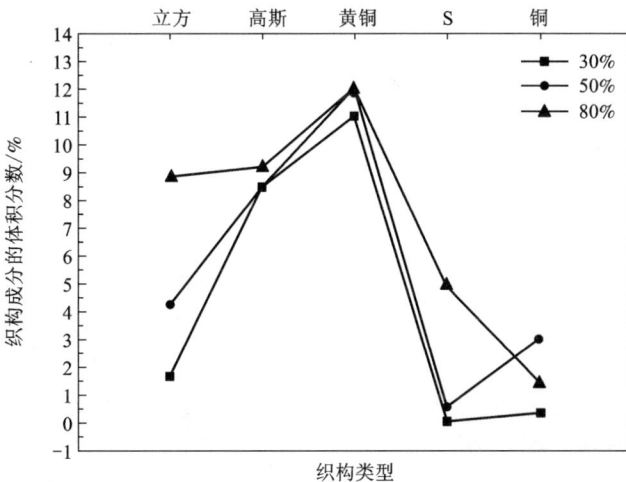

图 7 – 41　冷轧变形后 Cu – Ni – Si 合金板材的织构组分变化

7.2.3　冷轧 Cu – Ni – Si 合金的退火组织及织构转变

图 7 – 42 示出了冷轧 50% 的 Cu – Ni – Si 合金不同温度退火 1 h 后的金相照片。可见,当冷轧板材经过 300~500℃ 低温退火后,合金中形成变形组织,如形

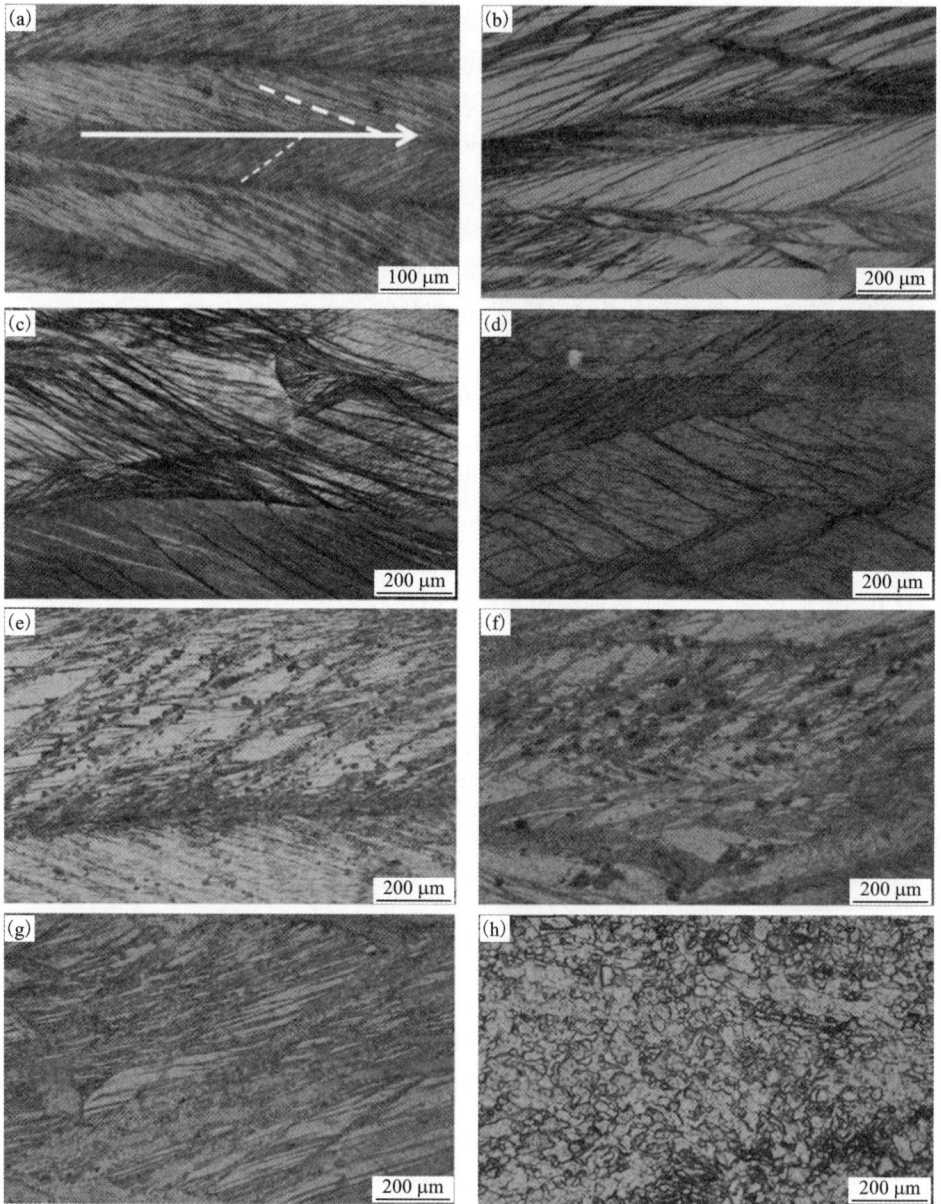

图 7-42　冷轧 50% 的 Cu-Ni-Si 合金不同温度退火 1 h 的金相组织
(a) 冷轧态；(b) 300℃；(c) 400℃；(d) 500℃；(e) 600℃；(f) 700℃；(g) 800℃；(h) 900℃

变带和剪带等，基本没有变化，依然清晰可见，如图 7-43(b) ~ (d) 所示。当冷轧板材在 600℃退火时，此时可以明显看出，在剪切带区域有细小的等轴状晶粒

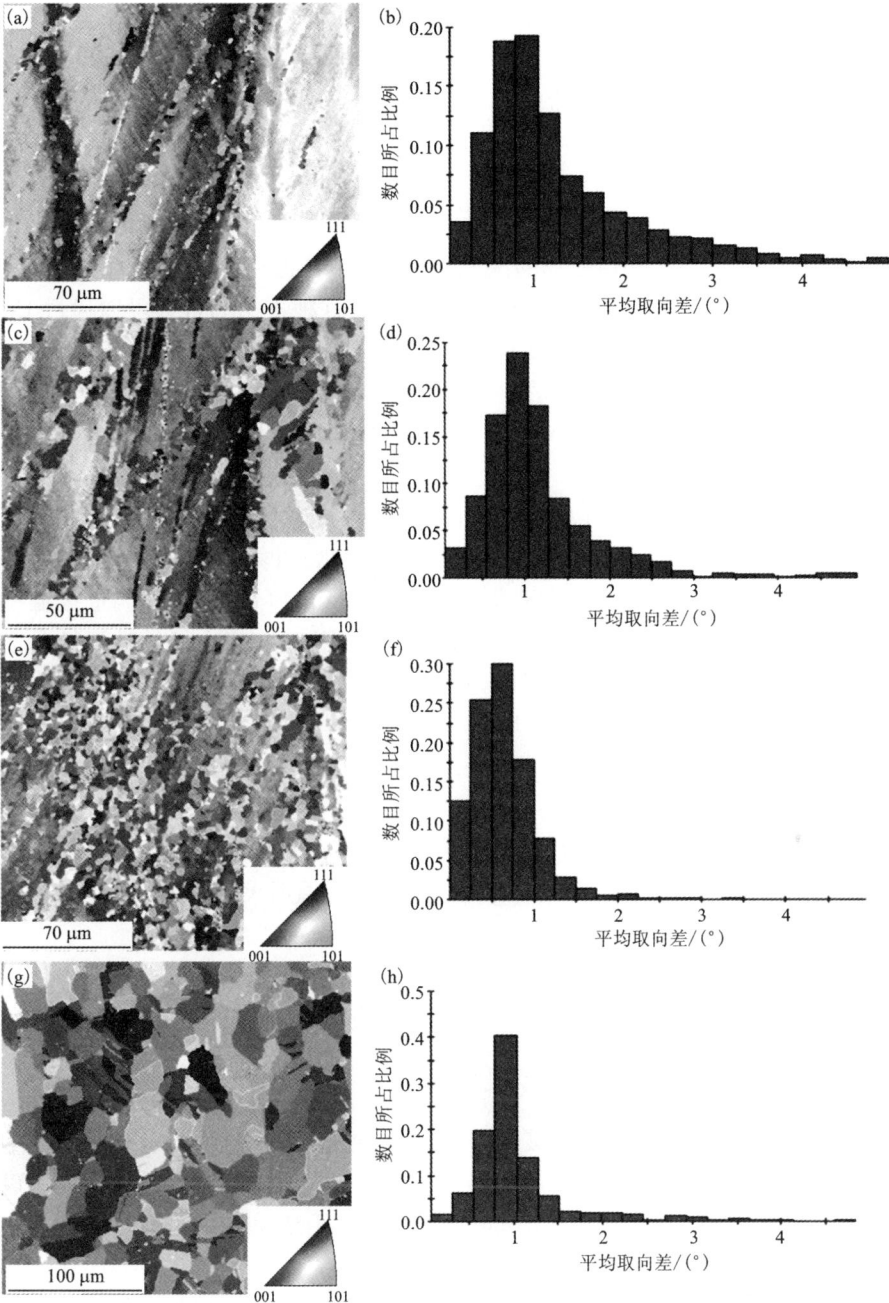

图 7 – 43　冷轧 50% 后 Cu – Ni – Si 合金不同温度退火态的 EBSD 结果

(a)600℃ND 取向分布图；(b)600℃晶粒平均取向差；(c)700℃ND 取向分布图；(d)700℃晶粒平均取向差；

(e)800℃ND 取向分布图；(f)800℃晶粒平均取向差；(g)900℃ND 取向分布图；(h)900℃晶粒平均取向差

形成，可见在此区域发生了再结晶，如图 7-43(e)所示。这主要是由于剪切带处于材料中局部发生集中剪切变形的地方，该区域是较大点阵畸变的区域，畸变能高，故静态再结晶优先在剪切带处进行。随着退火温度的提高，剪切带中的再结晶晶粒越来越多，这些静态再结晶带逐渐变宽，并向晶粒内部发展，直至在材料中完全再结晶。当温度达到 900℃ 时，再结晶已经完成，材料中的组织都是细小的等轴晶，再结晶的晶粒尺寸为 30 μm 左右。由此可见，由于在轧制变形过程中形成了剪切带这种集中塑性变形的区域，使得合金在退火过程中发生了非均匀的静态再结晶，即在剪切带区域优先发生再结晶。这种再结晶行为可以通过 EBSD 更加明显地展示出来，如图 7-43 所示。

图 7-43 给出了冷轧 50% 的板材经不同温度退火后的 EBSD 分析结果。如图 7-43(a)所示，当退火温度为 600℃ 时，清楚地可以看出在合金中的剪切带处优先发生了静态再结晶。

继续升高退火温度，剪切带中的再结晶区域变宽。进一步升高退火温度至 800℃，剪切带已经完全被细小的再结晶晶粒所充满。再结晶改变了晶体的取向，剪切带中的再结晶晶粒的取向主要集中在 R 取向 {111}<211>。当退火温度升高至 900℃ 时，冷轧板材发生了完全的再结晶，晶粒内部完全被等轴再结晶晶粒所占据，同时还在部分的再结晶晶粒内观察到大量的退火孪晶。此时，合金的再结晶织构主要有立方织构 {001}<100> 和少量 R 织构 {111}<211>。

固溶淬火后的 Cu-Ni-Si 合金经 50% 冷变形后，在退火过程中将出现再结晶和 Ni_2Si 析出过程的交叠现象，如图 7-44 所示。由于退火温度的不同，析出相颗粒尺寸也具有明显差别，其对再结晶晶核的形成和长大产生不同影响。这种影响使得固溶淬火及冷变形后合金的再结晶将以低温退火时的原位再结晶和高温退火时不连续再结晶的方式进行。

低温退火时产生的大量细小析出相优先在位错及亚晶界上析出，使得位错的重排和亚晶界的运动受到极强的阻碍，合金中只能发生回复过程而不发生大角度晶界的迁移，这一过程被称为原位再结晶。

一般来说，再结晶形核和长大的过程中，析出相可能在迁移的晶界前沿溶解或粗化，再结晶初期，晶核将在某些特定区域首先形成，这些核心一旦形成，其内部基本上就不存在应变，它们将通过大角度晶界迁移向形变的基体区长大以使形变区应变能降低。该过程中再结晶的驱动力 F_s 可表示为：

$$F_s = AGb^2(\rho_0 - \rho_1) \tag{7-9}$$

式中：A 为常数；G 为材料的切变弹性模量；b 是位错柏氏矢量的大小；ρ_0 为变形后的位错密度；ρ_1 是退火后的位错密度。

由析出相粒子造成的单位面积晶界迁移阻力 F_v 为：

$$F_v = 3f\gamma^2/D \tag{7-10}$$

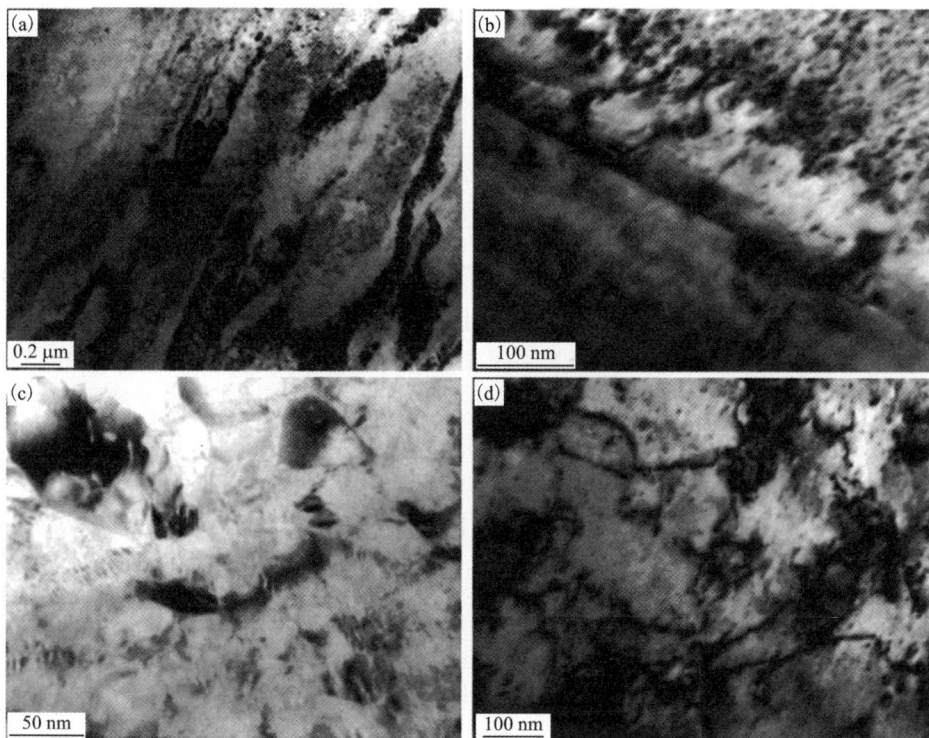

图 7 – 44　Cu – Ni – Si 合金在不同温度下退火 1 h 后的显微组织 TEM 照片

(a)500℃；(b)600℃；(c)700℃；(d)800℃

式中：f 为析出相的体积分数；γ 为界面能；D 为析出相颗粒的直径。若 $F_s = F_v$，则可求出析出相的临界尺寸为

$$D_* = 3f\gamma^2 / \left[AGb^2(\rho_0 - \rho_1) \right] \tag{7-11}$$

当析出相体积分数 f 一定时，若 $D < D_*$，则 $F_s < F_v$，即析出相长大的阻力大于形核驱动力，再结晶晶界迁移受阻，合金则只能发生原位再结晶。而如果 $D > D_*$，则 $F_s > F_v$，析出相长大的阻力小于驱动力，再结晶的晶界可以移动，晶界扫过的区域位错密度卜降，出现了典型的不连续再结晶。

合金在较低温度(500~600℃)退火时，析出相尺寸非常细小，析出相的体积分数 f 也较小。由式(7-10)可知，晶界迁移将受到析出相的强烈钉扎，再结晶过程被抑制，再结晶只能通过析出相的聚集和位错密度的降低及亚晶合并来进行，这就是低温退火时的原位再结晶。在原位再结晶期间，在析出相的体积分数不断增加并接近一定温度下的平衡体积分数时，析出相的长大不会停止。这是由于在基体中析出相颗粒的尺寸并不相同，而在不同尺寸的析出物之间，存在着溶质原子的浓度梯度，即半径小的析出相颗粒周围的溶质原子浓度高，半径大的颗粒周围溶质原子浓度低，浓度梯度的存在使溶质原子由半径小的析出相颗粒周围向半径大的析出相颗粒周围扩散，从而使半径小的颗粒溶解，半径大的颗粒长大。

在 700~800℃高温退火时，析出相的体积分数 f 也有所增大，析出相颗粒尺寸长大明显。从图 7-44(c) 可以看出，大量细小析出相在位错及亚晶界上优先析出，使得位错的重排及亚晶界的运动受阻，随着较大颗粒析出相的粗化和较小颗粒的溶解，这种阻力减小，于是就形成了再结晶组织。随着变形量的增加，相附近位错环的积累机会逐渐增加，造成变形组织中的析出相附近的高位错密度区，这些位错塞积区储能高，成为有利于再结晶晶核生成的部位。变形过程中，高位错密度区处于高能量状态，为了使能量降低，位错线发生集中排列，将晶粒划分成多个亚晶，变形继续增大，亚晶进一步细化，位错缠结的胞壁所围区域则是无畸变区域，这就是多边化过程，多边形内即是亚晶粒，两个相遇的亚晶粒就合并成为一个晶粒，并不断长大，形成连续再结晶。

由式(7-11) 可知，析出相对晶界迁移的阻力小于驱动力时，晶界可以移动，晶界扫过的区域位错密度下降，出现不连续再结晶。但由于析出颗粒的不均匀性，仍有少部分较小析出颗粒满足 $D < D_*$ 条件，对晶界的迁移显示出较强烈的阻碍作用。因此，晶界迁移需通过这些析出颗粒重溶于基体才能实现。大量的研究表明，这种由大角度晶界迁移造成的析出物重溶将导致再结晶区域内溶质原子的重新过饱和，然而，与冷变形后退火期间的沿位错和晶界的选择性析出不同，由于再结晶区域更低的位错密度，析出相形核的核心较少，因而析出速度较慢、析出量也较少。而不满足 $D < D_*$ 条件的析出颗粒则通过小颗粒溶解、大颗粒粗化的方式继续长大。

7.3 纯铜和弥散强化铜合金超低温变形行为

近几十年来，由于信息技术的飞速发展，电子信息产品的生产量越来越大，铜及其合金也得到了愈来愈广泛的应用。目前对纯铜的研究主要集中在导电性能和力学性能上，提高其力学性能的方式多为传统的常温冷变形或细化晶粒，或者向纯铜中添加微量杂质元素，在少量牺牲其导电性能的基础上较大程度地提高其力学性能。$Cu-Al_2O_3$ 弥散强化铜合金由于内氧化原位生成的 Al_2O_3 纳米粒子硬度大且高度弥散分布在铜基体中，因此能够同时获得高强度、高电导率和高耐热等优良性能。这些优异性能使得许多先进技术领域中都采用弥散强化铜合金来制造元件，如精密仪器导电元件、电真空器件等。目前，国内外对弥散强化铜合金的研究重点是合金制备工艺的改进，冷加工和退火处理对合金组织和性能的影响。与常温冷变形相比，超低温变形具有许多优点，如细化晶粒，提高材料强度和硬度；改变材料变形机制，生成形变孪晶与剪切带；促进形变织构的形成等。近年来，对纯铜超低温变形的研究受到了较多的关注，许多研究结果表明，纯铜超低温条件下的变形行为与室温变形有显著差异，然而目前还鲜有对弥散强化铜合金超低温变形行为的研究。本节选择纯铜和弥散强化铜合金作为研究对象，研究其在超低温锻压变形条件下微观组织和织构的演变规律。

7.3.1　纯铜超低温变形的微观组织与性能

为了研究超低温条件下纯铜的单向锻压变形行为，将退火后的纯铜块材置于液氮（-196℃）中浸泡 25 min 后取出，再立即送往锻压机床上进行快速锻压变形，锻压方向上总变形量为80%。经超低温锻压变形后纯铜块材的金相显微组织如图 7-45 所示，图中所取观察面为样品的侧面。可见，纯铜经超低温锻压变形后，晶粒被拉长呈长条状，相邻晶粒间的协调变形使部分晶粒呈竹节状，这些均是典型的条带状组织。

为进一步研究纯铜超低温锻压变形后的晶粒尺寸与晶粒取向等问题，对纯铜超低温锻压变形后的样品进行 EBSD 观察分析。图 7-46 为纯铜超低温锻压变形后长向侧面组织的 EBSD 照片。由晶粒取向图可见，纯铜经超低温锻压变形后，晶粒沿垂直锻压方向被压扁。晶粒在锻压力作用下发生倾转，晶粒排列发生了择

图 7-45　纯铜超低温变形80％后的金相显微组织

优取向，同时晶粒内部形成较多的亚晶。材料的原始晶粒经过超低温变形后，晶粒内部形成较多的位错胞和亚晶，材料形变硬化主要表现为位错缠结引起的亚结构强化。

图 7-47 所示为与图 7-46(a)所对应的晶粒取向在{200}、{220}和{111}极图中的分布。可看出，纯铜经超低温变形80%之后主要生成了黄铜织构{011}<211>和高斯织构{011}<100>。纯铜室温变形形成的主要织构为铜型织构{112}<111>。而本研究表明纯铜经超低温轧制变形后，形成的主要织构类型转变为黄铜织构，这与室温变形是不同的。

为进一步研究纯铜超低温变形前后织构类型及织构体积分数的变化，对纯铜变形前后的样品进行 XRD 宏观织构分析。图 7-48 所示为纯铜超低温变形前后的 XRD 织构分析所得的织构体积分数变化图。由此可看出，纯铜经超低温变形80%后，黄铜织构从9%增大到16%，高斯织构从8%增加到13%，立方织构从

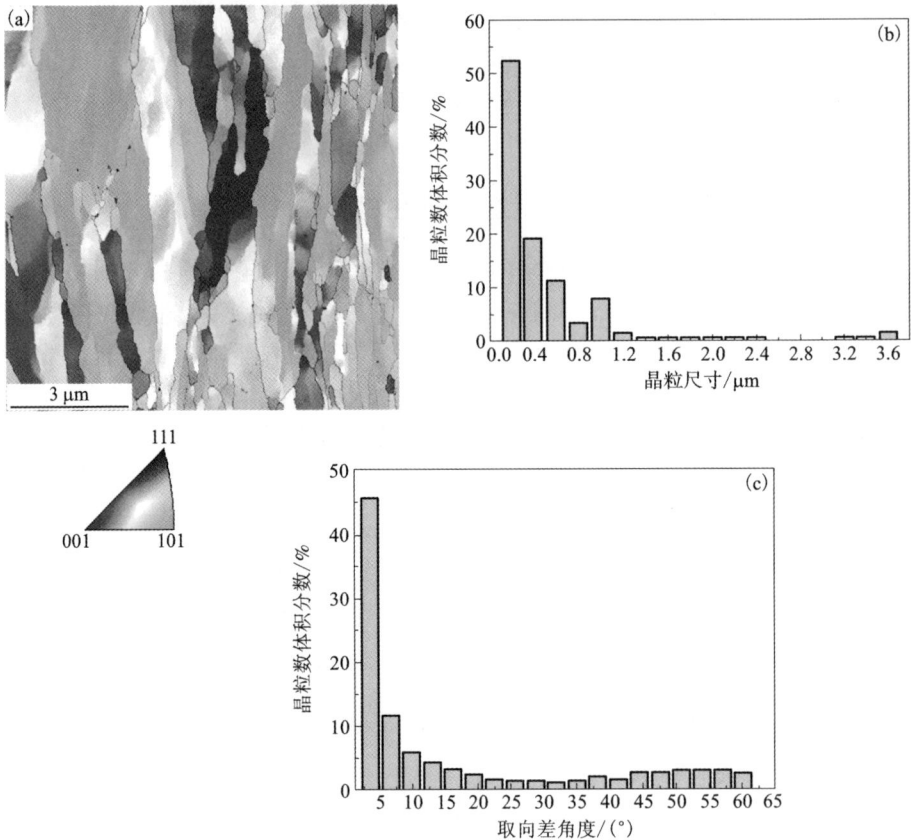

图 7 - 46　纯铜超低温变形后的 EBSD 分析图

(a)锻压方向晶粒取向成像图,黑色实线为大角度晶界;(b)晶粒尺寸分布图;(c)晶粒取向差分布图

4%减少到1%,未观察到铜型织构和 S 织构的形成。对于面心立方金属来说,变形应变量增大,取向集中逐渐明显。面心立方金属中可能形成的织构类型有:立方织构|100| <100>,高斯织构|011| <100>,黄铜织构|011| <211>,S 织构|123| <412>或|123| <634>以及铜型织构|112| <111>。面心立方金属内部形成的织构组分受到多种因素的影响,如不全位错的滑移、交滑移或者形变孪晶等。全位错的滑移或者交滑移、不全位错的形成以及层错的宽度与稳定性以及形变孪晶的形成都与金属本身的层错能密切相关。

　　总地来说,面心立方金属内部轧制织构组分主要与两个因素有关:材料性质和变形机制。对于材料性质,主要指层错能 γ。一般来说,层错能高的金属如铝、铜,其铜型织构|112| <111>组分较强,而黄铜型织构|011| <211>组分较弱;层错能低的金属如铜 - 锌合金及纯银,其冷轧织构基本上只有黄铜型织构|011|

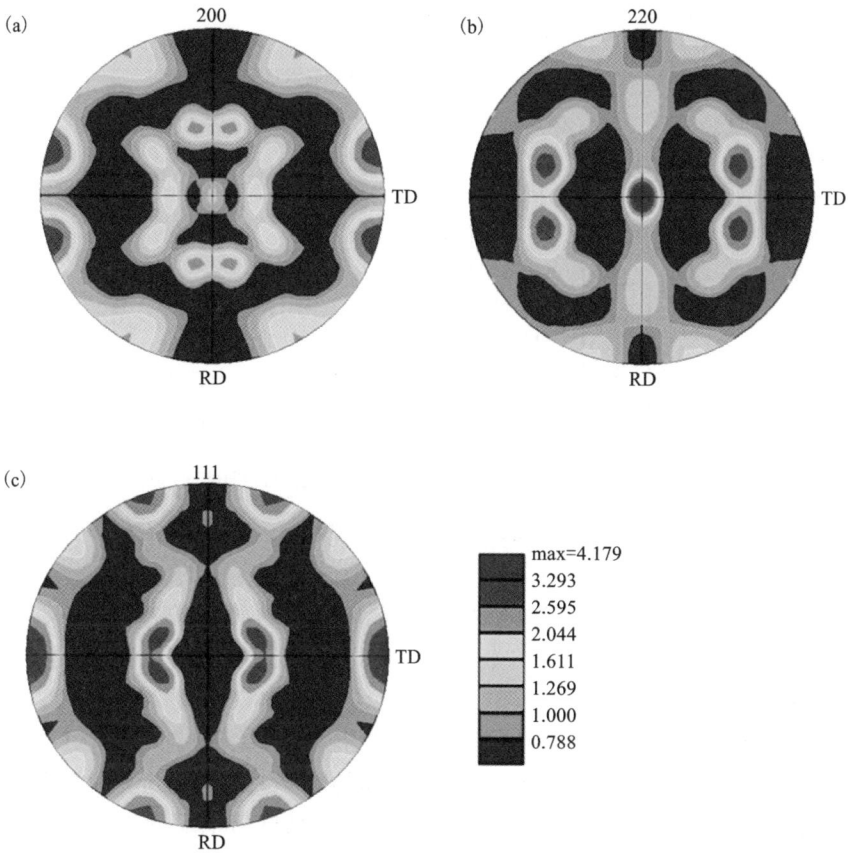

图 7 - 47 纯铜超低温变形 80% 后的 {200}、{220} 和 {111} 极图

(a) {200} 极图；(b) {220} 极图；(c) {111} 极图

<211>组分。金属变形机制的变化直接影响变形后织构的组分，分析与研究表明：在面心立方金属中，只存在位错滑移这种塑性变形方式时，铜型织构{112}<111>与黄铜{011}<211>两种取向都可以稳定存在，在形变过程中，晶粒可能发生转动并聚集到{112}<111>和{011}<211>附近。然而，要使晶粒转动到{011}<211>取向上，需要在晶粒上施加一个切应力产生切应变 ε_{12}，这个分切应力的数值很大，传统的轧制变形中的分切应力几乎不可能达到这个数值，晶粒转动到{011}<211>取向比较困难。于是，大多数晶粒转动到{112}<111>取向形成铜型织构。此外，当金属轧制变形过程中有剪切带产生时，具有铜型织构取向{112}<111>的晶粒会进行非正常滑移和集中剪切变形，转动到高斯取向{011}<100>，接着进行正常滑移，转动到黄铜型取向{011}<211>形成黄铜织

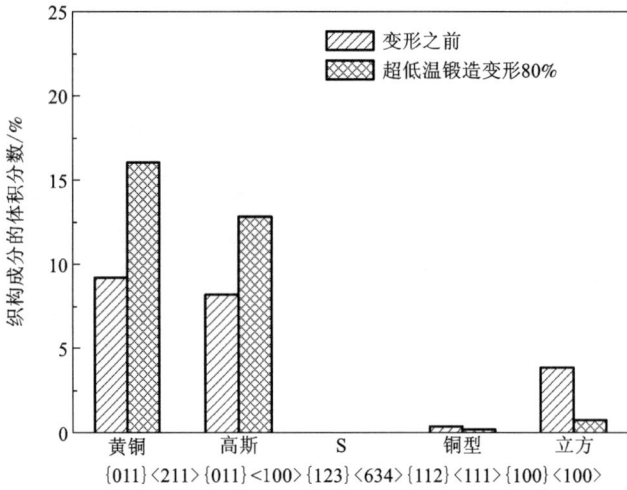

图 7-48 纯铜超低温锻压变形前后各织构组分体积分数变化

构。同时具有 S 织构取向 {123} <634> 的晶粒也通过相似的方式转动到 {011} <211> 方向上。由此可见，剪切带的出现可以使轧制织构的黄铜型织构 {011} <211> 组分明显增多。

上述实验结果表明，与纯铜室温变形一般形成铜型织构 {112} <111> 不同，纯铜超低温变形更倾向于形成黄铜织构。金属的变形织构组分与变形温度密切相关，如纯铝室温变形后铜型织构较强，超低温变形后则黄铜织构逐渐增强。从变形温度这一因素考虑，普遍认为织构组分的变化是由孪生变形或者位错交滑移受阻导致的。交滑移是热激活过程，受温度影响，在超低温变形条件下交滑移可能被抑制。本实验中，在每次锻压变形前，都将样品置于液氮中浸泡，取出后迅速转移到空气锤锻压机上进行快速锻压变形。因此，纯铜处于超低温条件下进行塑形变形，位错交滑移受到抑制，这样，在材料中容易形成剪切带，如前面的分析所述，黄铜型取向 {011} <211> 为更稳定的取向，因此，纯铜超低温变形过程中易形成黄铜织构。在铜型织构向黄铜织构转变过程中，晶粒首先转动到高斯取向，因此可将高斯织构看作过渡织构，本实验中观察到的织构正是这种过渡织构。

为进一步研究纯铜超低温变形过程中的微观结构的变化，对纯铜超低温变形 80% 变形后的样品进行 TEM 观察。超低温锻压变形使晶粒内部产生大量位错，一些位错在运动过程中，相互缠结，形成位错胞，如图 7-49(a) 和 (b) 所示，这些位错胞明显沿轧制方向被拉长。由图 7-49(c) 可看到有些位错胞壁处因位错缠结严重而使胞壁变厚，而有些位错胞壁则较薄。纯铜在冷轧变形过程中，往往产生等轴状的位错胞，尺寸大小较为均匀。而从图 7-49 可看到，纯铜经超低温锻压变形之后，晶粒内部产生数量较多的位错胞，但位错胞尺寸并不均匀，有些 100 nm 左右，有些在 1 μm 左右，且位错胞形状也并不都呈等轴状。

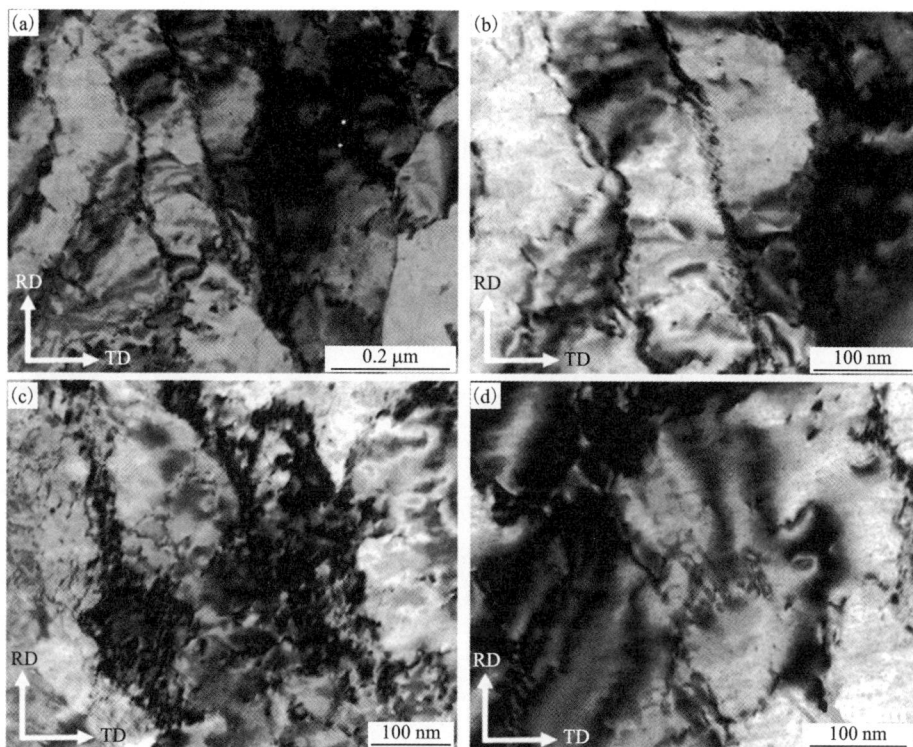

图 7-49　纯铜超低温锻压 80% 的微观组织的 TEM 明场像

(a)沿 RD 方向被拉长的位错胞；(b)位错界面中的位错列；(c)位错胞与位错缠结；(d)位错胞壁

纯铜经超低温变形 80% 后，显微硬度从 58 HV 增大到 140 HV，这是由于变形量较大，晶粒内部产生很多位错，阻碍位错的进一步运动，产生了形变硬化，从而使纯铜硬度增大。对纯铜进行了常温下变形量为 80% 的冷变形，测得冷变形前纯铜的显微硬度约为 50 HV，冷变形后显微硬度约为 105 HV，冷变形使硬度提高约 110%。本实验中，纯铜是在低温下进行冷变形，变形量也为 80%，但此条件下变形较变形前硬度提高约 140%，明显高于室温变形的硬化效果。超低温条件下变形后，纯铜内部形成较多的位错胞等亚结构，形变硬化效果更明显，因此相对于相同形变量下的室温变形，硬度提高较多。

7.3.2 弥散强化铜合金超低温变形的微观组织与性能

7.3.2.1 弥散强化铜合金室温与超低温变形微观组织对比

图 7 - 50 示出了热挤压态弥散强化铜合金棒材的纵切面的金相显微组织。原始晶粒沿挤压方向被拉长，呈典型纤维组织。Cu - 0.23% Al_2O_3 弥散纯铜在 930℃ 热挤压后，原始粉末颗粒边界已经模糊，呈现出动态再结晶特征。热挤压态弥散强化铜合金内部存在的纤维组织具有一定的择优取向。为了消除各向异性，可将热挤压态弥散强化铜合金棒材于 940℃ 下进行 1 h 退火处理(氢气保护)，退火后的微观组织如图 7 - 50(c) 和 (d) 所示，大部分晶粒呈等轴状，部分晶粒内部还观察到退火孪晶，如图 7 - 50(c) 中箭头所示。与热挤压态的金相组织比较，经后续退火处理后，热挤压后的变形组织发生了动态再结晶，晶粒呈近等轴状，平均晶粒尺寸约 50 μm。

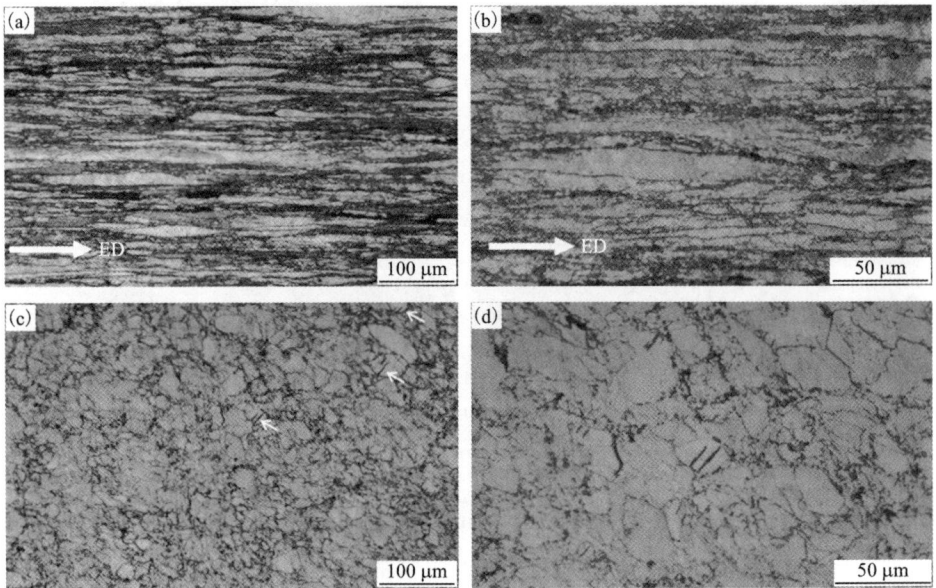

图 7 - 50 不同状态下的弥散强化铜合金金相显微组织照片

(a)和(b)为热挤压态；(c)和(d)为 940℃ × 1 h 退火态

为了研究不同温度条件下 Cu - 0.23% Al_2O_3 弥散强化铜合金的冷变形行为，在变形前对退火后的 Cu - 0.23% Al_2O_3 弥散强化铜合金块材作不同的处理。超低温变形的合金样品在每次锻压变形前都置于液氮(- 196℃)中浸泡 25 min 后再取出，并立即进行快速锻压。为了对比分析，部分室温变形的合金样品则直接进行快速锻压。超低温变形和室温变形样品的最终变形量均为 80%，变形样品的尺寸和加工量如表 7 - 1 所示。

表 7 - 1　Cu - 0.23% Al₂O₃ 弥散强化铜合金变形前后尺寸

样品	原始厚度/mm	变形后厚度/mm	压下量/mm	形变量
弥散强化铜合金	20.26	4.10	16.16	80%

图 7 - 51 为 Cu - 0.23% Al₂O₃ 弥散强化铜合金室温和超低温变形后的金相组织。由图 7 - 51 可看到，经大变形量锻压变形后，原始的晶粒沿 RD 方向被拉长，形成了纤维组织。而在 RD 方向上，相邻纤维状晶粒相互连接，纤维组织的连续性增强。

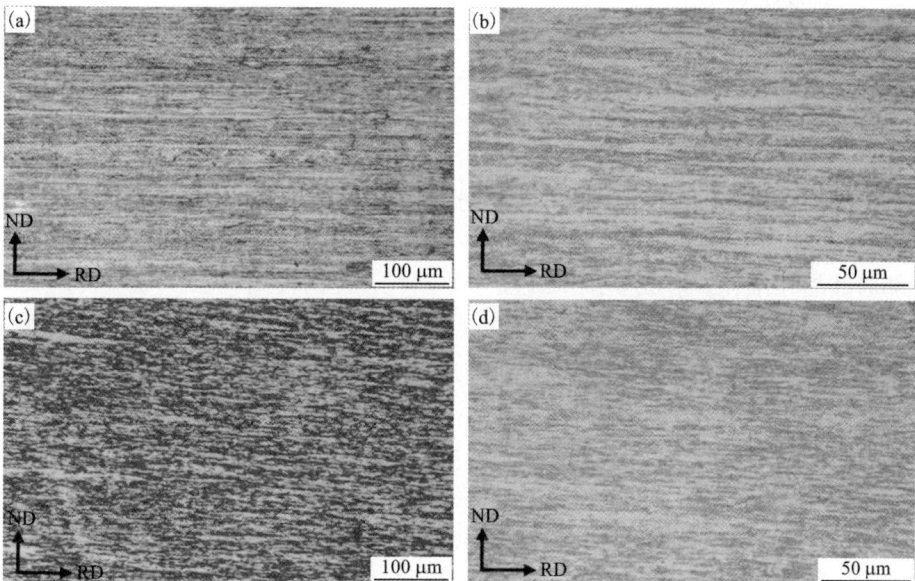

图 7 - 51　弥散强化铜合金不同温度下变形的金相显微组织

(a)和(b)为室温变形 80%；(c)和(d)为超低温变形 80%

为进一步分析合金室温和超低温变形后的微观组织特点，利用 EBSD 对样品的侧面微观组织进行观察，结果如图 7 - 52 所示。Cu - 0.23% Al₂O₃ 弥散强化铜合金经锻压变形后，晶粒均沿垂直锻压方向明显被拉长，拉长的晶粒内部形成了大量亚晶界。

弥散强化铜合金的超低温变形后的微观组织保留了退火态组织的晶粒尺寸不一致的特点，最小的晶粒尺寸小于 1 μm，且这种亚微米晶粒所占比例较大，部分

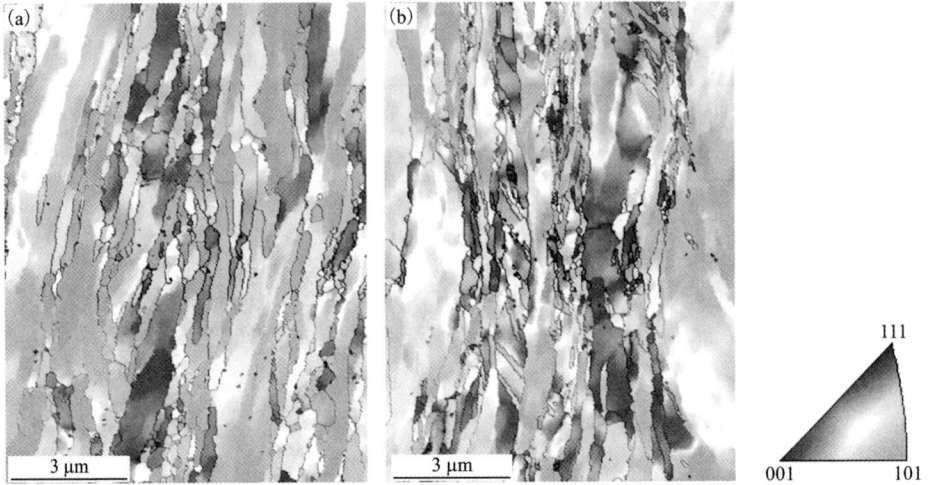

图 7 - 52 弥散强化铜合金不同温度下变形后的侧面 EBSD 挤压方向晶粒取向成像图

(a)室温变形 80%；(b)超低温变形 80%。图中，大角度晶界用黑色实线标出

亚微米晶粒呈近等轴状。从 EBSD 取向分布图可观察到，经超低温和室温锻压变形后，大部分晶粒的{101}面与锻压面平行，呈现了变形织构。锻压变形使材料内部局部晶粒细化，形成亚微米级尺寸的晶粒，且比较图 7 - 53(a)和(b)可看出，合金经超低温变形后内部亚微米级晶粒所占比例大于室温变形的。室温锻压变形后，小于 1 μm 的晶粒所占的比例约为 85%[图 7 - 53(a)]；而经超低温变形后，小于 1 μm 的晶粒所占的比例约为 95%[图 7 - 53(b)]。经室温变形后，小角度晶界所占比例约为 55%，如图 7 - 54(a)所示；超低温变形后小角度晶界比例约为 60%，如图 7 - 54(b)所示。可见，在变形量相同的条件下，超低温比室温下的锻压变形对弥散强化铜合金的晶粒细化作用更加明显。

Cu - 0.23% Al_2O_3 弥散强化铜合金变形前进行 940℃退火 1 h 后主要有黄铜和立方两种织构成分。经室温锻压变形 80% 后，合金中主要含有黄铜和高斯两种织构。经超低温锻压变形 80% 后，则主要含有黄铜、高斯和 S 三种织构。图 7 - 55 所示为 Cu - 0.23% Al_2O_3 弥散强化铜合金不同温度下锻压变形 80% 后各织构组分的体积分数变化。与变形前比较，弥散强化铜合金在室温变形 80% 后，黄铜织构由 20% 增加到 28%，高斯织构由 1% 增加到 20%，立方织构由 10% 减少到 6%。超低温变形 80% 后，黄铜织构由 20% 增加到 29%，高斯织构由 1% 增加到 27%，S 织构从 0 增加到 14%，立方织构从 10% 减少到 0。

因此，低浓度 Cu - Al_2O_3 弥散强化铜合金在室温下变形后形成了较强的黄铜织构，这不同于纯铜在室温变形后形成铜型织构。织构组分的不同主要与材料层

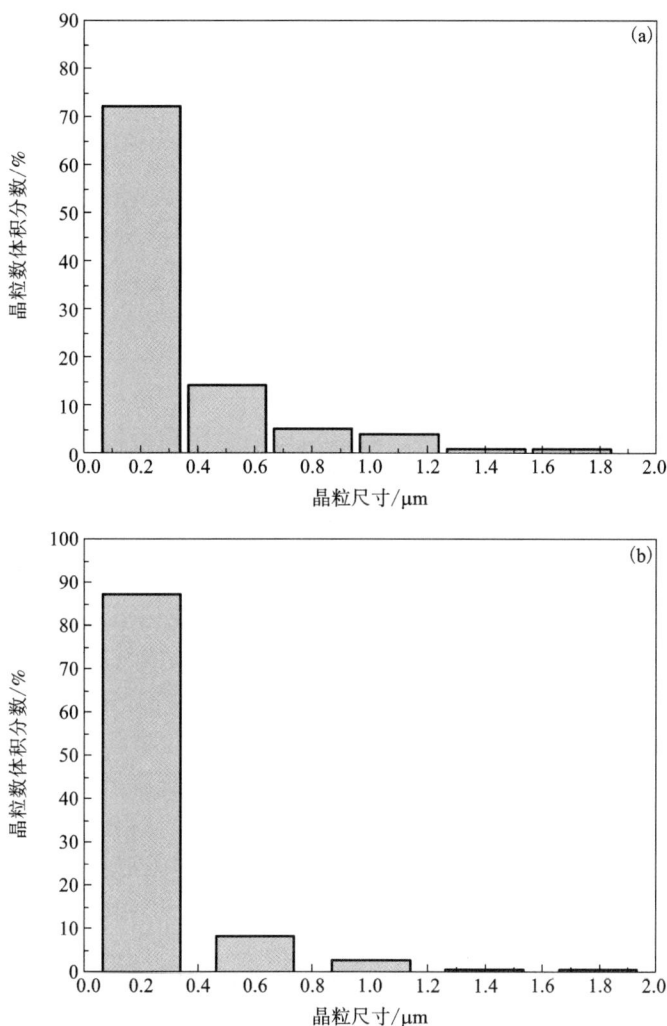

图 7－53　弥散强化铜合金不同温度下变形后的晶粒尺寸分布图

（a）室温变形 80％；（b）超低温变形 80％

错能和塑性变形机制两个因素有关：

（1）层错能是指材料中形成单位面积的层错所需的能量，面心立方结构中的层错实际是一薄片层的 HCP 结构（即二到三个原子层厚度的插入型或抽出型层错）。因此，面心立方结构中的层错能可写成是单位面积的 FCC 结构（γ）与 HCP 结构（ε）相变过程中自由能的变化，即

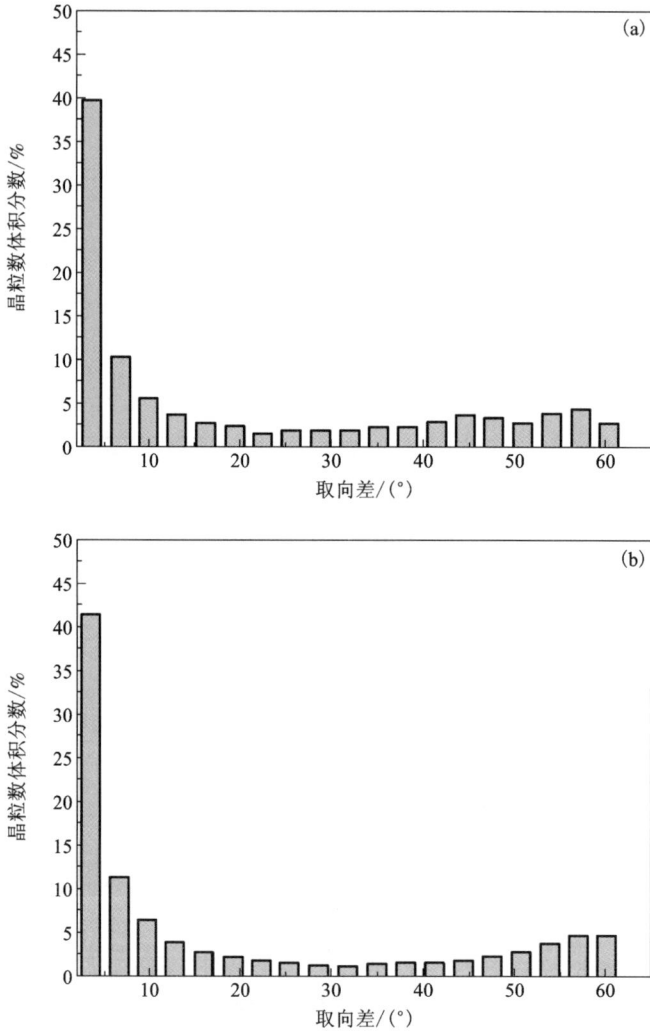

图 7-54　弥散强化铜合金不同温度下变形后的晶粒取向差分布图

(a)室温变形 80% ; (b)超低温变形 80%

$$\eta = \frac{\Delta G^{\gamma \to \varepsilon}}{V/t} \qquad (7-12)$$

式中：η 为层错能；$\Delta G^{\gamma \to \varepsilon}$ 是 ε 相和 γ 相间的自由能差；V 是合金的摩尔体积；t 是层错的厚度。由于弥散强化铜合金中，Al_2O_3 粒子是弥散分布在纯铜基体中的，对纯铜基体的 Cu 原子排列影响很小，故弥散强化铜合金中的 γ 结构和 ε 结构分别与纯铜的 γ 结构和 ε 结构基本相同，即 $\Delta G^{\gamma \to \varepsilon}_{ODSCu} = \Delta G^{\gamma \to \varepsilon}_{Cu}$（条件 1）。假设层错的

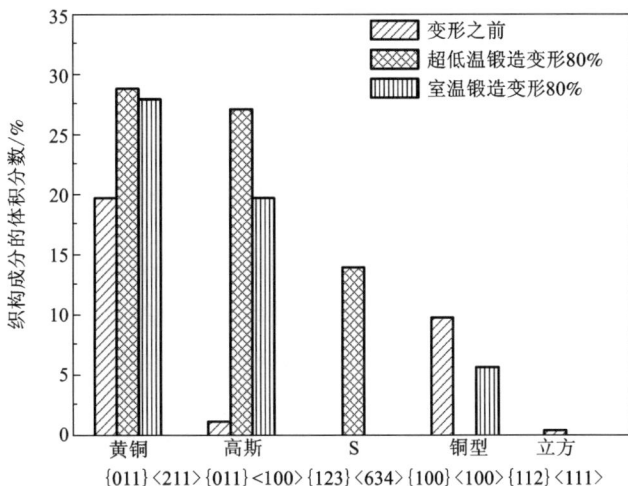

图 7 - 55　弥散强化铜合金不同温度下变形前后织构体积分数的变化

厚度对层错能的影响可以忽略（因为 ε 是在 γ 中形成的非常薄的片状结构），式（7 - 12）用"SI"单位制时可写成

$$\eta = \frac{1}{8.4V^{2/3}}\Delta G^{\gamma \to \varepsilon} \tag{7 - 13}$$

Cu - 0.23% Al_2O_3 弥散强化铜合金中，Al_2O_3 粒子体积分数为 0.23%，故 1 mol Cu - 0.23% Al_2O_3 弥散强化铜合金的体积为：

$$V_{\text{ODSCu}} = \frac{\left(\dfrac{m_{\text{Cu}}}{\rho_{\text{Cu}}} + \dfrac{m_{\text{Al}_3\text{O}_2}}{\rho_{\text{Al}_3\text{O}_2}}\right)}{n_{\text{ODSCu}}} = 7.13 \times 10^{-6} \text{ m}^3/\text{mol} \tag{7 - 14}$$

纯铜的摩尔体积为：

$$V_{\text{Cu}} = \frac{m_{\text{Cu}}}{\rho_{\text{Cu}}} = 7.09 \times 10^{-6} \text{ m}^3/\text{mol} \tag{7 - 15}$$

$V_{\text{ODSCu}} < V_{\text{Cu}}$（条件 2）。由条件 1 和条件 2 并结合式（7 - 13）可知，$\eta_{\text{ODSCu}} < \eta_{\text{Cu}}$。但从数值上看，$\eta_{\text{ODSCu}} = 0.996\eta_{\text{Cu}}$，即纯铜和弥散强化铜合金的层错能差值很小。因此，对于纯铜和弥散强化铜而言，层错能差别对织构组分的影响很小，可忽略不计。

（2）金属材料的塑性变形方式主要有两种，即滑移变形和形变孪晶。材料在塑性变形过程中，可能会有很高应变量出现在某些非晶体学切变区内，即形成剪切带。这种情况的发生一般有两种条件，一是正常位错滑移或者交滑移被抑制，二是变形前材料中晶粒处于特别的初始取向。在弥散强化铜合金中，Al_2O_3 粒子对位错钉扎作用大,位错滑移阻碍大,变形量较大(80%)。故由于位错滑移受阻,剪切带出现的可能性增大。具有取向{112}<111>和{123}<634>的晶粒直接通过剪切带变形达到取向{011}<100>,然后通过正常滑移转向取向{011}<211>,从而形成较强的黄铜织构{011}<211>。因此,弥散强化铜合金室温变形80%形成黄铜织构主要是由剪切带变形导致的。Al_2O_3 粒子对位错的交滑移产生的阻碍作用是弥散强化铜合金室温变形能形成黄铜织构而不是铜型织构的主要原因。

图 7-56 所示为铜型织构向黄铜型织构转变的织构转变示意图。面心立方金属在形变过程中,具有铜型取向的晶粒首先转动到高斯取向,然后具有高斯取向的晶粒再转动到黄铜取向。此时,可以把高斯取向称为过渡织构。在织构演变过程中,晶粒的转动通过位错的滑移和晶界迁移实现。在超低温锻压变形 Cu-Al_2O_3 弥散强化铜合金中,位错滑移和晶界迁移将受到低温驱动力小和 Al_2O_3 纳米粒子钉扎效应两种抑制作用。而在室温下锻压变形的 Cu-Al_2O_3 弥散强化铜合金中,位错滑移和晶界迁移仅受到 Al_2O_3 纳米粒子的钉扎作用。

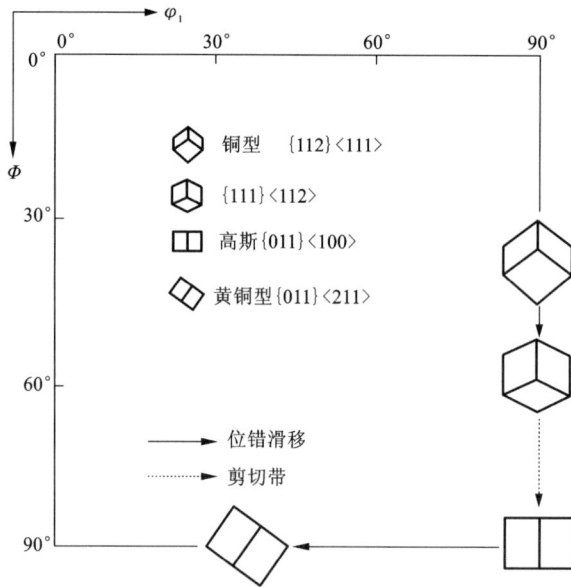

图 7-56 弥散强化铜合金中铜型织构向黄铜型织构转变的织构转变示意图

因此,在超低温锻压变形的合金中,高斯织构演变为黄铜织构变得更加困难,大量的高斯取向晶粒被保留,因此合金中体现出较高的高斯织构。与变形前退火态相比,超低温下锻压变形80%后,弥散强化铜合金中的 S 织构含量有所增加。面心立方金属轧制变形中经常观察到 S 织构的出现。一般认为在中等变形量的情况下容易观察到 S 织构的形成，即 S 织构是织构演变过程的一种过渡态取向。轧制变形过程中，只有当真应变 $\varepsilon = 5$ 时，才会形成最终稳定的织构取向。在弥散强化铜合金中，与室温变形相比，超低温变形条件下，既有由 Al_2O_3 粒子钉扎位错或晶界而增加的位错运动或者晶界转动的阻力，又有由于超低温度下位错滑移与交滑移受到抑制而产生的阻力。因此，超低温变形过程中织构组分转变过程更困难，于是过渡组分 S 织构很容易保留下来。而室温变形过程中位错运动和晶粒转动相对容易，故在室温锻压变形后的样品中 S 织构组分较少。

图 7 - 57 为 $Cu - 0.23\% Al_2O_3$ 弥散强化铜合金在不同温度条件下变形后的显微组织的 TEM 照片。从图 7 - 57(a)可看到，大变形量室温变形使弥散强化铜合金部分晶粒内部产生大量位错及位错胞组织。局部有位错缠结比较严重的现象，如图 7 - 57(b)所示。图 7 - 57(c)所示为生成的位错数量较少的区域。由于弥散强化铜合金的铜基体中弥散分布着 Al_2O_3 纳米粒子，Al_2O_3 粒子对位错起到钉扎作用，导致位错在粒子周围聚集。产生位错在局部区域缠结严重的现象，从而导致局部位错密度较高，如图 7 - 57(b)所示。另外，变形过程中位错运动并在相遇后发生反应，异号位错相遇后产生湮灭现象，从而形成局部位错数量较少的区域，见图 7 - 57(c)。图 7 - 57(d)所示为弥散强化铜合金经室温锻压变形后形成的沿 RD 方向拉长的位错胞，位错胞尺寸约 500 nm。

图 7 - 57(e)所示为弥散强化铜合金经超低温锻压变形后晶粒内部形成的层片状组织。从图 7 - 57(f)中可观察到，片层宽度较小，单个片层的宽度约为 50 nm，其穿过了位错胞，为微剪切带组织。这种层片状微剪切带组织的形成是由超低温变形条件导致的，如前所述，它的形成对合金的晶粒细化、织构都将产生影响。同时，在部分晶粒内部中形成了位错胞壁较厚的沿 RD 拉长的位错胞，如图 7 - 57(g)所示，位错胞大小约为 400 nm，小于室温变形后形成的位错胞尺寸，如图 7 - 57(d)所示。此外，在超低温锻压变形后的弥散强化铜合金样品中还观察到尺寸约为 100 nm 的晶粒，如图 7 - 57(h)所示。由此可见，超低温变形时，由于合金中容易形成微剪切带这种组织，使得材料中的组织更加的细化。

7.3.2.2　弥散强化铜合金不同温度下变形前后性能的变化

表 7 - 2 为 $Cu - 0.23\% Al_2O_3$（体积分数，下同）弥散强化铜合金不同温度变形前后的显微硬度与导电率。由此可见，$Cu - 0.23\% Al_2O_3$ 弥散强化铜合金材料经过室温锻压变形 80% 之后，维氏硬度由 89 增加到 130，增加幅度达到约 46%。而经过超低温锻压变形 80% 后，维氏硬度从 89 增加到 153，增加幅度则高达约 72%。与室温变形相比，超低温变形后样品的硬度增加幅度更大。这是由于与室温变形后的样品相比，超低温锻压变形后合金中产生了更高的位错密度，且位错胞尺寸较小，同时还产生了细小的层片状组织和更多的小尺寸晶粒。

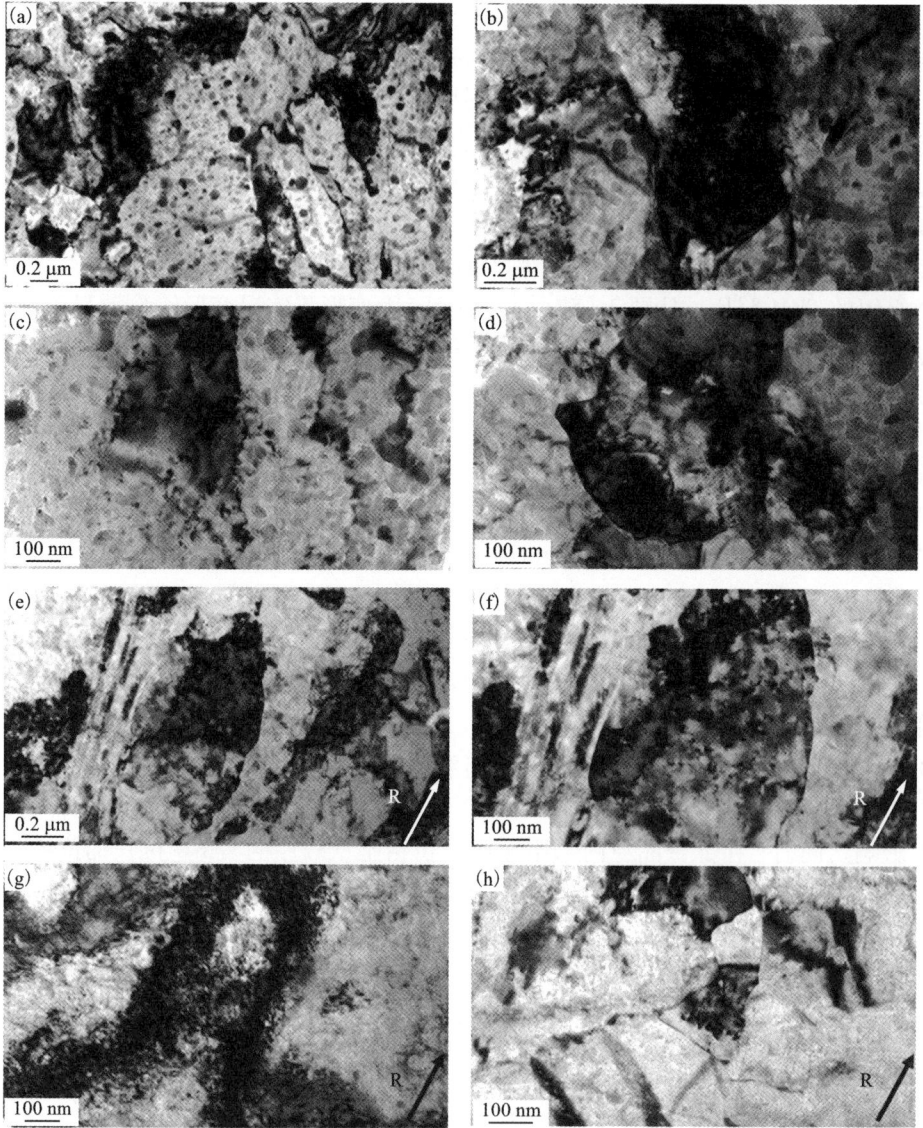

图 7-57　弥散强化铜合金在不同温度下变形后的显微组织的 TEM 明场像

室温变形 80%：(a) 位错胞；(b) 位错缠结；(c) 沿 RD 方向拉长的位错胞；(d) 位错缠结较少的区域；

超低温变形 80%：(e) 层片状组织；(f) 图(e) 局部放大图；(g) 沿 RD 被拉长的位错胞与严重的位错缠结；

(h) 被拉长的细长小晶粒

表 7-2 Cu-0.23% Al$_2$O$_3$ 弥散强化铜合金不同温度变形前后的显微硬度与导电率

样品状态	硬度/HV	导电率/(% IACS)
退火态	89	95.2
室温变形80%	130	95.0
超低温变形80%	153	94.8

室温和超低温锻压变形80%后，合金的导电率均有稍微下降。这是由于锻压变形过程中，样品中产生了位错、晶界等缺陷，这些缺陷对电子具有一定的散射作用，从而使得材料的导电性能稍微降低。

参考文献

[1] 张吟秋，雷长明.复杂应力状态下良塑性弥散强化铜的冷变形行为[J].中南矿冶学院学报，1985，2：59-65.

[2] Morris P R, Flowers J W. Texture and magnetic properties [J]. Texture, Stress, and Microstructure, 1981, 4(3): 129-141.

[3] 毛卫民.板材织构定量分析方法[J].物理测试，1992，3：44-49.

[4] Frederick S F, Lenning G A. Producing basal textured Ti-6Al-4V sheet[J]. Metallurgical and Materials Transactions B-process Metallurgy and Materials Processing Science, 1975, 6(4): 601-605.

[5] Murayama Y, Suzuki Y, Shimura M. Ti-80, Science and Technology[M]. New York: Kimura H, Lzumi O. (eds.), AIME, 1980.

[6] R. W.卡恩，P.哈森.材料科学与技术丛书，金属与合金工艺(第15卷)[M].北京：科学出版社，1999.

[7] 程建奕，江明朴，钟卫佳，等.内氧化法制备的 Cu-Al$_2$O$_3$ 合金的显微组织与性能[J].材料热处理学报，2003，24(1)：23-26.

[8] 金铨，刘兆晶，俞泽民.纯铝加工软化规律的研究[J].哈尔滨理工大学学报，1993，17(2)：28-31.

[9] 程建奕，汪明朴，钟卫佳，等.内氧化法制备的 Cu-Al$_2$O$_3$ 合金的显微组织与性能[J].材料热处理学报，2003，24(1)：23-26.

[10] 潘金生，全健民，田民波.材料科学基础[M].北京：清华大学出版社，1998.

[11] 董企铭，苏娟华，刘平，等. Cu-0.7Cr-0.3Zr 合金时效强化行为的研究[J].材料科学与工艺，2004，12(6)：630-632.

[12] 毛卫民，赵新兵.金属的再结晶与晶粒长大[M].北京：冶金工业出版社.1994.

[13] 刘平，曹兴国，康布熙，等.快速凝固 Cu-Cr-Zr-Mg 合金时效析出与再结晶的交互作用及其对性能的影响[J].功能材料，2000，2：47-49.

［14］刘平，康布熙，曹兴国，等. 快速凝固 Cu – Cr – Zr – Mg 合金的原位再结晶与不连续再结晶［J］. 洛阳工学院学报，1998，19(2)：6 – 10.

［15］徐长征，王庆娟，黄美权. 冷变形 Cu – 0. 36Cr(wt%) 合金的抗软化性能和再结晶行为［J］. 金属热处理，2007，32(5)：38 – 42.

［16］汪复兴. 金属物理［M］. 北京：机械工业出版社，1981.

［17］Dillamore I L, Roberts W T. Rolling textures in f. c. c. and b. c. c. metals［J］. Acta Metall. , 1964, 12：281 – 293.

［18］Yan F, Zhang H W, Tao N R, et al. Quantifying the microstructures of pure Cu subjected to dynamic plastic deformation at cryogenic temperature［J］. Journal of Materials Science Technology, 2011, 27(8)：673 – 679.

第 8 章　大变形诱发纳米结构的特征及其形成机制

众所周知，晶粒尺寸可显著影响金属和合金的各项性能。当金属材料细化至纳米晶或亚微米尺度结构后，在室温下可呈现出优于普通粗晶材料的强度、硬度和耐磨性，并且还具有良好的塑性和韧性，特别是在低温或高应变速率下有可能实现超塑性。因此，自 20 世纪 80 年代以来，如何制备出晶粒尺寸细小均匀、无污染、无微空隙、大尺寸的纳米晶块体金属材料一直是各国科学家的研究焦点。

传统的轧制、挤压、拉拔等塑性变形加工技术可以使晶粒细化，但无法制备出具有超细纳米晶结构的金属材料，一般仅能获得纳米级胞状亚结构。由于金属和合金在外界机械强制驱动力的作用下发生大塑性变形时，晶内会产生大量位错、剪切带、空位、晶界等缺陷，这使得一些在传统工艺条件下难以实现的结构转变得以完成，因而近年来发展出多种促使材料发生剧烈塑性变形以制备纳米晶材料的新技术。目前，常用的有机械合金化法、等径角挤压法、高压扭转法、累积复合轧制法、多向锻压法、往复挤压法和反复折弯矫直法等。此外，在大塑性变形的过程中，二元或多元体系除了会发生晶粒细化外，通常还伴随着第二相组元的固溶。特别是许多在固态下混合焓为正值，甚至在液态下也几乎不互溶的体系，如 Cu－W、Ti－Mg、Cu－Co、Cu－Fe 等通过大塑性变形都能实现固溶度的扩展，从而形成亚稳态过饱和固溶体。在后续热加工过程，第二相元素通常以纳米颗粒的形式重新析出，使基体得以净化，获得高强度、高耐磨、高导电等优异性能。因此，大塑性变形技术被认为是获得高性能纳米晶或纳米结构金属与合金的有效途径。

本章介绍了三种大塑性变形技术的基本原理和工艺参数，对变形过程中材料微观结构演变规律、纳米晶形成机制以及固溶度扩展原理进行了阐述，并对纳米晶金属材料的强度、超塑性和热稳定性等特性进行了分析与论述，以期对利用大塑性变形技术制备纳米晶材料提供参考。

8.1 大塑性变形制备技术分类

8.1.1 机械合金化法

机械合金化法(mechanical alloying，简写为 MA)也称高能球磨法，是 1966 年由美国 Benjamin 等在实验室条件下首先开发出的一种制备氧化物弥散强化合金粉末的非平衡技术。1983 年，美国科学家 Koch 教授率先用该技术成功制备出了Ni - Nb 系非晶合金，引起了物理学家和粉末冶金学家的广泛重视，由此掀起了机械合金化技术研究的热潮。

机械合金化法的基本原理是将粉末原料与磨球按一定比例混合后装入球磨罐中，在球磨机的高速转动或振动过程中，磨球对粉末进行持续的搅拌、碰撞和研磨，使粉末经历反复的变形、冷焊和断裂，并发生原子扩散或固态反应，形成晶粒尺寸为纳米级的合金粉末；再通过选择合适的压制加工工艺，最终制备出在常规条件下难以合成的合金材料(图 8 - 1)。

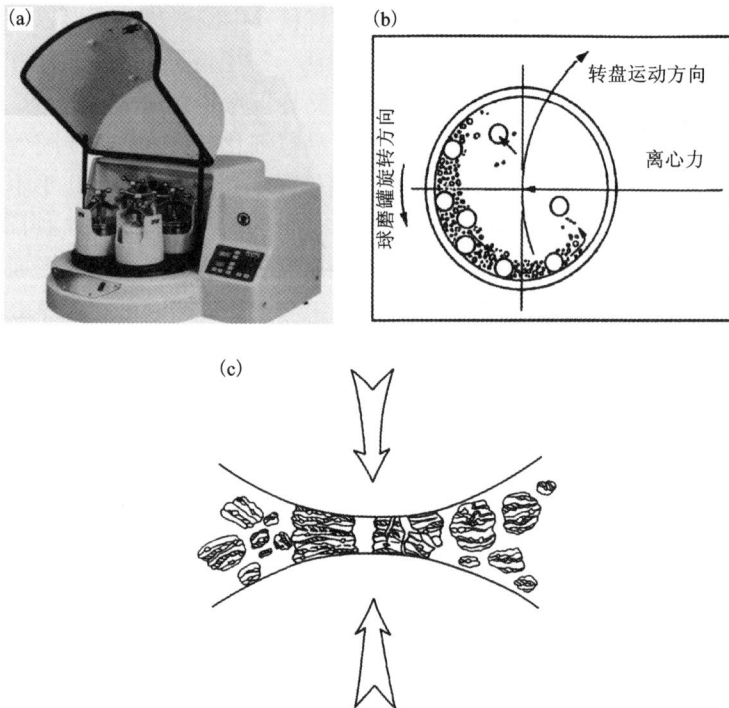

图 8 - 1 机械合金化的球磨机及其球磨原理的示意图

(a)行星式球磨机；(b)行星式球磨机中磨球运动路径简图；(c)磨球与粉末的碰撞过程

在机械合金化过程中，粉末颗粒内部产生了大量的空位、位错、晶界、相界等缺陷，可显著降低元素的扩散激活能，促进组元间的原子或离子扩散；同时，由于晶粒细化产生大量的新鲜表面使扩散距离变短，加之粉末在碰撞过程中发生瞬时升温，这些均有助于组元间的非平衡固溶甚至诱发相变。因此，机械合金化法已发展为一种在固态下实现组元间原子级水平合金化的制备技术，被广泛地应用于制备各种稳态和亚稳态材料，包括过饱和固溶体、纳米晶材料、非晶材料、准晶材料、金属间化合物和难溶化合物等。如，Hu 等采用机械合金化法制备的 $Cu - 5\% Cr$ 纳米晶合金粉末在经热压成形后，晶粒尺寸约为 100 nm，抗拉强度可达 $800 \sim 1000$ MPa，相对导电率为 $53 \sim 70\%$ IACS，伸长率约为 5%，表现出优异的综合性能。

由于机械合金化过程十分复杂，要获得理想的相组织和微观结构，需要优化设计一系列的工艺参数，主要包括球磨材质、装球量、球料比、球磨转速、时间和温度、过程控制剂等。

(1) 磨球材质、装球量和球料比

常用的磨球有玛瑙球、不锈钢球、硬质合金球、氮化硅球、刚玉球等。不同材质间的硬度、密度、弹性模量等参数的差异可影响磨球发生碰撞时产生的冲击力和冲击功，因此传递给粉末的能量不同，使球磨产物的组织性能发生变化。一般情况下，硬度与密度较大的硬质合金球有助于细化粉末颗粒、扩展固溶度及合金非晶化；但其缺点是磨损率较高，容易造成粉末污染。玛瑙球和刚玉球耐磨性能好，不易造成污染，但小的密度导致球磨效率较低。

机械合金化过程中应当选择合适的装球量。当装球量过少时，磨球与粉末颗粒的碰撞效率不高。若装球量过多，球层之间干扰大，破坏磨球的正常循环，也会降低球磨效率。通常取磨球总体积与球罐的容积比为 $0.4 \sim 0.8$ 较为适宜。此外，将不同尺寸的磨球进行搭配，对促进机械合金化过程也大有裨益。

球料比(磨球与粉料的比例)是影响机械合金化过程的重要参数之一，它决定了磨球碰撞时所捕获的粉末量和单位时间内有效碰撞的次数。增加球料比，粉末与磨球的碰撞概率和碰撞面积增加，可显著提高球磨效率和球磨动能，促进粉末细化和微观结构转变；但球料比过大时，磨球缺乏足够的空间加速，且磨球之间碰撞增多，球磨效率逐渐降低。一般而言，机械合金化法制备纳米过饱和固溶体合金的球料比以 $10:1 \sim 20:1$ 为宜。

(2) 球磨转速与时间

球磨转速主要影响机械合金化过程中粉末碰撞的时间间隔以及碰撞动能。当其他条件相同时，提高球磨速度将明显促进合金化和纳米晶化的过程。然而，当球磨速度过高时，磨球通常只做沿壁运动，粉末的研磨和碰撞作用减弱，因此应根据实际情况选择合适的转速。以实验室条件下采用行星式球磨机制备 $Cu - Nb$

高强高导铜合金为例，适宜的转速应为机器临界转速的 3/5 ~ 4/5。

球磨时间直接决定了能否在一定机械合金化条件下获得目标产物。这是由于必须保证充分的球磨时间，粉末才能获取足够的机械能，以发生显著的微观结构变化和相应的相变。当然，球磨时间过长会导致球磨污染增加和设备损坏。一般说来，球磨时间的选择必须兼顾所需效果、球磨污染和设备保持稳定工作的能力。

（3）球磨温度

球磨温度对合金化过程有重要影响。温度升高有利于塑性粉末间发生冷焊，提高原子间的扩散速度，由此加快合金化进程，并有利于非晶态的形成。但也有报道认为，降低球磨温度可抑制回复和再结晶过程，有利于减小晶粒尺寸和增大有效应变，促进固溶度的扩展和非晶相的形成。Aikin 等在研究温度对 Cu – 15% Nb 体系机械合金化过程的影响时发现，若要制备相同数量的合金化粉末，利用甲醇冷却时所用的球磨时间是用冷水冷却时间的 1/3，可见降低球磨温度显著促进了合金化过程。相同现象在机械合金化 Co – Zr、Ni – Ti 和 Ni – Zr 等体系中也被观察到。

（4）过程控制剂

过程控制剂（process control agents），也被称为润滑剂或表面活性剂。球磨时，过程控制剂（如甲醇、酒精、乙烷、十二烷等）的加入对产物有一定的影响。一般情况下，由于过程控制剂的吸附作用可以减小粉末表面能，因此能显著提高出粉率，防止粉末颗粒黏附于磨球或罐壁和产生团聚，但在一定程度上会减缓粉末间的冷焊过程，阻碍反应的进行，并不可避免地带来杂质污染。在实际应用中，过程控制剂的添加量主要取决于以下因素：粉末本身冷焊特性、过程控制剂的化学和热稳定性、所用磨球材质及球料比等。一般情况下，过程控制剂的用量不应超过粉末总量的 5%（质量分数）。

总地说来，经过近 60 年的发展，机械合金化领域的研究已取得了很大的进展。但由于机械合金化过程的复杂性，有关机械合金化机制的理论研究仍不成熟，如机械诱发相变的内在机理、球磨工艺条件与产物组织性能之间的关联机理等仍研究不足，很难进行定量分析以对实验提供指导。此外，机械合金化过程中的杂质污染和成型块体致密度不高等问题也亟待解决。

8.1.2 等径角挤压法

20 世纪 70 年代末，苏联科学家 Segal 等首次提出了等径角挤压法（equal channel angular pressing or extrusion，简写为 ECAP 或 ECAE），也称等通道转角挤压。20 世纪 90 年代初期，俄罗斯 Valiev 教授等利用该技术成功地制备出了具有超细晶结构的铝合金，使该技术受到了研究人员的广泛关注。

等径角挤压技术是指将截面尺寸与模具通道尺寸相吻合的样品放入模具通道中，通过挤压杆的加压作用，使样品经剪切变形通过具有一定角度的模具通道(图 8 - 2)。由于在变形前后，样品形状和尺寸不发生改变，因而可进行多道次挤压变形，以获得大变形量的累积，实现晶粒细化，改善材料性能，最终直接制备出低污染的超细晶金属块体材料。

近年来，该技术已成功用于制备铝、钛、铜、钛合金、铜合金、铝合金以及部分纳米结构钢铁材料，通常可获得晶粒尺寸为 $0.2 \sim 0.3~\mu m$ 的等轴晶组织，使材料性能优于传统的粗晶材料，并有效促进新材料的开发。

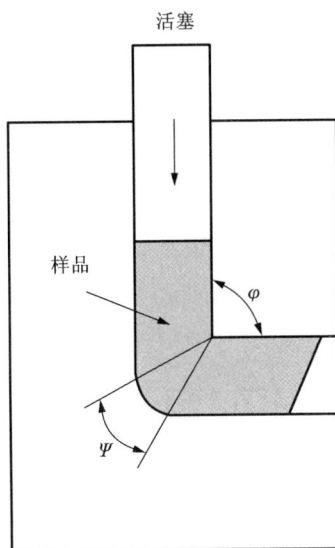

图 8 - 2　等径角挤压法示意图

在理想情况下，等径角挤压产生的总应变量 ε_N 取决于挤压次数 N、模具挤压通道的内角 φ 和外角 Ψ，其计算公式为：

$$\varepsilon_N = \frac{N}{\sqrt{3}}\Big[2\cot\Big(\frac{\varphi}{2}+\frac{\psi}{2}\Big)+\psi\csc\Big(\frac{\varphi}{2}+\frac{\psi}{2}\Big)\Big] \qquad (8-1)$$

有机玻璃模具、坐标网络法实验和二维有限元分析等都证实了该公式的合理性。由此可见，等径角挤压法所制备材料的结构和性能主要取决于模具参数、挤压途径、挤压速度、挤压道次、挤压温度等。

(1)模具结构

模具结构是决定挤压效果的核心因素，主要包括通道的内角、外角、内转角半径和外转角半径，其中内角和外角是影响剪切应变的重要参数，两者基本确定了每道次的应变量。Nakashima 等对比了具有不同内角(90°、112.5°、135°、157.5°)模具对纯铝样品的影响，发现当 $\varphi = 90°$ 时，可获得具有大角度晶界的等轴状超细晶结构，细化效果最好；但变形抗力大，导致挤压不容易进行。随着模具角度的增大，晶粒尺寸变得不均匀，难以产生超细晶粒，到157.5°时制备出的样品中以小角度晶界为主。因此，对于屈服强度较大或者加工硬化率高的金属材料一般采用120°模具。另外，少数研究人员也探索了小角度(<90°)模具的制备效果，发现其晶粒细化效果极好；但是小角度模具对材料性能和模具强度有高要求，阻碍了其推广应用。

(2)挤压道次

一般认为，材料内部的真应变量随着挤压次数的增加而增大，晶粒细化程度不断提高；当经历一定道次挤压后，材料晶粒尺寸基本不再随变形次数的增加而变化，但晶粒间的位相差变大，大角度晶界数目增多，这与 ECAP 塑性变形过程中位错的增殖、湮灭以及回复过程有关。另外，随着挤压道次数量的增加，材料抗拉强度和硬度逐渐增强，伸长率不断减小。特别是第一道次影响最大，之后变化趋势逐渐变缓。

（3）挤压路径

挤压路径是指在加工过程中，相邻道次挤压时样品所旋转的方位。依据挤压道次相对于模具轴向旋转方向与角度的变化方式，主要分为四种工艺路径（图 8-3）。

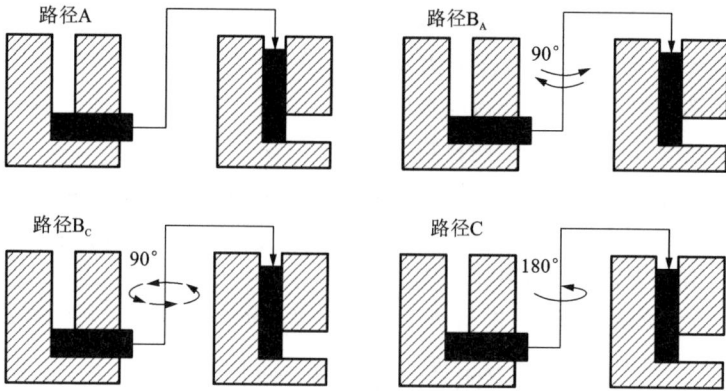

图 8-3　等径角挤压的工艺路线图

由图 8-3 可见，路径 A 是指每道次挤压后，试样不旋转；路径 B_A 是相邻两道次挤压，试样方向交替旋转 90°；路径 B_C 是每道次挤压后，试样旋转 90°，但旋转方向保持不变；路径 C 是每道次挤压后，试样旋转 180°。不同工艺路径对产品的最终组织及性能影响很大，应根据所制备材料的晶体结构和力学性能进行合理选择。

（4）挤压速度和温度

Berbon 等研究发现，挤压速度对纯铝和 Al-Mg 合金的平均晶粒尺寸影响不大，但对挤压后晶粒尺寸的分布均匀性有影响。慢的挤压速度有利于材料获得更均匀的微观结构，这主要是由于慢速变形时材料更容易发生回复过程，促进晶粒分布均匀化。研究人员在进行纯铜和纯钛实验时也得到了类似的结果。

除此之外，挤压温度对金属的微观结构和晶粒尺寸演变也有着重要的影响。通常，挤压温度较高时，原子热运动加剧，这使得回复趋势增加，晶粒易发生长大粗化。相反，挤压温度越低，晶粒长大速度越慢，细化效果更明显。Chen 等根据菊池花样发现，5052Al 合金在低温挤压时更容易形成大角度晶界。同样的结果在 8% C – 18% Cr – 10% Ni – Ti 钢中也有发现。但低温挤压的缺点是材料形变困难，试样表面容易出现裂纹。因此，应在不产生挤压微裂纹的前提下，尽可能降低挤压温度。

到目前为止，人们对等径角挤压技术制备材料的微观结构和力学性能已进行了大量研究。特别是，通过借鉴等静压的方法，研究人员成功设计出背向压力的模具，这不仅实现对材料的等径角挤压，还有助于防止材料在制备过程发生开裂现象（见图 8 – 4）。但等径角挤压技术仍处于实验室研发阶段，还存在着生产效率不高、原材料浪费严重、产品尺寸偏小（一般小于 12 mm × 12 mm）、生产成本较高、不适宜于难变形金属材料等缺点，并且各个工艺参数对组织结构的影响规律也尚有争论，这无疑制约了该技术的应用和发展。随着对上述问题研究的不断深入和解决，等径角挤压技术必在工业化应用领域得到广泛推广。

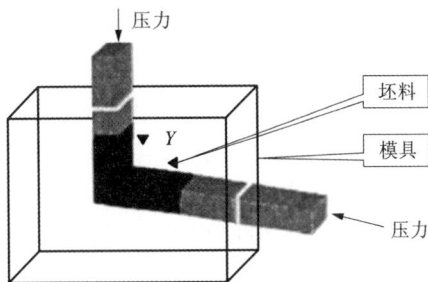

图 8 – 4　等径角挤压背压原理图

8.1.3　高压扭转法

高压扭转法（high pressure torsion，简写为 HPT）于 1943 年由 Bridgman 教授首次提出，近八十年来得到了广泛的关注和研究，已发展成了制备高性能超细复合材料的首选工艺之一。该技术的工作原理是在较低温度下（$< 0.4T_m$，T_m 为熔点），在圆盘状坯料高度方向上施加轴向压力，并通过转动下模时产生的摩擦作用，在坯料横截面上施加一扭矩，促使坯料同时发生轴向压缩和切向剪切变形，这种剧烈塑性变形可将材料内部晶粒细化至亚微米甚至纳米级（图 8 – 5）。根据试样在高压扭转过程中，其径向是否受到限制，高压扭转法分为限制型和非限制型两类，如图 8 – 5 所示。

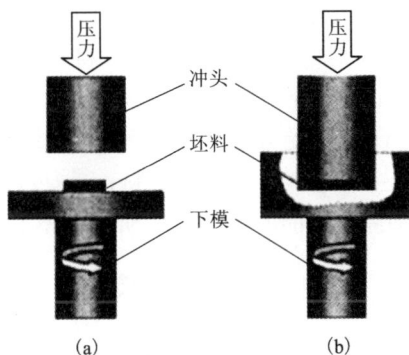

图 8 – 5　高压扭转法原理图
（a）非限制型；（b）限制型

若假设在扭转过程中试样厚度保持不变，则高压扭转量 γ 的估算公式为：

$$\gamma = 2\pi Nr/h \tag{8-2}$$

式中：N 为扭转圈数；r 为扭转半径；h 为试样高度。当剪切应变大于 0.8 时，试样的等效应变 $\varepsilon = \gamma/\sqrt{3}$；反之，等效应变 $\varepsilon = 2/\sqrt{3}\ln[(1 + \gamma^2/4)^2 + \gamma/2]$。

考虑到加工后试样的实际厚度小于初始厚度，因此实际的等效应变 ε 可由下式估算：

$$\varepsilon = \ln\left(\frac{2\pi Nrh_0}{h^2}\right) \qquad (8-3)$$

式中：h_0 为试样原始厚度；h 为扭转后的厚度。由此可见，高压扭转的应变量主要取决于试样高度、扭转半径、转动圈数等。当扭转圈数增加、扭转半径增大、试样厚度减小时，剪切应变量和等效应变增大，可促进内部晶粒的细化。

另外，温度对高压扭转后试样的晶粒尺寸、晶粒取向和力学性能有重要影响。在 Al-7%Si 合金的高压扭转实验中，T. Mungole 等发现，试样的等效应变和晶粒尺寸变化分为三个阶段：①应变量较小时，晶粒尺寸细化速度快；②随着应变量的增大，晶粒尺寸基本不变；③在大应变下，晶粒尺寸会进一步细化。需要指出的是，第三阶段仅在低温加工条件下可以观察到[图 8-6(a)]。从力学性能角度分析[图 8-6(b)]，随着等效应变的增加，样品硬度增强到一定值后保持稳定，之后略有减小，再继续升高。硬度的减小说明在加载过程中材料内部发生了回复软化过程，之后硬度重新变大则归因于再结晶过程使晶粒尺寸再次减小，促进了细晶强化。此外，通过对比不难看出，低温下晶粒细化的速度更快，材料的硬度更高。

目前，高压扭转法已成功用于纯铜、铜合金、铝合金、镍合金、钛合金等材料的制备和改性，所得材料具有组织结构均匀、各向异性小、致密度高等优点。如采用高压扭转法制备了颗粒增强金属基复合材料 10% Al_2O_3/6061，当其晶粒尺寸由 35 μm 细化至约 200 nm 后，材料的显微硬度可提高约 2.4 倍（1600 MPa）。但总体来说，对于该技术制备金属复合材料的研究尚处实验阶段，还存在着如下问题：①由于受剪切力不均匀，材料容易出现中心到边缘组织性能不均匀的现象；②主要适合制备片状材料；③模具以及工艺复杂；④各工艺参数对材料组织结构和综合性能的影响机理研究还不够深入。

8.1.4 其他大塑性变形技术

累积叠轧技术（accumulative roll bonding，简写为 ARB）是在传统冷轧基础上发展起来的一种制备超细晶金属材料的制备工艺。图 8-7 示出了该技术的主要工艺步骤：首先用钢丝轮等装置将两块尺寸相同的薄板材料表面充分打磨，再用无水乙醇对表面进行脱脂清理。此后，将板材叠在一起放入轧机中进行轧制焊合，压下量控制为 50%。将焊合好的板材使用剪板机沿中间剪断，重复打磨清洗，过后再次轧制焊合。重复上述过程直至达到所需的应变量，并实现晶粒尺寸

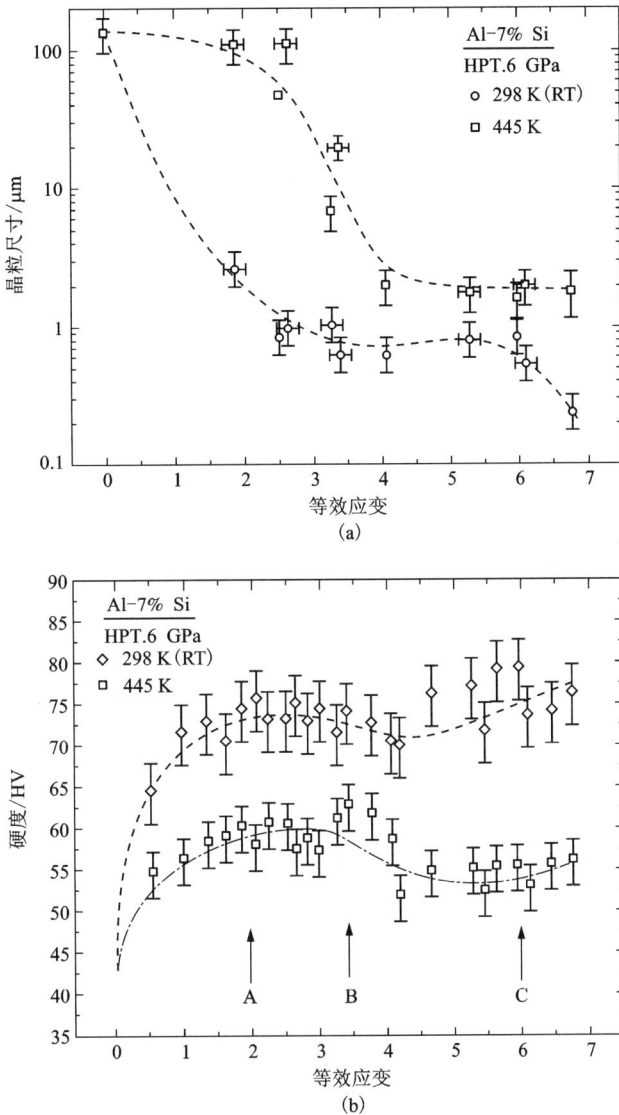

图 8-6 等效应变对 Al-7%Si 合金的晶粒尺寸和硬度的影响

(a)晶粒尺寸; (b)硬度

细化的目的。一般来说,叠轧温度越低,最终得到的材料的晶粒尺寸越细小。

通常,经过累积叠轧处理后的试样强度是原来状态的 2~4 倍。第一个道次强度提升最为明显,此后增加量逐渐减小。而伸长率的变化也与此类似,首道次叠轧后样品的伸长率显著降低,之后基本保持不变或略有提高。累积叠轧样品性

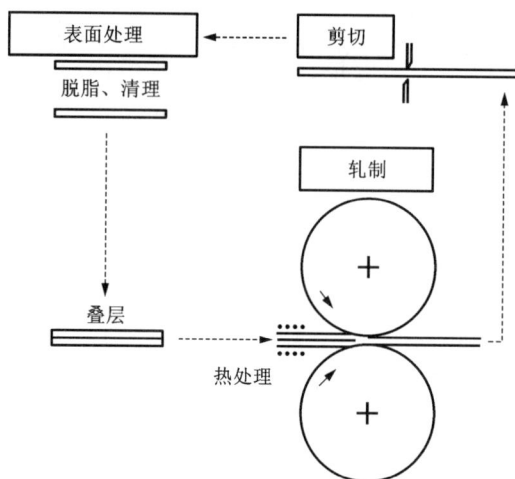

图 8-7　累积叠轧工作示意图

能的改变是多种因素联合作用的结果。叠轧处理后，样品内部产生了大量超细晶组织和形变亚晶组织，可引起细晶强化和加工硬化；此外，板材表面的氧化物或夹杂物在轧制焊合过程中会被带入合金内部，并呈均匀的层状分布，因此材料的强度在提高的同时其伸长率是下降的。通过合适的退火工艺，可以在维持相对较高强度的同时，有效提高叠轧样品的伸长率，改善材料的综合性能。

　　由于累积叠轧技术对设备要求低，且可以制备大尺寸板材样品，是目前最有希望能大规模工业化应用来生产大块超细晶金属材料的技术之一。

　　反复折皱-压直法（repetitive corrugation and straightening，简写为 RCS）是 2001 年新开发出来的一种以弯曲变形方式制备块体超细纳米晶结构材料的大塑性变形技术。其基本工作原理是：通过两个齿形模具的压力作用使试样发生弯曲、折皱变形，再经两个平直的台板对试样进行压直处理，使之恢复先前的几何形状；经多次反复的折皱-压直形变，可在不改变试样断面形状的情况下，实现大的塑性形变和晶粒细化（见图 8-8）。目前，该

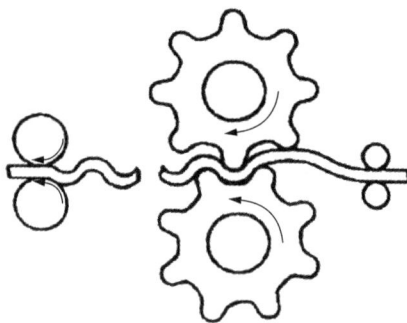

图 8-8　反复折皱-压直法工作原理图

技术已成功用于对铝、铜、镁、钛及其合金进行同类材料的复合，以及 Al/Ni、Cu/Zr 等异类材料间的复合；但在制备过程中材料的晶粒细化机理和组织变形行

为还有待进一步研究探索。

8.2　大变形过程中材料的纳米结构特征及形成机制

在大塑性变形过程中，金属和合金能够形成纳米晶过饱和固溶体，呈现出不同于传统粗晶材料的独特结构和优异性能。本节将以机械合金化法制备 Cu－Nb 合金为代表，讨论分析大变形过程中材料的组织结构演变过程、纳米晶的形成机制、纳米尺度下的形变孪生机制以及大塑性变形诱导固溶度扩展的内在机理。

8.2.1　材料的组织结构演变过程

8.2.1.1　位错组态及剪切带

图 8－9 为 Cu－Nb 合金粉末经 3 h 球磨后的典型显微组织的 TEM 照片，可见由于球磨初期粉末变形存在着一定的不均匀性，Cu 晶粒内部形成了几种不同的变形组织。

由图 8－9(a)可见，在约 960 nm 大小的铜晶粒内正在形成初始位错胞块；同时，这些胞块内部还进一步分裂形成了尺寸更小的位错胞。有趣的是，胞块 1 与胞块 2 之间的胞壁(由白色箭头指出)是由小位错胞串组成的(其放大图见右下插图)，这种小位错胞串型胞壁在变形铜中极少被观察到。对该胞壁两边进行选区衍射，发现其衍射斑点分裂了近 2°(见右上方插图)，表明胞块 1 与相邻胞块 2 之间的位向差约为 2°，它们之间的滑移系可能有所差别。此外，在一些晶粒内部位错密度很高，形成了塑性应变严重的位错缠结区(如白色方框区)。位错缠结区内位错是随机排列的，无择优滑移方向。这种位错缠结区在变形过程中若发生动态回复则可进一步演化为位错胞(如白圈区)。

图 8－9(b)示出了在球磨初期，一些 Cu 晶粒中形成的完整胞块组态；这些胞块尺寸为 0.3～0.7 μm，胞块内部分布着少量的位错线；同时，在球磨应力作用下，胞壁及亚晶界处有新位错源被激发，发射出新的位错，如白色星号所标出的呈弓形半环状衬度的发射位错。此外，各个胞块的胞壁均较薄，且有三种不同的胞壁组态，分别为由三角形符号标出的高密度位错墙，由白色箭头指出的小位错胞串型胞壁，以及黑色箭头所指出的由位错列排列而成的胞壁。

由图 8－9(c)可见，Cu 晶粒中还形成了一种呈长条状的位错胞块组态，这些被拉长的位错胞块近似平行排列，类似于形状规则的层状组织；同时，中间的条状胞块正在进一步分裂成更小的位错胞，对其中 1、2、3 这三个小位错胞之间的胞壁进行选区电子衍射(选区位置由圆圈标出)，所得的两套选区衍射花样基本相同[图 8－9(d)和(e)]，表明这三个相邻位错胞之间的位向差很小。此外，位错胞的胞壁为典型的非高密度位错墙，这种非高密度位错墙能通过累积更多的位错

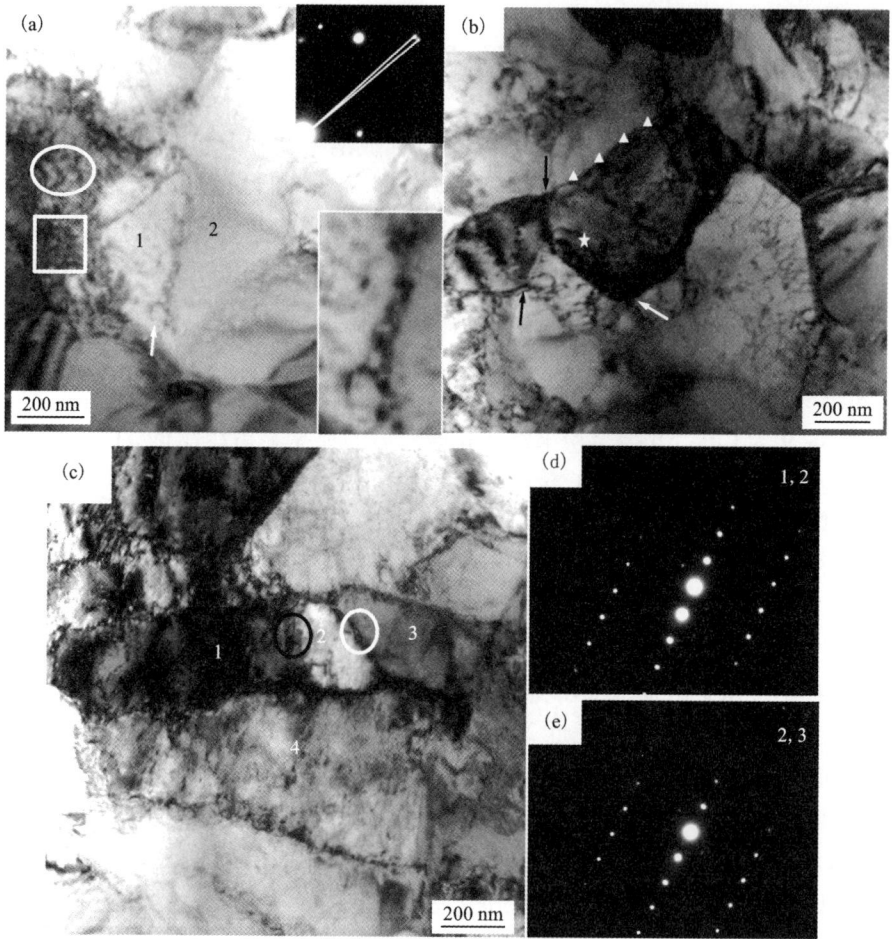

图 8 - 9　Cu - Nb 粉末球磨 3h 后的显微组织的 TEM 照片

(a)胞块及位错缠结;(b)胞块及不同组态胞壁;(c)长条状胞块;(d)图(c)中黑圈标记区域的选区电子衍射花样;(e)图(c)中白圈标记区域的选区电子衍射花样

而演变为高密度位错墙。

　　图 8 - 10 示出了 Cu - Nb 合金粉末球磨 10 h 后的显微组织的 TEM 照片。由图 8 - 10(a)可见,与球磨 3 h 后相比,此时粉末中的位错胞块与位错胞因发生了进一步分裂而尺寸减小,平均胞块尺寸由原来的 300 ~ 700 nm 减小到 200 ~ 400 nm。这是由于随着球磨时间的延长,Cu - Nb 粉末变形量增大,位错密度逐渐升高,为了降低系统能量,位错之间将发生湮没或反应重排,这使得相邻胞块及位错胞之间位向差持续增大,晶粒发生分裂碎化;当位错密度及胞组织取向差

足够大时,胞壁转变为亚晶界,胞组织转变为亚晶。图 8 - 10(b)示出了球磨 10 h
后,该合金粉末中某些区域形成的亚晶组织,亚晶平均尺寸为 200 ~ 300 nm,亚晶
界明晰可见,亚晶内部位错数量少。对此区域进行选区衍射(图 8 - 10 插图所
示),发现 Cu 基体的衍射斑点拉长,出现隐约多晶环,表明合金变形严重,亚晶
之间存在一定的取向差。

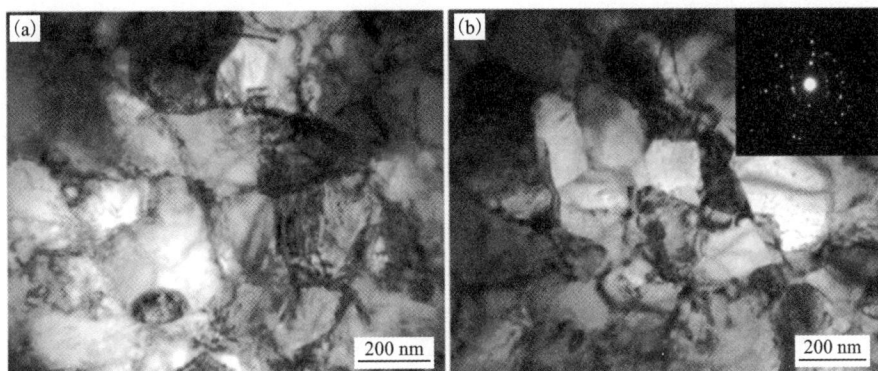

图 8 - 10　Cu - Nb 粉末球磨 10 h 后的显微组织的 TEM 照片
(a)胞块及位错胞;(b)亚晶及相应的衍射花样

　　上述观察说明,在机械合金化过程中,金属发生塑性形变时,每个晶粒中不
同区域不仅变形量是不均匀的,各区域起作用的滑移系也不相同,因此晶粒内
各区域的旋转方向和旋转量有差异,形成位向差,从而使得晶内形成了亚结构胞
块,且将晶粒分解为许多区域。随着位错密度的不断增加,当相邻位错胞之间的
错配足够高时,胞内其他的滑移系被激活,将使得位错胞向胞块演变,大的胞块
分裂为小胞块;而随着胞块间位向差的增加,胞块也将逐步转变为亚晶。若继续
延长球磨时间,亚晶将发生进一步的细化,且亚晶间的位向差增加,亚晶界演变
成大角度晶界,最终形成纳米晶。值得说明的是,由于在球磨过程中,外加应力
的路径一直在改变,这使得即使在同一个晶粒内,其应变路径也一直在变化,开
动的滑移系不断随之变化,因此位错不仅会与当即开动的滑移系上的其他位错之
间发生交互作用,还可能与之前变形过程中产生的位错发生反应,这种复杂的位
错滑移方式促进了胞组织的快速分裂,使得球磨过程中晶粒细化速度加快。
　　对于 Cu - Nb 合金粉末,在机械合金化初期除了会发生位错滑移外,还形成
了微观剪切带。从图 8 - 11(a)上可以看出,经 10 h 球磨后粉末中出现了类似于
层状结构的衬度。对图中黑色方框区进一步进行高分辨透射电子显微镜
(HRTEM)观察[图 8 - 11(b)],可见这些层状结构是厚为 2 ~ 5 nm、间距为 5 ~
6 nm 的具有严重晶格畸变的微观剪切带(见图中黑色箭头所标处)。

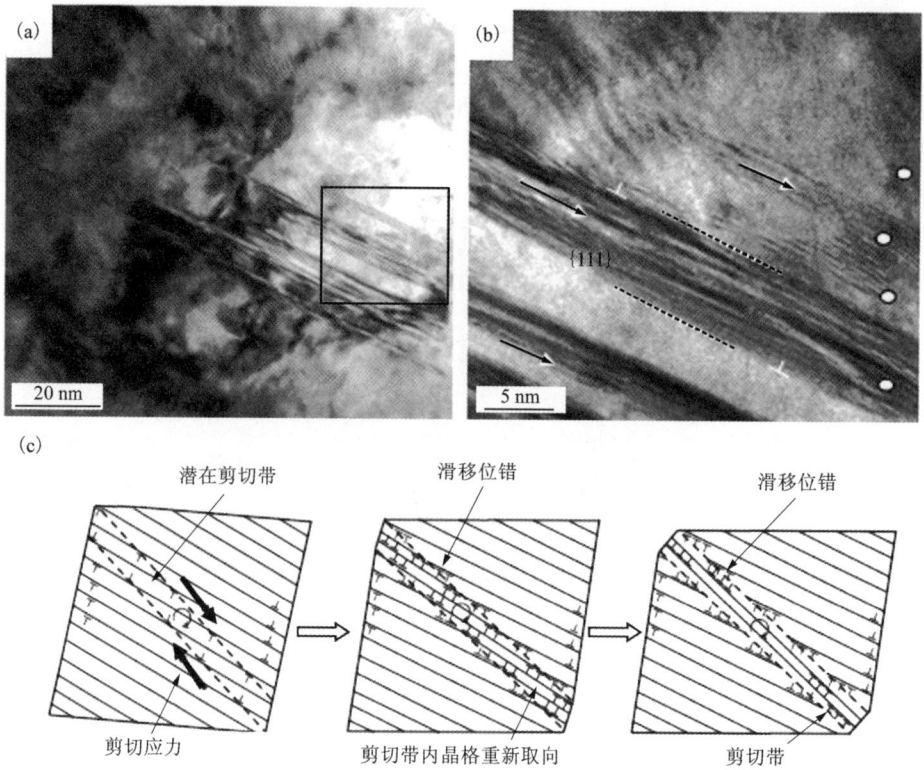

图 8 – 11　Cu – Nb 粉末球磨 10 h 后的 TEM 观察结果及剪切带形成模拟图

(a)层状组织；(b)图(a)中白框区的 HRTEM；(c)剪切带形成模拟图

　　这种剪切带的形成可能与下列过程有关：在球磨过程中，随着位错的不断滑移和增殖，位错在胞壁、亚晶界或晶界等边界处塞积，导致应力集中，当应力集中到一定程度后，边界处将发生机械失稳，位错可能穿过边界，引起局部晶格发生旋转，滑移面{111}向剪切面重新取向[见图 8 – 11(c)]。由于剪切带形成后，晶粒将发生应力松弛，且沿剪切应力方向的晶格旋转增加了滑移系的 Schmid 因子，使得滑移系的移动性和灵活性增强，因此剪切带的形成有利于晶粒在变形过程中发生旋转取向和分裂细化。另外，由于剪切带中晶格畸变严重，因此剪切带处有可能优先发生动态回复再结晶而形成纳米亚晶。

8.2.1.2　形变孪晶及亚晶

　　由图 8 – 12(a)可见，Cu – Nb 粉末经 30 h 球磨后形成了纳米晶和纳米片层状组织，此时 Cu 基体平均晶粒尺寸约为 50 nm。图 8 – 12(b)为图 8 – 12(a)中白框区的晶格条纹像，由其相应的傅立叶变换图像可以清楚地看出，该纳米亚晶中的片层结构为形变孪晶片层，孪晶面为$(111)_{Cu}$面。仔细对比图 8 – 12(a)和(b)可以看出，该孪晶片层由尺寸约为 49 nm 的纳米晶 Cu 晶界处起源(Cu 晶界由白色圆圈标出)，并贯穿整个纳米晶粒；同时，孪晶片层厚度不均匀，孪晶界上出现了两个原子层厚的孪晶台阶(白色箭头与折线标出)，但无多余半原子面，孪晶(twins，简写为 T)的$(1\bar{1}\bar{1})_T$与基体(matrix，简写为 M)的$(1\bar{1}\bar{1})_M$依旧以孪晶界呈镜面对称，保持着严格的孪晶关系。因此，孪晶台阶是由位于台阶顶部，并且不改变孪晶关系的 Shockley 不全位错形成(黑色 ⊥ 所示)。在形变过程中，该Shockley 不全位错沿孪晶界的运动将使得孪晶片层进一步变宽增厚。

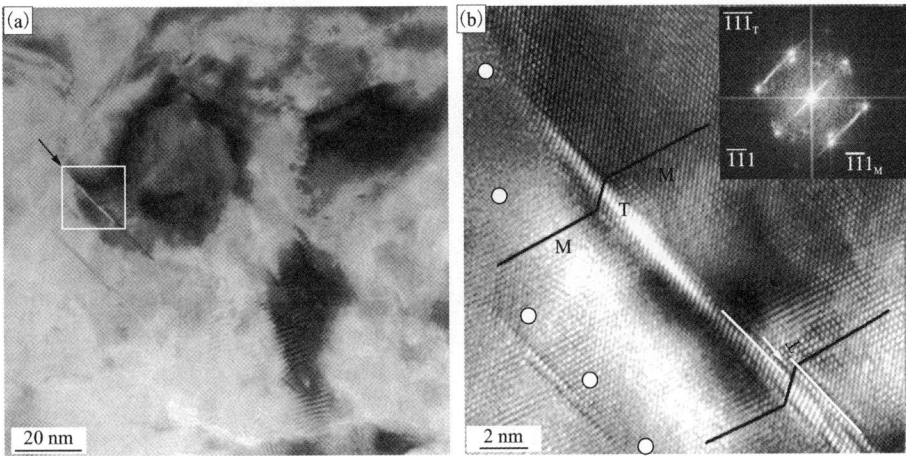

图 8 – 12　Cu – Nb 粉末球磨 30 h 后的显微组织的 TEM 照片

(a)纳米亚晶及形变孪晶；(b)图(a)中白框区的 HRTEM 照片

当球磨时间继续增加至 50 h 后，由图 8 – 13(a)可见，Cu 晶粒尺寸进一步减小到 10 ~ 40 nm。由该图中白框区域的放大图像可见[图 8 – 13(a)右下插图所示]，在一宽约 35 nm 的 Cu 晶粒中，四片长度不等的形变孪晶在晶界处不均匀形核(黑色箭头标出)，有的孪晶片层贯穿整个晶粒，有的终止于晶内。同时，孪晶片层数量较球磨 30 h 后有所增加，并且孪晶片层厚度增厚，但仍低于 4 nm。图8 – 13(b)示出了在尺寸约为 20 nm 的 Cu 亚晶内出现的纳米形变孪晶，图8 – 13(c)为图 8 – 13(b)中白框区域对应的高分辨像，黑色箭头所指处为孪晶界。由此可见，由于孪晶界与晶界之间的相互作用，导致不均匀孪生的亚晶界段的形状改变[图 8 – 13(c)中星号所标示]。

一般来说，Cu 变形是不能形成孪晶结构的，但在晶粒尺寸小到纳米级时，出现了变形孪晶这一新组织，表明此时产生了一种新的变形机制，即形变孪生。形变孪晶形成的原因可能是由于当 Cu 晶粒尺寸较小时，基体内独立的滑移系数目

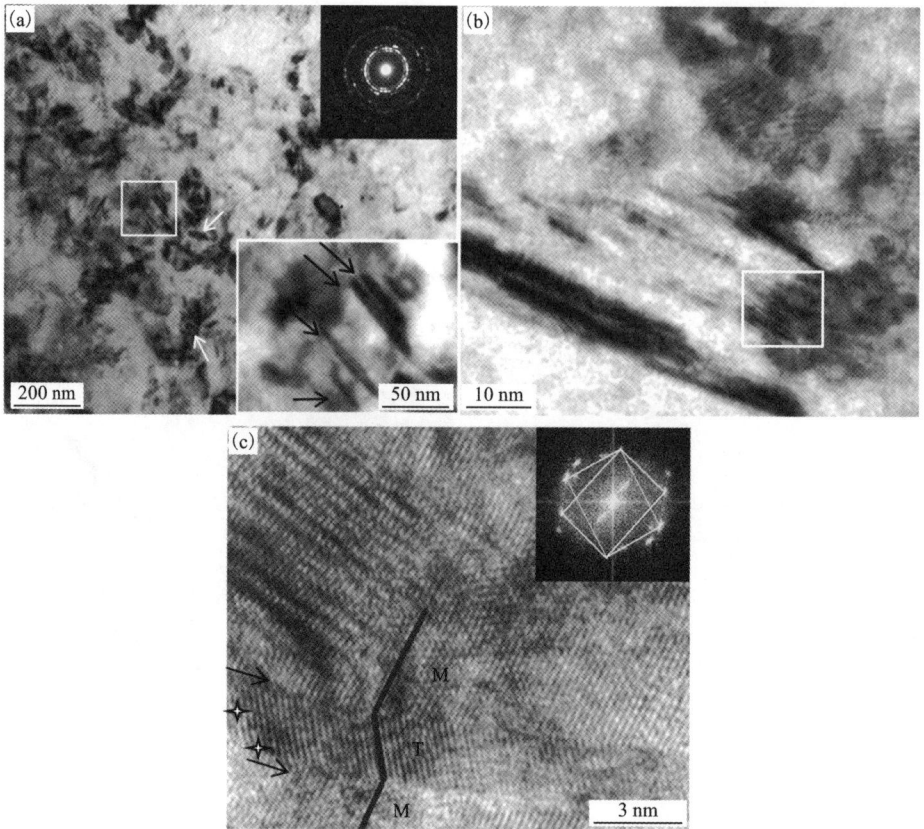

图 8 – 13   Cu – Nb 粉末球磨 50 h 后的 TEM 观察结果

(a)纳米亚晶及形变孪晶;(b)纳米亚晶及形变孪晶;(c)图(b)中白框区的 HRTEM 照片

显著减少,滑移所需剪切应力开始高于孪生应力,进一步滑移逐渐困难,从而出现纳米形变孪晶片层。详细的形变孪生机制将在后续章节讨论。

8.2.1.3   不全向错及纳米晶

图 8 – 14(a)示出了 Cu – Nb 合金粉末球磨 70 h 后的显微组织的 HRTEM 照片,插图为图 8 – 14(a)的傅立叶转变衍射谱,可见在仅 10 nm 长宽的微观区域内,傅立叶斑点也显示出了一定程度的沿角度方向的宽化,表明在此微区内取向发生了改变。图 8 – 14(b)为图 8 – 14(a)傅立叶滤波(FFT)图像,为了便于观察分析,在图上用黑线描绘出了各个 $\{111\}_{Cu}$ 面,白线描绘出了 $\{111\}_{Cu}$ 面的周期性。由此可见,该区域内 $\{111\}_{Cu}$ 面发生了一定程度的弯曲,即晶格发生了旋转。箭头标出了两个相距 2.7 nm 的楔形区域(白线勾勒出了楔形结构的形状),每个楔形区域内包含了许多间断的 $\{111\}_{Cu}$ 面,如图 8 – 14 中圆圈表示出的 I 区与 III 区。

这些间断的 $\{111\}_{Cu}$ 面可看作单个的柏氏矢量为 $\boldsymbol{b}$ 的位错,这些位错相互组合形成了楔形不全向错。作为一种典型的线缺陷,楔形不全向错可看作将一个晶体平行于晶体轴 l 剖开一个截面 ABOC 后,再将割口两侧的晶体绕晶体轴 l 相对旋转一定角度 ω,再往旋转造成的缺口处插入一个楔形晶体块而形成的[图 8–14(c)]。楔形不全向错的形貌也可被认为是将一个楔形区域插入或移出一个完整晶体后,晶格发生弛豫重排后形成的[见图 8–14(d)]。

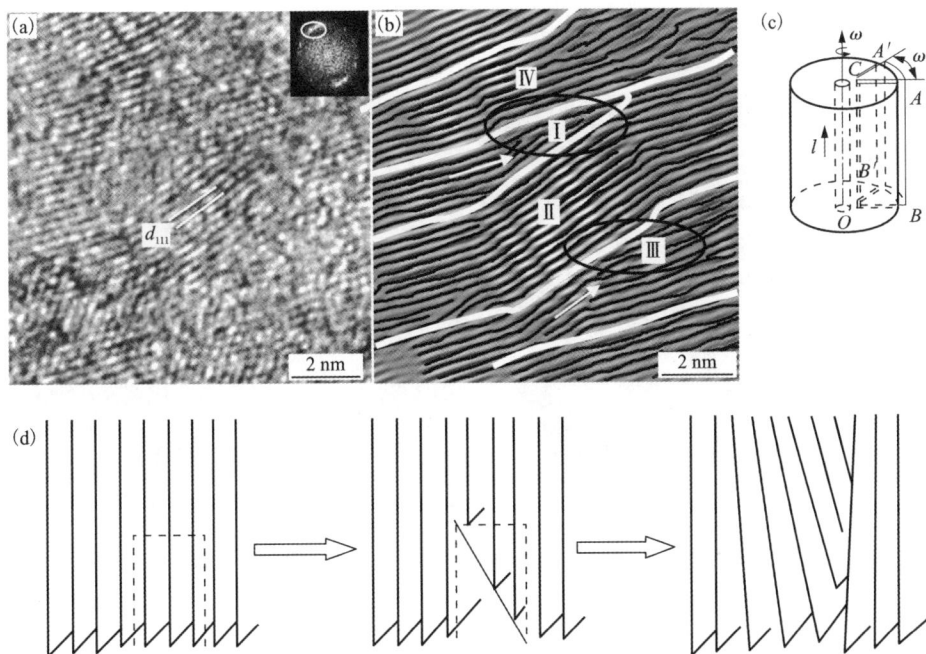

图 8–14　Cu–Nb 合金粉末球磨 70 h 后的晶格条纹像

(a)向错;(b)图(a)的 FFT 图像;(c)楔形不全向错的模型;(d)楔形不全向错形貌模拟图

根据向错的定义,可知 Ⅰ 与 Ⅲ 这两个楔形区域组成了一对不全向错偶极子。而夹在这两个楔形不全向错之间的 Ⅱ 区 $\{111\}_{Cu}$ 面与不全向错外的 Ⅳ 区 $\{111\}_{Cu}$ 面之间的夹角约为 16°,即通过不全向错,Cu 晶格发生的旋转量可达 16°。因此,在球磨后期,不全向错的形成可导致 Cu 晶粒在纳米尺寸内发生晶格旋转,以此承受进一步的紊流变形,并使纳米晶进一步细化为超细纳米晶。

事实上,尽管向错被认为在自然界中普遍存在,但在以往的研究中向错的结构和行为只在一些半导体材料中有过几次报道,而在金属材料中向错的具体结构很少被观察到。本书作者通过 HRTEM 首次在 FCC 结构金属中观察到了向错的微观结构和行为,并证明了对于纳米尺度的 FCC 金属和合金,形成向错也是纳米晶进一步变形形成超细纳米晶的重要机制。

图 8-15(a)示出了 Cu-Nb 合金粉末球磨 100 h 后形成的纳米晶结构，可见合金晶粒尺寸为 5~20 nm，分布范围较窄。对直径为 500 nm 的区域进行选区衍射(见图 8-15 插图)，获得的衍射花样呈现连续多晶衍射环，表明在此区域内晶粒尺寸显著细化。由晶格条纹像可见[图 8-15(b)]，此时合金晶粒尺寸仅为 4~7 nm，且还存在尺寸小于 2 nm 但晶格仍然完整的晶粒(黑圈所标示)；另外，各超细纳米晶之间取向相差较大，晶界为大角度晶界。这说明 Cu-Nb 合金通过机械合金化形成了超细纳米晶固溶体。

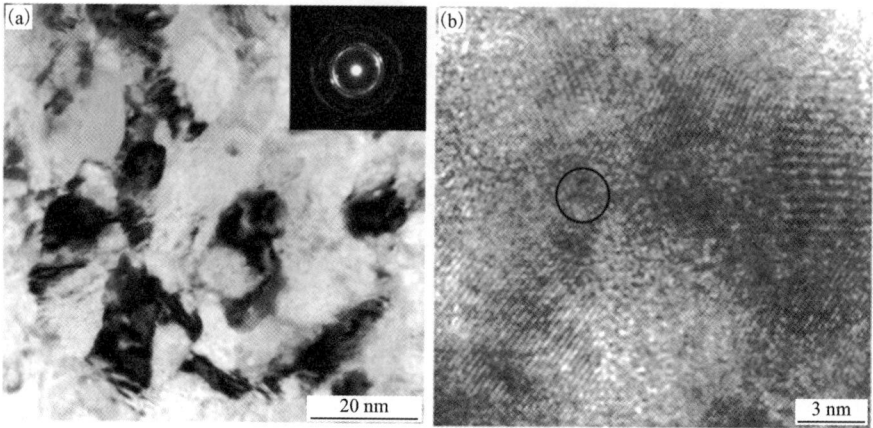

图 8-15　Cu-Nb 合金粉末球磨 100 h 后的显微组织的 TEM 和 HRTEM 照片
(a)明场像及电子衍射花样；(b)晶格条纹像

8.2.2　晶粒纳米化过程和极限晶粒尺寸

根据上述不同时间球磨后 Cu-Nb 合金粉末微观结构演变的研究结果，合金晶粒细化至纳米尺度的具体过程可描述如下(图 8-16)：在机械合金化初期，粗大晶体在高应变速率下的形变以位错滑移为主，通过位错增殖、反应和缠结形成大量位错胞块及位错胞组织[图 8-16(a)]；同时，局部应力集中造成的机械失稳可能导致剪切带的形成[图 8-16(b)]。随着机械合金化的进行，位错密度和剪切带数量不断增加，胞组织进一步得到细化，且胞与胞之间的取向差增加，胞组织逐渐发展为纳米亚晶和纳米晶粒[图 8-16(c)~(d)]。在球磨中期，特别当晶粒尺寸减小至 50 nm 以下后，全位错增殖与运动受到抑制，形变孪生开始成为协调塑性形变的重要方式之一[图 8-16(e)]。并且，形变孪晶数量随球磨时间的增加而相应增多。通过形变孪生所形成的亚结构，使纳米晶粒进一步被分割细化；另外，在晶界处形成的微孪晶也可能发生动态再结晶而成为新的纳米晶粒。在机械合金化后期，晶粒尺寸继续减小，滑移与孪生均受到抑制，此时不全楔形向错的产生与互相作用可以协调纳米晶粒的进一步变形[图 8 - 16(f)]。在变形过程中，这种不全向错的形成和迁移可使得晶粒在纳米尺度内发生旋转、重排和分裂，从而产生超细纳米晶[图 8 - 16(g)]。

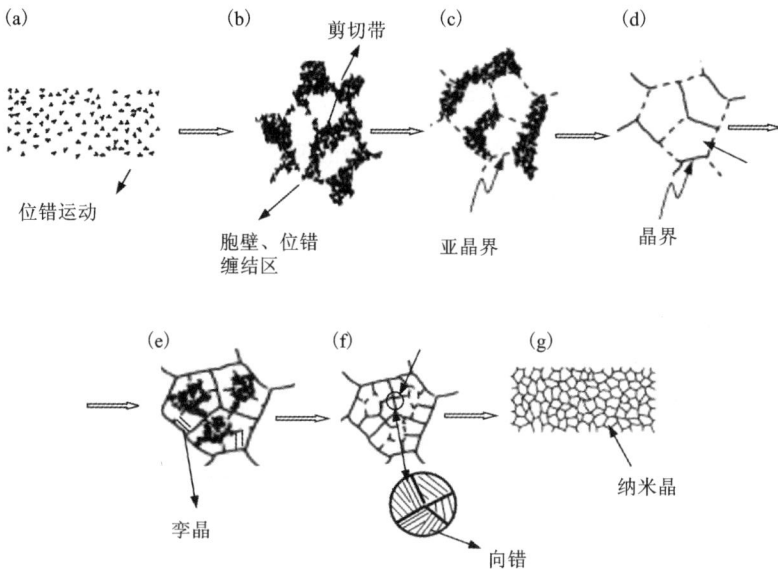

图 8 - 16　机械合金化过程中 Cu - Nb 合金粉末微观组织演变的过程模拟图

综上所述，在大塑性变形过程中，材料的变形行为与其晶粒尺寸密切相关，这导致材料的微观结构演变是一个非常复杂的过程。因此，在研究纳米晶的形成机制时，单纯用位错机制解释并不完善，应根据材料在不同阶段时的具体变形行为进行综合分析。

另外，当纳米晶粒尺寸下降到一定值后，由于变形过程中粉末内部同时存在着缺陷的产生与累积和动态回复再结晶过程，因此当两者达到平衡时，晶粒达到最小尺寸 D_c，无法再进一步细化。若粗略地认为晶粒的最小尺寸是两个同号刃型位错之间的最小平衡距离 d_c，即当晶粒尺寸 $D < d_c$ 时，原则上晶粒内部不能容纳任何位错，晶粒尺寸达到最小值，则根据 Nieh 理论，极限晶粒尺寸 D_c 可以通过下式进行计算：

$$D_C = d_C = \frac{3Gb}{(1-v)H} \tag{8-4}$$

式中：G 为切变模量；b 为位错柏氏矢量的大小；v 为泊松比；H 为显微硬度。对

Cu－Nb 合金而言，$G_{Cu}=48.3$ GPa、$b_{Cu}=0.255$ nm、$\nu_{Cu}=0.34$，同时 $Cu_{90}Nb_{10}$（下标为质量分数）合金粉末球磨 100 h 后的显微硬度值为 451 HV（$=4.5$ GPa），根据公式（8-4）可计算获得其最小 Cu 晶粒尺寸 D_c 为 12 nm。计算值与实际球磨获得的 Cu 晶粒最小尺寸基本相吻合，但略微偏大，这可能是由于在机械合金化过程中，Cu－Nb 合金粉末晶粒的纳米化过程不仅依赖于位错，还与孪晶和不全向错等缺陷有关，这使得实际获得的纳米晶尺寸小于根据上述位错理论计算的最小值。

8.2.3　纳米尺度下的形变孪生机制

众所周知，面心立方金属（特别是高层错能的 Al、Cu 和 Ni 等）的塑性变形主要通过滑移实现，很少观察到形变孪晶。然而，近年来的分子动力学模拟以及实验研究表明，当晶粒尺寸减小到纳米尺度以后，Al、Cu 等纳米晶在大塑性变形条件下可发生显著的形变孪生。如 2003 年，Chen 等在纳米晶 Al 薄膜（晶粒尺寸小于 20 nm）的压痕实验和研磨实验中均观察到了变形孪晶。本书作者在机械合金化 Cu－Nb 合金中也观察到，当晶粒尺寸减小到 50 nm 以后，单纯靠位错运动难以细化晶粒；此时，晶内形变孪晶的数量逐渐增加，促进了纳米晶粒的进一步分割细化。本节将以机械合金化 Cu－Nb 合金为例，介绍纳米尺度下形变孪晶的形成机理，包括晶界处发生不均匀孪生的晶粒尺寸临界条件、根据实验观察结果建立的层错堆叠均匀孪生模型以及晶界分裂和晶界迁移发生孪生的机理。

8.2.3.1　晶界处不均匀孪生

图 8-17 示出了 $Cu_{90}Nb_{10}$ 粉末球磨 70 h 后形成的纳米晶与纳米形变孪晶的晶格条纹像及其相应的傅立叶转换衍射花样，黑色箭头所指处为孪晶界。由此可见，该 Cu 晶粒长约 19 nm，宽约 10 nm，形变孪晶在该纳米晶下部形成，并终止于晶内，孪晶的孪晶面为 $(1\bar{1}\bar{1})$，孪晶面与孪晶界夹角为 71°，因此该孪晶界为（111）孪晶界。

该孪晶的形成与晶粒尺寸纳米化有关。当晶粒尺寸小于一定值后，晶粒内独立的滑移系显著减少而造成滑移困难。当晶界和晶界交叉点处产生不全位错所需剪切应力低于全位错时，形变孪晶可通过不全位错的不断

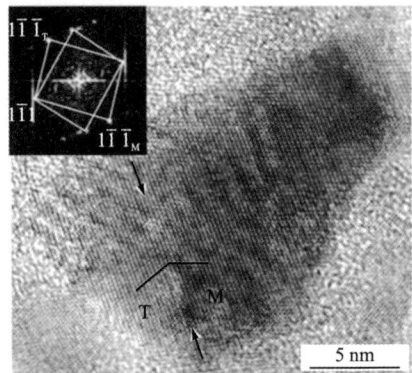

图 8-17　纳米 Cu－Nb 合金粉末中
形变孪晶的 HRTEM 照片

发射而形核，因此可根据晶界处产生 $1/6[112]$Shockley 不全位错和 $1/2[110]$ 全位错所需剪切应力的不同，对 Cu – Nb 合金形变孪生机制进行系统的分析。

产生全位错所需的剪切应力 τ_s 可以表述为：

$$\tau_s = \frac{2\alpha Gb}{d} \tag{8-5}$$

而产生不全位错所需剪切应力 τ_p 为：

$$\tau_p = \frac{2\alpha Gb_1}{d} + \frac{\gamma}{b_1} \tag{8-6}$$

式中：G 为剪切模量；d 为晶粒尺寸；γ 为层错能；$\vec{b}$ 和 $\vec{b_1}$ 分别为全位错和不全位错的柏氏矢量的大小；参数 α 反映了位错特性（刃位错和螺位错的 α 值分别等于 0.5 和 1.5），并考虑了位错源长度与晶粒尺寸之间比值的影响。若进一步考虑局部应力集中的影响，则式（8 – 6）变换成：

$$n\tau_p = \frac{2\alpha Gb_1}{d} + \frac{\gamma}{b_1} \tag{8-7}$$

式中：n 为应力集中因子，它随球磨时间变化。

对于纯铜，$\gamma = 45 \text{ mJ} \cdot \text{m}^{-2}$，$G = 48.3 \text{ GPa}$，$\vec{b} = (\sqrt{2}/2)a$，$\vec{b_1} = (\sqrt{6}/6)a$，$a$ 为 Cu 的晶格参数，$a = 0.36 \text{ nm}$，$\alpha = 1$；根据式（8 – 5）及式（8 – 7）进行计算可得到 τ_s 和 τ_p 值随 Cu 基体晶粒尺寸变化的关系图。由图 8 – 18 可见，随着晶粒尺寸的减小，τ_p 值与 τ_s 值不断增加，但是 τ_s 值增加速率大于 τ_p 值，因此当小于临界晶粒尺寸 d_c 后，τ_p 值将小于 τ_s 值，此时在晶界处激活不全位错发射所需剪切应力低于产生全位错所需应力，形变孪晶开始形核。由此可见，当 τ_p 值与 τ_s 值相等时，材料塑性变形机制开始由滑移转变为孪生。由式（8 – 5）和式（8 – 7）联立可得临界晶粒尺寸 d_c：

$$d_c = \frac{2\alpha G(nb - b_1)b_1}{\gamma} \tag{8-8}$$

前面已介绍了 $Cu_{90}Nb_{10}$ 合金经长时间球磨后，在尺寸约为 50 nm 的 Cu 纳米晶中开始出现形变孪晶片层，因此该合金塑性形变开始由滑移向孪生转变的临界尺寸 d_c 应该为 50 nm。根据式（8 – 8）可以求得所引入的应力集中因子 $n = 1.55$。

当取 $n = 1.55$ 时，由式（8 – 7）可得 $\tau_p = 0.5 \text{ GPa}$。根据文献，机械合金化过程中磨球对粉末所施加的最大压应力可由赫兹理论给出，压力方程为 $P_{max} = g_p v^{0.4}(\rho/E_{eff})^{0.2}E_{eff}$，式中 g_p 为几何常数，取决于球磨碰撞类型；v 为碰撞前相对速度；ρ 为磨球密度；E_{eff} 为磨球的有效弹性模量。在我们的试验条件下（转速 300 r/min，球料比 15∶1，不锈钢磨球），$g_p = 0.4646$；$v = 6 \text{ m} \cdot \text{s}^{-1}$；$\rho_{Fe} = 7.8 \text{ g} \cdot \text{cm}^{-3}$；$E_{eff-Fe} = 66 \text{ GPa}$；据此可得 P_{max} 值为 2.57 GPa。因此由球磨导致的最大压应力 $P_{max} = 2.57 \text{ GPa} > \tau_p = 0.5 \text{ GPa}$，这再次说明形变孪晶可以形核。并且

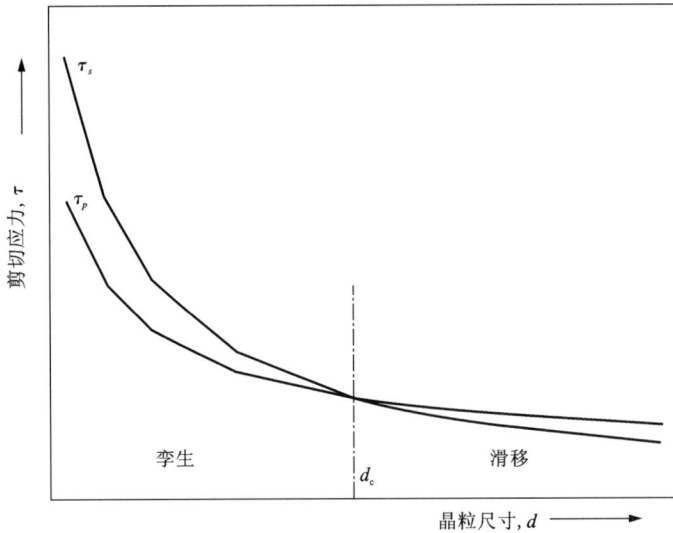

图 8 - 18　晶界处发射全位错及不全位错所需剪切应力与晶粒尺寸之间的关系图

孪晶形核与应力集中密切相关。

　　由局部应力集中造成的晶界处发射 Shockley 不全位错形成孪晶的具体过程可描述如下(图 8 - 19)：在外界剪切应力下，一个 90°Shockley 不全位错 $\vec{b}_1 = a/6[21\bar{1}]$(由线 AabB 表示)从晶界 AB 处发射，该位错可称为领先不全位错。由于该不全位错的 A、B 点被三叉晶界处钉扎，因此留下 Aa 和 Bb 两段不全位错在晶界上。接下来，另一个 30°Shockley 不全位错 $\vec{b}_2 = a/6[\bar{1}21]$ 也可能从晶界 AB 发射(由线 Aa'b'B 表示)，该位错可称为牵引不全位错。于是 ab 与 a'b'这两段不全位错被一个层错分开，当这两个不全位错发生束集时将合并为 $\vec{b} = a/2[\bar{1}10]$ 的全位错，而 Aa'与 Aa，以及 Bb'与 Bb 不全位错段在晶界处也可反应成全位错[图 8 - 19(a)]。若第二个 30°领先不全位错 $\vec{b}_1 = a/6[21\bar{1}]$ 继续从与已形成的层错面相邻的滑移面上发射移动，可使得一个两层原子厚度的孪晶形核，这种不全位错称为孪晶不全位错。外加剪切应力只需要克服孪晶不全位错沿孪晶界运动所需应力 τ_{twin} 即可使孪晶界向着基体方向运动，从而实现孪晶片层的增厚[图 8 - 19(b)]。然而，尽管孪晶一旦形核后，可通过更多 Shockley 不全位错从相邻滑移面上发射而不断长大，但在层错或孪晶的滑移面上也可能继续发射牵引不全位错 $\vec{b}_2 = a/6[\bar{1}21]$，当这种牵引不全位错沿着滑移面移动时将使得原本已形成的层错或孪晶发生收缩甚至消失，这种使得牵引不全位错滑移的应力称 τ_{trail}[图 8 - 19(c)]。

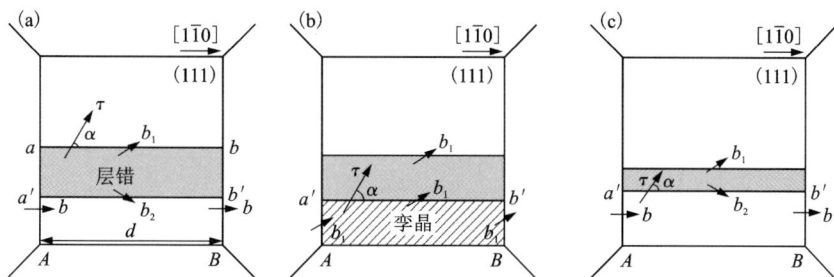

图 8 – 19　形变孪晶形核的位错模型

（a）一个位错可分解为两个不全位错 $\vec{b}_1$ 和 $\vec{b}_2$；（b）在与层错面相邻的（111）面上发射孪晶不全位错而形成孪晶形核；（c）牵引不全位错发射使得层错消失

　　因此，一个孪晶能否在形核后稳定长大，不仅与晶界处能否发射不全位错有关，还取决于孪晶不全位错和牵引不全位错之间的竞争，因此必须比较 τ_{twin} 和 τ_{trail} 这两种剪切力大小，只有当前者小于后者时，孪晶长大才能顺利进行。

　　由于孪晶能是层错能的一半，因此孪晶界的移动使得层错转变为孪晶成为能量上的择优变形方式，此时外加剪切应力只需克服 Aa' 和 Bb' 这两段不全位错长度增加所需的应力。孪晶不全位错沿孪晶界运动所需应力 τ_{twin} 可以表述为：

$$\tau_{\text{twin}} = \frac{Ga(4-\nu)}{8\sqrt{6}(1-\nu)d\cos(\alpha-30°)}\ln\frac{\sqrt{2}d}{a} \tag{8-9}$$

　　而在原层错面上发射出的牵引不全位错沿层错面迁移会造成层错消失，使得层错能下降，同样地，Aa' 和 Bb' 位错段将被钉扎在晶界处导致一个拉应力产生，因此此时所需剪切应力 τ_{trail} 为：

$$\tau_{\text{trail}} = \frac{1}{\cos(\alpha+30°)}\left[\frac{\sqrt{6}(8+\nu)Ga}{48\pi(1-\nu)d}\ln\frac{\sqrt{2}d}{a} - \frac{\sqrt{6}\gamma}{a}\right] \tag{8-10}$$

式中：a 为晶格参数；d 为晶粒尺寸；ν 为泊松比（$\nu_{\text{Cu}} = 0.343$）；α 为剪切应力方向与孪晶界夹角；γ 为层错能。同样地，若直接采用纯 Cu 参数进行计算，并取 $\alpha = 30°$，可计算得到 τ_{twin} 和 τ_{trail} 值随 Cu 晶粒尺寸变化的关系图（图 8 – 20）。

　　由图 8 – 20 可见，τ_{trail} 值随晶粒尺寸减小而增大的速率大于 τ_{twin} 值的，当晶粒尺寸小于临界尺寸 d_c 后，τ_{twin} 值将小于 τ_{trail} 值，此时孪晶不全位错沿着孪晶界运动所需剪切应力 τ_{twin} 低于牵引不全位错滑移所需应力 τ_{trail}，孪晶的形核和生长成为主导。将式（8 – 9）和式（8 – 10）联立可得孪晶形核后顺利生长的临界晶粒尺寸 d_c 为：

$$\frac{1}{d_c}\ln\frac{\sqrt{2}d_c}{a} = \frac{\gamma}{Ga^2}\frac{48\pi(1-\nu)\cos(\alpha-30°)}{(8+\nu)\cos(\alpha-30°) - (4-\nu)\cos(\alpha+30°)} \tag{8-11}$$

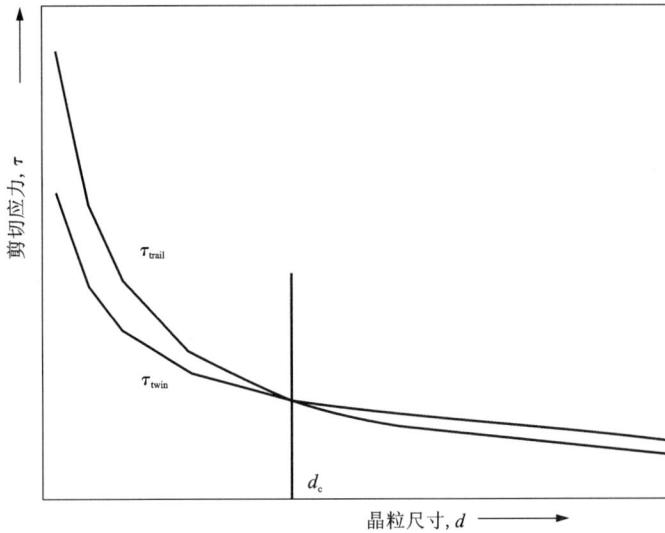

图 8 - 20   晶界处位错发射 τ_{trail} 及 τ_{twin} 所需剪切应力与晶粒尺寸之间的关系图(取 $\alpha = 30°$)

从式(8 - 11)可见，孪晶形核生长的临界尺寸 d_c 与剪切应力方向 α 有关，这说明除了晶粒尺寸和应力集中，形变时剪切应力的方向对孪生的发生与否也起到重要作用。将式(8 - 11)与式(8 - 9)相结合，可得在晶粒尺寸为 d_c 时，孪晶形核长大应力 τ_{twin} 为：

$$\tau_{twin} = \frac{48(4 - v)\gamma}{8\sqrt{6}a(8 + v)\cos(\alpha - 30°) - (4 - v)\cos(\alpha + 30°)} \qquad (8 - 12)$$

令 $d\tau_{twin}/d\alpha = 0$，可以计算得出 τ_{twin} 最小时对应的 α 值。若直接将 Cu 参数代入进行计算，可得当 α 值为 26.5°时，τ_{twin} 最小为 0.17 GPa，该值小于前述发射不全位错所需的临界应力($\tau_P = 0.5$ GPa)，即孪晶长大所需应力小于孪晶形核所需应力，这解释了为何随着晶粒尺寸的减小，形变孪晶一旦形核后，更倾向于稳定长大而非消失。另外，根据式(8 - 11)可算得当 $\alpha = 26.5°$时，d_c 为 54 nm，这与实验中观察到的 Cu 纳米晶开始发生形变孪生的临界尺寸相吻合。

值得指出的是，在上述模型中仅考虑了 Cu 的形变孪晶，如果进一步考虑合金化了的 Cu - Nb 晶粒，由于合金化可能降低基体的层错能，则根据式(8 - 7)、式(8 - 8)、式(8 - 11)和式(8 - 12)，可以发现形变孪晶形核的临界尺寸 d_c 增加，τ_P 和 τ_{twin} 减小，因此可认为合金化有利于材料在室温下发生形变孪生。

8.2.3.2   堆垛层错带重叠发生均匀孪生

图 8 - 21 示出了 $Cu_{90}Nb_{10}$ 粉末球磨 30 h 后，纳米晶 Cu 中形成的形变孪晶和堆垛层错的晶格条纹像。由此可见，图中 B 区域($1\bar{1}1$)滑移面上有一个约三个原

子层厚的形变孪晶。很明显，该形变孪晶并非通过 Shockley 不全位错从晶界连续发射形成的，而是通过本征或非本征位错在｛111｝面上分解成夹着层错的不全位错对（即扩展位错）之间的动态叠加而在晶内发生均匀形核长大的。这种孪生机制即堆垛层错重叠均匀孪生机制。

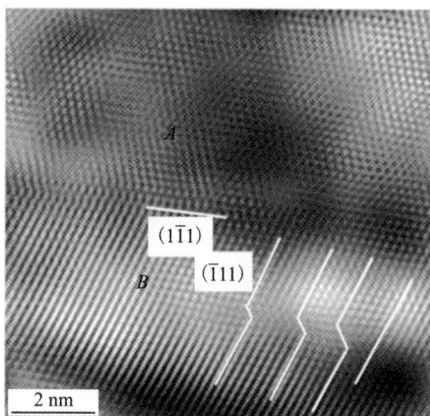

图 8 - 21　纳米 Cu - Nb 合金中形变孪晶的
HRTEM 观察结果

这种层错动态重叠形成孪晶主要发生在晶格的应力集中处，在堆叠过程中不全位错被孪晶界面吸收而释放出层错能，因此，这种均匀孪生的发生也是变形过程中一种动态回复过程的结果，甚至可以认为

在球磨高应变速率下，这种微孪晶的形成是动态再结晶的初期形态。

对于堆垛层错重叠均匀孪生，形变孪晶的形核、生长和运动应是一系列抽出型层错（intrinsic stacking fault，简写为 ISF）或插入型（extrinsic stacking fault，简写为 ESF）之间互相反应的结果。图 8 - 22 是 Thompson 四面体展开在一个平面上的示意图。根据 Thompson 符号，ABD 为 $(11\bar{1})$ 面，其上有三种抽出型不全位错。第一个全位错 $1/2[101]$ DA 可分解为两个不全位错 $1/6[112]$ $D\gamma$ 和 $1/6[21\bar{1}]\gamma A$；第二个全位错 DB 和第三个纯螺位错 BA 具体的分解公式见图 8 - 22。这种位错分解反应得到的层错为抽出型层错。

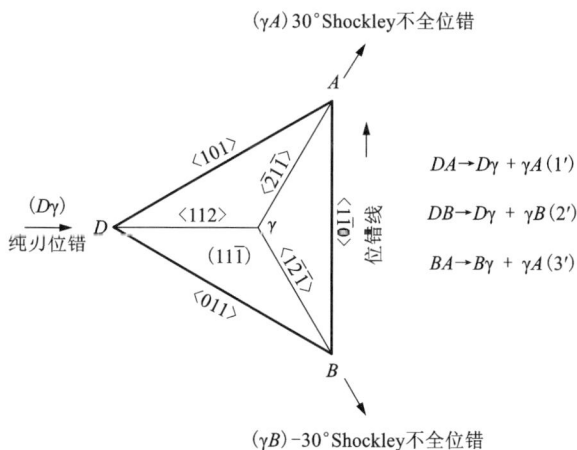

图 8 - 22　Thompson 符号及位错反应公式［仅取 $(11\bar{1})$ 面 ABD］

根据上述反应，可以描述在形变孪生过程中发生的位错反应。图 8 – 23 示出了三个抽出型层错重叠形成两原子层厚孪晶的过程，其观察方向平行于 [1̄10]，a_0 为晶体的晶格参数。对于 FCC 结构，其 (111) 面正常的堆垛次序为 ABC，当在晶格的左方发生分解反应 (1') 而出现一个刃型不全位错 Dγ（由箭头标出）后，可使得正常的堆垛次序变化为 ABABC，即 C 层相对于 B 层原子滑移 1/6[112] 到 A 层，形成一个 ISF（抽出型层错）；若在晶格中部相继发生分解反应 (2')，则出现的一个刃型不全位错 Dγ 可进一步造成附加迁移，使得 B 层滑移相对于 A 层滑移 1/6[112] 到 C 层，ISF 变为 ESF（插入型层错），堆垛次序转变为 ABACA。因此该堆垛次序的获得是通过左上部 DA 扩展位错与中下部 DB 扩展位错的堆叠形成的。若已形成的 ESF 继续与第三个抽出型分解位错 Dγ 相结合，则正好产生一个两原子层厚的微孪晶，即三个 ISF 结合形成一个两层孪晶。由此可见，该微孪晶的形成需要 2 个 DA 和 1 个 DB 全位错发生分解反应，即通过分解式 (4')、式 (5') 和式 (6') 产生三个纯刃型不全位错 Dγ，这三个 Dγ 之间重叠可形成一个微孪晶（黑框标出）；相反地，剩下的三个不全位错，即 2 个 30° 不全位错 Aγ 和一个全刃型不全位错 γB 可结合形成一个复杂核心结构，导致非共格孪晶界的形成。当该两层厚的孪晶继续与一个抽出型不全位错 Dγ 相结合时，可产生一个三原子层厚孪晶，同时，剩下的不全位错可形成一个非共格孪晶界。不难知道，形变孪晶的可动性应依赖于其孪晶界，而 Shockley 不全位错为可动位错，因此，当非共格孪晶界只由 Shockley 不全位错组成时为可动非共格孪晶，在孪晶方向上具有高的运动性；但若非共格孪晶有至少 1 个不可动位错，如 Frank 不全位错，则由于不可动位错对孪晶界的钉扎作用而造成该孪晶的可动性低。形变孪晶的可动程度对回复过程的影响大。

8.2.3.3　晶界分裂迁移孪生

图 8 – 24(a) 示出了 $Cu_{90}Nb_{10}$ 粉末球磨 30 h 后形成的形变孪晶的晶格条纹像。图中 A、B 晶粒的 {111} 面取向差约为 36°，白色圆圈标示出了 A、B 晶粒之间的大角度晶界。同时，由图中相应的反傅立叶转换衍射花样可以明显看出 A、C 区域以及 B、C 区域之间互相呈镜面对称关系，其相应孪晶界由箭头标出。

因此，中间的界面是由白色圆圈标示的晶界与箭头所指的孪晶界相连组成。此种孪晶是通过晶界的分裂并连续迁移，最终在晶内留下两段共格孪晶界而形成的 [如图 8 – 24(b) 中所示]。具体过程为：纳米晶在经历大变形时，其晶界段 D 可能分裂成一段孪晶界 (C_1) 和一段新晶界 (E)，其中 C_1 固定在晶界 D 分解前所在的位置，而新晶界 (E) 在非孪晶区的移动产生了孪晶层，此孪晶被孪晶界 (C_1 和 C_2) 与非孪晶区分开。由于共格孪生晶界的能量远远低于晶界能，因此整个孪生过程有利于降低能量。对比图 8 – 24(a) 和 (b) 不难发现，图 8 – 24(a) 中形变孪晶也可能是通过 B、C 区域间的晶界（白色圆圈标出）分裂成一段孪晶界（白色

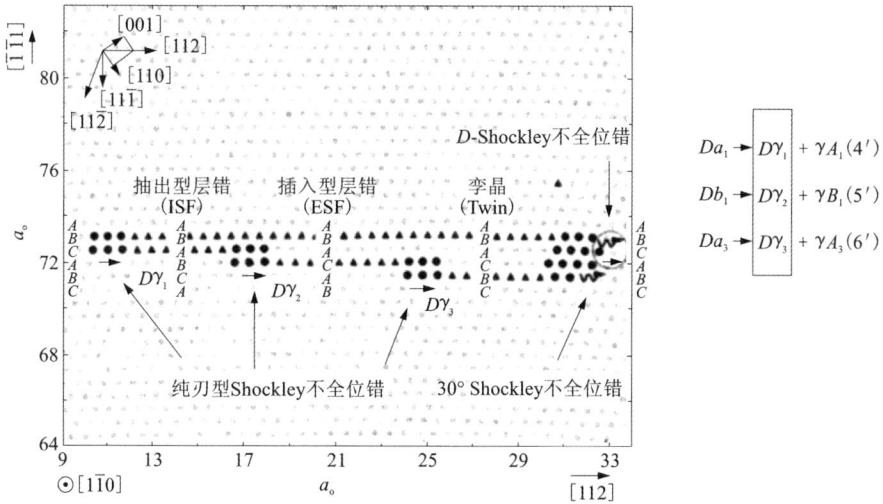

图 8 – 23　三个 ISF 重叠形成两层厚孪晶的原子结构模型，投影方向为[1$\bar{1}$0]带轴

图中(111)面的 *ABC* 堆垛次序描述了层错类型及位错类型。所有位置都是以晶格常数 a_0 为单位给出的，用空心圆圈代表处于正常 FCC 结构堆垛次序的原子，实心三角形代表处于密排六方结构堆垛顺序的原子，实心圆圈代表缺陷周围的原子

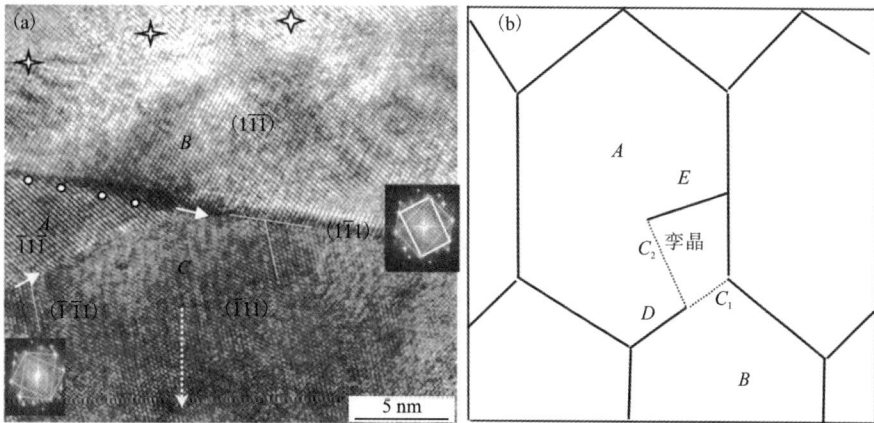

图 8 – 24　Cu – Nb 纳米晶合金粉末中形变孪晶的高分辨图像及其示意图

(a)Cu – Nb 纳米晶合金粉末中形变孪晶的晶格条纹像；(b)晶界分裂后迁移形成孪晶的模拟图

箭头所指)与一段向下迁移的晶界(迁移方向由虚线箭头标出)而形成的。在不断球磨过程中，新的晶界不断向前推移，*C* 区不断扩大，即孪晶区增大，晶体整体能量下降。由此可见，孪生是广义上的回复过程。

8.2.4　大变形条件下过饱和固溶体的形成机制

不互溶体系是指在固态下组元间的固溶度接近于零或很小的体系，如 Fe – Cu、Al – Bi、Cu – Co、Co – Cr 等。近年来的研究发现大多数二元不互溶体系在大塑性变形过程中都能形成过饱和固溶体(图 8 – 25)。特别是，通过机械合金化法扩大合金的固溶度，已成功制备了一些具有重要工程技术价值的材料，如 Cu – Cr、Cu – W、Cu – Mo、Fe – Cu、Cu – Co 等。国内外学者从不同的角度对固溶度扩展的机制进行了分析讨论，取得了很大的进展。到目前为止，主要有以下理论被用于解释大变形条件下过饱和固溶体的形成机制。

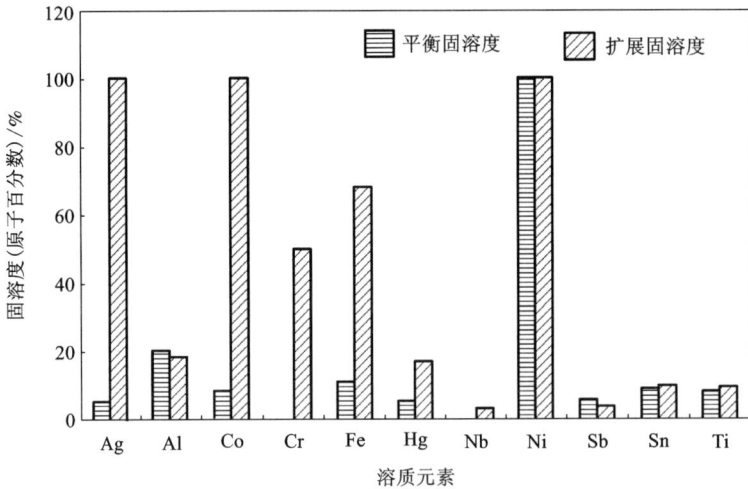

图 8 – 25　部分溶质在 Cu 基体中的平衡固溶度和机械合金化致固溶度扩展量对比

根据热力学理论，塑性变形诱导过饱和固溶体的形成可以根据亚稳相的溶解度原理来解释，即与稳定相相比，亚稳相在一次固溶体中的溶解度更大。但这种解释过于简单，也无法预测极限固溶度的大小。

由于不同元素之间能否形成固溶体主要取决于体系的自由能，因此通过对比材料所获得的变形储能与固溶体形成能的大小来预测固溶度的扩展量成了有效方法。研究表明，在大塑性变形过程中，材料内部形成了高密度的空位、位错、晶界和相界等缺陷，导致晶内的变形储能升高。当变形储能大于过饱和固溶体所需的形成自由能时，第二相元素在基体中的固溶度可得到扩展。考虑到纳米结构化和剧烈应变是大塑性变形材料的主要特点，因此在计算变形储能时主要考虑晶界能和弹性应变能。

材料晶界能的大小主要与其晶粒尺寸有关，可由下式计算：

$$\Delta G_b = \frac{4\gamma V_m}{D} \tag{8-13}$$

式中：γ 为晶界能；D 为晶粒尺寸；V_m 为溶剂的摩尔体积。

塑性变形材料的弹性应变能主要取决于晶内的位错密度，位错密度越高，弹性应变量越大，其计算公式为：

$$\Delta G_s = \xi \rho V_m \tag{8-14}$$

式中：ρ 为位错密度，可由 $\rho_{hkl} = (\rho_D \rho_S)^{1/2} = 2\sqrt{3} <\varepsilon_{hkl}^2>^{1/2}/(D_{hkl}b)$ 计算得到（b 为位错柏氏矢量的大小，$<\varepsilon_{hkl}^2>^{1/2}$ 为晶格内应变，D_{hkl} 为晶粒尺寸）；ξ 为单位长度的位错弹性能，可由式（8-15）计算获得。

$$\xi = (Gb^2/4\pi)\ln(R_e/r_0) \tag{8-15}$$

式中：G 为剪切模量；R_e 为位错外半径；r_0 为位错内半径，取 $r_0 = 1/2a(\bar{1}10)$；a 为晶格常数。

通过对比变形储能与固溶体形成能，本书作者成功解释了经 100 h 球磨后，Nb 在 Cu 中的最大固溶度扩展至 Nb 的质量分数为 10% 的原因（Cu 与 Nb 元素的平衡固溶度接近为零）。这是因为 $Cu_{90}Nb_{10}$ 合金经高能球磨后所获得的界面能（ΔG_b）与弹性应变能（ΔG_s）之和可达 2.55 kJ/mol，大于 $Cu_{90}Nb_{10}$ 固溶体的形成自由能（约 2.46 kJ/mol），因此高的变形储能足以克服能垒，促进超过饱和固溶体的形成（见图 8-26）。需要说明的是，由于大塑性变形是一个复杂的非平衡过程，原子之间的扩散行为与材料的微观结构特征密切相关，因此单纯从热力学角度无法对固溶度扩展过程进行准确预测和定量描述。

8.2.4.1　位错的作用

在大塑性变形过程中，材料内部形成了高密度的位错（$>10^{12}$ cm^{-1}），提供了大量的位错管道促使溶质扩散。一方面，由于溶质原子偏聚于位错处时可以降低位错应变能，因而在位错处溶质原子浓度通常大于完整晶格处。另一方面，位错泵机制（pipe diffusion）认为，在合金发生塑性变形时，位错将被迫移动，溶质原子被保留在原处形成富溶质区，而在新的位错处由于溶质扩散又重新形成新的富溶质区。因此，通过位错的持续滑移，溶质元素不断溶解入基体中，从而实现材料内部的整体合金化。然而，有学者认为，当组元间的混合焓为正值时，仅仅通过位错泵机制无法完成大规模的长程扩散。

近年来，界面与位错关系的研究结果表明，当满足一定条件时，位错滑移可以穿过相界。Guo 等发现在塑性变形过程中，当 Cu 层中的位错穿过 Cu/CuZr 相界时，将携带 Cu 原子扩散进入 CuZr 层中，实现元素间的互相扩散。此外，Raabe 等提出了一种位错拖曳剪切机制（dislocation-shuffling and shear banding）。由图 8-27 可见，Cu-Nb-Ag 合金在变形过程中，Nb（或 Ag）中产生的位错将移动并穿过 Cu/Nb（或 Cu/Ag）界面；当多个滑移系被激活后，可在相界处切割产生

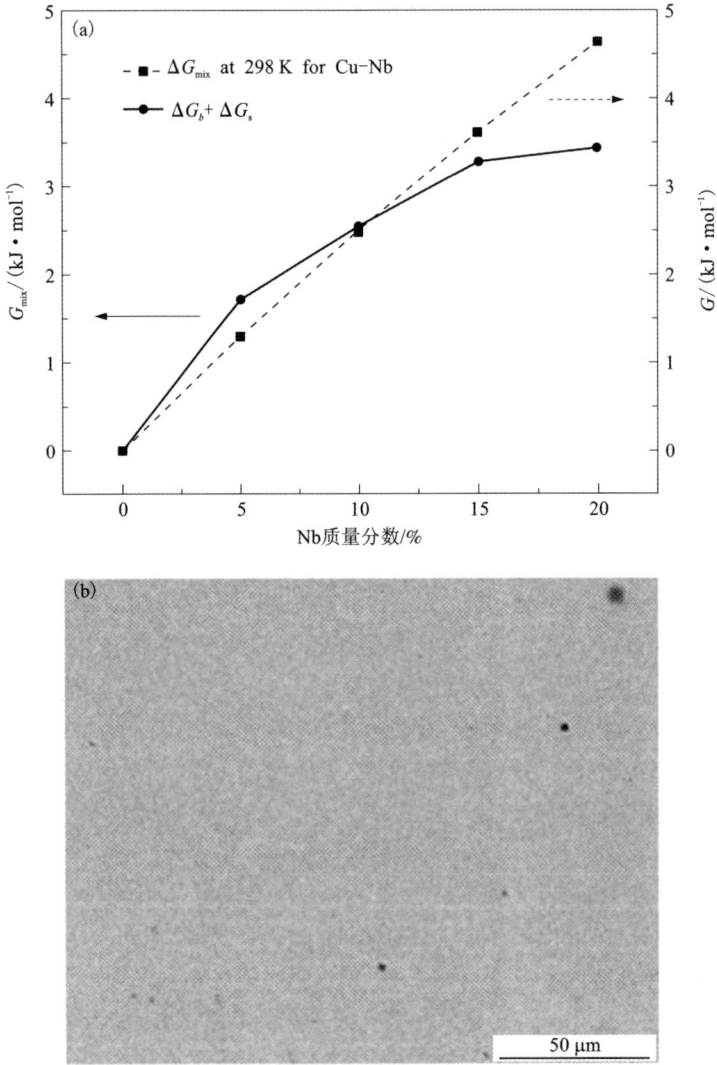

图 8 – 26   Cu – Nb 合金粉末球磨后的机械储能和 SEM 照片

（a）球磨 Cu – Nb 合金粉末机械储能（$\Delta G_b + \Delta G_s$）随 Nb 含量的变化（实线），其中虚线代表各浓度 Cu – Nb 固溶体的形成自由能 ΔG_{mix}；（b）$Cu_{90}Nb_{10}$ 合金粉末球磨 100 h 后的 SEM 照片

小的颗粒；这些小的纳米颗粒可能将在后续变形过程中被位错进一步切割细化。依据 Gibbs – Thomson 效应，当这些纳米颗粒尺寸小于一定值后，它们将溶解于基体中。然而，该机制尚缺乏实验证据。

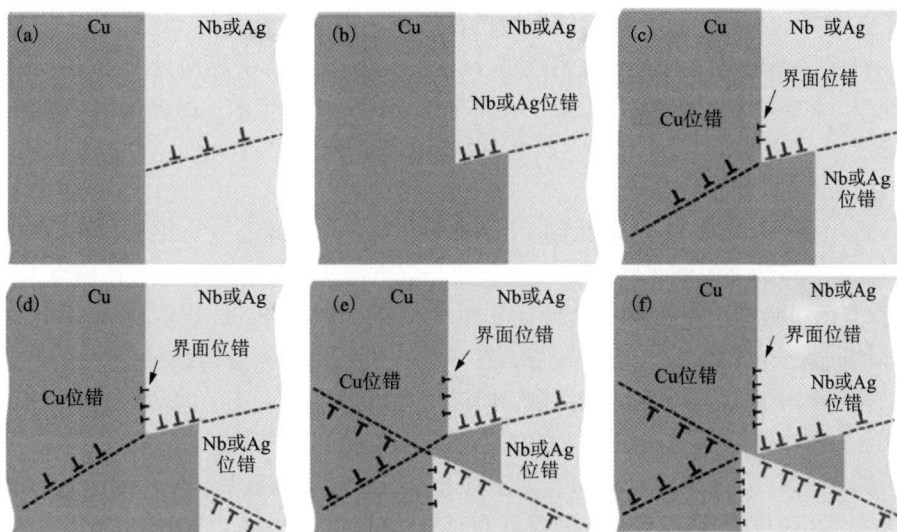

图 8 – 27　位错穿过相界促进固溶度扩展的简图

(a)Nb 或 Ag 中一个滑移系启动，位错滑移至相界处；(b)位错穿过相界，发生原子面剪切；(c)应力集中激发 Cu 中产生位错；(d)Nb 或 Ag 中第二个滑移系启动，位错滑移至相界处；(e)位错穿过相界，发生原子面剪切，并激发 Cu 中产生位错；(f)由于原子面剪切而产生细小颗粒

8.2.4.2　晶界与相界的作用

众多研究均提出合金的固溶度扩展量只有在形成纳米晶时才显著增加。这是由于纳米晶具有高体积分数的晶界，这些晶界提供了大量的短程扩散通道，有助于固溶度的提高。此外，晶粒尺寸小于 10 nm 以后，晶界行为(如晶界滑移)成为材料发生塑性形变的主要方式。由于晶界滑移是依靠晶界处的原子扩散进行的，因此有利于诱导两相的互相扩散(图 8 – 28)。

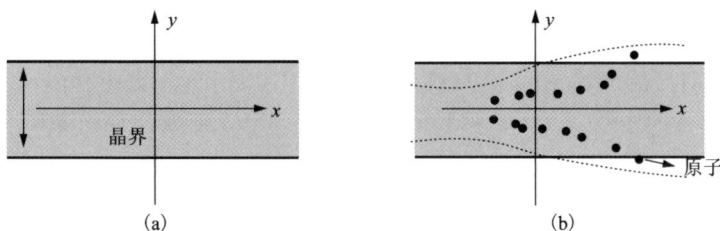

图 8 – 28　晶界扩散模型

(a)原始纳米晶晶界；(b)晶界处原子扩散

另外,固溶是第二相原子通过两相界面扩散到基体晶格中的过程,因此溶质原子在相界的扩散速度会影响固溶度的扩展量。理论计算表明,相界上的非平衡空位密度是理想晶体内部空位密度的 14 倍,这有效提高了界面处元素之间的扩散速率。同时,相界处的位错也可以加速原子间的相互扩散,促进过饱和固溶体的形成。

8.2.4.3 相变的作用

近年来有学者发现,当尺寸减小到临界值后,部分体心立方结构(如 Cr、Ta、Nb 和 Mo 等)的金属纳米颗粒会转变为面心立方结构。如,本书作者在研究 Cu–Nb 合金的机械合金化过程中发现,当 Nb 粒子尺寸小于 8 nm 以后会发生 BCC→FCC 的同素异晶型转变。不难知道,当 Cu 与 Nb 均为面心立方结构时,相同的点阵结构有利于两者之间发生互扩散,促进固溶度的增加。本节将以 Cu–Nb 合金为例,介绍纳米复合材料中嵌入的纳米颗粒发生相变的机制。

图 8–29(a)示出了 $Cu_{85}Nb_{15}$ 合金粉末经不同时间球磨后 Nb 元素(110)晶面的 X 射线衍射峰变化。可见,随着球磨时间的延长,$(110)_{Nb}$ 衍射峰逐渐宽化,强度下降,并持续向小角度方向偏移。衍射峰的宽化是源于球磨过程中的晶粒细化和微观应变效应,而 Nb 衍射峰持续往小角度方向迁移则表明 Nb 晶格发生了不断地膨胀。图 8–29(b)示出了该合金粉末 Nb 相晶格参数与平均晶粒尺寸随球磨时间的变化情况。由此可见,随着球磨时间的延长,$Cu_{85}Nb_{15}$ 合金粉末中 Nb 相的晶格参数逐渐增加,晶粒尺寸迅速减小。若仅考虑尺寸因素,Cu 与 Fe 的固溶无法造成 Nb 晶格参数的反常连续增加。Nb 晶格发生膨胀的原因可能是由于球磨过程中,Nb 颗粒在球磨机械力的作用下产生了大的晶格畸变和 Nb 颗粒的纳米晶。此时作用在纳米晶晶界上的负静水压力相应增加,导致 Cu/Nb 相界及 Nb 晶内原子重排,这些都能引起纳米 Nb 粒子发生反常晶格膨胀。

图 8–30 为 $Cu_{85}Nb_{15}$ 粉末球磨 100 h 后的晶格条纹像和相应的傅立叶转换衍射花样与傅立叶滤波图像。可见,Nb 纳米颗粒 I 尺寸约为 3 nm,其傅立叶转换花样有别于 BCC 点阵中任何带轴的衍射花样,而与 FCC 点阵中 <011> 带轴衍射花样相符,可见该颗粒为 FCC 相。其 {111} 面的平均晶面间距为 0.242 ±0.002 nm,由此可算得对应的 FCC 相晶格参数为 0.421 ±0.003 nm,与 ab initio 模型计算出的 FCC–Nb 晶格参数一致(0.423 nm)。图 8–30(e)是该合金粉末球磨 100 h 后的电子衍射花样。通过测量发现其最内层的衍射环晶面间距为 0.241 ±0.001 nm,比 {111}$_{FCC–Cu}$(0.2086 nm)及 {110}$_{BCC–Nb}$(0.2337 nm)大,而与 {111}$_{FCC–Nb}$(0.242 nm)接近,这进一步证明了嵌入在 Cu 基体中的纳米 Nb 颗粒发生了 BCC→FCC 同素异构转变。将各电子衍射环面间距测量值与 FCC–Cu、BCC–Nb 以及 FCC–Nb 相应的晶面间距标准值对比,发现此时只有 Cu 基体及 FCC–Nb 的衍射环。通过 FCC–Nb 相各衍射环的面间距值可推算出其平均晶格

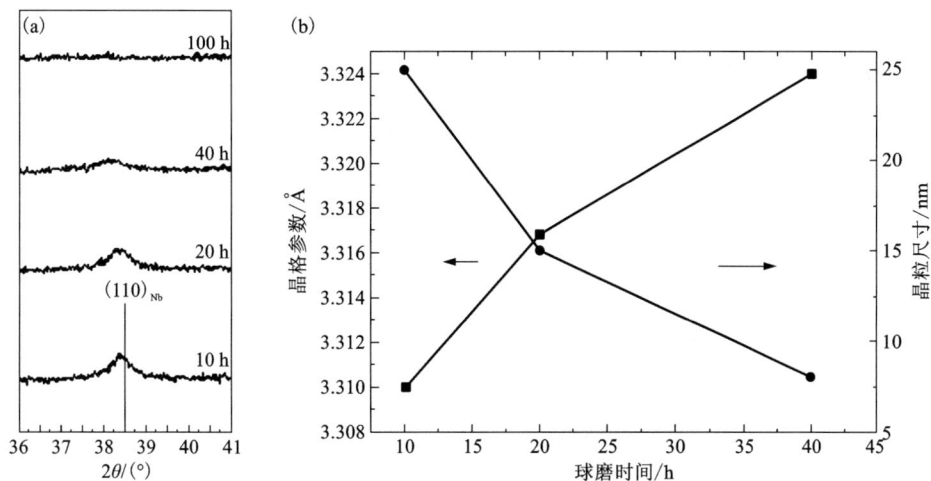

图 8 - 29　Cu₈₅Nb₁₅ 粉球磨过程中的组织结构演变

（a）Cu₈₅Nb₁₅ 粉末经不同球磨时间后（110）Nb 衍射峰的变化；（b）Nb 相晶格参数和晶粒尺寸的变化

参数，为 0.419 ±0.001 nm。

从球磨 100 h 后获得的 Cu – Nb 粉末样品中随机检测 30 颗尚未固溶的纳米 Nb 颗粒，发现其中 18 个尺寸为 3~8 nm 的 Nb 颗粒具有明确的 FCC 结构。另外 12 个 Nb 颗粒为 BCC 结构，而这些 Nb 颗粒尺寸大部分大于 8 nm，但也存在着尺寸小于 8 nm 的 BCC – Nb 颗粒。图 8 - 31 示出了一个厚约 4 nm、长约 6 nm 的 Nb 颗粒，其晶格条纹间距为 0.234 ±0.001 nm，与 {110}_{BCC – Nb}（0.2337 nm）相近，因此该 Nb 颗粒仍为 BCC 结构，尚未发生同素异构转变；同时，该颗粒的 {110} 面与基体 {111}_{Cu} 面之间的夹角为（45 ±1）°，Cu/Nb 界面呈非共格关系。

上述统计结果表明，只有尺寸小于 8 nm 的纳米 Nb 颗粒才可能转变为 FCC 结构，但仍有尺寸小于 8 nm 的 Nb 颗粒保持为 BCC 结构。这种反常现象反映出颗粒尺寸不是影响嵌入纳米颗粒发生同素异构转变的唯一因素，界面结构在其中也起着重要作用，Cu/Nb 界面共格程度的提高有利于纳米 Nb 颗粒同素异构转变的发生。

为了进一步解释尺寸及界面效应对嵌入纳米颗粒同素异构转变的影响，通过建立纳米金属颗粒的结合能模型，可预测计算嵌入纳米 Nb 颗粒的结构稳定性。由于结合能在数值上与破坏晶体所有的键得到独立原子所需能量相等，因此，可以将结合能看作直接决定于键能与键数之积。

基于上述思想，一个纳米颗粒的结合能取决于它所包含的全部内部原子与外部原子，作为一级近似，可认为自由纳米颗粒的外部原子等同于表面原子，有一

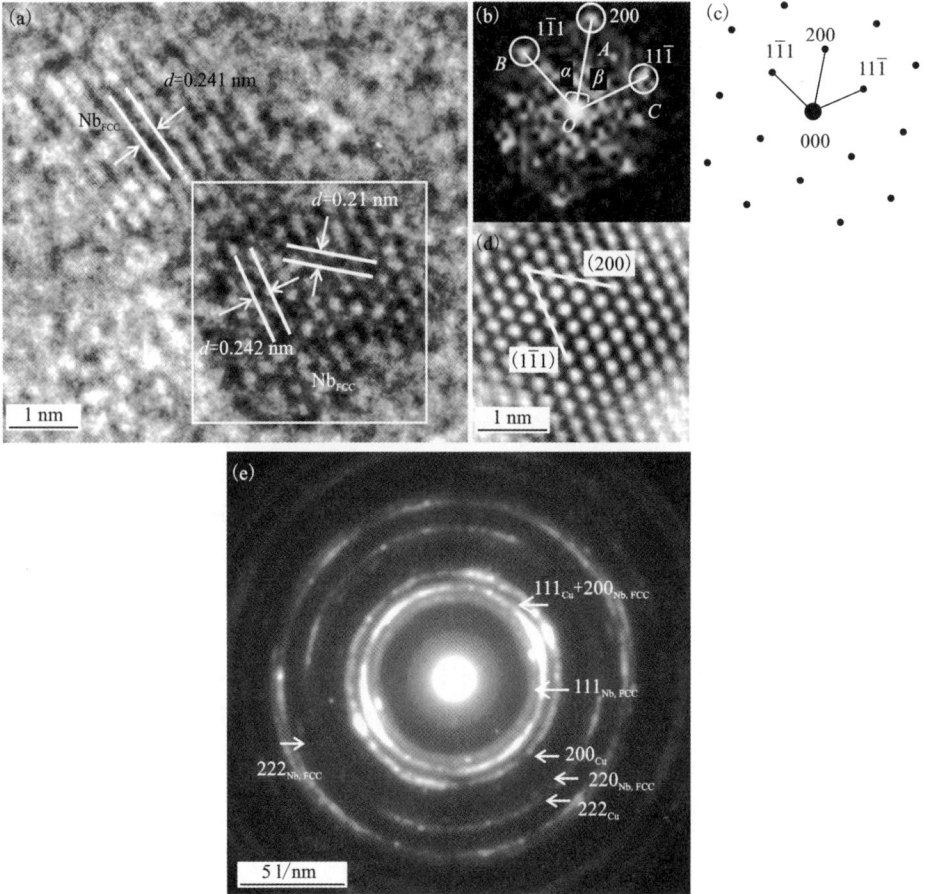

图 8 – 30   Cu₈₅Nb₁₅ 粉末球磨 100 h 后显微组织的晶格条纹像及电子衍射花样

(a)球磨 100 h 后显微组织的 HRTEM；(b)图(a)的傅立叶转换衍射花样；(c) <011 >_FCC 带轴的标准衍射花样；(d)图(a)的傅立叶滤波像；(e)球磨 100 h 后大范围显微组织的选区电子衍射花样

半的悬空键。而对于嵌入在基体中的纳米颗粒，外部原子则应分为表面原子与界面原子，与表面原子不同，界面原子与基体原子是紧密结合的，故嵌于基体的纳米颗粒的结合能 E_{tot} 可表示为：

$$E_{tot} = (n - N)E_b^i + \frac{1}{2}NE_b^i + \frac{1}{2}Np\frac{E_b^i + E_M}{2} \qquad (8-16)$$

式中：n 和 N 分别为颗粒总原子数和表面原子数；E_b^i 为颗粒具有 i 结构时的块体结合能；E_M 为基体原子的块体结合能；p 表示颗粒与基体界面的共格程度，$p=0$ 表示非共格界面，$p=1/2$ 表示半共格界面，$p=1$ 表示共格界面。于是嵌入纳米颗粒的单个原子结合能 E_p 可写为：

$$E_p = E_b^i \left[1 + \frac{1}{2} \frac{N}{n} \left(p \frac{1 + E_M/E_b^i}{2} - 1 \right) \right] \qquad (8-17)$$

假定球形纳米颗粒直径为 D，则其体积为 $\pi D^2/6$，原子体积为 $\pi d^3/6$。显然，颗粒中总的原子数目可表示为 $n = D^3 f/d^3$。而由体积关系容易得到 $N/n = \pi d/f_i D$，其中 d 表示原子直径，f_i 为 i 结构时的密堆指数（对于 FCC 和 BCC，f 分别为 0.74 和 0.68）。假设当颗粒与基体结构不同时，界面为非共格，则 $P = 0$；当颗粒与基体结构

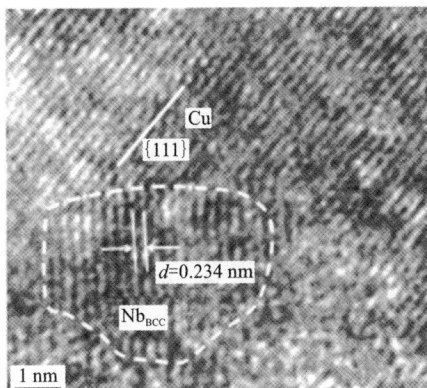

图 8-31　Cu-Nb 合金粉末球磨 100 h 的晶格条纹像

相同时，界面可能是共格（$P = 1$）、半共格（$P = 1/2$）或非共格（$P = 0$）。因此，纳米颗粒结构 i 与结构 j 之间的结合能差 ΔE 可表示为：

$$\Delta E = E_{b,j} \left[1 + \frac{1}{2} \frac{\pi d}{f_j D} \left(p \frac{1 + E_M/E_{b,j}}{2} - 1 \right) \right] - E_{b,i} \left(1 - \frac{1}{2} \frac{\pi d}{f_i D} \right) \qquad (8-18)$$

式中：$E_{b,i}$ 和 $E_{b,j}$ 分别为颗粒具有结构 i 与 j 的块体结合能。由于纳米颗粒的结合能越高表示其结构越稳定，因此利用 ΔE 可判断嵌入纳米颗粒的结构稳定性。当 $\Delta E > 0$ 时，具有结构 j 的纳米颗粒结合能大于结构 i 的，因此在热力学平衡态下，结构 j 更稳定；反之亦然。$\Delta E = 0$ 表明两种结构的结合能相等，由此可算得纳米颗粒同素异构转变的临界尺寸 $D_{critical}$。

对于嵌入在 Cu 基体中的纳米 Nb 颗粒，通过公式（8-17）可计算得到 Nb 具有不同晶型结构时的结合能差值随颗粒尺寸及界面共格度的变化关系，计算所需参数如下：$E_{b,BCC}^{Nb} = 7.57$ eV，$E_{b,FCC}^{Nb} = 7.284$ eV（$\Delta E_{b,BCC-FCC}^{Nb} = 0.286$ eV），$E_{M,FCC}^{Cu} = 3.49$ eV，$d_{Nb} = 0.28637$ nm，计算结果如图 8-32 所示。可见，在一定形状和界面关系条件下，处于临界尺寸 $D_{critical}$ 的 BCC 结构纳米颗粒的结合能应与其为 FCC 结构时的结合能相等；当颗粒尺寸大于该临界尺寸 $D_{critical}$ 时，BCC 结构稳定，小于该尺寸 $D_{critical}$ 时，FCC 结构更为稳定。结果表明：当 Cu/Nb 界面为非共格时，计算得到的极限临界尺寸 $D_{p=0} \approx 1.95$ nm；当 Cu/Nb 界面为半共格时，极限临界尺寸 $D_{p=0.5} \approx 7.82$ nm；Cu/Nb 界面为共格时，极限临界尺寸 $D_{p=1} \approx 13.52$ nm。由此可见，界面共格程度的提高有利于嵌入纳米颗粒发生结构转变。上述理论计算结果与实验结果吻合得很好。然而，在实验中未观察到任何尺寸大于 8 nm 的 FCC-Nb 纳米颗粒。这可能是由于对于尺寸大于 8 nm 的 Nb 颗粒，Cu/Nb 界面难以保持高度共格关系的缘故。

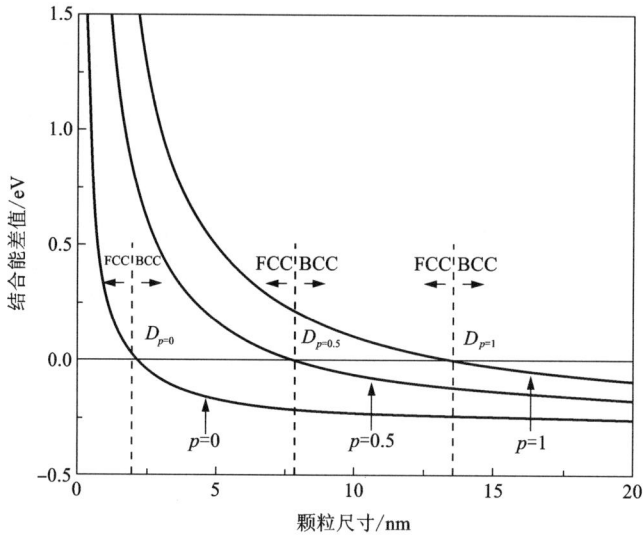

图 8 – 32　不同晶型结构的纳米 Nb 颗粒结合能差值随颗粒尺寸及界面共格度的变化关系

（$p=0$，不共格；$p=0.5$，半共格；$p=1$，共格）

由上述分析可知，当 Nb 纳米颗粒在球磨过程中由 BCC 结构转变为 FCC 结构后，将有助于 Nb 与 Cu 之间的互相扩散，促进固溶度的增加。同样地，在分析大变形条件下 Cu – Fe、Cu – Mo、Cu – W 等体系的固溶度扩展机制时，也应考虑 Fe、Mo、W 等纳米颗粒同素异构转变对固溶度扩展量的影响。

8.2.4.4　其他影响因素

一些文献指出，如果工艺控制不到位，在大塑性变形过程中有可能会引入少量杂质，这些杂质可对合金化过程起到促进作用。如，Raghu 等在研究 Cu – W 体系的机械合金化过程中发现，当在含氧气氛下进行球磨时，Cu 基体中的位错密度随着氧含量的升高而增加，从而促进了固溶度的扩展。但这方面的文献报道并不多。

此外，Yavari 等提出在球磨过程中，粉末在发生变形剪切时会产生一些半径仅几纳米的大曲率碎片。根据 Thomson – Freudlich 公式，这些大曲率碎片具有高的蒸气压，可促使尖端原子的固溶。但不少学者对于是否存在这些小尺寸碎片提出了质疑，且碎片的团聚现象也将限制其曲率半径。

尽管上述几种机制都能在一定程度上解释不同材料体系在大塑性变形条件下的固溶度扩展机制，但由于大变形过程的复杂性，材料的合金化过程通常是多种机制共同作用的结果，单纯依靠一种方式难以获得较高的固溶度扩展量。此外，目前还没有一个理想的模型可以预测大变形诱导固溶度扩散的反应过程，如何解决这一问题是未来工作的发展方向之一。

8.3　基于大塑性变形技术制备的金属材料性能

8.3.1　强度与延展性

根据 Hall – Petch 公式,晶粒细化有利于增加金属材料的力学强度。因此,经大塑性变形技术制备的纳米晶金属和合金材料的力学强度通常比相应的粗晶材料高 3 ~ 8 倍;然而,这样的组织结构特点也使其塑性和延展性明显减小。例如,谢虎在研究经累积叠轧技术加工后 7N01 铝合金的组织结构和力学性能时发现,随着累积叠轧循环道次数量和材料应变量的增加,该合金室温抗拉强度和屈服强度均逐渐增强;同时,其伸长率在一道次变形后快速下降,在随后的变形过程中仅仅发生微小的变化。需要指出的是,相比于轧制、冲压等常规变形工艺,大塑性形变过程中材料的塑性和延展性降低程度较小。如,Horita 等分别采用等径角挤压技术和冷轧变形制备了 3004 铝合金,对比发现在等径角挤压变形 1 道次后,材料的伸长率由 32% 减小至 14%,之后继续增加应变量,伸长率基本保持不变;但在冷轧过程中,随着轧制应变量的增加,其伸长率持续减小。

有趣的是,近期关于经大塑性变形技术制备的部分超细晶金属材料的研究发现,通过优化成分和工艺,可以实现强度和塑性的同时提高。由图 8 – 33 可见,左下阴影部分的大部分普通材料均遵循强度增强、延展性减小的规律。相反地,通过大塑性变形技术制备的 Ti、Cu 纳米晶可同时呈现出高的屈服强度和良好的延展性能(图 8 – 33 右上部分)。例如,通过等径角挤压法制备的纯 Cu 纳米晶的延展性能接近于粗晶 Cu,而其屈服强度比粗晶 Cu 显著提高。此外,通过等径角挤压法制备的镁合金和钛合金也有望获得良好的塑性和优异的强度。

关于大塑性变形材料强度和延展性同时提高的原因主要有四种解释。第一种观点认为由于应变量的增大导致非平衡晶界数量增加,因此可以阻碍位错运动提高材料强度;同时,非平衡晶界的出现有利于晶界滑移和晶粒转动的发生,促进了材料延展性的提高。第二种解释是,当晶粒尺寸呈现出纳米晶 + 超细晶的双峰分布时,材料的强度和延展性能都得以提高。第三种是基于晶粒细化提高材料强度,而平行于拉伸轴的软取向织构又有利于合金变形来进行解释的。第四种观点是认为当纳米结构金属内部形成大量弥散分布的第二相颗粒时,这些第二相颗粒可对应变过程中的剪切带传播进行修改,从而使材料的强度和延展性能得到优化。

需要注意的是,当晶粒尺寸小于一定值以后(通常小于 10 nm),部分金属纳米晶材料的强度/硬度与其晶粒尺寸的关系呈现出反 Hall – Patch 现象(Inverse

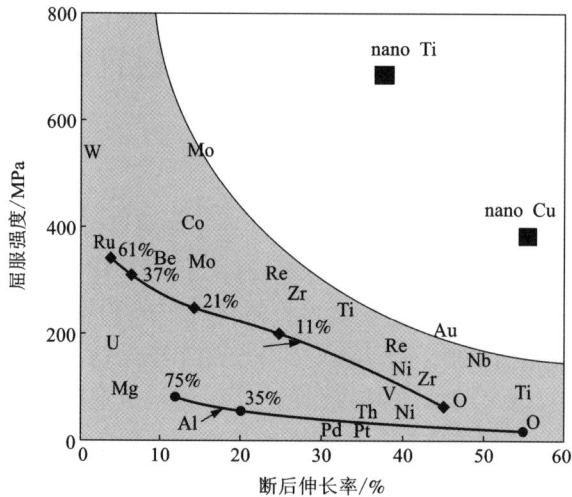

图 8 - 33　不同金属材料的屈服强度和断后伸长率的变化趋势

Hall - Patch)，即材料的强度随着晶粒尺寸的减小而下降。一般认为，这是由于晶粒小到不能容纳一个位错时，晶内的位错源已不再起作用，且位错无法在晶内塞积；此时，晶界滑移和晶粒扭转机制成为主要的形变机制，这使得 Hall - Patch 关系不再成立。

8.3.2　超塑性

超塑性是指当材料在一定的应力、温度和应变速率下发生变形时，表现出很高的伸长率(100% ~1000%)而不发生缩颈与断裂的现象。材料的超塑性现象为镁、钛、陶瓷等不易变形材料制备加工成复杂形状的零部件提供了可能。然而，超塑性现象通常发生在较高温度($>0.5T_m$)和较低应变速率(10^{-4} ~ 10^{-3} /s)下，这限制了超塑性成形的广泛应用。

在超塑性变形过程中，变形应力 σ、温度 T、晶粒尺寸 d 及应变速率 $\dot{\varepsilon}$ 之间存在如下经验关系：

$$\dot{\varepsilon} = A\sigma^n d^{-p} D_0 \exp[-Q/(RT)] \tag{8-19}$$

式中：A 为常数；p 为晶粒尺寸指数；n 为应力指数($n \approx 2$)；Q 为激活能；R 为摩尔气体常数。由此可见，晶粒尺寸对超塑性变形有重要影响。当晶粒尺寸细化至纳米级时，材料的应变速率将呈数量级的加快，不仅可以提高最佳流动的应变速率，还有利于获得低温超塑性，这对解决超塑性成形加工过程中存在的应变速率慢、工作温度高等问题具有重要意义。

近年来，大塑性变形技术已广泛应用于制备 Al、Mg、Cu、Zn 和 Ti 等金属材料，并使材料获得了良好的超塑性（图 8 - 34）。如，Horita 等采用等径角挤压法制备的 Al - Mg - Sc 合金获得了 2280% 伸长率。Mcfadden 等采用高压扭转法制备的晶粒尺寸约为 50 nm 的 Ni_3Al 金属间化合物在 450℃ 可表现出超塑性。Lin 等报道了纯 Mg、AZ31、AZ61 和 AZ91 等镁合金在 250 ~ 350℃ 下，采用挤压比为 10 ~ 166 的大比率挤压工艺可以获得 2 ~ 10 μm 的细晶粒，材料表现出低温超塑性，伸长率达 1200%，应变敏感系数为 0.42。Figueiredo 等报道在 200℃ + 1×10^{-4} s^{-1} 的条件下，ZK60 镁合金经等径角挤压 2 道次后，最大断裂伸长率为 3050%，表现出优异的超塑性性能（图 8 - 35）。

Al-5.5%Mg-2.2%Li-0.12%Zr

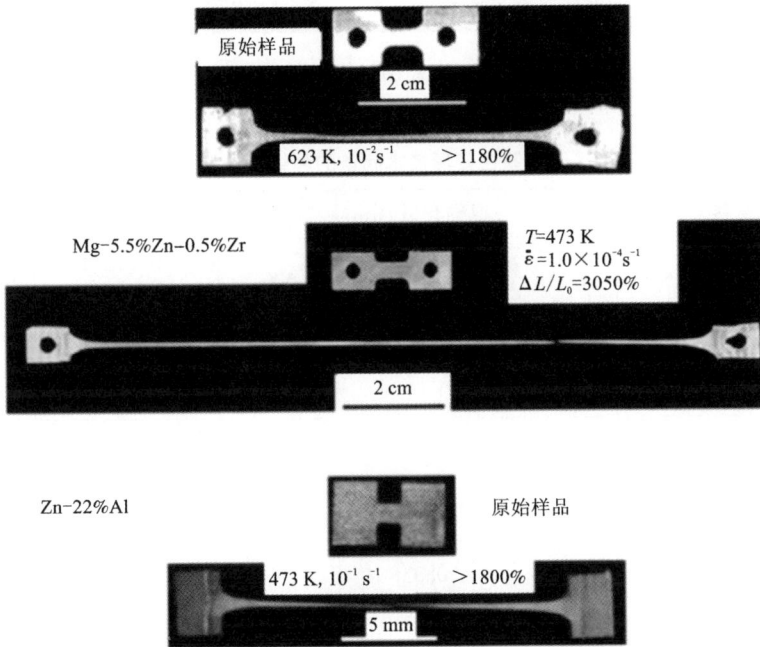

原始样品

2 cm

623 K, $10^{-2}s^{-1}$　>1180%

Mg-5.5%Zn-0.5%Zr

T=473 K
$\dot{\varepsilon}$=1.0×10^{-4} s^{-1}
$\Delta L/L_0$=3050%

2 cm

Zn-22%Al　　　　　　　　　　　　　　　　　　　原始样品

473 K, 10^{-1} s^{-1}　>1800%

5 mm

图 8 - 34　Al - Mg - Li - Zr、Mg - Zn - Zr 和 Zn - Al 超细晶合金的超塑性变形照片

表 8 - 1 示出了经大塑性变形技术制备的超细晶/纳米晶金属材料在不同条件下获得的超塑性变形。不难看出，它们在适当的条件下能实现高应变速率超塑性和/或低温超塑性。这是由于金属和合金经过大塑性变形以后形成了大量具有大角度晶界的纳米晶粒，使晶界滑移和超塑流变成为可能，从而让材料获得超塑性。

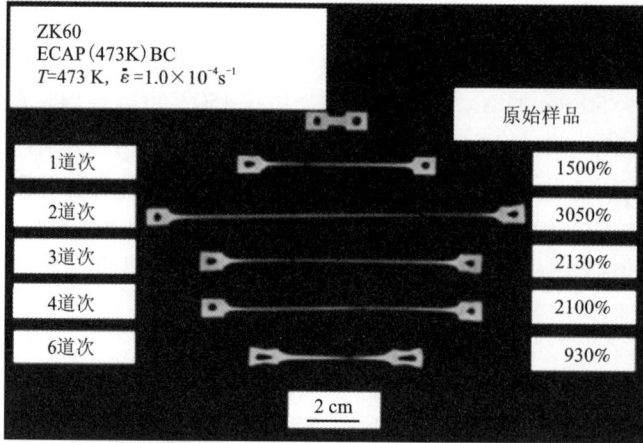

图 8 – 35　ZK60 镁合金超塑性变形前、后的宏观形貌照片

表 8 – 1　基于大塑性变形技术制备的超细晶合金材料的超塑性

材料	制备方法	晶粒尺寸/μm	温度/℃	应变速率/s⁻¹	伸长率/%
Al – 3%Mg – 0.2%Sc	ECAP	约 0.2	500	1.0×10^{-2}, 3.3×10^{-3}	2100,2580
Al – 7034	ECAP	约 0.3	400	1.0×10^{-2}	1090
Cu – 30%Zn – 0.1%Zr	ECAP	0.1 ~ 0.4	400	1.0×10^{-4}	400
Al – 3%Mg – 0.2%Sc	HPT	约 0.13	300	3.3×10^{-3}	1600
Ti – 6Al – 4V	HPT	0.1 ~ 0.2	650	1.0×10^{-2}, 1.0×10^{-4}	305,530
Mg – 9%Al	HPT	0.33	200	5.0×10^{-4}	810
7075Al	HPT	0.1 ~ 0.15	250,300	2.1×10^{-2}, 2.1×10^{-3}	200,320
AZ31	ARB	约 2.8	300	1.0×10^{-2}	316
AZ31	MF	约 0.36	150	5.0×10^{-5}	>300
Mg – 1.5Mn – 0.3Ce	TCP	约 2	400	3.0×10^{-3}	604
AZ61	ECAP	约 0.6	200	3.3×10^{-4}	1320
Ti – 6Al – 4V	ECAP	约 0.3	700	5.0×10^{-4}	>700
Ti – 48Al – 2Nb – 2Cr	MF	约 0.3	800	8.3×10^{-4}	355
Al – 3%Mg – 0.2%Sc	ECAP	约 0.2	400	3.3×10^{-2}	2280
ZK60	ECAP	约 0.8	200	1.0×10^{-4}	3050

8.3.3　耐腐蚀性能

以往认为，纳米结构的金属和合金中晶界能量较大且存在着应力集中，因此晶界通常会作为优先腐蚀的破坏点。然而，有学者提出由于大塑性变形技术制备的微米级和纳米级晶粒组织通常具有能量相对稳定的晶界，它们对于提高材料的耐腐蚀性能有积极作用。如，采用等径角挤压法可使 ZK60 镁合金的晶粒得到细化的同时，提高其耐腐蚀性能。另外，与粗晶材料的局部晶间腐蚀相比，超细晶金属材料的腐蚀更为均匀，这对于工程应用有参考价值。目前，对于超细晶材料耐腐蚀性能提高机理的研究尚有争论，仍有待深入研究。

8.4　纳米结构的热稳定性

根据 Gibbs – Thomason 理论，随着晶粒尺寸的减小，晶粒长大的驱动力增大。因此，从理论上讲，纳米晶或纳米结构材料的晶粒长大驱动力远远超过常规粗晶材料，这将导致其热稳定性变差。一旦纳米结构材料的微观结构尺寸粗化至亚微米或更大尺寸时，则会失去其独特的性能优势。因此，如何提高纳米结构金属和合金的热稳定性，得到了材料领域学者们的广泛关注和深入研究。令人惊讶的是，大量研究表明，绝大多数纳米结构材料的晶粒长大温度并不低。例如，球磨法制备的 W – Ti 纳米晶合金即使经 1100℃ 退火 168 h 后，其晶粒尺寸仍可保持为约 24 nm，表现出超高的热稳定性能。本节将结合国内外研究进展，对纳米晶材料热稳定性的影响因素和相关理论进行分析与论述。

8.4.1　热稳定性的影响因素

在一定条件下，纳米结构材料将由非平衡态向亚稳态或平衡态转变，发生晶粒长大、第二相脱溶析出、相变和内应力释放等现象。大量实验结果和理论计算表明，纳米结构材料的热稳定性主要与溶质原子、第二相粒子和微观应变等因素有关，它们与晶界之间的相互作用，通常能减小晶粒长大的驱动力或者抑制晶界的迁移速率，从而阻碍晶粒长大粗化。

8.4.1.1　溶质原子

将不互溶元素之间进行合金化被证实是制备具有良好结构稳定性和高温机械性能纳米晶体材料的有效途径。这主要是由于当溶质原子偏聚于晶界处时，能降低晶界自由能，减小晶粒长大的驱动力，从而抑制晶粒粗化；此外，位于晶界处的溶质原子对晶界移动具有一定的拖曳作用，因此能降低晶界迁移率，提高材料热稳定性。另外，根据位错泵机制，固溶态溶质原子也倾向于在位错附近发生偏聚，增加位错运动阻力，因此也有利于阻碍晶粒的长大。

Frolov 等采用分子动力学模拟研究了 Ta 溶质原子对 Cu 纳米晶热稳定性的影响，对比了纯铜、Ta 原子均匀固溶于晶内和 Ta 原子偏聚于晶界三种情况下纳米晶的热稳定性。结果表明，在 750 K 时纳米晶纯铜发生了显著长大[图 8-36(a)和(b)]；对于 Ta 溶质原子在 Cu 基体内均匀分布的样品，经 750 K 退火后晶体结构变化不大[图 8-36(c)]，但在 1000 K 退火后晶粒明显长大[图 8-36(d)]；而对于 Ta 溶质原子偏聚于 Cu 晶界的样品，直到温度接近 Cu 熔点时才发生明显的晶粒长大现象，具有最高的热稳定性[图 8-36(e)和(f)]。该研究证明，当 Ta 原子在晶界处富集后，通过减小晶界能和晶界拖曳效应能有效稳定晶界，抑制晶粒长大。

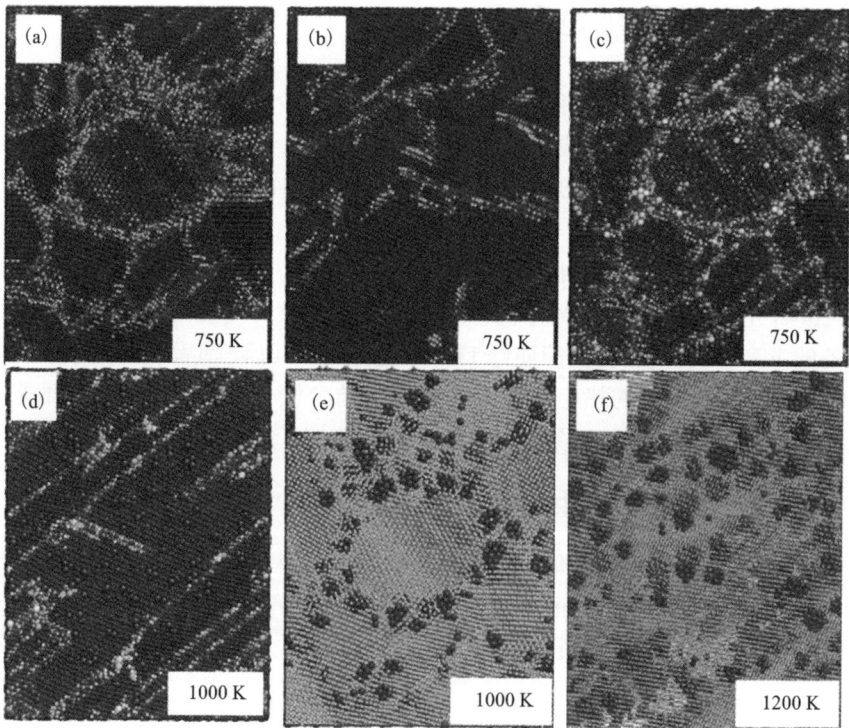

图 8-36 通过分子动力学模拟的不同条件下纯 Cu 和 Cu-Ta 纳米晶结构图

(a)Cu 纳米晶，750 K 退火 0 ns；(b)Cu 纳米晶，750 K 退火 10 ns；(c)6.5%Ta(原子百分数)均匀固溶于 Cu 基体，750 K 退火 24 ns；(d)6.5%Ta(原子百分数)均匀固溶于 Cu 基体，1000 K 退火 30 ns；(e)6.5%Ta(原子百分数)偏聚于 Cu 晶界，1000 K 退火 70 s；(f)6.5%Ta(原子百分数)偏聚于 Cu 晶界，1200 K 退火 45 s

目前，学者们在 Cu-W、Cu-Mo、Al-Zr、Al-W、Cu-Al-Y、Fe-Zr、Fe-Ti 等混合焓为正值的二元系统中，均观察到了高温下溶质原子向晶界处偏聚，从而形成了溶质原子层包围纳米晶粒的理想结构(图 8-37)。当溶质原子偏聚使得晶界能减小至趋近于 0 时，晶界处于热力学平衡状态，因此在溶质原子发生脱溶析出前，晶粒将不会发生显著粗化现象，这使得上述理想纳米晶结构具有高度的热稳定性。如，本书作者发现 $Cu_{90}Nb_{10}$ 纳米晶过饱和固溶体经 700℃退火1 h 后，大量 Nb 溶质原子偏聚于 Cu 晶界处，有效提高了 Cu 纳米晶的热稳定性(图 8-38)。

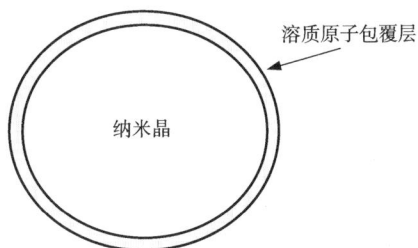

图 8-37　溶质原子包覆纳米晶的理想稳定结构模型

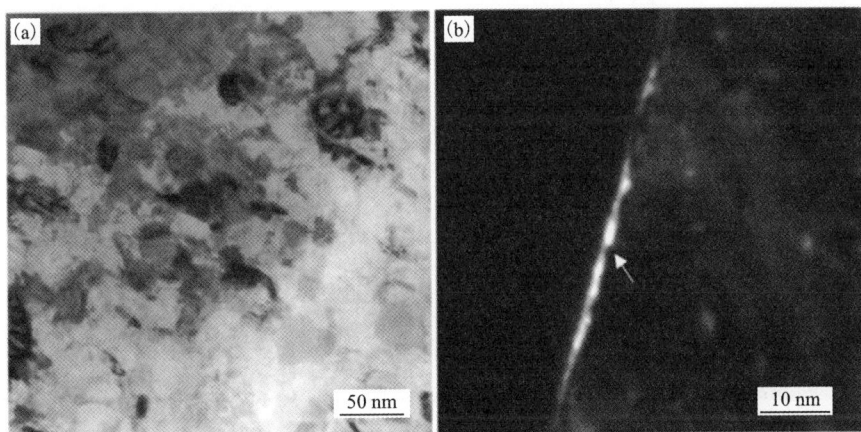

图 8-38　机械合金化 Cu-Nb 纳米晶合金粉末经 700℃退火 1 h 的显微组织的 TEM 照片

(a)明场像，Cu 纳米晶；(b)暗场像，Nb 溶质原子偏聚于 Cu 晶界

8.4.1.2　第二相粒子

当第二相粒子尺寸小于 20 nm 时，可通过钉扎晶界和位错运动提高材料的高温稳定性。本书作者研究发现，在机械合金化 Cu-Nb 纳米晶合金中，由于 Nb 在Cu 基体中的扩散速度很慢，即使经高温退火后，仍有大量 Nb 颗粒尺寸保持为约10 nm。由图 8-39 可见，这些纳米尺度 Nb 颗粒可有效钉扎 Cu 基体中的位错和

晶界。因此，在高温退火过程中，这些纳米颗粒可起到阻碍 Cu 晶界迁移，抑制 Cu 晶粒合并长大的作用，有助于 Cu 晶粒尺寸保持在纳米尺度。然而，当第二相粒子尺寸为亚微米或微米级时，不仅会失去提高材料热稳定性的作用，还有可能诱发晶粒异常长大。

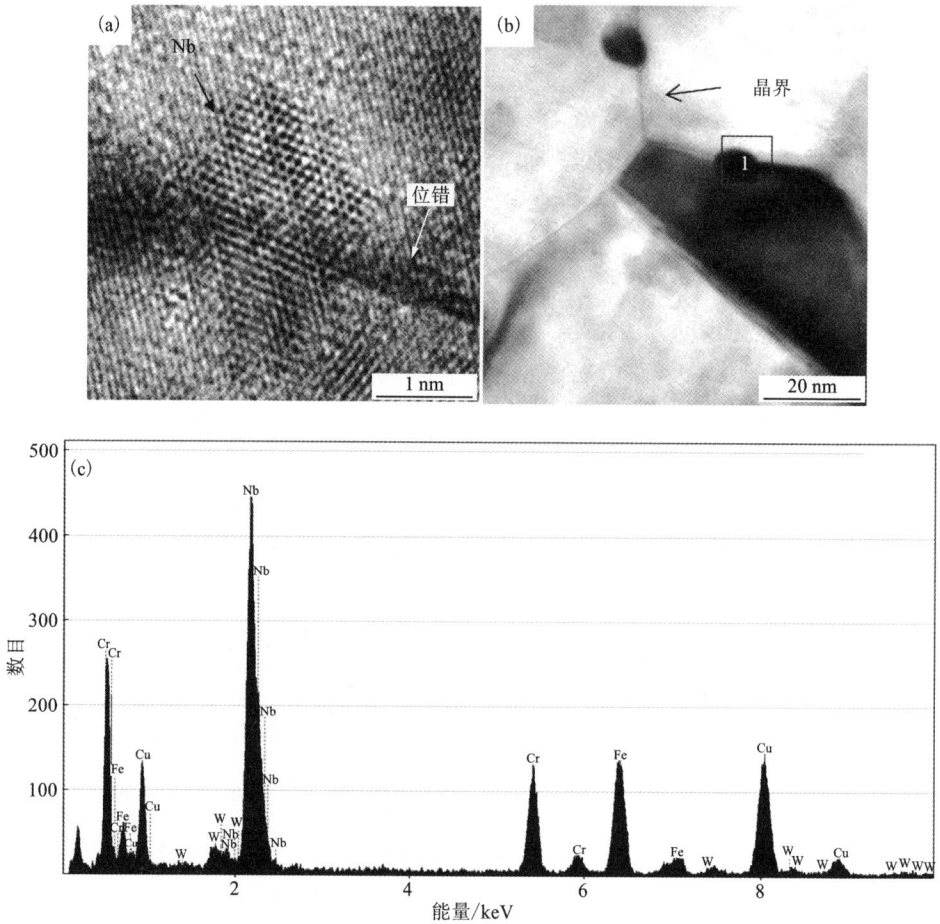

图 8 – 39　退火态 Cu – Nb 粉末中纳米 Nb 粒子的 TEM 照片及能谱分析

（a）退火态 Cu – Nb 粉末中纳米 Nb 粒子钉扎位错的晶格条纹像；（b）纳米粒子钉扎晶界的 TEM 照片；（c）I 颗粒的能谱图

需要指出的是，对于固溶体合金，溶质原子和第二相粒子都可能会对合金的高温稳定性产生影响。通常，在低温尚未发生溶质原子脱溶析出前，溶质原子的晶界偏析和拖曳效应将阻碍晶粒长大；随着温度的升高，溶质原子脱溶析出后，第二相纳米颗粒将起到稳定晶粒的作用。正是两者的共同作用，使得一些纳米晶合金具有优异的热稳定性。如 Frolov 等对比了球磨法制备的纳米晶纯铜和 Cu – 10% Ta(原子百分数,下同)纳米晶固溶体的热稳定性,发现 Cu – 10% Ta 过饱和固溶体的长大温度远高于纳米晶纯铜。在低温时,Ta 溶质原子自晶格扩散偏聚于晶界处,使得纳米晶晶界能减小,此时晶粒几乎不发生长大;当温度升高到 540℃后,Ta 溶质原子逐渐从 Cu 基体中脱溶析出形成纳米 Ta 颗粒,Cu 晶粒开始缓慢长大;但由于 Ta 纳米粒子(2 ~ 20 nm)对晶界的钉扎作用,即使在 900℃退火 4 h,Cu 晶粒尺寸也仅为 111 nm(图 8 – 40)。由此可见,纳米晶过饱和固溶体的相分解过程和晶粒长大行为是紧密联系在一起的,应认真区分不同阶段的热稳定性机制。

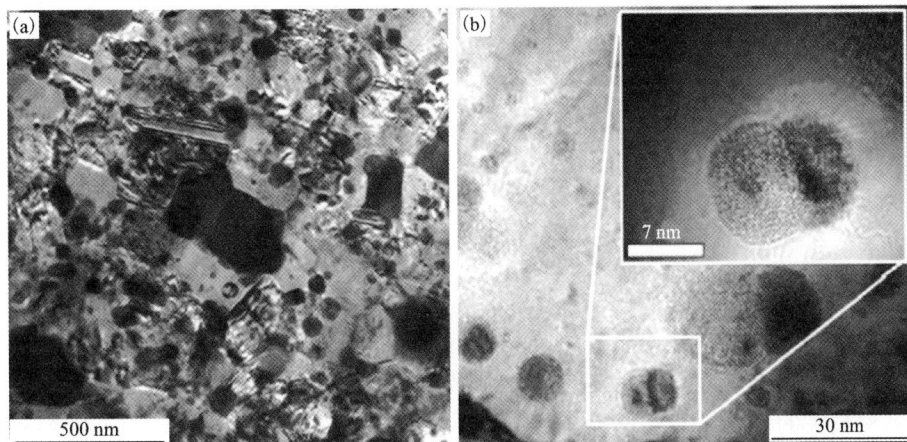

图 8 – 40　机械合金化法制备的 Cu – Ta 合金经 900℃退火 4 h 后的 TEM 照片
(a)Cu 晶粒;(b)Ta 颗粒

此外,微量杂质和孔洞也有利于提高金属纳米晶材料的晶粒长大温度。如机械合金化 Cu – Nb 合金在退火过程中形成了少量 NbO、CuO 和 Fe_7Nb_6 等纳米级粒子,这些纳米杂质颗粒具有高度的热稳定性,并能有效阻碍位错和晶界运动。图 8 – 41 为 Cu – Nb 合金粉末经 900℃ 1 h 退火后的 HRTEM 照片,由图可见,纳米 Nb_2O_5 粒子牢固地钉扎在两颗 Cu 晶粒的晶界上,起到阻碍 Cu 晶界

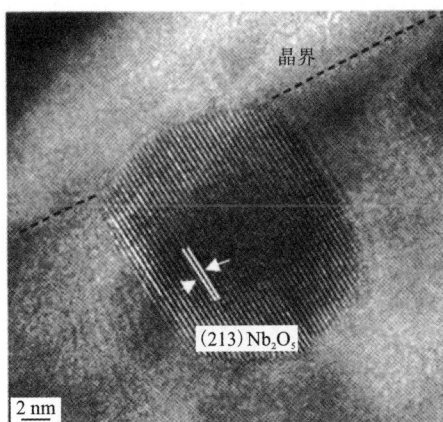

图 8 – 41　Nb_2O_5 粒子钉扎 Cu 晶界的晶格条纹像

迁移、抑制 Cu 晶粒合并长大的作用。

8.4.1.3　其他影响因素

对于大塑性变形技术制备的纳米结构材料，由于晶格畸变严重，晶内微观应变大，且晶界处于非平衡状态，升温时提供的能量将首先消耗在晶格和晶界结构弛豫上，使晶格内应变释放，原子趋于有序排列以降低体系自由能。此外，高密度的位错也具有一定的阻碍晶界运动的能力。因此，随着微观应变的增加，纳米晶的晶粒长大开始温度通常会升高。在微观应变完全释放以前，纳米晶晶粒在较宽温度范围内不会发生显著粗化现象。这一特点在单质纳米晶体材料中更为显著。Tao 等研究球磨法制备的纳米晶 Cu 的热稳定性时发现，经 500℃退火后样品硬度并未减小；继续升高温度，伴随着微观内应力的释放，样品硬度显著下降，晶粒发生粗化。

另外，单质纳米晶体材料的晶粒长大温度通常随着物质熔点的增加而升高。如单质 Cu 纳米晶、Fe 纳米晶和 Pd 纳米晶的晶粒长大温度分别为 373 K（$\approx 0.28T_m$）、473 K（$\approx 0.26T_m$）和 523 K（$\approx 0.29T_m$）。

8.4.2　热稳定性的理论研究

除了实验研究外，国内外学者建立了理论模型来解释纳米晶的热稳定机理，分为热力学稳定机制（thermodynamics stabilization）和动力学稳定机制（kinetics stabilization）。热力学稳定机制是指溶质原子在晶界处富集后将导致晶界能减小，使晶粒长大的驱动力变小甚至消失。动力学稳定机制主要指由于溶质原子拖曳（solute dragging）、第二相颗粒钉扎（zener pinning）、孔洞钉扎（porosity pinning）等对晶界迁移的阻碍作用，引起晶界的迁移率减小，阻碍晶粒粗化，提高材料的热稳定性。

8.4.2.1　热力学稳定机制

晶粒的热力学稳定机制最早由 Weissmuller 提出，至今已发展了 20 多年。根据自由能吸收公式，Weissmuller 推导出当溶质原子偏析到晶界以后，由于溶质原子和溶剂的交互作用以及弹性应变能的释放可使晶界能减小，纳米晶晶界能 γ 可由下式计算：

$$\gamma = \gamma_0 - \Gamma_{gb}(\Delta H_{seg} - T\Delta S_{seg}) \qquad (8-20)$$

式中：γ_0 为纯金属的晶界能；Γ_{gb} 为晶界处溶质原子过剩量；ΔH_{seg} 为晶界偏聚焓；ΔS_{seg} 为晶界偏聚熵。由此可见，偏聚焓和晶界溶质浓度的增加均有利于晶界能的减小。当然，晶界处溶质含量不能过高，否则会导致溶质发生脱溶，削弱热力学稳定效应。

目前，Trelewicz-Schuh（TS）模型和 Wynblatt-Ku（WK）模型是应用很广的两个热力学稳定模型。TS 模型认为溶质原子偏析于晶界导致界面能减小是纳米晶热稳定性增加的主要原因。该模型将纳米晶分为晶粒区和晶界区，两个区域之间有过渡键合区(transitional bonding)(图 8 – 42)。当合金成分为 X，晶内和晶界的溶质成分分别为 X_b 和 X_{ig} 时，合金总的吉布斯自由能变化为：

$$\Delta G_{mix} = (1 - f_{ig})\Delta G_{mix}^b + f_{ig}\Delta G_{mix}^b + zvf_{ig}\{[X_{ig}(X_{ig} - X_b) - (1 - X_{ig})(X_{ig} - X_b)]\overline{\omega}_{ig}$$
$$- \frac{\Omega}{zt}(X_{ig} - X_b)(\gamma_B - \gamma_A)\} \tag{8–21}$$

其中，

$$\Delta G_{mix}^b = zX_b(1 - X_b)\overline{\omega}_b + KT[X_b\ln X_b + (1 - X_b)\ln(1 - X_b)] \tag{8–22}$$

$$\Delta G_{mix}^{ig} = zX_{ig}(1 - X_{ig})\overline{\omega}_{ig} + \frac{\Omega}{t}(1 - X_{ig})\gamma_A + \frac{\Omega}{t}X_{ig}\gamma_B +$$
$$KT[X_{ig}\ln X_{ig} + (1 - X_{ig})\ln(1 - X_{ig})] \tag{8–23}$$

式中：f_{ig} 为晶界体积分数；ΔG_{mix}^b 为晶内自由能变化值；z 和 Ω 分别为溶剂的配位数和原子体积；t 为晶界厚度；K 为玻耳兹曼常数；$v(v = 1/2)$ 为过渡键分数；T 为温度；$\overline{\omega}_b$ 和 $\overline{\omega}_{ig}$ 分别为晶内和晶界区域的相互作用参数，它们可由溶剂原子 (E_{AA})、溶质原子 (E_{BB}) 以及溶质 – 溶剂原子的结合键能 (E_{AB}) 计算得到。

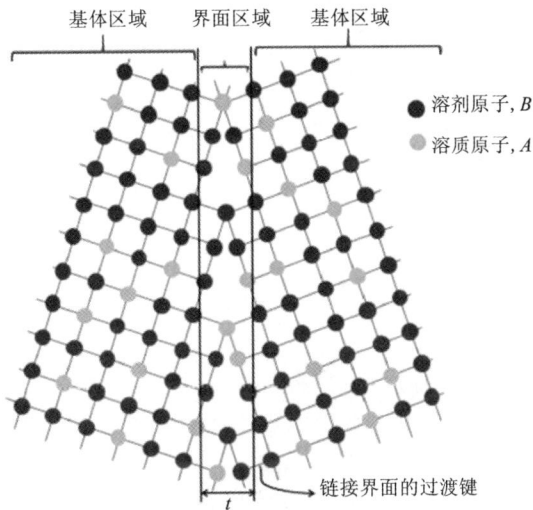

图 8 – 42　晶界(厚度 t)与两个晶粒的过渡结合键区域简图

利用式(8 – 23)可以计算出在一定温度 T 下，成分为 X 的合金自由能 ΔG_{mix} 与晶粒尺寸 d 及晶界浓度 X_{ig} 之间的关系。由图 8 – 43(a)可见，当晶界浓度 X_{ig} 和晶粒尺寸 d 为一定值时，纳米晶的自由能 ΔG_{mix} 具有最低值，此时体系处于热力学稳定状态，纳米晶维持稳定。然而，由图 8 – 43(b)可见，某些体系的纳米晶自由能 ΔG_{mix} 没有最小值，因此溶质原子无法稳定纳米晶，合金晶粒尺寸呈无限大趋势。

与 TS 模型不同，WK 模型认为晶格弹性应变能的释放是溶质原子偏聚于晶界的驱动力，也是材料热力学稳定的主要因素，因此弹性焓被引入了偏析焓计算公式，即

$$\Delta H_{seg} = (\gamma_A - \gamma_B)(1-\alpha)\sigma + \Delta H_{el} -$$

$$\frac{8\Delta H_m}{Z}\left[z_1(X_A^{ib} - X_A^b) + z_v\left(X_A^b - \frac{1}{2}\right) + z_v\alpha\left(X_A^{ib} - \frac{1}{2}\right) \right] \qquad (8-24)$$

式中：下标 A 和 B 分别代表溶剂和溶质；α 是界面与晶内键能强度的比值；σ 和 z 分别是溶剂原子的摩尔面积和配位数；ΔH_{el} 是弹性自由焓；ΔH_m 是 A 和 B 的等摩尔液体混合焓；X_A^{ig} 和 X_A^b 分别是晶界和晶内溶质原子的摩尔分数。

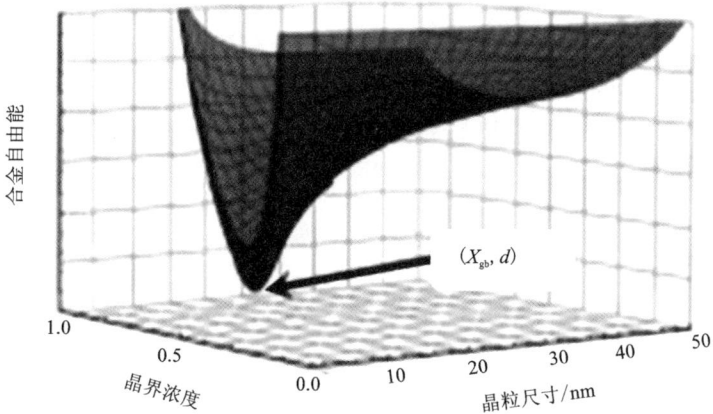

(a)

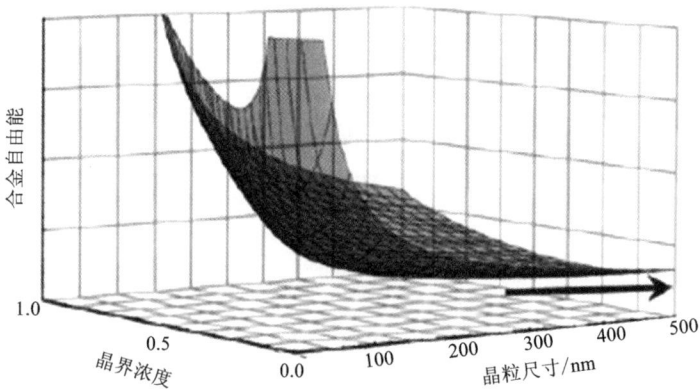

(b)

图 8-43　合金自由能 ΔG_{mix} 与晶粒尺寸 d 和晶界浓度 X_{ig} 之间的关系

(a) 小晶粒尺寸；(b) 大晶粒尺寸

图 8-44 示出了 Mark 等利用 WK 模型计算得到的 Cu-Zr、Fe-Zr 和 Cu-Zn 体系的归一化晶界能(γ/γ_0)与晶界溶质原子过剩量(Γ_s)之间的关系。由此可见，当 Zr 偏析到 Cu 纳米晶晶界后，Cu 晶界能显著减小；并且与 Fe-Zr 和 Cu-Zn 体系相比，Cu-Zr 合金中使晶界能减小为 0 时所需要的过剩溶质含量最小，因此热稳定性最佳；而 Zn 溶质原子无法使 Cu 晶界能显著减小，因此其对 Cu 晶粒稳定性影响不大，这与 Cu-Zn 合金热稳定性最差的实验结果一致。

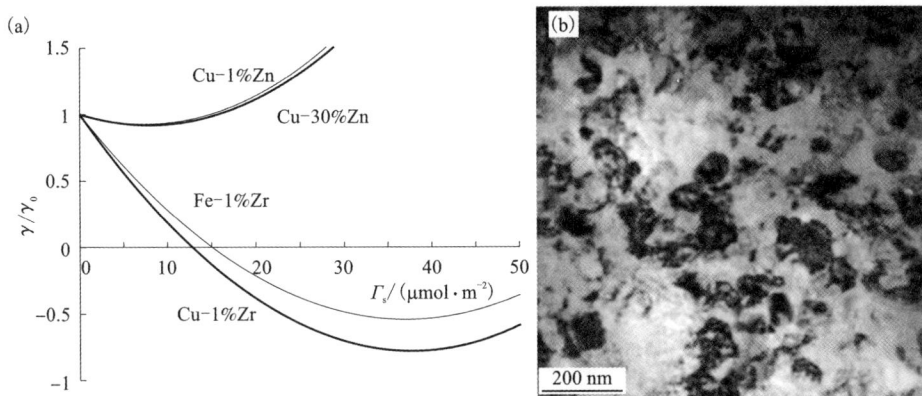

图 8-44　Cu-Zr、Fe-Zr 和 Cu-Zn 体系的热稳定性特点

(a) 依据 WK 模型，不同合金体系归一化晶界能与晶界溶质原子过剩量之间的关系；(b) Cu-1%Zr 纳米晶经 900℃退火 1 h 后的显微组织的透射电镜照片

总地来说，能有效提高纳米晶热稳定性的溶质元素应具有以下特点：①低的固溶度；②溶质原子固溶于基体后产生大的弹性应变；③溶质与溶剂的混合焓接近于零；④晶界自由能尽可能低。

8.4.2.2　动力学稳定机制

动力学稳定机制主要包括溶质原子拖曳机制和第二相粒子钉扎机制。通常认为溶质原子拖曳机制仅在室温或低温时有效。当在高温下溶质原子从基体晶格中脱溶析出后，对晶界的移动起阻碍作用的主要是第二相纳米粒子钉扎效应。

通常，当第二相颗粒尺寸 r 为一定值时，纳米晶的最小稳定晶粒尺寸 d_{min} 可用下式计算：

$$d_{min} = \frac{4r}{3f} \qquad (8-25)$$

式中：f 为第二相颗粒的体积分数；r 为颗粒半径。可见，第二相粒子尺寸的减小和体积分数的增加均有利于增加晶界迁移的阻力，提高晶粒的热稳定性。该公式能帮助人们预测为使材料晶粒尺寸保持为一定值时，需要加入的第二相颗粒的尺寸和体积分数。

近年来不少研究指出，利用式(8-25)计算出的钉扎颗粒尺寸或体积分数通常与实际值不吻合。这是因为钉扎颗粒的形状、取向和分布都会影响其对晶界的钉扎效果，造成理论计算值与实际情况出现差异。因此，应加上系数 α 对公式进行修正，即

$$d_{\min} = \alpha \frac{4r}{3f} \qquad (8-26)$$

式中：α 取值为 0.4~1.33。Mark 等在利用式(8-26)研究 W 颗粒对 Cu 纳米晶的钉扎效应时发现，当退火温度为 600℃时，α 取 0.4 时得到的计算结果与实测值吻合；当温度升高至 800℃后，α 取 1 更为恰当。

需要指出的是，对于大多数合金体系而言，热力学稳定机制和动力学稳定机制可能同时对纳米结构金属材料的热稳定性产生影响，这导致人们难以定量区分两者的贡献。另外，目前动力学稳定机制的理论模型并不完善，如何通过深化理论和实验以完善动力学稳定机制是未来工作的方向之一。

8.5 大塑性变形技术的实际应用

经过数十年来的探索与研究，大塑性变形技术取得了长足的进步，已广泛应用于制备各种超细晶/纳米晶纯金属、合金、金属间化合物和复合材料，使这些材料的性能得到显著改善和提升，包括极高的强度、优异的延展性、超塑性成形能力等，其中部分典型材料已具有实际工业应用的潜力。

大塑性变形技术的一个重要应用领域是制备铜和铝等导电材料。通常，为了获得高的电导率，必须使基体材料保持高的纯度，但这样会导致材料的强度较低，阻碍其实际应用。传统的提高材料强度的方法有加工硬化、固溶强化、沉淀强化、时效强化等，可是这些方法会导致材料内部产生额外的晶体缺陷，如位错、溶质原子、空位等，损失材料的电导率。如，尽管纯铜具有优异的导电性能，但其力学强度很低($\sigma_{0.2} = 50$ MPa，$\sigma_b = 190$ MPa)。时效强化 Cu-Be 合金强度可达 1.6 GPa，但其相对导电率仅仅只有 25% IACS(IACS：国际退火铜标准)。而通过大塑性变形技术制备的具有纳米结构的纯铜，可在导电率保持为 90% IACS 的同时，显著提高力学强度。在高强高导铜合金领域，通过机械合金化法制备的 Cu-Cr、Cu-Nb、Cu-Ta、Cu-Fe 合金以及 Cu-Al$_2$O$_3$、Cu-TiB$_2$、Cu-ZrO$_2$ 等铜基复合材料兼具有优良的导电性能、极高的强度和优越的高温性能，是很有应用潜力的一类材料。如，Takahashi 等利用机械合金化法制备了抗拉强度为 650~725 MPa，导电率达 80% IACS 的纳米弥散强化 Cu-2.5% TiC 合金(体积分数，下同)。在我国，铝及铝合金也广泛应用于架空输电线路电缆，这种特殊的应用场

合要求高的导电性和合理的强度。传统粗晶纯铝的相对导电率约为 60% IACS，加上为了提高其强度而采用的合金化技术会进一步减小其导电率，造成大量的能源损耗。解决这一问题的办法是通过大塑性变形技术制备铝合金，之后通过时效处理使溶质原子析出基体。这一方面可以减小溶质原子造成的导电性能恶化，另一方面通过晶粒结构细化和第二相颗粒强化来赋予材料高的力学强度。

　　大塑性变形技术制备纳米结构金属的另一个重要应用是生物植入材料（图 8-45）。以 Ti 为例，纯 Ti 虽具有良好的生物相容性，但粗晶态时强度较低。尽管通过合金化可提高其强度，却会严重降低该材料的生物相容性。Medvedev 等报道，相较于粗晶 Ti-6Al-4V，通过等径角挤压技术结合退火工艺制备的 4 号纯钛（Grade 4 Ti）具有更高的疲劳极限，同时呈现出更好的生物兼容性。此外，Timplant 公司研究发现采用大塑性变形技术制备的超细晶纯 Ti 比商用的粗晶态 2 号 Ti（Grade 2Ti）材料更适用于制造牙齿植入材料。因此，使用大塑性变形技术制备的具有纳米结构的纯钛材料在生物植入材料领域具有非常高的潜在应用前景。

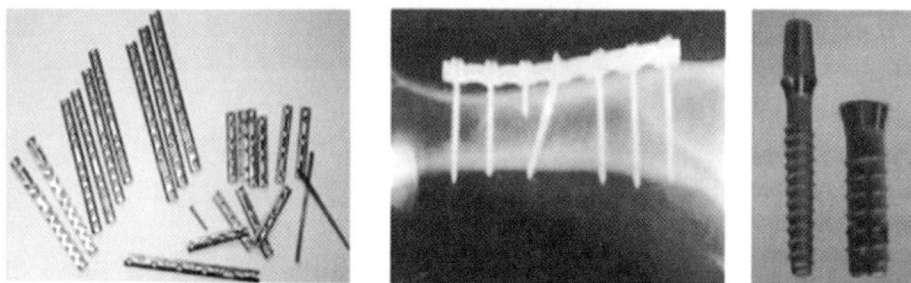

图 8-45　可用作生物植入材料的超细晶 Ti

　　经过多年研发，现在已有少量经大塑性变形技术制造的产品实现了商业应用（图 8-46），包括 Honeywell 电子材料公司通过等径角挤压法制备的溅射靶材用 Al-0.5Cu 超细合金，其平均晶粒尺寸约为 0.5 μm，具有比传统溅射靶材更高的强度和寿命。Honeywell 电子材料公司还采用等径角挤压法制备了涡轮增压器用 AA2618 铝合金和飞机起落架用 AA7XXX 铝合金。此外，通过等径角挤压法制备的超细晶碳钢可用作微螺栓，等径角挤压法结合锻造工艺制备的 AA1050 和 AA5083 超细晶铝合金可用作连杆、AA6063 铝合金可用于小型涡轮叶片、AA5083 和 AA6061 超细铝合金可用于高强螺钉等。

　　遗憾地是，尽管大塑性变形技术制备的超细晶材料表现出较好的力学和物理性能，但其在实际应用方面仍然比较有限，主要原因在于：①目前对于大塑性变形技术和超细晶材料的研究多以学术探索为主，缺少向工业化生产的推广；②受

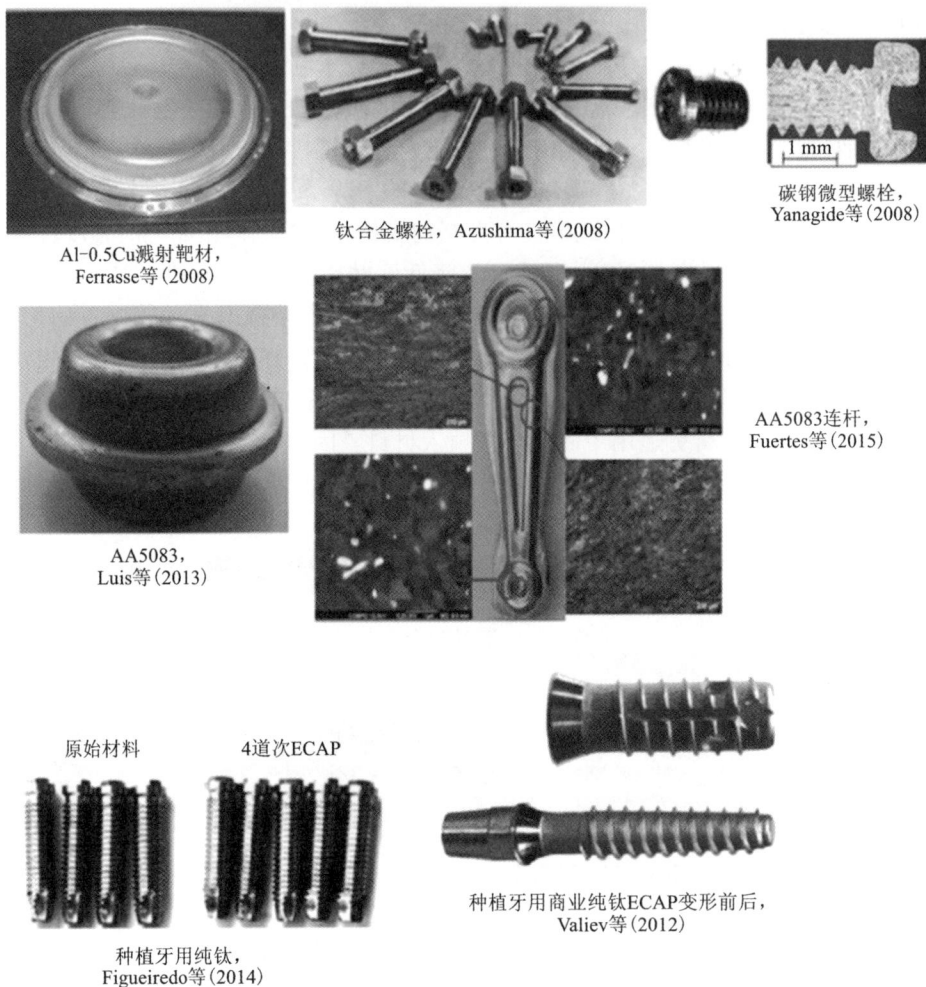

Al-0.5Cu溅射靶材，
Ferrasse等(2008)

钛合金螺栓，Azushima等(2008)

碳钢微型螺栓，
Yanagide等(2008)

AA5083，
Luis等(2013)

AA5083连杆，
Fuertes等(2015)

原始材料   4道次ECAP

种植牙用纯钛，
Figueiredo等(2014)

种植牙用商业纯钛ECAP变形前后，
Valiev等(2012)

图 8-46 大塑性变形技术加工的部分材料及其应用

到模具的限制，制备大尺寸和形状复杂工业零件非常困难且成本昂贵；③大塑性变形制备过程复杂，可控性较差，效率低，难以与现有工业化生产相匹配。因此，在未来的研发过程中，大塑性变形技术应该更注重与应用市场相结合，着重简化工艺，降低生产成本，以实现在各个工业领域的广泛推广，满足生产生活和国防军工的需求。

参考文献

［1］ Kapoor R. Materials under extreme conditions. Severe Plastic Deformation of Materials［M］. Oxford：Elsevier, 2017.

［2］ Suryanarayana C. Mechanical alloying and milling［J］. Progress in Materials Science, 2001, 46：1 – 184.

［3］ 王尔德, 刘京雷, 刘祖岩. 机械合金化诱导固溶度扩展机制研究进展［J］. 粉末冶金技术, 2012, 20(2)：109 – 102.

［4］ Hu L, Wang X, Wang E. Fabrication of high strength conductivity submicron crystalline Cu – 25% Cr alloy by mechanical alloying［J］. Trans. Nonferrous Met. Soc. China, 2000, 10(2)：209 – 213.

［5］ Aikin B J M, Courtney T H. The kinetics of composite particle formation during mechanical alloying［J］. Metallurgical Transactions A, 1993, 24A：647 – 651.

［6］ Shen J, Chen X, Hammond V. The effect of rolling on the microstructure and compression behavior of AA5083 subjected to large – scale ECAE［J］. Journal of Alloys and Compounds, 2017, 695：3589 – 3597.

［7］ 杨钢, 王立民, 刘正东. 超大塑形变形的研究进展 – 块体纳米材料制备［J］. 特钢技术, 2008, 14(54)：1 – 9.

［8］ Nakashima K, Horita Z, Nemoto M, et al. Influence of channel angle on the development of ultrafine grains in equal – channel angular pressing ［J］. Acta Materialia, 1998, 46(5)：1589 – 1599.

［9］ Berbon P B, Furukawa M, Horita Z, et al. Influence of pressing speed on microstructural development in equal – channel angular pressing［J］. Metallurgical and Materials Transactions A, 1999, 30(8)：1989 – 1997.

［10］ Chen Y C, Huang Y Y, Change C P, et al. The effect of extrusion temperature on the development of deformation microstructures in 5052 aluminium ally processed by equal channel angular extrusion［J］. Acta Materialia, 2003, 51(7)：2005 – 2015.

［11］ Raab G, Krasilnikov N, Alexandrov I, et al. Structure and properties of copper after ECA – pressing in conditions of elevated pressures［J］. The Physics and Technique of High Pressures, 2000, 10(4)：73 – 77.

［12］ Ivanisenko Y, Kulagin R, Fedorov V, et al. High pressure torsion extrusion as a new severe plastic deformation process［J］. Materials Science and Engineering A, 2016, 664：247 – 256.

［13］ Valiev R Z, Islamagliev R K, Alexandrov I V. Bulk nanostructured materials from severe plastic deformation ［J］. Progress Mater. Sci., 2000, 45(2)：103 – 189.

［14］ Mungole T, Nadammal N, Dawra K, et al. Evolution of microhardness and microstructure in a cast Al – 7% Si alloy during high – pressure torsion［J］. Journal of Materials Science, 2013, 48 (13)：4671 – 4680.

[15] Saito Y, Utsunomiya H, Tsuji N, et al. Novel ultra – high straining process for bulk materials—development of the accumulative roll – bonding(ARB) process[J]. Acta Materialia, 1999, 47 (2): 579 –583.

[16] Zhu Y T, Lowe T C, Jiang H, et al. Method for producing ultrafine – grained materials using repetitive corrugation and straightening[P], USP6195870, 2001.

[17] 雷若姗, 汪明朴, 郭明星, 等. 机械合金化法制备 Cu – Nb 合金过程中的形变孪生特性 [J]. 中国有色金属学报, 2011, 21(2): 371 – 376.

[18] Lei R S, Wang M P, Li Z, et al. Disclination dipoles observation and nanocrystallization mechanism in ball milled Cu – Nb powders[J]. Materials Letters, 2011, 65: 3044 – 3046.

[19] Murayama M, Howe J M, Hidaka H, et al. Atomic – Level observation of disclination dipoles in mechanically milled nanocrystalline Fe[J]. Science, 2002, 295: 2433 –2436.

[20] Nieh T G, Wadsworth J. Hall – petch relation in nanocrystalline solids[J]. Scripta Metallurgica Et Materialia, 1991, 25(4): 955 –958.

[21] Chen M W, Ma E, Hemker K J, et al. Deformation twinning in nanocrystalline aluminum[J]. Science, 2003, 300: 1275 – 1277.

[22] Flemings M C. Behavior of metal alloys in the semisolid state[J]. Metallurgical transactions. A, 1991, 22(5): 957 –981.

[23] Hirth J P, Lothe J. Theory of dislocations[M]. New York: Wiley, 1982.

[24] Maurice D R, Courtney T H. The physics of mechanical alloying: a first report [J]. Metallurgical Transactions A, 1990, 21A: 289 – 303.

[25] Zhu Y T, Liao X Z, Srinivasan S G, et al. Nucleation of deformation twins in nanocrystalline face – centered – cubic metals processed by severe plastic deformation[J]. Journal of Applied Physics, 2005, 98: 034319.

[26] Lei R S, Wang M P, Li Z, et al. Structure evolution and solid solubility extension of copper – niobium powders during mechanical alloying [J]. Materials Science and Engineering A, 2011, 528: 4475 –4481.

[27] Estrin Y, Rabkin E. Pipe Diffusion alongcurved dislocations: an application to mechanical alloying[J]. Scripta Materialia, 1998, 39(12): 1731 – 1736.

[28] Raabe D, Ohsaki S, Hono K, et al. Mechanical alloying and amorphization in Cu – Nb – Ag in situ composite wires studied by transmission electron microscopy and atom probe tomography [J]. Acta Materialia, 2009, 57(17): 5254 –5263.

[29] Guo W, Jägle E A, Choi P P, et al. Shear – induced mixing governs codeformation of crystalline-amorphous nanolaminates[J]. Physical Review Letters, 2014, 113: 069903.

[30] Huh S H, Kim H K, Park J W, et al. Critical cluster size of metallic Cr and Mo nanoclusters[J]. Phys. Rev. B, 2000, 62: 2937 –2943.

[31] Lei R S, Wang M P, Wang H P, et al. New insights on the formation of supersaturated Cu – Nb solid solution prepared by mechanical alloying[J]. Materials Characterization, 2016, 118: 324 –331.

［32］Li Y J, Qi W H, Huang B Y, et al. Thickness dependent phase stability of epitaxial metal films ［J］. Physica B, 2001, 405: 2334 – 2336.

［33］Kittel C. Introduction to solid state physics［M］. 7nd ed. New York: Wiley, 1996.

［34］Pettifor D G. Theory of the crystal structures of transition metals［J］. Journal of Physics C: Solid State Physics, 1970, 3(2): 367 – 377.

［35］Raghu T, Sundaresan R, Ramakrishnan P, et al. Synthesis of nanocrystalline copper – tungsten alloys by mechanical alloying［J］. Materials Science and Engineering A, 2001, 304 – 306: 438 – 441.

［36］Yavari A R, Desre P J, Benameur T, et al. Mechanically driven alloying of immiscible elements ［J］. Physical Review Letters, 1992, 68(14): 2235 – 2238.

［37］Bormann R. Powder – metallurgical preparation and properties of superconducting Nb3Sn and V3Ga microcomposites［J］. Journal of Applied Physics, 1983, 54(3): 1479 – 1489.

［38］Xing Z P, Kang S B, Kim H W. Structure and properties of AA3003 alloy produced by accumulative roll bonding process［J］. Journal of Materials Science, 2002, 37(4): 717 – 722.

［39］Horita Z, Fujinami T, Nemoto M, et al. Equal – channel angular pressing of commercial aluminum alloys: Grain refinement, thermal stability and tensile properties［J］. Metallurgical and Materials Transactions A, 2000, 31(3): 691 – 701.

［40］Valiev R Z, Alexandrov I V, Zhu Y T, et al. Paradox of strength and ductility in metals processed by severe plastic deformation［J］. Journal of Materials Research, 2002, 17(1): 5 – 8.

［41］Mayo M J. High and low temperature superplasticity in nanocrystalline materials ［J］. Nanostructured Materials, 1997, 9: 717 – 726.

［42］Horita Z, Furukawa M, Nemoto M, et al. Superplastic forming at high strain rates after severe plastic deformation［J］. Acta Materialia, 2000, 48(14): 3633 – 3640.

［43］Mcfadden S X, Mishra R S, Valiev R Z, et al. Low – temperature superplasticity in nanostructured nickel and metal alloys［J］. Nature, 1999, 398(6729): 684 – 686.

［44］Figueiredo R B, Langdon T G. Record superplastic ductility in a magnesium alloy processed by equal – channel angular pressing［J］. Advanced Engineering Materials, 2008, 10: 37 – 40.

［45］康志新, 彭勇辉, 赖晓明, 等. 剧塑性变形制备超细晶/纳米晶结构金属材料的研究现状和应用展望［J］. 中国有色金属学报, 2010, 20(4): 587 – 598.

［46］Chookajorn T, Heather A M, Christopher A S. Design of stable nanocrystalline alloys［J］. Science, 2012, 337: 951 – 954.

［47］Frolov T, Darling K A, Kecskes L J, et al. Stabilization and strengthening of nanocrystalline copper by alloying with tantalum［J］. Acta Materialia, 2012, 60(5): 2158 – 2168.

［48］Lei R S, Wang M P, Xu S Q, et al. Microstructure, hardness evolution, and thermal stability mechanism of mechanical alloyed Cu – Nb alloy during heat treatment［J］. Metal, 2016, 6: 194.

［49］Tao J M, Zhu X K, Scattergood R O. The thermal stability of high – energy ball – milled nanostructured Cu[J]. Materials and Design, 2013, 50: 22 – 26.

[50] 昊志方, 曾美琴. 纳米晶材料的晶粒长大[J]. 金属功能材料. 2005, 12(3): 31 – 34.

[51] Tao J, Zhu X K, Scattergood R O, et al. The thermal stability of high – energy ball – milled nanostructured Cu[J]. Materials & Design, 2013: 22 – 26.

[52] Li D, Zhou S T, Li P, et al. Research progresses on thermal stabilization of metal nanocrystalline alloys[J]. Rare Metal Materials and Engineering, 2015, 44(5): 1075 – 1081.

[53] Murdoch H A, Schuh C A. Stability of binary nanocrystalline alloys against grain growth and phase separation [J]. Acta Materialia, 2013, 61: 2121 – 2132.

[54] Mark A A, Ronald O S, Carl C K. The stabilization of nanocrystalline copper by zirconium[J]. Materials Science Engineering A, 2013, 559: 250 – 256.

[55] Lejcek P. Grainboundary segregation in metals[M]. Germany: Springer, Heidelberg, 2010.

[56] 雷若姗, 陈广润, 徐时清, 等. 纳米晶体材料热稳定性的研究进展[J]. 稀有金属材料与工程, 2018, 47(11): 3571 – 3578.

[57] 雷若姗, 陈广润, 徐时清, 等. 大塑性变形工艺制备纳米晶过饱和固溶体的研究进展[J]. 材料导报 A: 综述篇, 2017, 31(11): 130 – 135.

[58] Bate P S. The effect of deformation on grain growth in Zener pinned systems [J]. Acta Materialia, 2001, 49(8): 1453 – 1461.

[59] Atwater M A. Thesis for doctorate [D]. Raleigh: North Carolina State University, 2012.

[60] 李凡, 吴炳尧. 机械合金化 – 新型的固态合金化方法[J]. 机械工程材料, 1999, 23(4): 22 – 27.

[61] Valiev R Z. Thenew trends in SPD processing to fabricate bulk nanostructured materials [C]. In: Juster N, Rosochowski A (Eds). Proceedings of the 9th international conference on material forming ESAFORM publishing house akapit, 2006: 1 – 9.

[62] 史庆南, 王效琪, 起华荣, 等. 大塑性变形(severe plastic deformation, SPD) 的研究现状[J]. 昆明理工大学学报(自然科学版), 2012, 37(2): 23 – 37.

附录 彩图

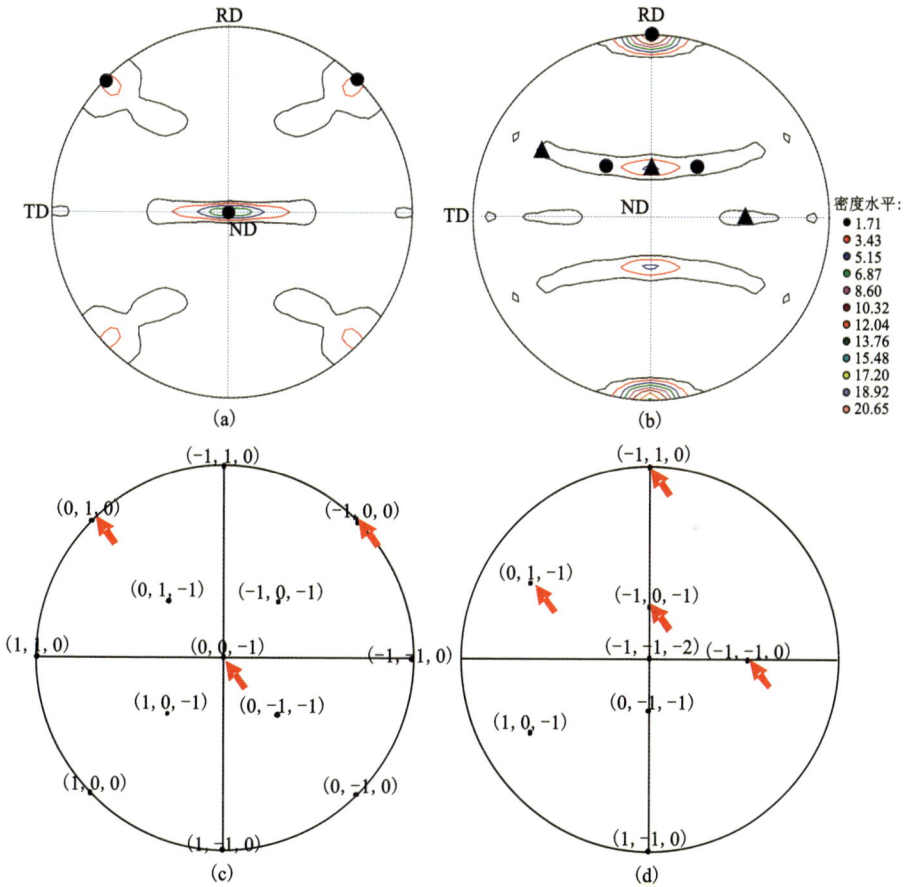

图 1 – 41 Ta – 7.5W 合金冷轧 60％后的极图分析

（a）｛200｝极图；（b）｛110｝极图，极图中圆点表示｛001｝＜1 $\bar{1}$0＞取向，三角形黑点表示｛112｝＜1 $\bar{1}$0＞取向；

（c）立方系｛001｝标准极射投影图；（d）立方系｛112｝标准极射投影图

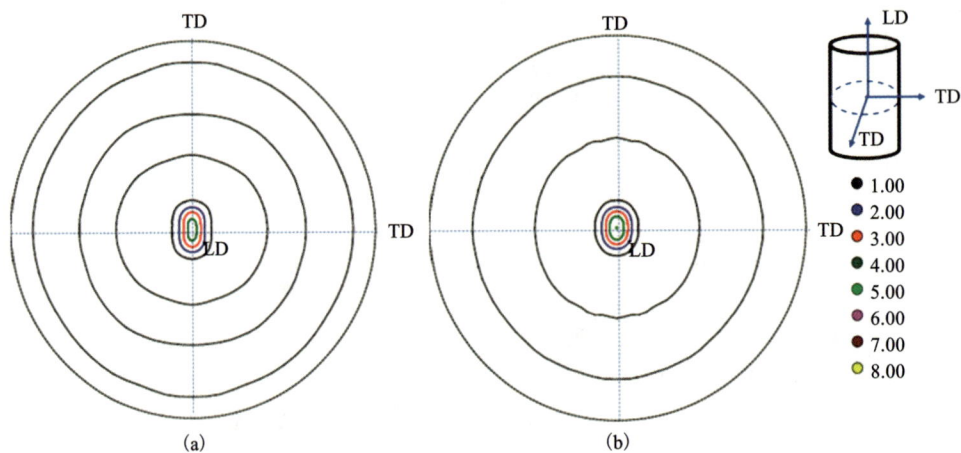

图 1 – 42　Mo – La$_2$O$_3$ 合金棒镦粗变形 80％后的极图分析

(a)｛200｝极图；(b)｛222｝极图

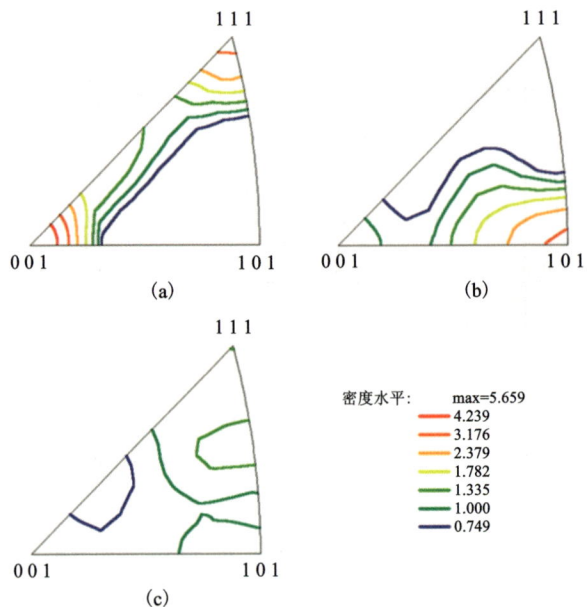

图 1 – 45　Ta – 2.5W 合金冷轧 60％后的反极图分析

(a)轧面法向极图；(b)轧向反极图；(c)横向反极图

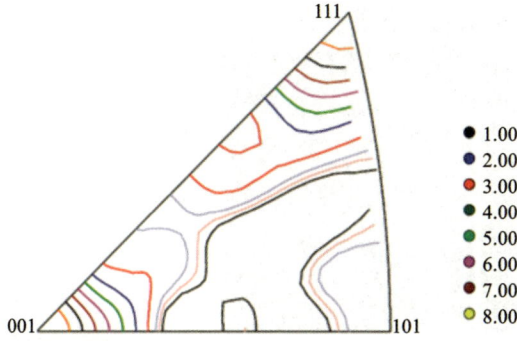

图 1 - 46 Mo - La$_2$O$_3$ 合金棒镦粗变形 80% 后的轴向反极图

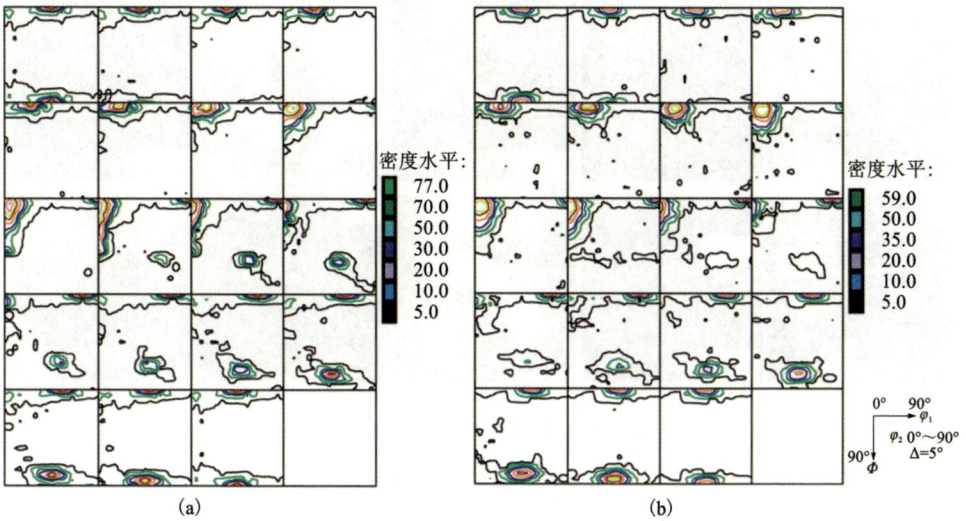

图 1 - 50 Ta - W 合金经退火后形成的织构在恒 φ_2 截面图上的表达

(a) Ta - 2.5W 合金；(b) Ta - 10W 合金

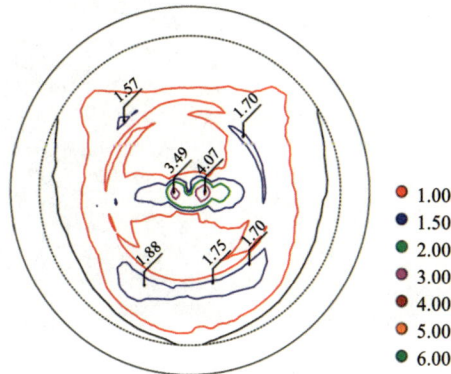

图 1 - 59 利用 X 射线反射法测得的 Ta - 2.5W 合金轧制变形 80% 的 {200} 极图

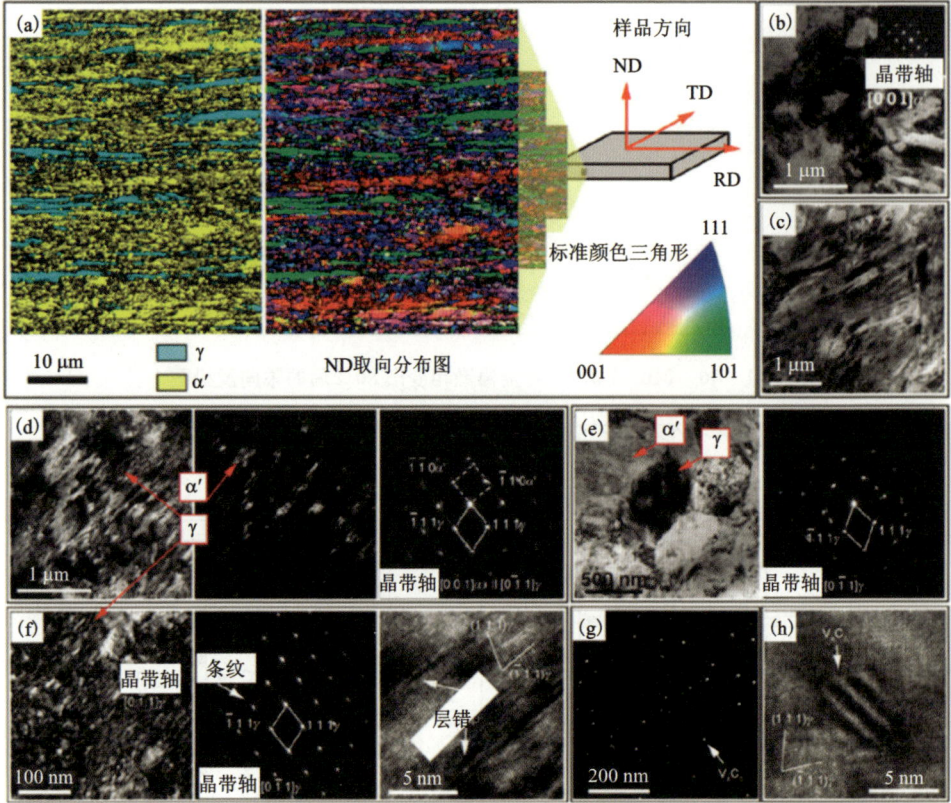

图 2 - 66　变形及配分钢的微观组织

(a)EBSD 照片显示在回火马氏体中形成的条状奥氏体晶粒；(b)马氏体中的位错结构；(c)凸透镜状马氏体中的位错和孪晶；(d)板条状马氏体和层状奥氏体的透射电镜照片；(e)亚微米级奥氏体晶粒中的位错；(f)奥氏体中的位错和层错；(g)回火马氏体中的纳米钒化碳粒子的暗场像；(h)纳米钒化碳粒子的高分辨电镜图像

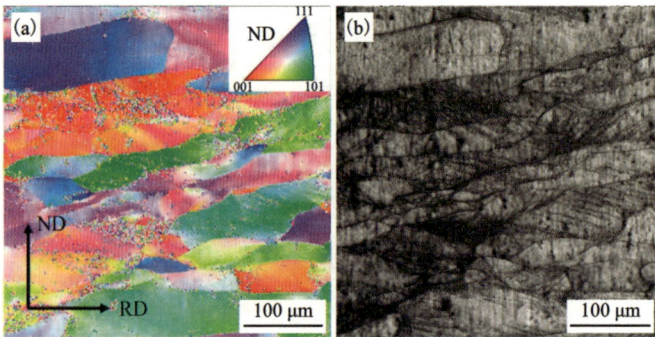

图 3 - 22　冷轧变形 30% 的 Ta - 2.5W 合金 EBSD 分析图

(a)ND 取向分布图；(b)成像质量图

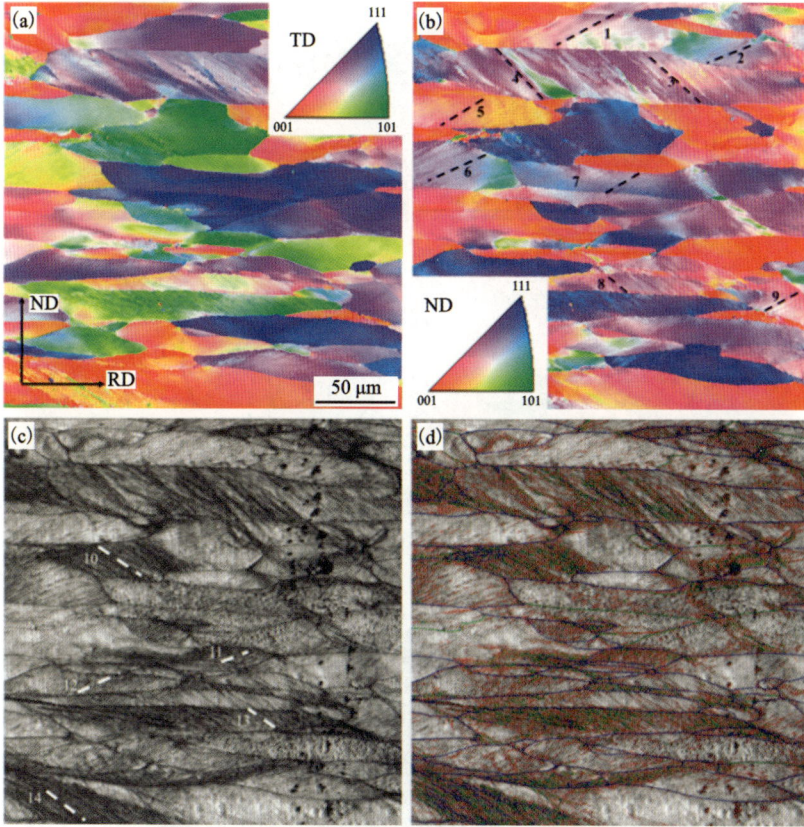

图 3 - 28　冷轧变形 40% 的 Ta - 2.5W 合金 EBSD 分析图

(a)TD 取向分布图;(b)ND 取向分布图;(c)成像质量图;(d)晶界分布图,其中红线代表2° ~5°小角度晶界,绿线代表5° ~15°晶界;蓝线代表大角度晶界。

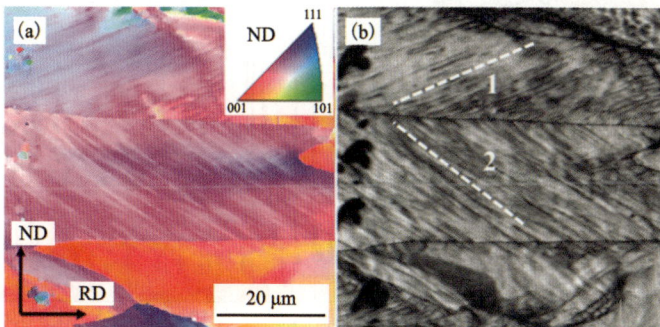

图 3 - 29　冷轧变形 40% 的 Ta - 2.5W 合金 EBSD 分析图

(a)ND 取向分布图;(b)成像质量图

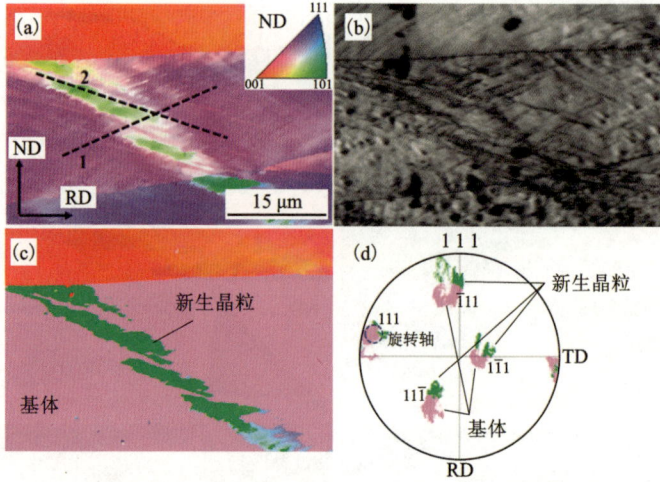

图 3 - 30   冷轧变形 40% 的 Ta - 2.5W 合金 EBSD 分析图

（a）ND 取向分布图；（b）成像质量图；（c）基体和新生晶粒的取向分别用浅色和深色表示；（d）基体和新生晶粒的取向在 {111} 极图中的分析，浅色点表示基体 {111} 晶面的投影，深色点表示新生晶粒 {111} 晶面的投影

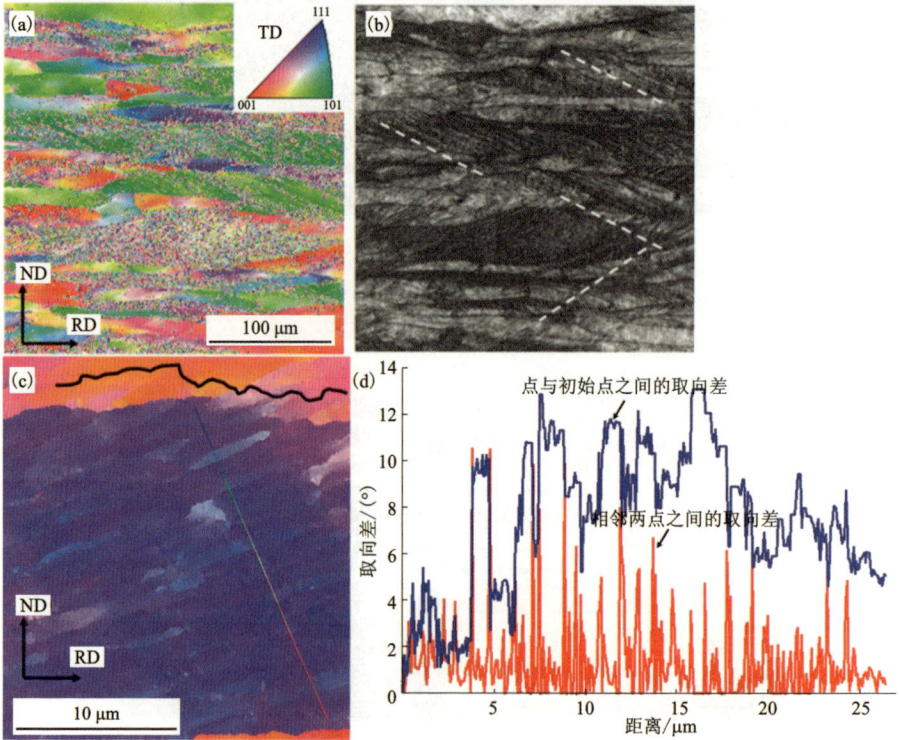

图 3 - 31   冷轧变形 60% 的 Ta - 2.5W 合金 EBSD 分析图

（a）TD 取向分布图；（b）成像质量图；（c）沿着垂直于微带界面方向的取向差分布图；
（d）点与初始点或相邻两点之间的取向差

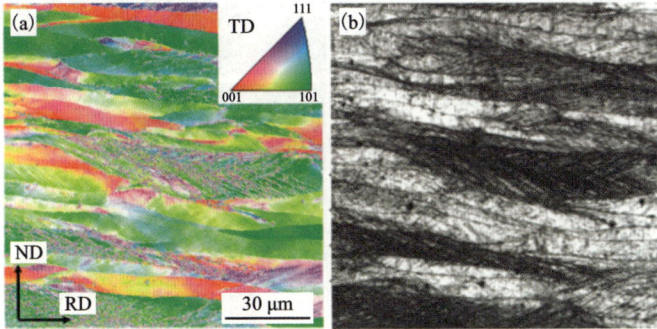

图 3 - 32　冷轧变形 **70%** 的 **Ta - 2.5W** 合金 EBSD 分析图
(a)TD 取向分布图；(b)图(a)对应的成像质量图

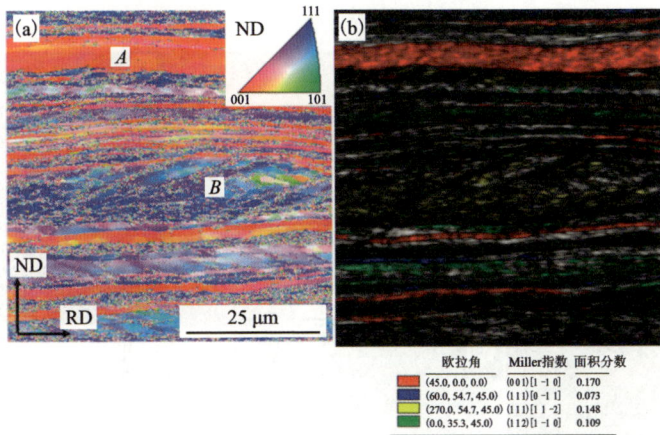

欧拉角	Miller指数	面积分数
(45.0, 0.0, 0.0)	(0 0 1)[1 -1 0]	0.170
(60.0, 54.7, 45.0)	(1 1)[0 -1 1]	0.073
(270.0, 54.7, 45.0)	(1 1)[1 1 -2]	0.148
(0.0, 35.3, 45.0)	(1 1 2)[1 -1 0]	0.109

图 3 - 33　冷轧变形 **90%** 的 **Ta - 2.5W** 合金 EBSD 分析图
(a)ND 取向分布图；(b)图(a)对应的特定取向分布图(角度偏差范围为 15°)

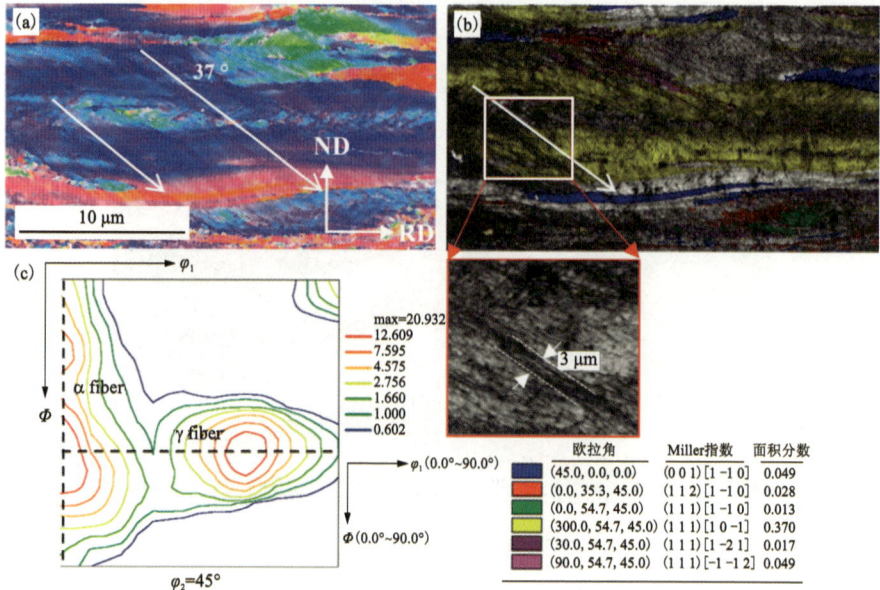

图 3 – 48　Ta – 2.5W 合金轧制变形 80% 时形成的宏观穿晶剪切带的 EBSD 分析图

（a）ND 取向分布图；（b）图（a）对应的质量成像图，图上不同的颜色代表不同的取向（偏差范围为 15°），其中蓝色 – $(001)[1\bar{1}0]$，红色 – $(112)[1\bar{1}0]$，绿色 – $(111)[1\bar{1}0]$，黄色 – $(111)[10\bar{1}]$，紫色 – (111) $[1\bar{2}1]$，粉色 – $(111)[\bar{1}\bar{1}2]$；（c）$\varphi_2 = 45°$ 的 ODF 截面图

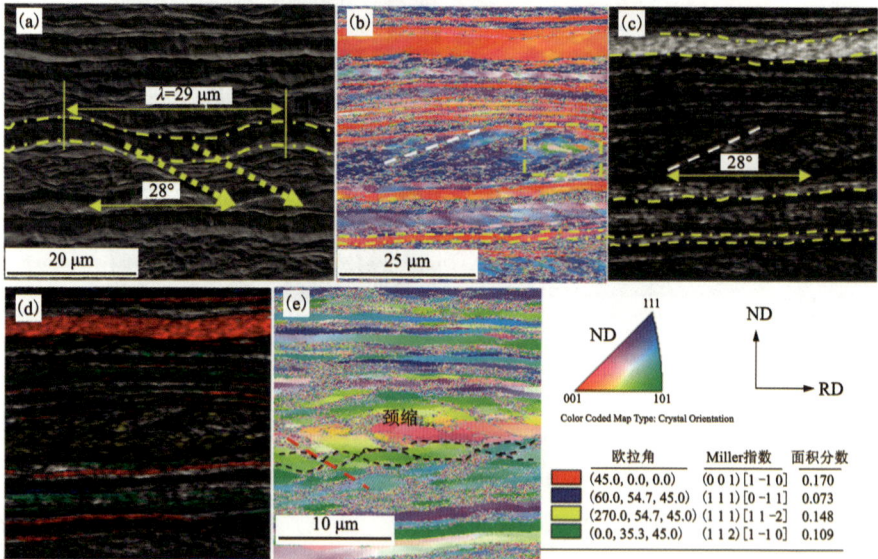

图 3 – 49　冷轧变形 90% 的 Ta – 2.5W 合金中的波浪状剪切带及其 EBSD 分析图

（a）扫描二次电子像；（b）ND 取向分布图；（c）成像质量图；（d）典型取向的分布图，绿色 – ⎰112⎱ < 110 >，黄色 – ⎰111⎱ < 112 >，蓝色 – ⎰111⎱ < 110 >，红色 – ⎰001⎱ < 110 >，取向偏离在 15° 内；（e）放大区域显示剪切中碎化晶粒

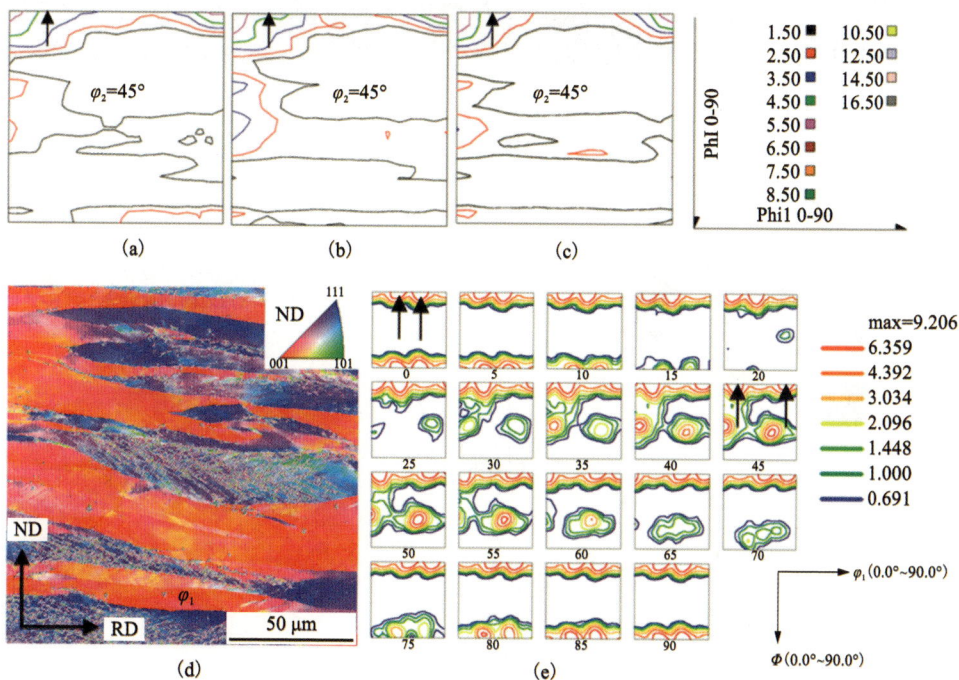

图 3 – 50　大应变量下冷轧变形的 Ta – 2.5W 合金中形成的织构

(a)冷轧变形 70% Ta – 2.5W 合金的 $\varphi_2 = 45°$ 的 ODF 截面图；(b)冷轧变形 80% Ta – 2.5W 合金的 $\varphi_2 = 45°$ 的 ODF 截面图；(c)冷轧变形 90% Ta – 2.5W 合金恒 $\varphi_2 = 45°$ 的 ODF 截面图；(d)冷轧变形 70% Ta – 2.5W 合金的 ND 取向分布图；(e)图(d)相应的微观织构在恒 φ_2 的 ODF 截面图的表达，箭头所示为 {001} < 210 > 的位置

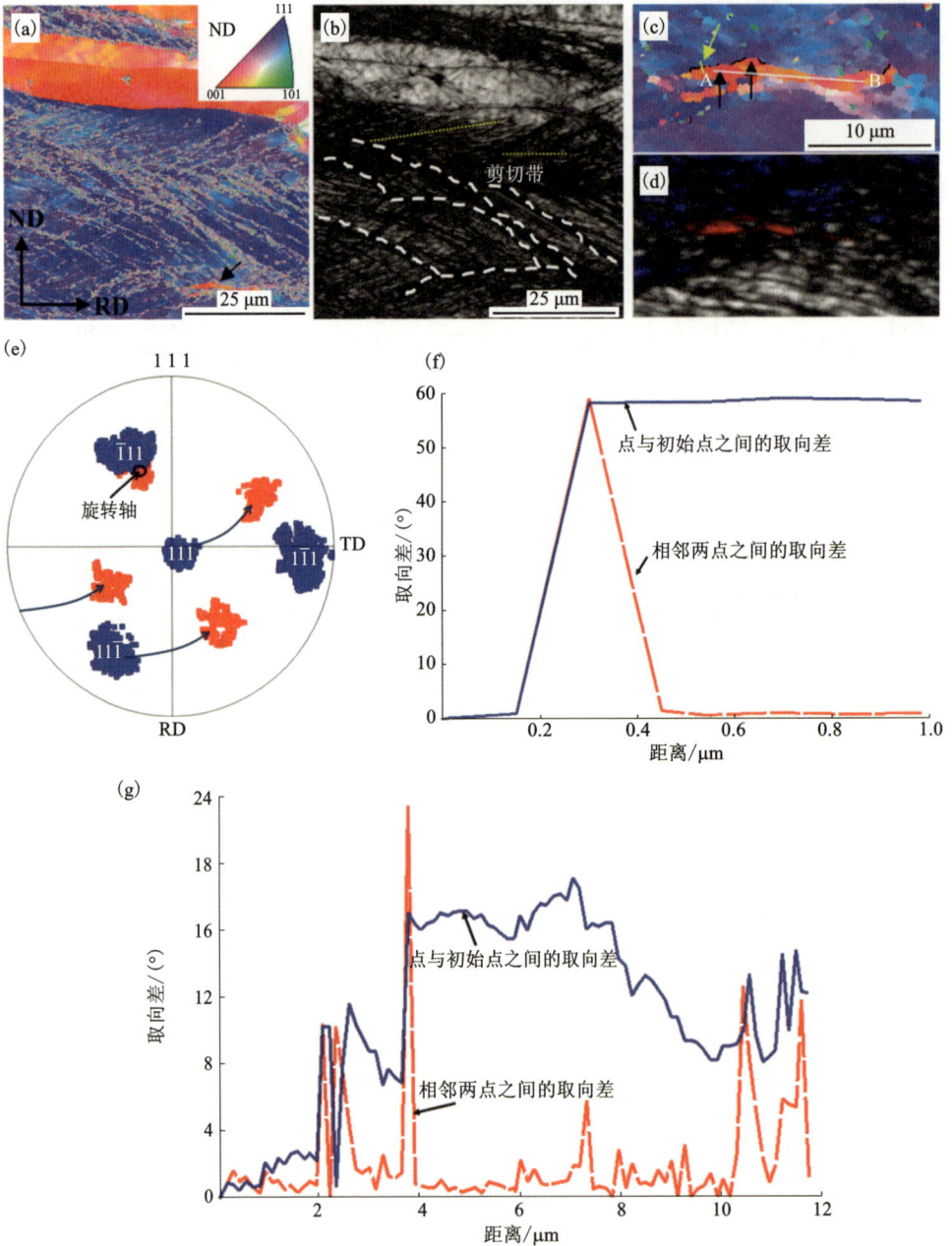

图 3-51　冷轧变形 70% 的 Ta-2.5W 合金的 EBSD 分析图

(a) ND 取向分布图；(b) 图(a) 相应的成像质量图；(c) {001} <210> 的织构组分区域的 ND 取向图；(d) 图 (c) 对应的成像质量图，图中红色区域取向为 {001} <120>，直线 AB 区域取向为 {111} <110>；(e) 基体和新生晶粒取向在 {111} 极图中的表达；(f) 沿着箭头所示垂直于界面的线取向变化分析；(g) {001} <210> 的织构组分区域内沿直线 AB 的取向差变化分析

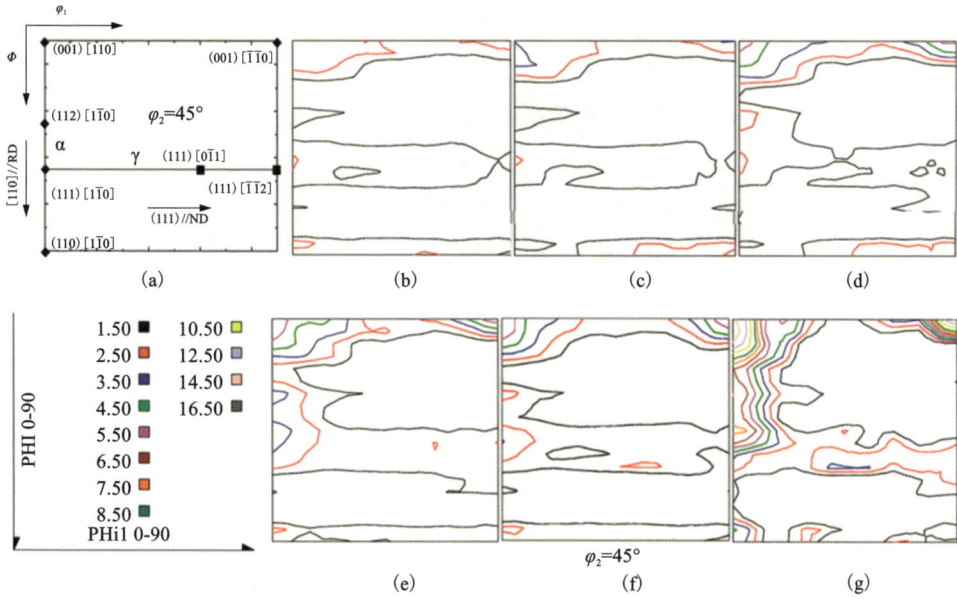

图 3 – 55　不同冷轧变形量的 Ta – 2.5W 合金板材的 $\varphi_2 = 45°$ 的 ODF 截面图

（a）体心立方金属中的典型织构；（b）20%；（c）40%；（d）60%；（e）80%；（f）90%；（g）95%

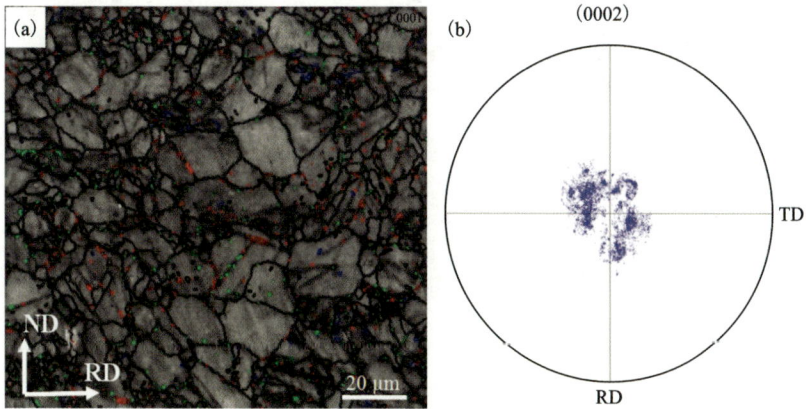

图 5 – 21　20% 热轧态样品的 EBSD 分析结果

（a）20% 热轧样品的成像质量图；（b）包含窄孪晶晶粒取向的（0002）面 DPF 图

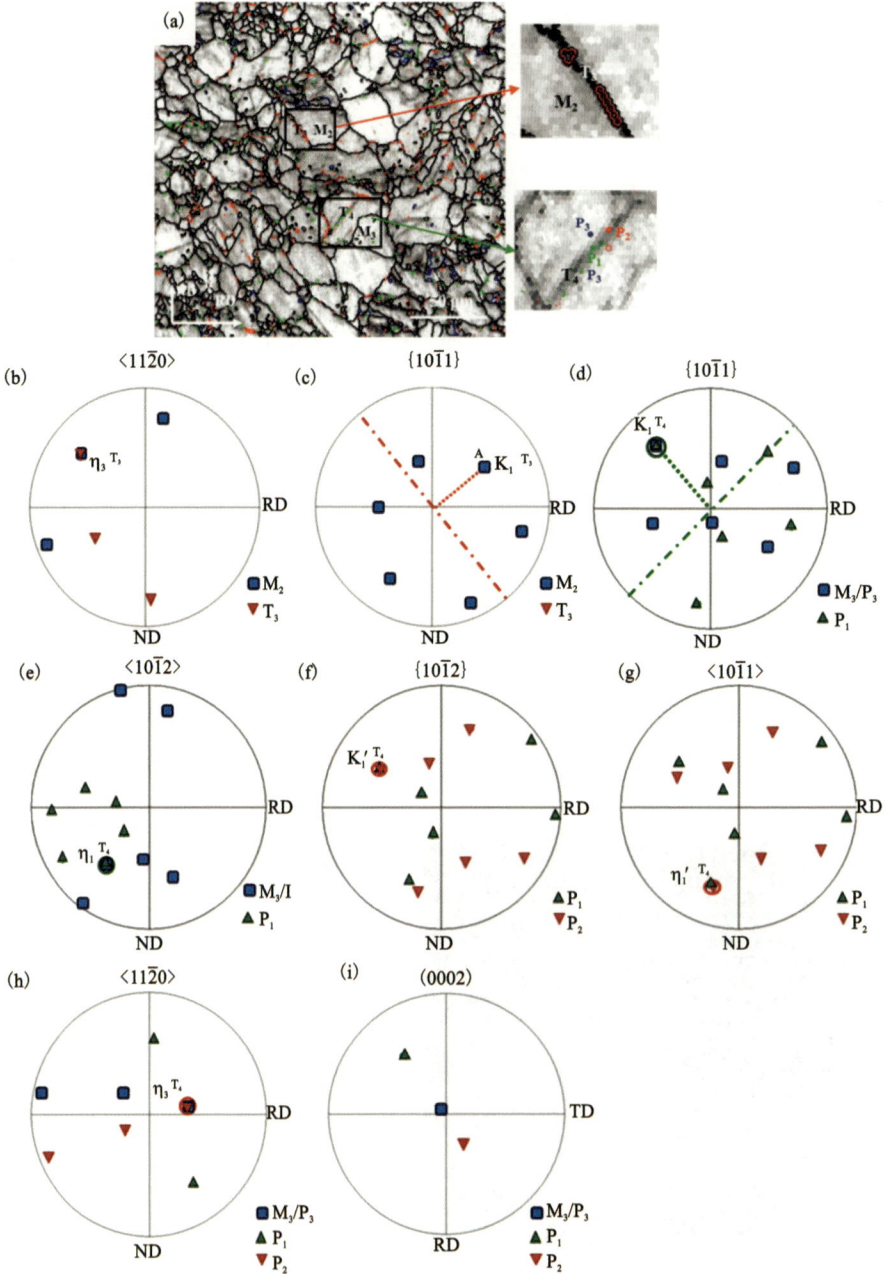

图 5 - 37　20%热轧样品中的孪晶取向分析

(a)20%热轧样品的 IQ 图；(b)晶粒 M_2 与孪晶 T_3 的 <$11\bar{2}0$> DPF 图；(c)晶粒 M_2 的 $\{10\bar{1}1\}$ DPF 图；P_1 和 P_3 的(d)$\{10\bar{1}1\}$ 和(e)$\{10\bar{1}2\}$ DPF 图；P_1、P_2 的(f)$\{10\bar{1}2\}$ 和(g) <$10\bar{1}1$> DPF 图；P_1、P_2、P_3 的(h) <$11\bar{2}0$> 和(i)(0002)DPF 图

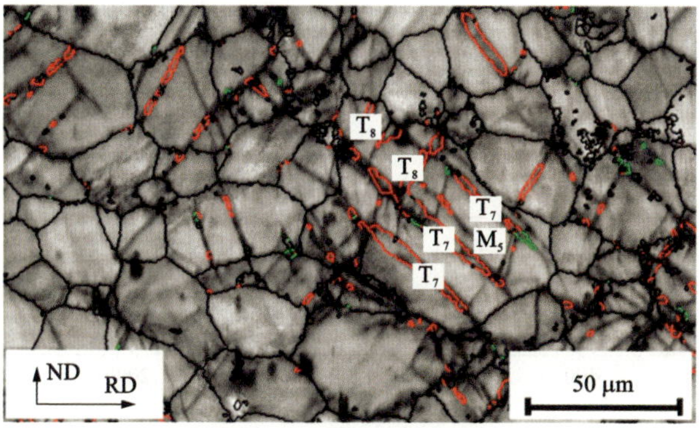

图 5-40 20% 热轧样品的成像质量图

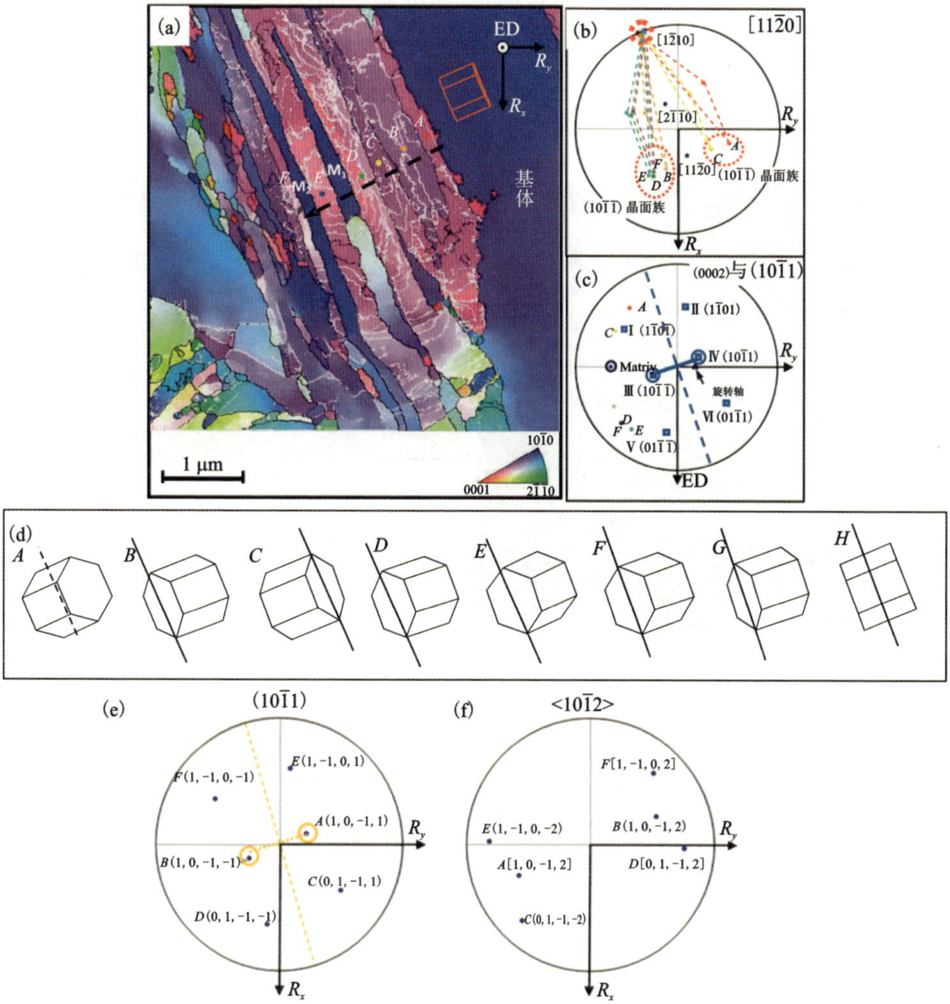

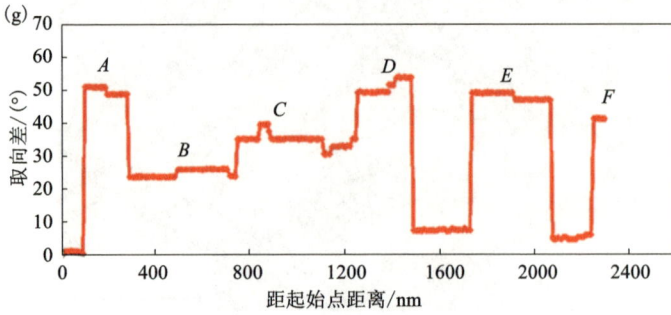

图 5 - 70 孪晶带状区域的取向分析

(a)ED 取向分布图;(b)[11$\bar{2}$0]极图;(c)(0002)极图;(d)孪晶区域的晶体取向示意图;(e){10$\bar{1}$1}极图;
(f)[10$\bar{1}$2]极图;(g)沿图(a)中虚线的晶体取向差分布

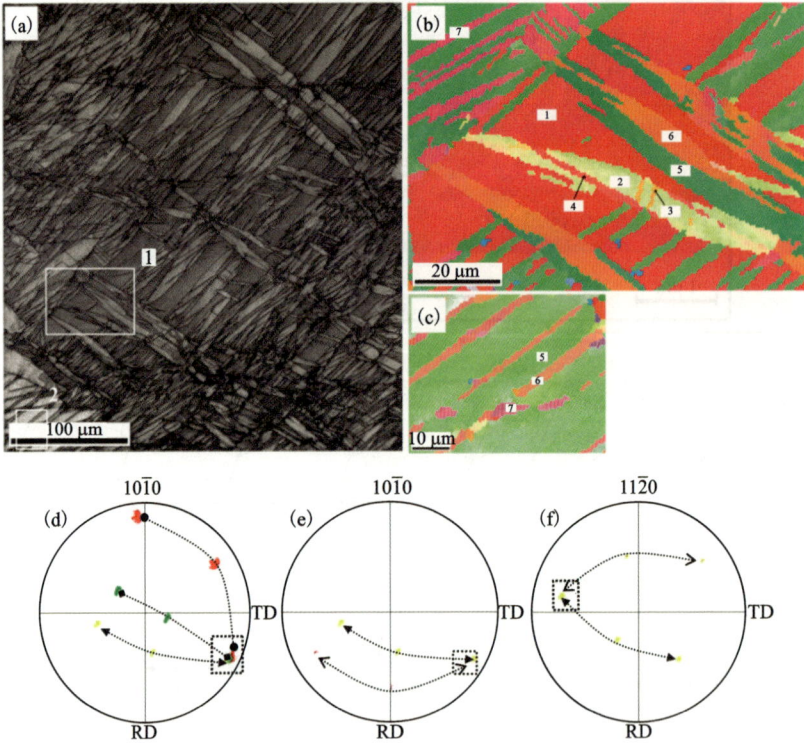

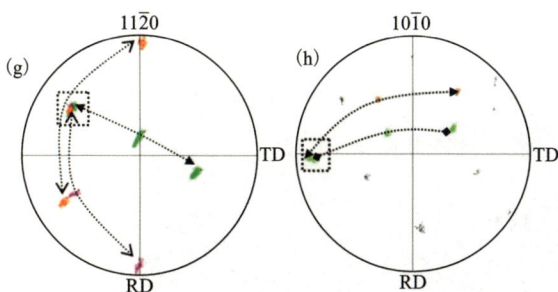

图 6 – 9　工业纯钛冷轧变形 15％后的 EBSD 分析图

（a）成像质量图；（b）和（c）分别对应图（a）中的 1、2 区域的取向分布图；（d）、（e）和（f）是图（b）所示的孪晶取向在 $\{10\bar{1}0\}$ 和 $\{11\bar{2}0\}$ 极图中的分析；（g）和（h）是图（c）所示的孪晶取向在 $\{10\bar{1}0\}$ 和 $\{11\bar{2}0\}$ 极图中的分析

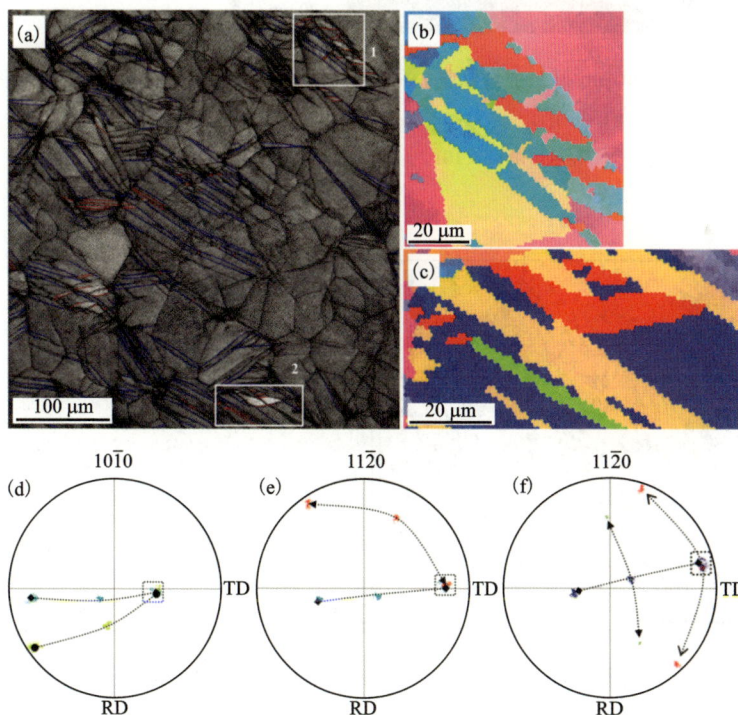

图 6 – 13　工业纯钛拉伸变形 10％后的 EBSD 分析图

（a）成像质量图；（b）区域 1 的 ND 取向分布图；（c）区域 2 的 ND 取向分布图；（d）区域 1 的 $\{10\bar{1}0\}$ 极图；（e）区域 1 $\{11\bar{2}0\}$ 极图；（f）区域 2 的 $\{11\bar{2}0\}$ 极图

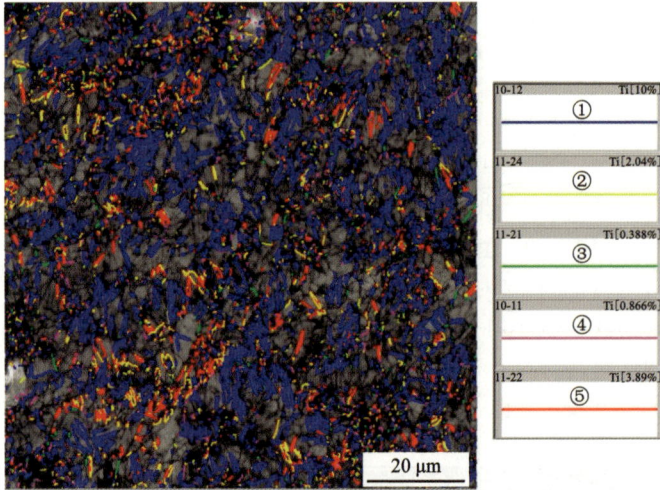

图 6 – 34　200 μm 厚工业纯钛箔拉伸后形成的变形组织的 EBSD 成像质量图

图中①表示 $\{10\bar{1}2\}<10\bar{1}\bar{1}>$ 孪晶界，②表示 $\{11\bar{2}4\}<22\bar{4}\bar{3}>$ 孪晶界，③表示 $\{11\bar{2}1\}$ $<11\bar{2}\bar{6}>$ 孪晶界，④表示 $\{10\bar{1}1\}<10\bar{1}\bar{2}>$ 孪晶界，⑤表示 $\{11\bar{2}2\}<11\bar{2}\bar{3}>$ 孪晶界

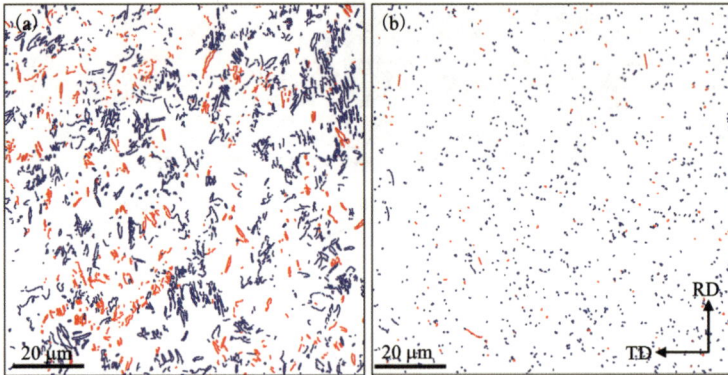

图 6 – 35　工业纯钛箔拉伸后形成的孪晶界分布图

（a）200 μm；（b）5 μm；图中蓝线表示 $\{10\bar{1}2\}<10\bar{1}\bar{1}>$ 孪晶界，红线表示 $\{11\bar{2}2\}<11\bar{2}\bar{3}>$ 孪晶界

图书在版编目(CIP)数据

FCC、BCC 和 HCP 金属材料变形行为及组织结构演变 /
汪明朴等著. —长沙:中南大学出版社,2021.9
ISBN 978 - 7 - 5487 - 4365 - 1

Ⅰ.①F… Ⅱ.①汪… Ⅲ.①金属材料－变形－研究
Ⅳ.①TG14

中国版本图书馆 CIP 数据核字(2021)第 030680 号

FCC、BCC 和 HCP 金属材料变形行为及组织结构演变
FCC、BCC HE HCP JINSHU CAILIAO BIANXING XINGWEI JI ZUZHI JIEGOU YANBIAN

汪明朴　陈畅　张真　雷若姗　夏福中　雷前　著

□责任编辑	胡　炜	
□责任印制	唐　曦	
□出版发行	中南大学出版社	
	社址:长沙市麓山南路	邮编:410083
	发行科电话:0731 - 88876770	传真:0731 - 88710482
□印　　装	湖南省众鑫印务有限公司	

□开　　本	710 mm×1000 mm 1/16　□印张 33.75　□字数 673 千字	
□版　　次	2021 年 9 月第 1 版　□印次 2021 年 9 月第 1 次印刷	
□书　　号	ISBN 978 - 7 - 5487 - 4365 - 1	
□定　　价	150.00 元